U0236308

制药用水

>> 张功臣 主编

Pharmaceutical Water

化学工业出版社

·北京·

内 容 简 介

本书大量采用实际工程案例和图片，结合世界卫生组织（WHO）、国际制药工程协会（ISPE）及美国机械工程师协会（ASME）的理论经验，力求真实、形象、准确地介绍制药用水系统的基本概念和设计思路。

全书共 12 章，第 1～3 章分别介绍了制药用水的质量考量、标准体系和微生物的质量考量；第 4～8 章全面阐述了饮用水系统、纯化水系统、注射用水系统、纯蒸汽系统、实验室用水；第 9～11 章介绍了制药用水系统中的数字化技术、确认与验证及不锈钢与红锈；第 12 章为扩展阅读。

本书适用于制药行业研发与质量相关的技术人员，以及相关的生产人员和工程维护人员。同时，本书也可作为高等院校中制药工程、药物制剂、材料化学、金属防腐等相关专业的参考资料。

图书在版编目（CIP）数据

制药用水/张功臣主编．—北京：化学工业出版社，
2021.11（2024.7重印）
ISBN 978-7-122-39502-3

Ⅰ．①制… Ⅱ．①张… Ⅲ．①制药厂-工业用水-给
水系统 Ⅳ．①TQ460.8

中国版本图书馆 CIP 数据核字（2021）第 135565 号

责任编辑：杨燕玲
责任校对：边　涛　　　　　　装帧设计：史利平

出版发行：化学工业出版社（北京市东城区青年湖南街 13 号　邮政编码 100011）
印　　装：三河市航远印刷有限公司
787mm×1092mm　1/16　印张 29¼　彩插 2　字数 715 千字　2024 年 7 月北京第 1 版第 4 次印刷

购书咨询：010-64518888　　　　　售后服务：010-64518899
网　　址：http://www.cip.com.cn
凡购买本书，如有缺损质量问题，本社销售中心负责调换。

定　　价：198.00 元　　　　　　　　　　　　　　　版权所有　违者必究

序

医药产业是关系国计民生的重要产业，是《中国制造2025》和战略性新兴产业的重点发展领域，是健康中国建设的重要基础。2021年是我国"十四五"规划开局之年，是药品质量提升和精益制造实施的关键之年，也是我国医药产业发展面临新的历史机遇之年。医药工业要实现升级发展的关键是落实以创新驱动发展的战略，我国《医药工业"十四五"发展规划》提出的七大目标之一为先进制造水平持续提升，先进制造技术在企业应用增多，工厂生产效率和规模化水平提高，制药过程连续化、数字化、智能化和集成化水平提高，打造一批世界先进水平的标杆工厂。

水为生命之源。随着我国环境、能源、安全和工艺等科技领域的不断发展，制药用水系统的理念、工艺和材料等发生了很多新的变化，这就要求药品生产企业必须适应制药用水系统新变化的要求。本书作者具有大量制药用水系统设计、安装及验证的实践工作经验，在书中全面阐述了全球法规体系下饮用水系统、纯化水系统、注射用水系统与纯蒸汽系统的质量体系与实践方法，对质量源于设计、连续化生产、过程分析技术、参数放行、预防性维保、风险评估和良好工程实践等全新理念做了系统阐述，并结合大量的实际案例，科学解答了制药用水系统在设计、实施、验证及管理等方面的诸多问题。希望本书作者不忘初心，牢记使命，继续为人民健康事业努力奋斗。

朱丰琪

2021年8月

前言

　　《"健康中国 2030"规划纲要》强调："健全质量标准体系，提升质量控制技术，实施绿色和智能改造升级，到 2030 年，药品、医疗器械质量标准全面与国际接轨"。可以说，保障和加强药品质量与安全，与"健康中国"建设密切相关。

　　制药用水作为原料、辅料或溶剂，不仅广泛应用于药品、药用辅料和药包材的生产过程，还大量应用于药物制剂的制备中。制药用水系统的质量管理是《药品生产质量管理规范》（GMP）的重要内容，WHO 及各国药品监管机构均高度关注制药用水的技术指南及标准。近几年来，国外药品监管机构对于制药用水的技术指南及标准更新较快，《欧洲药典》与《美国药典》《日本药局方》的制药用水标准体系已于 2017 年实现了统一。纵观我国与国外制药用水的技术文件及标准体系，2021 年起各有关机构已发布的关于制药用水的法规均注重了"监管法规与行业规范相结合，通用要求与标准规定相结合"的原则，这有助于进一步落实企业主体责任，加强药品生产全过程管理，保障公众用药安全。

　　我国实施《药品生产质量管理规范（2010 年修订）》（以下简称"GMP（2010 修订）"）已有十余年时间，参考当前国际药典和相关国际组织对制药用水的技术要求，结合基于风险的原则和我国制药用水与设备的整体状况，进一步健全制药用水标准体系，完善《中华人民共和国药典》（以下简称《中国药典》）的通则"0261 制药用水"、药典水的分类与项下质量标准的设定，加强制药用水的源头和过程控制要求，推进先进、节能、环保的工艺设施的应用，提高制药用水的质量，对进一步保障药品的安全性具有非常重大的意义。随着我国工业体系的完善，第二代升膜式蒸馏技术、热压蒸馏技术、高质量反渗透膜技术、过程分析技术、有机高分子超滤膜技术与无机陶瓷超滤膜等技术均已实现了国内创新与工业化生产，材料供应链安全得到了有效缓解，部分材料与工艺技术甚至已处于全球领先地位，完善中国制药用水标准体系将有利于我国药品走向国际市场，贯彻落实碳达峰与碳中和的方针政策，并促进我国药品监管部门科学监管的实施。

　　《制药用水》是一本以制药工艺学、材料学、药品生产质量管理规范及相关科学理论和工程技术为基础的应用型参考资料，本书共 12 章，第 1～3 章主要是从水的特征、标准体系与微生物学等方面进行阐述；第 4～8 章以"质量源于设计"为出发点，全面介绍如何建造一套高质量的制药用水系统，包含饮用水、纯化水、注射用水、纯蒸汽和实验室用水等；第 9 章和第 10 章主要是从数字化技术与验证的角度全面分析了制药用水系统的过程分析技术、确认与验证的方法；第 11 章以不锈钢系统为核心，重点介绍了制药用水系统发生铁锈与红锈的危害，给出了制药用水系统预防性维保的合理化建议；第 12 章分享了中国制药用水业内较为热点的讨论议题，以及水处理行业的通用专有名词。

本书大量应用工艺操作、化学分析与微生物学中的基本原理，对质量源于设计、连续化生产、过程分析技术、参数放行、预防性维保、风险评估和 GEP 管理等方法理念做了详细的阐述，力争科学全面地展示制药用水系统的基础特征。

本书作者为《中国药典》制药用水法规和标准体系课题研究的参与者。中国制药用水法规和标准体系课题组的历史使命包括：实现与全球制药用水法规和标准体系的统一；促进全行业共同认知连续化生产、质量源于设计、过程分析技术（电导、TOC、RMM）、参数放行与包装药典水市场流通的真实价值；有效解决中国制药用水领域"为人民健康服务"与"碳达峰、碳中和"的现实矛盾。由衷地感谢原国家食品药品监督管理局副局长张文周先生、国家药典委员会秘书长兰奋先生，国家药品监督管理局药品审评中心副主任王涛先生与审评员胡延臣先生，国家食品药品监督管理局食品药品审核查验中心闫兆光先生与张华女士，中国食品药品检定研究院微生物室胡昌勤老师与马仕洪老师，美国药典委员会中华区总部凌霄博士，中国医药设备工程协会顾维军先生、刘卫战先生与徐述湘先生，ISPE 亚太区培训导师、欧洲制药专家 Gordon Farquharson 先生及 USP 药典通则起草者、高级科学联络员 Antonio Hernandez-Cardoso 先生对笔者的指导与鼓励，希望本书有助于推动中国制药用水标准体系的科学发展，满足从事制药用水系统设计、安装、调试、验证、检验和使用管理的技术人员对制药用水系统更加深入了解的要求。

本书由张功臣主持编写，相关法规机构、检测机构、制药企业、高等院校、工程公司、信息化企业和材料供应商参与了撰写与校稿，参编单位及编者为《制药用水》的编写付出了辛苦的努力。在编撰过程中，笔者总结了在我国诸多实验研发型与商业化生产型制药企业的制药用水系统实践经验，并得到了中国医药设备工程协会制药用水标准体系课题组相关专家们的大力支持，在此，特别感谢如下参与编写的作者与单位：

第 1 章　制药用水的质量考量

张　珩	武汉工程大学
黄开勋	华中科技大学
罗晓燕	华东理工大学
陈　蕾	国家药典委员会
张启明	中国食品药品检定研究院
徐敏凤	上海市食品药品包装材料测试所

第 2 章　制药用水的标准体系

杨晓明	中国生物技术股份有限公司
张　奇	中国医药集团联合工程有限公司
张耀华	上海医药集团股份有限公司
陈　娟	绿叶制药集团
严　旭	葛兰素史克/GSK
许建辰	诺和诺德/Novo Nordisk

第 3 章　微生物的质量考量

吴幼玲	浙江特瑞思药业股份有限公司
柯尊洪	成都康弘药业集团股份有限公司
俞德超	信达生物制药（苏州）有限公司
杜伟民	深圳康泰生物制品股份有限公司
贾国栋	和元生物技术（上海）股份有限公司

曾宪放   鼎康（武汉）生物医药有限公司

戴晓云   赛思柏欧（上海）生物科技有限公司

第4章　饮用水系统

马汝孟   费森尤斯卡比华瑞制药有限公司

裘东方   保集控股集团有限公司

王寿根   杭州水处理技术研究开发中心有限公司

梁溢君   兆亿智能科技河北有限公司

秦　勇   上海谊康科技有限公司

楼军伟   EMAX UV Ltd.

第5章　纯化水系统

蒋立新   苏州诺洁贝生物技术有限公司

李航文   斯微（上海）生物科技有限公司

熊　俊   上海君实医药科技股份有限公司

高晓飞   西湖生物医药科技（杭州）有限公司

Oliver Wake   倍世/BWT，Germany

叶　勋   制药行业水处理专家

第6章　注射用水系统

陈智胜   上海药明生物技术有限公司

左亚军   上海仁会生物制药股份有限公司

曲　光   苏州诺洁贝生物技术有限公司

范新华   常州四药制药有限公司

Rino D'Agata   斯蒂莫斯/Stimas（Italy）

George Gsell   美高/Meco（USA）

第7章　纯蒸汽系统

李　燕   齐鲁制药有限公司

陈建新   上海臻格生物技术有限公司

刘　元   中国医药集团联合工程有限公司

夏　庆   信达生物制药（苏州）有限公司

胡华军   上海迪默工业设备有限公司

张贵良   上海精川生物科技有限公司

第8章　实验室用水

杨代宏   丽珠医药集团股份有限公司

杨卫利   上海乐枫生物科技有限公司

高霄良   上海吉良医药科技有限公司

张圣新   第伯历建设工程（上海）有限公司

朱　申   上海博华国际展览有限公司

冯　逸   美诺电器有限公司

第9章　数字化技术

李孟捷   三生国健药业（上海）股份有限公司

彭　洁   兆亿智能科技有限公司上海公司

宋晓智   兆亿智能科技河北有限公司

马兴刚	梅特勒-托利多/Mettler Toledo（USA）
Nissan Cohen	COSASCO（USA）
张胜军	AMT Scientific LLC.（USA）

第 10 章 确认与验证

尹卫东	北京科兴中维生物技术有限公司
李 杰	人福医药集团股份公司
易贤忠	百奥泰生物制药股份有限公司
赵晓剑	苏州百因诺生物科技有限公司
张 伟	佰傲谷/生物医药知识聚合社区
包宗荣	第伯历建设工程（上海）有限公司

第 11 章 不锈钢与红锈

沈 纯	健亚（常州）生物技术有限公司
张志勇	东阳光药业集团有限公司
史 铭	溧阳市四方不锈钢制品有限公司
朱 健	宝帝/Burkert（Germany）
罗运涛	上海精川生物科技有限公司
周 曦	上海精川生物科技有限公司

第 12 章 扩展阅读

王 围	第伯历建设工程（上海）有限公司
刘红云	山东省医药工业设计院
徐名勇	百特环保科技股份有限公司
王 侃	则正（上海）生物科技有限公司
孙茜文	北京民海生物科技有限公司
吕兴隆	北京民海生物科技有限公司

本书大量采用了真实工程案例和图片，结合世界卫生组织、国际制药工程协会及美国机械工程师协会的最新法规指导，力求真实、形象、准确地介绍制药用水系统的质量标准和设计理念。本书可作为高等院校生命科学与制药类相关专业的参考教材，也可供医院、科研院所和制药领域从事微生物检测、科室配药、临床研究、新药研发与商业化生产工作者参考。编者水平有限，时间仓促，书中难免有不妥之处，热切希望专家和广大读者不吝赐教、批评指正。

张功臣

2021 年 8 月

缩略语

缩略语	英文	中文
ACF	activated carbon filter	活性炭过滤器
ADR	adverse drug reaction	药物不良反应
AHU	air handling unit	空气处理单元
AI	analog input	模拟量输入
ANDA	abbreviation new drug application	仿制新药申请
ANSI	American National Standards Institute	美国国家标准学会
AO	analog output	模拟量输出
API	active pharmaceutical ingredient	药物活性成分
AQL	acceptable quality level	可接受质量水平
ARS	automation requirement specification	自动化需求规范
AS	autoclave sterilizer	灭菌柜
ASME	American Society of Mechanical Engineers	美国机械工程师协会
ASTM	American Society for Testing and Materials	美国材料与试验协会
AT	audit trail	审计踪迹
BAR	batch analysis record	批检验记录
BFS	blowing, filling, and sealing	吹、灌、封
BMS	building monitoring system	楼宇检测系统
BOD	biological oxygen demand	生物耗氧量
BOM	bill of material	材料清单
BOQ	bill of quantities	工程量清单
BP	British Pharmacopoeia	《英国药典》
BPC	bulk pharmaceutical chemical	原料药
BPE	bio-processing equipment	生物处理设备
BPR	batch production records	批生产记录
BR	batch records	批记录
CA	compressed air	压缩空气
CAL	calibration	校准
CAPA	corrective action and preventive action	纠正与预防措施
CC	change control	变更控制
CCA	critical components assessment	部件关键性评估
CCP	critical control point	关键控制点
CDER	center for drug evaluation and research	药物评价与研究中心
CE	Conformite Europeenne	欧洲统一认证
CEB	chemical enhanced backwash	化学增强反冲洗
CEP	certificate of suitability for European Pharmacopoeia	《欧洲药典》适用性证书
CFR	Code of Federal Regulations	美国联邦法规
CFU	colony forming unit	菌落形成单位

缩略语	英文	中文
cGMP	current good manufacturing practice	现行药品生产质量管理规范
ChP	Chinese Pharmacopoeia	《中华人民共和国药典》(简称《中国药典》)
CHWS	chilled water supply	冷冻水供给
CIP	clean in place	在线清洗
CIPC	critical in-process control	关键中间控制点
CNC	controlled,non-classified	控制,但未分级
COA	certification of analysis	分析合格证书
COD	chemical oxygen demand	化学耗氧量
COP	clean out place	离线清洗
CPP	critical process parameter	关键工艺参数
CPU	central process unit	中央处理器
CQA	critical quality attribute	关键质量属性
CSV	computer system validation	计算机验证
CTD	common technical document	通用技术文件
CV	cleaning validation	清洁验证
CW	city water	市政供水、自来水
CWR	cooling water return	冷却水回流
DC	direct current	直流
DCS	distributed control system	集散控制系统
DDC	direct digital controller	直接数字控制器
DDS	detailed design specification	详细设计说明
DI	digital input	数字量输入
DK	drinking water	饮用水
DMF	drug master file	药物管理档案
DO	digital output	数字量输出
DO	dissolved oxygen	溶解氧
DP	drug product	成品药
DQ	design qualification	设计确认
DR	deviation records	偏差记录
DS	design specifications	设计说明
DS	drug substance	原料药
DW	demineralized water	软化水
DW	domestic water	生活用水
EDI	electrodeionization	电法去离子
EDQM	European Directorate for the Quality of Medicines	欧洲药品质量管理局
EEC	European Economic Community	欧洲经济共同体
EHEDG	European Hygienic Equipment Design Group	欧洲卫生设备设计组织
EHS	environment health safety	环境、职业健康、安全管理体系
EMA	European Medicines Agency	欧洲药品管理局
EMEA	European Agency for the Evaluation of Medicinal Products	欧洲药物评价组织
EN	European norm	欧洲标准
EP	European Pharmacopoeia	《欧洲药典》
EPA	Environmental Protection Agency	美国环境保护署
EQDM	European Directorate for the Quality of Medicines and Healthcare	欧洲药品与健康质量理事会
ER	electronic signature	电子签名
ERES	electronic record and electronic signature	电子记录与电子签名
ERP	enterprise resource planning	企业资源计划
ES	European Commission	欧盟委员会
ES	electronic signature	电子签名
FAT	factory acceptance test	工厂验收测试

缩略语	英文	中文
FBD	fluid bed dryer	流化床
FC	fault close	故障关
FDA	Food and Drug Administration	美国食品药品管理局
FDS	functional and design specifications	功能设计说明,功能设计规范
FFU	fan filter unit	风机过滤单元
FIT	filter integrity test	过滤器完整性测试
FL	functional logic	功能逻辑说明
FMEA	failure mode and effects analysis	失效模式和后果分析
FMS	factory monitoring system	车间监控系统
FO	fault open	故障开
FS	functional specifications	功能说明
FS	factory steam	工厂蒸汽
GA	general arrangement	总平面图
GAMP	good automated manufacturing practices	设备自动化生产管理规范
GAP	good agricultural practice	中药材生产质量管理规范
GC	gas chromatograph	气相色谱
GCP	good clinical practice	药物临床试验质量管理规范
GDP	good dossier practice	申报资料质量管理规范
GDS	general design specification	总体设计说明
GEP	good engineering practice	工程管理规范
GLP	good laboratory practice	药物非临床试验(实验室)质量管理规范
GMP	good manufacturing practices	药品生产质量管理规范
GMPC	good manufacture practice of cosmetic products	化学品生产质量管理规范
GPP	good pharmacy practice	药房质量管理规范
GQP	good quality practice	药品质量管理规范
GRP	good research practice	药品研究质量管理规范
GSP	good supply practice	药品经营质量管理规范
GUP	good use practice	药品使用质量管理规范
GVP	good validation practice	验证管理规范
GWP	good warehousing practice	药品仓储规范
GxP	good x practice	各种药品规范的统称
HACCP	hazard analysis and critical control point	危害分析及关键控制点
HDS	hardware design specification	硬件设计说明
HEPA	high efficiency particulate air	高效空气过滤器
HHS	United States Department of Health and Human Services	美国卫生与公共服务部
HIPS	high impact polystyrene	高抗冲聚苯乙烯
HMI	human machine interface	人机界面
HPLC	high pressure liquid chromatograph	高效液相色谱
HVAC	heating, ventilation, and air conditioning	采暖通风空调系统
HW	hot water	热水
I/O	input/output	输入/输出
IA	impact assessment	影响评估
IA	instrument air	仪表压缩空气
ICH	International Conference on Harmonization of Technical Requirements for Registration of Pharmaceuticals for Human	人用药品注册技术要求国际协调会
IEC	International Electrotechnical Commission	国际电工委员会
IP	Indian Pharmacopoeia	《印度药典》
IPC	industrial personal computer	工业控制计算机,工控机
IPC	in process control	过程控制
IPC	intermediate production control	中间生产控制

缩略语	英文	中文
IQ	installation qualification	安装确认
IRS	installation requirement specification	安装要求说明
ISO	International Standards Organization	国际标准化组织
ISPE	International Society for Pharmaceutical Engineering	国际制药工程协会
ITR	inspection test reports	检查测试报告
JP	Japanese Pharmacopoeia	《日本药局方》
LAF	laminar air flow	层流、单向流
LAL	limulus amoebocyte lysate	鲎试剂
LECP	laboratory equipment calibration program	实验室仪器校准程序
LG	lamp glass,light glass	灯镜
LIMS	laboratory information management system	实验室信息管理系统
MB	mixed bed	混床
MBR	master batch record	主生产批记录
MBT	microbiologic test	微生物测定
MDG	membrane degasifier	膜脱气
MES	manufacturing execution system	制造执行系统
MF	micro-filter	微滤
MHLW	Ministry of Health, Labor and Welfare	日本厚生劳动省
MHRA	Medicines and Healthcare Products Regulatory Agency	英国药品与健康产品管理局
MMF	multi-media filter	多介质过滤器
MOC	material of construction	建造材质
MT	magnetic particle inspection test	磁粉探伤
MW	middle water	中水
MWS	multi-effect water distillator	多效蒸馏水机
N/A	not applicable	不适用
NB	nominal bore	公称管径
NC	normally close	常关
NDA	new drug application	新药申请
NEMA	National Electrical Manufacturers Association	美国电气制造商协会
NF	nano-filter	纳滤
NLT	not less than	不少于
NMPA	National Medical Products Administration	国家药品监督管理局
NMT	not more than	不多于
NO	normally open	常开
OC	organizational charts	组织结构图
OEM	original equipment manufacturer	原始设备制造商
OIP	operator interface panel	操作员界面面板
OIT	operator interface terminals	操作员界面终端
OMM	operating and maintenance manual	操作和维护保养手册
OOS	out of specification	超出标准(限度)
OPQ	operational personnel qualification	操作人员资格鉴定
OQ	operational qualification	操作确认
ORP	oxidation-reduction potential	氧化还原电位
OTC	over the counter	非处方药
P&ID	process and instrumentation diagram	工艺与仪表流程图
PA	process air	工艺压缩空气
PAC	programmable automation controller	可编程自动化控制器
PAT	process analytical technology	过程分析技术
PCC	programmable computer controller	可编程计算机控制器
PCP	preparation of construction plan	施工组织设计

缩略语	英文	中文
PCS	process control system	工艺控制系统
PDA	Parenteral Drug Association	美国注射剂协会
PED	Pressure Equipment Directive	压力设备指令（欧洲）
PFD	process flow diagram	工艺流程图
PIC/S	Pharmaceutical Inspection Cooperation Scheme	国际药品认证合作组织
PLC	programmable logic controller	可编程序控制器
PM	preventive maintenance	预防性维护
POU	point of use	用水点
PP	process procedure	工艺规程
PPQ	process performance qualification	过程性能鉴定
PQ	performance qualification	性能确认
PQR	product quality review	产品质量回顾
PS	pure steam	纯蒸汽
PSG	ps generator	纯蒸汽发生器
PV	process validation	工艺验证
PVP	project validation plan	项目验证计划
PVR	project validation report	项目验证报告
PW	purified water	纯化水
PWG	PW generator	纯化水机
PWW	process waste water	工艺污水
QA	quality assurance	质量保证
QbD	quality by design	质量源于设计
QC	quality control	质量控制
QI	quality inspection	质量检验
QM	quality management	质量管理
QMS	quality management system	质量管理体系
QOR	quality observation report	质量检查报告
QP	quality plan	质量计划
QP	qualified person	质量授权人
QR	quality requirements	质量要求
QR	quality records	质量记录
QRM	quality risk management	质量风险管理
QRS	quality regulation system	质量监管体系
R&D	research and development	研发
RA	risk assessment	风险评估
RABS	restricted access barrier systems	限制通过隔离系统
RCA	root cause analysis	根本原因分析
RD	rupture disk	爆破片
RFQ	request for quotations	报价征询书
RMM	rapid microbiological method	快速微生物检测
RO	reverse osmosis	反渗透
RO	restriction orifice	限流孔板
RT	radiographic inspection test	射线探伤
RTD	resistance temperature detector	热电阻
RTM	requirement traceability matrix	需求追溯性矩阵
RTU	remote terminal unit	远程终端单元
RW	raw water	原水
SAT	site acceptance test	现场验收测试

缩略语	英文	中文
SC	steam condensate	蒸汽冷凝水
SCADA	supervisory control and data acquisition	监控及数据采集
SDI	silt density index	污染密度指数
SDS	software design specification	软件设计说明
SIA	system impact assessment	系统影响性评估
SIP	sterilization in place	在线灭菌
SMF	site master file	工厂主文件
SOP	standard of operation	标准操作规程
SST	system suitability test	系统适用性测试
SW	soft water	软水
T/C	thermocouple	热电偶
TDS	total dissolved solids	溶解性总固体
TH	total hardness	总硬度
TLC	thin layer chromatograph	薄层色谱
TOC	total organic carbon	总有机碳
TS	technical specification	技术说明，技术规范
TSS	suspended solid	总悬浮固体
UDF	unidirectional flow	单向流
UF	ultra-filter	超滤
UPS	uninterrupted power supply	不间断电源
URS	user requirement specification	用户需求说明
USP	United States Pharmacopoeia	《美国药典》
UT	ultrasonic inspection test	超声探伤
VE	visual examination	外观检查
VFD	variable frequency drive	变频驱动
VIT	vendor internal test	供应商内部测试
VMP	validation master plan	验证主计划
VP	validation plan	验证计划
VP	validation protocol	验证方案
VR	validation report	验证报告
WFI	water for injections	注射用水
WFIG	WFI generator	注射用水制备机组
WHO	World Health Organization	世界卫生组织
WIT	water integrity test	水浸入测试
WMS	warehouse management system	仓库管理系统

目录

第1章

制药用水的质量考量

　　执行质量系统方法的重要目的就是使生产商能够更加正确高效地验证、执行和监控操作，并保证控制是科学合理的。建立操作规程和工艺参数并遵循、测定和文件化的目的是客观评估操作是否符合设计、产品性能是否符合最初期望。在全面质量系统中，应当对产品和工艺控制进行设计，以确保成品具有标示的特性、规格、质量和纯度。制药用水系统是制药行业所需的洁净公用工程系统，制药用水可以作为原辅料，用于药品调配、合成与制剂生产，或作为清洁剂，用于淋洗储罐、设备、内包材等。制药用水的化学纯度与微生物负荷是监管部门重要的关注点，每家制药企业都会投入相当大的资源建设和维护制药用水系统。

　　制药用水通常指制药工艺过程中用到的各种质量标准的水。制药用水系统的质量管控核心是控制化学纯度与微生物负荷，其中，化学纯度可细分为无机物纯度与有机物纯度；微生物负荷可细分为活菌含量与细菌内毒素含量。制药企业应根据药品需求进行设计，考虑原水的质量、质量属性波动的影响、制药用水的质量需求与用水点的工艺要求等，确保水系统能有效去除化学杂质污染和微生物污染。制药用水系统从设计、材质选择、制备过程、储存、分配、使用和维护均应符合药品生产质量管理规范的要求。在此期间对于微生物负荷与化学纯度的控制尤为关键，例如，散装纯化水系统与散装注射用水系统应避免使用非循环或单向供水系统。

　　通常，制药生产企业关心的是如何实现作为原辅料的散装制药用水，包括散装饮用水、散装纯化水、散装注射用水和纯蒸汽等，洁净公用工程的全生命周期质量管理。从组成结构上来说，制药用水系统和蒸汽系统由制备单元和/或储存与分配单元两部分组成。本书将结合国内外最新法规动态和大量实际项目的实践经验，科学系统地阐述连续化生产（continuous manufacturing，CM）、过程分析技术（process analytical technology，PAT）、参数放行（parametric release，PR）和质量源于设计（quality by design，QbD）等现代科技理念在制药用水系统中的潜在应用价值。

　　在现代化质量系统中，产品研究阶段所建立的设计概念通常经过工艺试验和逐步改进发展为商业化生产设计。风险管理能帮助鉴别工艺薄弱或高风险的范围以及影响产品关键质量特征的因素，所有这些都要加大审查力度。全球主流药品监管部门均建议通过规模放大研究来证实基本合理的设计方案能够完全实现。一个充分完整的生产是应该在商业生产之前建立，以合理的设计方案和可靠方法进行，从研究阶段转移到商业化生产阶段的工艺转移时，生产商应当能够对生产工艺进行验证。结果一致的批次能够提供初步证据，即设计的工艺能够生产出符合质量预期的产品。充分的检测数据将会为新工艺的性能以及持续的改进提供必要信息。能够持续检测和控制的现代设备可以进一步加强知识基础。尽管最初的商业批次能够提供证据支持工艺的有效性和一致性，但在质量系统中，"整个产品生命周期"仍然需要建立持续的改进机制，这就是制药行业倡导的"全生命周期质量管理"理念。因此，与质量系统方法一致，工艺验证不是一次性的事件，而是持续贯穿于产品整个生命周期的活动。

1.1 制药用水系统

水是自然界分布最广的一种资源，它以气、液、固三种状态存在，水中杂质主要分为无机物杂质、有机物杂质与微生物负荷。地球上各种水体通过蒸发、水汽输送、降水、下渗、地表径流和地下水径流等一系列过程和环节，把大气圈、水圈、岩石圈和生物圈有机地联系起来，构成一个庞大的"连续动态的水循环系统"。

自然界的水也被称为原水或水源水，主要指海洋、河流、湖泊、地下水、冰川、积雪、土壤水和大气水分等水体。但实际上可供开发利用的淡水只占总水量的 0.3%，因此，用于制备食品/医药领域所需的饮用水、纯化水、注射用水和用于制备电子/半导体领域所需的超纯水的液态淡水是极其有限的宝贵资源。

蒸汽也被称为水蒸气，当液态水在有限的密闭空间中蒸发时，水分子通过液面进入上面空间，成为水蒸气分子，蒸汽由此形成。根据压力和温度对各种蒸汽的影响，蒸汽分为饱和蒸汽与过热蒸汽。蒸汽主要用途有加热、加湿、产生动力并作为驱动等。

1.1.1 水的理化性质

纯水在常温下是无色、无味且无臭的液体；在标准大气压下，纯水的凝固点是 0℃，沸点是 100℃。常温下，纯化的离子积常数 $K_w = 1.0 \times 10^{-14}$，无任何杂质影响的纯水 pH 为 7。大自然中少量的二氧化碳和其他可溶性物质融入，会导致水的 pH 值发生变化。不同性质的水对 pH 值有一定的要求，例如，饮用水的 pH 值为 6.5～8.5，注射用水的 pH 为 5.0～7.0，锅炉用水的 pH 为 7.0～8.5。

理论上来讲，无任何杂质的超纯水电导率为 0.055μS/cm(25℃)，超纯水属于极弱的电解质，导电性在日常生活中可以忽略。日常生活中的水由于溶解了其他电解质而有较多的正/负离子，从而导致水的导电性增强。例如，饮用水中含有较多的可电解离子且成分复杂，因此，无法用电导率来做出定性分析，通常情况下，自来水的电导率为 125～1250μS/cm。对于食品/医药领域用的纯化水与注射用水，因其所含的可电解离子极少，完全可以采用电导率测定法实现可溶性无机物的化学纯度检测并实现参数放行的目的。

水具有热稳定性，在 2000℃ 以上才开始分解；水与较活泼金属或碳反应时，会表现出氧化性；高温环境下，水极易腐蚀不锈钢材料，水具有还原性，水与氟气反应时，氧原子被还原成氧气；水在直流电作用下，可以被电解，分解成氢气和氧气，工业上用此方法制备纯氢和纯氧，水与碳化钙在饱和氯化钠溶液中会发生水解反应；水与碱性氧化物反应会生成碱，水与酸性氧化物反应生成酸，例如，二氧化碳可以溶于水并与水反应生成碳酸，而不稳定的碳酸也容易分解成水和二氧化碳。

以水为分散剂的分散系，根据分散质的大小不同可分为三种分散系：溶液、胶体和浊液。分散质粒子小于 1nm 的分散系为溶液，饮用水、纯化水与注射用水属于典型的水溶液；分散质粒子介于 1～100nm 的分散系为胶体；分散质粒子大于 100nm 的分散系为浊液。浊液因含有悬浮固体不稳定，胶体处于介稳状态，不如溶液稳定，但比浊液稳定，一定条件下可聚沉；胶体具有吸附性，例如，采用明矾净化水质就是因为明矾溶于水可形成氢氧化铝胶体；胶体的胶粒带电，有电泳现象，可以实现静电除尘。胶体的胶粒比浊液中分散质粒子小，所以浊液可通过滤纸过滤其分散质，胶体则可通过滤纸，但胶粒不能通过半透膜。表1.1是水的分散系对比表。

表 1.1　水的分散系对比表

分散系	分散质与粒径	外观	举例
溶液	可溶物，<1nm	澄清、透明	饮用水、纯化水、注射用水
胶体	胶体状，1～100nm	光照下浑浊	原水
浊液	悬浮固体，0.1～10μm	浑浊	原水
	悬浮固体，10～1000μm	肉眼可见	原水

1.1.2　原水水质指标

《中国药典》规定：注射用水为纯化水经蒸馏所得的水；纯化水为符合官方标准的饮用水经蒸馏法、离子交换法、反渗透法或其他适宜的方法制备的制药用水。

原水一般是指采集于大自然中的天然水源，未经过任何人工的净化处理的水；市政供水是由城市水处理设施和管道及其他运输设施供应，水处理设施包括抽水泵站，循环过滤池，消毒设施以及水质检查和监控系统，其目的是为城市居民与生产企业提供符合标准的饮用水。目前，我国暂时还没有实现全民直饮水工程，制药企业在无法直接获得饮用水的情况下，需采用混凝、沉淀、澄清、过滤、软化、消毒、去离子等物理、化学方法，去除原水或市政供水中的悬浮物、胶体物、可溶气体和病原微生物并减少水中特定的无机物和有机物，从而得到所需的符合官方标准的饮用水，进一步纯化处理，制备纯化水与注射用水。为方便起见，本书将原水与市政供水统称为饮用水的原水。

水质是指水和水中杂质共同表现出来的综合特征。水质指标是判断原水水质是否满足某种特定要求的具体衡量标准，用以表示水中杂质的种类和数量。原水水质的质量标准是指针对水质存在的具体杂质或污染物提出相应的最低数量或浓度的限制和要求，常用的原水水质指标包括物理指标、化学指标和生物指标等。

1.1.2.1　水的物理指标

水的物理指标主要由悬浮固体、浊度、污染密度指数、温度、色度和色泽、臭和味、溶解性总固体与电导率等组成。

（1）悬浮固体　悬浮固体也称悬浮物质，是指悬浮于水中的固体物质，直径一般大于100μm，包括不溶于水的淤泥、黏土、有机物、微生物等细微的物质，它是造成水质浑浊的主要原因，是衡量水质污染程度的标准。悬浮物质无法通过膜孔结构的过滤器（国际上常采用0.45μm孔径滤器），它是反映水中固体物质含量的常用重要水质指标，可用已知质量的玻璃纤维过滤器过滤水样后，在105℃下烘干1h，再称量计算出悬浮固体量。

（2）浊度　浊度是指溶液对光线通过时所产生的阻碍程度，包括悬浮物对光的散射和溶质分子对光的吸收。水的浊度不仅与水中悬浮物质的含量有关，而且与其大小、形状及折射系数等有关。浊度通常适用于天然水、饮用水和部分工业用水水质测定。水中含有泥土、粉砂、细微有机物、无机物、浮游生物等悬浮物和胶体物都可以使水质变得浑浊而呈现一定浊度。水质分析中规定：1L 水中含有 1mg SiO_2 所构成的浊度为一个标准浊度单位，简称 1 度或 1NTU。通常浊度越高，溶液越浑浊。根据水的不同用途，对浊度有不同的要求，生活饮用水的浊度不高于 1NTU，水源与净水技术条件限制时浊度不高于 3NTU；循环冷却水处理的补充水浊度在 2～5NTU；除盐水处理的进水（原水）浊度应小于 3NTU；制造人造纤维要求水的浊度低于 0.3NTU。由于构成浊度的悬浮及胶体微粒一般是稳定的，并大都带有负电荷，不进行化学处理就不会沉降，所以在工业水处理中，主要是采用混凝、澄清和过滤的方法来降低水的浊度。

（3）污染密度指数　污染密度指数（silt density index，SDI）是水质指标的重要参数之一，它代表了水中颗粒、胶体和其他能阻塞各种水净化设备的物质含量。通过测定 SDI 值，可以选定相应的水净化技术或设备。在反渗透水处理过程中，SDI 值是测定反渗透系统进水的重要标志之一，是检验预处理系统产水是否达到反渗透进水要求的主要手段，SDI 的大小对反渗透系统运行寿命至关重要。SDI 值越低，原水对膜的污染与阻塞趋势越小。从经济和效率综合考虑，大多数反渗透厂家推荐反渗透进水 SDI 值不高于 5。

SDI 的测定基于阻塞系数（PI，%）的测定。具体方法：在 $\phi47mm$ 的 $0.45\mu m$ 微孔滤膜上连续加入一定压力（2.1bar）的被测定水，记录滤得 500mL 水所需的时间 t_i(s) 和 15min 后再次滤得 500mL 水所需的时间 t_f(s)，按下式求得反渗透膜 SDI：

$$SDI_{15} = [(1 - t_i/t_f) \times 100]/15$$

式中 15 是指 15min。当水中的污染物浓度较高时，滤水量可取 100mL、200mL、300mL 等，间隔时间也可改为 10min 或 5min，计算公式中的 15 也相应调整为 10 或 5，具体的标准测定方法可参考 ASTM D 4189—2007。之所以选择 $0.45\mu m$ 孔径的膜，是因为在这个孔径下，胶体物质比硬颗粒物质（如沙子、水垢等）更容易堵塞膜。

（4）温度　温度是最常用的水质物理指标之一。由于水的许多物理特性、水中进行的化学过程和微生物过程都同温度有关，所以它经常是必须测定的。其中，25℃ 是常被引用的水温。例如，注射用水的第一阶段电导率限度为 1.3μS/cm(25℃)，详细内容可参见 2020 版《中国药典》的制药用水电导率测定法。

（5）色度和色泽　人的视觉系统对色彩的感知是错综复杂的，为了可以量化地描述色彩，国际照明协会根据实验，将人的视觉系统对可见光内不同波长的辐射所能引发的感觉用红、绿、蓝三原色的配色函数来加以记录。人们使用此配色函数对色彩加以描述运用。颜色是由亮度和色度共同表示的，而色度则是不包括亮度在内的颜色的性质，它是一项感官性指标，反映的是颜色的色调和饱和度；色泽是指颜色和光泽。水的颜色可用表色和真色来描述，水质分析中一般对饮用水的真色进行定量测定。一般纯净的天然水是清澈透明的，即无色的，但带有金属化合物或有机化合物等有色污染物的污水呈各种颜色。将有色污水用蒸馏水稀释后与参比水样对比，一直稀释到二者无色差，此时污水的稀释倍数即为其色度。《GB 5749—2006 生活饮用水卫生标准》规定：生活饮用水的色度（铂钴色度单位）限度为 15。

（6）臭和味　臭和味是判断水质优劣的感官指标之一。水中的臭和味主要来源于水中污染物、天然物质的分解或与之有关的微生物活动。无臭、无味的水虽然不能保证是安全的，但有利于饮用者对水质的信任。臭是检验原水与处理水的水质必测项目之一。臭和味的强度等级共分为 6 级：0 级代表无，无任何臭和味；1 级代表微弱，一般饮用者甚难察觉，但臭、味敏感者可以发觉；2 级代表弱，一般饮用者刚能察觉；3 级代表明显，已能明显察觉；4 级代表强，已有很显著的臭味；5 级代表很强，有强烈的恶臭或异味。必要时可用活性炭处理过的纯水作为无臭对照水，生活饮用水要求必须为 0 级。《GB 5749—2006 生活饮用水卫生标准》规定：饮用水需无异臭、异味，无肉眼可见物。2020 版《中国药典》规定：纯化水性状为无色的澄清液体、无臭，注射用水性状为无色的澄清液体、无臭。

（7）溶解性总固体　溶解性总固体（TDS）也称总溶解固体，是指水中全部溶质的总量，包括无机物和有机物两者的含量。TDS 值越高，表示水中含有的溶解物越多。TDS 可通过过滤水样并蒸干滤液测得其含量，测量单位为毫克/升（mg/L），它表明 1L 水中溶有多少毫克溶解性固体。TDS 只能初步对溶解性固体总含量进行检验，无法对具体可溶性物质进行定性，若需要正确了解具体的溶解物成分，需采用其他额外的化学分析方法。在 TDS 较高时，水的 TDS 和电导率往往存在一种近似的关系，有时候 TDS 也可以用来估算电导率，在一定范围内，两者的近似关系为 1mg/L TDS≈1.4～2 μS/cm。《GB 5749—2006 生活饮用水卫生标准》中对生活饮用水的溶解性总固体限量要求为不高于 1000mg/L。

（8）电导率　电导率表示水溶液导电的能力，是电阻率的倒数，它可间接反映水中溶解盐的总体含量，水的电导率是衡量水质的一个很重要指标，是纯水水质检测中表征可溶性无机物离子浓度最为关键的一个指标。超纯水的理论电导率为 0.055μS/cm（25℃），相当于电阻率为 18.2MΩ·cm（25℃）。

与 TDS 相似，电导率只是实现对溶解性离子总含量的检验，无法对具体种类的可溶性离子进行定性，若需要正确了解具体的溶解物成分，需采用其他额外的化学分析方法。

1.1.2.2　水的化学指标

水的化学指标主要由酸碱度、pH、硬度、总含盐量、总有机碳、总需氧量、生化需氧量、化学需氧量、总氮与有机氮、有毒物指标与重金属等组成。

（1）酸碱度　酸碱度是指溶液的酸碱性强弱程度，可反映原水水质的变化情况。水的酸度是它与强碱定量作用至一定 pH 的能力，水的酸度是水中给出质子物质的总量。2020 版《中国药典》规定：纯化水酸碱度需符合要求。

（2）pH　pH 也称氢离子浓度指数，是指溶液中氢离子的总数和总物质的量之比。它是水溶液中酸、碱度的一种定量表示方法，《GB 5749—2006 生活饮用水卫生标准》规定：生活饮用水的 pH 值为 6.5～8.5。2020 版《中国药典》规定：注射用水的 pH 值为 5.0～7.0。

（3）硬度　水的硬度反映水中钙离子、镁离子的浓度，是指 1L 水中所含钙盐与镁盐折合成 CaO 和 MgO 的总量（将 MgO 也换算成 CaO）。硬度单位是 mg/L。水的硬度是水质的重要指标，硬度较大的水容易引起结垢的发生。水的硬度分为 4 个等级：软水 0～60mg/L；稍硬水 60～120mg/L；硬水 120～180mg/L；极硬水 181mg/L 以上。在天然水中，远离城市未受污染的雨水、雪水多属于软水；泉水、溪水、江河水、水库水，多属于暂时性硬水，大部分地下水属于高硬度水。软化装置的主要功能是去除水中的硬度，其软化原理主要是通过钠型的软化树脂对水中的钙离子、镁离子进行离子交换，从而将其去除。在制药用水的制备中，软化装置产水硬度一般设定到小于 3mg/L，企业也可结合实际情况，确保进水条件符合反渗透膜的工作要求。《GB 5749—2006 生活饮用水卫生标准》规定：生活饮用水的总硬度（以 CaCO₃ 计）不高于 450mg/L。

（4）总含盐量　是指单位体积水中所含盐类的总量，即单位体积水中总阳离子的含量和总阴离子的含量之和。天然水中的主要离子有钾离子、钠离子、钙离子、镁离子、碳酸氢根离子、碳酸根离子、氯离子和硫酸根离子。理论上来讲，天然水中所有的离子总量称为总含盐量，天然水中这八种主要离子约占水中离子总量的 95%～99%，故常用它来粗略地作为水中的总含盐量，并表征水体主要化学特征性指标。水中含盐量是影响水的电导率的一个重要因素。

（5）总有机碳　总有机碳（TOC）也称总可氧化碳，是指水中有机碳的总量，它是水体中有机污染物总量的综合指标，通常以 mg/L 或 μg/L 为单位表示。水中含有上百万种有机物，这些有机物分子的含碳数量不一，浓度也各不相同，TOC 检测就是用一个量来表征水中所有这些有机物杂质的总量。TOC 能定量表示有机物的总量，但它不能反映水中所含有机物的具体种类和组成。TOC 测量方法具有灵敏、快速、成本低等优点，在世界范围内，TOC 检测方法已被广泛应用。《GB 5749—2006 生活饮用水卫生标准》规定：生活饮用水的 TOC 限度为 5000μg/L。2020 版《中国药典》规定：纯化水与注射用水的 TOC 限度为 500μg/L。

（6）总需氧量　总需氧量（TOD）是指水中能被氧化的物质（主要是有机物）在燃烧中变成稳定的氧化物时所需要的氧量，结果以 O_2 的 mg/L 表示。TOD 测定的原理是将一定量水样注入装有铂催化剂的石英燃烧管，通入含已知氧浓度的载气（N_2）作为原料气，则水样中的还原性物质在 900℃ 下被瞬间燃烧氧化，测定燃烧前后原料气中氧浓度的减少量，便可求得水样的总需氧量。TOD 值能反映几乎全部有机物经燃烧后变成 CO_2、H_2O、NO、SO_2 所需要的氧量。

TOD 与 TOC 都是利用燃烧法来测定水中有机物的含量。所不同的是，TOC 是以碳的含量表示的，TOD 是以还原性物质所消耗氧的数量表示的，且 TOC 所反映的只是含碳有机物，而 TOD 反映的是几乎全部有机物。根据 TOD 对 TOC 的比例关系，可以大体确定水中有机物的种类。若水样的 TOD/TOC≈2.67，可认为水中主要是含碳有机物；若 TOD/TOC>4.0，则水样中可能有较多的含 N、P 或 S 的有机物。

（7）生化需氧量　生化需氧量（BOD）是水体中的好氧微生物在一定温度下将水中有机物分解成无机质，这一特定时间内的氧化过程中所需要的溶解氧量，以 mg/L 表示。它是反映水中有机污染物含量的一个综合指标，长期以来作为一项环境监测指标被广泛使用。BOD 值越高，说明水中有机污染物质越多，污染也就越严重。

（8）化学需氧量　化学需氧量（COD）也称化学耗氧量或耗氧量，是在一定的条件下，采用一定的强氧化剂处理水样时所消耗的氧化剂量，它是表示水中还原性物质多少的一个指标。水中的还原性物质有各种有机物、亚硝酸盐、硫化物、亚铁盐等，但主要的是有机物。因此，化学需氧量又往往作为衡量水中有机物含量多少的指标。水样在一定条件下，以氧化 1L 水样中还原性物质所消耗的氧化剂的量为指标，折算成每升水样全部被氧化后，需要的氧的毫克数，以 mg/L 表示。化学需氧量越大，说明水体受有机物污染的状况越严重。随着测定水样中还原性物质以及测定方法的不同，其测定值也有不同。目前应用最普遍的是高锰酸钾氧化法和重铬酸钾氧化法。高锰酸钾氧化法的氧化率较低，但比较简便，在测定水样中有机物含量的相对比较值时可以采用。重铬酸钾氧化法的氧化率高，重现性好，适用于测定水样中有机物的总量。化学需氧量还可与生化需氧量比较，BOD/COD可反映水的生物降解能力。《GB 5749—2006 生活饮用水卫生标准》规定：生活饮用水的化学耗氧量（COD_{Mn} 法，以 O_2 计）限度为 3mg/L；当受水源限制，原水耗氧量大于 6mg/L 时，限度可放宽至 5mg/L。

（9）总氮与有机氮　水中的总氮（TN）含量是衡量水质的重要指标之一，其测定有助于评价水体被污染和自净状况。总氮的定义是水中各种形态无机氮和有机氮的总量，以每升水含氮毫克数计算。常被用来表示水体受营养物质污染的程度。当地表水中氮、磷物质超标时，微生物会大量繁殖，浮游生物生长旺盛并出现富营养化状态。

有机氮是表示水中蛋白质、氨基酸和尿素等含氮有机物总量的一个水质指标。有机氮是存在于有机化合物中的氮原子，这种形式的氮在土壤中很常见。

（10）有毒物指标与重金属　有毒物是指水中含有会危害人体健康和水体中的水生生物生长的某些物质，有毒物可分为无机有毒物和有机有毒物。对人体健康危害较大的有毒物质有氰化物、汞化物、甲基汞、砷化物、铜、铅和六价铬等，酚也是一种常见的有机有毒物。

重金属毒物是一种典型的有毒物，是指对人体具有毒性作用的重金属的总称，重金属原义是指比重大于 5 的金属，包括金、银、铜、铁、铅等，重金属在人体中累积达到一定程度，会造成慢性中毒。

重金属在自然界以单质或化合态形式存在，不同价态的重金属对人体的毒性不一，例如六价铬的毒性高于三价铬。重金属进入水系统、环境或生态系统后，会存留、积累或迁移，但不会消失。因此，重金属污染成为重要环境污染问题之一。《GB 5749—2006 生活饮用水卫生标准》规定：生活饮用水的典型重金属限度分别为砷 $10\mu g/L$，镉 $5\mu g/L$，六价铬 $50\mu g/L$，铅 $10\mu g/L$，汞 $1\mu g/L$。

1.1.2.3　水的生物指标

水的生物指标主要由细菌菌落总数、总大肠菌群与细菌内毒素等组成。

（1）细菌菌落总数　细菌菌落总数为需氧菌总数与厌氧菌总数之和，是评定水质污染程度的重要指标之一。细菌菌落总数是指在一定条件下（如需氧情况、营养条件、pH、培养温度和时间等）每克（每毫升）检样所生长出来的细菌菌落总数，按《GB 5750—2006 生活饮用水标准检验方法》规定，在需氧情况下，（36±1）℃培养 48h，能在普通营养琼脂平板上生长的细菌菌落总数。《GB 5749—2006 生活饮用水卫生标准》规定：生活饮用水的菌落总数限度为 100CFU/mL。需要注意的是，2020 版《中国药典》规定：纯化水与注射用水的需氧菌总数限度分别为 100CFU/mL 和 10CFU/100mL，其培养时间为不少于 5d，而非 48h。具体方法为：取本品不少于 1mL，经薄膜过滤法处理，采用 R2A 琼脂培养基，30～35℃培养不少于 5d。详细的检测方法可参见 2020 版《中国药典》四部中的通则"1105 非无菌产品微生物限度检查：微生物计数法"。

（2）总大肠菌群　大肠杆菌是人和温血动物肠道内普遍存在的细菌，是粪便中的主要菌种。总大肠菌群是作为粪便污染指标菌提出来的，主要是以该菌群的检出情况来表示水中是否有粪便污染。总大肠菌群数的多少，表明了被粪便污染的程度，也反映了对人体健康危害性的大小。

大肠菌群并非细菌学分类命名，而是卫生细菌领域的用语，它不代表某一个或某一属细菌，而指的是具有某些特性的一组与粪便污染有关的细菌，这些细菌在生化及血清学方面并非完全一致。一般认为该菌群细菌可包括大肠埃希菌、柠檬酸杆菌、产气克雷伯菌和阴沟肠杆菌等。总大肠菌群系指一群在 37℃ 培养 24h 能发酵乳酸、产酸产气、需氧和兼性厌氧的革兰阴性无芽孢杆菌，其测定方法有滤膜法和酶底物法。《GB 5749—2006 生活饮用水卫生标准》规定：生活饮用水的总大肠菌群、耐热大肠菌群与大肠埃希菌均不得检出，当水样检出总大肠菌群时，应进一步检验大肠埃希菌或耐热大肠菌群；水样未检出总大肠菌群，不必检验大肠埃希菌或耐热大肠菌群。

（3）细菌内毒素　细菌内毒素，是革兰阴性菌细胞壁上的特有结构。细菌内毒素为外源性致热原，它可激活中性粒细胞等，使之释放出一种内源性热原质，作用于体温调节中枢引起发热，细菌内毒素的主要化学成分为脂多糖。注射剂产品最为关心的是细菌内毒素指标，细菌内毒素超标可能会引发严重的热原反应。水系统中的细菌内毒素指标测试一般采用离线取样进行分析，细菌内毒素检查包括两种方法，即凝胶法和光度测定法。供试品在进行检测时，可使用其中任何一种方法进行试验，当测定结果有争议时，除另有规定外，以凝胶法结果为准。2020 版《中国药典》规定：注射用水的细菌内毒素指标需不高于 0.25EU/mL，详细的检测方法可参见 2020 版《中国药典》四部中的通则"1143　细菌内毒素检查法"。

1.1.3　水和蒸汽系统

制药用水系统和蒸汽系统是医药行业无菌生产工艺过程中一个非常重要的组成部分。制药用水是制药行业中被广泛使用的一种物质。它在药物活性成分（API）、中间体和制剂的生产、加工和配方中被广泛用作原料或起始物料，还被用于制备溶剂、试剂及清洁。制药用水因其极性和氢键的原因，具有独特的化学特性，它可以溶解、吸收、吸附或悬浮不同物质。这其中就可能包括有害的污染物，或是可与目标产品物质发生反应的物质，进而导致对健康的危害。因此，制药用水需要符合所需的质量标准，从而降低这些风险。

常见的制药用蒸汽系统为纯蒸汽系统。纯蒸汽是制药企业最重要的一种湿热灭菌和微生物负荷控制的介质，主要应用于制药用水系统、生物/发酵反应器、无菌级配液罐与管路系统、除菌级过滤器组等重要设备与系统的微生物负荷控制。用于湿热灭菌柜的纯蒸汽除需在液态下符合药典注射用水项下指标规定外，还需在气态下符合干燥度、过热度与不凝性气体含量的相关规定。

制药用水系统和蒸汽系统的设计、建造、调试、质量检验以及持续性能保证均面临着重大挑战，因为这些系统需要既符合 GMP 的要求，又要遵守所有其他法律法规、指南和内控标准。制药用水系统应经过设计确认、安装确认、运行确认和性能确认，并对系统的关键运行参数和运行范围、监控参数及范围，建立日常维护要求和制度，确认关键质量参数的警戒限度和行动限度。

在制药用水系统和蒸汽系统运行阶段，应定期评价系统的可靠性和稳定性，尤其需要重视季节变化对水系统产生的影响。应定期回顾和进行必要的再验证，确保制药用水的验证状态得以维持。制药用水系统和蒸汽系统应定期进行清洗与消毒，消毒可以采用热处理或化学处理等方法，采用的消毒方法以及化学处理后消毒剂的去除应经过验证。

制药用水系统的制备从系统设计、材料选择、组装、调试与确认、日程使用与维保均应符合 GMP 的要求。制药用水系统应经过验证，并建立必要的日常监控、检测和报告制度，必须有完善的原始记录备查。

从监管的角度和财务角度来看，制药用水系统和蒸汽的质量都至关重要。制药用水系统和蒸汽规格对系统的生命周期成本有重大影响。必须证明，可以连续生产和分配符合相关质量标准的制药用水和蒸汽，以达到期望的生产质量要求。

1.2 连续化生产

连续化生产（continuous manufacturing，CM）也被称作"连续制造"，是指规定时间内输入材料被连续地输入、转化，且加工后的产物可以被连续地从系统中移除的方法。连续化生产技术既可适用于单个的单元操作，也可适用于在生产过程中一系列的连续化单元操作，也就是说，连续化生产是一个综合性的方法，可以是单个步骤采用连续化，也可以是整个过程都连续化。连续化生产的时间可以由制药企业结合实际情况自行设定，例如 1h、8h、24h、30d，甚至 1 年。连续化生产可以提高生产效率和能力、缩短产品上市时间、最小化生命周期费用，降低维护费用、确保产品质量的一致性并提高生产的灵活性。连续化生产需重点关注特定或独特的科学和法规考虑因素，这些考虑因素包括过程动态、批次定义、控制策略、药物质量系统、放大、稳定性以及现有批量生产与连续生产的连接。

1.2.1 水生态循环

人类伟大规律的总结都来源于大自然的启发，中国的古代圣贤把它总结为"道法自然"。大自然的水生态循环就是一个永不停息的动态循环系统。在太阳辐射和地球引力的推动下，水在水圈内各组成部分之间不停地运动着，构成全球范围的海陆间大循环，并把各种水体连接起来，使得各种水体能够长期存在。海洋和陆地之间的水交换是这个循环的主线，其意义最重大。在太阳能的作用下，海洋表面的水蒸发到大气中形成水汽，水汽随大气环流运动，一部分进入陆地上空，在一定条件下形成雨雪等降水；大气降水到达地面后转化为地下水、土壤水和地表径流，地下径流和地表径流最终又回到海洋，由此形成淡水的动态循环。

地球的水循环系统是联系地球各圈和各种水体的"纽带"与"调节器"，它调节了地球各圈层之间的能量，对冷暖气候变化起到了重要的因素。水循环系统通过侵蚀、搬运和堆积，塑造了丰富多彩的地表形象；水循环也是地表物质迁移的强大动力和主要载体；更重要的是，通过水循环系统，海洋不断向陆地输送淡水，补充和更新新陆地上的淡水资源，从而使水变成了可再生资源。地球水循环是多环节的自然过程，全球性的水循环涉及蒸发、大气水分输送、冷凝降水降雪、地表水和地下水的过滤与循环，以及多种形式的水量蓄积（图1.1）。其中，降水、蒸发和径流是地球水循环过程的三个最主要环节，这三者构成的水循环途径，决定着全球的水量平衡，也决定着一个地区的水资源总量。

蒸发是水循环中最重要的环节之一。由蒸发产生的水汽进入大气并随大气活动而运动。大气中的水汽主要来自海洋，一部分还来自大陆表面的蒸发。大气层中水汽的循环是蒸发—凝结—降水—蒸发的周而复始的过程。海洋上空的水汽可被输送到陆地上空凝结降水，称为外来水汽降水；大陆上空的水汽直接凝结降水，称内部水汽降水。某一地区总降水量与外来水汽降水量的比值称该地的水分循环系数。全球的大气水分交换的周期为10d，在水循环中水汽输送是最活跃的环节之一。

径流是一个地区（流域）的降水量与蒸发量的差值。多年平均的大洋水量平衡方程为：蒸发量＝降水量－径流量；多年平均的陆地水量平衡方程是：降水量＝径流量＋蒸发量。但

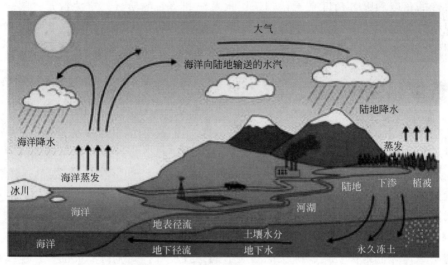

图 1.1 地球的水循环工厂

是，无论是海洋还是陆地，降水量和蒸发量的地理分布都是不均匀的，这种差异最明显的就是不同纬度的差异。例如，中国的水循环自然路径有太平洋、印度洋、南海、鄂霍次克海及内陆等 5 个水循环系统，它们是中国东南、华南、华南、东北及西北内陆的水汽来源，西北内陆地区还有盛行西风和气旋东移而来的少量大西洋水汽。陆地上（或一个流域内）发生的水循环是降水—地表和地下径流—蒸发的复杂过程。陆地上的大气降水、地表径流及地下径流之间的交换又称三水转化，流域径流是陆地水循环中最重要的现象之一。

地下水的运动主要与分子力、热力、重力及空隙性质有关，其运动是多维的。通过土壤和植被的蒸发、蒸腾向上运动成为大气水分；通过入渗向下运动可补给地下水；通过水平方向运动又可成为河湖水的一部分。地下水储量虽然很大，但却是经过长年累月甚至上千年蓄积而成的，水量交换周期很长，循环极其缓慢。地下水和地表水的相互转换是研究水量关系的主要内容之一，也是现代水资源计算的重要问题。

1.2.2　连续化生产

在制药工业领域，连续化生产技术已经被现代制药企业广泛采用，例如，西林瓶洗灌封生产线、缓冲液在线稀释系统、灌流式细胞培养装置与轧盖装置等。2019 年，美国食品药品管理局（FDA）出版了工业指南《连续化生产的质量考量》，其目的是更好地服务于药品生产工艺创新。如同用于计算机程序编制与测试开发领域的"V 模型"被引用到制药验证实施策略、用于药品开发领域的"质量源于设计"理念被引用到制药工程实施环节一样，连续化生产的现代科技理念也同样适用于散装饮用水系统、散装纯化水系统、散装注射用水系统和纯蒸汽系统。

在人类的工业化革命进程中，连续化生产技术已变革了许多行业的发展进程，例如，13世纪，高炉作为连续化生产技术的先驱，可以说是第一个连续化生产技术，被部署在欧洲生产生铁；18 世纪，英国的 Cromford 纺织厂是全球第一家连续化生产的工厂，同时，在整个工业革命期间，连续化生产扩展到了很多其他领域，包括造纸和钢铁制造等；20 世纪，人类将连续化生产的工艺控制应用于石油化工的批量生产，使生产连续进行，到目前为止，连续化生产在石化产品工厂中已得到超过 100 年的应用。

虽然全世界的很多行业都已经采用了非常成熟的连续化生产工艺，但近百年来，全球制药领域仍然坚定不移地致力于批量生产。尽管连续化生产在成本、工艺时间和质量方面可以获得优势，但整个制药行业对已验证工艺进行重大更改的态度都还十分保守。面对药物开发的复杂性和靶向治疗的迫切需求，在充分意识到全社会可以通过连续化生产过程提供更多的好处和创新药品后，21世纪初美国食品药品管理局（FDA）实现了率先行动：2002年8月，FDA宣布了21世纪的制药企业cGMP。在那次通告中，FDA解释了管理当局的目的是将质量系统和风险管理整合到现有体系中，以鼓励企业采用先进和创新的制造技术。cGMP规范和完善的现代质量系统所表达出来的价值观是：质量是产品不可或缺的一部分，仅仅依靠检测并不能确保产品质量。

2004年9月，FDA公布了关于过程分析技术（PAT）的工业指南《PAT——创新的药物开发、生产和质量保障框架体系》。过程分析技术定义为通过在生产过程中及时测量起始物料与过程物料以及工艺的关键质量与性能特性，并以确保成品质量为目标设计、分析与控制制造的系统。FDA在这份关于过程分析技术的指南中提到，连续化生产可以用于提高药品生产效率和管理可变性。在过程分析技术中，基于对产品质量的实时监控，可进一步加深对生产工艺的全面了解。借助严格的过程控制以及质量标准在所有生产过程中的完美集成，才能真正实现产品质量的稳定一致和合格。

2006年，一个由学术工程师、制药公司和设备制造商组成的联盟——罗格斯大学的结构有机颗粒系统中心（C-SOPS）为片剂的生产开设了一个过程开发实验室，成功研制了可以实现连续化生产的压片联合机。

2006年9月，FDA公布了关于cGMP质量体系的工业指南《制药企业cGMP规范的质量体系》，该指南的目的是帮助企业执行质量系统和风险管理方法，以满足管理当局对cGMP规范的要求；该指南描述了一个全面的质量系统模型。如果该模型得到贯彻执行，可使得企业建立和坚持与cGMP规范一致的、完善的、现代化质量系统。它同时也支持"关键路径计划"（critical path initiative，CPI）的目标，"关键路径计划"旨在加速创新医疗产品转化为上市产品，以满足患者较快获得更加安全有效治疗的需求。

2007年，麻省理工学院和诺华公司合作开发了第一个端到端的连续制药过程系统——NOVARTIS-MIT连续化生产中心。

2013年，葛兰素史克（GSK）承诺在新加坡开设连续化生产工厂，其他制药公司也纷纷效仿。

2015年，人类历史上第一个使用连续压片工艺制成的固体剂量药物，Vertex囊性纤维化治疗药物Orkambi，获得批准上市。

2017年7月7日，FDA公布了《21世纪治疗法案》实施计划，其中包括药品连续化生产的相关内容。该法案已于2016年由美国国会通过，内容长达近千页，不仅涉及FDA的监管改革，也涉及美国卫生与公众服务部（HHS）、国立卫生研究院（NIH）以及疾病预防与控制中心（CDC）等其他机构的改革事项。为贯彻实施该法案，FDA内部成立了《21世纪治疗法案》指导委员会，负责对法案中涉及FDA的条款进行系统梳理，以确保按法案规定的时限完成各项改革任务。FDA《21世纪治疗法案》实施计划中列出的工作任务共计79项，完成期限自2017年至2031年，但绝大多数任务要求在2017~2018年完成。目前，其中的部分任务FDA已经初步完成，如已发布了1003种无须审批即可上市的Ⅱ类医疗器械清单。

2019 年 2 月，FDA 颁布了关于连续化生产的工业指南《连续化生产的质量考量》。FDA 支持采用现代制造技术来提高产品的整体质量。FDA 认识到，连续化制药技术是一种新兴技术，能够实现药物现代化，并为整个行业与患者带来潜在的利益。例如，连续化生产可以通过使用步骤少、加工时间短的集成工艺来改进药品生产；并且比传统的技术需要更小的设备占地面积；可以进行后续开发〔例如，质量源于设计（QbD）及使用过程分析技术（PAT）和模型〕；实现实时产品质量监控，以及操作灵活，生产规模易于调节，可大可小，这方便适应不断变化的供应需求，这种操作灵活性同时也会减轻一些审批后的监管任务。因此，FDA 认为，在药品生产中采用连续化生产将提高药品的生产质量，降低生产成本，使得"患者有其药"的目标早日实现。该指南被称为"BHAG"，被业内形象地描述为"一个宏伟的、艰难的、大胆的目标。"

目前，全世界的制药企业都在关注连续化生产将给制药行业带来的潜在价值与影响。例如，杨森、礼来与辉瑞等公司，前后都已收到了 FDA 连续药物生产的批文。杨森的 Prezista 可以治疗艾滋病毒，礼来的 Verzenio 可以治疗乳腺癌和急性白血病，辉瑞的 Daurismo 可以治疗骨髓性白血病。美国大的制药公司要么已经进行连续化生产的试验，要么已经开始使用这项技术进行药物中间体或最终药物的生产。其中有几家公司在声明中对连续化生产技术充满激情。GSK 连续化生产技术的成功是对传统批次制造的挑战，该公司将会广泛使用连续化生产技术。杨森公司预测 70％的药物生产将可以采用连续化生产技术。

21 世纪被称为生命科学和生物技术的时代。生物制药行业在过去的 20 年间有了长足的发展，特别是疫苗类、抗体类和基因治疗类药物的销售额逐年攀升。目前，大部分生物制品是以"批次"或"分批次"的模式进行细胞培养和表达（图 1.2）。随着多个重磅原研生物药的专利到期，为了满足临床未及的需求和降低原研生物药的昂贵医疗费用，越来越多的制药企业进入生物类似药的开发领域。这进一步加剧了生物类似药的竞争，企业成本压力日益凸显。因此，越来越多的制药企业将上、下游工艺由批次生产向连续化生产转移，以此获得更高的生物药产量。

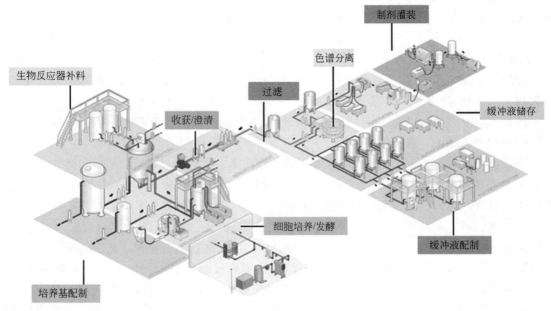

图 1.2　生物药典型工艺流程

以单抗产品为例。一份成本研究报告表明,单抗产品从批次转到连续化生产将会节省70%的生产成本投入。2017年11月2日,药明生物与颇尔公司宣布在上海创建联合实验室,携手开发完整的单克隆抗体连续化生产工艺。通过此次联合实验室的合作,药明生物计划近期将该工艺放大至500L规模,抗体生产成本则降至30～50美元/克;之后将放大到多个1000L规模,抗体生产成本便有望降低到15美元/克以下。

包括FDA、EMA和PMDA在内的监管部门都支持连续化生产工艺这种生产方式的革新,接受连续化生产的药物制品。监管部门认为,连续化生产的好处在于更少操作步骤的集成化生产过程,需要更少的设备和设施,同时这种新兴的技术适用QbD的工艺设计原则,有潜力提供更高的生产效率,有最大的灵活性。监管部门对于连续化生产工艺适用于现有的法规监管体系达成共识,对于连续化生产工艺没有特殊的法规要求。同时,FDA、EMA和PMDA等都有专门的新技术团队来鼓励和帮助新技术的实施和应用。2017年,FDA批准了几项连续化生产,正在积极推动医药行业接受这项新技术。FDA认为使用连续化生产技术可以降低生产中的人为差错,提高药品质量。

越来越多的制药公司都在尝试连续化生产,并且认为连续化生产对生物药品生产有诸多好处:首先,从上游开始的连续化生产工艺可节省占地空间、减少固定资产投入、提高单位时间生产效率;其次,模块化的操作集成一次性产品使得工艺灵活高效,可多地复制生产,符合不同地区的监管标准。抗体药物行业连续化生产的新技术从上游发酵贯穿到下游纯化至原液制备,现阶段已经可以应用在药物研发和生产的连续工艺技术主要包括连续灌流培养技术、连续细胞培养液澄清、连续化色谱技术、在线浓缩技术等。

(1) 连续灌流培养技术 连续灌流培养技术是指接种后新培养基的持续加入,含有产品的培养基持续收获,细胞截留装置将细胞保留在反应器中(图1.3)。相对于批次培养,灌流培养从根本上解决营养物耗竭和代谢副产物积累之间的矛盾,极大地提高培养过程中的细胞密度、延长培养周期,提高目的产品产量。凝血因子Ⅷ是第一个获得批准的采用灌注工艺生产的生物药物,生产周期达到185d,细胞密度和凝血因子Ⅷ产能与批次培养相比可提高30倍。按上述结果计算,一个100～500L的反应器就可达到批次培养3000～15000L反应器的生产能力,大大降低了对工厂规模的要求。Clincke等在10L的WAVE反应器中通过使用ATF截留系统培养CHO细胞,最大细胞密度达到了2.14×10^8mL,经过12d的培养,抗体浓度达到了3g/L。

连续灌流培养技术体系是一个复杂的体系,很多条件共同起作用,从而改善细胞培养效果,如合适的培养基、灌流策略以及截留方式等,其中生物反应器内的细胞截留方式是一个需要考虑的重要环节。当新鲜培养基持续补充的同时,含有代谢产物的旧培养基也需要不断地从反应器内移出,以保证培养体积和环境稳定。同时,在细胞密度不断增加时,需要相应地提高灌流速率来满足细胞对营养物质的快速消耗,普通的截留装置在高流速、高黏度的料液中极易发生堵塞,造成培养无法正常继续下去。目前,应用较多的分离技术有截留膜技术、中空纤维技术、连续化离心机技术及超声细胞分离技术。

通过连续灌流培养技术延长培养时间,可获得更高的细胞密度,增加蛋白质表达量,同时目的产物在生物反应器更短的滞留时间有利于维持产物的质量。在实际生产应用中,灌流工艺可以减小设备的尺寸和提高单位体积的产率,可将上游生产和下游纯化整合到一起,更有利于一次性技术平台的搭建,从而降低相应的设备及厂房固定资产投入。

(2) 连续细胞培养液澄清 连续细胞培养液澄清是连续化生产工艺中的关键步骤,目前主要的手段有连续化离心、切向流膜过滤和基于声学原理的分离方法。

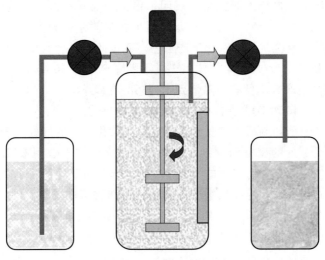

图 1.3 连续灌流培养示意

连续化离心能够有效地去除细胞和大细胞碎片，但是在离心过程中细胞可能会被破坏，在离心中许多亚微米大小的颗粒不能被去除，这样就增加了后续深度过滤的负担。

膜过滤技术一直被广泛应用于固液分离，但是膜堵塞一直是这项技术中存在的难点。切向流膜过滤技术通过引入切向的冲刷作用，实现了料液的长时间循环，从而被广泛运用于灌流工艺中。

基于声学分离原理，细胞培养液的澄清实现了一种全新的可放大的一次性技术，这种技术是使用低频声波产生一个贯穿流道的 3D 声波，当细胞进入串联的带有声波发生器的腔室，细胞及细胞碎片被声波作用捕获，然后细胞迁徙到驻波节点，并开始聚集在一起，最后聚集细胞由于浮力降低，在重力作用下从悬浮液中沉降下来，设备所滤出的物料即为澄清后的细胞培养液。这种声学原理澄清方式的成品产出量和离心方案相同，但解决了离心方案中占地空间需求高及清洁验证复杂的问题。同时，声学分离器滤出液浊度下降的同时也减少了二级澄清所需深层滤板及后续生物负荷控制过滤的过滤面积需求。

（3）连续化色谱技术　传统的下游纯化是以批次方式进行，产品的结合、洗脱等纯化操作都是在单一色谱柱中完成。填装后的柱床为避免产品过载，色谱介质的利用率仅为其静态载量的 50%～70%。为适应上游表达量的提升，通常会选择单柱多循环色谱。

应对上游灌流连续化生产和批次生产日益提高的表达量，下游的纯化方式也从批次向连续纯化转变。连续化色谱技术是使用一系列互相连接且显著变小的色谱柱，在短的接触时间内，以过载上样的方式进行样品纯化的生产方式。色谱柱在上样与非上样过程之间切换，每个上样过程包含两根色谱柱，以保证前上样柱在达到一定的样品流穿水平后及上样后冲洗过程中，流穿样品完全被后根色谱柱吸附，非上样色谱柱同时执行洗脱、清洗及平衡过程。上样与非上样步骤的同时进行可大幅缩短工艺时间，缩小设备规模并较少缓冲液用量。同时，连续色谱过载上样能提高介质的利用效率，小规模色谱柱短的接触时间能显著提高生产效率，更小的操作单元集成一次性技术使得连续色谱技术有极高的灵活性，与传统批处理相比，它可提高介质使用率 40%～60%；此外还可使产量提高两倍。另外，由于连续化色谱技术可以更快地纯化出活性大分子，该项技术也被应用于纯化相对不稳定的蛋白质，例如酶类或者重组凝血因子类蛋白质。连续色谱技术适用于不同的分离方式，在抗体纯化领域，已有供应商提供多柱位连续化色谱设备（图 1.4），可在同一台设备上同时进行阴、阳离子两步色谱操作，使得抗体产品下游纯化实现全过程的连续化生产。

图 1.4　多柱位连续化色谱设备

连续化色谱技术的应用可能还面临工艺上的几个难点：第一，如何自动化控制以满足整个生产周期中不稳定的上游料液变化；第二，如何保证层析填料能够在整个生产周期中保持稳定的分离效果；第三，如何有效实现无菌工艺。目前，生物制药行业已有药品生产企业应用连续层析技术生产的药品进行临床申报，赛诺菲也在研究该技术在疫苗领域中的应用。

（4）在线浓缩技术　在线浓缩技术又称为单向切向流过滤技术，特殊设计的膜包流路使得料液单向通过膜材可浓缩 4～6 倍。该连续化生产工艺的突出优势在于节省了每个单元操作间的大体积存储容器，减少了系统的死体积并提高了产品的回收率，最终节省了占地空间。在线浓缩装置在连续化生产过程中可用于细胞液澄清后的浓缩，减少色谱上样量，提高连续化色谱单位时间产率，较批次生产效率提高 5 倍以上。在线浓缩装置在连续化生产过程中还可用于最后原液产品的制备，两套在线浓缩装置串联使用，可最高达到 40 倍的连续浓缩效果。

连续化生产技术有多种实现方式，主要分为：上游到下游的全连续化生产模式，每一个单元间药液持续运行；端到端的连续化生产模式，进料和出料是连续化生产，中间操作单元可以是批次方式；杂合的连续化生产模式，部分生产工艺为连续，其他部分为批次形式。目前，全连续化生产所需的在线稀释、在线病毒灭活、在线洗滤等技术也在持续研发中，相信不久的将来将会实现完整的抗体等生物药物全连续化生产。

1.2.3　取样与检验

在制药企业生产车间的所有现场公用系统中，制药用水系统对最终产品的影响最大，因为存在潜在的动态变化，有时甚至是难以控制的质量波动，因此，需要严密监测以确保可接受性。取样和检验始终是 GMP 缺陷的沃土，《国际制药工程协会 良好实践指南：制药用水、蒸汽和工艺气体的取样》是有关如何实施取样程序，以帮助确保合规性的实用指南和良好参考。通常根据 PQ 中的结果来计划持续的取样（如完成 PQ 之后），并根据制药用水系统的风险级别，对频率进行调整。

制药用水系统的流程控制较为复杂，为了确保满足最终使用端的水符合质量标准，需要对水系统各个阶段进行有计划的取样和监测，并保证足够高的频率，以确保系统处于控制之下并连续生产出可接受质量的水。取样监测计划制定应基于设计、验证结果和风险评估，与取样监测的目的、对应的水的质量要求相适应，并有应有书面的流程。取样监测计划应定期回顾，评估取样位置、监测项目和监测频率是否合适。

取样监测流程中还应该规定非常规取样要求，比如对水系统实施改造后、日常维护维修后、发生偏差时。无论是在线检测，还是离线取样检测，都应确保不会给样品和系统带来额外的污染，而导致对系统的性能、运行状态、水质做出错误的判断。水样品的分析常常有两个目的，过程控制评估和最终使用的水质量控制评估。过程控制评估常常着重于系统内水的属性，质量控制评估主要与系统输送的不同用途的水有关。样品应取自处理和分配系统中有代表性的位置。比如在软化单元前后取样，重要的是要监测水的硬度以确认软化单元在正常工作；而在分配系统中的某个用水点取样，是为了监测使用的水的质量。

取样过程应制定有效措施防止样品造成污染，并防止样品之间发生交叉污染，取样的设置及操作要保证样品的代表性，应在程序中说明取样时系统运行的要求。例如，只在设备/系统消毒后或储罐再次注水时取样。对于用于过程控制评估目的的微生物样品的取样，应在专门设计的卫生阀门处取样，并可在取样前对阀门进行足够的冲洗；应保持固定的阀门开度，以一定的冲洗速率和固定的时间来冲洗阀门和连接处；应有额外的措施防止污染。

对于用水点的取样，要确保取样时样品转移的方式和取样用具与实际使用水的操作一致。例如，在生产使用中接软管，那么取样时必须经过软管后再取样。如果生产使用前要对水流出口进行消毒，那么取样前也要执行相同的操作。同时，取样操作也应避免额外污染样品。所取的样品如果不能立即处理，应存放在设定温度下，在规定时间内检测。样品存放的时间和条件必须经过验证后才可以接受，并在取样流程中定义。取样时应收集足够重复检测使用的化学样品，并有富余的样品留作备用，在第一份样品检测合格后可以丢弃。

（1）取样端口和用水点　取样中常见的难点是从系统中准确选取取样点位置。在水系统所有者没有区分功能的情况下，样品结果通常被视为基于质量控制（QC）的目的。进行取样的目的还包括过程控制（PC）和诊断测试等其他因素，应当制定一个取样程序，可以界定出特定取样点选取的原理，并可以与检查员进行讨论。通常，此取样程序还提供了各种参数在其位置处限度的书面证明。《国际制药工程协会 良好实践指南：制药用水、蒸汽和工艺气体的取样》提供了有关取样计划制定和实施的详细信息。

从用水点进行 QC 取样时，正确的取样过程是按照与生产使用的方式完全相同的方式从该输送管的末端取水，即与生产所用软管、出口消毒和冲洗方法相同（如有），再加上相同的流量计、相同的热交换器等。目的是精确复制生产所用水的质量。如果取样过程与常规的用水工艺不一致（例如，使用无菌软管进行取样但生产不是；或者在取样前大力冲洗而生产在用水前不冲洗的情况下），则样品的微生物计数不能正确反映出常规使用的水质，这种取样过程不符合 GMP 的 QC 取样要求。

（2）取样图和图表　有必要进行充分的控制，以确保制定并遵循取样计划。该计划应包括在哪些日期、对哪些出口进行取样的信息。此外，应该有可用的图纸显示出口的位置。准备设施中出口位置图及用于收集样品的最快捷路线图，可能是有帮助的，可以用作员工有效培训辅助材料和参考文件，并且可以简化检查员的检查。样品计划、工程图、地图和其他必要的样品信息，可以成为工厂取样 SOP 的一部分。

有时，正式的出口编号系统比较麻烦，可为取样员和相关数据建立更简单的唯一出口编号系统。如果可能的话，对于出口应该避免使用工程编号和实验室编号的两个标签进行标识。例如，当实验室编号出现在数据趋势中，而工程编号出现在工厂图纸上时，需要一个表格或图例来关联两组出口编号。最好在取样图和图纸中使用一组出口编号来消除歧义，在生成的数据和数据趋势上也使用这组编号。

（3）水样的微生物检测　必须注意确保已建立的检验符合药典的要求。如果采用了改编性检验程序的方法，则必须证明这些程序至少与药典描述的程序一样可靠。

《国际制药工程协会 良好实践指南：制药用水、蒸汽和工艺气体的取样》包含了对快速微生物检测在取样中的适用性进行全面讨论。快速微生物检测可以离线或在线进行，与需要数天才能计数的传统板计数法相比，在线快速微生物检测目前被用为过程控制工具/措施，以提供有关分配系统（非 POU）控制状态的更及时信息。在线过程控制的快速微生物检测方法可以快速识别微生物的突然上升，监测长期、缓慢的变化，这些变化很难通过平板计数观察到。

由于许多快速的技术具有破坏性，或者无法捕获微生物以进行进一步研究，从而无法鉴别检测到的微生物并确定细菌种类。而且，这些在线方法通常不在用水点放置。因此，在制药行业中，这些技术尚未用作药典水 QC 的参数放行工具/方法。确定存在的细菌种类，对于了解水系统是否适用于产品是至关重要的。例如，在一些非无菌液体产品应用中，皮氏罗尔斯顿菌可能被认为是有害的，而对于口服固体剂型，由于产品加工及其干燥通常会杀死该微生物，因此通常不认为它是有害的。

与制药用水电导率和总有机碳检测的发展历程一样，快速微生物检测技术为过程控制目的提供了巨大的价值。并且随着技术的发展，将来很有可能会成为有价值的 QC 工具。以下参考文件提供了有关于该技术及其部署期望的最新法规指南：USP ＜1223＞ "替代微生物方法的验证"；EP 第 5.1.6 章 "控制微生物质量的替代方法"；PDA "替代和快速微生物方法的评估、验证和实施"，第 33 号技术报告（2013 年修订），也可参见 2020 版《中国药典》中的通则 "9201　药品微生物检验替代方法验证指导原则"。

1.3 质量源于设计

1.3.1 发展历史

2002 年左右，美国制药业认为药品监管部门的管理，使企业在生产过程中没有丝毫的灵活性。FDA 也考虑给予制药业一定的自治性，但业界自治的前提是要让药品监管部门了解所希望了解的内容，包括产品质量属性、工艺对产品的影响、变量的来源、关键工艺参数的范围，即制药行业平时谈论的药品质量审评的内容。作为制药业，要对产品质量属性有清晰的理解，要对工艺进行深入的科学研究，要对质量风险有科学的评估。更重要的是，要把这些研究信息与药品监管部门共享，以增加药品监管部门的信心。但面对成千上万的药物管理文档（drug master file，DMF），FDA 药品审评人员是有限的，并且这些有限的人力资源要用在 cGMP 认证现场检查和突发事件处理上，因而，用于质量审评的人员数量就更加有限。为了协调各方面的矛盾，一种全新的监管理念应运而生，它有利于药品监管人员、企业界和患者的三方共赢，这就是"质量源于设计"（quality by design，QbD）。2005 年，美国制药业开始谈论 QbD。辉瑞、诺华、默克和礼来等制药公司开始尝试运用 QbD 进行药品的开发、注册与上市生产。2006 年，FDA 正式启动了 QbD。事实上，从 2005 年 7 月开始，FDA 招募了 9 个企业的 11 个项目进行 QbD 注册申报试点。

FDA 认为，QbD 是 cGMP 的基本组成部分，是科学的、基于风险的、全面主动的药物开发方法，是从药品概念到工业化的精心设计，是对产品属性、生产工艺与产品性能之间关系的透彻理解。具体地讲，药品的质量设计是以预先设定的目标产品质量概括（target product quality profile，TPQP）为研发的起点，在了解关键物料属性（critical material attribute，CMA）的基础上，通过试验设计（design of experiments，DoE），理解产品的关键质量属性（critical quality attribute，CQA），确立关键工艺参数（critical process parameter，CPP），在原料特性、工艺条件、环境等多个影响因素下，建立能满足产品性能的且工艺稳健的设计空间（design space），并根据设计空间，建立质量风险管理，确立质量控制策略和药品质量体系（product quality system，PQS），整个过程强调对产品和生产的认识。QbD 包括上市前的产品设计和工艺设计，以及上市后的工艺实施。

简单地说，QbD 就是在确定研究对象和想要达到目标的基础上，通过大量的处方筛选和工艺研究，找到影响处方和工艺的关键变量以及这些变量的变化范围，由此建立药品的质量体系。从数学角度上讲，QbD 是原料药、辅料、工艺和包装的函数，即原料药、辅料、工艺和包装都是自变量，药品质量是因变量。

传统意义的药品质量问题涉及多方面的问题，从流程上看，大致可分为研发、审评、生产和监管等单元。前两者是技术层面，可以理解为企业有能力生产出药品，且这种能力得到国家认可；后两者是操作层面，可以理解为企业可持续地生产出合格的药品，且经有关部门检验质量是合格的。可以看出，传统的药品质量的每个单元之间虽有一定的联系，但没有紧密结合起来。QbD 的出现则是将研发、审评、生产和监管等多个单元有机地整合起来，从根本上为提高药品质量奠定了科学基础，为药品监管提供了新的理念和手段。

根据 FDA 和 ICH 的相关文件，要想实施 QbD，首先需要了解一些 QbD 的相关核心内容。这些核心内容包括目标产品质量概括、关键质量属性和关键物料属性、关键工艺参数、设计空间和试验设计等。

（1）目标产品质量概括　确保药品安全、有效的质量特征概述。通俗地说，就是产品最终制定的质量标准。这种质量标准或质量目标可确保药品在生产时质量可控、在使用时安全有效。比如，对于血液制品而言，典型的目标产品质量概括一般包括成分、性状、适应证、用法用量等。如在静脉注射人免疫球蛋白中，人免疫球蛋白的蛋白含量应该不低于50g/L，IgG 分子单体加二聚体含量不低于 95%，IgG 四个亚类分布以及有无保护剂以及保护剂的剂量等。

（2）关键质量属性和关键物料属性　为了达到目标产品质量，物料的物理、化学、生物性质必须控制在一定范围内，或在一定范围内分布。例如，血液制品的物理性质一般包括蛋白质纯度、蛋白质含量、不溶性微粒、渗透压摩尔浓度、pH 等，生物性质包括 HBV、HCV、HIV 以及梅毒的病毒灭活检定、分子大小分布、抗补体活性、PKA 含量、热稳定性等；这些物质属性的了解过程，一般可称为处方前研究。通过处方前研究，可评估在不同的工艺中物质的稳定性，并进一步理解它对处方和工艺产生的影响。

（3）关键工艺参数　在一个工艺中，它可能是一个或多个工艺参数，其改变会对关键质量属性产生影响，因此，该关键工艺参数应予监控，以保证工艺能生产出符合预期质量的产品。如在血液制品的生产过程中，原料血浆的预融时间与处理方式，组分分离时 pH，电导率，乙醇浓度，助滤剂的浓度，超滤配置时的压力，温度，孵育培养时温度和时间，除菌分装时洗瓶，除菌过滤和分装等都属于关键工艺参数。

（4）设计空间　输入的变量（如物质属性等）和已被证明可提供质量保证的工艺参数的多维组合和相互作用。设计空间经 FDA 的批准后，若在该空间内工作或变动，可认为未发生变化。

（5）试验设计　一种结构化、组织化地确定影响工艺属性的变量之间关系的方法。当试验设计用于生产工艺时，变量可以是原材料属性，也可以是过程参数。

按照 QbD 概念开发的药品，从药品监管部门的角度上说，首先，监管部门可根据质量风险等级做出评估和明确的决定。通过前期处方和工艺的认知和研究，药品监管部门对质量控制过程中的风险来源与程度有了较为准确的把握。对风险过大的品种，药品监管部门在审批前期可给予密切的关注，并做出明确的决定。其次，极大地减少了监管部门的工作量，提高了办事效率。在传统的日常评审与监管中，由于处方或工艺变更带来的大量补充申请，耗费了药品监管部门大量的人力、物力和财力。而实施 QbD 后，药品监管部门对申报项目有了更深刻地了解，对设计空间内的操作变更有了更多的信心，可不再进行审批，实行更为宽松的"弹性监管"，切实地提高了监管效率。

从制药企业角度上说，虽然一个项目 QbD 的实施需企业投入大量的人力、物力和财力。要想得到稳健的处方和工艺，可能需试验数百至数千次处方与工艺，可能需数十个人组成团队才能在数年内完成。同时该项目涉及原料供应商、辅料供应商（包括包材供应商）、质量检验方、质量监督方、生产车间方、成本核算方等多方的协同运作，会耗费大量的时间、人力和财力。但是从长远来看，QbD 的实施有利于企业节约生产成本、提高生产收益和劳动效率。传统的生产中，由于没有经过合理科学的试验设计，没有确立关键工艺参数，没有建立设计空间，不合格产品在生产中时有发生，高额罚款和强制召回事件也频见报端。由于设备的改变、物料的变更、环境的差异以及生产人员的经验不同，造成产品批次间质量的不稳定，这些可能迫使企业需进行生产变更，变更后的工艺需向监管部门进行补充申请。实施 QbD 后，不合格产品少了、罚款没了、投诉少了，这些是企业期望的。此外，生产工艺的灵活性、质量管理的高水准，以及药品质量的高性能，为企业的市场竞争力增加砝码，为后续产品的开发增添指导性，为进一步开拓国际市场奠定夯实的基础，这些都也是企业期望的。

1.3.2　理念演变

"质量源于设计"（QbD）理念意味着药品从研发开始就要考虑最终产品的质量。制药用水是药品生产环节中的重要原辅料，理应遵循"质量源于设计"的开发理念，在配方设计、工艺路线确定、工艺参数选择、物料控制等各方面都要进行深入研究，积累翔实的数据，并依此确定最佳的产品配方和生产工艺。

根据这种理念上的改变，就要求药品质量监管的控制点要逐渐前移，从过去单纯依赖终产品检验，到对生产过程的控制，再到产品的设计和研究阶段的控制。简单讲，就是从源头上强化注册监管和药品质量参数设定，确保药品质量和安全，其发展认知经历了 3 个阶段。客观来讲，这 3 个阶段的演变与人类对药品质量影响因素的认识逐渐深入是密不可分的，是符合药品的研发规律的。

（1）第一阶段 "药品质量是通过检验来控制的"，即"检验控制质量"模式，是指在生产工艺固定的前提下，按其质量标准进行检验，合格后放行出厂。这种质量管理的理论缺陷主要体现在两个方面：其一，检验仅是一种事后的行为。一旦产品检验不合格，虽说可以避免劣质产品流入市场，但毕竟会给企业造成较大的损失。其二，每批药品的数量较大，检验时只能按比例抽取一定数量的样品，当药品的质量不均一时，受检样品的质量并不能完全反映整批药品的质量。对于制药用水而言，我国医药企业需要遵循《中国药典》的相关规定，通过 5 天的 R2A 琼脂培养基培养后才能得到微生物的活菌培养结果，一旦发生纯化水或注射用水的微生物限度超标，企业将蒙受极大的经济损失。

（2）第二阶段 "药品质量是通过生产过程控制来实现的"，即"生产控制质量"模式，是将药品质量控制的支撑点前移，结合生产环节来综合控制药品的质量。这一模式的关键是首先要保证药品的生产严格按照经过验证的工艺进行，然后再通过终产品的质量检验，能较好地控制药品的质量。这一模式抓住了影响药品质量的关键环节，综合控制药品的质量，比单纯依靠终产品检验的"检验控制质量"模式有了较大的进步。但是，"生产控制质量"模式并不能解决所有的问题。其不足之处在于，如果药品的研发阶段，该药品的生产工艺并没有经过充分的优化、筛选、验证，那么即使严格按照工艺生产，仍不能保证所生产药品的质量。例如，散装注射用水的药典项下检测项目设定，欧美药典只需要强制检测 3~6 项，而《中国药典》收载的水标准中强制检验项目多达 11 项，表 1.2 是《中国药典》与欧美药典的散装注射用水项下检测项目对比。

表 1.2　散装注射用水的质量检测项目对比

检测项目	《中国药典》(ChP) 2020 版 11 项指标	《欧洲药典》(EP) 10 版 6 项指标	《美国药典》USP 43 版 3+1 项指标
性状	强制检测	强制检测	NA[①]
pH/酸碱度	强制检测	NA	NA
氨	强制检测	NA	NA
不挥发物	强制检测	NA	NA
硝酸盐	强制检测	强制检测	NA
亚硝酸盐	强制检测	NA	NA
重金属	强制检测	NA	NA
总有机碳	强制检测	强制检测	强制检测
电导率	强制检测	强制检测	强制检测
细菌内毒素	强制检测	强制检测	强制检测
微生物限度	强制检测	强制检测	NA[②]

① 《美国国家处方集》（NF）对散装注射用水的性状有明确规定；
② 薄膜过滤的活菌平板计数法并不是 USP 的法定强制检测方法，USP 鼓励用户开发替代方法。
注：NA——非强制检测项。

（3）第三阶段 "药品质量是通过良好的设计而生产出来的"，即"设计控制质量"模式，是将药品质量控制的支撑点更进一步前移至药品的设计与研发阶段，消除因药品及其生产工艺设计不合理而可能对产品质量带来的不利影响。根据这一模式，在药品的设计与研发阶段，首先要进行全面的考虑，综合确定目标药品，然后通过充分的优化、筛选、验证，确定合理可行的生产工艺，最后再根据"生产控制质量"模式的要求进行生产与检验，从而比较全面地控制药品的质量。例如，随着全球过程分析技术的成熟与发展，快速微生物检测（RMM）已经实现了工业化应用，尤其是在电子/半导体等领域，已率先实现了 RMM 技术的应用与检测。美国水质委员会（Water Quality Committee，WQC），这个由默克、诺华、百特、罗氏、赛诺菲、辉瑞等多个知名制药企业组成的机构正在对在线微生物检测方法进行研究和推广，并且率先让 RMM 技术实践于自己的企业，以期待未来可以像检测无机物纯度和有机物纯度一样，通过 RMM 过程分析技术逐步取代实验室滞后的薄膜过滤的活菌平板计数法。

1.3.3 参数放行

无菌药品通常用于人体后直接进入血液循环，无菌药品的产品质量与患者的身体健康密切相关，全球范围内都已经开始普及"参数放行"（parametric release）来进行无菌药品的质量管理与控制。注射用水虽然并不是无菌产品，但其是无菌药品生产中最重要的一种原辅料。目前，我国对制药用水的质量控制主要通过最终产品的检验来完成，借鉴无菌药品的"参数放行"理念来进行散装纯化水与散装注射用水的质量管理与控制非常有意义，制药用水系统通过质量源于设计、参数放行理念与过程分析技术相结合，可有效实现全生命周期质量管理的最终目标。

1.3.3.1 参数放行的发展史

"参数放行"指的是在严格实施 GMP 体系的基础上，根据监控生产全过程所获得的信息，以及灭菌工艺验证的数据资料，对产品的无菌保障进行评价，以确认达到药典规定的无菌保障水平，从而替代成品无菌检查的放行系统。根据美国 FDA cGMP 21CFR211.167 中的定义，参数放行是一种替代对最终产品作无菌检查的无菌放行流程。欧洲质量组织（EOQ）规定参数放行的概念为：基于药品生产过程中采集的数据信息以及与 GMP 中参数放行的相关规定的符合程度，能够提供保证一批药品符合预定质量标准的放行系统。我国参考美国、欧盟等国家和组织的参数放行的原则要求，对参数放行的定义是：根据有效地控制、监测以及灭菌工艺验证的数据资料，对产品的无菌保证进行评价，以替代根据成品无菌检查结果的放行系统。

美国百特公司于 1980 年起开始研究"大输液参数放行"，以替代成品无菌检验的放行系统。1985 年 1 月，FDA 首次批准百特公司对其输液生产实行参数放行。1987 年，美国 FDA 正式颁布了参数放行法规指南 7132a.13，参数放行由此正式进入药品生产企业的 GMP 管理。自 20 世纪 80 年代起，经过 40 多年的不断完善，目前发达国家的药品监管部门已普遍接受了参数放行理念并付诸实践。美国、加拿大、澳大利亚等国家以及欧盟对参数放行的批准及日常监管内容和形式基本一致，都是在 cGMP 管理的基础上颁布参数放行指南和申报办法，由企业根据药品品种自愿提出申请。药品监管部门进行严格的资料审核和现场检查后，决定是否批准企业的申请。已获批准的药品如果发生重要因素的变更，如更换生产地址还须重新申请。批准后的日常监管除要求相关药品符合 GMP 管理以外，还必须符合专门的参数放行指南。

我国于 2005 年 3 月 1 日，下发了《关于开展药品参数放行试点工作的通知》，明确了我国药品生产过程中参数放行的地位和标准，批准无锡华瑞制药有限公司、广州百特医疗用品有限公司两家企业开始为期两年的参数放行试点，涉及的产品主要是采用湿热灭菌法灭菌的大容量注射剂。这标志着，在随验证之后，参数放行正式进入我国药品生产和质量的管理。

1.3.3.2 参数放行的优势

2001 年，欧洲 GMP 指南"附录 17　参数放行"中指出，由于无菌检验方法的统计学限制，最终产品的无菌检验只能提供一个发现无菌保证系统错误的机会。无菌药品的无菌特性并非依赖于最终的成品检验，而是取决于药品生产全过程中的严格的质量管理。无菌检查只能反映被检样品在实验条件下的"无菌"质量状况。无菌检验由于是一种破坏性试验，因此采用抽样检验的方法。假设一个灭菌批号的污染率为 5%，从该批抽取 20 个样品作无菌检查，按照二项分布定律，取不到污染样品的概率为 $P = 0.9520$，即此种无菌检查的误判率高达 36%。批产品的污染率越低，根据无菌检查结果来判定该批药品是否无菌的风险就越大。即使假设在检验过程中，抽到了污染品，仍不能排除由于污染菌水平低、试验方法不当，比如没有选用最佳培养条件等因素，导致无菌检查出现假阴性结果。此外，也不能排除另一种可能，就是有将已经发现的阳性结果当作"假阳性"进行复检从而错失检出污染品的机会。凭无菌检查法结果来判别批产品是否无菌，已经受到了越来越多的质疑。

美国于 1975 年在制药工业中率先引入了"相对无菌标准"的概念：对于最终灭菌产品，污染品存在概率不得超过百万分之一，即无菌保证值不低于 6（对于无菌灌装药品，无菌保证值不低于 3）。该标准于 1980 年被 USP 收载；20 世纪 80 年代后，也被 EP（2 版）所收载；也可参见 2020 版《中国药典》四部中的通则"1421　灭菌法"。显而易见，这个无菌保证值也是无法通过传统的无菌检验来得到的。

参数放行充分克服了单纯以抽样检验为手段的质量监管体系的缺陷。随着现代制药技术和质量控制方法的不断发展，尤其是微生物消毒与灭菌理论研究和过程分析技术手段的日臻成熟，如果在无菌产品生产过程中全过程质量控制得当，可以保证无菌产品的质量而不需再进行无菌检验。这就为参数放行理论与实践提供了广阔的伸展空间。

质量管理理论的发展使人们越来越深切地认识到，仅仅凭质量检验难以保证和提高产品质量，尤其是那些质量一旦产生问题就会产生严重后果的产品，如无菌药品和散装注射用水。全面质量管理理论认为：产品质量的优劣不仅依靠检验方法，更依靠设计开发、生产控制及物流管理等产品制造的所有环节。也就是说，质量来源于过程。药品生产的每一个过程和环节必然都会对药品的质量造成影响，而要保证和提高药品质量就必然需要从药品生产的所有环节和过程去考虑。GMP 的实质是在全面质量管理基础上的药品生产质量管理的规范控制，强调药品质量是生产出来的而不是检验出来的，要求对药品生产的每个环节和方面进行全方位管理。参数放行体现了药品质量控制以生产过程控制为重心的基本思想，将对无菌药品的质量控制从以前的"事后控制"转为"事前控制"和"事中控制"。实施参数放行不进行无菌检查并不是简单地取消无菌检查，而是强化生产过程的化学纯度与微生物控制，并利用对生产过程涉及的其他因素，如设施、设备、仪器运转等所形成的关键参数控制，来确保产品无菌。这个基于 GMP 管理理念的控制，比产品的最终检验更为科学、安全、可靠。国际上发达国家药品监管部门在 GMP 的实施中，已经认识到参数放行在质量管理中的优越性，普遍对参数放行给予认可和重视。参数放行过程控制既优于产品检验，更体现了 GMP 的精髓。

参数放行依赖于严密的工艺验证，包括严密的厂房设施和仪器设备验证、产品工艺过程监测所获得数据的回顾性验证，以及能够提供预期的质量保证的过程参数。参数放行实施过程中，关于灭菌过程的质量保证问题，常用的一个技术手段是"生物指示剂监控法"，就是将合适的一定量生物指示剂、培养基制成"监控用生物指示剂"样品，置于灭菌器腔室的冷点处随药品一起灭菌，同时严格对灭菌过程的各项参数进行监控，灭菌后将指示剂样品置于合适条件下培养。培养后若无微生物生长，且所监控各项参数符合要求，则表示产品灭菌完全。"生物指示剂监控法"既取代产品的无菌检查，消除实验操作及环境不当所造成的"假阳性"污染因素，更为重要的是，这种技术手段还充分体现了验证是"证明程序、过程、设备、物料、活动或系统确实能达到预期结果的有文件证明的一系列活动"的理念。由于验证活动的复杂性和多样性，极限实验比如挑战性试验在验证活动的实践中被广泛应用和发展，也就是指在正常设定的生产环境下，设想和设计出最差情况（工序允许条件的下限及上限），确认设备、设施、活动或程序即使在此条件下也能正常发挥作用，生产出正常产品，以此来考察设备、设施、活动或程序的稳定性。参数放行中的"生物指示剂监控法"不仅完整体现和印证了验证活动中的极限理论，而且对验证理论所需要的真实、同步、可比、可控、定量等因素，也进行了引申和扩展，对进一步完善验证的理论与实践有一定的指导意义。

1.3.3.3　参数放行的实施

为保证产品无菌而进行的整个管理和控制系统称为无菌保证系统，这个系统是实施参数放行的基础。对于最终灭菌产品来说，一个典型的无菌保证系统应包括以下组成部分：①产品设计，包括药品生产工艺（特别是灭菌程序）设计、原辅料以及生产过程所需设备与辅助条件设计；②关于起始物料和生产过程辅助条件（例如介质气体和润滑剂等）的微生物状况的相关信息及其控制；③生产过程中的污染控制，用于避免微生物进入药品和在药品中的繁殖，比如药品接触表面的清洁和卫生程序，在洁净室中进行操作以避免空气中的尘埃粒子污染的方法，生产工序时间限制的规定等；④避免无菌产品和非无菌产品批次之间混淆的措施；⑤保证产品密封完整性的措施；⑥灭菌过程；⑦放行审核；⑧其他，包括变更控制、培训、书面规程和预防性维护、误差分析、人为错误避免措施、验证和校验工作等。

对于放行审核，每一批产品放行之前要完成以下工作：所有预先设定的关于生产过程中使用的灭菌设备的维护措施和常规控制已经完成；所有的维修和纠正措施都经过指定的专业技术人员批准和认可；所有的监测仪器经过校验；灭菌设备经过最近一次的产品负载情况下的验证。同时，参数放行实施过程中，还需对关键因素进行控制，包括提高参与人员素质、提高生产环境的动态监控、加强对原辅包装材料供应商的质量审计、提高验证工作的质量与加强微生物监控等。

欧洲GMP指南附录17规定，一个完全的新药不适用参数放行。因为在一段合理的时期内，药品无菌检测数据是构成可接受标准的一个部分，而新药不具备这样完整、可靠的数据。但在有些情况下，当药品结构等方面只是进行了较小的变更，从无菌保证的观点来看，变更前药品获得的无菌检验数据已经存在且被认为是与新药相关时，该产品可以适用参数放行。《欧洲药典》中规定的灭菌方法中的湿热灭菌（蒸汽或热水）、干热灭菌和射线灭菌法可用于参数放行，但无论哪一种被许可的灭菌方法，在生产现场，都必须有相应的有较高学历、较深资历、较丰富经验并经过专门认定的工程技术人员或专家进行监督、管理和指导。无菌药品和非无菌药品生产，在同一个生产区域不能同时进行，并且即使不在同一个区域，也应当杜绝相互干扰的可能性。灭菌记录应至少经过两个独立的组织审核其是否符合规范要求，这两个审核的组织可以由两个人组成，也可以由一个经过验证的计算机系统加上指定的人员来构成。一旦参数放行被认可，一批产品是要放行还是要拒发，就依据企业已经批准的参数放行规则，如果企业生产状况与参数放行规则有所不符，那么就不能够被放行。

我国实施药品 GMP 已进入一个新阶段，虽然普遍推行参数放行的条件目前可能还不具备，但是江苏华瑞、广州百特等制药企业的实践给我们提供了宝贵的经验。参数放行系统是一个具有较成熟、完善、严格的药品质量、监控、控制放行实施系统，这个系统与 GMP 有相同点，也有区别。要求只有关键参数符合预设的一些标准以后，才能判定产品的合格并且放行，因此，它比 GMP 规范有更加严格和具体的要求，它是细化和可量化的，对生产准入条件要求更高，对人员素质、设备等一些关键参数，也有更严格的要求和准入标准。

制药用水采用饮用水为原料，经蒸馏、膜过滤、离子交换或其他合适的工艺纯化而得，其特征为无机物杂质、有机物杂质与微生物/细菌内毒素负荷含量极低，这使得制药行业可以通过现代工业的 QbD 开发原则，采用可定性定量分析的过程分析技术与参数放行理念来实现制药用水中各种可溶性杂质的高效、快速地检测。

基于质量源于设计、过程分析技术与参数放行理念给制药工业带来的潜在价值与现实回报，USP 在＜1231＞中有如下描述：这一相当彻底地改变是利用电导率属性以及允许在线测量的 TOC 属性，这是一个重大的哲学变革，使工业得以实现重大费用节省。可喜的是，《中国药典》已开始关注并应用过程分析技术与参数放行理念来实现制药用水的过程质量管控。例如，2010 版《中国药典》"纯化水"与"注射用水"各论标准中已经规定开展制药用水电导率测定法和制药用水总有机碳测定法。实际上，充分理解 USP 三步法测定电导率的真实意义后，现行版《中国药典》散装纯化水与散装注射用水的性状、酸碱度、氨、硝酸盐、亚硝酸盐、不挥发物与重金属等强制检测项均有望在未来调整为非强制检测项，其中，性状、酸碱度、氨与不挥发物本身就是欧美药典用于市场流通的灭菌纯化水等包装药典水的常规检测项。

第2章

制药用水的标准体系

从制药工艺岗位的使用角度来讲,生产工艺过程中用到的各种质量标准的水并非仅局限于药典收录的各种水,如果有特定的工艺需要特殊的非药典级别水,则必须在公司的质量体系内规定其质量标准,最低应符合药典中该剂型或工艺步骤所需制药用水级别相关的要求。据此,制药用水可分为药典水与非药典水两大类。

药典水是指被国家或国际组织收录到官方法典的制药用水,例如,《中国药典》收录了纯化水、注射用水和灭菌注射用水。非药典水特指未被官方药典收录,但可用于制药工艺生产的各种类型的水,例如饮用水、软化水、蒸馏水和反渗透水等。需要注意的是,非药典水至少要符合饮用水的要求,通常还需要进行其他的加工以符合相关工艺要求。因此,也可以将非药典水理解为高品质饮用水或高品质纯化水。非药典水会用其所制备的关键纯化工艺来命名,如反渗透水;也可以用水的特殊质量属性来命名,如低内毒素水。需要注意的是,非药典水并不意味着比药典水的质量更差,因为工艺需求的原因,非药典水可能不必符合所有的药典要求。实际上,如果应用需要,非药典水的水质甚至可以比药典水的质量更好。需要注意的是,2021版《WHO GMP:制药用水》在正式定稿版中,在"水质标准"章节删除了征求意见版中列入的"其他级别的水"小节,相当于 WHO GMP 只鼓励讨论饮用水、纯化水与注射用水的质量标准,这也是未来全球制药用水标准体系趋同化发展的一个具体表现。2021年3月,欧洲药典委员会在其第169次会议通过了修订后的凡例,拟取消"灭菌注射用水""纯化水"标准中无机物等化学测试,包括酸度或碱度、氯化物、硝酸盐、硫酸盐、铵、钙和镁的测试等。

常见的非药典水包括:①饮用水。为天然水经净化处理所得的水,其质量必须符合现行国家标准《生活饮用水卫生标准》,它是可用于制药工艺生产的最低标准的非药典水。饮用水可作为药材净制时的漂洗、制药用具的粗洗用水。除另有规定外,也可作为饮片的提取溶剂。②软化水。指饮用水经过去硬度处理纯化所得的水,软化处理被视为最终操作单元或最重要的操作单元,以降低通常由钙和镁等离子污染物造成的硬度,软化水可用于制药工艺中的洗手、洁具及 CIP 预冲洗等。③反渗透水。指将反渗透作为最终操作单元或最重要操作单元的水,反渗透属于纳米级过滤装置,具有良好的纯化过滤功能,可用于制备饮用水、软化水或电导率较低的纯水。④超滤水。指将超滤作为最终操作单元或最重要操作单元的水,与反渗透类似,超滤对 10nm 以上的杂质具有良好的纯化过滤功能,可用于制备高品质饮用水。⑤去离子水。指将离子去除或将离子交换过程作为最终操作单元或最重要操作单元的水，当去离子过程是特定的电法去离子时，则称为电法去离子水（EDI 水）。⑤实验室用水。指经过特殊加工的饮用水，使其符合实验室用水要求。⑥蒸馏水。指将蒸馏作为最终单元操作或最重要单元操作的水，在科研院所或大学实验室，蒸馏水是最常用的一种实验室用水。

通过合理的说明，非药典水也可应用到整个制药生产工艺中，包括人净洗手、生产设备的预清洗、实验室分析应用，以及作为原料药生产或合成的原辅料。需要注意的是，最终制剂的配制和包材终淋必须使用官方规定的药典水（纯化水或注射用水）。无论是药典水还是非药典水，用户均应制定适宜的微生物限度标准和/或细菌内毒素标准，应根据产品的用途、产品本身的性质以及对用户潜在的危害来评估微生物在药品生产环节的风险，制造商应根据所用制药用水的类型来制定适当的微生物限度警戒限和行动限，这些限度的制定应基于工艺要求及系统的历史记录和回顾分析。凡在《美国药典》专论中使用"水"一词而没有其他描述性形容词或从句的非药典水，其用意是使用纯度不低于纯化水的水。

《中国药典》规定：水是药物生产中用量大、使用广的一种辅料，用于生产过程和药物制剂的制备。欧盟和世界卫生组织（WHO）将制药用水中的杂质列为药品潜在杂质来源之一，制药用水管理的本质是控制水中的化学纯度与微生物负荷，并保持稳定。无论从 GMP和药典的角度来看，还是从 GEP 和经济的角度来看，制药用水和制药用蒸汽的质量标准都非常重要，以全生命周期质量管理原则出发，制药生产企业必须证明其所使用的制药用水与制药用蒸汽能始终如一地达到制药用水标准体系规定的质量标准。本章将重点介绍制药用水的标准体系，纯蒸汽的标准体系参见本书"第 7 章 纯蒸汽系统"的相关内容。

我国实施《药品生产质量管理规范（2010 年修订）》已有十余年时间，参考当前国际药典和相关国际组织对制药用水的技术要求，结合以基于风险的原则及我国制药用水和设备的整体状况，进一步健全制药用水标准体系，完善《中国药典》收载的通则"0261 制药用水"、药典水的分类与项下质量标准的设定，加强制药用水的源头和过程控制要求，推进先进、节能、环保的工艺设施的应用，提高制药用水的质量，对进一步保障药品的安全性具有非常重大的意义。

2.1 概述

制药用水通常作为原料、辅料或溶剂，不仅广泛应用于药品、药用辅料和药包材的生产过程，还大量应用于药物制剂的制备中。WHO 及各国药品监管机构均高度关注制药用水的技术指南及标准，近十年来，除我国现行制药用水相关文件和标准体系维持还在 2010 年的状态外，国外主要药品监管机构对于制药用水的技术指南及标准系统更新较快，相关标准体系的主要文件见表 2.1。

表 2.1　全球制药用水标准体系汇总

制药用水相关标准文件		状态
WHO	《WHO GMP：制药用水》	2021 年 3 月 29 日修订，现行有效
中国	《药品生产质量管理规范》及其附录	2010 年修订，现行有效
	《药品 GMP 指南：厂房设施与设备》	2010 年制定，现行有效
	《中国药典》	2020 年修订，2020 年 12 月 30 日生效，制药用水内容未修订

制药用水相关标准文件		状态
欧盟	《制药用水质量指南》	2020 年修订,2021 年 2 月 1 日生效
	《EU GMP 附录 1 无菌产品生产》	2020 年 2 月第二次征求意见
	《欧洲药典》	2020 年,10 版
美国	《高纯水系统检查指南》	1993 年 FDA 发布,之后一直未进行更新
	《美国药典》	2020 年,43 版
ISPE	*ISPE Baseline Volume4：Water and Steam Systems*	团体标准,2019 年修订,第 3 版
ASME	*ASME BPE*	团体标准,2019 年修订,2019 版

纵观中国与欧美制药用水的技术文件及标准体系,2020 年以来各有关机构关于制药用水的征求意见稿或正式颁布法规均注重了"监管法规与行业规范相结合,通用要求与标准规定相结合",这一指导方针有助于进一步落实企业主体责任,加强药品生产全过程管理,保障公众用药安全。

2.1.1 WHO 标准体系

2012 年,WHO 第 970 号技术报告在附件 2《WHO GMP:制药用水》中对制药用水提出了明确要求,具体内容如下:

① 水的一般原则。WHO GMP 重点关注水系统能否稳定、持续的生产符合预期质量的制药用水;水系统投入使用前需得到 QA 部门的批准;水系统的水源和制备得到的散装纯化水和散装注射用水中的电导率、总有机碳、微生物、细菌内毒素和一定的物理属性(如温度)需定期得到检测并将结果进行记录;使用化学消毒剂的系统,需要证明消毒剂已被完全去除。

② 水的质量标准 对饮用水、纯化水、高纯水、注射用水和其他级别的制药用水(如分析用水)的质量标准进行了明确的描述。

③ 提出了不同类型水在工艺和剂型中应用的指导原则,明确药监机构将确立各自工艺和剂型中制药用水的使用标准和原则,对制药用水的质量要求需考虑中间品或最终产品的特性,对高纯水有明确的技术说明,同时,纯蒸汽的冷凝水质量标准与注射用水质量标准一致。

④ 水纯化系统。饮用水、纯化水、高纯水和注射用水的纯化方法与一般原则应遵循 WHO GMP 的相关规定。

⑤ 水储存与分配系统。储存与分配系统是水系统的重要组成部分,所用材质需适用于各种质量的制药用水并保证不对水质产生负面影响。储存与分配系统需要设计良好的消毒或杀菌措施,以便有效控制微生物负荷。水温最好控制在 $70 \sim 80$℃为宜,$15 \sim 20$℃也是可被认可的。对于纯化水和注射用水储罐,需要安装卫生型呼吸器、压力监控和爆破装置,并具备有效缓冲能力,以满足连续运行和间歇生产的需求。应保持管道系统时刻处于湍流状态、避免系统出现死角($L < 3D$)、热消毒(温度大于 70℃)和化学消毒(臭氧,使用前去除)均是控制微生物负荷的有效方法。

⑥ 水系统运行时的考虑。需要有试车与调试工作,并完成工厂验收测试(FAT)和现

场验收测试（SAT），需要有验证计划并遵循设计确认（DQ）、安装确认（IQ）和运行确认（OQ）原则，性能确认（PQ）按三阶段法进行，需对系统进行持续监测，水系统应有良好的维护保养计划，定期对水系统进行检查和回顾。

⑦ 水系统的检查。制药用水系统要接受监管部门的检查。使用者应定期审核及自查供水系统。应保留记录。

2020 年 5 月 20 日，WHO 修订了自 2012 年起生效的制药用水指南，发布《WHO GMP：制药用水》征求意见草案（2020 版）。根据反馈意见，2020 年 7 月 30 日，WHO 发布了该指南草案的修订稿，用于二次征求意见。基于第二次征求意见收到的反馈，形成了最终版本，并已于 2021 年 3 月 29 日发布了第 55 届药物制剂规范专家委员会（ECSPP）会议技术报告 1033（TRS 1033），定稿了 2021 版《WHO GMP：制药用水》（表 2.2）。

表 2.2　2021 版《WHO GMP：制药用水》定稿过程

日期	活动说明
2020 年 2～4 月	根据第 54 次 WHO 药物制剂规范专家委员会(ECSPP)建议起草工作文件
2020 年 5 月	以邮件发出文件草案征求意见，包括给国际药典和药品专家顾问组(EAP)，并发布在 WHO 官网上公开征求意见
2020 年 6 月	整合所收到的意见，审核反馈，起草工作文件供讨论
2020 年 7 月 28～29 日	讨论工作文件和在非正式征求意见期间收到的筛选技术、实验室工具和药典质量标准方面反馈
2020 年 7 月	起草文件草案，用于下一轮公开征求意见
2020 年 8 月	邮件发送文件草案邀请提出建议，包括发给 EAP，并发布在 WHO 官网上进行第二轮征求意见
2020 年 9 月	整合所收到的意见，由参与虚拟会议的成员组成的小组进行审核。起草工作文件供讨论
2020 年 10 月 12～16 日	提交第 55 次 ECSPP 会议
2021 年 3 月 29 日	发布第 55 次 ECSPP 会议技术报告 1033(TRS 1033)，正式定稿

与《WHO GMP：制药用水》征求意见草案（2020 版）相比，2021 版《WHO GMP：制药用水》的主要修订变化包括：在"水质要求和使用背景"章节，WHO 对于减少与水的生产、储存和分配有关的风险方面的建议中，对措辞进行了修改，将上一版中"采取适当措施以防止（prevent）化学和微生物污染以及在适当情况下防止微生物繁殖和细菌内毒素的形成"改为了"采取适当措施以最大限度地减少（minimize）化学和微生物污染以及在适当情况下最大限度地减少微生物繁殖和细菌内毒素的形成。"在整个定稿指南内容中都对这方面的措辞进行了相应的修改。在"制药用水系统的一般原则"章节，更详细地说明了确认阶段的内容，"确认可能包括用户需求说明（URS）、工厂验收测试（FAT）、现场验收测试（SAT）以及安装确认（IQ）、运行确认（OQ）和性能确认（PQ）阶段。系统的放行和使用应获得质量部门的批准，例如，在确认和验证的适当阶段的质量保证（QA）。"在"水质标准"章节，删除了"其他级别的水"小节。在"水的分配"章节，增加了一个小节，水分配系统的"组件应加标识并贴标签。应指明水的流动方向。"在"持续系统监测"章节，指出"应研究不良趋势和超限结果的根本原因，然后采取适当的纠正预防措施。"定稿指南中，WHO 增加了对"散装注射用水（BWFI）发生微生物污染时鉴别微生物"的要求。

2021 版《WHO GMP：制药用水》强调：水的制备、储存与分配过程中对水质（包括微生物和化学质量）的控制，是一个重要关注点。与其他产品和工艺成分不同，水通常是来自一个按需运行的系统，在使用之前不会进行检测，也不会进行批放行，因此确保水质符合所需要求就至关重要了。2021 版《WHO GMP：制药用水》的主要修订和关注的内容包括：

① 强调了水的等级应与产品性质、用途、阶段相匹配。

② 描述水的质量标准时，引用了《欧洲药典》的相关内容。

③ 强调饮用水系统的设计、建造和调试要求通常由当地法规控制，用于制备药典水的饮用水系统通常不需要进行独立的确认或验证。

④ 强调结构材料应适当，它应该是非浸出、非吸附、非吸收和耐腐蚀的。通常建议使用 316L 等级的不锈钢材料或 PVDC 的非金属材料。法兰盘、连接头和阀门应该是卫生型设计。阀门应该是锻造隔膜阀或机加工阀体，其用水点结构便于排水。材料的选择应考虑到预期的消毒方法。

⑤ 不锈钢系统应进行轨道焊接，并在必要时进行手工焊接。材料之间的可焊接性应通过规定的过程证明保持焊接质量。应保留此类系统的文件，并且至少应包括焊工的资格、焊工的设置、工作阶段的试件（焊缝样品）、所用气体的质量证明、焊机校准记录、焊缝识别和加热编号，以及所有焊缝的记录。检查一定比例的焊缝的记录、照片或录像（例如 100% 手工焊，10% 自动轨道焊）。

⑥ 安装系统时应提高排水性，建议的最小坡度为 1%。

⑦ 应提供在线测量总有机碳、电导率和温度的措施。

⑧ 应研究不良趋势和超限结果的根本原因，然后采取适当的纠正预防措施。散装注射用水发生微生物污染时应鉴别微生物的种类。

2.1.2　中国标准体系

2.1.2.1　《中国药典》

2020 年 7 月，国家药品监督管理局、国家卫生健康委发布公告，正式颁布 2020 年版《中华人民共和国药典》（简称"2020 版《中国药典》"）。2020 版《中国药典》二部收录了纯化水、注射用水与灭菌注射用水共计 3 种药典水及其相关项下指标；四部收录了"0261　制药用水"。

2020 版《中国药典》关于制药用水的规定描述可以参见通则"0261　制药用水"，具体如下：

0261　制药用水

水是药物生产中用量大、使用广的一种辅料，用于生产过程和药物制剂的制备。

本版药典中所收载的制药用水，因其使用的范围不同而分为饮用水、纯化水、注射用水和灭菌注射用水。一般应根据各生产工序或使用目的与要求选用适宜的制药用水。药品生产企业应确保制药用水的质量符合预期用途的要求。

制药用水的原水通常为饮用水。

制药用水的制备从系统设计、材质选择、制备过程、贮存、分配和使用均应符合药品生产质量管理规范的要求。

制水系统应经过验证，并建立日常监控、检测和报告制度，有完善的原始记录备查。

制药用水系统应定期进行清洗与消毒，消毒可以采用热处理或化学处理等方法。采用的消毒方法以及化学处理后消毒剂的去除应经过验证。

饮用水　为天然水经净化处理所得的水，其质量必须符合现行中华人民共和国国家标准《生活饮用水卫生标准》。饮用水可作为药材净制时的漂洗、制药用具的粗洗用水。除另有规定外，也可作为饮片的提取溶剂。

纯化水 为饮用水经蒸馏法、离子交换法、反渗透法或其他适宜的方法制备的制药用水。不含任何附加剂，其质量应符合纯化水项下的规定。

纯化水可作为配制普通药物制剂用的溶剂或试验用水；可作为中药注射剂、滴眼剂等灭菌制剂所用饮片的提取溶剂；口服、外用制剂配制用溶剂或稀释剂；非灭菌制剂用器具的精洗用水。也用作非灭菌制剂所用饮片的提取溶剂。纯化水不得用于注射剂的配制与稀释。

纯化水有多种制备方法，应严格监测各生产环节，防止微生物污染。

注射用水 为纯化水经蒸馏所得的水，应符合细菌内毒素试验要求。注射用水必须在防止细菌内毒素产生的设计条件下生产、贮藏及分装。其质量应符合注射用水项下的规定。

注射用水可作为配制注射剂、滴眼剂等的溶剂或稀释剂及容器的精洗。

为保证注射用水的质量，应减少原水中的细菌内毒素，监控蒸馏法制备注射用水的各生产环节，并防止微生物的污染。应定期清洗与消毒注射用水系统。注射用水的储存方式和静态储存期限应经过验证确保水质符合质量要求，例如可以在80℃以上保温或70℃以上保温循环或4℃以下的状态下存放。

灭菌注射用水 为注射用水按照注射剂生产工艺制备所得。不含任何添加剂。主要用于注射用灭菌粉末的溶剂或注射剂的稀释剂。其质量应符合灭菌注射用水项下的规定。

灭菌注射用水灌装规格应与临床需要相适应，避免大规格、多次使用造成的污染。

2020版《中国药典》在制药用水的相关规定上并没有做出突破性的变化：①纯化水仅收录了散装类型，没有收录包装类型；②纯化水与注射用水的强制检测项中仍包含性状、酸碱度/pH、氨、不挥发物、硝酸盐、亚硝酸盐与重金属；③注射用水的制备原水仍维持为纯化水，且制备工艺仍维持为只允许蒸馏法。

自2020年下半年开始，中国医药设备工程协会在"2020版中国药典《制药用水0261通则（修订）》"课题工作的基础上，继续组织多家国内外制药企业进行广泛的调研，分别于2020年12月、2021年3月和2021年4月，在上海、曲阜和常州组织召开了"制药用水技术文件及标准体系研讨会"，并于2021年5月的北京制药用水专项会议上形成了《制药用水标准体系的行业共识（征求意见稿）》。可喜的是，我国相关政府主管部门也已高度重视中国制药用水法规和标准体系的更新进展，国家药典委员会于2021年7月13日组织召开了制药用水专项工作2021年第一次会议，标志着我国制药用水法规和标准体系的下一阶段更新工作已正式展开。

2.1.2.2 中国GMP及配套指南

GMP（2010修订）强调企业需采用全生命周期质量管理理念来实现制药用水系统的管理，纯化水、注射用水的制备、储存和分配应当能够防止微生物的孳生，取消了对制药用水运行温度的强制约束；另外，GMP（2010修订）建议采用便于趋势分析的方法保存数据，如制药用水的电导率、总有机碳、运行温度和微生物计数等，强调过程分析技术与数据记录等方法的重要性，强调调试与确认等文件系统的法规符合性。与此同时，《GB 50913—2013医药工艺用水系统设计规范》与《药品GMP实施指南（2010版）　水系统》等行业标准也为中国制药用水系统的设计、建造、调试、验证与维护提供了技术参考与法规建议。

GMP（2010修订）在"第五章　设备"中对制药用水有如下的明确规定：

第九十六条　制药用水应当适合其用途，并符合《中华人民共和国药典》的质量标准及相关要求。制药用水至少应当采用饮用水。

第九十七条　水处理设备及其输送系统的设计、安装、运行和维护应当确保制药用水达到设定的质量标准。水处理设备的运行不得超出其设计能力。

第九十八条 纯化水、注射用水储罐和输送管道所用材料应当无毒、耐腐蚀；储罐的通气口应当安装不脱落纤维的疏水性除菌滤器；管道的设计和安装应当避免死角、盲管。

第九十九条 纯化水、注射用水的制备、储存和分配应当能够防止微生物的孳生。纯化水可采用循环，注射用水可采用70℃以上保温循环。

第一百条 应当对制药用水及原水的水质进行定期监测，并有相应的记录。

第一百零一条 应当按照操作规程对纯化水、注射用水管道进行清洗消毒，并有相关记录。发现制药用水微生物污染达到警戒限度、纠偏限度时应当按照操作规程处理。

在GMP（2010修订）"附录1 无菌药品"中，对制药用水的要求如下：

第四十条 关键设备，如灭菌柜、空气净化系统和工艺用水系统等，应当经过确认，并进行计划性维护，经批准方可使用。

第四十九条 无菌原料药精制、无菌药品配制、直接接触药品的包装材料和器具等最终清洗、A/B级洁净区内消毒剂和清洁剂配制的用水应当符合注射用水的质量标准。

第五十条 必要时，应当定期监测制药用水的细菌内毒素，保存监测结果及所采取纠偏措施的相关记录。

在GMP（2010修订）"附录2 原料药"中，对制药用水的要求如下：

第十一条 非无菌原料药精制工艺用水应至少符合纯化水的质量标准。

在GMP（2010修订）"附录5 中药制剂"中，对制药用水的要求如下：

第三十三条 中药材洗涤、浸润、提取用工艺用水的质量标准不得低于饮用水标准，无菌制剂的提取用工艺用水应采用纯化水。

2.1.3 欧盟标准体系

2.1.3.1 《欧洲药典》

欧洲药品质量管理局缩写EDQM，是《欧洲药典》的编写机构，主要职责是组织和管理有关药典的编辑、修改和升级工作，包括对《欧洲药典》的细化的工作程序和工作中采纳的总体政策进行决策，对药典专论和通则的内容、修改或压缩进行评价，批准专家组和工作伙伴推荐等，EDQM可以签发关于原料药的COS证书，并组织欧盟成员国的GMP检查官员到原料药或药品生产厂家进行现场检查，检查涉及药典标准的执行和按照GMP生产的考察。

《欧洲药典》（EP）为欧洲药品质量检测的唯一指导文献，所有药品和药用底物的生产厂家在欧洲范围内推销和使用的过程中，必须遵循《欧洲药典》的质量标准。《欧洲药典》10版为最新版《欧洲药典》，于2020年1月生效。

2.1.3.2 欧盟GMP及配套指南

欧洲药品管理局（EMA）是位于英国伦敦的欧盟药品管理机构。EMA与EDQM、WHO、ICH一起执行与实施共同的GMP标准和质量标准。

2014年8月13日，欧盟在其官方网站上发布了新修订的《欧盟药品生产质量管理规范》（EU GMP）第一部分"药品基本要求"中的第三章"厂房与设备"、第五章"生产"和

第八章"投诉、质量缺陷与产品召回"。这三章已于 2015 年 3 月 1 日实施。其中,"厂房与设备""生产"两章均对制药设施及药品生产过程中的交叉污染提出了更加严格的要求。EU GMP 在第一部分第三章的第 3.43 条规定:应根据书面程序对蒸馏水、去离子水和其他类型水的输送管道进行消毒,书面规程应描述微生物污染的超标限度和应采取的措施。

2014 年 9 月 1 日正式实施的 EU GMP 第二部分"原料药"在第四章"厂房与设备"的 4.3 中规定:原料药生产中使用的水应当证明适用于其预期的用途;除非另有说明,工艺用水最低限度应符合 WHO 饮用水质量指南;如果饮用水不足以确保原料的质量,并要求更为严格的化学纯度和/或微生物限度标准,应当指定合适的物理/化学属性、微生物总数、不良微生物和/或细菌内毒素的规格标准;如果工艺用水由生产商处理以达到规定的质量,则应对处理过程进行验证和监测,并规定适当的行动限制;当非无菌原料药生产商计划或声称其适合用于进一步加工生产无菌药品(药用的)时,最终分离和纯化工序中使用的水应当进行微生物总数、不良微生物和细菌内毒素的监测与控制。

2020 年 2 月,欧盟发布了《EU GMP 附录 1 无菌产品生产》进一步草案。2020 年的《EU GMP 附录 1 无菌产品生产》最新征求意见稿关于制药用水的主要关注内容包括:

① 不再强调注射用水由纯化水制备而得,而是满足经过确认的标准(符合官方标准的饮用水或纯化水),修改是因为第一轮反馈意见认为强调"注射用水由纯化水制备而得"与全世界许多药典的要求不符。

② 注射用水的生产应使用符合验证过程中规定的规范,并以使微生物孳生风险最小化的方式(例如,通过在 70℃以上的温度持续循环)来存储和分配。如果注射用水是通过蒸馏以外的方法生产时,则应考虑将诸如纳滤、超滤以及电法去离子(EDI)的其他技术与反渗透(RO)膜结合使用。

③ 注射用水系统应包括连续监测系统,如总有机碳和电导率(除非另有理由),因为这些系统可能比离散采样更好地显示整体系统性能。传感器位置应基于风险和鉴定结果。

④ 用作直接灭菌剂的蒸汽应具有适当的质量,不应含有可能导致产品或设备污染的添加剂。对于提供用于对物料或产品接触表面进行直接灭菌的纯蒸汽的纯蒸汽发生器(例如,多孔的硬质高压灭菌器),蒸汽冷凝物应符合相关药典注射用水的最新标准。应制定适当的采样时间表,以确保定期获取有代表性的纯蒸汽样品进行分析。用于灭菌的纯蒸汽质量的其他方面应定期根据已验证的参数进行评估。这些参数应包括以下内容:不凝性气体、干燥度和过热度。

2020 年 7 月,EMA 发布了新版《制药用水质量指南》并于 2021 年 2 月 1 日已正式生效,该指南将取代 EMA 对制药用水质量使用了近二十年历史的《制药用水质量指南说明》(CPMP/QWP/158/01 EMEA/CVMP/115/01)和 CPMP《注射疫苗生产用水质量立场声明》(EMEA/CPMP/BWP/1571/02 REV.1)。该指南修改和解读如下:

① 更新当前对生产用于人用和兽用的活性物质和药品的最低可接受水质的期望。

② 反映《欧洲药典》的变化,包括修订的注射用水专论,允许使用除蒸馏以外的方法来生产可注射质量的水,并进行了大量细微的更改。

③ 在该指南中,为 3 种等级的水设定了质量标准:注射用水(0169)、纯化水(0008)和提取用水(0765)。需要注意的是,高纯水已经从《欧洲药典》删除,新增了用于草药提取的提取用水。EMA 还指出,饮用水虽然没有被药典专论所涵盖,但它"是生产药典级水的规定来源水"。

④ 指南本身就用于不同用途和应用的水的最低可接受质量提出了建议，包括生产无菌药品和非无菌药品，活性物质以及用于清洗和冲洗设备以及药品容器/盖的水。

⑤ 该指南适用于人用和兽用活性物质的生产，以及先进治疗药物（ATMP），对于新的上市许可申请和现有许可的变更，应符合该指南。"在相关的情况下，本指南的原则也可适用于研究性医药产品"。

2.1.4 美国标准体系

2.1.4.1 《美国药典-国家处方集》

《美国药典-国家处方集》（USP-NF）由美国药典委员会编辑出版。截至 2020 年，《美国药典/国家处方集》的最新版是 USP43-NF38。

《美国药典》是指导生产美国国内消费药品的生产指南。《美国药典》收录了很多关于制药用水的质量、纯度、包装和贴签的详细标准，其中收录了散装类型的药典水，包括纯化水、血液透析用水、散装注射用水、纯蒸汽；另外，《美国药典》还收录了包装类型的药典水，包括抑菌注射用水、灭菌吸入用水、灭菌注射用水、灭菌冲洗用水和灭菌纯化水。

2.1.4.2 美国 cGMP 及配套指南

FDA cGMP 是美国对食品、营养补充剂和药品生产操作的法定标准。cGMP 的各个具体标准是根据具体产品类型而定的，其内容包括厂房建设、人事要求、卫生条件以及生产、质量管理和记录等，对此标准的监督与实施由 FDA 来执行。《美国联邦法规》（CFR）将发表在"联邦公报"的一般性和永久性法规集合成册的法规典籍。CFR 的法规涵盖各方面主题，其中第 21 篇"食品与药品"是 FDA 管理食品和药品的主要法规依据，该篇有 9 卷、3 章、共 1499 部。

美国 FDA cGMP 的正文描述中并没有太多关于制药用水的直接要求，涉及制药用水的设计要求也非常少。美国 FDA cGMP 要求"接触药品成分、工艺原料或药物产品的表面不应与物料发生反应、附着或吸附而改变药物的安全、均一性、强度、质量或纯度"。如下内容是美国 FDA cGMP 对于制药用水系统的一些默认要求：排放口需满足空气阻断的要求；制药用水用热交换器需采用防止交叉污染的双板管式热交换器；储罐需安装呼吸器；需要有日常维护计划；需要有清洗和消毒的书面规程并保有记录；需要有制药用水系统标准操作规程。

美国 FDA 自 1993 年发布《高纯水系统检查指南》后，一直未做过更新。进入 21 世纪后，在 FDA 官方注释下，美国制药企业更多地参考官方合作的团体标准来指导水与蒸汽系统的设计与实施。其主要包括《国际制药工程协会 基准指南 第 4 卷：水和蒸汽系统》和《美国机械工程师协会 生物加工设备》等。

（1）cGMP 指南——《高纯水系统检查指南》 高纯水系统是每个制药企业必不可少的一部分。水的质量常常影响药物研究及生产过程中的各个重要环节，其对控制药物产品质量起着至关重要的作用，水系统自然也成为 FDA 现场检查时关注的重点。其中水样的检测结果、汇总数据、调查报告和其他数据、打印的系统图纸以及相关 SOP 都是 FDA 检查员关注的重点，从高纯水系统的设计到日常操作及维护都有很多事情需要企业工作人员高度注意。

《高纯水系统检查指南》主要从微生物的角度，讨论并评估了原料药与制剂生产过程中用到的高纯水系统。本指南还探讨了不同类型的水系统设计，以及与这些系统相关的问题。与其他指南一样，本指南不具备排他性，只是提供了高纯水系统审核和评估的背景信息和指导。1993 年执行的《药品质量控制微生物实验室检查指南》也提供了相关的指导信息。《高纯度水系统检查指南》对制药用水的一些关键性要求如下：要求死角最少；要求注射用水回路的用水点处无过滤器（特殊用途除外）；大多数注射用水分配系统管道材质为 316L 不锈钢；热交换器采用双端板设计或采用压差监测；要求储罐采用呼吸器，防止外界污染；管道坡度需符合要求；使用卫生型密封泵；静止保存时 24h 内使用；生产无菌药品时，最后冲洗用水质量需达到注射用水标准；纯蒸汽中不含挥发性添加物。

（2）团体标准——《国际制药工程协会 基准指南 第 4 卷：水和蒸汽系统》　国际制药工程协会（ISPE）创立于 1980 年，是致力于培训制药领域专家并提升制药行业水准的世界最大的非盈利组织之一。

《国际制药工程协会 基准指南 第 4 卷：水和蒸汽系统》，属于 FDA 合作框架下的团体标准。该指南主要是为了调控适应美国国内市场，并遵循美国标准。欧洲和其他非美国标准可能在将来的修订版中合并。目前，该指南最新版是 2019 年修订的第三版。

该指南用于设计、建造和运行新建的水和蒸汽系统，它既不是一个标准，也不是一个详细的设计指南。水和蒸汽系统的调试和确认工作可参见《国际制药工程协会 基准指南 第 5 卷：调试和确认》。该指南将目的集中在工程问题上，并提供了水和蒸汽系统的有效成本管理。在包含非工程问题（例如，微生物问题）的地方，也包含这些信息，来强调在水和蒸汽系统设计方面出现的问题及其影响的重要性，因此，并不是广泛包含这些非工程问题，同时，在许有技术输入的地方，应当征求 QA 部门和技术专家的建议。

（3）团体标准——《美国机械工程师协会 生物加工设备》　由美国机械工程师协会（ASME）发布的规范《美国机械工程师协会 生物加工设备》（简称 ASME BPE）是全球范围内唯一的生物医药生产设备标准，ASME BPE 在 1997 年首次出版，旨在保证制药、生物制药和个人护理行业产品生产所使用的生产设备能够达到统一的、可以接受的质量水平，这些行业都有严格的卫生要求，特别是卫生型管件、接头及配件，一般均采用 ASME BPE。目前，该国际标准已经被 30 多个国家认可，最新版是 2019 年修订的 ASME BPE。

ASME BPE 是针对生物过程设备的建造规范，具体涵盖的生物过程设备包括压力设备、管线和管件；涵盖了系统的设计和制造，设备及管线的设计、材料、制造、加工、检查、测试和认证等环节。其中压力设备制造中比较多的引用了 ASME 第Ⅷ卷，工艺管线则引用了 B31.3，所以在执行 ASME BPE 的同时，要结合其所引用相关的 ASME 压力容器及管路的建造标准，而这些建造标准又引用了其他的规范，如材料引用 ASME 的材料规范（第Ⅱ卷）和 ASTM 材料标准，焊接引用了 ASME 的焊接规范（第Ⅸ卷）以及无损探伤引用了 ASME 无损探伤规范（第Ⅴ卷）的标准，这些文件和 ASME BPE 一起形成了生物过程设备的规范体系。关于水和蒸汽系统的相关内容可参见 ASME BPE 的 SD-4 章节"洁净公用工程"。

2.2 制药用水的药典标准

药典是一个国家/地区记载药品标准与规格的官方法典，一般由国家/地区的药品监督管理局主持编纂、颁布实施，国际性药典则由公认的国际组织或有关国家协商编订。至 20 世纪 90 年代初，世界上至少已有 38 个国家编订了国家药典，另外还有 3 种区域性药典及 WHO 编订的《国际药典》。

关于制药用水的药典标准发展主要历史如下。

1820 年，《美国药典》第一版的纯化水与注射用水均采用传统的理化浓度测试法，Ca^{2+}、SO_4^{2-}、CO_2、NH_3、Cl^-、pH 和易氧化物均被列入了药典散装纯化水与散装注射用水的强制检测项，传统理化浓度测试法的关键质量属性设定原则在美国持续了一百多年。

1989 年，随着过程分析技术的不断成熟，美国药品研究和制造商协会（PhRMA）主张在不影响水质的前提下，寻求改进水的检测方法，美国水质委员会（WQC）成立。

1991 年，在美国水质委员会的组织下，《美国药典》等相关方开始研究氯离子与铵离子的电导率模型，科学论证过程分析技术用于关键质量属性的参数放行。

1996 年 5 月，USP 23 增补 5 删除了 5 个化学纯度检测项（Ca^{2+}、SO_4^{2-}、CO_2、NH_3、Cl^-），增加对纯化水和注射用水进行电导率（<645>）与总有机碳（<643>）的测定。

1998 年 11 月，USP 23 增补 8 删除了 pH 测定与易氧化物法。事实证明，如果通过了电导率测试，pH 测试肯定能通过。

1998～2000 年，《欧洲药典》删除了大部分化学测试项，收录制药用水的电导率测定法，注射用水要求采用总有机碳测定法。

2002 年，《美国药典》《欧洲药典》与《日本药局方》同意开始对制药用水的部分内容进行协调统一，《欧洲药典》收录了高纯水。

2004 年 7 月，《欧洲药典》修订了电导率限度，收录血液透析用水。

2005 年，《美国药典》纯蒸汽专论生效，部分灭菌药典水的化学测定被电导率测定法替代；《日本药局方》执行类似于 USP 通则<645>与<643>的测定，保留了化学测试项。

2008 年，《美国药典》修订包装水专论，弥补了包装药典水的漏洞。

2009 年，USP 通则<645>与<643>进行了十年来的第一次重大修订。

2010 年，《中国药典》鼓励"质量源于设计"与采用过程分析技术的原则来实现制药用水的参数放行，收录了两个通则"0681　制药用水电导率测定法"与"0682　制药用水中总有机碳测定法"，保留了化学测试项。

2010～2013 年，USP 中透析用水专论和通则的重要更新，收录新的通则<644>溶液的电导率（步骤 4），更新通则<645>与<643>，总有机碳测定法作为易氧化物测试的替代方法应用于几种灭菌药典水中。

2018 年 8 月，USP 中修订版通则<1231>正式生效。

2018 年至今，研究实验室分析中易氧化物法与总有机碳测定法的等效性，协调分析用水命名的统一。

2019 年，《欧洲药典》删除了高纯水，新增了用于草药提取的提取用水。

2.2.1 药典标准对比

药典包括散装与制剂两种形式的水质量标准。各国药典对制药用水通常有不同的定义、不同的用途规定。从包装形式角度来讲，制药用水主要分为散装水与包装水两大类，以饮用水为例，符合官方标准的市政自来水就属于一种典型的散装饮用水，而市售的瓶装矿泉水就属于一种典型的包装饮用水。散装药典水特指制药生产企业按相关生产工艺自制的符合药典要求的制药用水，例如，《中国药典》认可的散装药典水包括纯化水和注射用水；《欧洲药典》认可的散装药典水包括散装纯化水、提取用水和散装注射用水；《美国药典》认可的散装药典水包括纯化水、血液透析用水和注射用水等。包装药典水也称成品水，特指按制药工艺生产的合药典要求的包装成品水，例如，《中国药典》收录了灭菌注射用水；《欧洲药典》收录了包装纯化水和灭菌注射用水等；《美国药典》收录了抑菌注射用水、灭菌吸入用水、灭菌注射用水、灭菌冲洗用水和灭菌纯化水等多种包装药典水（表2.3）。

表 2.3　药典收录通用技术要求及各类制药用水

药典标准	通用技术要求	品种	
		散装药典水	包装药典水
《中国药典》	0261　制药用水	纯化水 注射用水	灭菌注射用水
《欧洲药典》	—	散装纯化水 提取用水 散装注射用水	包装纯化水 灭菌注射用水
《美国药典》	＜1231＞	纯化水 血液透析用水 注射用水	抑菌注射用水 灭菌吸入用水 灭菌注射用水 灭菌冲洗用水 灭菌纯化水

　　下面以散装纯化水和散装注射用水为例对比各药典标准。散装纯化水应满足相关药典质量标准中的化学和微生物纯度要求。散装纯化水应至少采用饮用水作为原水。任何经过确认的恰当纯化技术，或组合技术均可用于制备散装纯化水，例如蒸馏、离子交换、RO、RO/EDI和超滤等技术。离子交换、RO与超滤等常温纯化系统对微生物污染尤其敏感，特别是当设备在低水量或无水并处于静止状态时，应规定定期消毒（例如，基于从系统验证和系统行为中收集的数据）和采取其他控制措施防止和降低微生物污染。每个纯化单元的消毒方法都应该是适当的和有效的，如果使用化学试剂进行消毒，则应验证其去除效果。应根据对系统的了解和数据趋势分析，制定散装纯化水适当的微生物行动限和警戒限。应保护散装纯化水不受到再次污染，不会有微生物快速孳生。表2.4列出了最新版《中国药典》《欧洲药典》与《美国药典》关于散装纯化水的不同质量标准。

表 2.4　散装纯化水的质量标准对比

项目	《中国药典》2020版	《欧洲药典》10版	《美国药典》43版
制备方法	纯化水为符合官方标准的饮用水[①]经蒸馏法、离子交换法、反渗透法或其他适宜的方法制备的制药用水	散装纯化水为符合官方标准的饮用水经蒸馏法、离子交换法、反渗透法或其他适宜的方法制备的制药用水	制备纯化水的水源或给水的最低质量是美国环境保护署、欧盟、日本或世界卫生组织规定的饮用水，经蒸馏法、离子交换法、反渗透法、过滤或其他适宜的方法制备
性状	无色的澄清液体、无臭	无色的澄清液体[②]	—
pH/酸碱度	酸碱度符合要求	—	—
氨	≤0.3 μg/mL	—	—
不挥发物	≤1mg/100mL	—	—
硝酸盐	≤0.06 μg/mL	≤0.2 μg/mL[②]	—
亚硝酸盐	≤0.02 μg/mL	—	—

项目	《中国药典》2020 版	《欧洲药典》10 版	《美国药典》43 版
重金属	≤0.1 μg/mL	—	—
铝盐		用于生产渗析液时,需控制此项目不高于 10μg/L	—
易氧化物	符合规定[③]	符合规定[③]	
总有机碳	≤0.5mg/L[③] 通则 0682	≤0.5 mg/L[③]	≤0.5 mg/L USP＜643＞
电导率	符合规定(一步法测定/内插法) 通则 0681	符合规定(三步法测定/元素杂质风险评估,二选一)	符合规定(三步法测定)[④] USP＜645＞
细菌内毒素	—	用于生产渗析液时,需控制此项目不高于 0.25IU/mL	—
微生物限度	需氧菌总数≤100CFU/mL	需氧菌总数≤100CFU/mL	菌落总数≤100CFU/mL[⑤]

① 参见《GB 5749—2006 生活饮用水卫生标准》。

② 《欧洲药典》规定:散装纯化水的电导率不符合散装注射用水(0619)规定时,则根据 5.20 章节进行元素杂质风险评估。

③ 纯化水 TOC 检测法和易氧化物检测法两项可选做一项。

④ 《美国药典》规定:散装纯化水的电导率需符合散装注射用水 USP＜645＞规定。

⑤ 薄膜过滤的活菌平板计数法并不是《美国药典》的法定强制检测方法,《美国药典》鼓励用户开发替代方法。

散装注射用水应满足相关药典标准中的化学和微生物纯度要求(包括细菌内毒素)。散装注射用水为药典级制药用水的最高质量标准。散装注射用水不是无菌水,不是最终制剂,它是中间状态的散装产品,适合用作制剂的成分。散装注射用水可采用蒸馏工艺作为最后纯化步骤,亦可考虑联合采用单级/双级 RO 系统,并配合去离子、电法去离子、纳滤、超滤、水软化、除垢、预过滤和脱气、紫外处理等技术。散装注射用水应有适当的行动和警戒限,还应使其受保护并不受到再次污染,不会有微生物的快速孳生。表 2.5 列出了最新版《中国药典》《欧洲药典》与《美国药典》关于散装注射用水的不同质量标准。

表 2.5 散装注射用水的质量标准对比

项目	《中国药典》2020 版	《欧洲药典》10 版	《美国药典》43 版
制备方法	注射用水为纯化水经蒸馏所得的水	散装注射用水是从符合国家机构设定的饮用水规定的水源或从纯化水制备的。制备方法可以是: - 通过在一套设备中蒸馏来制备,该设备与水接触的部件应该是中性的玻璃、石英或适合的金属,安装了有效的装置来防止液滴夹带 - 通过一个等同于蒸馏的纯化工艺来制备。采用一级反渗透或两级反渗透装置组合适当的其他技术,例如电法去离子(EDI)、超滤或纳滤。生产商在实施之前要知会监管机构	制备注射用水的水源或给水的最低质量是美国环境保护署、欧盟、日本或世界卫生组织规定的饮用水。可对水源水进行处理,使其适合后续的最终纯化步骤,如蒸馏(或根据专论使用的任何其他有效方法)
性状	无色的澄明液体、无臭	无色的澄明液体	—[①]
pH/酸碱度	5.0~7.0	—	—
氨	≤0.2 μg/mL	—	—
不挥发物	≤1mg/100mL	—	—

项目	《中国药典》2020 版	《欧洲药典》10 版	《美国药典》43 版
硝酸盐	≤0.06 μg/mL	≤0.2 μg/mL	—
亚硝酸盐	≤0.02 μg/mL	—	—
重金属	≤0.1 μg/mL	—	—
铝盐	—	—	—
易氧化物	—	—	—
总有机碳	≤0.5mg/L 通则 0682	≤0.5mg/L	≤0.5mg/L USP<643>
电导率	符合规定 （三步法测定） 通则 0681	符合规定 （三步法测定）	符合规定 （三步法测定） USP<645>
细菌内毒素	<0.25EU/mL	<0.25IU/mL	0.25EU/mL [2]
微生物限度	需氧菌总数≤10CFU/100mL	需氧菌总数≤10CFU/100mL	菌落总数≤10CFU/100mL [3]

① 在 USP-NF 通则"相对溶解度描述"中，注射用水的 NF 类为溶剂，制药用水；清澈，无色，无味的液体。

② 商业用途的散装注射用水。

③ 薄膜过滤的活菌平板计数法并不是《美国药典》的法定强制检测方法，《美国药典》鼓励用户开发替代方法。

2.2.2 《中国药典》

《中国药典》鼓励采用过程分析技术来实现制药用水的参数放行，收录了通则"0681 制药用水电导率测定法"与"0682 制药用水中总有机碳测定法"。

2020 版《中国药典》中所收载的制药用水，因其使用的范围不同而分为饮用水、纯化水、注射用水和灭菌注射用水。一般应根据各生产工序或使用目的与要求选用适宜的制药用水。药品生产企业应确保制药用水的质量符合预期用途的要求。制药用水的原水通常为饮用水。

（1）饮用水 为天然水经净化处理所得的水，其质量必须符合《GB 5749 生活饮用水卫生标准》。饮用水可作为药材净制时的漂洗、制药用具的粗洗用水。除另有规定外，也可作为饮片的提取溶剂。

（2）纯化水 2020 版《中国药典》收录的纯化水属于散装类型的药典水，其质量应符合二部中关于纯化水的相关规定。纯化水可作为配制普通药物制剂用的溶剂或实验用水；可作为中药注射剂、滴眼剂等灭菌制剂所用药材的提取溶剂；口服、外用制剂配制用溶剂或稀释剂；非灭菌制剂用器具的精洗用水；也可用作为非灭菌制剂所用药材的提取溶剂。纯化水不得用于注射剂的配制与稀释。纯化水制备中应严格监测各生产环节、防止微生物污染、确保用水点的水质。2020 版《中国药典》关于纯化水的质量标准见下：

纯化水

Chunhuashui

Purified Water

H_2O　18.02

本品为饮用水经蒸馏法、离子交换法、反渗透法或其他适宜的方法制得的制药用水，不含任何添加剂。

【性状】 本品为无色的澄清液体；无臭。

【检查】 酸碱度 取本品 10mL，加甲基红指示液 2 滴，不得显红色；另取 10mL，加溴麝香草酚蓝指示液 5 滴，不得显蓝色。

硝酸盐 取本品 5mL 置试管中，于冰浴中冷却，加 10％氯化钾溶液 0.4mL 与 0.1％二苯胺硫酸溶液 0.1mL，摇匀，缓缓滴加硫酸 5mL，摇匀，将试管于 50℃水浴中放置 15 分钟，溶液产生的蓝色与标准硝酸盐溶液 [取硝酸钾 0.163g，加水溶解并稀释至 100mL，摇匀，精密量取 1mL，加水稀释成 100mL，再精密量取 10mL，加水稀释成 100mL，摇匀，即得（每 1mL 相当于 $1\mu g\ NO_3$）] 0.3mL，加无硝酸盐的水 4.7mL，用同一方法处理后的颜色比较，不得更深（0.000006％）。

亚硝酸盐 取本品 10mL，置纳氏管中，加对氨基苯磺酰胺的稀盐酸溶液（1→100）1mL 与盐酸萘乙二胺溶液（0.1→100）1mL，产生的粉红色，与标准亚硝酸盐溶液 [取亚硝酸钾 0.750g（按干燥品计算），加水溶解，稀释至 100mL，摇匀，精密量取 1mL，加水稀释成 100mL，再精密量取 1mL，加水稀释成 50mL，摇匀，即得（每 1mL 相当于 $1\mu g\ NO_2$）] 0.2mL，加无亚硝酸盐的水 9.8mL，用同一方法处理后的颜色比较，不得更深（0.000002％）。

氨 取本品 50mL，加碱性碘化汞钾试液 2mL，放置 15 分钟；如显色，与氯化铵溶液（取氯化铵 31.5mg，加无氨水适量使溶解并稀释成 1000mL）1.5mL，加无氨水 48mL 与碱性碘化汞钾试液 2mL 制成的对照液比较，不得更深（0.00003％）。

电导率 应符合规定（通则 0681）。

总有机碳 不得过 0.50mg/L（通则 0682）。

易氧化物 取本品 100mL，加稀硫酸 10mL，煮沸后，加高锰酸钾滴定液（0.02mol/L）0.10mL，再煮沸 10 分钟，粉红色不得完全消失。

以上总有机碳和易氧化物两项可选做一项。

不挥发物 取本品 100mL，置 105℃恒重的蒸发皿中，在水浴上蒸干，并在 105℃干燥至恒重，遗留残渣不得过 1mg。

重金属 取本品 100mL，加水 19mL，蒸发至 20mL，放冷，加醋酸盐缓冲液（pH 3.5）2mL 与水适量使成 25mL，加硫代乙酰胺试液 2mL，摇匀，放置 2 分钟，与标准铅溶液，1.0mL 加水 19mL 用同一方法处理后的颜色比较，不得更深（0.00001％）。

微生物限度 取本品不少于 1mL，经薄膜过滤法处理，采用 R2A 琼脂培养基，30～35℃培养不少于 5 天，依法检查（通则 1105），1mL 供试品中需氧菌总数不得过 100CFU。

R2A 琼脂培养基处方及制备

酵母浸出粉	0.5g
蛋白胨	0.5g
酪蛋白水解物	0.5g
葡萄糖	0.5g
可溶性淀粉	0.5g
磷酸氢二钾	0.3g
无水硫酸镁	0.024g
丙酮酸钠	0.3g
琼脂	15g
纯化水	1000mL

除葡萄糖、琼脂外，取上述成分，混合，微温溶解，调节 pH 值使加热后在 25℃的 pH 值为 7.2±0.2，加入琼脂，加热溶化后，再加入葡萄糖，摇匀，分装，灭菌。

R2A 琼脂培养基适用性检查试验 照非无菌产品微生物限度检查：微生物计数法（通

则 1105）中"计数培养基适用性检查"的胰酪大豆胨琼脂培养基的适用性检查方法进行，试验菌株为铜绿假单胞菌和枯草芽孢杆菌。应符合规定。

【类别】 溶剂、稀释剂。

【贮藏】 密闭保存。

（3）注射用水 2020 版《中国药典》收录的注射用水属于散装类型的药典水，其质量应符合二部中关于注射用水的相关规定，注射用水必须在抑制细菌内毒素产生的条件下制备、储存与分配。注射用水可作为配制注射剂、滴眼剂等无菌剂型的溶剂或稀释剂，以及容器的精洗。为保证注射用水的质量，应减少原水中的细菌内毒素，监控蒸馏法制备注射用水的各生产环节并防止微生物的污染，应定期清洗与消毒注射用水系统。注射用水的储存方式应经过验证，确保水质符合质量要求，例如，推荐用户在 70℃ 以上保温循环。2020 版《中国药典》关于注射用水的质量标准见下：

注射用水

Zhusheyong Shui

Water for Injection

本品为纯化水经蒸馏所得的水。

【性状】 本品为无色的澄明液体；无臭。

【检查】 **pH 值** 取本品 100mL，加饱和氯化钾溶液 0.3mL，依法测定（通则 0631），pH 值应为 5.0～7.0。

氨 取本品 50mL，照纯化水项下的方法检查，但对照用氯化铵溶液改为 1.0mL，应符合规定（0.000 02%）。

硝酸盐与亚硝酸盐、电导率、总有机碳、不挥发物与重金属 照纯化水项下的方法检查，应符合规定。

细菌内毒素 取本品，依法检查（通则 1143），每 1mL 中含细菌内毒素的量应小于 0.25EU。

微生物限度 取本品不少于 100mL，经薄膜过滤法处理，采用 R2A 琼脂培养基，30～35℃ 培养不少于 5 天，依法检查（通则 1105），100mL 供试品中需氧菌总数不得过 10CFU。

R2A 琼脂培养基处方、制备及适用性检查试验照纯化水项下的方法检查，应符合规定。

【类别】 溶剂。

【贮藏】 密闭保存。

（4）灭菌注射用水 2020 版《中国药典》收录的灭菌注射用水属于包装类型的药典水，其质量应符合二部中关于灭菌注射用水的相关规定，《中国药典》灭菌注射用水不含任何添加剂，主要用于注射用灭菌粉末的溶剂或注射剂的稀释剂。灭菌注射用水灌装规格应适应临床需要，避免大规格、多次使用造成的污染。2020 版《中国药典》关于灭菌注射用水的质量标准见下：

灭菌注射用水

Miejun Zhusheyong Shui

Sterile Water for Injection

本品为注射用水照注射剂生产工艺制备所得。

【性状】　本品为无色的澄明液体；无臭。

【检查】　**pH 值**　取本品 100mL，加饱和氯化钾溶液 0.3mL，依法测定（通则 0631），pH 值应为 5.0～7.0。

氯化物、硫酸盐与钙盐　取本品，分置三支试管中，每管各 50mL，第一管中加硝酸 5 滴与硝酸银试液 1mL，第二管中加氯化钡试液 5mL，第三管中加草酸铵试液 2mL，均不得发生浑浊。

二氧化碳　取本品 25mL，置 50mL 具塞量筒中，加氢氧化钙试液 25mL，密塞振摇，放置，1 小时内不得发生浑浊。

易氧化物　取本品 100mL，加稀硫酸 10mL，煮沸后，加高锰酸钾滴定液（0.02mol/L）0.10mL，再煮沸 10 分钟，粉红色不得完全消失。

硝酸盐与亚硝酸盐、氨、电导率、不挥发物、重金属与细菌内毒素　照注射用水项下的方法检查，应符合规定。

其他应符合注射剂项下有关的各项规定（通则 0102）。

【类别】　溶剂、冲洗剂。

【规格】　（1）1mL（2）2mL（3）3mL（4）5mL（5）10mL（6）20mL（7）50mL（8）500mL（9）1000mL（10）3000mL（冲洗用）

【贮藏】　密闭保存。

2.2.3　《欧洲药典》

长期以来，欧洲制药企业在生产注射用水时一直被局限于蒸馏法。2016 年 3 月 15～16 日，在法国斯特拉斯堡举行的第 154 次会议期间，欧洲药典委员会采纳了对于注射用水专论的一个修订（0169），该修订允许采用相当于蒸馏的纯化工艺，如反渗透法、再加上适当的 EDI、超滤与纳滤等技术来生产注射用水。修订版的注射用水专论（0169）还指出，采用非蒸馏技术生产注射用水要求在实施前通知该制造商的监管部门。注射用水专论（0169）的修订是与利益相关者进行广泛协商的结果，这一结果基于欧洲药品质量管理局在 2010 年 3 月进行的对使用非蒸馏技术生产注射用水数据收集的调研结果以及在 2011 年 3 月组织的针对"注射用水-膜系统的潜在生产用途"的欧洲药品质量管理局专家组的调研结果。允许采用蒸馏或经证明与蒸馏法相当或高于蒸馏的纯化工艺，以及在反渗透后进行超滤生产注射用水的技术变革，拉近了《欧洲药典》与《美国药典》《日本药局方》在制备工艺方面的距离。

任何用于生产注射用水的非蒸馏技术应该在质量上等同于通过蒸馏法生产注射用水，此处质量上的等同不仅仅是指符合同一个质量标准，而是要考虑到该生产方法的稳定性。为此，修订中的《EU GMP　附录 1　无菌药品生产》中涵盖了关于允许非蒸馏法制备注射用水的内容，《EU GMP　附录 1　无菌药品生产》征求意见稿的意见收集截止时间为 2020 年 7 月 20 日。为了保证当修订后的注射用水专项在生效时有必要的指南可用，欧洲药品管理局的 GMP/GMDP 检查员工作组的 Q&A 文件也已经完成。修订版的注射用水专论（0169）已于《欧洲药典》的补充内容 EP9.1 中出版，并在 2017 年 4 月已生效，同时，2019 年 4 月 1 日，高纯水已经被《欧洲药典》删除。以下是《欧洲药典》注射用水专论（0169）的发展历程：

- 1969 年，《欧洲药典》只收录了"纯化水"，采用理化方法检测。
- 1973 年，《欧洲药典》第一次收录"注射用水"，只允许采用蒸馏法制备。

● 1983 年，《欧洲药典》修订"注射用水"，增加散装注射用水和灭菌注射用水，首次讨论了用双级 RO 的方法制备注射用水，得到的结论是：经验不足；膜的稳定性和微生物的控制有疑问；潜在的杂质依靠现有的标准方法不能可靠检出；用膜过滤技术生产注射用水的系统没有经验数据可供参考。

● 1997 年，《欧洲药典》修订"注射用水"第三版，用鲎试剂法检测细菌内毒素，取代活体热原检测方法。

● 2000 年，《欧洲药典》做了增补修订，增加了微生物限度、制药用水电导率测定法与制药用水总有机碳测定法。欧洲药品质量管理局召开专题研讨会，并重新讨论了反渗透过滤法生产注射用水的议题，会议结论是没有证据支持用膜过滤法生产注射用水可行，提出需要更多的数据和指导，但是讨论了高纯水的概念。

● 2002 年，《欧洲药典》修订"注射用水"第四版，增加收录了"高纯水"。

● 2009 年，欧洲药典委员会第 135 次会议上，提出了《欧洲药典》需要保持领先，开始对"非蒸馏法生产注射用水"的数据进行搜集和研究。同时，欧洲药品质量管理局为不同级别的水出具了"制药用水质量指南说明"，欧洲药典委发表了专论，明确了水的有关描述。

● 2010 年，"非蒸馏法生产注射用水"调查的第一阶段，与会代表召开了专题研讨会并做了充分的辩论，对不同类型 RO 膜过滤系统的测试数据进行了完善的整理。具体内容包括：开展广泛的调查；让更多的制药企业来参与其中，保证信息共享与讨论的开放性；采用问卷的形式采集支持的数据，包括 RO 分离的应用范围、水系统验证、水系统维护、生物膜的形成原理、膜分离技术的有效性与其他测试，数据集中在电导率、TOC、微生物含量与细菌内毒素。对收集到的数据进行评价，结论是制药企业支持采用"非蒸馏法生产注射用水"的提案，同时得到了以下建议：单纯的 RO 膜过滤技术生产注射用水存在不足；并用其他纯化模块；增加处理装置，UV 和臭氧；通过系统设计使生物膜最少，如减少死角，系统可全排尽；定期实施专业的清洁保养维护，定期消毒；满足确认与验证要求；采用纯化水为原水。对各种工艺设计的水系统进行了测试，包括：脱气器＋软化器＋微滤＋超滤；过滤＋软化＋RO＋EDI＋超滤；软化＋RO＋EDI＋脱气膜＋超滤；软化＋微滤＋三级 RO/两级 RO。得到的结果：各种水系统均满足《欧洲药典》中注射用水的指标要求，需氧菌总数小于 10CFU/100mL，TOC 为 25～350μg/L，电导率为 0.3μS/cm(25℃)～2.5μS/cm(85℃)，细菌内毒素小于 0.25IU/mL。结论：各种 RO＋纯化模块和工艺生产的水都满足《欧洲药典》注射用水标准。

● 2011 年，"非蒸馏法生产注射用水"调查的第二阶段，评估当前数据是否充分，是否可以支持重新展开引入"非蒸馏法生产注射用水"的辩论；评估变更注射用水制备方法的潜在需要；搭建监管方和企业的讨论平台；评估注射用水变更和药典其他章节的关联和影响，从企业中总结得到的经验，微生物的控制是关键参数，制备与分配系统管道内壁附着的生物膜的问题、系统设计（流速、死角与粗糙度）、低营养环境、膜技术、进水质量（避免使用地表水），膜技术的进步（膜的抗压、耐温、抗恶劣环境），消毒策略的多样化（化学消毒与热消毒等），膜老化的密切监测措施。

● 2011 年 11 月，公布了欧洲药典委员会的第 141 次会议内容。内容包括：制药用水生产领域的进步是公认的，必须进行考虑；授权欧洲药典委员会水工作组重新审核注射用水专论（0169）；评估是否需要增加在线监控手段；决定在一个代表各利益相关方的多学科论坛中进一步讨论，确保所有的问题都可以有效覆盖。

● 2012 年，课题组讨论了注射用水专论如何修改的议题。内容包括：非蒸馏法生产注射用水是否足够安全；当前的检测参数是否满足非蒸馏法生产注射用水；当前参数的限度是否需要更新；是不是需要增加新的检测参数；是不是需要增加新的控制方法；是不是需要更新或者修改现有的控制方法；讨论其他和纯水与高纯水章节冲突的地方。

• 2013 年，欧洲药典委员会水工作组发布了一份关于非蒸馏法制备注射用水的说明。全文如下：注射用水的制备方法写在《欧洲药典》的注射用水专论（0169）中，专论强制限定制备注射用水的方法只能是蒸馏法，这与《美国药典》中的注射用水制备方法有区别。在《美国药典》中，允许使用等同或者超过蒸馏法的工艺制备注射用水，《日本药局方》中，允许使用 RO 后面带有超滤的纯化工艺制备注射用水。在制药工业里，蒸馏法已经成为主流工艺来生产注射用水，一方面由于该方法可以可靠地满足质量要求，还有一部分原因是监管氛围造成的。无论如何，其他工业领域也需要高质量的水，质量要求超过蒸馏法，利用 RO 加上超滤技术生产的水质等于或者超过《欧洲药典》中注射用水的质量。基于"非蒸馏法生产注射用水"得到的数据，结论是替代蒸馏法可以得到注射用水的质量。审核了关于支持将注射用水专论修改为将"非蒸馏法生产注射用水"可以作为增加的一种方法的所有相关证据。考虑到对微生物安全性的担忧：在微生物得到有效控制而且最终水质合格和情况下，微生物不一定是问题。应正确运行膜过滤系统，原水进行预处理，增加纯化模块，系统设计保证生物膜产生的概率最小，定期维护和消毒，连续在线监控，固定间隔取样，在线监测规定的指标，连续测量物理化学指标，降低风险，增加快速检测微生物技术和鉴别技术。

• 2013 年 6 月，欧洲药典委员会第 146 次会议，认可了注射用水的相关报告。同意开始修改注射用水专论（0169），允许使用"非蒸馏法生产注射用水"作为补充的方法制备注射用水的工作。确认水系统的设计、失效模块和维护对于生产合格的水质来说是重要的，必须与 GMP 检查人员落实相关地位和职责。

• 2016 年 3 月 18 日，欧洲药典委员会宣布允许使用"非蒸馏法生产注射用水"。

• 2017 年 4 月，修订版的注射用水专论（0169）已在《欧洲药典》增补 EP9.1 中出版并生效。

• 2019 年，高纯水已经从《欧洲药典》删除，新增了提取用水。

此外，欧洲药典委员会已通过了新的细菌内毒素检查方针，反映在通则 5.1.10 "细菌内毒素检测使用指南"和"药用物质（2034）"的修订版本中。这样，新的药用物质通论将不再包括细菌内毒素检测（可能有例外）。目前该内容由通论覆盖，其中包括了建立限度的建议和如何评估药用物质热原性的信息。根据注射剂专论（0520）和灌注剂专论（1116），上述这些要求均适用于制剂。

2021 年 3 月，欧洲药典委员会在其第 169 次会议通过了修订后的凡例，拟取消"灭菌注射用水""纯化水"标准中无机物等化学测试（取消酸度或碱度、氯化物、硝酸盐、硫酸盐、铵以及钙和镁的测试）。

2021 年 6 月，欧洲药典委员会在其第 170 次会议上决定采取措施，最终将在大约 5 年内完全取代 EP 中的家兔热原检查法（RPT 2.6.8）。目前有 59 篇 EP 正文（涵盖各种主题，包括人用疫苗、血液制品、抗生素、放射性药物和容器）涉及 RPT 并将受到影响。EP 承诺对于所有这些章节采用合适的体外替代品代替热原测试，最终取代所有 RPT。同时，EP 积极鼓励用户寻找家兔热原检查法（RPT 2.6.8）与细菌内毒素检查法（BET5.1.10）的替代方案，推荐方案是新热原检测方法（MAT 2.6.30）。

《欧洲药典》收录的制药用水有散装纯化水、包装纯化水、散装注射用水和灭菌注射用水。随着《欧洲药典》允许非蒸馏法制备注射用水等规范的出台，高纯水已于 2019 年 4 月退出了《欧洲药典》的历史舞台。

（1）饮用水　饮用水应符合官方当局的相关规范，如《欧盟饮用水水质指令》98/83/EC。饮用水可以是天然来源或储存来源。天然来源的例子包括泉水、井水、河水、湖水和海水。在选择饮用水制备的处理工艺时，要考虑原水的条件。典型的处理包括除盐、软化、去除特定离子、减少颗粒物和微生物处理。饮用水系统的设计、施工和调试要求通常通过当地法规进行控制。饮用水系统通常不需要经过确认或验证。如果在药品生产的一些工序中直接使用饮用水，例如 API 的生产，或较高质量的制药用水制备用原水，则用水者的现场应定期进行检测，确认其质量符合饮用水所需标准。例如，在用水点处，确认水质是否达到饮用水的标准。要选择的实验和进行实验的频率应基于风险评估。

（2）纯化水　纯化水是不需要无菌或除热原的药品制备用水，另有论证和批准者除外。符合 EP 专论 0008 中所述细菌内毒素检测要求的纯化水可用于透析液的生产。纯化水的制备和检测详细信息参见 EP 专论 0008。

① 散装纯化水。散装纯化水为符合官方标准的饮用水经蒸馏法、离子交换法、反渗透法或其他适宜的方法制备的制药用水。散装纯化水项下指标主要包含如下内容：符合纯化水电导率要求，散装纯化水的电导率如不符合散装注射用水（0619）规定时，则根据 5.20 章节进行元素杂质风险评估（性状为无色的澄清液体，硝酸盐含量不高于 $0.2\mu g/mL$）；符合纯化水总有机碳或易氧化物的含量要求（其中总有机碳和易氧化物两项可选做一项）；正常条件下，微生物限度为耗氧菌总数不高于 100 CFU/mL（在 30～35℃ 环境下，使用 R2A 琼脂培养基培养 5d，采用膜过滤法处理）；用于透析液生产的散装纯化水还需确保铝盐含量不高于 $10\mu g/L$，以及细菌内毒素含量低于 0.25IU/mL。

② 包装纯化水。包装纯化水是指纯化水被灌装或储存在特定的容器中，并保证符合微生物指标要求，其标准要求除满足散装纯化水的所有指标要求外，还需包含如下内容：无色澄清液体；无任何外源性添加物；符合酸碱度要求；符合易氧化物含量要求；符合氯化物含量要求；符合硫酸盐含量要求；氨含量不高于 $0.2\mu g/mL$；符合钙、镁含量要求；不挥发物含量不高于 1mg/100mL；正常条件下，微生物限度为耗氧菌总数不高于 100 CFU/mL（使用大豆酪蛋白消化物琼脂培养基）。在适用的情况下，包装纯化水适合用于透析液生产。

（3）提取用水　提取用水是草药提取物（0765）生产用水，应符合纯化水专论（0008）中散装纯化水或容器中的纯化水章节的要求，或《欧盟饮用水水质指令》98/83/EC 中规定的人用水质要求。该水应根据专论中生产章节进行监测。提取用水的制备和检测详细信息参见 EP 专论 2249。

（4）注射用水　注射用水是注射用药品制备用水，散装注射用水作为原辅料载体，灭菌注射用水用于溶解或稀释药用物质或制备注射给药的制剂。注射用水的制备和检测详细信息参见 EP 专论 0169。应注意如果在生产工厂本地使用了反渗透等非蒸馏的制备方法，则应按《欧盟检查和信息交换程序汇编》所述在实施之前向生产商的 GMP 监管机构提交通知。

① 散装注射用水。散装注射用水通过符合官方标准的饮用水或纯化水经蒸馏法制备，蒸馏设备接触水的材质应为中性玻璃、石英或合适的金属，并装备有预防液滴夹带的装置；允许使用等效替代的方法生产注射用水，如反渗透法结合其他技术（EDI、超滤或纳滤），实施前需通知制造商的主管当局。散装注射用水项下指标主要包含如下内容：无色澄清液体；符合注射用水电导率要求；符合注射用水总有机碳的含量要求；正常条件下，微生物限度为耗氧菌总数

不高于 10 CFU/100mL（在 30～35℃ 环境下，使用 R2A 琼脂培养基培养 5d，采用膜过滤法处理，取样量不低于 200mL）；性状为无色的澄清液体；硝酸盐含量不高于 $0.2\mu g/mL$；铝盐含量不高于 $10\mu g/L$（仅适用于透析液的生产）；细菌内毒素含量低于 0.25IU/mL。

② 灭菌注射用水。灭菌注射用水属于包装类型的药典水，是指散装注射用水被灌装或储存在特定的容器中，通过湿热灭菌工艺确保产品符合细菌内毒素要求，灭菌注射用水项下指标主要包含如下内容：无色澄清液体；无任何外源性添加物；符合酸碱度要求；符合易氧化物含量要求；符合氯化物含量要求；符合硫酸盐含量要求；氨含量不高于 $0.2\mu g/mL$；符合钙、镁含量要求；符合不挥发物含量要求（容器体积≤10mL 时，最大 4mg，相当于 0.004%；容器体积>10mL 时，最大 3mg，相当于 0.003%）；颗粒物污染符合测试 A 或测试 B（非强制）；细菌内毒素含量低于 0.25IU/mL；符合无菌检查要求。

2.2.4 《美国药典》

《美国药典》（USP）中编号小于 1000 的通则为通用测试及检测，属于官方法定方法且强制执行，例如 USP "<645>水的电导率" 与 USP "<643>总有机碳"。USP 中编号 1000～1999 的通则为通用信息，属于官方法定方法但并不需要强制执行，例如 USP "<1231>制药用水" 与 USP "<1230>血液透析用水"。USP 中编号 2000 以上的通则只适用于用途为膳食成分和膳食补充剂的物质。

在药品、原料药和中间体，药典产品以及分析试剂的加工、制备和生产过程中，水被广泛用作一种原料、组分和溶剂。有许多不同等级的水用于制药，一些在《美国药典》专论中描述，详细说明了用途、可接受的制备方法和质量属性。

《美国药典》通则<1231>等内容大篇幅描述了很多关于制药用水的质量、纯度、包装和贴签的详细标准，收录的水包括散装水（纯化水、血液透析用水、注射用水）和包装水（抑菌注射用水、灭菌吸入用水、灭菌注射用水、灭菌冲洗用水和灭菌纯化水）两大类。

2.2.4.1 饮用水的原水属性

为保证符合某些最低限度的化学与微生物质量标准，在生产药物中所用的水，或不同类型的纯化水制备时所用的原水必须符合美国国家环境保护署（EPA）发布的国家一级饮用水法规（NPDWR）（40 CFR 141）或欧盟、日本饮用水法规的要求，或者世界卫生组织《饮用水水质标准》。对某些有机和无机污染物的类型和数量的限制，确保水中只含有少量安全的潜在有害化学物质。因此，水预处理系统只会面临去除这些少量可能难以去除的化学物质的挑战。此外，在水源水阶段对有害化学污染物的控制消除了在水进一步净化后对其中一些污染物（如三卤甲烷和重金属）进行专门测试的必要性。

饮用水的微生物要求确保没有大肠菌群，如果确定大肠菌群来自粪便，则可能表明存在其他潜在的致病性微生物和排泄物的病毒。符合这些微生物要求并不排除其他微生物的存在，如果在药物或制剂中发现这些微生物，将被认为是有害的（不希望出现的）。

为了实现微生物控制，市政水务部门在饮用水中会添加消毒剂。含氯和其他氧化性物质用于饮用水消毒已有几十年，通常被认为对人类相对无害。然而，这些氧化剂可与天然有机物相互作用，产生消毒副产物（DBP），例如三卤甲烷（THM，包括氯仿、溴二氯甲烷和二溴氯甲烷）和卤乙酸（HAA，包括二氯乙酸和三氯乙酸）。产生的 DBP 的水平随所用消毒剂的水平和类型以及水中发现的有机物水平和类型而变化，这些物质可以随季节而变化。

由于高浓度的 DBP 被认为是饮用水中的健康危害，饮用水法规要求将其控制在普遍接受的无害水平。然而，由于进一步净水的单元操作，原水中的一小部分 DBP 可能会流转到成品水。因此，在达到有效消毒的同时，在原水中保持最低浓度的 DBP 是很重要的。

饮用水中的 DBP 水平可以通过使用消毒剂如臭氧、氯胺或二氧化氯来降低。与氯一样，它们的氧化特性足以破坏某些预处理单元性能，必须在预处理过程的早期去除。完全去除这些消毒剂是有问题的。例如，氯胺在消毒过程中或在预处理去除过程中可能会降解，释放出氨，而氨又会被带到成品水中。

预处理单元的设计和操作必须充分去除消毒剂、饮用水 DBP 和消毒剂降解物。脱氯工艺可能无法完全去除氯胺，对下游装置的运行造成不可修复的损害，同时脱氯过程中氨的释放也可能进行预处理，使成品水不能通过电导率合格标准。如果饮用水消毒剂发生变化，必须重新评估净化过程，应强调制药用水制造商与饮用水供应商之间需要有良好的工作关系。

2.2.4.2 散装水

（1）纯化水　纯化水（见《美国药典》专论）作为辅料用于非注射用制剂的生产和其他药物应用，如某些设备和非注射给药产品接触部件的清洗。除另有规定外，所有标明用水的实验和分析也应使用纯化水（见"一般注意事项和要求"）。纯化水在 USP-NF 中也被引用。无论拼写中使用何种字体和字母大小写，都应使用符合纯化水专论的水。纯化水必须满足离子和有机化学纯度的要求，并且必须防止微生物污染。生产纯化水的水源或给水的最低质量是饮用水。该水源水可采用包括去离子、蒸馏、离子交换、反渗透、过滤或其他适当净化程序的单元操作进行净化。纯化水系统必须经过验证，以实现可靠和持续地生产和分配具有可接受化学纯度和微生物质量的水。常温运行的纯化水系统特别容易形成顽固的生物膜，这可能是产品水中异常水平的活微生物或细菌内毒素的来源。这些系统需要经常进行消毒和微生物监测，以确保用水点的水具有适当的微生物质量。

纯化水专论也允许以散装形式用于其他商业用途。当如此操作时，所要求的规范除了无菌与标示外，其他与无菌纯化水包装的规范相同。这种散装非消毒水可能会发生微生物污染和其他质量变化，因此，这种散装形式的纯化水制备和储存方式应限制微生物的生长和/或在微生物增殖使其不适合预期用途之前及时使用。并且包装的材料可能有可提取物从包装中浸出到水中，尽管此产品可能满足其所需的化学属性，但这种可提取性可能使水不再适用于某些应用场所。用户有责任确保在生产、临床或分析应用中使用本包装物品时，其适用性等同于散装纯化水。

（2）注射用水　注射用水（见《美国药典》专论）作为辅料，用于生产必须控制产品细菌内毒素含量的注射剂和其他制剂，以及用于其他药物应用，例如清洁某些设备和注射剂相关的接触部件。生产注射用水的水源或给水的最低质量是美国环境保护署、欧盟、日本或世界卫生组织规定的饮用水。该水源水可进行预处理，使其适合后续蒸馏（或根据专论使用任何其他经验证的工艺）。注射用水必须满足纯化水的所有化学要求以及附加的细菌内毒素规范。由于细菌内毒素是由容易滞留在水中的各种微生物产生的，因此用于制备、储存和分配注射用水系统的设备和程序必须设计为尽量减少或防止微生物污染，并从起始水中去除进入的细菌内毒素。必须对注射用水系统进行验证，以可靠和一致地生产和分配这种水质的水。

注射用水专论也允许以散装形式用于其他商业用途。所需规范包括细菌内毒素检查和包装形式灭菌纯化水的所有检查（标签除外）。散装注射用水要求无菌，消除微生物污染带来的质量变化。然而，包装浸出物可能使水不再适用于某些应用场所。在生产、临床或分析应用中，当选择散装注射用水作为纯水使用时，用户有责任确保使用本包装物品时的质量适用性。

（3）血液透析用水 血液透析用水（见《美国药典》专论）用于血液透析，主要是血液透析浓缩液的稀释。它是现场生产和使用的，由 EPA 饮用水制成，经过进一步纯化以减少化学和微生物成分。它可能被包装和储存在非活性容器中，以防止细菌进入。"非活性容器"一词意指容器，特别是其与水接触的表面，不会因水而发生任何变化，例如容器相关化合物浸入水中，或因水引起的任何化学反应或腐蚀。水不含添加的抗菌剂，不用于注射。其属性包括水电导率、总有机碳（或易氧化物）、微生物限度和细菌内毒素的规范。水的导电性和总有机碳属性与纯化水和注射用水的属性相同；但是，可以通过易氧化物的测试来替代总有机碳测量有机物含量。该水的微生物限度属性在散装水专论中是独一无二的，但根据该水的具体应用，血液透析用水的微生物含量要求与其使用安全性有关。细菌内毒素的属性同样建立在与其使用安全性相关的水平上。

2.2.4.3 包装水

（1）灭菌纯化水 灭菌纯化水（见《美国药典》专论）是纯化水经灭菌并包装而得。它用于制备非药物剂型，灭菌纯化水还可用于分析应用领域，当纯化水系统无法得到验证、纯化水用量很少、需要用灭菌纯化水或者包装的散装纯化水中微生物限度不符合要求时，可采用灭菌纯化水。

（2）灭菌注射用水 灭菌注射用水（见《美国药典》专论）是注射用水经灭菌并包装而得。它用于临时处方配制和作为无菌稀释剂用于注射剂产品。它也可用于其他应用，例如需要散装注射用水或散装纯化水且无法实施水系统验证的场所，或只需要相对较少数量的场所。灭菌注射用水用单剂量容器包装，容器规格不大于 1L。

（3）抑菌注射用水 抑菌注射用水（见《美国药典》专论）是指注射用无菌水，其中已添加一种或多种合适的抗菌防腐剂。它打算用作制备注射剂的稀释剂，最典型的是用于需要重复提取目标物的多剂量产品。抑菌注射用水可包装在单剂量或多剂量容器中，容器规格不大于 30mL。

（4）灭菌冲洗用水 灭菌冲洗用水（见《美国药典》专论）是一种经灭菌并包装在单剂量容器中的包装注射用水，容器规格大于 1L 并可快速使用掉。它不需要满足 USP"<788>喷射中的颗粒物"中小体积喷射的要求。它也可用于其他没有颗粒物规格的应用中，需要散装注射用水或纯化水但水系统无法得到验证，或需要的量大于灭菌注射用水所能提供的量。

（5）灭菌吸入用水 灭菌吸入用水（见《美国药典》专论）是注射用水经灭菌并包装而得。用于吸入器和吸入溶液的制备。与灭菌注射用水相比，它对细菌内毒素的规定不太严格，因此不适合用于注射剂的应用。

2.2.5 《日本药局方》

《日本药局方》（Japanese Pharmacopoeia，JP）又名《日本药典》，由日本药局方编辑委员会编纂，日本厚生省颁布执行。分两部出版，第一部收载原料药及其基础制剂，第二部主要收载生药、家庭药制剂和制剂原料。《日本药局方》有日文版和英文版。1886 年 6 月 25 号颁布第一版，1887 年 7 月 1 日开始实施。

《日本药局方》的水特指饮用水，饮用水需符合供水法（第 101 号条例，2003 年第 4 条），2002 年，参考《美国药典》与《欧洲药典》的发展动向，《日本药局方》同意开始对制药用水的部分内容进行协调统一；2005 年，《日本药局方》执行类似于 USP<645>与

USP<643>，保留了化学测试项；目前，最新版《日本药局方》JP 17 收录了的散装纯化水与散装注射用水（表 2.6）。

表 2.6 《日本药局方》制药用水的质量对照表

JP 17	散装纯化水	散装注射用水
制备方法	纯化水为符合官方标准的水[①]经蒸馏法、离子交换法、反渗透法、超滤或其他适宜的方法制备的制药用水	注射用水通过蒸馏或反渗透和/或超滤[②]制备，原水为适当预处理的水（如离子交换或反渗透）或纯化水。当通过反渗透和/或超滤制备注射用水时，需避免水处理系统发生微生物污染，并始终如一地提供与蒸馏制备工艺质量相当的水
性状	无色的澄清液体、无臭	无色的澄清液体、无臭
总有机碳	$\leqslant 0.5$ mg/L	$\leqslant 0.5$ mg/L
电导率	符合规定(三步法测定)	符合规定(三步法测定)
细菌内毒素	—	<0.25 EU/mL
微生物限度	100CFU/mL R2A 琼脂培养基 非强制检测项	10CFU/100mL R2A 琼脂培养基 非强制检测项

①如果使用私人来源的水，则必须遵守日本饮用水以及 $50\mu g/L$ 氨限度。
②超滤的分子量不低于 6000。

2.3 关键质量属性

质量源于设计（QbD）是 cGMP 的基本组成部分，是科学的、基于风险的全面主动的药物开发方法，是从药品概念到工业化的精心设计，是对产品属性、生产工艺与产品性能之间关系的透彻理解。根据 FDA 和 ICH 的相关文件，要想实施 QbD，首先需要了解关键质量属性，它是实施 QbD 的一个核心内容。关键质量属性是指为了达到目标产品质量，物料的物理、化学、生物性质必须控制在一定范围内，或在一定范围内分布。

在《美国药典-国家处方集》中标识的药物必须符合强制性身份标准，这些药物还必须符合强度、质量和纯度的强制性标准，并要求按照强制性标准包装和标记。在药典通则中使用官方认可的分子式来确定某物质的强度属性，是为了明确该物质的完整化学名称中具有绝对（100%）纯度的化学实体。水作为药典通则中的一种有效的原辅料成分，需符合适当的要求，例如，《中国药典》"0261 制药用水"或《美国药典》<1231>。与《日本药局方》制药用水相关专论提及的"水"特指饮用水不同，USP<1231>中提及的"水"特指纯化水。

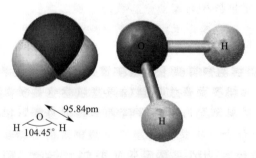

图 2.1 水分子结构

原子结构论是人类现代科技的一种物理学唯象理论，通过元素周期表和分子结构模型分析（图 2.1），水的相对分子量为 18.02，理论水分子直径大约为 0.4nm。水也是一种非常特殊的大自然物质，4℃时纯水的密度最大，达到 $1g/cm^3$，水的强度属性暂时无法测定。

现代科学认为，水的关键质量属性分为化学纯度与微生物负荷，其中，化学纯度可细分为无机物纯度与有机物纯度；微生物负荷可细分为活菌含量与细菌内毒素含量。纵观全球药典制药用水关键质量属性的发展过程，水的标准测试方法已从传统的化学测试转变为"等效"的仪器测试。表 2.7 是水中典型杂质的测试方法。

表 2.7　水中杂质的测试方法汇总

水中杂质	性质	传统测试	"等效"测试[③]
无机物	可溶性,离子态	化学测试、离线,例如硝酸盐[①]、亚硝酸盐、Ca^{2+}、SO_4^{2-}、CO_2、NH_3、Cl^- 等	电导率分析仪,在线或离线
	不溶性粒子态,红锈	目检/不挥发物,监管盲区	红锈分析仪,在线
	不溶性,重金属[②]	比色法	—
有机物	可溶性,非离子态	易氧化物法,离线	总有机碳分析仪,在线或离线
	不溶性,絮状/头发丝状等	目检,监管盲区,例如高温 RO 的胶水溶出	—
微生物	活菌,菌落总数	微生物计数法,离线	RMM 分析仪,在线或离线
	代谢产物,细菌内毒素	鲎试剂法,离线	细菌内毒素分析仪,离线
	分子态,活性大分子	特殊检测,非常规,通常是不严重的	—
气体	可溶性,离子态或非离子态	特殊检测,非常规,通常是不严重的	—

① USP 没有将硝酸盐指标列为散装纯化水/散装注射用水的强制检测项。
② 大量数据表明，水中电导率与总有机碳值不超标的情况下，没有发生过重金属超标现象（参见 USP<1231>）。
③ "等效"测试的理论基础：湍流状态下，散装纯化水与散装注射用水中的可溶性无机物、可溶性有机物、浮游菌和细菌内毒素可视为均匀浓度。

1860 年以来，《美国药典》的纯化水与注射用水均采用传统的理化浓度测试法，Ca^{2+}、SO_4^{2-}、CO_2、NH_3、Cl^-、pH 和易氧化物均被列入了药典散装纯化水与散装注射用水的强制检测项，这主要是由于纯化水制备过程中会存在水中硬度（钙离子与镁离子）软化加盐（氯化钠）处理、原水采用氯-氨等消毒剂进行消毒、亚硫酸氢钠除余氯工艺、空气中二氧化碳溶入、加入氢氧化钠调节 pH 并去除不溶性气体等因素，传统理化浓度测试法的关键质量属性设定原则在美国持续应用了一百多年。

长期以来，《美国药典》没有将硝酸盐指标列为散装纯化水/散装注射用水的强制检测项，《美国药典》通过"氯-氨电导率模型"的理论计算和大量药企的实际检测数据分析后认为，水质满足《美国药典》通则<645>时，根本不会出现硝酸盐或亚硝酸盐超标现象。《欧洲药典》将硝酸盐视为散装纯化水/散装注射用水的强制检测指标，这主要是因为《欧洲药典》没有充分理解《美国药典》当初提出"氯-氨电导率模型"和"三步法测定电导率"的科学本质与意义。《中国药典》将硝酸盐和亚硝酸盐视为散装纯化水/散装注射用水的强制检测指标，且将硝酸盐和亚硝酸盐的指标设定的比《欧洲药典》要更加严格（表 2.8），这种关键质量属性的设计看上去达到了"从严管理"的目的，但实际上并不符合工业体系关于连续化生产、过程分析技术与参数放行的科学发展规律，长期以来给制药企业和全行业带来的综合质量管控价值回报有待重新论证。随着《中国药典》和《欧洲药典》的对于"氯-氨电导率模型"和"三步法测定电导率"理论认知的不断提升，硝酸盐和亚硝酸盐的强制检测状态有望在未来得到修订。

表 2.8　药典水的硝酸盐/亚硝酸盐检测

项目	《中国药典》2020 版	《欧洲药典》10 版	《美国药典》43 版
散装纯化水			
硝酸盐	≤0.06 μg/mL	≤0.2 μg/mL[①]	—
亚硝酸盐	≤0.02 μg/mL	—	—
电导率	符合规定(一步法测定/内插法)通则 0681	符合规定(三步法测定/元素杂质风险评估,二选一)	符合规定(三步法测定)[②] USP<645>
散装注射用水			
硝酸盐	≤0.06μg/mL	≤0.2μg/mL	—
亚硝酸盐	≤0.02μg/mL	—	—
电导率	符合规定(三步法测定)通则 0681	符合规定(三步法测定)	符合规定(三步法测定)USP<645>

①《欧洲药典》规定：散装纯化水的电导率不符合散装注射用水（0619）规定时，则根据 5.20 章节进行元素杂质风险评估，包括硝酸盐和性状。

②《美国药典》规定：散装纯化水的电导率需符合散装注射用水 USP<645>。

各个国家或地区的药典对纯化水与注射用水的检测指标项各不相同，但电导率、总有机碳、微生物及细菌内毒素这 4 个指标均是其关键质量属性。

质量源于设计、过程分析技术与参数放行理念将给现代制药工业带来巨大的潜在价值与现实回报，《美国药典》在通则<1231>中有如下描述：这一相当彻底的改变是利用电导率属性以及允许在线测量的 TOC 属性，这是一个重大的哲学变革，使工业得以实现重大费用节省。

正如《国际制药工程协会 良好实践指南：制药用水、蒸汽和工艺气体的取样》中详细讨论的那样，可以在线测量总有机碳和电导率，可以被 QC 使用，以代替手工取样样品。为了使用这些测量值能够代替手工取样样品，应进行等效性研究，或采用《国际制药工程协会 良好实践指南：制药用水、蒸汽和工艺气体的取样》中所述的适当替代方法。该研究需要由质量部门进行审查和批准，并且应在监管检查期间可供审查。如果 QC 使用手工取样样品，则在线仪器可被认为是用于过程控制（process control，PC）目的。仪器的使用应明确记录在案。USP<1231><643>和<645>对总有机碳和电导率的测量都有很好的指导。电导率传感器的结果用于放行药典水时，必须对温度进行未补偿的测量，并应按照相关药典中概述的程序进行校验。

2.3.1　电导率

电导率是表示物质传输电流能力强弱的一种测量值，其值为物体电阻率的倒数，单位是 S/cm 或 μS/cm。当施加电压于导体的两端时，其电荷载子会呈现朝某方向流动的行为并产生电流。水溶液的电导率高低取决于其内含可溶性离子的浓度。水样本的电导率是测量水的含盐成分、含离子成分、含杂质成分等重要指标。在固定温度下，水越纯净，电导率越低，电阻率越高。

水的电导率与温度、离子种类、离子流动性和离子浓度等因素密切相关。可溶解离子属于化学纯度控制时需要关注的杂质，水中典型的杂质分子或离子包含 Ca^{2+}，Na^+、K^+、SO_4^{2-}、CO_2、NH_3、Cl^- 等。

100%纯度的水也称为纯水，纯水的水分子会发生某种程度的电离而产生氢离子与氢氧根离子，所以纯水的导电能力尽管很弱，但也具有可测定的电导率，主要是其中带电荷的极少量〔H^+〕和〔OH^-〕在电场的作用下定向移动的结果。理论上，常温下纯水的离子积常数 K_w 为 1.0×10^{-14}，无任何杂质影响的纯水 pH 值为 7，纯水的电导率为 $0.055\mu S/cm$（25℃），或者电阻率为 $18.20 M\Omega \cdot cm$（25℃）。由于水的离子积常数 K_w 随温度变化而变化，温度对离子的电解影响非常显著，温度升高，溶液的电离度变大，离子解离量增多，离子迁移速率加快，导电能力增强，电导率将明显增大。纯水的电导率也会随温度上升而增高，例如，100℃时，纯水的 K_w 为 55×10^{-14}，电导率约为 $0.8 M\Omega \cdot cm$（100℃）。

通常情况下，测定电导率时会进行温度补偿，温度补偿是指将温度依赖的理化测量值调整为在一个普遍可接受的参比温度下的补偿值的功能，它是电导率分析仪测定时的一种内置可选功能。温度补偿一般可以在测量线路中加温度传感器（Pt1000 或 Pt100）补偿和相应的补偿算法。设定"温度补偿功能"的目的时为了在过程控制环节去除温度的影响，为系统控制与报警提供固定的限度值。通常情况下，参比点设定在纯水的 $18.20 M\Omega \cdot cm$（25℃），例如，大多数制药企业纯化水机 RO 与 EDI 出口的电导率测定，都会选择温度补偿功能。

水的电导率测量法属于总离子筛选方法，它检测的是"总"的微量离子含量水平，无法实现某种具体离子的鉴别，如果有专属性要求，可用原子吸收或其他方法进行检测。但对于纯水而言，例如纯化水与注射用水，没有离子选择性的电导率测定法并非缺点，其非常灵敏的特征完全符合药典水的无机离子浓度水平的过程分析检测要求。在线电导率检测可以实现纯水实时质量信息的反馈，从而实现及时报警与行动等控制动作，其数据可实现自动记录与追溯，保证了取样检测的数据完整性和质量真实性，另外，在线电导率检测还可以消除取样过程和样品运输带来的偏差。需要注意的是，温度对100%纯水的电导率测定值有较大影响（表 2.9），水的电导率采用温度修正的计算方法所得数值误差较大，因此，用于 QC 放行的制药用水的电导率在线测定法需采用非温度补偿模式，温度测量的精确度应在 ±2℃ 以内。

表 2.9　温度对纯水电导率的影响

温度/℃	电阻率/(MΩ·cm)	电导率/(μS/cm)	温度/℃	电阻率/(MΩ·cm)	电导率/(μS/cm)
24.0	19.11	0.0523	25.0	18.20	0.0549
24.1	19.01	0.0526	25.1	18.11	0.0552
24.2	18.92	0.0529	25.2	18.01	0.0555
24.3	18.83	0.0531	25.3	17.92	0.0558
24.4	18.74	0.0534	25.4	17.83	0.0561
24.5	18.65	0.0536	25.5	17.74	0.0564
24.6	18.56	0.0539	25.6	17.65	0.0567
24.7	18.47	0.0541	25.7	17.56	0.0569
24.8	18.38	0.0544	25.8	17.47	0.0572
24.9	18.29	0.0547	25.9	17.38	0.0575

1989 年，随着过程分析技术的不断成熟，美国药品研究和制造商协会（PhRMA）与美

国水质委员会（WQC）提议通过电导率测定法与总有机碳测定法替代现有的散装纯化水与散装注射用水的大多数化学测试法，建议删除 Ca^{2+}、SO_4^{2-}、CO_2、NH_3、Cl^-、pH 这 6 个化学测试项和易氧化物，提出在线或离线的过程分析仪器测试及基于限度的方法。美国水质委员会开始系统研究氯-铵离子的电导率模型，科学论证过程分析技术用于关键质量属性的参数放行。

以 Cl^- 为例，AgCl 是已知的最难溶氯化物，将规定体积的硝酸银添加到规定体积的水样中寻找氯化银沉淀物，得出氯离子的最大浓度为 $0.47\mu g/mL$，相同的测试与计算方法用于 Ca^{2+}、SO_4^{2-}、CO_2、NH_3 和 pH。

$$Ag^+ + Cl^- \longrightarrow AgCl\downarrow$$
$$K_w = [Ag^+][Cl^-] = 1.8 \times 10^{-10}$$
$$[Cl^-] = 1.3 \times 10^{-5}\,mol/L = 4.7 \times 10^{-4}\,g/L = 0.47\mu g/mL$$

美国水质委员会根据化学测试的标准制定方法和限度，基于 $0.47\mu g/mL$ 氯模型来确定补偿电导率限度，与其他离子相比，在 25℃ 时，$0.47\mu g/mL$ 的氯离子会导致与 Ca^{2+}、SO_4^{2-}、CO_2/HCO_3^- 和 NH_3/NH_4^+ 相比最低的电导率，按此逻辑，如果通过了最低的电导率限度测试，就应该能通过所有的化学测试。表 2.10 是 25℃ 的氯模型计算过程，pH 设定范围为 5～7，这也是《美国药典》电导率三步法的设定基础，第一步采用在线测定，没有空气中二氧化碳的影响，电导率限度的最小值为 $0.03 + 0.00 + 0.02 + 1.20 = 1.25\mu S/cm$，因此，25℃ 时，电导率测定的第一步限度值为 $1.3\mu S/cm$，第一步测定不允许温度补偿，因为不同电导率生产商所使用的补偿方程也不同，使得测定结果缺乏相应对比性。第一步测定允许热/冷水系统的在线测试，消除了温度补偿带来的偏差问题；第二步采用离线取样、恒温水浴并允许空气中的二氧化碳充分溶入，电导率限度的最小值为 $2.39\mu S/cm$，因此，25℃ 时，电导率测定的第二步限度值为 $2.1\mu S/cm[(25\pm1)℃]$。

表 2.10 25℃ 氯模型电导率限度值

温度/℃		氯模型		第一步/$(\mu S/cm)$		1.25		
25				第二步/$(\mu S/cm)$		2.39		Cl
pH	H^+ /$(\mu S/cm)$	OH^- /$(\mu S/cm)$	HCO_3^- /$(\mu S/cm)$	Cl^- /$(\mu S/cm)$	Na^+ /$(\mu S/cm)$	NH_4^+ /$(\mu S/cm)$	$Cl^-,Na^+,$ NH_4^+/$(\mu S/cm)$	总计 /$(\mu S/cm)$
5.0	3.49	**0.00**	**0.02**	1.01	0.19	0.00	**1.20**	4.71
5.1	2.77	0.00	0.02	1.01	0.29	0.00	1.31	4.11
5.2	2.20	0.00	0.03	1.01	0.38	0.00	1.40	3.63
5.3	1.75	0.00	0.04	1.01	0.46	0.00	1.47	3.26
5.4	1.39	0.00	0.05	1.01	0.52	0.00	1.53	2.97
5.5	1.10	0.00	0.06	1.01	0.58	0.00	1.59	2.76
5.6	0.88	0.00	0.08	1.01	0.63	0.00	1.64	2.60
5.7	0.70	0.00	0.10	1.01	0.68	0.00	1.69	2.48

| 温度/℃ | 氯模型 | | | 第一步/(μS/cm) | 1.25 | | | |
| 25 | | | | 第二步/(μS/cm) | 2.39 | | | Cl |
pH	H$^+$ /(μS/cm)	OH$^-$ /(μS/cm)	HCO$_3^-$ /(μS/cm)	Cl$^-$ /(μS/cm)	Na$^+$ /(μS/cm)	NH$_4^+$ /(μS/cm)	Cl$^-$,Na,NH$_4^+$ /(μS/cm)	总计 /(μS/cm)
5.8	0.55	0.00	0.12	1.01	0.73	0.00	1.74	2.42
5.9	0.44	0.00	0.16	1.01	0.78	0.00	1.79	**2.39**
6.0	0.35	0.00	0.20	1.01	0.84	0.00	1.85	2.40
6.1	0.28	0.00	0.25	1.01	0.90	0.00	1.92	2.44
6.2	0.22	0.00	0.31	1.01	0.99	0.00	2.00	2.53
6.3	0.18	0.00	0.39	1.01	1.08	0.00	2.10	2.67
6.4	0.14	0.01	0.49	1.01	1.20	0.00	2.22	2.85
6.5	0.11	0.01	0.62	1.01	1.35	0.00	2.36	3.10
6.6	0.09	0.01	0.78	1.01	1.54	0.00	2.55	3.43
6.7	0.07	0.01	0.99	1.01	1.77	0.00	2.78	3.85
6.8	0.06	0.01	1.24	1.01	2.06	0.00	3.07	4.38
6.9	0.04	0.02	1.56	1.01	2.42	0.00	3.44	5.06
7.0	**0.03**	0.02	1.97	1.01	2.88	0.00	3.89	5.92

在85℃温度下，氯模型电导率限度的最小值为5.55μS/cm（表2.11），而氨模型电导率限度的最小值为4.79μS/cm（表2.12），说明需要结合氨模型电导率限度作为第三步最低限度设定值，这也是《美国药典》氯-氨模型的研究基础。

表2.11 85℃氯模型电导率限度值

| 温度/℃ | 氯模型 | | | 第一步/(μS/cm) | 3.01 | | | |
| 85 | | | | 第二步/(μS/cm) | 5.55 | | | Cl |
pH	H$^+$ /(μS/cm)	OH$^-$ /(μS/cm)	HCO$_3^-$ /(μS/cm)	Cl$^-$ /(μS/cm)	Na$^+$ /(μS/cm)	NH$_4^+$ /(μS/cm)	Cl$^-$,Na$^+$, NH$_4^+$ /(μS/cm)	总计 /(μS/cm)
5.0	5.95	**0.01**	**0.04**	2.42	0.48	0.00	**2.90**	8.90
5.1	4.72	0.01	0.05	2.42	0.76	0.00	3.18	7.97
5.2	3.75	0.02	0.06	2.42	0.99	0.00	3.41	7.25
5.3	2.98	0.02	0.08	2.42	1.18	0.00	3.61	6.69
5.4	2.37	0.03	0.10	2.42	1.35	0.00	3.77	6.26
5.5	1.88	0.04	0.12	2.42	1.49	0.00	3.91	5.95
5.6	1.49	0.05	0.15	2.42	1.62	0.00	4.04	5.73
5.7	1.19	0.06	0.19	2.42	1.74	0.00	4.16	5.60
5.8	0.94	0.07	0.24	2.42	1.87	0.00	4.29	**5.55**
5.9	0.75	0.09	0.30	2.42	2.00	0.00	4.42	5.57

温度/℃	氯模型		第一步/(μS/cm)	3.01			
85			第二步/(μS/cm)	5.55		Cl	
pH	H+ /(μS/cm)	OH- /(μS/cm)	HCO3- /(μS/cm)	Cl- /(μS/cm)	Na+ /(μS/cm)	NH4+ /(μS/cm)	Cl-,Na+,NH4+ /(μS/cm)	总计 /(μS/cm)
6.0	0.59	0.12	0.38	2.42	2.14	0.00	4.57	5.66
6.1	0.47	0.15	0.48	2.42	2.31	0.00	4.74	5.84
6.2	0.38	0.19	0.61	2.42	2.51	0.00	4.94	6.10
6.3	0.30	0.23	0.76	2.42	2.75	0.00	5.18	6.47
6.4	0.24	0.30	0.96	2.42	3.05	0.00	5.47	6.97
6.5	0.19	0.37	1.21	2.42	3.42	0.00	5.84	7.61
6.6	0.15	0.47	1.53	2.42	3.87	0.00	6.30	8.44
6.7	0.12	0.59	1.92	2.42	4.45	0.00	6.87	9.50
6.8	0.09	0.74	2.42	2.42	5.16	0.00	7.58	10.84
6.9	0.07	0.93	3.04	2.42	6.06	0.00	8.48	12.54
7.0	**0.06**	1.18	3.83	2.42	7.19	0.00	9.61	14.68

表 2.12　85℃氨模型电导率限度值

温度/℃	氨模型		第一步/(μS/cm)	2.75			
85			第二步/(μS/cm)	4.79		Cl	
pH	H+ /(μS/cm)	OH- /(μS/cm)	HCO3- /(μS/cm)	Cl- /(μS/cm)	Na+ /(μS/cm)	NH4+ /(μS/cm)	Cl-,Na+,NH4+ /(μS/cm)	总计 /(μS/cm)
5.0	5.95	**0.01**	**0.04**	4.79	0.00	2.68	7.47	13.47
5.1	4.72	0.01	0.05	4.39	0.00	2.68	7.07	11.86
5.2	3.75	0.02	0.06	4.06	0.00	2.68	6.75	10.58
5.3	2.98	0.02	0.08	3.79	0.00	2.68	6.47	9.55
5.4	2.37	0.03	0.10	3.56	0.00	2.68	6.24	8.74
5.5	1.88	0.04	0.12	3.36	0.00	2.68	6.04	8.08
5.6	1.49	0.05	0.15	3.18	0.00	2.67	5.85	7.54
5.7	1.19	0.06	0.19	3.00	0.00	2.67	5.67	7.10
5.8	0.94	0.07	0.24	2.82	0.00	2.66	5.48	6.74
5.9	0.75	0.09	0.30	2.62	0.00	2.66	5.28	6.43
6.0	0.59	0.12	0.38	2.41	0.00	2.65	5.06	6.16
6.1	0.47	0.15	0.48	2.16	0.00	2.64	4.80	5.91
6.2	0.38	0.19	0.61	1.87	0.00	2.63	4.50	5.66
6.3	0.30	0.23	0.76	1.51	0.00	2.61	4.12	5.42
6.4	0.24	0.30	0.96	1.07	0.00	2.59	3.67	5.16
6.5	0.19	0.37	1.21	0.53	0.00	2.57	3.10	4.87
6.6	0.15	0.47	1.53	0.00	0.10	2.54	**2.64**	**4.79**
6.7	0.12	0.59	1.92	0.00	0.70	2.51	3.21	5.84
6.8	0.09	0.74	2.42	0.00	1.45	2.46	3.92	7.17
6.9	0.07	0.93	3.04	0.00	2.39	2.41	4.80	8.86
7.0	**0.06**	1.18	3.83	0.00	3.57	2.35	5.92	10.99

图 2.2 是电导率测定的第三步判断依据，第三步测试的温度固定为（25±1）℃，包括了

由 CO_2 产生的离子影响，5min 内加入中性电解液饱和 KCl 是为了增加离子强度并准确测量溶液的 pH，离子强度增加使 pH 电极隔膜交界处的浓度梯度最小，如果不增加离子强度，高浓度梯度导致平衡很难达到，pH 测量很不稳定且不准确。

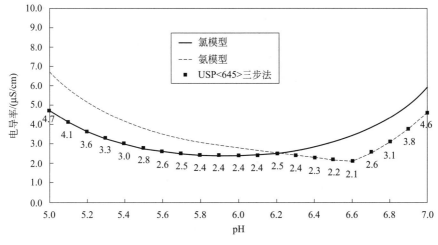

图 2.2　注射用水电导率测定三步法

美国药典委员会在充分理解了氯-氨模型计算电导率的真实意义后，发现该模型将带来一种全新的质量考量思维，也引领了美国工业界重新思考质量源于设计、过程分析技术及信息化与参数放行对连续化生产的制药用水全生命周期质量管理带来的潜在价值。

电导率测定法是用于检查制药用水的电导率进而控制水中电解质总量的一种测定方法，详细的检测方法可参见 2020 版《中国药典》四部中的通则"0681　制药用水电导率测定法"或 USP＜645＞。测定水的电导率必须使用精密的并经校正的电导率仪，电导率仪的电导池包括两个平行电极，这两个电极通常由玻璃管保护，也可以使用其他形式的电导池。电池常数是指测定电解质溶液时所用电池的两电极间的距离与电极面积之间的比值。电池常数越大，电极间的导电面积和距离越小，反之越大。电池常数是由电极的几何尺寸和结构形式所决定。不同的测量范围需要采用不同电池常数的电导率电极，纯水系统常采用 $0.01cm^{-1}$。图 2.3 是不同电池常数测量的范围和选择原则。

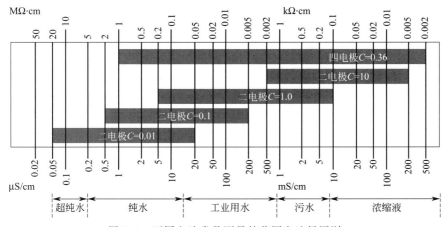

图 2.3　不同电池常数测量的范围和选择原则

根据仪器设计功能和使用程度应对电导率仪定期进行校正，电池常数可使用电导标准溶液直接校正，或间接进行仪器比对，电池常数必须在仪器规定数值（标定值）的±2%范围内。进行仪器校正时，电导率仪的每个量程都需要进行单独校正。仪器最小分辨率应达到0.1μS/cm，仪器精度应达到±0.1μS/cm。

目前，在线电导率检测技术已在制药用水系统中得到普及与推广，在线电导率仪的正确安装位置需能反映使用水的真实质量，在线检测的最佳位置一般为管路中最后一个"用水点"阀后，且在制水间的回储罐之前主管网上。

《中国药典》与《欧洲药典》的纯化水可使用在线或离线电导率仪完成，记录测定温度，其中《欧洲药典》将内插法作为纯化水电导率测定的选项。在温度与电导率限度表中，找到测定温度对应的电导率值即为限度值，如测定温度未在表中列出，采用线性内插法计算得到限度值，如测定的电导率值不大于限度值，则判为符合规定；如测定的电导率值大于限度值，则判为不符合规定。

内插法的计算公式为：

$$\kappa = (T - T_0) \times (\kappa_1 - \kappa_0)/(T_1 - T_0) + \kappa_0$$

式中　κ——测定温度下的电导率限度值；

　　　κ_1——表中高于测定温度的最接近温度对应的电导率限度值；

　　　κ_0——表中低于测定温度的最接近温度对应的电导率限度值；

　　　T——测定温度；

　　　T_1——表中高于测定温度的最接近温度；

　　　T_0——表中低于测定温度的最接近温度。

《美国药典》纯化水和注射用水、《欧洲药典》注射用水，《中国药典》注射用水需采用"三步法"进行电导率的测试，可使用在线或离线电导率仪完成。

第一步：只适合于在线检测的参数放行，在温度与电导率限度表中找到不大于测定温度的最接近温度值，表2.13中对应的电导率值即为限度值，如测定的电导率值不大于表中对应的限度值，则判为符合规定；如测定的电导率值大于表中对应的限度值，则继续进行下一步测定。电导率测定法的"氯-氨模型"是以5℃为一个梯度的，它不是连续的数据，必须找到对应的合适电导率限度，温度误差±2℃也是基于5℃为一个梯度来设计的（4℃＜5℃），且不允许温度补偿。例如，注射用水系统的循环温度控制在（75±2）℃或者（73±2）℃，此时，需按照2.5μS/cm(70℃)作为该系统的电导率限度，在（78±2）℃循环工作时，其电导率限度则为2.7μS/cm（75℃）。

表2.13　温度与电导率限度表关系

编号	温度	电导率限度	编号	温度	电导率限度
1	0℃	0.6μS/cm	12	55℃	2.1μS/cm
2	5℃	0.8μS/cm	13	60℃	2.2μS/cm
3	10℃	0.9μS/cm	14	65℃	2.4μS/cm
4	15℃	1.0μS/cm	15	70℃	2.5μS/cm
5	20℃	1.1μS/cm	16	75℃	2.7μS/cm
6	25℃	1.3μS/cm	17	80℃	2.7μS/cm
7	30℃	1.4μS/cm	18	85℃	2.7μS/cm
8	35℃	1.5μS/cm	19	90℃	2.7μS/cm
9	40℃	1.7μS/cm	20	95℃	2.9μS/cm
10	45℃	1.8μS/cm	21	100℃	3.1μS/cm
11	50℃	1.9μS/cm			

第二步：离线取样，适合于用水点和分配系统的实验室 QC，如果不符合第一步测定的条件，此步骤可以视为第一步。取足够量的水样（不少于 100mL）至适当容器中，搅拌，调节温度至（25±1）℃，剧烈搅拌，每隔 5min 测定电导率，当电导率值的变化小于 0.1μS/cm 时，记录电导率值，如测定的电导率不大于 2.1μS/cm，则判为符合规定；如测定的电导率大于 2.1μS/cm，继续进行下一步测定。

第三步：应在上一步测定后 5min 内进行，调节温度至（25±1）℃，在同一水样中加入饱和氯化钾溶液（每 100mL 水样中加入 0.3mL），测定 pH 值，精确至 0.1 个单位，在 pH 与电导率限度表（表 2.14）中找到对应的电导率限度，并与第二步中测得的电导率值比较，如第二步中测得的电导率值不大于该限度值，则判为符合规定；如第二步中测得的电导率值超出该限度值或 pH 值不在 5.0～7.0 范围内，则判为不符合规定。

表 2.14　pH 与电导率限度关系

pH	电导率/(μS/cm)	pH	电导率/(μS/cm)
5.0	4.7	6.1	2.4
5.1	4.1	6.2	2.5
5.2	3.6	6.3	2.4
5.3	3.3	6.4	2.3
5.4	3.0	6.5	2.2
5.5	2.8	6.6	2.1
5.6	2.6	6.7	2.6
5.7	2.5	6.8	3.1
5.8	2.4	6.9	3.8
5.9	2.4	7.0	4.6
6.0	2.4		

《中国药典》灭菌注射用水采用如下方法进行电导率测定：调节温度至 25℃，使用离线电导率仪进行测定。标示装量为 10mL 或 10mL 以下时，电导率限度为 25μS/cm；标示装量为 10mL 以上时，电导率限度为 5μS/cm。测定的电导率值不大于限度值，则判为符合规定；如电导率值大于限度值，则判为不符合规定。

表 2.15 是《中国药典》《欧洲药典》和《美国药典》的电导率测定法对比表，其中，《中国药典》散装注射用水的电导率测定法第一步允许离线检测方式，应该为表述有误，未来需要进行修订。

表 2.15　各药典的电导率测定法对比

品种	《中国药典》	《欧洲药典》	《美国药典》
散装纯化水	**一步法** 允许内插计算 在线或离线	方法1:三步法 方法2:一步法＋元素杂质风险评估 **企业可以二选一**	**三步法** 第一步,在线 第二步,离线 第三步,离线
散装注射用水	**三步法** 第一步,在线或离线 第二步,离线 第三步,离线	**三步法** 第一步,在线 第二步,离线 第三步,离线	**三步法** 第一步,在线 第二步,离线 第三步,离线
灭菌注射用水	①≤10mL;25μS/cm(25℃);②＞10mL;5μS/cm(25℃)		

2.3.2 总有机碳

有机物杂质是另外一种重要的化学纯度影响因素，有机物进入水系统有多个途径。①从原水中带入，例如，动植物的腐烂物、细菌孳生、动物的排泄物等，这些物质可通过渗透入地下水井或溢流进江海湖泊后进入市政供水的水源，这些含有机碳的有机物分子量从低到高，低分子量的有甲醇等，高分子量的有多环物质等；②工业废水带入，例如，杀虫剂、除草剂等，这些化合物的毒副作用相当高，会引起严重的健康问题与生态破坏，属于人类环保治理的重点；③系统本身的原因，例如，操作员的阀门误操作，消毒剂擦拭滴漏处后的残留，RO膜、过滤器与离子交换树脂的材料降解、系统微生物快速孳生，系统长期运行后的质量稳定性波动等都会使有机物杂质含量显著性增加。不管有机物是何种来源，都需要在制药用水系统中对有机物含量进行适当的监测与控制。

总有机碳包含了水中悬浮的或吸附于悬浮物上的有机物中的碳和溶解于水中的有机物的碳，前者称为悬浮性有机碳（SOC），后者称为溶解性有机碳（DOC），TOC为SOC与DOC之和。1979年，国际供水协会将水源水质按DOC分为4类（表2.16），在饮用水的日常检测中，DOC或TOC的水平不会有太大变化，一旦有突发性的增加，表明水质受到了意外的污染，例如，空气中有机物气体溶入、原水中有机物污染水平激增或系统内部非金属材料的溶出等。

表 2.16 水体有机物污染等级

等级	1 级	2 级	3 级	4 级
DOC 水平/(μg/L)	<1500	2500~3500	4500~6000	>8000
污染水平	无污染	中等污染	严重污染	极度污染

一项对于美国饮用水的研究表明，当用氯气消毒时，若三氯甲烷浓度超过100μg/L时，处理后的水中TOC浓度不低于2000μg/L。因此，美国环境保护署规定饮用水中TOC限度为2000μg/L，水源水中为4000μg/L时，才能确保消毒副产品的量被控制在可接受的水平。需要注意的是，加拿大卫生组织推荐饮用水及水源中TOC限度不超过4000μg/L仅适用于氯气消毒的工况，不适用于其他消毒途径或不消毒工况，因此，该组织也推荐了一些和DOC相关性的参数指标，例如色度（15TCU）、TDS（500μg/mL）、浑浊度（1NTU）、三氯甲烷（100μg/L）。

我国在1999~2000年水质检测中，对十二家水务公司取样22份，TOC平均浓度为590~5410μg/mL，其中3家水务公司超过4000μg/mL。《GB 5749—2006生活饮用水卫生标准》在"生活饮用水水质参考指标及限值"中规定，饮用水的总有机碳不高于5000μg/L。2021年4月10日正式实施的《T/BJWA 001—2021健康直饮水水质标准》中规定，饮用水的总有机碳不高于1000μg/L。

自1860年以来，易氧化物法一直是全球药典关于水中有机物纯度鉴定的法定方法，其主要原理是通过氧化有机物，Mn^{7+}（MnO_4^-）被还原为Mn^{2+}，该过程可通过对澄清液体进行肉眼检测，如果溶液保持红色，测试通过。2020版《中国药典》二部中纯化水对易氧化物法规定如下：取本品100mL。加稀硫酸10mL，煮沸后，加高锰酸钾滴定液（0.02mol/L）0.10mL，再煮沸10min，粉红色不得完全消失。

易氧化物法属于定性的方法，无法实现定量与趋势分析，该方法受操作人员的影响较大，效率不高且人力投入大，例如，样品如发生黄色现象，分析员无法判定。随着过程分析技术的不断开拓，20 世纪 60 年代出现的总有机碳检测技术现已广泛应用于环保（污水）、市政（饮用水）、制药（纯水）、火电（锅炉水）的有机物污染水平分析与治理，总有机碳的测量分析方法也经历了从定性到定量、从离线到在线的发展路程。

20 世纪 60 年代，陶氏化学公司发明了总有机碳测量的离线方法，它属于初代检测技术，采用高温燃烧氧化与 NDIR 非色散红外检测的组合技术。随着紫外技术的发展，在 20 世纪 80 年代，该技术开始用于对总有机碳的测量，人们利用紫外线的氧化性，将有机碳转变为无机碳进行监测。在 20 世纪 90 年代末，在线检测技术被越来越多地重视起来，而且本身总有机碳浓度非常低的纯水系统又需要快速的响应，所以在线总有机碳分析仪登上了历史的舞台，开始在全球制药领域用于检测原水、纯化水和注射用水的有机物污染状况。

20 世纪 90 年代初，美国制药工业大数据调查显示，制药企业散装纯化水与散装注射用水的 TOC 典型最大值为 $150\mu g/L$，药典限度设定原则为"控制在最大值 $150\mu g/L$ 约 3 倍的水平"，同时，基于供应商调查，$50\mu g/L$ 是当时总有机碳分析仪的最低检测限。基于上述原因，《美国药典》将总有机碳限度设定在 $500\mu g/L$，并选择蔗糖/1,4-对苯醌作为易氧化与难氧化有机物检测的系统适用性试验用标准对照品。

2004 年中国企业成功研发第一台直接电导率法国产总有机碳分析仪；2007 年中国企业成功研制了膜电导检测原理的总有机碳分析仪，并在 2008 年通过了中国药典委员制药用水专委会评审；2010 年，《中国药典》收录了"制药用水中总有机碳测定法"。

制药用水中的有机物一般来自原水和制药用水制备、储存与分配系统中细菌的生长，水的总有机碳测量法属于总有机物筛选方法，它检测的是"总"的微量有机物含量水平，无法实现某种具体有机物的鉴别，如果有专属性要求，可用药典收录的其他法定方法进行检测。对于其结果用于放行药典水的 TOC 分析仪，必须通过定期进行的系统适用性测试。应根据产品风险等级、业务风险、系统上 TOC 测量的冗余等级、仪器稳定性和预期 TOC 等级，确定该测试间隔时间。各药典均有类似的检验要求，表 2.17 列举了 ChP、EP 与 USP 的有机物纯度测定。

表 2.17　各药典水中的有机物纯度测定

项目	《中国药典》2020 版	《欧洲药典》EP10 版	《美国药典》USP43 版
散装纯化水			
易氧化物	符合规定[①]	符合规定[①]	—
总有机碳	≤0.5 mg/L[①] 通则 0682	≤0.5mg/L[①]	≤0.5mg/L USP<643>
散装注射用水			
易氧化物	—	—	—
总有机碳	≤0.5 mg/L 通则 0682	≤0.5 mg/L	≤0.5 mg/L USP<643>

①散装纯化水总有机碳检测法和易氧化物检测法两项可选做一项。

目前，并没有直接测定总有机碳的分析仪器，TOC 测定的主要原理是首先将样品进行氧化，使水中有机物分解成 CO_2，然后检测 CO_2 来间接得到 TOC 值。氧化技术主要包括高温燃烧氧化、超临界氧化、过硫酸盐加热氧化、紫外线加过硫酸盐氧化、紫外氧化、紫外线加二氧化钛氧化等；CO_2 检测技术主要包括非分散红外线检测法（NDIR）、直接电导率测定法和选择性薄膜电导率测定法（表 2.18）。NDIR 法对环境有要求，经常在实验室进行，适合于高 TOC 的水质检测；基于电导率的直接电导率检测法与选择性薄膜电导率检测法非常适合于低 TOC 的水质检测，现已广泛应用于散装纯化水与散装注射用水的在线或离线检测。

表 2.18　总有机碳测定法的应用原则

工作原理组合	适用样品/行业	应用行业	特点说明
超临界+NDIR	污水/地表水/盐水	环保/氯碱	量程最高,耐盐性最佳,需要载气
燃烧氧化+NDIR	污水/地表水	环保	量程高,耐盐 75g/L,需要载气
氧化剂+紫外线+NDIR	纯水/地表水/清洁验证	化工/制药	纯水与污水兼容,需要载气
氧化剂+紫外线+膜电导率	纯水/地表水/清洁验证	化工/制药	适用于纯水与饮用水
紫外线+电导率检测	纯水/超纯水	电子/电力/制药	只适用去离子水,样品自身携带 CO_2

通常采用蔗糖作为易氧化的有机物，1,4-对苯醌作为难氧化的有机物，蔗糖是只有单键的简单有机物大分子，少量的能量就能使蔗糖的单键断开，1,4-对苯醌是含有双键的芳香类有机物，其键很难断开。按规定制备各自的标准溶液，在总有机碳测定仪上分别测定相应的响应值，以考察所采用技术的氧化能力和仪器的系统适用性。

（1）对仪器的一般要求　有多种方法可用于测定总有机碳，只要符合下列条件均可用于水的总有机碳测定。

① 总有机碳测定技术应能区分无机碳（溶于水中的二氧化碳和碳酸氢盐分解所产生的二氧化碳）与有机碳（有机物被氧化产生的二氧化碳），并能排除无机碳对有机碳测定的干扰。

② 应满足系统适用性试验的要求。

③ 应具有足够的检测灵敏度（最低检出限为每升含碳不大于 0.05mg/L）。

采用经校正过的仪器对水系统进行在线监测或离线实验室测定。在线监测可方便地对水系统进行实时测定及实时流程控制；而离线测定则有可能带来许多问题，例如被采样、采样容器以及未受控的环境因素（如有机物的蒸汽）等污染。由于水的生产是批量进行或连续操作的，所以在选择采用离线测定还是在线测定时，应由水生产的条件和具体情况决定。

（2）总有机碳检查用水　应采用每升含总有机碳低于 0.10mg，电导率低于 $1.0\mu S/cm$（25℃）的高纯水，同时，该总有机碳检查用水与制备对照品溶液及系统适用性试验溶液用水应是同一容器中的水。

（3）对照品溶液的制备

① 蔗糖对照品溶液。除另有规定外，取经 105℃ 干燥至恒重的蔗糖对照品适量，精密称定，加总有机碳检查用水溶解并稀释制成每升中约含 1.20mg 的溶液（含碳 0.50mg/L）。

② 1,4-对苯醌对照品溶液。除另有规定外，取 1,4-对苯醌对照品适量，精密称定，加总有机碳检查用水溶解并稀释制成每升中含 0.75mg 的溶液（含碳 0.50mg/L）。

（4）供试溶液

① 离线测定。由于水样的采集及输送到测试装置的过程中，水样可能会遭到污染，而有机物污染和二氧化碳的吸收都会影响测定结果的真实性。所以，测定的各个环节都应十分谨慎。采样时应使用密闭容器，采样后容器顶空应尽量小，并应及时测试。所使用的玻璃器皿必须严格清洗有机残留物，并用总有机碳检查用水做最后淋洗。

② 在线测定。将总有机碳在线检测装置与制水系统连接妥当。取水及测定系统都须进行充分的清洗。

（5）系统适用性试验　取总有机碳检查用水，蔗糖对照品溶液和 1,4-对苯醌对照品溶液分别进样依次记录仪器总有机碳响应值。按下式计算，以百分数表示的响应效率应为 $85\% \sim 115\%$。

$$[(r_{ss} - r_w)/(r_s - r_w)] \times 100\%$$

式中　r_w——总有机碳检查用水的空白响应值；

r_s——蔗糖对照品溶液的响应值；

r_{ss}——1,4-对苯醌对照品溶液的响应值。

（6）测定法　取供测试用制药用水适量，按仪器规定方法测定。记录仪器的响应值 r_U，除另有规定外，供试制药用水的响应值应不大于 $(r_s - r_w)(500\mu g/L)$。

此方法可同时用于预先经校正并通过系统适用性试验的在线或离线仪器操作，对于实验室系统，通常的校准周期为每天、每周、每月；对于在线系统，通常的校准周期为每季度、每半年、每年。这种由在线或离线测定的水的质量与水样在水系统中的采集位置密切相关。应注意水样的采集位置必须能真实反映制药用水的质量。

$(r_s - r_w)$ 是指蔗糖对照品溶液的响应值与总有机碳检查用水的空白响应值的差值，它接近于 $500\mu g/L$，实际数值因标准品溶液、设备和背景碳等因素而不同。《国际制药工程协会 基准指南 第 4 卷：水和蒸汽系统》（第三版，2019 年）经过大量统计数据显示：《欧洲药典》《墨西哥药典》和《印度药典》的总有机碳质量标准不超过 $549\mu g/L$，而《日本药局方》《中国药典》《巴西药典》和《美国药典》的总有机碳质量标准不超过 $504\mu g/L$。因此，只用 $500\mu g/L$ 作为散装药典水的 TOC 普遍限度在技术上并不准确。同时，$8000\mu g/L$ 是包装无菌水的 TOC 建议限度。

2.3.3　微生物

从药品生产的卫生学而言，微生物对药品的原辅料、操作环境和产品污染是造成生产失败、成品不合格的最重要因素。在 GMP（2010 修订）"附录 1　无菌药品"中规定："无菌药品的生产须满足其质量和预定用途的要求，应最大限度降低微生物、各种微粒和热原污染。生产人员的技能、所接受的培训及其工作态度是达到上述目标的关键因素，无菌药品的生产必须严格按照精心设计并经验证的方法及规程进行，产品的无菌或其他质量特性绝不能只依赖于任何形式的最终处理或成品检验。"制药生产过程中使用的散装纯化水和散装注射用水虽然不是无菌水，但它被广泛应用于药液配制、清洗与分析等多个工艺岗位，其质量直接影响产品质量，为降低药品生产过程中的微生物负荷，需对制药用水中的微生物水平进行控制。

在 1985 年修订的 USP 21 之前，所有 USP 对通则＜1231＞的修订一直没有提及建议的微生物水平，尽管大篇幅强调了对微生物和热原控制的需求。USP 22 版（1990）

和 USP 23（1995）中，<1231>载有"行动指南"一节中，提及了对于纯化水的 100CFU/mL 的基本准则，但没有提及对于注射用水的标准，只有对所需微生物和细菌内毒素控制的普通预防措施。直到 1996 年 11 月 15 日正式公布的 USP 23 增补本 5，对<1231>做重大修订时，才将现在熟悉的注射用水微生物限度 10CFU/100 mL 建议为"一般认为适当的行动限度"。

目前，制药用水系统中的微生物水平测试多采用离线取样进行分析，由于取样常在非无菌区域进行，可能会因取样误差和环境因素而偶有少量的菌数，因此，各药典综合了经济、质量控制与安全操作等多个因素，建议原则是纯化水微生物指标不高于 100CFU/mL，注射用水微生物指标不高于 10CFU/100mL（表 2.19），这也是除菌过滤法设定药液在除菌过滤前的微生物负荷不高于 10CFU/100mL 的理论来源。2021 版《WHO GMP：制药用水》规定：应研究不良趋势和超限结果的根本原因，然后采取适当的纠正与预防措施（CAPA）。如果散装注射用水发生微生物污染，则应对微生物进行鉴别。因此，若取样超过该限量，企业必须调查原因，采取措施整改，并分析超标水对产品微生物污染的影响，调查情况应做出记录。规定微生物限度的目的是保证水系统在质量可控的状态下运行。

表 2.19 各药典的微生物限度

微生物限度	《中国药典》2020 版	《欧洲药典》10 版	《美国药典》43 版
散装纯化水	需氧菌总数≤100CFU/mL	需氧菌总数≤100CFU/mL	菌落总数≤100CFU/mL[①]
散装注射用水	需氧菌总数≤10CFU/100mL	需氧菌总数≤10CFU/100mL	菌落总数≤10CFU/100mL[①]
处理方法	薄膜过滤法	薄膜过滤法	薄膜过滤法
培养基	R2A	R2A	PCA 或 R2A
培养条件	30～35℃ ≥5d	30～35℃ ≥5d	PCA：30～35℃，≥3d R2A：20～25℃，≥4d
执行状态	强制执行 通则 1105	强制执行	非强制执行[②] USP<1231>

① 美国 FDA 的微生物行动限度建议原则，但这不是合格或不合格的标准。

② 薄膜过滤的活菌平板计数法并不是《美国药典》的法定强制检测方法，《美国药典》鼓励用户开发替代方法。

水系统微生物限度的制定取决于制水工艺、成品制剂生产工艺和产品实际用途。每个制药企业都必须对自己的产品和生产工艺进行有效评估，根据危险性最大的品种制定水系统"微生物计数法"可接受的企业内控限度，同时，企业内控微生物限度不得超过药典规定的最大限度值。目前，法定的微生物水平采用活菌培养计数法，详细的检测方法可参见 2020 版《中国药典》四部中的通则"1105 非无菌产品微生物限度检查：微生物计数法"。

水系统中的微生物一般浮游于水中，随着水体的快速流动，其污染呈现均匀性，这也是离线取样进行"微生物计数法"分析的理论前提。微生物一旦附着于罐壁或管壁时，极易形成"生物膜"，它能持续脱落微生物活菌。因此，当系统产生生物膜后，其污染呈不均匀性，样品也就有可能不能代表污染的菌型或数量。比如，对于同时取样的两个注射用水用水点样品，一个样品的细菌数为 3CFU/100mL，另外一个样品为"不可计数"，这很可能是因为有一个脱落的生物膜片段被恰巧取样到而导致的，因此，FDA 在《微生物学化验室的检查指南》中指出，微生物检测应包括对细菌总数测试中发现的菌落进行鉴别。

2.3.4 细菌内毒素

细菌内毒素属于制药用水系统中另外一个最重要的关键质量参数。细菌内毒素是革兰阴性菌细胞壁上的一种脂多糖和微量蛋白的复合物，它的特殊性不是细菌或细菌的代谢产物，而是细菌死亡或解体后才释放出来的一种具有内毒素生物活性的物质。细菌内毒素的量可用内毒素单位（EU）表示，1EU 与 1 个国际单位（IU）相当。对制药用水系统来说，革兰阴性菌危害最大，因为它很易形成非均匀浓度的生物膜并由此成为细菌内毒素的污染源。

细菌内毒素可溶于水，散装注射用水需采取措施除去细菌内毒素，细菌内毒素体积很小，多在 $1\sim5nm$，可通过超滤、纳滤或反渗透装置进行过滤去除，活性炭对细菌内毒素有很好的吸附作用，可以去除原水中的大量细菌内毒素。细菌内毒素非常耐热，60℃下加热 1h 不受影响，100℃下也不会发生热解，180℃下 $3\sim4h$、250℃下 $30\sim45min$ 或 650℃下 1min 才可彻底破坏细菌内毒素。细菌内毒素能被强酸、强碱、强氧化剂、超声波等破坏，粒子交换树脂也能吸附细菌内毒素。细菌内毒素本身不挥发，但因具有水溶性，蒸馏时可随着水蒸气雾滴进入蒸馏水中。

制药用水系统中用到的热原处理方法主要包括灭活法与分离法两大类。灭活法主要包括干热灭菌法、酸处理、碱处理、氧化剂处理和烷化剂处理等，例如，可采用 $2\%\sim5\%$ 左右的高温碱性清洗剂循环清洗去除制药用水系统中的生物膜与细菌内毒素。分离法主要包含活性炭吸附法、膜分离法和蒸馏法等。制备纯化水与注射用水时控制细菌内毒素的方法主要包括活性炭吸附、蒸馏、超滤和反渗透等工艺。

热原与细菌内毒素均有相应的检测方法。热原检查法是将一定剂量的供试品通过静脉注入家兔体内，在规定时间内观察家兔体温升高的情况，以判定供试品中所含热原的限度是否符合规定的一种方法，参见 2020 版《中国药典》"1142　热原检查法"。细菌内毒素检查法是指利用鲎试剂来检测或量化由革兰阴性菌产生的细菌内毒素，以判断供试品中细菌内毒素的限量是否符合规定的一种方法。细菌内毒素检查法具有较家兔热原检查法灵敏、快速、简便易行、重现性好、结果准确等优点，目前细菌内毒素检查法已广泛应用于制药用水。《中国药典》规定注射用水的细菌内毒素指标需低于 0.25EU/mL，参见 2020 版《中国药典》"1143　细菌内毒素检查法"（表 2.20）。水系统中的细菌内毒素指标测试一般采用离线取样进行分析。

目前，欧洲药典委员会正在积极鼓励用户寻找家兔热原检查法（RPT 2.6.8）与细菌内毒素检查法（BET 5.1.10）的替代方案，推荐方案是新热原检测方法（MAT 2.6.30），并最终计划在大约 5 年内完全取代家兔热原检查法（RPT 2.6.8）。

表 2.20　各药典的细菌内毒素限度

细菌内毒素限度	《中国药典》2020 版	《欧洲药典》10 版	《美国药典》43 版
散装纯化水	—	—	—
散装注射用水	＜0.25 EU/mL	＜0.25 IU/mL[①]	0.25EU/mL[②]
检测方法	凝胶法 光度测定法	凝胶法 光度测定法	凝胶法 光度测定法
执行状态	强制执行 通则 1143	强制执行	强制执行 USP＜85＞

① 1EU＝1IU。

② 用于商业用途的散装注射用水。

细菌内毒素检查包括凝胶法和光度测定法。《中国药典》规定，供试品在进行检测时，可使用其中任何一种方法进行试验，当测定结果有争议时，除另有规定外，以凝胶法结果为准。

凝胶法是指通过鲎试剂与细菌内毒素产生凝集反应的原理来检测或半定量细菌内毒素的方法。鲎试剂为鲎科动物东方鲎变形细胞溶解物的冷冻干燥品，内含能被微量细菌内毒素激活的凝胶酶原和凝固蛋白原。在适宜的条件下（温度、pH 值及无干扰物质），细菌内毒素能激活鲎试剂中的凝固酶原，使鲎试剂产生凝集反应形成凝胶。凝胶法鲎试剂是根据凝集反应所形成凝胶的坚实程度来限量检测细菌内毒素。鲎试验法已经过了几十年的成功应用与实践，它是国际上公认的检测细菌内毒素最好的方法，简单、快速、灵敏、准确，因而被各药典定为法定细菌内毒素检查法。

光度测定法分为浊度法和显色基质法两种。浊度法是指利用检测鲎试剂与细菌内毒素反应过程中的浊度变化而测定细菌内毒素含量的方法；显色基质法是指利用检测鲎试剂与细菌内毒素反应过程中产生的凝固酶使特定底物释放出显色团的多少来测定细菌内毒素含量的方法。

在细菌内毒素检查过程中，应防止微生物和细菌内毒素污染。细菌内毒素检查用水是指细菌内毒素含量小于 0.015EU/mL（用于凝胶法）或 0.005EU/mL（用于光度测定法）且对细菌内毒素试验无干扰作用的灭菌注射用水；所用的器皿需经处理，以去除可能存在的外源性细菌内毒素，耐热器皿常用干热灭菌法（250℃，30min 以上）去除，也可采用其他确认不干扰细菌内毒素检查的适宜方法。若使用塑料器械（如微孔板和微量加样器配套的吸头等）应选用标明无细菌内毒素并且对试验无干扰的器械。

细菌内毒素检查用水与灭菌注射用水的区别在于酸碱度、细菌内毒素和干扰因素。具体如下：①细菌内毒素检查用水的 pH 值一般控制在 6.0～8.0；灭菌注射用水的 pH 值应控制在 5.0～7.0。由于大部分药品呈弱酸性，故细菌内毒素检查用水的 pH 值有利于鲎试验的准确性（鲎试剂与细菌内毒素反应的最适宜 pH 值为 6.5～8.0）。②细菌内毒素检查用水本身的细菌内毒素必须足够低，不应对试验结果产生假阳性影响。③细菌内毒素检查用水必须对鲎试剂、细菌内毒素标准品和鲎试验不得有干扰；灭菌注射用水对此无要求。

客观来讲，细菌内毒素作为微生物污染水平质量判定的一个很重要的原因是人类现有主流的"微生物活菌计数法"相对滞后，只有让水中细菌繁殖到一定的高浓度状态并产生细菌内毒素，人类才能通过现有的细菌内毒素检测方法实现较为准确的微生物污染水平的定性与定量分析。这也是《美国药典》一直未将"薄膜过滤的活菌平板计数法"收录为散装注射用水法定强制检测方法的最重要原因之一，在微生物计数法方面，《美国药典》一直鼓励用户开发替代方法。

鲎试剂法自三十年前取代兔法（热原检测法），其可靠性不容置疑。但目前也有用户采用重组因子 C（rFC）作为一种合成试剂，替代来源于鲎血液的美洲鲎试剂（LAL）和东方鲎试剂（TAL）用于细菌内毒素检测（图 2.4）。rFC 试剂的主要优点是提高了一致性和可持续性。变异是所有动物来源产品中的共同特征，合成试剂的一致性可以使生产和检测过程更易于控制，并且由于可以无限制地生产 rFC，从而更具可持续性。2018 年，FDA 批准了首个基于 rFC 试剂进行细菌内毒素检测的药物，这为 rFC 检测方法的广泛采用打开了大门。2020 年 5 月 29 日，《美国药典》发布药典通告：将天然鲎试剂的合成替代品——重组因子 C（rFC）作为独立章节引入 USP-NF，放弃了原先计划在细菌内毒素检测标准现有章节进行修订的提议。随后，USP 于 2020 年 5 月 31 日表示，专家得出的结论认为，在有关使用 rFC

检测药品方面几乎没有实践经验，无法将合成的检测试剂与鲎试剂相提并论，鲎试剂已经被广泛使用了数十年。USP 在声明中表示："鉴于细菌内毒素检测在保护患者方面的重要性，USP 会最终决定需要更多的真实世界数据。"并补充指出，这种发布独立章节的做法可以使美国 FDA 灵活地与制药商就 rFC 验证要求进行合作。

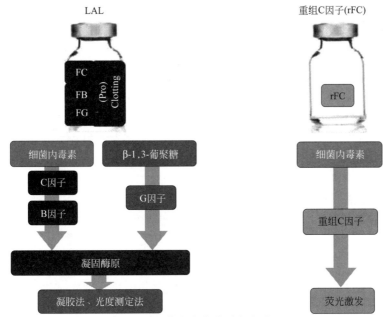

图 2.4　细菌内毒素检测方法对比

2020 年，欧洲药典委员会已通过了新的细菌内毒素检查方针，反映在通则 5.1.10 "细菌内毒素检测使用指南"和"药用物质（2034）"通论的修订版本中。新的药用物质通论将不再包括细菌内毒素检测（可能有例外），目前，该内容由通则覆盖，其中包括了建立限度的建议和如何评估药用物质热原性的信息，根据注射剂专论（0520）和灌注剂专论（1116），上述这些要求均适用于制剂。同时，环保主义者也一直在推动类似 rFC 试剂的替代使用，以减轻对野生动物鲎的需求。例如，美国非盈利民间环保组织奥杜邦学会、野生动物捍卫者协会和其他团体于 2020 年 6 月 1 日呼吁更多地使用 rFC 试剂，这一转变仅在美国东海岸每年就可以拯救 10 万只鲎，并且可以帮助依赖鲎卵生存的濒危候鸟。随着中国鲎及圆尾鲎于2021 年 2 月 25 日被国家林业和草原局及农业农村部列为我国二级保护动物，包括中国在内的全球药品监管部门对细菌内毒素的法定检测方法都将实现重大变革，rFC 试剂与快速微生物检测（RMM）等新技术的开发与推广也将有助于完善细菌内毒素的检测方法。

2.4 制药用水的质量指南

水是制剂中最常用的辅料，所选用水的最低质量取决于药品的用途，应采用基于风险的方法，将其作为整体控制策略的一部分。制药用水制备、储存与分配系统的验证和确认是 GMP 的必要部分，是 GMP 检查中不可分割的一部分。原料药和制剂生产中不同步骤所用水的级别应在上市许可申报资料中进行讨论。所用水的级别选择应考虑制剂的特性和使用途径，以及水被使用的步骤，有助于制药企业更好地理解制药用水的应用。

2.4.1 中国

GMP（2010修订）规定：制药用水应当适合其用途，并符合《中国药典》的质量标准及相关要求。制药用水至少应当采用饮用水。2020版《中国药典》通则"0261 制药用水"中也规定：一般应根据各生产工序或者使用目的与要求选用适宜的制药用水。药品生产企业应确保制药用水的质量符合预期用途的要求。并对该通则中提到的制药用水的常见用途做了说明（表2.21）。

表 2.21　《中国药典》的制药用水的应用

水的分类	应用范围
饮用水	饮用水可作为药材净制时的漂洗、制药用具的粗洗用水。除另有规定外,也可作为饮片的提取溶剂 饮用水可作为纯化水的制备原水
纯化水	纯化水可作为配制普通药物制剂用的溶剂或试验用水;可作为中药注射剂、注射剂等灭菌制剂所用饮片的提取溶剂;口服、外用制剂配制用溶剂或稀释剂;非灭菌制剂用溶剂用器具的清洗用水。也用作灭菌制剂所用饮片的提取溶剂 纯化水可作为注射用水的制备原水
注射用水	注射用水可作为配制注射剂、滴眼剂等的溶剂或稀释剂及容器的精洗
灭菌注射用水	注射用灭菌粉末的溶剂或注射剂的稀释剂

2.4.2 欧洲

2020年7月，欧洲药品管理局发布了新版《制药用水质量指南》并于2021年2月1日已正式生效。《欧洲药典》提供了不同级别制药用水的质量标准，包括注射水、纯化水和提取用水，以反映目前对人用与兽用原料药和制剂生产用水的最低可接受质量标准要求。

2021版《制药用水质量指南》旨在为制药企业提供人用和兽用原料药和制剂生产中所用的不同级别制药用水的指南。新的上市许可申报，以及对现有药品销售授权的任何相关变更申报均应考虑本指南。2021版《制药用水质量指南》亦适用于先进治疗药品（ATMP），指南包括有关键起始物料的制备，如病毒载体和无法进行最终灭菌的基于细胞的药品。关于ATMP的其他专用指南，建议申报人和生产者查询EC的AT-MP GMP指南。该指南亦可用于临床试验用药品（如相关）。该指南不包括临时制备药品或药师/使用者在使用之前重新调配/稀释制剂的情况（例如，重新调配口服抗菌混合物所用的水，稀释血液透析溶液所用水），以及用户配制兽药时所用水（例如，用于饮用水的粉末）。

（1）用于最终制剂和辅料　用于注射的药品需要使用注射用水，其中包括血液滤过和血液透析、腹膜透析、冲洗液和生物制剂，表2.22中汇总了无菌药品与非无菌药品的主要类别，同时也包含了部分典型的工艺岗位用水原则。无菌眼膏、鼻/耳剂和皮肤制剂应使用能保证无菌性的原料水进行生产，避免引入污染物，避免微生物繁殖。根据风险评估，这些可能要求使用比纯化水质量更高的水。

表 2.22　用于最终制剂和辅料生产的应用原则

内容	最低可接受标准	备注
无菌药品		
生物制品(包含疫苗和 ATMP)	注射用水	
无菌注射剂	注射用水	
无菌眼用制剂	纯化水	《中国药典》规定选用注射用水
血液滤过/透析溶液	注射用水	
腹膜透析液	注射用水	
灌注液	注射用水	
无菌鼻/耳制剂	纯化水	根据风险评估,有些可能要求使用比纯化水质量更高的水
无菌皮肤制剂	纯化水	根据风险评估,有些可能要求使用比纯化水质量更高的水
非无菌药品		
非注射疫苗	纯化水	根据风险评估结果,为确保疫苗的安全性和高于纯化水微生物纯度的质量(避免在特定制剂中引入不期望的微生物),有些非无菌疫苗的生产可能需要使用注射用水
口服制剂	纯化水	
雾化溶液	纯化水	在有些疾病状态下(例如,囊性纤维化),需要通过无菌和无热原雾化摄入药品。这种情况下要使用注射用水
非无菌皮肤制剂	纯化水	有些药品如兽用乳头浸蘸剂,可能可以使用饮用水,在论证和批准时要考虑化学组成和微生物质量的波动
非无菌鼻/耳制剂	纯化水	
直肠/阴道用药	纯化水	
典型工艺岗位		
制粒	纯化水	有些兽用预混剂(例如制粒浓缩剂)可使用饮用水,前提是在论证和批准时要考虑化学组成和微生物质量的波动性
片剂包衣	纯化水	
非无菌冻干前配制用辅料	纯化水	
无菌冻干前配制用辅料	注射用水	

（2）用于活性药物生产　人用和兽用原料药生产中所用的不同级别制药用水取决于其在生产中所用的步骤,后续的处理步骤,以及成品的特性。应采用基于风险的方法,将其作为全面控制策略的一部分,表 2.23 中汇总了人用和兽用原料药生产中的主要类别。

表 2.23　用于活性药物生产的应用原则

活性物质类型/用途	生产步骤	最低可接受标准	备注
活性药物或其准备用于生产的制剂对无菌性和热原无要求	最后分离和精制步骤之前所有活性药物中间体的合成,最后分离和精制	饮用水	如果对化学纯度有更高的技术要求,则应使用纯化水
	草药提取	提取用水	参见 EP 专论（2249）提取用水

活性物质类型/用途	生产步骤	最低可接受标准	备注
活性药物为发酵产品或生物制品,不是疫苗或 ATMP	发酵培养基和细胞培养基	饮用水	如果对化学纯度有更高的技术要求,则应使用纯化水
活性药物准备用于生产疫苗。亦适用于 ATMP 和准备用于生产后续有灭菌步骤的 ATMP 起始物料(例如病毒载体)	发酵培养基和细胞培养基	纯化水	
活性药物用于 ATMP 生产,后面没有灭菌步骤(例如基于细胞的药品)	所有步骤包括发酵培养基,细胞培养基,初次纯化,最后分离和精制	注射用水	
活性药物为溶液,非无菌,准备用于注射剂生产	除最后分离和精制以外的所有步骤	纯化水	
	最后分离和精制	注射用水	
活性药物不在溶液中,非无菌,准备用于生产注射剂	最后分离和精制	纯化水	必须根据 EP 的相关章节制订恰当的细菌内毒素和微生物质量标准
活性药物为非无菌,准备用于生产非注射的非无菌疫苗	最后分离和精制	纯化水	必须根据 EP 的相关章节制订恰当的微生物质量标准
活性药物为非无菌,准备用于生产非注射无菌药品	最后分离和精制	纯化水	
活性药物为无菌,不准备用于生产注射剂	最后分离和精制	纯化水	
活性药物为无菌无热原	最后分离和精制	注射用水	

（3）清洗用水　一般来说,设备、容器/密闭器的最终淋洗水应与中间体或活性药物或相关生产步骤所用具有等同质量,或与特定制剂用作辅料的水质相同。如果设备采用稀释后的清洁剂清洁,和/或在采用稀释后的乙醇淋洗后干燥,则乙醇或清洁剂应稀释用水应与最终淋洗用水的质量相同。有些容器如滴眼剂所用塑料容器可能不需要初次淋洗,实际上可能适得其反,因为这样可能会增加微粒数量。在某些情况下如吹、灌、封工艺中,是无法冲洗的。表 2.24 中汇总了所有制剂类型的设备、容器/密闭器清洁/淋洗用水的可接受质量。

表 2.24　清洗用水的选用原则

设备、容器、密闭器清洁/淋洗	产品类型	最低可接受标准
初次淋洗	中间体和活性药物	饮用水
最终淋洗	活性药物	使用与活性药物生产所用相同水质
设备、容器和密闭器(适用时)初次淋洗,包括 CIP	非无菌药品	饮用水
设备、容器和密闭器(适用时)最终淋洗,包括 CIP	非无菌药品	纯化水,或使用制剂生产所用水相同质量的水(如质量高于纯化水)
设备、容器和密闭器(适用时)初次淋洗,包括 CIP	无菌药品	纯化水
设备、容器和密闭器(适用时)最终淋洗,包括 CIP	无菌非注射药品	纯化水,或使用制剂生产所用水相同质量的水(如质量高于纯化水)
设备、容器和密闭器(适用时)最终淋洗,包括 CIP	无菌注射药品	注射用水

对于兽用注射剂,设备、容器、密闭器清洁/淋洗可使用纯化水,如果根据 EP 注射剂专论（0520）,该制剂可免于检测细菌内毒素和热原。在此情况下,必须基于风险对使用纯化水而不是 WFI 的做法进行论证,将其作为全面控制策略的一部分,尤其要确保无菌性,

避免引入污染物，避免制剂中微生物孳生。

2.4.3 美国

　　《美国药典》收录了很多种不同级别的制药用水。《美国药典》规定了其用途，制备时可以接受的方法以及质量属性。这些水可以被分为两大类：散装水（在使用的工厂进行生产）和包装水（被生产、包装和灭菌，在有效期内保持其微生物质量）。图 2.5 为《美国药典》对制药用水的使用原则。

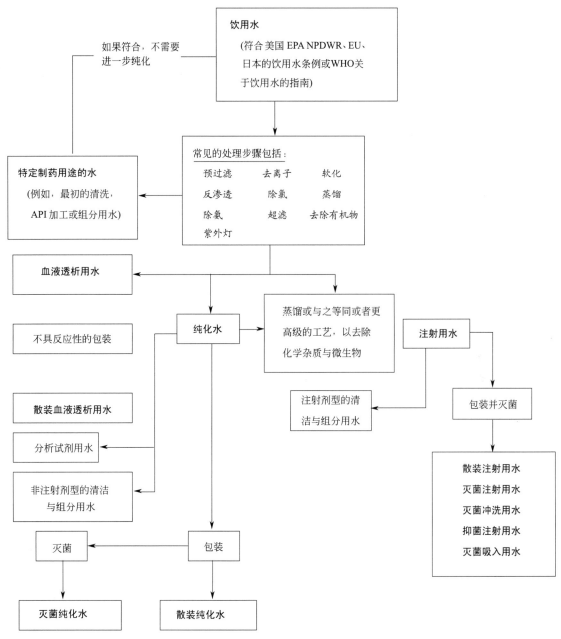

图 2.5 《美国药典》制药用水的使用原则

第3章

微生物的质量考量

随着人类科技和现代工业体系的发展,过程分析技术在连续化生产工艺中的优势被体现得淋漓尽致,这也是全球工业的信息化与智能化的核心动力。全球制药用水标准体系都已经将制药用水电导率测定法和制药用水总有机碳测定法收录为官方法定的检测方法,它们有效解决了纯水中的可溶性无机物和可溶性有机物杂质的质量过程控制和参数放行。制药企业在具有相对良好的工程与生产管理经验时,纯化水或注射用水分配回路管道上安装了在线电导率分析仪和在线总有机碳分析仪的制药用水系统,基本上很少会出现因纯水的化学纯度偏差带来的质量困扰。当然,在中国和欧盟等国家,还可能会存在电导率合格而硝酸盐/亚硝酸盐超标等的现象,也存在平行检测重金属、性状等指标的要求,这些现象等相关监管部门充分认知 USP"氯-氨电导率模型"的真正科学价值后都会迎刃而解(参见本书第2章的相关内容),本章将重点介绍水中微生物的质量考量。

单元操作可能是内源性微生物污染的主要来源。存在于原水中的微生物可以吸附到活性炭床、去离子树脂、滤膜和其他单元操作表面,并开始形成生物膜。在高纯水系统中,生物膜是某些微生物在这种低营养环境中生存的适应性反应。当微生物从现有的生物膜繁殖表面脱落并携带到水系统的其他区域时,可能发生下游繁殖。微生物也可能附着在悬浮颗粒上,如活性炭床细颗粒或断裂的树脂颗粒。当微生物呈现浮游状态时,它们会成为后续净化设备(持续损害其功能)和分配系统的污染源。内源性微生物污染的另一个来源是分配系统本身。微生物可以在管道表面、粗糙的焊缝、排列不齐的法兰、阀门和不明的死管柱上附着,并在那里繁殖,形成生物膜。表面的粗糙度和成分可能会影响微生物的初始吸附速率,但一旦被吸附,除非受到消毒条件的抑制,否则无论表面如何都会发生生物膜的形成。一旦形成,生物膜就成为微生物污染的持续来源。细菌内毒素是一种脂多糖,存在于革兰阴性菌细胞壁外的细胞膜中并从细胞膜中脱落。形成生物膜的革兰阴性菌可以成为制药用水中细菌内毒素的来源。

细菌内毒素可能以与活微生物相关的脂多糖分子簇、死亡微生物碎片或生物膜细菌周围的多糖黏液或自由分子的形式出现。自由形式的细菌内毒素可以从存在于水系统的细菌细胞表面释放,也可以从可能进入水系统的原水释放。由于水系统中细菌内毒素来源的多样性,水系统中细菌内毒素的定量并不能很好地反映水系统中生物膜的程度水平。通过控制原水中游离细菌内毒素和微生物的引入,并尽量减少系统中微生物的增殖,可以将细菌内毒素水平降到最低。细菌内毒素水平的降低可以通过系统内各种单元操作所提供的正常排除、去除以及系统消毒来实现。

制药用水系统中的微生物控制主要通过消毒措施来实现，系统可以用热力或化学方法消毒。制药用水系统卫生处理的热方法包括定期或连续循环热水和使用蒸汽。最常用于此目的的温度至少为 80℃，但当注意此类自消毒温度的均匀性和分布时，不低于 65℃ 的连续循环水方式也能有效地用于保温不锈钢分配系统。这些技术仅限于与实现卫生处理所需的更高温度兼容的系统。尽管热方法通过持续抑制生物膜的生长或在间歇应用中杀死生物膜内的微生物来控制生物膜的形成，但它们在去除已形成的生物膜方面并不有效。在去除或停止消毒条件后，被杀死但完整的生物膜可以成为生物膜快速再生的营养源。在这种情况下，常规的热力消毒和定期补充与化学消毒相结合可能更有效。越频繁的热消毒，越有可能消除生物膜的发展和再生。在相容的情况下，化学方法可用于多种材料。化学方法通常为使用氧化剂，例如卤素化合物、过氧化氢、臭氧、过氧乙酸或其组合。卤素化合物是有效的消毒剂，但很难从系统中冲洗出来，可能会留下完整的生物膜。过氧化氢、臭氧和过氧乙酸等化合物通过形成活性过氧化物和自由基（特别是羟基自由基）氧化细菌和生物膜。臭氧的短暂半衰期及其对可达到浓度的限制，要求在消毒过程中不断添加臭氧。过氧化氢和臭氧迅速降解为水和氧；过氧乙酸在紫外光下降解为乙酸。事实上，在臭氧使用点使用 254nm 紫外灯很容易将其降解为氧气，这使得它能够在连续的基础上得到十分有效的使用，以提供持续的消毒条件。目前，臭氧消毒已成为全球非常主流的化学消毒方法。

3.1 微生物简介

微生物是目前为止最能够适应任何生存环境的生命体，自人类诞生以来，细菌就一直与我们共生共存，即便是在无氧状态下的肠道中，它们也能够繁荣兴盛的一代代传承。随着微生物学知识普及和科学研究的不断深入，人类对细菌的认知也越来越深刻。从药品生产的卫生学而言，微生物对药品的原料、生产环境和成品污染是造成生产失败、成品不合格的重要因素。GMP（2010 修订）"附录 1　无菌药品"中规定："无菌药品的生产需满足其质量和预定用途的要求，应最大限度降低微生物、各种微粒和热原污染。生产人员的技能、所接受的培训及其工作态度是达到上述目标的关键因素，无菌药品的生产必须严格按照精心设计并经验证的方法及规程进行，产品的无菌或其他质量特性绝不能只依赖于任何形式的最终处理或成品检验"。

3.1.1 微生物研究发展史

1674 年，荷兰列文虎克开始观察细菌和原生动物，这是人类第一次用放大透镜看到细菌和原生动物的活动，对人类细菌学和原生动物学研究的发展起了奠基作用。

1857 年，法国科学家路易·巴斯德发表了《关于乳酸发酵的论文》，从而开启了微生物学的革命性实验与研究，他意识到许多疾病均由微生物引起，于是建立起了细菌理论。

1881 年，德国细菌学家罗伯特·科赫研究出培养细菌的方法，为病原微生物学系统研究方法的建立奠定了基础，使其成为一门独立的学科。

1887 年，德国细菌学家朱利斯·理查德·佩特里（Julius Richard Petri）在科赫平皿技术上做了进一步的改进。（图 3.1）。

今天，人们把研究微生物的科学称作微生物学，列文虎克、巴斯德、罗伯特·科赫和朱

图 3.1　培养基平皿

利斯·理查德·佩特里是公认的微生物学奠基人，他们的工作为今天的微生物学奠定了科学原理和基本的方法。

　　20 世纪初至 40 年代末，微生物学开始进入了酶学和生物化学研究时期，许多酶、辅酶、抗生素以及许多反应的生物化学和生物遗传学都是在这一时期发现和创立的，并在 40 年代末形成了一门研究微生物基本生命活动规律的综合学科——普通微生物学。20 世纪 50 年代初，随着电镜技术和其他高技术的出现，对微生物的研究进入到分子生物学的水平。

　　1977 年，C. Weose 等在分析原核生物 16S rRNA 和真核生物 18S rRNA 序列的基础上，提出了可将自然界的生命分为细菌、古菌和真核生物三域，揭示了各生物之间的系统发育关系，使微生物学进入到成熟时期。

3.1.2　微生物分类

　　微生物是一类肉眼不能直接看见、需借助光学或电子显微镜放大成百上千倍才能观察到的微小生命体的总称。微生物具有形体微小（图 3.2）、结构简单、繁殖迅速、容易变异、种类繁多和分布广泛的特点。根据微生物有无细胞基本结构、分化程度与化学组成等特点，可将其分为三大类（表 3.1）。微生物被广泛应用于农业、食品、医药、酿造、化工、制革、石油等行业，发挥了

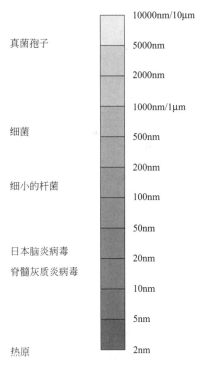

图 3.2　微生物的直径分布举例

越来越重要的作用。微生物中也有一部分能引起人与动植物发生病害，这些具有致病性的微生物被称为病原微生物，感冒、伤寒、痢疾、结核、脊髓灰质炎、病毒性肝炎等许多传染性疾病均是由病原微生物引起的。

表 3.1　微生物的分类

名称	特征	典型代表
非细胞型	非细胞型微生物无细胞结构,无产生能量的酶系统,由单一核酸(DNA/RNA)和蛋白质外壳组成,必须在活细胞内增殖	病毒
原核细胞型	原核细胞型微生物的细胞核分化程度低,只有 DNA 盘绕而成的拟核,无核仁和核膜	细菌、衣原体、支原体、立克次体、螺旋体和放线菌
真核细胞型	真核细胞型微生物细胞核的分化程度高,有核膜、核仁和染色体,能进行有丝分裂	真菌、藻类

3.1.3　微生物标准体系

　　微生物广泛存在于自然界中,制药用水在纯化、储存与分配系统中很容易受其污染,在适宜的条件下,污染的微生物可生长繁殖,导致纯水变质,影响水质质量。通过微生物限度检测,可了解制药用水是否受污染及其污染程度,查明污染的来源,并采取适当的方法进行控制,以保证水质的质量。制药用水是重要的药品原辅料,微生物的种类繁多,营养成分复杂,污染药品后可能分解药品的有效成分,导致疗效降低或丧失,同时微生物的毒性代谢产物和部分病原微生物还可对患者造成不良反应或继发性感染,甚至危及患者的生命,在国内外由于微生物污染药品引起的药源性疾病时有报道。对非最终灭菌制剂的微生物限度检测是保证其质量和用药安全有效的重要措施之一。

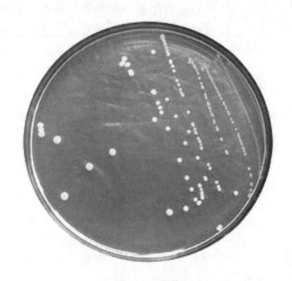

图 3.3　菌落

　　单个或少数浮游细菌生长繁殖几天后,会形成以母细胞为中心的一堆肉眼可见、有一定形态构造的子细胞集团,这就是菌落(图 3.3),如果不加干涉继续生长,将形成生物膜,并不断释放芽孢、活菌和细菌内毒素。因此,某种程度上来说,微生物控制也是细菌内毒素控制。细菌菌落常表现为湿润、黏稠、光滑、较透明、易挑取、质地均匀以及菌落正反面或边缘与中央部位颜色一致等特点。

　　在活菌培养计数时,由单个菌体或聚集成团的多个菌体在固体培养基上生长繁殖所形成的集落,称为菌落形成单位(CFU),以其表达活菌的数量。菌落形成单位的计量方式与一般的计数方式不同，一般直接在显微镜下计算细菌数量会将活与死的细菌全部算入，但是 CFU 只计算活的细菌。CFU 不等于细菌个数，例如，两个相同的细菌靠得很近或贴在一起，经过培养这两个细菌将会形成一个菌落，此时虽然是 2 个细菌繁殖而成的菌落，但也把它定义为 1CFU。菌落总数往往采用的是平板计数法，经过培养后数出平板上所生长出的菌落个数，从而计算出每毫升或每克待检样品中可以培养出多少个菌落，于是以 CFU/mL 或 CFU/g 表示。

菌落总数测定是用来判定被细菌污染的程度及卫生质量，它反映在生产过程中是否符合卫生要求，以便对被检样品做出适当的卫生学评价。菌落总数的多少在一定程度上标志着卫生质量的优劣。按国家标准方法规定，菌落总数测定的培养条件为在需氧情况下，37℃培养 48h，采用普通营养琼脂平板。由于厌氧或微需氧菌、有特殊营养要求且非嗜中温的细菌不能满足其生长需求，故难以繁殖生长。因此，菌落总数并不表示实际中的所有细菌总数，菌落总数并不能区分其中细菌的种类，所以有时被称为杂菌数或需氧菌数等。

3.2 微生物限度检测

微生物限度检测分为染菌量的检测和控制菌的检测，包括细菌数检测、真菌数检测和控制菌检测。细菌数测定是衡量药品卫生质量的重要指标，细菌数测定是对染菌量检测，是检测单位体积制药用水中所污染活菌数量，其测定结果可用于判断制药用水被污染的程度。真菌数检测包括霉菌、酵母菌数检测。控制菌检测包括对大肠埃希菌、大肠菌群、沙门菌、铜绿假单胞菌、金黄色葡萄球菌、梭菌和白色念珠菌七种细菌的检测。真菌数检测和控制菌检测并非药典水的强制检测项，企业可结合实际情况灵活决定。

制药行业关于注射用水较为普遍接受的微生物菌落总数限度是 10CFU/100mL。但实际上，在药典注射用水的发展历史上，这并不一直是注射用水的限度。使用 10CFU/100mL 限度可能早于对水系统中生物膜的认识，并且随着时间的推移而发展。

制药用水系统微生物监测程序的目的是为控制和评估所生产的水的微生物质量，提供足够的信息。产品质量要求应指明所需的水质量规范。通过使用数据趋势（分析）技术以及（如需要）限制特殊不得检出的微生物，来保持一个适宜的控制水平。因此，对于一个给定的样品来说，没有必要检测所有存在的微生物。监测程序和监测方法应能实现对最终产品、工艺或消费者存在潜在危害微生物的检测。方法变量的最终选择应以所监测系统的各自要求为基础。

3.2.1 微生物培养法

在样品收集后，应考虑微生物计数检测的及时性。被收集在经过严格清洗的样品容器内的样品中可检测的微生物数量，一般情况下会随着时间的流逝而下降。样品中的浮游菌要么死亡，要么不可逆转地吸附在容器壁上，从而减少了可以从供试样品中提取活的浮游菌的数量。如果样品容器未被严格清洗，或者在样品容器内含有可以促进微生物生长的低浓度的营养，那么也可能会出现相反的作用。由于在一个样品中可回收的细菌数量，在样品收集后，可以随着时间发生增长或减少，因此在样品收集后最好尽快地检测样品。如果不能在收集后的 2h 内检测样品，那样样品应被保存在冷藏温度下（2～8℃），时间最长为 12h，以保持在分析之前微生物的属性。在不可能实现的情况下（例如当使用不在现场的分析实验室），这些被冷藏的样品应在样品收集后的48h 内被检测。在这种延迟检测的情况下，所回收的微生物数量可能与样品被收集后立即检测所得到的数量不同。因此，应进行研究，以确定是否存在由于检测的延迟而导致的结果不同，以及潜在的微生物计数偏差的可接受性。

水的微生物实验的经典方法包括（但不限于）倾注皿、平板涂布、膜过滤以及最大概率数（MPN）实验。这些方法一般很容易实现，花费也不多，并能提供很好的样品处理量。可以通过使用较大的试样量提高方法灵敏性，在膜过滤法中可采用此方法。结合培养基的类型与培养温度、时间，进一步确定培养方法。应根据特定水系统及其（制水）能力选择确定培养方法，以检定（回收）所感兴趣的微生物——那些可能会对产品或工艺有不利影响的微生物以及那些反映系统微生物控制状态的微生物。

对于传统的微生物分析，可采用两种基本类型的培养基——高营养培养基和低营养培养基（表 3.2）。高营养培养基（例如平板计数琼脂 PCA 和 m-HPC 琼脂）用作易养菌或富养菌的分离和计数的普通培养基。低营养培养基（例如 R2A 琼脂和 NWRI 琼脂）有利于分离"生长缓慢的"细菌和要求较低的营养以更适于生长的细菌。一些兼性且生长缓慢的细菌常常能够在高营养培养基上生长，而一些富养菌能够在低营养的培养基上生长。USP 规定，低营养和高营养培养方法可以被同时使用，尤其是在水系统的验证以及以后的周期性验证期间。

表 3.2　培养基的区别

成分	PCA	m-HPC 琼脂	R2A 琼脂	NWRI 琼脂
最初预期应用	美国公共卫生协会饮用水平皿计数			
营养水平	高	高	低	低
蛋白质总含量/g	7.5	45.0	1.5	3.5
蛋白质种类	两种	两种	三种	两种
碳水化合物/g	1.0	12.6	1.3	0.0
有机营养/g	8.5	57.6	2.8	3.5
矿物质/g	0.0	0.0	0.35	0.25

用于饮用水测试时，像 R2A 这样的低营养培养基能够比高营养培养基回收更多的菌落数。国外有学者认为，这与其说是营养水平高低的结果，不如说是可用营养物多样性的结果。当存在一大群带有各种各样营养偏好和要求的生物体，例如饮用水中，特别是来自地表水源的生物体，具有最广泛营养类型的培养基将比具有更少营养类型的培养基表现得更好。从个人经验来看，在未发表的研究中已经证实了这点。该研究比较了带有可比较的营养"水平"的两种"低营养"培养基的饮用水的微生物回收率，这两种培养基是 R2A 琼脂和 NWRI 琼脂，后者的营养成分类型差异很小，结果 R2A 表现得明显更好。主要的培养基组成差异在于 R2A 比 NWRI 琼脂拥有更多样的蛋白质和碳水化合物营养物质。

培养持续的时间和温度也是微生物实验方法的关键方面。理论上来讲，如果水分配系统的温度循环在 25～35℃，那么 30～35℃ 的培养温度范围应该是可以接受的；如果水分配系统的温度采用的是 5～35℃，那么尽管通常的其他药典测试在 30～35℃ 范围内进行，但科学的做法应该是使用更冷的培养温度，例如 20～25℃，以确保不会丢失在常用的实验室培养箱温度范围内无法生长的整个亚群体生物体。

使用高营养培养基的经典方法学要求在 30～35℃培养 48～72h。但某些水系统，当与经典方法相比较，在低温下（例如 20～25℃）和长时间（例如 5～7d）的条件下进行培养，能得到更多的菌落数量。低营养的培养基针对这些较低的温度和较长的培养条件而设计（为得到生长非常缓慢的细菌或受到消毒剂损害的微生物的最大回收率，有时培养时间长至 14d）。即使是高营养的培养基，有时可以通过这些较长的培养时间和较低的培养温度来增加回收率。需要监控的特定系统是使用较高还是较低的培养温度，较短还是较长的培养时间，高营养培养基还是低营养培养基，应在系统验证期间或验证之前确定，并在周期性验证时评估，因为一个新的水系统的微生物菌丛相对于水系统的日常保养和消毒操作法逐步建立了一个稳定的状态。这种"稳定状态"的建立可能需要数月甚至数年的时间，并且可能会由于使用模式的变更、在日常与预防性维护保养方面的变化、消毒操作或频率的变化，或者任何形式的系统侵扰（例如组件的更换、去除或其他方面）而被打乱。应在平衡信息的及时性以及当超过警戒限或纠偏限所应采取纠偏措施的需要与回收所感兴趣的微生物的能力后，再决定是否采用较长的培养时间。

较长培养时间的好处是可更多地检定（回收）受损害微生物、缓慢生长物，或更多生长条件苛刻的微生物，但应与其他需要进行平衡（比如，调查的及时性、采取纠偏措施，以及这些微生物对于产品或工艺所造成的不利影响的能力）。但是，在任何情况下，USP 规定：30～35℃下培养时间不得少于 48h，20～25℃下培养时间不得少于 96h。

正常情况下，能够在极端条件下生长的微生物，最好在实验室中，在模拟微生物所生长的极端环境下培养。因此，嗜热细菌可能会在热的水系统的极端条件下生存，并且果真如此的话，如果提供相似的条件，它们可以在实验室中被回收和培养。嗜热水生的微生物在自然界中存在，但它们一般从利用来自太阳的能量和元素（例如硫和铁）的氧化/还原反应获得它们生长所需的能量，或间接地从上述过程中获得能量的其他微生物那获得能量。这样的化学/营养条件在高纯度的水系统中不存在，无论是室温还是热的药典水系统。因此，一般认为由于它们不能在这样的条件下生长，从热的制药用水系统中寻找这样的嗜热生物是没有意义的。存在于热水系统中的微生物可以在这些系统范围内较冷的地方找到，例如，用水点、热交换器或传送软管。如果这样，所回收的微生物的类型常常与在室温下的水系统中的微生物类型相同。

如果某种特定的微生物会危及产品或生产工艺，那么从水监测并鉴别这种微生物就会非常重要。当鉴定产品或生产工艺中微生物污染来源时，这样的信息也可能是有用的。从水系统中可常常可不断回收到有限的微生物。经重复多次的回收与鉴别之后，有经验的微生物实验操作员可以通过少量特征（例如菌群形态和颜色特征）就可以熟练地进行鉴别。这可以减少有代表性的菌属的鉴别数量，或者经过适当的分析人员的确认，甚至可以允许对这些微生物鉴别实验采用便捷方式。

3.2.2 微生物计数法

水系统微生物限度的制定取决于制水工艺、成品制剂生产工艺和产品实际用途。每个制药企业都必须对自己的产品和生产工艺进行有效评估，根据危险性最大的品种制定水系统"微生物计数法"可接受的企业内控限度，同时，企业内控微生物限度不得超过药典规定的最大限度值。

水系统中的微生物一般浮游于水中，随着水体的快速流动，其污染呈现均匀性，这也是离线取样进行"微生物计数法"分析的理论前提。微生物一旦附着于罐壁或管壁时，极易形成"生物膜"，生物膜一旦脱落，它能持续脱落微生物活菌、芽孢和细菌内毒素，因此，《中国药典》规定：注射用水的细菌内毒素指标需低于 0.25EU/mL。当系统产生生物膜后，其污染呈不均匀性，样品也就有可能不能代表污染的菌型或数量。例如，某制药企业同时取样的两个注射用水用水点样品，一个样品的细菌数为 3CFU/100mL，另外一个样品为"不可计数"，这很可能是因为有一个脱落的生物膜片段被恰巧取样到而导致的，当企业希望在该用水点第二次取样来进行重复判断时，第二次的结果反而合格。因此，FDA 在 1993 年的《药品质量控制微生物实验室检查指南》和 2020 版《药物微生物手册》中指出，微生物检测应包括对细菌总数测试中发现的菌落进行鉴别。

自 21 世纪初以来，国际制药工业界在无菌药品生产领域开展了一项重要的检测技术，快速微生物检测（rapid microbiological methods，RMM），包含快速检出和鉴定。在多年制药工业实践中，许多实验室发现当微生物养分被剥夺或抗菌剂（如防腐剂、消毒剂）、高温蒸汽或去污染气体的浓度达亚致死量时，微生物会发生应激，无法在传统人工介质上复制培养。因为这种培养不能达到最佳复活条件，微生物不能增殖。当这种情况发生时，无菌培养阴性不能证明产品没有受到污染。另外，无菌培养需时较长，不能实时发现产品生产过程中发生污染，不能使产品快速放行，增加仓储时间和成本。于是，人们希望开发出新的微生物检查、定量和鉴定方法。

与常规微生物检测技术相比，RMM 的自动化或微型化程度高，提高了检测通量，更灵敏、更准确、更精确，重现性好，可明显缩短检测时间，检测时间从几天缩短到几小时，某些技术还可实现实时检测，避免了人员取样过程中带来污染风险（图 3.4）。微生物检测数据的实时获得，使得实验室的被动模式变为主动模式，可在正常生产操作期间，了解工艺过程和成品是否被污染。FDA 于 2004 年 9 月发布了《无菌工艺指南》，鼓励采用新的微生物检测方法和系统。指南中建议采用快速遗传学法鉴别微生物，研究显示这类方法比生化法和表型技术更准确、更精密。指南中还提到其他适用于环境监测、在线工艺控制的快速微生物测试方法。目前，USP 和 EP 都收载了关于 RMM 的通则。USP＜1223＞"替代微生物检测法的确认"是关于药典收载的官方微生物检测法替代方法的确认指南。其中引用 USP＜1225＞"药典收载方法的确认"的分析概念，并与替代方法的定性定量系统相结合。RMM 属于全球最前沿微生物检测学科技，相关内容可参见本书 9.2.3.5 节的相关内容。

近年来生物检测技术高速发展并迅速向制药领域渗透。当前 RMM 各类技术平台已经能够检测到多种微生物及变异微生物；能明确样品中微生物的数目；识别微生物的属、种和亚种。这些技术主要分为基于微生物培养的快速发现和鉴定技术、活细胞识别鉴定技术和基因及芯片识别鉴定技术。基于微生物培养的快速发现和鉴定技术是在微生物培养过程中早期快速发现微生物生长。RMM 可用于以下工艺生产过程：原料和组分检查、在线工艺和预灭菌/过滤的微生物负荷检查、发酵和细胞培养的监测、原水/饮用水/纯化水/注射用水检查、环境监测（如对表面、空气、压缩气体、人员的监测）微生物限度检查、抗菌效力检查、微生物指示剂残留研究、无菌检查、介质分装失败调查、污染事件的评估等。

除了应用于水分配系统回路的在线 RMM 分析仪外，大多数 RMM 是在实验室中进行的，从水样通过捕获细菌细胞的膜过滤器，然后通过多种不同的技术检测这些活细胞的位置。基本上可以将这些 RMM 分为两类：第一类，产生微生物计数信号但不杀死细胞并允许其识别；第二类，杀死分离物以获得不允许鉴定分离物的微生物计数信号。通常，允许鉴定分离物的 RMM 技术同时适用于质量控制（QC）和工艺控制（PC）测试，但是杀死有机体

图 3.4　AMT seer 型 RMM 分析仪

以能够计数的那些通常仅适用于工艺控制测试。分离物鉴定对于质量控制测试特别重要，其目的是确定给定的分离物是否被认为对于使用水的产品是不利的。这些方法往往是达到微生物计数数据的 RMM 中最慢的，通常是整个培养试验培育时间的 $1/4\sim1/2$ 用于增大膜过滤器上原始 CFU 产生的细胞数（生长为肉眼看不见的微菌落）以产生足够的可检测"信号"。检测技术使用细胞代谢物的自发荧光或不杀死细胞的非致死性活体染色剂，因此，在早期微型菌落计数确定后，这些微菌落可以继续生长成正常大小的菌落，可以通过常规基因型或表型方法进行亚培养和鉴定。

研究发现，所有微生物细胞都存在自发荧光光谱，这与细胞内黄素类如核黄素、黄素蛋白等物质有关。杀死分离物或以其他方式不允许微生物鉴别的技术不适合于质量控制测试。在 QC 测试中，分离物的身份很重要，当微生物计数为零则无须识别。这些染色技术适用于PC 测试，然而，其中分离物鉴别或表征不那么重要。通常，对于 PC 测试，是从样品到样品的微生物数量的变化对于做 PC 决定最重要。这些测试的机制各不相同。一些利用由先前存活的细胞杀死和释放三磷酸腺苷（ATP）产生的生物发光，然后使 ATP 与荧光酶反应以产生在敏感发光计中可检测的光。这些基于 ATP 的技术通常还需要在培养基上进行预孵育以将原始 CFU 生长成含有足够 ATP 的微菌落，在菌落被杀死并裂解后产生足够可检测量的光，其将在发光计屏幕上显示滤膜上的微菌落所在的位置。

另一种适用于 PC 测试的技术是在滤膜表面上直接计数细胞。这种技术可用染色剂仅使具有活性膜的细胞可视化。活性膜可以占据荧光染料并且在荧光显微镜下可见，然后研究人员可以计数明显存活的细胞。根据水中的微生物密度和过滤的体积，对于具有良好水系统和低微生物数量的公司来说，这可能是一项艰巨的任务。即使在抽样后几个小时内可以知道测试结果，技术人员的生产量也很低。该技术的自动化版本使用紫外线激光扫描 100％的染色过滤膜表面，并用敏感的光电倍增器装置检测超过着重染色的细胞，计数和编目检测到荧光闪烁的膜位置。该系统的附加组件，具有自动机械载物台的荧光显微镜，可以使操作人员把过滤膜盒索引到每个荧光闪光的位置，因此可以将其识别为单个细胞、X 细胞团或非细胞荧光碎片。

所有上述技术都采用了采集样品的实验室测试。另一种使用的在线采样技术（流式细胞法）正在兴起，其适用于 PC 测试并避免了采样污染的可能性。它是侧流粒子计数器的改进版本，其使用光的米氏散射来计数和按流动中的粒子大小排列，使用光的波长能使细胞代谢物在活细胞内发生荧光。因此除了获得粒子数量和大小信息之外，荧光检测还可显示粒子是否"可能存活"。该技术在制药行业将有巨大的应用前景。

3.3 微生物控制策略

近年来，人们对药品质量的关注度越来越高，做好制药用水消毒以及微生物控制是十分必要且重要的。在消毒的过程中制药企业要做好系统设计工作，并根据实际需求选择适宜的消毒方式。在微生物控制中，既要开展连续控制，也要开展定期控制。

2020 版《中国药典》四部通则"1421 灭菌法"中规定：无菌物品是指物品中不含任何活的微生物。……常用的灭菌方法有湿热灭菌法、干热灭菌法、辐射灭菌法、气体灭菌法和过滤除菌法。可根据被灭菌物品的特性采用一种或多种方法组合灭菌。只要物品允许，应尽可能选用最终灭菌法灭菌。若物品不适合采用最终灭菌法，可选用过滤除菌法或无菌生产工艺达到无菌保证要求。只要可能，应对非最终灭菌的物品作补充性灭菌处理（如流通蒸汽灭菌）。为保证用药安全，作为无菌药品原辅料的纯化水和注射用水的最终质量需符合药典的相关要求，制药用水可参考借鉴无菌生产工艺的经验来实现微生物水平的控制，以确保最终药品无菌、无热原。

制药用水属于工业纯水，微生物限度控制非常严格。到目前为止，现代科技对微生物的分析与控制手段仅限于"菌种"与"亚种"这个级别，人类还无法科学准确地跟踪到水中某个具体的微生物并加以持续研究。微生物菌落形成的必须因素包括时间、水、空气与相对固定的场所，温度与消毒剂（化学品/臭氧/紫外）是控制微生物繁殖的重要技术手段。

GMP（2010 修订）"第五章 设备"中对制药用水有如下规定：

第九十九条 纯化水、注射用水的制备、储存和分配应当能够防止微生物孳生。纯化水可采用循环，注射用水可采用 70℃以上保温循环。

第一百零一条 应当按照操作规程对纯化水、注射用水管道进行清洗消毒，并有相关记录。发现制药用水微生物污染达到警戒限度、纠偏限度时应当按照操作规程处理。

在没有任何干预的情况下，制药用水系统中浮游类微生物指标会随着时间的推移而增长，微生物污染是制药用水系统中最常见、最易发生的污染。《中国药典》规定：纯化水的微生物限度为 100CFU/mL。注射用水的微生物限度为 10CFU/100mL。虽然原辅料的制药用水无须参照无菌工艺进行管控，但适当的消毒手段必不可少；对于灭菌注射用水等包装药典水而言，《中国药典》规定其必须符合无菌产品的要求，采用过度杀灭技术进行制备。消毒/灭菌技术是制药用水系统控制微生物指标最常规、最重要的技术，因此，制药企业需采取合适的微生物抑制手段并进行定期消毒或灭菌，以保证纯化水系统与注射用水系统中微生物指标满足药典与生产质量的限度要求。

2021 版《WHO GMP：制药用水》规定：水处理系统组件的使用，可以定期在 70℃以上进行热水消毒，或使用化学消毒，例如，臭氧、过氧化氢和/或过氧乙酸；如有需要，还可采用热水消毒与化学消毒的组合。消毒与灭菌技术是两种快速降低制药用水系统微生物负荷的手段。消毒是指用物理或化学方法杀灭或清除传播媒介上的病原微生物，使其达到无害化，通常是指杀死病原微生物的繁殖体，但不能破坏其芽孢，所以消毒是不彻底的，不能代替灭菌；灭菌是指以化学剂或物理方法消灭所有活的微生物，包括所有细菌的繁殖体、芽孢、霉菌及病毒，从而达到完全无菌的过程。制药行业将百万分之一微生物污染率作为灭菌产品"无菌"的相对标准，它和蒸汽灭菌后产品中微生物存活的概率为 10^{-6}（即产品的无菌保证值为6）是同一标准的不同表示法。

制药用水系统并不需要严格按照无菌工艺进行消毒验证，表3.3为制药用水系统中几种常见的消毒措施，分为连续消毒与间歇/周期性消毒两种管理模式，包括巴氏消毒法、紫外线消毒法、化学品消毒法与臭氧消毒法；在实验室等其他领域，煮沸消毒法、流通蒸汽消毒法和间歇蒸汽消毒法也多有应用。纯蒸汽消毒和过热水消毒属于参考指导原则决策树标明 $F_0 \geqslant 12$ 的过度杀灭工艺。值得注意的是，在发育良好的生物膜中的微生物可能极难被杀死，即使是通过侵蚀性氧化杀菌剂。生物膜越不发达，就越薄，生物杀灭作用就越有效。因此，最佳的杀菌剂控制通过频繁使用杀菌剂来实现，以确保在下次处理之前不形成顽固的生物膜。

表 3.3　制药用水系统的主要消毒措施

类型	饮用水	纯化水	注射用水
连续消毒	紫外线（管路）	臭氧（储罐） 紫外线（管路） <20℃低温（储罐）	>70℃高温（储罐） >70℃高温（管路） 臭氧（储罐）
间歇性消毒	化学试剂消毒 巴氏消毒 臭氧消毒	化学试剂消毒 巴氏消毒 臭氧消毒	臭氧消毒 热水消毒 纯蒸汽/过热水消毒

3.3.1　时间的因素

微生物具有形体微小但繁殖迅速。理论上来讲，水系统中只有一个细菌存活且以20分/次进行匀速细菌分裂繁殖时，在8h的时间内就会达到16777216个细菌。实际上，由于繁殖环境、营养物质及微生物自身的生理特性等因素的影响，微生物不可能始终以几何指数进行繁殖，不过，以 $R. pickettii$ 为例，24h之内细菌数量还是会有较为明显的增长（图3.5）。由于微生物的繁殖会随着时间推移而快速增长，制药用水中发生微生物污染风险也会随之增加。基于此，制药用水的管理方式分为了"批处理"与"连续化生产"两大类。

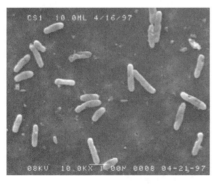 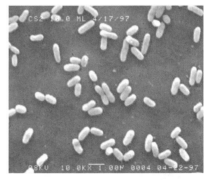

(a) 0h　　　　　　　　　　　　　　(b) 24h

图 3.5　时间对微生物繁殖的影响

制药用水系统中微生物负荷发展的趋势可由"细菌生长曲线"间接反映，它是纯水在适宜的条件下自然培养，定时取样测定细胞数量，以菌落形成单位（CFU）的对数做纵坐标，以培养时间（d）做横坐标，绘制一条如图所示的曲线（图 3.6），在大约经历 3～4d 后，微生物孳生会进入指数增长期，该阶段的活菌总数直线上升。细菌以稳定的几何指数实现极快的增长，可持续 3～5d 不等，视培养条件及细菌种类而异。

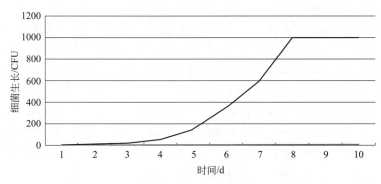

图 3.6　微生物孳生曲线

　　掌握制药用水系统中细菌生长规律将有助于企业合理确认制药用水系统的消毒或灭菌周期，企业可结合科学的微生物统计数据（尤其是 RMM 技术）对每套制药用水系统进行有针对性的科学分析并把握其变化规律，为实现过程控制与参数放行提供科学依据。企业可通过风险评估手段，结合水系统的微生物水平合理确认消毒或灭菌周期。例如，注射用水的微生物负荷控制非常关键，采用 70℃ 以上高温循环的注射用水系统长期处于自巴氏消毒状态，微生物抑制效果往往较好，因此，有些制药企业通过严格的 PQ 验证将注射用水系统的灭菌周期定义为半年或一年，均是有科学依据的。图 3.7 中的浮游菌在第 1 阶段实现了与固定场所表面的有效结合（时间单位为 s），第 2 阶段形成微型菌落（时间单位为分），第 3 阶段形成了可以观察的 CFU（时间单位为小时或天），第 4 阶段演变为一个固定的生物膜（时间单位为 d），第 5 个阶段生物膜将破裂，不断向水系统中释放新的芽孢、浮游菌与细菌内毒素，且水中可溶性无机物和可溶性有机物也会有增加的趋势（时间单位为天或月）。

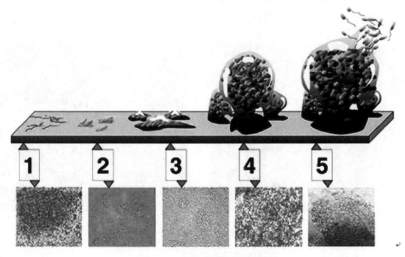

图 3.7　生物膜的形成原理

3.3.2 水的因素

任何微生物的繁殖都离不开水，制药用水本身就属于纯水，这对连续化生产的制药用水控制微生物的繁殖来说并不容易，但管理好水的因素，对控制制药用水系统全生命周期的质量安全还是非常有意义的。

● 水系统需要长时间停机（如超过 10d 或 15d）时，最安全的预防性维护措施就是将所有接触水的设备与管道表面排空并吹干，包括原水罐、预处理系统、终处理系统、储存与分配系统，排空的前提是整个系统具有良好的坡度设计，坡度一般不低于 1%，靠重力排放时还会有水珠或虹吸现象，因此，采用洁净压缩空气进行辅助吹干是非常合适的选择。部分精密耗材可以通过化学消毒剂进行浸泡保护，例如，RO 膜可用 1% 亚硫酸氢钠溶液进行保护。

● 类似活性炭等耗材，在仓库保管期间需严格控制水分。一旦水分偏高，极易提前孳生大量微生物，这对活性炭过滤器的正常工作将带来极大的安全隐患。

● 用水点 S 弯、软管等辅助材料在使用后容易出现挂珠的虹吸现象，需要定期离线清洗并进行湿热灭菌，烘干保存待用，在系统建造初期，推荐用水点 S 弯和用水点专用取样阀采用电解抛光设计，这有助于水珠的自然排尽。

● 水系统罐体呼吸器需远离喷淋球并保持持续干燥，防止被水溅湿，否则会带来微生物污染风险。

在室温下管理的制药用水系统特别容易形成顽固的微生物膜，这可能是产水中不良水平的活微生物或细菌内毒素的来源。这些系统需要经常进行消毒和微生物监测，以确保用水点的水具有适当的微生物质量。如果部件或分配管线的排放是作为微生物控制策略，则还应将其配置为使用干燥压缩空气（或氮气，如果使用了适当的员工安全措施）完全干燥。排水但仍然潮湿的表面仍将支持微生物的增殖。美国药典通则-微生物学（GCM）专家委员会提议对 USP<1112>测定在非无菌药品中的应用进行修订，也侧面支持了将系统中水分完全排干作为微生物控制策略的科学性。该提案已在药典论坛（PF）47（1）中发表征求意见，征求意见截止日期为 2021 年 3 月 31 日。可通过风险评估证明减少微生物测试的合理性，水活度（A_w）与含水量不同，可视为支持微生物生长的可用（游离）水。根据 USP 的要求，低水活度传统上用于控制食品（如干果）的微生物变质。该通则草案指出，在全面风险评估后，可能不需要对低水活度（$A_w < 0.6$）药品进行微生物检测。因此，测定非无菌剂型（尤其是口服液、外用软膏、洗剂、乳膏剂和鼻用喷雾剂）的水活度将有助于支持降低产品放行和稳定性试验中微生物检查（例如跳批检查）频率的依据。

很多制药企业担心制药用水系统停机后的再验证问题。例如，工厂仅停产 10d，如果整个制药用水系统也停掉，需要至少提前 5d 来进行制水并分析水质，那么留给工厂制水间的真正假期也只有 5d。因此，绝大多数的制药企业在短期的停车期间，都是将水系统连续工作的，包括纯化水系统，纯化水与注射用水的储存与分配系统。实际上，一套经历过 PQ 三阶段法验证的正常工作的制药用水系统，本身是有很强的微生物去除与预防措施的。目前，行业顾虑主要是基于微生物计数法滞后的 5d 培养所带来的庞大工作量及担忧。笔者认为，正在发展的 RMM 技术将在不久的将来极大地解放整个制药用水行业，若干年后，当在线电导率测定法、在线总有机碳测定法、在线微生物测定法与洁净压缩空气吹扫成为制药用水分配系统的标准配置时，所有的担忧与顾虑都将由数据来化解，或许那个时候，在 7d 连续停产或晚上间歇停产时，部分制药企业都会大胆地将制水设备与水分配系统停掉。

3.3.3 空气的因素

空气的影响更多的是来自氧气。绝大多数微生物都需要氧气才能繁殖，当然，也有少量的厌氧菌在没有氧气的时候也能繁殖。很少有制药企业为了降低空气中氧气的影响而将水分配系统储罐进行惰性气体保护（个别厌氧型大输液产品除外），所以，空气的因素对连续化生产的散装纯化水与散装注射用水意义不大，但它具有如下意义：

• 预防性维护期间，采用1‰亚硫酸氢钠溶液保护 RO 膜的原理就是为了隔绝空气中的强氧化剂——氧气。

• 连续臭氧消毒的注射用水系统中，时刻制备臭氧的目的就是为了对罐体中的注射用水连续消毒，间接上也是隔离了空气的影响。

• 包装饮用水（瓶装矿泉水）和包装药典水（灭菌注射用水）在罐装时，一定会充入惰性气体，就是为了隔绝氧气，提高保质有效期。

3.3.4 固定场所的因素

任何生命体的生长与繁衍都需要一个相对稳定的场所，微生物也不例外。最简单的预防做法就是让浮游菌没有"落脚之地"，它属于清洗学的研究范畴，也是常温制药用水通常采用连续循环并实现湍流的理论依据。避免微生物轻易找到固定场所有赖于企业良好工程管理规范（GEP）的实施，它是在项目周期中实施确定的工程方法及标准以获得适合经济效益的解决方案。GEP 通常用于描述一个规范化的制药企业所期望的工程管理系统，在新建或改扩建制药用水项目的整个生命周期中，通过实施确定的工程方法和标准，提供合适成本的有效解决方案，保证工程施工各个环节符合通用工程规范，保证项目中与 GMP 相关的制药用水系统符合相关法规规范，并保证项目各方面满足用户要求，从而实现进度、成本、质量、收益与风险之间的平衡，获得项目价值的最大化。如下设计因素有助于不让微生物轻易找到固定场所并长期繁衍。

（1）表面粗糙度　制药用水系统的表面粗糙度需符合制药用水生产、清洗和灭菌时的实际要求。不锈钢材料内表面粗糙度的处理，对制药用水系统来说有着十分重要的影响。表面粗糙度是指加工表面上具有的较小间距和峰谷所组成的微观几何形状特性，它是不锈钢原材料材质证书的重要组成部分，属于原材料入库时的一项主要检查内容。通过抛光处理，可以大大减少系统内表面的接触面积，这将有助于降低制药用水系统输送的残留量和杂质附着风险，有助于制药用水系统内表面更加光滑、易于清洗，有助于预防微生物的沉降与繁殖，为水系统微生物限度的长期稳定提供了可靠的保证。

不锈钢内表面的处理主要通过机械抛光和电解抛光来实现。机械抛光指在专用的抛光机上进行抛光，靠极细的抛光粉和磨面间产生的相对磨削和滚压作用来消除磨痕；电解抛光是在机械抛光的基础上，以被抛光工件为阳极、不溶性金属为阴极，两极同时浸入到施加一定电压的电解槽中，通过电流的作用引发一个强化学反应并发生选择性的阳极溶解。通常，金属表面的最高点在电解抛光时最先被消解，从而达到工件表面粗糙度大大改善的效果。与机械抛光相比，电解抛光能增加不锈钢管道表面抗腐蚀性、保证内外色泽一致；电解抛光可避免目测的表面缺陷，它能有效减少不锈钢内表面积、改善表面粗糙度、有利于实现设备的快速高效清洗。同时，电解抛光将表面游离的铁离子去除，有助于增加表面的 Cr/Fe、增强钝化保护层、降低系统发生红锈风险。图 3.8 是机械抛光与电解抛光的表面粗糙度示意图。可以明显看出，电解抛光比机械抛光的表面更加光滑、平整，对微生物的预防效果更好，因此，推荐制药用水系统的高风险区域均采用电解抛光设计，例如分配系统的无菌取样阀、纯化水/注射用水储罐、注射用水热交换器和离心泵叶轮。

(a) 机械抛光

(b) 电解抛光

图 3.8　表面粗糙度示意

《国际制药工程协会 基准指南 第 4 卷：水和蒸汽系统》推荐制药用水系统表面粗糙度 $Ra<0.76\mu m$；ASME BPE 推荐注射用水系统表面粗糙度 $Ra<0.6\mu m$，并尽可能电解抛光。注射用水系统与纯蒸汽系统直接接触最终的产品，其生产工艺和清洗要求相对更高，故工程上一般建议注射用水/纯蒸汽系统的管道与罐体内表面粗糙度 $Ra<0.4\mu m$（SF4），并尽可能电解抛光（表 3.4）。基于系统整体风险考虑和经济分析，合适的表面粗糙度完全能满足制药用水系统的生产、清洗与灭菌要求，电解抛光虽有比机械抛光更好的清洗与微生物控制优势，但其造价相对更高，企业可结合自身条件合理选择使用。预防性维护对表面粗糙度的维护尤为关键，如果制药企业没有制定良好的周期性除锈/再钝化措施，第一年电解抛光建造的全新注射用水系统，在第二年就会失去原有的表面粗糙度保护因素，相关内容可参见本书第 11 章中有关红锈及其去除方法的介绍。

表 3.4　ASME BPE 的表面粗糙度等级表

表面粗糙度	Ra 最大值		抛光处理
	μin	μm	
SF0	无抛光要求	无抛光要求	机械抛光
SF1	20	0.51	机械抛光
SF2	25	0.64	机械抛光
SF3	30	0.76	机械抛光
SF4	15	0.38	电解抛光
SF5	20	0.51	电解抛光
SF6	25	0.64	电解抛光

（2）死角　在制药用水系统中，任何死角的存在都有可能导致整个系统的严重污染。死角所带来的风险点主要包括：为微生物繁殖提供了"固定场所"并导致生物膜的形成，继而引起微生物与细菌内毒素的超标，严重影响产品质量；水系统消毒或灭菌不彻底导致的二次微生物污染；水系统清洗不彻底导致的二次颗粒物污染或产品交叉污染。GMP（2010 修订）要求"管道的设计和安装应避免死角、盲管"。

1976 年，FDA 第一次采用量化方法进行死角的质量管理，工程上俗称"6D"规则。其含义为"当 $L/D<6$ 时，证明此处无死角"，其中 L 为流动侧主管网中心到支路盲板（或用点阀门中心）的距离，D 为支路的直径。随后的《国际制药工程协会 基准指南　第 4 卷：水和蒸汽系统》研究表明，"3D"规则更符合制药用水系统的微生物控制要求。很多制药企

业将死角等同于 3D 来看待。实际上,量化管理仅是工程上对死角控制与检查的一种有效措施,不能一概而论。ASME BPE 的定义更加科学:"死角"是指当管路或容器使用时,能导致产品污染的区域,其中 L 的含义变更为流动侧主管内壁到支路盲板(或用点阀门中心)的距离,D 为支路的内径(图 3.9)。

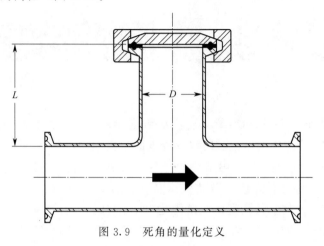

图 3.9　死角的量化定义

在制药用水系统的设计中,控制死角的设计方法有很多种。例如,注射用水罐体接口推荐采用 NA 接口。用水点阀门的安装可采用 U 型弯与两通路阀门连接,也可以安装一个 T 型零死角阀门,上述方法均可满足 3D 死角要求(图 3.10)。虽然第一种安装方式比零死角阀门的安装方式节省项目投资,但对常温制药用水系统而言,微生物污染风险也会相应增加,因此,《国际制药工程协会 基准指南 第 4 卷:水和蒸汽系统》推荐:如果用一个有着较大口径的两通路隔膜阀替代 T 型零死角阀门,则需要考虑用增加最低流速的方式来弥补其微生物污染风险。通过对无菌隔膜阀标准尺寸的比对发现,采用 DN25 规格的两通路隔膜阀与 U 型弯自动氩弧焊接组合时,可有效满足用水点的 3D 死角要求;采用 DN25 阀门与 U 型弯卡箍连接会造成用水点死角超过 3D。理论上讲,采用 DN20 或 DN15 阀门与 U 型弯手工焊接虽然能达到 3D 标准,但其手工焊接的焊口质量非常不稳定,内窥镜影像质量往往不是很理想,从工程质量角度不可取。为了实现硬连接用水点的取样功能,制药企业还可选择 INLINE 隔膜阀或 BLOCK 一体阀。

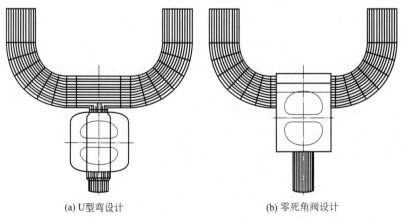

(a) U 型弯设计　　　　　　　　(b) 零死角阀设计

图 3.10　用水点的死角控制

制药用水系统的过程分析仪器可以采用"插入式"或"流通式"设计。"流通式"分析仪在设计上没有任何死角段,非常便于清洗与灭菌,温度传感器、压力传感器、电导率传感器及流量传感器均可设计成"流通式",图3.11是表面声波流量传感器,它属于典型的"流通式"零死角分析仪。

图 3.11 "流通式"分析仪的无死角设计

(3)坡度 "重力全排尽"是促进系统排尽的必要途径,坡度检查也是系统进行安装确认时的一项主要内容,制药用水系统的坡度需符合相关法规的要求。若发生坡度不够或无坡度,制药用水系统将存在如下质量风险:水系统残存铁渣,影响钝化效果;制药用水不可自排尽,影响系统清洗效果;纯蒸汽灭菌后的冷凝水残留,系统灭菌不彻底,从而引发制药用水系统发生严重的生物膜等微生物污染;残留的水渍引起制药用水系统发生严重的红锈等颗粒物污染;无法实现排干保存,哪怕洁净压缩空气介入也非常困难。

制药企业或工程公司参考常规工程经验采用"纯化水与注射用水系统的坡度不低于0.5%、纯蒸汽系统的坡度不低于1%"来进行 IQ 检查,但基于风险的考虑以及 WHO、ASME 的建议,推荐采用"纯化水与注射用水系统的坡度不低于1%、纯蒸汽系统的坡度不低于2%"来进行系统的坡度管控更为合理。表3.5是 ASME BPE 的管道坡度分级。

表 3.5　坡度等级对照表

坡度等级	最小坡度/(in/ft)	最小坡度/(mm/m)	最小坡度/%	最小坡度
GSD1	1/16	5	0.5	0.29°
GSD2	1/8	10	1.0	0.57°
GSD3	1/4	20	2.0	1.15°
GSD0		管道坡度无要求		

(4)流速 死角清洗验证模型可以证明流速的重要性。从图3.12中可以看出,死角处预先放置 10^5 个可检测细菌或颗粒,清洗合格的标准为最终残留细菌或颗粒数 $<10^2$ 个,$L/D=2.8$ 时,当清洗流速为 0.5m/s 时,死角处的残留颗粒数在清洗初期会有明显下降,但当清洗时间超过 1min 后,残留颗粒数下降幅度不大,当清洗时间超过 10min 后,残留颗粒数将维持在接近 10^2 个且未达到可接受清洗标准的水平;增加清洗流速至 1.0m/s,在很短的清洗时间内,死角处的残留颗粒数会有显著下降;当清洗流速增加 2.0m/s 时,在极短的清洗时间内(约 10~20s),死角处的残留颗粒数可从 10^5 个降低至可接受的清洗标准之下,之后的时间内也维持在此低水平。上述模型进一步表明,死角是影响支路清洗的关键因素,而流速是影响支路清洗的次关键因素。当系统死角小于 3D 时,适当的低流速也可以带来良好的清洗效果,反之,如果死角大于 3D,增加流速到 2.5m/s 也无法实现清洗目标。

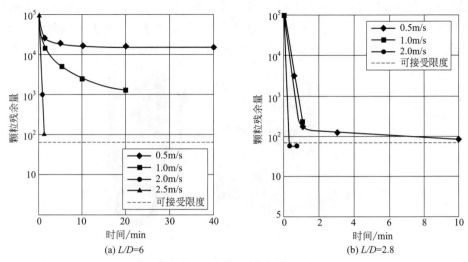

图 3.12　死角的清洗验证

　　理论上来说，保持常温循环的制药用水系统末端回水流量不低于 1m/s 是非常关键的，可将泵体变频流量始终设定为 1.1～1.2m/s 左右，WHO 推荐值为 1.2m/s。虽然流速对水质的长期稳定运行非常关键，但当系统处于峰值用量时，短时期内回水流速低于 1m/s 并不会引起系统微生物的快速孳生，但过低的流速将有可能增大系统污染风险，因此，常采用 0.5m/s 作为回水管网的报警流速。虽然《国际制药工程协会　基准指南　第 4 卷：水和蒸汽系统》允许高温循环与连续臭氧消毒的注射用水系统无须按 3ft/s（0.91m/s）去严格执行，但基于 GEP 的考虑，在设计阶段按照制药用水系统末端回水流量不低于 1m/s 去考虑还是有必要的。

　　（5）定期反冲洗　反冲洗属于清洗学中的机械作用，无论是多介质过滤器还是活性炭过滤器，理论上来讲都是微生物截留并快速孳生的"温床"。为了能够避免预处理过滤器的严重污染，需要在自控程序设置上进行定期反冲洗，将截留在滤料孔隙中的杂质及微生物排出，以便恢复多介质过滤器与活性炭过滤器的处理效果。一般情况下反冲洗液可以采用清洁的水源，通常以两倍以上的设计流速冲洗一段时间。反冲洗后，再进行正冲洗使介质床复位，当多介质过滤器设计直径较大或原水水质比较恶劣的情况下，可考虑设计增加空气擦洗功能，能极大地改善反冲洗的效果。为保证系统有良好稳定的运行效果，除了定期反冲洗外，还需对多介质与活性炭过滤装置内的填料介质进行定期更换。

3.3.5　温度的因素

　　温度是微生物正常繁殖的一个重要影响因素。高温对浮游类微生物有显著的杀灭作用，虽然不同类型的浮游类微生物对高温的抵抗力有所不同，但当环境温度超过微生物生长的最高温度范围时，微生物都非常容易死亡，温度越高或消毒时间越长，微生物死亡得越快。表 3.6 是微生物繁殖速率与温度的关系。在合适的温度下，例如 30～55℃，微生物将快速繁殖，形成生物膜并引起制药用水系统污染。大多数致病菌在 60℃ 以上就停止生长，大多数嗜热菌在 73℃ 时就停止生长，只有孢子和一些极端嗜热菌在超过 80℃ 环境中才能够存活。

表 3.6 温度对微生物的影响

描　述	温度范围	微生物孳生风险
低温系统	<15℃	低微生物孳生风险
常温系统	15～30℃	中度微生物孳生风险
中高温系统	30～65℃	高微生物孳生风险
高温系统	>65℃	低微生物孳生风险

由于水系生物似乎对热极其敏感，连续的 80℃ 温度已经成为注射用水系统绝对微生物控制的黄金标准，但它也带来了另外一个非常烦恼的质量安全隐患——红锈，相关内容可参见本书第 11 章的相关内容。GMP（2010 修订）在第九十九条明确规定：纯化水可采用循环，注射用水可采用 70℃ 以上保温循环。其主要原理就是 70℃ 以上时，注射用水储存与分配系统始终处于巴氏消毒状态，其浮游类微生物会被快速杀灭，污染风险非常低。D 值是指在一定的处理环境中和在一定的热力致死温度条件下，某细菌种群中每杀死 90% 原有残存活菌数时所需要的时间。表 3.7 是铜绿假单胞菌的 D 值对照表，在 80℃ 下产生的理论计算 D 值不超过 5ms。

表 3.7 铜绿假单胞菌的 D 值测量和计算

温度	D 值	温度	D 值
60℃	49s	85℃	0.0005s(0.5ms)
65℃	5s	90℃	0.00005s(50μs)
70℃	0.5s	95℃	0.000005s(5μs)
75℃	0.05s(50ms)	100℃	0.0000005s(0.5μs)
80℃	0.005s(5ms)		

（1）**巴氏消毒**　巴氏消毒是一种杀死各种病原菌的热处理方法，其对象主要是病原微生物及其他生长态菌，它是法国科学家巴斯德发明并用于解决啤酒变酸问题的消毒方法。巴氏消毒法的标准工况主要是 61.1～62.8℃ 30min 或 71.7℃ 15～30min。在制药用水领域，巴氏消毒法得到了广泛的推广，其工作温度和时间也得到了扩展，间歇性巴氏消毒的程序为 80℃ 30～60min（图 3.13），主要应用在纯化水系统中机械过滤器、软化器等预处理单元的周期性消毒，RO/EDI 等终处理系统的周期性消毒，以及饮用水/纯化水储存与分配管网单元的周期性消毒；连续巴氏消毒主要用于注射用水储罐和/或分配系统（注射用水可采用 70℃ 以上保温循环）。

巴氏消毒设计的制药用水系统需采用不锈钢等耐高温材质进行安装，纯化水储存与分配系统可通过罐体夹套工业蒸汽加热或回路主管网上热交换器进行加热升温。纯化水储存与分配系统采用巴氏消毒时，需先加热再冷却，其消毒操作时间相对较长（约 4h）。在没有形成顽固生物膜的前提下，采用这一消毒手段的纯化水系统，其微生物污染水平通常能有效地控制低于 5CFU/mL 的水平。同时，巴氏消毒能有效地控制系统的内源性微生物污染，一个前处理能力较好的水系统，细菌内毒素可控制在 1EU/mL 的水平。需要注意的是，频繁的热消毒将对不锈钢的抗腐蚀性带来很大的破坏性，并会带来红锈等突出现象。

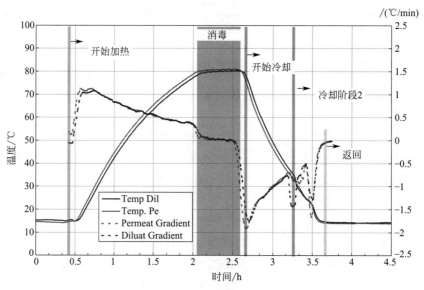

图 3.13　间歇性巴氏消毒程序

　　（2）纯蒸汽/过热水消毒　湿热灭菌法包含纯蒸汽灭菌与过热水灭菌，在制药用水系统中，灭菌验证并未强制要求，但湿热灭菌技术已被广大制药企业推广并使用，它可以使微生物细胞内的一切蛋白质凝固并导致细菌致死，能有效降低微生物负荷并确保制药用水系统的准无菌状态。中国制药用水系统对于频繁周期性纯蒸汽/过热水消毒的热衷已经超过了高温注射用水系统本身的需求。客观来讲，70℃以上连续消毒工艺的注射用水系统是不可能有任何微生物污染的风险，可以通过日常的微生物取样数据来进行佐证，中国制药企业为了确保注射用水系统的绝对安全，常常3个月、1个月，甚至半个月就启动一次高温纯蒸汽或过热水消毒，这也导致了整个不锈钢系统红锈颗粒物污染频发。

　　笔者认为，一个设计良好的高温注射用水系统，周期性纯蒸汽或者过热水消毒频率完全可以制定为半年/次或一年/次，只有在整个水系统微生物水平失控的情况下，才需要紧急启动如此高温的纯蒸汽/过热水消毒，有些客户的注射用水分配系统设计了非常多的 subloop 子系统，这种设计并不被推荐，其微生物失控风险极高，2～3年后频繁发生子系统处微生物超标的根本原因在于已经形成了顽固的生物膜，带来的安全风险。在这种情况下，哪怕是频繁启动纯蒸汽/过热水消毒也无济于事，唯一的办法就是采用除生物膜专用试剂如 JClean 1000 型碱性复方试剂进行高温循环清洗。

　　纯蒸汽消毒是指利用高温、高压蒸汽进行消毒的方法，它属于湿热灭菌法的一种衍生应用。纯蒸汽的穿透力非常强，蛋白质、原生质胶体在湿热条件下容易变性凝固，其酶系统容易被破坏，蒸汽进入细胞内凝结成水，能放出潜在热量而提高温度，更增强了灭菌力，对已经形成的生物膜都有一定的杀灭作用。采用纯蒸汽消毒的制药用水系统需在所有低点（管路和用水点处）安装卫生型疏水装置，其投资成本和管理维护成本相对较高。

　　过热水消毒是另外一种典型的热力消毒法，其原理是利用高温高压的过热水进行消毒处理，可杀灭一切微生物，包括细菌繁殖体、真菌、原虫、藻类、病毒和抵抗力更强的细菌芽孢。与纯蒸汽消毒一样，过热水灭菌可引起细胞膜的结构变化、酶钝化以及蛋白质凝固，从而使细胞发生死亡。注射用水储存与分配系统采用过热水灭菌时包含注水、加热、灭菌与冷却 4 个阶段。首先是注水阶段，在罐体内注入或保留一定体积的注射用水（一般以 30％～40％ 罐体液位为宜），然后启动加热和循环系统，利用双板管式热交换器或储罐的工业蒸汽夹套将储存与分配系统中的注射用水加热到 121℃，消毒计时开始，维持温度不低于 30min，并确保注射用水罐体温度、回水管网温度和呼吸器消毒温度均需达到 121℃，消毒结束后，开启冷却水控制程序，循环注射用水按预定降温至设定温度（约 40℃），罐体注射用水排放至液位 1％～3％ 左右，补新鲜注射用水开始正常生产。

与纯蒸汽消毒相比，过热水消毒采用工业蒸汽为热源，无须另外制备纯蒸汽，相对节能；灭菌过程中，无须考虑最低点冷凝水的排放问题，高压过热水循环流经整个系统，不会发生冷凝水排放不及时引起的灭菌死角；采用注射用水系统已有的维持 70℃ 以上的高温循环用双板管式热交换器（图 3.14）进行系统升温，节省项目投资且操作非常方便；当系统用水点较多时，过热水消毒的温度均匀优势更加明显；同时，过热水灭菌时，注射用水罐体内气相为高压饱和纯蒸汽，可有效实现注射用水储罐呼吸器的反向在线灭菌。

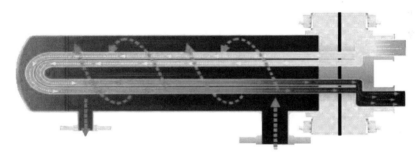

图 3.14　双板管式热交换器

3.3.6　消毒方法的因素

化学消毒试剂能够影响细菌的化学组成、物理结构和生理活动，从而发挥消毒或灭菌的作用。足够剂量下，臭氧、紫外辐射也是有效的消毒方式。

3.3.6.1　化学消毒试剂

化学消毒试剂的工作机理主要包括促进菌体蛋白质变性或凝固、干扰细菌的酶系统和代谢、损伤菌细胞膜、降低细胞表面张力并增加其通透性、胞外液内渗并致使细菌破裂等。化学消毒试剂可分为灭菌剂和消毒剂两大类，前者可以杀灭包含芽孢、病毒等在内的一切活的微生物；后者可杀死微生物的繁殖体，但不能破坏其芽孢。常用的化学消毒试剂包括过氧化物类消毒剂、含氯消毒剂、酚类消毒剂、双胍类和季铵盐类消毒剂、醇类消毒剂、含碘消毒剂、醛类消毒剂和环氧乙烷等。下面举例介绍。

（1）过氧化物类消毒剂　过氧化物类消毒剂包括过氧化氢、过氧乙酸、二氧化氯等，它们具有较强的氧化能力，各种微生物对其十分敏感。过氧化氢消毒剂的优点是消毒后在物品表面上不残留毒性，但是由于这类物质化学性质不稳定，所以一般都需要特殊处理或添加其他成分来保证其稳定性，例如，可采用过氧化氢和过氧乙酸的混合物来进行快速消毒。

以过氧化氢为例。过氧化氢属于强消毒剂，一般以浓缩液存在。它可以在高浓度稀释成有最大消毒效果的溶液，通常选用浓度为2%～5%。它有相当良好的稳定性，当初始浓度足够高时，没必要添加化学物质来维持长时间的有效浓度。过氧化氢的pH稳定性允许其与强碱性物质联合，可用作轻微的生物膜去除剂。过氧化氢在持续增长的温度下不稳定，所以仅限于在常温下使用。但过氧化氢属于外源性添加物质，在消毒循环以后必须从系统中冲洗干净，可采用快速测试试剂和试纸来确认消毒后的冲洗效果，但是通常仅能定量到1mg/L，因此，为避免化学残留带来的验证风险，过氧化氢主要用于饮用水系统的预处理单元消毒，以及制药用水储存与分配系统的应急使用。

（2）含氯消毒剂　含氯消毒剂主要是指溶于水并产生具有杀菌活性的次氯酸钠消毒剂，其杀菌有效成分常以有效氯表示，广泛应用于市政供水系统。次氯酸钠易扩散到细菌表面且穿透细胞膜进入菌体内，使菌体蛋白质氧化并导致细菌死亡。含氯消毒剂可杀灭各种病原体，包括细菌繁殖体、病毒、真菌等。这类消毒剂包括无机氯化物（如次氯酸钠、漂白粉、漂白精和氯化磷酸三钠等）和有机氯化物（如二氯异氰尿酸钠和三氯异氰尿酸等）两大类。无机氯化物性质不稳定，易受光、热和潮湿的影响而丧失其有效成分；有机氯化物则相对稳定。含氯消毒剂常用于环境、物品表面、食具、饮用水、污水、排泄物和垃圾等物品的消毒，由于氯离子对不锈钢表面有较强的腐蚀性，在制药行业中应谨慎使用，以免对生产设备造成不必要的腐蚀。随着人类科技认知的不断深入，越来越多的国家和企业已经认识到含氯消毒剂在水体杀菌方面带来的负面作用远大于正面作用，未来，含氯消毒剂在市政供水和饮用水系统中的应用也会越来越谨慎，类似臭氧消毒等工艺将逐步替代传统的氯-氨消毒。

3.3.6.2　臭氧

臭氧是一种广谱杀菌剂，通过氧化作用破坏微生物膜的结构而达到杀菌效果，可有效杀灭细菌繁殖体、芽孢、病毒和真菌等，并可破坏肉毒梭菌毒素。臭氧作用于细胞膜后，使膜构成成分受损伤而导致新陈代谢障碍，臭氧会继续渗透穿透膜并破坏膜内脂蛋白和脂多糖，改变细胞的通透性，通过氧化作用破坏其RNA或DNA，从而导致细胞溶解、死亡。臭氧的半衰期仅为30～60min，高浓度臭氧水的杀菌速度极快。理论分析表明，$100\mu L/m^3$臭氧浓度在1min内能杀死6万个微生物。水中臭氧浓度超过$8\mu L/m^3$时，浮游类微生物即停止繁殖，水中臭氧浓度超过$20\mu L/m^3$时，臭氧消毒系统能有效杀菌微生物。

臭氧能有效杀灭水中的微生物并有效降解已经形成的轻微生物膜，经紫外灯破除后的臭氧完全无残留，它属于非常理想的水系统化学消毒剂。随着常温膜法制备注射用水的不断推广与应用，臭氧消毒法将成为全球常温制药用水储存与分配系统的主要消毒措施，可用于常温纯化水与注射用水储存与分配系统的消毒。实践表明，臭氧浓度达到$20～100\mu L/m^3$时，能有效保证制药用水储存与分配系统中微生物含量不超过1CFU/100mL。与巴氏消毒相比，臭氧消毒除了具有操作简单、水温无波动、无须工业蒸汽、消毒时间短和降解轻微生物膜等优势外，管道材质选择余地也非常大。臭氧消毒系统为常温运行系统，对于饮用水和纯化水系统，可采用不锈钢材质或PVDF材质进行建造。对于注射用水系统，推荐采用连续臭氧消毒工艺为主、巴氏消毒为辅的组合消毒工艺，建造材料选择 316L 不锈钢材料为宜。

3.3.6.3　紫外线

紫外线是电磁波的一种，它介于 X 线和可见光之间，波长范围为 10~400nm，紫外线按照其波长范围可被分为 4 段：第一段为 VUV，波长 100~200nm；第二段为 UVC，波长 200~280nm；第三段为 UVB，波长 280~315nm；第四段为 UVA，波长 315~400nm（图 3.15）。

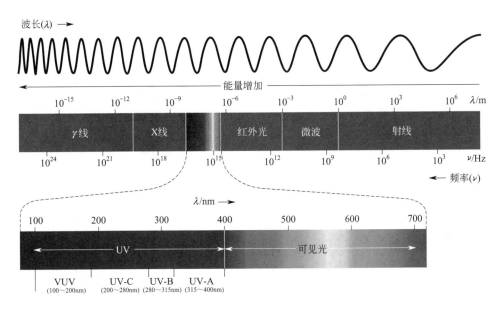

图 3.15　电磁波谱图

紫外线的强度、紫外线光谱波长和照射时间是紫外光线消毒效果的决定因素。紫外线破坏微生物（细菌、病毒和真菌等）的 DNA 结构，阻止了微生物的复制（图 3.16）。中压紫外灯管发出的紫外线集中在 253.7nm，这种灯用作紫外消毒灯。进行微生物控制的紫外线灯通常安装在制备系统中诸如活性炭单元的下游，因为此处需要进行微生物水平的控制。紫外单元上游的过滤可能有助于减少来源于活性炭单元、软化器或其他介质类型工艺上游的微粒物质从紫外线灯屏蔽微生物的可能性。

紫外线穿透率（UVT）可用来表征某种介质对紫外线透过能力的强弱。介质的紫外线穿透率是紫外线水处理设备在选型时所必须考虑的参数之一。对于某种介质，假设紫外灯管和石英套管表面发射出的紫外线经过 10mm 光程后，衰减到初始强度的 90%，则该介质对于紫外线的穿透率 UVT_{10} 为 90%，经过 20mm 光程后，衰减到初始强度的 81%，则该介质对于紫外线的穿透率 UVT_{20} 为 81%，依此类推，该介质对紫外线的穿透率 UVT_{30} 为 73%，UVT_{40} 为 65%。典型的市政用水紫外线穿透率 UVT_{10} 一般不低于 90%，经多介质过滤器和软化器处理后，紫外线穿透率 UVT_{10} 一般不低于 94%，后续再经过一级或双级反渗透处理后，紫外线穿透率 UVT_{10} 能达到 98%以上。

微生物 D_{10} 值是指杀灭 90%该微生物所需要的紫外线剂量。例如，杀灭 90%（1lg）MS2 噬菌体所需要的紫外线剂量为 16mJ/cm^2，则定义 MS2 噬菌体的 D_{10} 值为 16mJ/cm^2。紫外线剂量与 MS2 噬菌体的杀灭效率大致呈线性关系，杀灭 99%（2lg）MS2 噬菌体所需要的紫外线剂量为 34mJ/cm^2，杀灭 99.9%（3lg）MS2 噬菌体所需要的紫外线剂量为

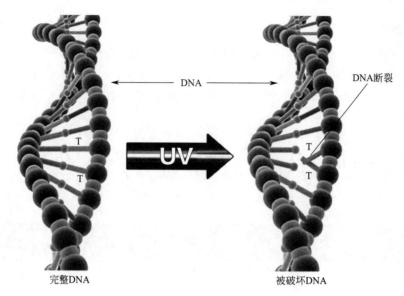

图 3.16　紫外线消毒原理

$52mJ/cm^2$。不同微生物的 D_{10} 值差异较大。作为革兰氏阴性菌的代表，大肠埃希菌的 D_{10} 值为 $3.0mJ/cm^2$。其他常见的细菌，如痢疾志贺菌的 D_{10} 值为 $4.2mJ/cm^2$，霍乱弧菌的 D_{10} 值为 $6.5mJ/cm^2$，金黄色葡萄球菌的 D_{10} 值为 $2.6mJ/cm^2$，铜绿假单胞菌的 D_{10} 值为 $5.5mJ/cm^2$，各种微生物的 D_{10} 值如表 3.8 所示。

表 3.8　常见微生物的 D_{10} 值

类别	D_{10} 值/(mJ/cm^2)	类别	D_{10} 值/(mJ/cm^2)
细菌		结核杆菌	10
枯草芽孢杆菌(芽孢)	28	霍乱弧菌	6.5
破伤风梭菌	4.9	病毒	
肉毒梭菌	12	MS2 噬菌体	16
痢疾杆菌	2.2 (1)	噬菌体(大肠埃希菌病毒)	3
大肠埃希菌	3.0	乙型肝炎病毒	11
钩端螺旋体(黄疸)	3	传染性肝炎病毒	5.8/8
嗜肺性军团病杆菌	2.04	流感病毒	3.4
单核细胞增生李斯特菌	3.4	脊髓灰质炎病毒	3.1/6.5
铜绿假单胞菌	5.5	霉菌(孢子)	
肠炎沙门菌	7.6	黑曲霉菌	132
痢疾志贺菌	4.2	产黄青霉菌	30-50
副痢疾志贺菌	1.68	娄地青霉菌	13
白色葡萄球菌	1.84	黑色根霉菌	110
金黄色葡萄球菌	2.6	酵母菌	
唾液链球菌	2	面包酵母	3.9
粪链球菌	4.5	酿酒酵母	10

紫外线剂量（mJ/cm^2）为紫外线强度（mW/cm^2）与停留时间（s）的乘积。紫外线强度与灯管输出功率及水质有关。灯管输出功率越高，输出的紫外线强度越强；水质越好，对紫外线的穿透率越高。停留时间与处理流量及紫外线腔体尺寸有关。同样的腔体，处理流量越大，停留时间越短；同样的处理流量，腔体尺寸越大，停留时间越长。紫外线剂量代表了在某一特定工艺条件下紫外线水处理设备对应该工艺条件的处理能力。一般剂量越高，则处理能力越强，反之亦然。对于不同的水处理应用需求，选择合适、足够的紫外线剂量至关重要。常用的紫外线剂量种类包括数学平均剂量、CFD平均剂量、CFD有效剂量与生物验证剂量。例如，对于紫外线消毒，假设某工艺条件流量为5m^3/h，介质的紫外线穿透率UVT$_{10}$为98%，选取的设备型号为A，A对应该工艺条件的紫外线有效剂量为30mJ/cm^2，则A的消毒能力为微生物杀灭率≥99.9%（以大肠埃希菌为参照）；假设工艺条件发生改变，流量增加为10m^3/h，介质的紫外线透光率UVT$_{10}$值维持不变，若选取的设备型号依然为A，A对应该工艺条件的紫外线有效剂量可能降低为10mJ/cm^2，则A的消毒能力降低为微生物杀灭率≥90%（以大肠埃希菌为参照）。

《GB 50913—2013医药工艺用水系统设计规范》规定：选用紫外线消毒时，紫外线有效剂量不应低于40mJ/cm^2，紫外线消毒设备应符合现行国家标准《城市给排水紫外线消毒设备》GB/T 19837的规定。紫外灯应有计时器和照度计。根据季节变化消毒方法可组合使用。实践证明，波长为254nm的在线低压消毒紫外灯在连续化生产的制药用水系统中表现欠佳，中压消毒紫外线用于长时间连续"消毒"系统中循环的制药用水效果更佳，但这些设备必须根据水流大小进行适当调整。因此，USP认为，这种装置使流经装置有很高的微生物灭活比例（但不是100%）。中压消毒紫外灯虽然不能直接控制装置上游或下游已形成的顽固生物膜，但当与传统的热消毒或化学消毒技术相结合，或直接位于微生物截留过滤器的上游时，它是最有效的，并且可以延长系统间歇消毒之间的间隔。美国FDA推荐，中压紫外线120mJ/cm^{2}照射剂量对水消毒效果可达巴氏消毒水平。在消毒过程中，使用全波段的中压紫外灯除了可以控制微生物外，240~270nm的紫外线波长对破坏臭氧也非常有用。此外中压紫外灯中波长约为270~320nm的强烈照射，已证明可有效去除水中的含氯消毒剂；中压紫外灯中波长为185~220nm的紫外线高强度照射，已被用于降低再循环分配系统中的TOC水平。

紫外线杀菌器主要安装于膜法制备注射用水机的RO/EDI循环管路，纯化水/注射用水储存与分配循环管路。需要注意的是，紫外灯在使用过程中不推荐频繁启停，以免影响使用寿命。

3.4 生物膜

生物膜由微生物分泌的一层薄薄的胞外聚合物（EPS）黏液层组成。只要是有水分的地方，都极可能会发现生物膜的存在。在正常情况下，生物膜可以抵抗大多数化学杀菌剂的攻击，可以为微生物提供安全的庇护所。在这样保护环境下，生物膜中的微生物可以进行有效繁殖，到一定程度后会使制药用水系统中的微生物和细菌内毒素超标，同时，对纯水的化学纯度也会有一定的影响。生物膜常见于原水系统、热交换器、

RO 膜、离子交换树脂、管道、O 形圈、垫圈以及存在水或潮湿环境的任何地方。生物膜形成的场所包括各种表面，例如天然材料的表面、金属、塑料、医疗植入材料、植物和人体组织。

3.4.1 生物膜的特征

生物膜通常是一大批或一组不同种类的微生物在潮湿的环境中黏附于物品表面时形成，黏附在物品表面的微生物会继续分泌细胞外聚合物，这样又会继续黏附其他微生物。经过一段时间后，就会形成复杂的三维结构或微生物团。生物膜通常遵循相似的形成和传播途径：黏附→表面聚集→增长→释放（图 3.17）。

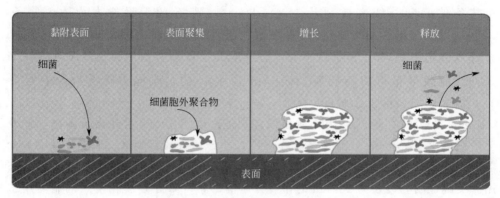

图 3.17 生物膜的形成及传播示意

目前，并没有有效的方法来检测 EPS 和某些代谢产物，只能检测微生物以及细菌内毒素的含量。由于目前的主流检测手段主要是针对水系统中的浮游微生物检测，所以，制药用水系统中如果存在生物膜，也不一定能够检测到。

生物膜应该进行有效的预防控制，而不是发现了生物膜后进行事后干预。应该结合现有的生产流程进行风险评估，并制定可行性的方案来进行相应的预防控制。现场还应进行相应取样和测试来进行有效的监控。控制策略应考虑过程的设计，最终能够实现有效的控制，防止生物膜产生或者将产生生物膜风险降到最低。这样的控制策略需要对整个过程做到非常熟悉和理解，并考虑到污染控制和预防的各个方面，包括总体设计（原水系统、设计与质量）；水处理系统设计，例如湍流、没有死角、完全排空、结构材料和表面粗糙度、焊接、空气过滤器；清洁和消毒程序；水系统确认；人员资格/培训；原材料，例如供水、离子交换材料、清洁消毒试剂。控制策略同样应该用于原料、给水系统、处理系统，同时要使用监控系统进行监测。

3.4.2 生物膜的去除

去除生物膜的方法可以根据系统的复杂性和生物膜形成的严重性而变化。任何物理去除生物膜方法都应谨慎使用，因为这些方法不仅存在损坏表面的风险，而且可能会导致腐蚀侵袭风险。对于不锈钢而言，物理方式的去除，可能会导致不锈钢表面钝化膜的损伤，进而导致不锈钢的腐蚀，最常见的就是不锈钢表面腐蚀后出现生锈的现象。除了对生物膜中的微生物进行杀灭，还应考虑生物膜碎片的有效去除，因为这些从不锈钢表面脱落下来的碎片会导致水系统中细菌内毒素水平升高，所以，一旦发现生物膜，就要制定有效去除方式方法来避免可能存在的微生物风险。

很多人有一个误区,只要纯化水机、注射用水机或分配系统发现微生物限度失控,就应频繁地启动化学消毒或巴氏消毒程序,而实际情况却并非如此。这主要是因为普通化学试剂或巴氏消毒对浮游菌微生物非常有效,对已经形成的顽固生物膜却没有太好的效果。一旦系统已经形成了顽固的生物膜(图 3.18),轻则需要启动纯蒸汽消毒或过热水消毒,重则需要采用类似 JClean 1000 型碱性复方专用试剂在高温循环下才能清洗干净。

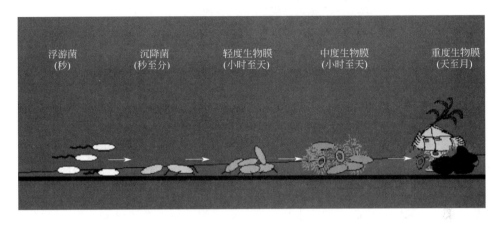

图 3.18　顽固生物膜的形成示意

化学消毒剂被认为是可以有效控制生物膜的手段和方式。使用化学消毒剂是杀灭生物膜的一种方法,但会带来化学消毒剂残留在水系统中的潜在风险。因此,应在化学消毒剂消毒后进行检测,以确保在系统中的化学消毒剂被冲洗干净,并达到相应的残留可接受标准。化学消毒剂的作用方式是渗透进生物膜,并对生物膜内的微生物起到杀灭作用。冲洗过程中适当的流速有助于清除碎屑和化学物质。常用的化学消毒剂包括次氯酸钠与过氧化氢溶液等。任何去除生物膜的方法都需根据现场的实际情况来做不同的处理。

关键清洗工艺参数开发(critical cleaning parameter development,CCPD)是清洗工艺确认及验证的第一步,核心内容包括清洗剂类型与浓度、清洗方式、温度和时间的参数开发。符合制药行业的除生物膜专用试剂的验证支持文件应至少包含产品技术资料、化学品安全技术说明、稳定性报告、材质兼容性报告、残留检测方法、方法学验证报告和毒性报告(ADE/PDE)等。JClean 1000 型碱性复方试剂属于制药行业的除生物膜专用清洗试剂,重金属含量等各项指标均做过严格的质量测试与验证,完全符合《ICH Q3D 元素杂质指导原则》(2020 版)。相关的清洗学研究表明,JClean 1000 型碱性复方试剂可有效破坏 EPS 的保护,减弱生物膜和物体表面的黏合力作用,从而使生物膜从物体表面上脱落。JClean 1000型碱性复方试剂的主要成分为氢氧化钾、EDTA 和表面活性剂等,表面活性剂是一类带电荷并具有两亲性质的化合物,会与带负电荷的细菌生物膜相互作用产生灭菌效果。表面活性剂有亲水基团和疏水基团,细胞膜的主要成分是磷脂,在水中表面活性剂靠近细胞膜,然后和磷脂互相溶解,形成疏水基团在里面,亲水基团在外面的球状结构,将其溶解在水中(图3.19)。使用合成配方的专用清洗剂来进行顽固的生物膜去除非常有效,常用的去除生物膜工艺步骤为:①配制 5% 的 JClean 1000 型碱性复方试剂清洗溶液;②将清洗溶液在水系统和所连接的管路中进行高温循环(60~80℃),循环时间为 1~3h;③中和、排放清洗溶液,并用纯水对水系统进行冲洗，检测最终淋洗水的 pH、电导率与 TOC 等理化指标，确保清洁验证符合要求。

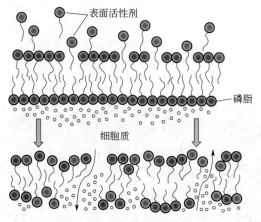

图 3.19　生物膜的去除原理

　　预防性维护保养的核心原则是：生物膜应该进行有效的预防控制，而不是发现了生物膜后进行事后干预。制药企业应制定预防生物膜的标准操作程序并定期执行，这样才能起到避免生物膜的产生。同时，科学合理的采样计划是必需的，每个潜在的污染源都应纳入采样点计划，并应该持续监测评估，并查看趋势，应至少每年对环境监测的数据进行整理，并结合季节的变化进行有效的正式评估。2021 版《WHO GMP：制药用水》明确规定：应研究不良趋势和超限结果的根本原因，然后采取适当的纠正预防措施。散装注射用水（BWFI）发生微生物污染时应鉴别微生物的种类。制药企业为了确定水系统中的常规菌群是否发生变化，或者某些特定微生物的出现是否变得更加频繁，需要对监测分离出的微生物进行常规鉴定。

　　预防性维护应制定相应的标准，并运用不同的方法来进行管理，例如需要运用质量管理体系中的偏差管理、根本原因分析和调查、质量风险分析等工具来对给水系统、处理系统、水系统所处的场所、水系统附近可能会对其造成污染的系统等进行相应的分析，以便科学地确定关键控制点，将风险降到最低。污染控制策略应该整合所有这些措施，以确保能够有效预防和控制。这种策略应引入控制程序，而且要考虑产品生产过程整个生命周期中的所有信息。制定预防生物膜的标准操作，并定期执行，这样才能避免生物膜的产生。应当引起注意的是，一旦形成了生物膜，即使使用上述方法也可能难以去除。在清除已被证实的生物膜后，应进行一段时间的严格监控，然后再将水系统投入正常使用，以确保有效地清除了生物膜并且使水质符合法规的要求。

第4章

饮用水系统

饮用水是指可以不经处理、直接供给人体饮用的水。饮用水可采用混凝、沉淀、澄清、过滤、软化、消毒、去离子等物理、化学或物理化学的方法进行制备，用于减少水中特定的无机物和有机物。饮用水常规处理工艺的主要去除对象是水源中的悬浮物、胶体物和病原微生物等。

制备饮用水所用的典型工艺例子包括脱盐、过滤、软化、消毒、除铁、沉淀、降低特定无机和/或有机物的浓度。应采取控制措施防止微生物污染机械过滤器、活性炭过滤器和软化器。应选择恰当的技术，可包括反冲洗、化学和/或热消毒和高频次再生。应对饮用水的质量进行常规监测，以发现环境、季节或供应变化可能引起的原水质量波动。

全球各个国家/组织的制药用水标准体系都明确规定，散装纯化水与散装注射用水的法定给水质量至少应符合"饮用水"标准。2020版《中国药典》通则"0261制药用水"规定，饮用水"为天然水经净化处理所得的水，其质量必须符合现行中华人民共和国国家标准《生活饮用水卫生标准》"。《美国药典》<1231>制药用水规定：饮用水不在专论的范围之内，但必须符合EPA发布的国家一级饮用水法规（NPDWR）（40 CFR 141）的质量属性或者欧盟、世界卫生组织（WHO）或日本的类似法规。它可能来自各种来源，包括公共供水公司、私人供水（例如井）或这些来源中的一种以上的组合。

4.1 饮用水质量指南

饮用水没有药典专论，但必须符合各个国家/地区中规定的人用饮用水质量要求，或WHO相关机构规定的标准。生产商应进行检测，以确认水质。饮用水可用于API的生产，前端工艺用药品生产设备的清洁（有特定技术或要求使用更高质量水者除外）。同时，饮用水也是指定用于制备药典级制药用水的原水（表4.1）。

表 4.1 饮用水的应用原则

生产类型	要求	最低水质要求
发酵培养基和细胞培养基	活性药物为发酵产品或生物制品，不是疫苗或ATMP	饮用水[①]
最后分离和精制步骤之前所有活性药物中间体的合成，最后分离和精制	活性药物或其准备用于生产的制剂对无菌性和无热原无要求	饮用水[①]
洗手	人净系统	饮用水[①]

生产类型	要求	最低水质要求
非无菌药品、中间体和活性药物	初次淋洗	饮用水①
制药用水的原水	纯化水制备	饮用水
制药用水的原水	注射用水/纯蒸汽制备	饮用水②
草药萃取	草药提取用水	提取用水③

① 如果对化学纯度有更高的技术要求，则应使用纯化水。

②《中国药典》规定：制备注射用水与纯蒸汽的原水必须为纯化水。

③ EP 规定，提取用水是草药提取物（0765）生产用水，应符合纯化水专论中（0008）中散装纯化水或容器中的纯化水章节的要求，或指令 98/83/EC 中规定的人用水质要求。该水应根据专论中生产章节进行监测。提取用水的制备和检测详细信息参见 EP 专论 2249。

　　大多数药典要求用于 API 和辅料生产的最低水质必须是饮用水。USP 规定："在用于生产正式物质时，水应满足美国环境保护署 NPDWR，或者欧盟、日本的饮用水条例中规定的饮用水要求，或者世界卫生组织的饮用水水质指南。专论中可能要求其他质量标准。"《欧洲药典》将用于 API 生产的最低水质定义为："符合主管当局制定的有关人用水的规定。"《欧洲药典》没有解释谁是主管当局；但是，应理解为负责该主题的国家实体。生产商有责任确定产品销售所在国家/地区的适用饮用水法规，并确保生产中使用的饮用水符合这些要求。

　　饮用水系统的设计、施工和调试要求通常通过当地法规进行控制。由于这是 GMP 法规中唯一特别提及的水，因此对于监管机构而言，很重要的一点是，制药生产工艺中不得使用质量较低的水，并且用户应采取措施，以确保不会无意中使用质量较低、可能不安全的水。这使得水的使用者有了举证责任，以确保其质量达到最低要求，并适合其预期用途。制药企业应识别并论证饮用水储存与分配系统确认的范围和程度，供应商应确保适当的饮用水质量。应进行检测以保证所产饮用水具备可饮用质量。

　　制药行业中，饮用水的第一个用途是作为 API 和成品的生产水。根据 ICH Q7，用于原料药生产和制药厂最低水质的水是符合 WHO 饮用水水质指南的水。根据 API 加工的性质及其最终的微生物和化学特性，可能需要纯度高于饮用水质量的水。这在合成或纯化的后期阶段尤其重要，在这些阶段中，通过这些最终的 API 处理步骤，可能无法去除水中引入的杂质。

　　饮用水的另一个重要用途是用作工厂纯化系统的原水，生产药典级的水，例如散装纯化水或散装注射用水。饮用水作为纯化系统的原水时，通常不需要经过确认或验证，这也是连续化生产工艺的质量检测特征。该检测一般是从水源处采样。必要时，可通过在工厂进行适当处理达到所需质量。从理论上讲，所有不安全的杂质都已被清除。因此，除非有可能将这些杂质再次引入水中，否则在进一步纯化的水中，无须强制检验是否存在这些杂质。相反，对于成品水（即 PW 或 WFI），可以使用离子和有机杂质的一般非特异性检测，即电导率和总有机碳，来广泛界定成品水的质量；也有一些国家或地区要求进行附加检测（例如硝酸盐等）。值得注意的是，纯化过程中水的微生物含量也应受到监控，并且取决于所选择的处理方法，可能是由于某些单元操作导致非药典预处理水中细菌含量的增加。

4.2 饮用水标准

饮用水分为散装水与包装水两大类，符合官方标准的市政自来水是一种典型的散装饮用水，市售的瓶装/桶装矿泉水或纯净水则属于典型的包装饮用水。表4.2是《中国药典》《欧洲药典》《美国药典》和《日本药局方》关于散装纯化水与散装注射用水制备的原水要求，除《中国药典》散装注射用水必须采用纯化水外，其他药典均将饮用水作为了散装注射用水法定制备工艺中允许的原水。

表 4.2 制备药典水的原水要求

项目	散装纯化水	散装注射用水
《中国药典》2020 版	纯化水为符合官方标准的饮用水经蒸馏法、离子交换法、反渗透法或其他适宜的方法制备的制药用水	注射用水为纯化水经蒸馏所得的水
《欧洲药典》10 版	散装纯化水为符合官方标准的饮用水经蒸馏法、离子交换法、反渗透法或其他适宜的方法制备的制药用水	散装注射用水是从符合国家机构设定的饮用水规定的水源或从纯化水制备的。制备方法可以是： - 通过在一套设备中蒸馏来制备,该设备与水接触的部件应该是中性的玻璃、石英或适合的金属,安装了有效的装置来防止液滴夹带； - 通过一个等同于蒸馏的纯化工艺来制备。采用一级反渗透或两级反渗透装置组合适当的其他技术,例如电法去离子(EDI)、超滤或纳滤。生产商在实施之前要知会监管机构
《美国药典》43 版	制备纯化水的水源或给水的最低质量是美国环境保护署、欧盟、日本或世界卫生组织规定的饮用水,经蒸馏法、离子交换法、反渗透法、过滤或其他适宜的方法制备	制备注射用水的水源或给水的最低质量是美国环境保护署、欧盟、日本或世界卫生组织规定的饮用水。可对水源水进行处理,使其适合后续的最终纯化步骤,如蒸馏(或根据专论使用的任何其他有效方法)
《日本药局方》17 版	纯化水为符合官方标准的水①经蒸馏法、离子交换法、反渗透法、超滤或其他适宜的方法制备的制药用水	注射用水通过蒸馏或反渗透和/或超滤制备,原水为适当预处理的水(如离子交换或反渗透)或纯化水。当通过反渗透和/或超滤制备注射用水时,需避免水处理系统发生微生物污染,并始终如一地提供与蒸馏制备工艺质量相当的水

① 如果使用私人来源的水，则必须遵守日本饮用水以及 $50\mu g/L$ 氨限度。

《GB 5749 生活饮用水卫生标准》是指根据卫生质量要求，对生活饮用水中化学纯度和微生物含量等做出规定，经国家有关部门批准并以一定形式发布的法定卫生标准。WHO、美国、欧盟与日本的饮用水水质标准代表了当今世界饮用水标准体系方面的较高水平。分析表4.3的检测项指标分布可以发现，有机物、农药与消毒剂副产物指标的数目均超过水质指标总数的2/3左右，特别是消毒剂副产物项目的增加，这反映了人类对控制有害、有毒物质认识的加深及其有关分析检测技术的进步。

表 4.3 各国饮用水的检测项对比

项 目	中国	WHO	美国	欧盟	日本	法国	加拿大	澳大利亚
颁布年份	2006	2011	2004	1998	2015	1995	2004	2011
感官和一般化学/项	20	27	15	18	5	15	17	19
无机物/项	18	18	16	11	9	12	18	18

项　　目	中国	WHO	美国	欧盟	日本	法国	加拿大	澳大利亚
有机物/项	30	28	29	7	11	11	28	30
农药/项	20	37	24	6	14	12	20	18
消毒剂副产物/项	10	18	7	2	10	10	10	10
微生物/项	6	2	7	2	2	8	8	8
放射性/项	2	2	4	2	0	2	29	10
总计/项	106	132	102	48	51	70	130	113

4.2.1　WHO 饮用水标准

2021 版《WHO GMP：制药用水》明确规定：饮用水的质量包括在 WHO《饮用水水质标准》和国际标准化组织（ISO）以及其他地区和国家机构的标准中。饮用水应符合相关当局规定的相关规范。世界卫生组织制订的《饮用水水质准则》是世界各国制订饮用水国家标准的重要参考文献，世界卫生组织因此也非常重视该文献内容的更新。自 2004 年第三版后，于 2006 年和 2008 年出版了相关附录补充更新，2011 年又更新至完整的第四版，这都反映了世界卫生组织对饮水与健康的高度重视。

世界卫生组织的饮用水水质准则是由世卫组织总部直接负责，所辖六个区域办事处共同参与，并与各成员国相关负责部委、水行业协会、科研机构和大学教授共同合作自 2007 年开始至 2011 年形成的一项有关水质卫生监督管理的最新成果。世界卫生组织《饮用水水质标准》（第二版）与旧标准对比见本章附录 1。

4.2.2　中国饮用水标准

2006 年，我国完成了对 1985 年版《生活饮用水卫生标准》（包含 35 项检测指标）的修订工作，并正式颁布了《GB 5749—2006 生活饮用水卫生标准》，规定已于 2007 年 7 月 1 日起全面实施。从指标数量上来看，我国《GB 5749—2006 生活饮用水卫生标准》基本与世界接轨，从检测项目上看，其增加了大量的有机物、农药与消毒剂副产物指标。其中，常规检测项目有 42 项，非常规检测项目有 64 项，这与国际上水质标准的总体发展趋势相一致。

（1）生活饮用水卫生标准　在《GB 5749—2006 生活饮用水卫生标准》中增加的 71 项水质指标里，微生物学指标由 2 项增至 6 项，增加了对蓝氏贾第虫、隐孢子虫等易引起腹痛等肠道疾病、一般消毒方法很难全部杀死的微生物的检测；饮用水消毒剂由 1 项增至 4 项；毒理学指标中无机化合物由 10 项增至 22 项，增加了对净化水质时产生二氯乙酸等卤代有机物、存于水中藻类植物微囊藻毒素等的检测；有机化合物由 5 项增至 53 项；感官性状和一般理化指标由 15 项增加至 21 项。并且，还对原标准 35 项指标中的 8 项进行了修订。同时，鉴于加氯消毒方式对水质安全的负面影响，该国家标准还在水处理工艺上重新考虑安全加氯对供水安全的影响，增加了与此相关的检测项目。该国家标准适用于各类集中式供水的生活饮用水，也适用于分散式供水的生活饮用水。《GB 5749—2006 生活饮用水卫生标准》主要指标及拟修订分析见本章附录 2。

（2）饮用净水水质标准　《CJ 94—2005 饮用净水水质标准》是 2005 年 10 月 1 日实施的一项行业标准，由中国建筑设计研究院、清华大学环境科学与工程系、中国疾病预防控制中心环境与健康相关产品安全所负责起草。本标准适用于以自来水或符合生活饮用水水源水质标准的水为原水，经深度净化后可直接供给用户饮用的管道供水和灌装水。饮用净水水质不应超过表4.4中规定的限值。

表4.4 饮用净水水质标准

项 目		标 准
感官性状	色	5度
	浑浊度（度）	0.5NTU
	嗅和味	无异臭异味
	肉眼可见物	无
一般化学指标	pH	6.0～8.5
	总硬度（以碳酸钙计）	300mg/L
	铁	0.2mg/L
	锰	0.05mg/L
	铜	1.0mg/L
	锌	1.0mg/L
	铝	0.2mg/L
	挥发性酚类（以苯酚计）	0.002mg/L
	阴离子合成洗涤剂	0.20mg/L
	硫酸盐	100mg/L
	氯化物	100mg/L
	溶解性总固体	500mg/L
	耗氧量（COD_{Mn}，以 O_2 计）	2.0mg/L
毒理学指标	氟化物	1.0mg/L
	硝酸盐（以 N 计）	10mg/L
	砷（As）	0.01mg/L
	硒（Se）	0.01mg/L
	汞（Hg）	0.001mg/L
	镉（Cd）	0.003mg/L
	铬（六价）	0.05mg/L
	铅（Pb）	0.01mg/L
	银（采用载银活性炭测定）	0.05mg/L
	氯仿	0.03mg/L
	四氯化碳	0.002mg/L
	亚氯酸盐（采用 ClO_2 消毒时测定）	0.7mg/L
	氯酸盐（采用 ClO_2 消毒时测定）	0.7mg/L
	溴酸盐（采用 O_3 消毒时测定）	0.01mg/L
	甲醛（采用 O_3 消毒时测定）	0.9mg/L

项 目		标 准
细菌学指标	细菌总数	50CFU/mL
	总大肠菌群	每100mL水样中不得检出
	粪大肠菌群	每100mL水样中不得检出
	余氯	0.01mg/L(管网末梢水)[①]
	臭氧(采用O₃消毒测定)	0.01mg/L(管网末梢水)[①]
	二氧化氯(采用ClO₂消毒时测定)	0.01mg/L(管网末梢水)[①]或余氯0.01mg/L(管网末梢水)[①]

① 检出限,实测浓度应不小于检出限。

(3) 健康直饮水水质标准 《健康直饮水水质标准》是2021年4月1日正式实施的团体标准,属于我国首次提出健康直饮水概念并明确了水质标准,其中多项指标严于WHO、日本、美国和欧盟的饮用水水质标准。《健康直饮水水质标准》明确指出健康直饮水是以符合生活饮用水水质标准的自来水或水源水为原水,经处理后具有一定矿化度,符合食品安全国家标准及本文件规定,可供直接饮用的水。

《健康直饮水水质标准》对3项重点指标(溶解性总固体、总硬度和总有机碳)及3项微生物指标(粪链球菌、铜绿假单胞菌和产气荚膜梭菌)做出了严格规定;在满足《GB 5749—2006 生活饮用水卫生标准》和《CJ 94—2005 饮用净水水质标准》的前提下,对19项限量指标进行了调整。主要变化如下:铝由0.2mg/L降到0.10mg/L;铅由0.01mg/L降到0.005mg/L;砷由0.01mg/L降到0.005mg/L;汞由0.001mg/L降到0.0001mg/L;镉由0.003mg/L降到0.001mg/L;镍由0.02mg/L降到0.008mg/L;增加总铬限值0.05mg/L;氰化物由0.05mg/L降到0.01mg/L;亚硝酸盐由1mg/L降到0.1mg/L;甲醛由0.9mg/L降到0.06mg/L;甲苯由0.7mg/L降到0.1mg/L;四氯化碳由0.002mg/L降到0.001mg/L;三氯乙烯由0.07mg/L降到0.0025mg/L;1,2-二氯乙烯由0.05mg/L降到0.025mg/L;余氯≤0.05mg/L;阴离子合成洗涤剂由0.2mg/L降到0.15mg/L;总α放射性由0.5Bq/L降到0.1Bq/L;总β放射性由1Bq/L降到0.5Bq/L;浊度由0.5NTU降低到0.3NTU。健康直饮水应符合表4.5~表4.7中规定的限值。

表4.5 重点指标及限值

指 标	限 值	检测方法
溶解性总固体/(mg/L)	50~300	《GB/T 5750—2006 生活饮用水标准检验方法》
总硬度(以CaCO₃计)/(mg/L)	25~200	
总有机碳(TOC)/(mg/L)	1.0	

表4.6 微生物指标及限值

指 标	限 值	检测方法
粪链球菌/(CFU/250mL)	不得检出	《GB 8538—2016 饮用天然矿泉水检验方法》
铜绿假单胞菌/(CFU/250mL)	不得检出	
产气荚膜梭菌/(CFU/50mL)	不得检出	

表 4.7 限量指标及限值

指 标	限 值	检测方法
总铬/(mg/L)	0.05	《GB 8538—2016 饮用天然矿泉水检验方法》
铝/(mg/L)	0.10	《GB/T 5750—2006 生活饮用水标准检验方法》
铅/(mg/L)	0.005	
砷/(mg/L)	0.005	
汞/(mg/L)	0.0001	
镉/(mg/L)	0.001	
镍/(mg/L)	0.008	
氰化物/(mg/L)	0.01	
亚硝酸盐/(mg/L)	0.1	
甲醛/(mg/L)	0.06	
甲苯/(mg/L)	0.1	
四氯化碳/(mg/L)	0.001	
三氯乙烯/(mg/L)	0.0025	
1,2 二氯乙烯/(mg/L)	0.025	
余氯/(mg/L)	0.05	
阴离子合成洗涤剂/(mg/L)	0.15	
总 α 放射性/(Bq/L)	0.1	
总 β 放射性/(Bq/L)	0.5	
浊度/(NTU)	0.3	《HJ 1075—2019 水质 浊度的测定 浊度计法》

4.2.3 欧盟饮用水标准

欧盟 1998 年出台的《欧盟饮用水水质指令》98/83/EC 是欧洲各国制订本国水质标准的主要依据，该标准被誉为最严格的自来水标准。指令同时明确要求所有欧盟国家对水处理过程使用的材料和化学品建立审批制度，对水质监测指标和频率提出指导意见。欧洲各国大都依此出台自己的国家饮用水技术标准，有的比欧盟标准还高，比如，德国要求自来水卫生标准达到"婴儿可以直接饮用"的水平。2015 年 10 月 7 日，欧盟发布（EU）2015/1787 号法规，修订了《欧盟饮用水水质指令》98/83/EC 附录Ⅱ和Ⅲ。欧盟理事会指令 98/83/EC 附录Ⅱ和Ⅲ制定了人类饮用水监测最低要求和不同参数的分析方法说明。2017 年 10 月 27 日起，欧盟各成员国的法律、法规、行政规章必须符合本指令要求。《欧盟饮用水水质指令》附录Ⅰ的详细信息见本章附录 3。

4.2.4 美国饮用水标准

《美国饮用水水质标准》由美国环境保护署负责制定，美国最早于 1914 年颁布了公共卫生署饮用水水质标准，只有两个细菌学指标，然后该标准于 1925 年、1942 年、1946 年和 1962 年被修订和重新发布。1974 年，美国国会通过了安全饮用水法以后，EPA 于 1975 年首次发布具有强制性的《饮用水一级规程》，EPA 又于 1979 发布了除了健康相关的标准以外的非强制的《饮用水二级规程》，并于 1986 年、1998 年、2004 年和 2006 年进行了修订。

它的制订过程及其发展，基本上与人们对饮用水中污染物的认识和发展相一致。饮用水标准根据《安全饮用水法》和《1986 年安全饮用水法修正条款》的要求，每隔三年就从最新的《重点污染目录》中选 25 种进行规则制定，每隔三年对以前发布的标准值进行审查，便于水质标准能及时吸收最新的科技成果。

《美国饮用水水质标准》分为一级强制性标准和二级推荐性标准。国家一级饮用水规程（NPDWR 或一级标准）是法定强制件的标准，它适用于公用给水系统。一级标准限制了那些有限公众健康的及已知的或在公用给水系统中山现的有害污染物浓度，从而保护饮用水水质，将污染物划分为：无机物、有机物、放射性核素及微生物。国家二级饮用水规程（NSDWR 或二级标准）为非强制性准则，用于控制水中对美容（皮肤、牙齿变色），或对感官（如嗅、味、色度）有影响的污染物浓度。EPA 给水系统推荐二级标准但没有规定必须遵守，然而，各州可选择性采纳，作为强制性标准。

《美国饮用水水质标准》的标准值分为两类，即污染物最高（允许）浓度（MCL）与污染物最高（允许）浓度目标（MCLG）。MCLG 的定义为：对人类的健康无已知的或可见的不利影响，同时包含一个适当的安全系数的污染物浓度。其为基于水中物质对人类全然无害而设定的理想值，不受法律约束，是非强制性公共健康目标。MCL 则指尽可能接近 MCLG 的污染物浓度，是以当前水的现实情况而规定可能实现的标准，它是以 MCLG 值和处理费用、处理技术、许可风险等为基础而设定的。MCLG 是根据饮水中污染物毒性的风险评估规定的目标最大许可值。MCL 是根据风险管理规定订出的最大允许值，确保略微超过时对公众健康不产生显风险。MCL 还确定了公共给水系统的处理技术必须遵循的强制性步骤或技术水平以确保对污染物的控制水平。

《美国饮用水水质标准》制订过程中充分考虑公众在 EPA、各州和水系统中参与保护饮用水的机会。美国安全饮用水法给予各州在实施饮用水保护方面有足够的灵活性，以利于各州在保持公众的健康水平达到国家要求的同时，又能满足该州公民的特殊的要求。2004 版《美国饮用水水质标准》的详细信息见附录 4。

4.2.5 日本饮用水标准

日本最新的生活饮用水水质标准于 2015 年 4 月 1 日正式实施，共由三部分构成，即法定项目、水质目标管理项目和要检测项目。其中 51 项法定项目（表 4.8）和我国的现行生活饮用水卫生标准大同小异，但对溶解性固体和总硬度的限值更为严格和合理。水质目标管理项目中的农药指标共计 120 项，在世界上涵盖最多，同时有不少是既要求测定其母体农药，又要求测定其主要代谢产物。此外，要检测的项目中包括了一些常见的环境干扰化学物质（如雌二醇、炔雌醇、双酚 A、壬基酚等），但相应限值较高，其合理的限值范围还有待于进一步科学探讨，涉及的项目 47 项。因为这些指标的毒性评价还未确定，或者自来水中的存在水平还不大清楚，所以还未被确定为水质基准项目或者水质目标管理项目。

表 4.8　日本生活饮用水标准法定检测项

编号	项　　目	标　　准
1	菌落总数	100CFU/mL
2	大肠杆菌	不得检出
3	镉和化合物	0.003mg/L 或以下（镉的含量）

编号	项 目	标 准
4	汞和化合物	0.0005mg/L 或以下（汞含量）
5	硒和化合物	0.01mg/L 或以下（硒含量）
6	铅和化合物	0.01mg/L 或以下（铅量）
7	砷和化合物	0.01mg/L 或以下（砷含量）
8	铬[Ⅵ]化合物	0.05mg/L 或以下（铬[Ⅵ]的量）
9	亚硝酸盐氮	0.04mg/L 或以下
10	氰化物离子和氯化氰	0.01mg/L 或以下（含氰）
11	硝酸盐和亚硝酸盐	10mg/L 或以下
12	氟和化合物	0.8mg/L 或以下（含氟量）
13	硼和化合物	1.0mg/L 或以下（含硼量）
14	四氯化碳	0.002mg/L 或以下
15	1,4-二氧六环	0.05mg/L 或以下
16	顺-1,2-二氯乙烯和反-1,2-二氯乙烯	0.04mg/L 或以下
17	二氯甲烷	0.02mg/L 或以下
18	四氯乙烯	0.01mg/L 或以下
19	三氯乙烯	0.01mg/L 或以下
20	苯	0.01mg/L 或以下
21	氯酸盐	0.6mg/L 或以下
22	氯乙酸	0.02mg/L 或以下
23	氯仿	0.06mg/L 或以下
24	二氯乙酸	0.03mg/L 或以下
25	二溴氯甲烷	0.1mg/L 或以下
26	溴酸盐	0.01mg/L 或以下
27	总三卤甲烷（氯仿、二溴氯甲烷、溴二氯甲烷和溴甲烷的总浓度）	0.1mg/L 或以下
28	三氯乙酸	0.03mg/L 或以下
29	溴二氯甲烷	0.03mg/L 或以下
30	三溴甲烷	0.09mg/L 或以下
31	甲醛	0.08mg/L 或以下
32	锌和化合物	1.0mg/L 或以下（锌含量）
33	铝和化合物	0.2mg/L 或以下（铝量）
34	铁和化合物	0.3mg/L 或以下（铁的量）
35	铜和化合物	1.0mg/L 或以下（铜含量）
36	钠和化合物	200mg/L 或以下（钠含量）

编号	项　目	标　准
37	锰和化合物	0.05mg/L 或以下（锰含量）
38	氯离子	200mg/L 或以下
39	钙,镁(硬度)	300mg/L 或以下
40	总残留量	500mg/L 或以下
41	阴离子表面活性剂	0.2mg/L 或以下
42	土臭素	0.00001mg/L 或以下
43	1,2,7,7-三甲基环 [2,2,1]庚烷-2-醇	0.00001mg/L 或以下
44	非离子表面活性剂	0.02mg/L 或以下
45	酚	0.005mg/L 或以下（换算成酚类物质）
46	有机物(总有机碳)	3mg/L 或以下
47	pH 值	5.8～8.6
48	味道	无味
49	臭味	无臭
50	颜色	5 度或以下
51	浊度	2 度或以下

比较中国与日本现行生活饮用水水质标准的普通指标（即常规指标和非常规指标）发现，两国之间的水质标准相差不大。然而，在总溶解性固体和总硬度、农药及硝酸盐这三方面，日本的饮用水水质指标更为严格和合理。具体如下：①关于总溶解性固体和总硬度这两个指标，日本的限值仅为中国的 1/2 和 2/3。不仅如此，在日本的水质日常管理目标中，其对应的值分别限定在 30～200mg/L 和 10～100mg/L 的范围，使得其限值更接近人体所需的合理范围；②关于农药，中国的生活饮用水卫生标准里仅包含 19 种农药，而日本的标准里农药总数为 120 种；其相应的限值，中国的标准里只对每种农药逐一设定了限值，而日本的标准里除了对每种农药设定了相应的限值外，同时要求所有农药的总和不大于 1mg/L。此外，日本的饮用水标准中，根据农药的不同特点，有些除测定其农药本身外，还要求测定该农药的主要代谢产物，比如 EPN、毒死蜱、二嗪农、杀螟硫磷、草甘膦等。因为有些农药极不稳定，很容易被转化，因此在设定其标准时，还包含该农药的主要代谢产物的做法更为合理，也更科学。③关于亚硝酸盐氮，中国的限值标准为 1mg/L，而日本相应地限值已强化至 0.04mg/L。

与以往不同，在最新的日本饮用水标准中，新增加了 5 种环境干扰化学物质，这是饮用水水质标准的最新发展趋势。它们分别为雌二醇（限值 80ng/L）、雌炔醇（限值 20ng/L）、壬基酚（限值 300μg/L）、双酚 A（限值 100μg/L）以及邻苯二甲酸二丁酯（限值 10μg/L）。为减少人体的潜在危害，在饮用水水质标准里，对一些重要环境干扰化学物质设定标准具有重要的现实意义。其实在我国最新的生活饮用水卫生标准中，也对双酚 A、邻苯二甲酸二乙酯以及邻苯二甲酸二丁酯这三种环境干扰化学物质设定了标准，其参考值分别为 10μg/L、300μg/L、3μg/L。然而，无论是中国还是日本的生活饮用水卫生标准，目前对环境干扰化学物质的限值，还存在以下几点问题：①根据文献报道，雌二醇、雌炔醇、壬基酚和双酚 A 在饮用水中的浓度分别为 n.d～2.6ng/L、0.15～0.5ng/L、2.5～16ng/L 和 0.5～5ng/L，报道浓度最大不及标准限制值的 4％。因此，目前亟须要解决的问题是确定这些环境干扰化学物质在饮用水中的潜在危害是可以忽略不计，还是目前的标准还有待于进一步科学设定。②当前世界上大多数的净水处理厂均采用氯消毒，当这些环境干扰化学物质存在时，由于氯消毒的影响，会产生一些氯消毒副产物。这些消毒副产物的雌激素活性可能远大于其原始化学物质。因此，在制定相关环境干扰化学物质的标准时，对应的主要氯消毒副产物的标准也有待于制定。③由于环境干扰化学物质的种类特别繁多，相比于用化学仪器对其一一测定，采用生物分析法从总量上把握环境干扰化学物质的浓度水平将更方便，也更科学。

4.3 饮用水系统

从功能角度分类，饮用水系统主要由饮用水制备系统与饮用水储存/分配系统两部分组成。饮用水制备、储存与分配系统的设计、安装、调试、确认、验证、运行和维护应确保持续可靠地产出具有既定质量的水。饮用水系统的产能应恰当，可满足平均和峰值流量需求。系统应可以连续运行较长时间，以避免设备过于频繁开停时效能不足或设备疲劳。应定期监测水源及经过处理的水的化学纯度与微生物污染。应监测饮用水处理、储存与分配系统的性能。应保存监测结果、趋势分析和所采取措施的记录。

应对饮用水检测结果进行统计学分析，以发现其趋势和变化情况。如果饮用水质量有重大变化，但仍在质量标准内，则应对直接用作制药用水的饮用水和作为下游处理原水的饮用水进行风险审核。审核结果和准备采取的措施应有记录。应根据变更控制程序执行系统或其操作变更。如果原水来源、处理技术或系统参数设置有改变，则应考虑进行更多检测。

饮用水制备工艺流程选择时的参考因素包括：原水水质；产水水质；设备工艺运行的长期可靠性；化学纯度去除能力；微生物预防措施和消毒措施；设备运行及操作人员的专业素质；适应原水水质季节等因素变化的包容能力和可靠性；设备清洗维护与耗材更换的方便性；设备公共工程的消耗；设备的产水回收率及浓液的二次处理；日常的运行维护成本；系统的监控能力与信息化水平。

4.3.1 市政饮用水系统

市政饮用水的原水包括海水和淡水。海水淡化是指以海水为源头制备淡水（如饮用水）的技术。它是实现水资源利用的开源增量技术，可以增加淡水总量，且不受时空和气候影响，可以保障沿海居民饮用水和工业锅炉补水等稳定供水。世界上有十多个国家的一百多个科研机构在进行着海水淡化的研究，有数百种不同结构和不同容量的海水淡化设施在工作。一座现代化的大型海水淡化厂，每天可以生产几千、几万甚至近百万吨淡水。水的成本在不断地降低，有些国家已经降低到和自来水的价格差不多。某些地区的淡化水量达到了国家和城市的供水规模。现在所用的海水淡化方法有海水冻结法、电渗析法、蒸馏法、反渗透法以及碳酸铵离子交换法等。其中，电渗析法、反渗透膜法及蒸馏法是市场中的主流应用。各单元操作的介绍可参见 4.3.2 节，本节的重点在于讨论以淡水为原水的饮用水制备与过滤纯化技术，不涉及蒸馏法制备饮用水的相关介绍。

目前，市政自来水在中国大陆还没有实现直饮，但在中国香港的大部分地区已实现了居民直接饮用。2019 年 3 月，国家卫生健康委员会联合有关部门启动新一轮标准修订工作，新版的《GB 5749 生活饮用水卫生标准》有望于 2022 年前后出台。这次的修订标准修订贯彻以人为本的原则，同时也是基于我国近年积累的大量监测数据和科研数据，将为中国实现"全民直饮水工程"的宏网目标打下坚实的基础。

让普通百姓喝上安全放心的健康饮用水是我国"十四五"规划的重要内容，虽然我国暂时还没有实现全民直饮水工程，但市政供水的过滤工艺革新已经在全国范围内展开，我国市政供水的纯化过滤工艺经历了3个发展阶段。

（1）第一代　属于常规工艺：细格栅＋加药＋混凝＋反应＋沉淀＋砂过滤＋消毒及补氯（图 4.1），满足《GB 5749—2006 生活饮用水卫生标准》。由于我国大部分水源已经受到微污染，常规工艺的饮用水产水质量并不理想，无法满足广大群众的高品质饮用水需求，国家已开始实施自来水厂工艺处理标准的提高计划。

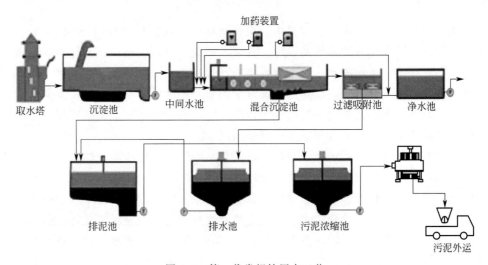

图 4.1　第一代常规饮用水工艺

（2）第二代　属于常规工艺＋深度处理工艺：预氧化＋细格栅＋加药＋混凝＋反应＋沉淀＋砂过滤＋臭氧反应＋活性炭过滤＋消毒及补氯（图 4.2），该工艺实现了饮用水品质的提升，我国部分地区在 2010 年已经开始实施。例如，我国的第一座大型自来水厂，上海杨树浦水厂于 2020 年 5 月启动的深度处理改造工程采用的就是第二代工艺，该改造项目预计于 2024 年通水投产，改造后的杨树浦水厂将每天为 300 万名上海市民提供 120 万立方米高品质饮用水。

（3）第三代　属于常规工艺＋深度处理工艺＋膜处理工艺，包含全流程与短流程两种工艺。全流程工艺：预氧化＋细格栅＋加药＋混凝＋反应＋沉淀＋砂过滤＋提升＋臭氧＋活性炭过滤＋超滤膜过滤＋消毒及补氯，由于部分地区地下与地表的原水水质污染太过严重，反渗透膜过滤技术也被纳入了高品质饮用水制备工艺。该工艺满足了人民群众喝安全健康水的愿望，国家提倡有条件地区（如太湖流域）率先实施高品质饮用水，部分地区自 2015 年开始已经陆续实施。

另外一种满足国家生态高品质饮用水处理要求的工艺属于短流程工艺，工艺流程：细格栅＋臭氧压力氧化＋耐氧化超滤膜过滤＋补氯（图 4.3），根据水源污染确定加活性炭或纳滤。该工艺在加拿大等国家已经成功实施了多年，我国天津等地区的自来水厂已经于 2019 年开始实施，建设部与科技部也将其列入了"国家十三五饮用水重大科技项目"，属于水利部颁布的成熟生态饮用水处理技术之一。相信随着真正耐氧化、大通量的氧化铝/碳化硅陶

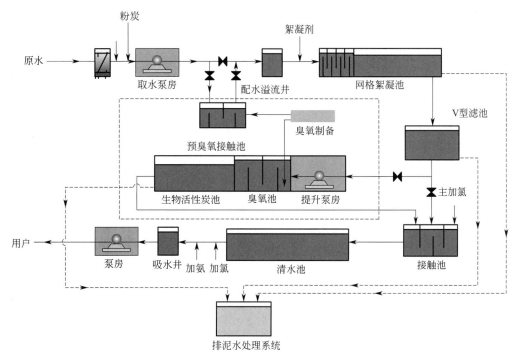

图 4.2 第二代深度处理饮用水工艺

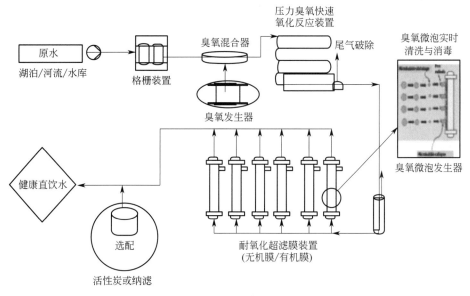

图 4.3 第三代健康饮用水工艺

瓷超滤膜科技的进一步普及，伴随着质量源于设计、连续化生产、过程分析技术与参数放行等制药用水的实施理念被"健康直饮水工程"所借鉴，我国人民追求喝生态安全健康直饮水的愿望将在不久的将来得以实现。

4.3.2 制药饮用水系统

我国幅员辽阔，各地水质不同，季节的变化也会导致水质的巨大变化，我国制药企业使用的最初原料水大多无法符合饮用水的标准要求，需将其优先纯化为高品质饮用水，然后进行散装纯化水，散装注射用水等制药用水的制备，以适合不同的工艺需求。与市政饮用水制备不同，制药级饮用水的使用用途并非民用和其他工业领域使用，它主要用于原辅料与药品生产、清洗和检测环节，单个设备的产量可能并不大，水质量却需要纳入制药领域的管辖范畴。

2021 版《WHO GMP：制药用水》关于饮用水有如下规定。

● 饮用水的质量包括在 WHO 饮用水质量指南和国际标准化组织（ISO）以及其他地区和国家机构的标准中。饮用水应符合相关当局规定的相关规范。

● 饮用水可以是天然来源或储存来源。天然来源包括泉水、井水、河水、湖水和海水。在选择饮用水制备的处理工艺时要考虑原水的条件。典型的处理包括除盐、软化、去除特定离子、减少颗粒物和微生物的处理。

● 饮用水应使用管道系统连续正压输送，不应存在任何可能导致产品污染的缺陷。

● 饮用水可来自公用水供应系统。其中包括厂外来源如市政供水。供应商应确保适当的饮用水质量。应进行检测以保证所产饮用水具备可饮用质量。该检测一般是从水源处采样。必要时，可通过在工厂进行适当处理达到所需质量。

● 如果是购买散装饮用水，使用水罐送至用户处，则应有控制措施降低相关风险。应参照其他起始物料所用方式进行供应商评估和授权认证工作，包括确认运送卡车的可接受度。

● 制药企业有义务确保纯化水处理系统的原水供应符合恰当的饮用水要求。在此要求下，应识别出达到饮用水质量的点，并在其后以规定的时间间隔采集水样进行检测。

● 如果在药品生产的一些工序中直接使用饮用水，例如 API 的生产，或较高质量的制药用水制备用原水，则用水者的现场应定期进行检测，确认其质量符合饮用水所需标准。例如，在用水点处，确认水质是否达到饮用水的标准。要选择的试验方法和进行试验的频率应基于风险评估。

● 如果是使用工厂自己系统对原水进行处理来获得饮用水，则应说明系统的参数设置和水处理所用步骤。

● 制备饮用水所用的典型工艺例子包括：脱盐、过滤、软化、消毒（例如，使用次氯酸钠［氯］）、除铁、沉淀、降低特定无机和/或有机物的浓度。

● 应采取控制措施防止微生物污染砂滤器、碳床和水软化剂。应选择恰当的技术，可包括反冲洗、化学和/或热消毒和高频次再生。

● 应对饮用水的质量进行常规监测，以发现环境、季节或供应变化可能引起的原水质量波动。

● 如果用户储存与分配饮用水，则水储存与分配系统不应导致水质在使用前有所降低。在经过存储后，应根据预定程序进行常规检测。饮用水的储存与分配应尽可能确保水的周转或再循环。

● 用于制备和存储饮用水的设备和系统应能够排水或冲洗，并进行消毒。

● 贮罐应采用有适当保护的通气装置密闭，应可进行目视检查。

● 分配管道应可以排尽残存的水渍，或可冲洗和消毒。

● 应识别并论证系统确认的范围和程度。

● 应对饮用水检测结果进行统计学分析，以发现其趋势和变化情况。如果饮用水质量有重大变化，但仍在质量标准内，则应对直接用作制药用水的饮用水及作为下游处理原水的饮用水进行风险审核。审核结果和准备采取的措施应有记录。

- 应根据变更控制程序执行系统或其操作变更。
- 如果原水来源、处理技术或系统参数设置有改变，则应考虑进行更多检测。

在选择饮用水制备的处理工艺时要考虑原水的条件。制药级饮用水的原水还可来自公用水供应系统，其中包括厂外来源（如市政供水）。与药典的质量管理策略不同，我国现行的《GB 5749—2006 生活饮用水卫生标准》规定的 106 项指标检测样本是以出厂水为准的，并没有任何一项检测直达居民或企业水龙头。同时，我国大多数市政供水输送管道还在采用水泥管或铸铁管，仅有部分区域采用了高品质非金属管或不锈钢管，所以即使自来水出厂的饮用水 106 项指标完全达标合格，经过几十公里的输配管网，再经过二次供水设备最终到普通居民的水龙头，终端水质已很难保证。为了符合制药用水标准体系的监管要求，制药企业通常都需要自建一套散装饮用水系统。

与用于制药工艺的洗手、预冲洗等生产岗位的饮用水质量管理策略不同，用于后续的"终处理工艺"（包括蒸馏、反渗透、超滤、纳滤与离子交换等）的"饮用水制备系统"通常称为预处理系统，其目的是持续可靠地产出高品质"预处理水"。术语"预处理"通常表示选择的单元操作，以准备通过初级处理方法，将饮用水的质量提高。预处理通常用于减少初级处理设备上的污染物负荷或延长设备维修间隔（图 4.4）。因此，不需要预处理水来满足饮用水或散装纯化水的全部化学纯度或微生物标准；它只是一种过渡质量，它允许初级处理设备在要求较低的条件下、以较低的运营成本运行。与主要处理设备相比，预处理的运行成本大大降低，并且延长了主要处理组件需要维修事件的间隔时间。预处理系统在维护（泄漏或其他功能障碍）方面，必须获得与药典系统相似的维护级别，因为它们是整体处理的组成部分。从合规性的角度来看，不良维护的预处理系统就是不良维护的药典水处理系统。

预处理	CaCO$_3$	CaSO$_4$	BaSO$_4$	SrSO$_4$	CaF$_2$	SiO$_2$	SDI	Fe	Al	细菌	氧化剂	有机物
加酸	●							○				
投加阻垢剂	○	●	●	●	●	○						
离子树脂软化	●	●	●	●	●							
离子交换脱碱	○	○	○	○	○							
石灰软化	○	○	○	○	○	○	○	○				○
预防性清洗	○					○	○	○	○		○	○
调节操作参数		○	○	○	○	●						
多介质过滤						○	○	○	○			
氧化-过滤							○	●				
在线凝絮							○	○	○			○
絮凝-助凝						○	●	○	○			●
微滤/超滤						●	●	○	○	○		●
滤芯式过滤						○	○	○	○	○		
氯化氧化										●		
脱氯											●	
冲击处理										○		
预防性杀菌										○		
粒状活性炭过滤										○	●	●

○ 可能有效　　● 非常有效

图 4.4　预处理设计的阻垢原理对比

预处理系统的工艺设计开发需包括下列内容：终处理系统所需的用水量和质量；制药工艺点使用过程中和微生物控制方法中有关水温的制约因素；终处理方案的选择，因为该方案决定了预处理所需的进水质量；全生命周期质量管理的预处理系统出水水质（每年回顾/验证水的质量）；进水质量与期望中出水质量间的差别。进/出水差别决定必须由预处理系统清除杂质。采用物料平衡方法，即可确定进/出水差别。另外，应注意杂质和微量组分；预处理方案要为期望去除杂质创造条件，同时要考虑劳力、经济、废物处置、环境问题、验证和可用场地以及公用设施的可能性。

预处理系统的目的是保证尽量减少终处理设备运行/维修问题的出水质量，并使终处理工序生产出符合法规技术规范期望的药典水。必须在预处理过程中清除影响终处理工序可靠运行的杂质，这取决于所选的终处理工序和终处理工序对杂质的容忍度。若预处理不充分，那么，造成的问题在等级方面变化很大，详见表 4.9。

表 4.9　预处理不充分带来的影响

终处理由杂质类型造成的问题等级	杂质			
	淤泥：由胶体/悬浮颗粒物造成	结垢：由硬度与矿物质造成	氧化腐蚀：由氯化物造成	生物膜：由微生物造成
反渗透法	大	大	大	大
其他膜法与离子交换法	大/中	大/中	无/中	大
多效蒸馏法	大/中	大/中	中	小/中
热压蒸馏法	中	中	中	小/中
处理方法	多介质过滤器 微滤/超滤装置	软化器 阻垢剂	活性炭过滤器 亚硫酸氢钠	紫外灯 臭氧/余氯 热消毒

预处理系统维护不当，可能会迫使主要处理组件承受额外的负载，从而导致更长的停机时间、计划外的停机和成本的增加。对于选择用作预处理的每种类型的单元操作，都需要预防性维护（PM）以及可能针对其功能的日常维修。据统计，我国制药企业大部分的水系统质量事故与工程故障都来自预处理的设计与管理不当，尤其是针对活性炭过滤器与超滤/反渗透装置的设计与管理。

作为终处理的前端处理系统，预处理系统的水可能不满足饮用水的所有指标要求，但是为了使系统符合 GMP 要求，应在可控状态下运行，即参数保持在指定范围内。要监测的参数的性质取决于预处理中使用的技术（例如，硬度检验以确认软化系统性能）。预处理设备的正确维护和操作，有助于确保整体系统的最佳运行，并有助于减少可能危害系统合规性的事件。

预处理系统的出水水质主要取决于工艺的选择和原水水质。由于大部分制药企业都采用市政供水作为原水，进入预处理系统的原水水质相对较好，典型的预处理装置包括原水箱、机械过滤器、活性炭过滤器与软化器，少数工艺也将超滤与反渗透纳入了预处理系统，用于深度除盐、软化、去除特定离子、减少颗粒物和微生物处理（图 4.5）。

制药企业需从相关监管机构得到所有必需的批准/许可后才能进行市政供水的接驳。接驳应包含所有必要的装置（例如防回流装置或空气隔断），以符合当地的管理要求。在建造新的水井之前，应从适宜的管理机构得到所有必需的批准/许可。水井和相关组件的建造应符合所有相关管理机构的设计要求。在连接水井供给总管的各个供水支管上，应安装截断阀。

图 4.5 典型的预处理机组

（1）原水箱　原水箱是预处理的第一个工艺单元（表 4.10），目的是具备一定的缓冲时间并保证饮用水系统的运行稳定，通过原水泵向预处理过滤装置输送稳定的原水。原水箱可采用 PE 或 304 不锈钢等多种材质，可按原水罐的消毒方式不同适当选择。由于原水罐中的水流流速非常慢，长时间存放时存在微生物快速繁殖的风险，需要采取一定的预防措施。

表 4.10　原水箱的功能设计

项目	功能/措施	备　注
原水箱	具备一定的缓冲时间	避免停水带来的批生产中断,缓解市政供水压力波动带来的影响,保证饮用水系统的运行稳定
材质	非金属(PP 等)	耐受化学消毒,需避免孳生绿藻
	金属(304 等)	耐受化学消毒与热消毒,需避免孳生红锈
消毒措施	连续消毒	原水微生物负荷持续监测不理想时,需持续添加消毒剂(余氯、次氯酸钠或臭氧)或实现水温恒定等措施
	间歇消毒	原水微生物负荷持续监测比较理想时,周期性实施化学消毒(余氯、次氯酸钠或臭氧)或热消毒措施
维护措施	定期清洗	新罐体的清洗和消毒频率可设定的相对较低,老罐体的清洗和消毒频率可设定的相对较高,如有必要,可采用除生物膜/除红锈专用试剂进行清洗
安全措施	通常无须安装呼吸器,确保呼吸通畅即可	预防负压带来的瘪罐事故
其他	环境温度很低时,需考虑保温或维持水温,防结露	

应根据系统设计的要求确定是否需要原水储罐。如果需要在原水系统中添加微生物抑制剂，其添加系统设计应确保足够的添加流量，并应考虑原水流量和微生物水平的变化。微生物抑制剂的浓度范围制定时还应考虑制药用水系统的设计。可以考虑配备监测微生物抑制剂的浓度范围的设备。

市政供水中通常已添加了一定浓度的消毒剂，例如《GB 5749—2006 生活饮用水卫生标准》规定管网末梢水中游离氯余量不低于 0.05mg/L。全世界范围内，余氯消毒技术应用广泛，很多国家或地区均使用余氯来消毒市政供水。常规做法是将氯气或者二氧化氯通入自来水中，形成具有强氧化能力的次氯酸和次氯酸根，次氯酸不仅可与细胞壁发生作用，且因分子小，不带电荷，故能侵入细胞内与蛋白质发生氧化作用或破坏其磷酸脱氢酶，使糖代谢失调而致细胞死亡，从而起到杀灭多种细菌的作用。

用于消毒的余氯主要以氯气、次氯酸与次氯酸根等三种形式游离存在于市政供水中。常温下，它们在水中的存在形式与 pH 值有较大关系，当 pH 2～7 时，主要以次氯酸（HClO）的形式存在；当 pH 值低于 2 时，主要以氯气（Cl_2）的形式存在；当 pH 值为 7.4 时，次氯酸（HClO）和次氯酸根（ClO^-）几乎各占 50%；当 pH 值高于 7.4 时，次氯酸根（ClO^-）所占百分比则会逐渐增加（图 4.6）。

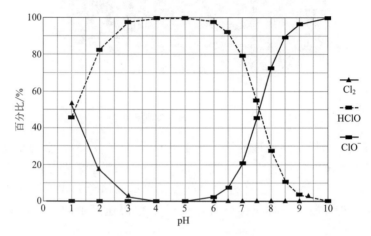

图 4.6　余氯成分与 pH 的关系

实践表明，有些制药企业没有往原水箱持续添加次氯酸钠等余氯，预处理系统的微生物负荷也管理得非常好，这是连续化生产过程中原水快速置换带来的一个优势。最为妥当的方法是结合持续监测的原水罐微生物水平来决定是否需要额外补充次氯酸钠等消毒溶液。如确需添加，该添加浓度需要与原水罐的缓冲时间相匹配。虽然《GB 5749—2006 生活饮用水卫生标准》中规定了添加氯气及游离氯制剂（游离氯）后维持接触时间在半小时以上，出厂水中的余氯浓度需保持在 0.3mg/L 以上，但这并非制药企业预处理系统用原水罐的强制规定。客观来讲，添加余氯等消毒剂及后续的余氯去除措施的不合理使用已经给很多的制药企业带来了诸多生产与质量隐患。如果原水箱出现了微生物超负荷等现象，企业应该通过化学消毒或热水消毒等措施进行控制，建议预处理单元次氯酸钠的浓度控制在 0.3～0.5mg/L，可通过余氯监测仪进行自动检测或离线取样进行判定，并在进入 RO 膜或软化器之前进行去除。

次氯酸钠溶液的加药量视投加位置、原水水质和现场调试验证而定，次氯酸钠溶液以其应用广泛、消毒效果高效、消毒持续时间较长、成本低等优点被预处理系统所广泛接受。

（2）多介质过滤器　多介质过滤是利用一种或几种过滤介质，在一定的压力下把浊度较高的水通过一定厚度的粒状或非粒材料，从而有效的除去悬浮杂质使水澄清的过程。常用的滤料有石英砂、无烟煤、锰砂等，主要用于水处理除油、软化水、纯水的前级预处理等。多介质过滤器（表 4.11）主要去除水中的悬浮或胶态杂质，特别是能有效地去除沉淀技术不能去除的微小粒子和细菌等，对 BOD_5 和 COD 等也有一定程度的去除效果。经过多介质过滤器处理后的产水 SDI≤5，浊度≤3 度。当原水水质相对较好时，多介质过滤器的过滤功能可以被前端超滤装置与紫外灯的组合设计所替代，有关超滤的介绍可参见纯化水系统相关章节。

表 4.11　多介质过滤器的功能设计

项目	功能/措施	备注
多介质过滤器	有效的除去悬浮/胶体杂质,使水澄清	产水 SDI≤5,浊度≤3 度。对水中的胶体、铁、有机物、农药、锰、细菌、病毒等污染物有明显的去除作用。可以被超滤装置替代
材质	玻璃钢(内衬胶)	耐受化学消毒,需避免衬胶脱落(如有)
	304 不锈钢(内衬胶)	耐受化学消毒与热消毒,需避免衬胶脱落(如有)
反/正冲洗	批间操作	预处理产量较大时,反/正冲洗功能效果有效,需结合压缩空气冲洗实现,或者直接采用超滤工艺
消毒措施	连续消毒	原水微生物负荷持续监测不理想时,需耐受原水罐中持续添加的消毒剂,或实现水温恒定等措施
	间歇消毒	原水微生物负荷持续监测比较理想时,周期性实施化学消毒或热消毒措施
维护措施	定期更换滤材	多介质过滤器使用时间较长后,会孳生顽固生物膜,其过滤性能会有很大的下降,反而极易污染下游操作单元,推荐新设备滤材更换频率为 2～3 年/次,老系统滤材更换频率为 1～2 年/次

多介质过滤器通过选择密度不同的两种滤料,做到反冲洗后轻而粗的滤料在上层,细而重的滤料处于下层,形成上粗下细的较佳排列。在过滤时,水中大部分杂质被截留在粗滤料层及细滤料层交界处,因而截污能力比单介质的滤床约增加 1 倍以上。多介质过滤器性能优越、截污容量大、过滤周期长、出水水质好、水头损失增长慢。多介质过滤器一般有不锈钢和玻璃钢等两种材料制成,玻璃钢材料制成的多介质过滤器反冲洗只用压力水,一般不用空气擦洗。目前的多介质过滤器已可实现全自动控制,其中的一种方法是用一个微电脑控制的多路阀代替了原来的进水、产水、反冲洗进出水等多个阀门。

多介质过滤器日常维护相对比较简单,其运行成本也相对较低,通过自控程序可实现进行定期反洗/正洗,将截留在滤料孔隙中的大量杂质机械排出,从而实现多介质过滤器的过滤功能再生。多介质过滤器可以通过取样测 SDI、进口与出口压差或人工设定反洗的间隔时间来判定是否需要启动自动或手动反洗程序。一般情况下,反冲洗程序可以采用相对清洁的水,以较高的设计流速冲洗,反向冲洗后,还需进行正向冲洗,以便使介质床复位。当过滤器设计直径较大或原水水质相对恶劣的情况下,可考虑设计增加空气冲洗功能,这能极大地改善反冲洗的效果。通常情况下反洗泵多采用立式多级泵,可以与原水泵共用。为保证系统有稳定的运行效果,除了定期反冲洗和消毒外,还需对多介质过滤器内的填料进行定期更换。

(3) 活性炭过滤器　活性炭过滤器(表 4.12)内填优质活性炭,活性炭有非常多的微孔和巨大的比表面积,具有很强的物理吸附能力。一般情况下,活性炭过滤器前端都会设计有多介质过滤器或超滤装置,原水通过活性炭层,水中有机物及余氯被活性炭有效地吸附和去除。活性炭过滤器一般有不锈钢和玻璃钢等两种材料制成,活性炭过滤器反冲洗只用压力水,不用空气擦洗,以防止活性炭破碎。目前的活性炭过滤器已可实现全自动控制,其中的一种方法是用一个微电脑控制的多路阀代替了原来的进水、产水、反冲洗进出水等多个阀门。

表 4.12　活性炭过滤器的功能设计

项目	功能/措施	备注
活性炭过滤器	吸附余氯以及有机物	产水余氯<0.1mg/L,有机物去除率>20%。对水中异味、胶体及色素等有较明显的吸附去除作用
材质	玻璃钢/304 不锈钢,内衬胶	耐受热消毒,需避免衬胶脱落(如有)
反冲洗	批间操作	高压水反冲洗
消毒方式	间歇消毒	周期性实施热水消毒措施,实现微生物负荷的有效降低,实现活性炭再生功能
维护措施	定期更换滤材	活性炭过滤器使用时间较长后,会孳生顽固生物膜,其过滤性能会有很大的下降,反而极易污染下游操作单元,推荐新设备滤材更换频率为 1.5~2 年/次,老系统滤材更换频率为 1~1.5 年/次
除余氯	连续脱氯工艺	企业可选配"亚硫酸氢钠加药装置＋ORP 或余氯传感器"作为活性炭除氯的应急补救措施,保护反渗透膜

活性炭过滤器主要作用是吸附余氯以及有机物,同时对水中异味、胶体及色素等有较明显的吸附去除作用。活性炭过滤器产水余氯<0.1mg/L,有机物去除率>20%,可有效防止后续的反渗透膜和离子交换树脂被余氯不可恢复的损坏或被有机物污染。

活性炭吸附余氯的作用优于吸附有机物,而且吸附余氯的效率几乎可达100%。但是,余氯对活性炭微孔的破坏也很严重。常见的问题是活性炭颗粒容易破碎形成碎末。当水中存在较高浓度的余氯时,不宜直接使用活性炭进行处理,而应该预先加入还原剂。消耗掉大部分的余氯之后,再利用活性炭吸附。同时,为防止粉化的活性炭泄漏,可在活性炭过滤器底部铺一层 200mm 左右的石英细砂。

在活性炭的过滤吸附过程中,活性炭总量会减少,由于活性炭有多孔吸附的特性,大量的有机物杂质被吸附后会出现导致活性炭空隙中的微生物快速繁殖,很容易形成一个微生物孳生的温床。大多数细菌都是革兰阴性菌,它们的细胞裂解是细菌内毒素的来源,因此,需要有稳定的运行管理与消毒措施,以免存在微生物孳生与污染风险,例如,定期对活性炭过滤器进行频率较高的热水消毒与反/正冲洗。同时,活性炭过滤器在运行过程中会截留一部分从前端泄漏过来的杂质,活性炭颗粒间的摩擦也会产生一些灰状粉末,定期对活性炭过滤器进行热消毒与反/正冲洗也可以实现活性炭颗粒本身的活化再生。

活性炭质量决定了活性炭过滤器能否长期稳定的正常工作。活性炭是由含炭为主的物质作为原料,如优质无烟煤、木屑、果壳、椰壳、核桃壳等,经高温炭化和活化制得的疏水性吸附剂。工业用活性炭分为粉状、颗粒状或柱状等。可以根据原水中污染物的不同及活性炭过滤器的用途,确定不同性能的活性炭。一般椰壳与果壳活性炭适合吸附水中低分子量的有机物,煤质活性炭能较有效地吸附去除水中分子量较大的有机物,常用于电厂锅炉补水等非健康领域的批处理工艺,虽然价格便宜,但其重金属含量很高,部分煤制活性炭的铁含量甚至达到 5000mg/kg 以上。

用于制药用水的活性炭需要具有高强度、低重金属与铁含量、高碘值、低灰分和低水分等特征。因此,颗粒状椰壳活性炭成为首选。典型的制药用水预处理用椰壳活性炭采用 100%优质椰壳原料,参数包括:表观密度 (520±50)g/L,粒度 8~20 目 (或 8~30 目、14~40 目)≥90%,碘吸附值≥1000mg/g,亚甲基蓝吸附值≥135mg/g,强度≥95%,水分≤10%,灰分≤5%,pH 值 8~11,铅含量≤5mg/kg,砷含量≤3mg/kg。

碘吸附值属于判断活性炭吸附能力的重要参数，高的碘吸附值有助于延长椰壳活性的有效工作时间，除了供应商提供的初始的碘吸附值外，制药企业也需定期测定椰壳活性炭的碘吸附值，确保其在 $1\sim2$ 年的有效工作时间内始终处于不低于 $600mg/g$。

活性炭属于预处理系统中最为关键的杂质去除装置，一个好的活性炭过滤器至少可以有效工作 $1\sim2$ 年，活性炭一旦吸附饱和，将变成微生物孳生的温床，极易带来整个系统的大面积染菌。目前，我国制药企业常频繁出现预处理系统的微生物严重染菌现象，这可能与市面上制药用水用椰壳活性炭普遍存在的再生椰壳活性炭、掺杂其他果壳的不纯"椰壳活性炭"以及"假酸洗"椰壳活性炭的滥用有关。

酸洗属于高品质椰壳活性炭生产中的处理工序。经过严格的酸洗工序后，椰壳活性炭具有更加出色的产品质量，例如水分 $\leqslant10\%$，灰分 $\leqslant5\%$（最好 $\leqslant3\%$），pH 值 $\leqslant5\sim8$，酸中溶解物 $\leqslant1.5\%$，预处理系统的活性炭过滤器属于连续化生产工艺。"假酸洗"的椰壳活性炭采用盐酸做了一些简单处理，虽然实现了所谓的酸洗工艺，但对连续化生产工艺的活性炭过滤器并无益处，相反，极个别供应商或许是因其椰壳原材料质量不佳或活性炭加工工艺不成熟，才需要采用所谓的"酸洗"来掩盖产品的真实质量缺陷。

再生椰壳活性炭来路不明，极易存在重金属、农药与有机污染物等有毒有害物质严重超标，同时，再生椰壳活性炭极易快速吸附饱和，其强度不够，容易破碎成粉末状，影响活性炭过滤器的通量，无法满足活性炭的长时间工作需求。

掺杂了 $20\%\sim30\%$ 的其他果壳的椰壳炭强度不够，虽然价格低，但无法支撑 $1\sim2$ 年的连续化生产，一旦吸附饱和后，极易引起大面积染菌。

水分是微生物孳生、细菌内毒素增长的决定性因素，活性炭具有非常大的比表面积，水分太高，极易孳生微生物。使用中的活性炭不存在水分含量高低的概念，但水分对仓库待用的活性炭非常重要。水分越低，仓库中待用的活性炭中微生物含量越低，对水质越有利，反之亦然，因此，保持活性炭的低水分对制药用水的纯化非常关键，通常情况下，高品质椰壳活性炭的水分含量应不高于 10%。

《中国药典》收录了"活性炭（供注射用）"作为药用辅料被广泛应用于我国大输液制剂的浓配与稀配工艺中，按溶液体积，浓配岗位添加"活性炭（供注射用）"比例高达 $0.1\%\sim0.5\%$。活性炭虽然具有良好的吸附功能，但管理不善也会带来杂质引入、重金属离子超标、吸附主药、配料过滤漏碳以及胶体溶解等情况。这些现象在大输液生产工序中时有发生，虽然通过"活性炭（供注射用）"中低水分保存可以缓解上述问题，但并非治本之策。因此，美国制药工业已于 20 世纪 80 年代摒弃了大输液制剂工艺中使用活性炭。目前，我国已经有多家大输液生产企业在新工艺研发环节摒弃了活性炭的介入，并已获得 CDE 报批。

（4）紫外线脱氯装置　在纯化水系统中，反渗透膜无法耐受余氯的氧化，如前所述，传统方法常在预处理阶段采用活性炭吸附法为主、$NaHSO_3$ 还原法为应急措施（可选项）去除余氯，在连续化生产的纯化水制备工艺中，采用传统的活性炭吸附法虽然能够有效去除余氯，但随着设备运行时间增长，容易出现微生物失控的风险增大，而且活性炭本身属于高能耗、高污染产品，不符合全球环保与健康地球的发展要求。目前，包括美国、欧盟与中国在内的大多数国家和地区都在积极引导所属企业对活性炭耗材的合理使用。紫外线除氯技术因其在分解水中余氯的同时，能高效彻底杀灭水中微生物，保证后端反渗透系统进水微生物和内毒素水平，已得到行业的高度关注与认可。

紫外线技术是一种被行业法规认可的余氯去除方法。例如，《国际制药工程协会 基准指

南 第 4 卷：水和蒸汽系统》指出紫外线也可以用于去除余氯。在这个过程中（紫外线光化学分解），自由氯能够达到被 100％的光分解，紫外线将自由氯光化学分解为大约 80％的氯离子和 20％的氯酸根离子。紫外线分解余氯时照射剂量为消毒照射剂量的数十倍以上（远高于 FDA 推荐达到巴氏消毒水平所需的 $120mJ/cm^2$），因而可在分解余氯同时有效降低微生物和内毒素负荷。通过紫外线照射，自由氯被降解为氧分子和氯离子，从而对原水进行脱氯。紫外灯设计需至少满足将 0.5mg/L 的自由氯降低至 0.05mg/L 的安全水平之下。该装置可包含一个全波段输出的中压紫外灯，装置外壳可能由 SS316 不锈钢制造，内部部件可能为 SS316 不锈钢或高等级石英，紫外灯需被设计为耐受热水消毒（图 4.7）。

(a) 腔体　　　　　　　　　　(b) 控制柜

图 4.7　中压紫外线系统

紫外线分解余氯的原理为：

$$2HClO + 2h\nu \longrightarrow O_2 + 2HCl$$

$$2ClO^- + 2h\nu \longrightarrow O_2 + 2Cl^-$$

由于用于分解 HClO 和 ClO^- 的波长分别为 240nm 和 290nm，通常中压紫外线会包括其中（图 4.8）。

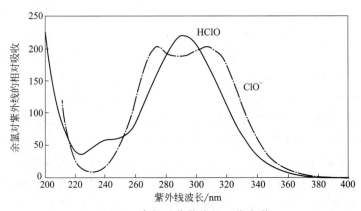

图 4.8　余氯对紫外线的吸收光谱

紫外线脱氯的效率与进水水质条件有关，如 pH、有机物浓度、余氯浓度、紫外线穿透率等。紫外线脱氯通常剂量是常用紫外消毒剂量数十倍，紫外线脱氯剂量要求较高。相同剂量时，中压紫外脱氯效率远高于低压紫外，因此，应采用中压多谱段紫外线分解余氯。典型市政供水水源的紫外线透光率大约为 85％～97％，对于特定的进水，脱氯所需的紫外线剂量还与以下因素有关：

- 余氯的种类，是自由氯或结合氯/氯胺。

- 进水水源的天然有机物浓度情况。
- 浊度、色度和悬浮固体。
- 产水目标余氯浓度和进水余氯浓度的比值。

仅从余氯去除的角度出发，与间歇式亚硫酸氢钠还原法及连续式活性炭法这两种传统的脱氯技术相比（表4.13），紫外线脱氯具有如下工艺优势：①高效脱除余氯的同时彻底灭活原水微生物，避免RO系统微生物污染；②从源头保障微生物安全，改善系统进水水质；③允许在线的紫外线强度监测及剂量显示，可准确预测脱氯效果；④占地空间小，且系统本身非常洁净，无须定期清洗和消毒；⑤无须任何化学品添加，可避免RO系统结垢问题。同时，中压多谱段紫外线对余氯的分解效率远远优于低压单色紫外线，采用中压多谱段紫外线去除余氯可有效减少紫外灯的灯管数量，从而降低系统的初始投资成本及后续的维护成本。

表 4.13　余氯去除的技术对比

类别	连续除氯工艺	应急备用措施	备　　注
传统工艺	活性炭吸附除氯	亚硫酸氢钠还原(可选)	定期更换活性炭
现代工艺	中压紫外脱氯	亚硫酸氢钠还原(可选)	定期更换紫外灯
其他工艺	亚硫酸氢钠还原	无	需安装余氯传感器和ORP传感器
工作频率	连续化生产工艺	偶尔启动	

注：1. 在大产水量的海水淡化、市政供水、食品及电子水处理领域，避免超滤膜、纳滤膜或反渗透膜被余氯氧化是设计的关键，亚硫酸氢钠还原脱氯技术作为连续除氯操作的应急措施使用，在活性炭过滤器或中压紫外线装置出口推荐安装ORP或余氯传感器，以便及时启动亚硫酸氢钠还原脱氯的应急措施。同时，原水余氯浓度较高时，优先选用亚硫酸氢钠还原法进行预处理。

2. 在制药领域，因饮用水机产能较小，大多数制药企业仅选择活性炭吸附或中压脱氯作为连续除氯工艺，亚硫酸氢钠还原除氯的应急措施较少被采纳。

3. 单纯的亚硫酸氢钠还原除氯工艺必须配备余氯传感器和ORP传感器，时刻监测除氯效果，才能作为日常连续化生产工艺，否则，设备的长期脱氯及水质稳定性无法保证，极易引起系统运行故障，甚至发生氧化反渗透膜的严重失误。

（5）软化器　离子交换法是以圆球形树脂（离子交换树脂）过滤原水，水中的离子会与固定在软化树脂上的离子交换，常见的两种离子交换方法分别是硬水软化和去离子法。软化器（表4.14）属于离子交换的一种应用，软化器的主要功能是去除水中的钙离子、镁离子，降低水的硬度。硬水在热交换过程中会导致结垢，主要出现在工业锅炉、冷却塔、RO装置、多效蒸馏水机和纯蒸汽发生器中。软化器的工作原理主要是通过钠离子软化树脂对水中的钙离子、镁离子进行离子交换：

$$Na_2\text{-}R(树脂) + Ca^{2+} == CaR + 2Na^+$$
$$Na_2\text{-}R(树脂) + Mg^{2+} == MgR + 2Na^+$$

表 4.14　软化器的功能设计

项目	功能/措施	备注
软化器	降低水的硬度	制备软水,产水硬度≤3mg/L,去除水中的钙离子、镁离子
材质	玻璃钢	耐受化学消毒
	304不锈钢	耐受化学消毒与热消毒
树脂再生	批间操作	再生反洗、吸盐、置换、正洗
消毒方式	间歇消毒	周期性实施化学消毒或热水消毒措施,实现微生物负荷的有效降低
维护措施	定期更换滤材	避免余氯氧化,避免重金属中毒。软化系统通常需要每年最少维护一次,以保证正常运行。根据系统的水质和使用年限,可能需要更频繁地维护

从而将其去除，以防止钙、镁等离子在反渗透膜组件、电法去离子装置或热交换设备表面结垢，通常情况下，软化器产水硬度能达到≤3mg/L。

软化器由盛装树脂的容器、树脂、阀或调解器以及控制系统组成。软化器中的软化树脂饱和和失效后，采用NaCl可进行再生恢复，系统通过PLC控制系统来对软化器进行自动控制。软化系统需提供一个盐水储罐。软化系统运行工序如下：运行→再生反洗、吸盐、置换、正洗→运行。由于软化器中的树脂需要通过再生才能恢复其交换能力，且树脂床层为潜在的微生物繁殖提供了巨大的表面积，为了保证预处理系统能实现连续化生产运行，通常采用双级串联的软化系统，它可实现一台软化器再生时，另外一台软化器可正常软化，该设计还可有效避免水中微生物的快速孳生。

软化树脂不耐氧化，强氧化剂会造成树脂功能基团的破损甚至粉末化，失去其原有的离子交换能力。软化树脂的最高操作温度为120℃，可以实现巴氏消毒，若预处理系统设计为整体巴氏消毒时，为延长软化树脂的使用寿命，推荐将软化器置于活性炭过滤器后面。另外，软化树脂对重金属污染比较敏感，个别地区的市政水中可能含有铁离子和锰离子超标的情况，可能会产生软化树脂中毒的情况，导致软化树脂的交换能力降低甚至失效。

软化系统通常需要每年最少维护一次，以保证正常运行。但是，根据系统的水质和使用年限，可能需要更频繁地维护。除了定期维护外，软化系统还需要不断监控再生盐的使用量，通常每隔几天需要添加额外的盐。无法维持盐分含量，可能会导致下游反渗透（RO）系统的硬度积垢和计划外的停机。

（6）储存与分配系统　一个良好的饮用水储存与分配系统设计需兼顾法规、系统质量安全、投资和实用性等多方面的综合考虑，并杜绝设计不足和设计过度的发生。设计不当的饮用水储存与分配系统会给微生物的繁殖创造机会，并最终导致产品污染。饮用水系统的部件应具备恰当的质量，包括但不仅限于管道、阀门和配件、密封、隔膜和仪表，并满足系统在静态/动态及消毒期间可能接触的全部工作温度范围和潜在化学品的适用性。2021版《WHO GMP：制药用水》在设计与施工方面规定，饮用水储存与分配系统的最低要求应考虑以下方面：施工材料能够在所需的温度/压力下工作；对最终水质没有影响；耐任何可能使用的化学消毒品；允许螺纹和法兰接头；取样阀最好是卫生型设计。饮用水系统的各个组件应有设计寿命，在寿命结束后，应更换/充分维护。

饮用水分配管道系统可采用304不锈钢管或非金属的PPH管进行建造。304不锈钢是不锈钢中常见的一种材质，耐高温800℃，具有加工性能好，韧性高的特点，广泛使用于食品与医药领域。304不锈钢是按照ASTM标准生产出来的不锈钢的一个牌号，市场上常见的其他标示方法有0Cr18Ni9，SUS304与S30400。PPH管也称合金聚丙烯管，是对普通PP材料进行β改性，使其具有均匀细腻的β晶型结构，PPH管具有极好的耐化学腐蚀性、耐磨损、绝缘性好、耐高温等特征，最高工作温度可达到100℃，同时，PPH管无毒性、质量轻，便于运输与安装。

尽管仍然允许（没有特别禁止），但是饮用水分配系统中采用非金属的PVC管道是有问题的，原因是增塑剂/胶水的浸出物会影响低用量期间水的TOC。这些浸出物还促进管道表面上生物膜的生长，特别是在不光滑的胶合接头处。PVC接头通常会将接头材料挤压到管道内腔中，这造成了形成生物膜的空隙，化学消毒剂无法完全杀死此处的生物膜。尽管最近安装和焊接技术的进步有所改善，但传统的PVC分配系统可能会成为解决微生物控制的主要警示问题。

① 多分支/单通道系统。主要适用于对微生物限度要求不高、需要连续用水的工况，例如市政、产业园区或厂区的供水系统。当车间用水点数量有限且集中用水时，该构型有一定的参考价值。虽然该设计的初期投资成本相对较低，长时间用点停止用水的时候该设计可能造成微生物严重污染。当该设计引入到药品监管领域的饮用水系统时，必须建立回路的冲洗计划和消毒/灭菌计划，以将微生物污染控制在合格限度内。例如，规定系统进行每天冲洗或排干（可辅助气体吹干），该系统还可能会要求更高的消毒或灭菌频率，这样就会增加运行成本。多分支/单通道系统可实现化学消毒或巴氏消毒（图 4.9）。随着 GMP 理念的发展，制药行业对制药用水系统的重视程度和风险管理意识也越来越强，多分支/单通道构型非循环系统已很难满足药企对于制药用水风险管控与验证需求。因此，对于需要严格控制微生物限度的饮用水和纯化水系统，该设计思路已很少能被设计者和使用者所接受。

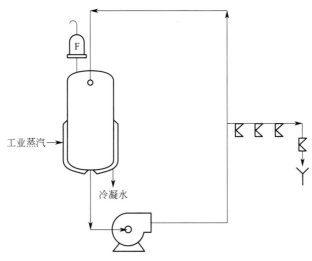

图 4.9　多分支/单通道系统

② 常温储存/循环系统。在采用膜过滤法或低压蒸馏等常温产水的饮用水系统中，常温储存/循环系统是制药用水系统常用的设计形式。虽然在微生物控制方面，常温储存/循环系统不如热储存/循环系统优秀，但只要饮用水系统的化学或热水消毒达到一定的频率并保持足够的时间，良好的微生物控制目标是完全可以实现的。同时，饮用水本身需要常温下使用，该系统的操作安全性高、能耗低，投资成本和运行成本都很低，还可以考虑采用非金属的建造材料。该构造系统也是各国 GMP 车间内常温饮用水系统的首选方法，并被法规机构广泛认同。为了实现更好的微生物控制，常温储存/循环系统还可以通过维持较低的运行水温（如 20～25℃）或安装紫外杀菌装置等措施来实现。图 4.10 是常温饮用水的循环分配系统原理图，水温可通过罐体夹套或管路上的热交换器来实现，定期的微生物负荷降低措施包括巴氏消毒、化学消毒或流通蒸汽消毒等。当采用化学消毒时，可以用浓度为 5% 的过氧化氢，或者使用浓度 1% 或更低一点的过氧乙酸，同时，还可以用这些化学品的多种不同混合液或其他化学品达到消毒目的。验证化学消毒剂已去除十分关键，进行足够的冲洗后，可以用适用的指示剂进行检查是否已经有效去除了添加的消毒用化学品。

③ 间歇型臭氧消毒系统。臭氧是一种广谱杀菌剂，也是一种安全有效的化学消毒试剂。通过臭氧的氧化作用可破坏微生物膜的结构，从而达到消毒效果，可有效杀灭饮用水中的细菌繁殖体、芽孢、病毒和真菌等，并可破坏肉毒梭菌毒素。图 4.11 为典

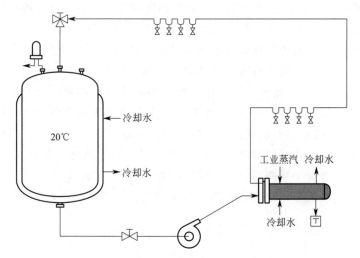

图 4.10　带温控功能的常温储存/循环系统

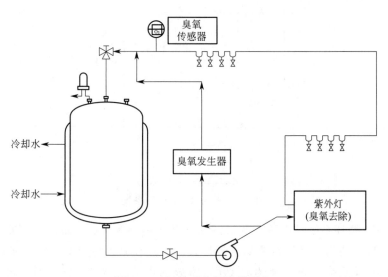

图 4.11　间歇型臭氧消毒系统

型的饮用水间歇臭氧消毒系统,可用于对饮用水有较高质量控制要求的药品生产环节。可采用空气/氧气源型臭氧发生器或水电解型臭氧发生器,253.7nm 波长的紫外灯用于日常消毒和周期性破除臭氧。整个饮用水系统通过一个在线臭氧探头对管网回水端的臭氧浓度进行实时监测,也可以采用离线取样方式实现臭氧水平检测,饮用水系统水温控制在 20～25℃左右。正常生产时,臭氧发生器处于关闭状态,紫外灯处于连续消毒状态;周期性消毒时,开启臭氧发生器,关闭紫外灯,维持饮用水中臭氧浓度并保持一定时间,消毒结束后,采用 253.7nm 波长的紫外线将水中臭氧从循环管网系统中有效去除,以保证使用时饮用水中无任何残留的臭氧。

　　应综合考虑工厂的用水数量、质量要求、运营的效率以及国家法规的要求决定原水的来源。与原水接触的所有材料,应符合适宜监管机构规定的饮用水(自来水)要求(例如 GB/T 17219)。原水处理水管道的设计和安装符合饮用水要求,并尽量减少盲管死体积。原水管道不应与污水管或雨水排水管直接相邻放置。如果土壤高度污染或具有腐蚀性，则应做特殊防护，以确保水系统管道的完整性不受土壤条件的影响。如果将水系统连接到不经常使用的水管上，则应采取措施防止水系统出现微生物繁殖，措施包括定期冲洗水管或在水系统和水管之间安装适宜的回流防护装置。多分支/单通道系统与常温储存/循环系统相结合的设计思路，也是未来实现城镇与农村直饮水工程的两种主要的分配系统参考思路。

4.3.3 取样监测计划

饮用水可来自公用水供应系统，其中包括厂外来源如市政供水。当使用公共饮用水水源时，遵守该地区饮用水法规的责任通常由饮用水提供者承担。但是，用户有责任确保制药厂使用的水达到所有饮用水属性的要求；该职责包括全年验证，因为供水质量可能存在季节性变化。

（1）公共供水机构的证书和确认　对于具备公共供水机构的证书和确认的饮用水，可以作为原辅料进行管理，ICH Q7 在大多数情况下要求对生产物料进行鉴别："应至少进行一项检验以验证每批物料的鉴别……只有生产商拥有评估供应商的系统，才可以使用供应商的分析证书代替进行其他检验。"根据 GMP，未经确认真实性和准确性，不能接受任何原材料的合格证书。该确认可能涉及对机构的审计，以查看运营情况和与证书相关联的原始数据，并由组织使用自己的检验来检查某些属性。这些规则适用于任何公共饮用水提供者，包括地方、区域或其他饮用水主管部门。如果当地水供应商拒放允许进行现场访问/审计，则风险级别可能会增加，应增加监控级别，以进行补偿。

同样，饮用水的合规性主要适用于进入输送管道网络之前的原水。水可能会通过完整性未知的管道流过很长一段距离，从而导致终点处的质量下降，用户有责任确认所提供的任何符合饮用水法规的证明是准确的。因此，对于制药厂来说，定期回顾饮用水的合规性可能是合适的。这包括在生产商工厂一个或多个位置对饮用水进行取样，以确认是否满足质量标准。应根据风险评估确定取样点的数量和频率。

并非每年都需要对饮用水法规中的所有质量属性进行检验，也不要求对每个样品都进行检验，特别是在生产公司通过对进水进行分析证明其符合历史的情况下尤其如此。检验参数的选择应基于风险评估，并结合适用于生产工厂的饮用水法规。在对水务部门的制水设施及其检验数据进行饮用水合规性审计时，可能需要连续观察历史检验数据，以确认是否已至少按要求的频率，对所有属性进行了检验。

（2）没有可靠的证书或使用私人原水　在某些情况下，制药厂可能拥有自己的私人水源（例如井水、河流或湖泊水），用于生产和进一步纯化。在某些情况下，缺少支持饮用水提供者合规性证明的文档，或者该文档不完整、不可信或不是可接受的标准。在这些情况下，制药厂需要负责证明该原水符合某种可接受的饮用水法规。

在这些情况下，饮用水质量中可能存在变化的可能性，或者已经证明存在变化的可能性，这是多久应执行一次检验的考虑因素之一。至少在原水检验的第一年，对于供水的稳定性和使原水达到合规性所需的任何处理，应多次进行检验（例如，每季度或每月一次，取决于供水的风险评估），直至完全识别质量的波动性。此后，适当的取样频率取决于进一步风险分析。

例如，在供水风险高的情况下，第一年可能包括每周一次的取样；如果所有数据都可以接受，则第二年的取样频率可以减少到每月一次；如果结果良好，则可以在第三年将取样频率减少到每季度一次。但是，在某个辖区中，生产商有单一供水源，且该水源拥有稳定的良好质量，降低取样频率的速度可能会更快。

为了符合饮用水标准，可能需要对水进行处理。所做的处理取决于原水不合规的性质。理想情况下，水进入纯化系统时，应证明符合所选饮用水法规。从最远的饮用水分配系统用水点（POU）取水系统的样品，通常是可接受的。但是，由于不经常使用或所分配的水的使用性质，对于其他被认为具有高风险的点，可能也需要取样。值得注意的是，在大型设施中，可能会有不经常使用的饮用水分支（不循环），如果不定期冲洗，很容易受到微生物污染。如果在分配网络中，存在饮用水辅助的储水箱，则这种风险也会增加，因此应从这些系统的 POU 中取样。

饮用水系统的验收、运行和维护以及监控都应该有相应的程序规定，实际操作和监测数据等应有完整记录。饮用水系统设计发生变化时，应进行评估，并预先经过相应部门的批准。必要时，应进行额外的测试，以避免对水系统供水造成影响。

饮用水系统应按照设计要求逐项验收，操作和记录应符合良好工程管理规范（GEP）要求，试运行和验收的项目可参考制药用水系统相应试运行和确认工作，比如检查与设计图纸的合规性；检查设备部件的材质和正确安装；管道的连接状况；管道和储罐的清洁，钝化；检查系统的排净能力；管道试压等。

饮用水系统在运行阶段需要有足够的微生物预防控制。城市的市政供水通常通过在给水管网中加入微生物抑制剂并控制其残留（例如次氯酸盐溶液或氯胺类）来控制微生物的繁殖。工厂给水中残留的微生物抑制剂足以将微生物水平控制在设定限度以下。对于现场水井和部分城市给水系统，要求对工厂内给水采取微生物防护措施，以确保水处理系统的给水低于设定的微生物限度或本地饮用水管理要求。如有必要，可以向给水中加入次氯酸盐溶液或其他的微生物抑制剂，对微生物进行抑制。

应制定微生物抑制剂的投放点以及饮用水系统的清洗消毒频率。微生物抑制剂的选择应根据水系统供应商建议或其他监管机构的要求确定，常用的化学药品为工业级次氯酸盐溶液或氯胺类，其质量应符合 GB/T 17218 要求。

如果原水经过二次处理才达到饮用水的要求，那么应制定饮用水处理系统的维护流程和工作计划。如果饮用水系统配备原水储罐，需要制订储罐的预防性维护程序并根据程序定期执行预防性维护。如果饮用水的原水不能保证微生物限度，应该进行额外检查。原水储罐可以依据下列项目进行目视检查，以决定是否要进行清洁或维修：内壁涂层是否有裂纹、破裂状况和翘起区域；是否有微生物的繁殖；是否有沉淀物；通风口和溢流管状况；原水的系统的变更管理。

应基于风险评估制定饮用水系统的取样监测计划。风险评估应至少考虑最差情况下的取样、系统设计、细菌增殖速率和消毒的频率、潜在污染、水的温度，内部微生物控制，供水系统的设计，季节和环境的变化。取样计划中应至少包括取样点、取样周期、监测频率、监测项目、取样时系统的运行状态以及取样器具、取样人员等。例如，取样点至少应包括原水进入工厂的节点，经过处理达到饮用水要求的节点和进入制药用水系统的节点。根据水质、历史测试结果和/或日常趋势或适用的法规要求，可提高取样频率和增加监测点。

在迎接现场检查时，应有流程规定饮用水系统的管理，包括水质监控、日程操作和维护。制药企业应能提供文件（例如水质分析报告）证明制药用水处理系统的给水符合适用的饮用水标准。对于以市政供水作为原水的工厂，可以参考供水公司的水质分析报告作为合格的依据。但需要定期进行自检和/或请有资质的外检机构进行结果确认，建议根据供水情况和产品工艺风险按照现行《GB 5749 生活饮用水卫生标准》进行定期的全项测试。制药企业应对原水的质量进行定期回顾，并保留文件记录。

附录1 WHO:饮用水水质标准（第二版）与旧标准对比

A　饮用水中的细菌质量[*]

有机体类		指标值	旧标准
所有用于饮用的水	大肠埃希菌或耐热大肠菌	在任意100mL水样中检测不出	
进入配水管网的处理后水	大肠埃希菌或耐热大肠菌	在任意100mL水样中检测不出	在任意100mL水样中检测不出
	总大肠菌群	在任意100mL水样中检测不出	在任意100mL水样中检测不出
配水管网中的处理后水	大肠埃希菌或耐热大肠菌	在任意100mL水样中检测不出	
	总大肠菌群	在任意100mL水样中检测不出。对于供水量大的情况,应检测足够多次的水样,在任意12个月中95%水样应合格。	

　* 如果检测到大肠埃希菌或总大肠菌,应立即进行调查。如果发现总大肠菌群,应重新取样再测。如果重新取样的水样中仍检测出大肠埃希菌,则必须进一步调查以确定原因。

B　饮用水中对健康有影响的化学物质

（一）无机组分

项目	指标值/(mg/L)	旧标准/(mg/L)	备注
锑	0.005(p)		
砷	0.01**(p)	0.05	含量超过$6×10^{-4}$将有致癌的危险
钡	0.7		
铍			NAD
硼	0.3		
镉	0.003	0.005	
铬	0.05(p)	0.05	
铜	2(p)	1.0	ATO
氰	0.07	0.1	
氟	1.5	1.5	当制定国家标准时,应考虑气候条件、用水总量以及其他水源的引入
铅	0.01	0.05	众所周知,并非所有的给水都能立即满足指标值的要求,所有其他用以减少水暴露于铅污染下的推荐措施都应采用

项目	指标值/(mg/L)	旧标准/(mg/L)	备注
锰	0.5(p)	0.1	ATO
汞(总)	0.001	0.001	
钼	0.07		
镍	0.02		
NO_3^-	50	10	每一项浓度与它相应的指标值的比率的总和不能超过1
NO_2^-	3(p)		
硒	0.01	0.01	
钨			NAD

（二）有机组分

项目	指标值/(μg/L)	旧标准/(μg/L)	备注
氯化烷烃类			
四氯化碳	2	3	
二氯甲烷	20		
1,1-二氯乙烷			NAD
1,1,1-三氯乙烷	2000(p)		
1,2-二氯乙烷	30**	10	过量致险值为10^{-5}
氯乙烯类			
氯乙烯	5**		过量致险值为10^{-5}
1,1-二氯乙烯	30	0.3	
1,2-二氯乙烯	50		
三氯乙烯	70(p)	10	
四氯乙烯	40	10	
芳香烃族			
苯	10**	10	过量致险值为10^{-5}
甲苯	700		ATO
二甲苯族	500		ATO
苯乙烷	300		ATO
苯乙烯	20		ATO

项　　目	指标值/(μg/L)	旧标准/(μg/L)	备　　注
芳香烃族			
苯并[a]芘	0.7**	0.01	过量致险值为 10^{-5}
氯苯类			
一氯苯	300		ATO
1,2-二氯苯	1000		ATO
1,3-二氯苯			NAD
1,4-二氯苯	300		ATO
三氯苯(总)	20		ATO
其他类			
二-(2-乙基己基)己二酸	80		
二-(2-乙基己基)邻苯二甲酸酯	8		
丙烯酰胺	0.5**		过量致险值为 10^{-5}
环氧氯丙烷	0.4(p)		
六氯丁二烯	0.6		
乙二胺四乙酸(EDTA)	200(p)		
次氮基三乙酸	200		
二烃基锡			NAD
三丁基氧化锡	2		

(三) 农药

指　　标	指标值/(μg/L)	旧标准/(μg/L)	备　　注
草不绿	20**		过量致险值为 10^{-5}
涕灭威	10		
艾氏剂/狄氏剂	0.03	0.03	
莠去津	2		
噻草平/苯达松	30		
羰呋喃	5		
氯丹	0.2	0.3	
绿麦隆	30		
DDT	2	1	
1,2-二溴-3-氯丙烷	1**		过量致险值为 10^{-5}
2,4-D	30		

指　　标	指标值/(μg/L)	旧标准/(μg/L)	备注
1,2-二氯丙烷	20(p)		
1,3-二氯丙烷			NAD
1,3-二氯丙烯	20**		过量致险值为10^{-5}
二溴乙烯			NAD
七氯和七氯环氧化物	0.03	各0.1	
六氯苯	1**	0.01	过量致险值为10^{-5}
异丙隆	9		
林丹	2	3	
2-甲-4-氯苯氧基乙酸(MCPA)	2	100	
甲氧氯	20		
丙草胺	10		
草达灭	6		
二甲戊乐灵	20		
五氯苯酚	9(p)	10	
二氯苯醚菊酯	20		
丙酸缩苯胺	20		
达草止	100		
西玛三嗪	2		
氟乐灵	20		
氯苯氧基除草剂,不包括2,4-D和MCPA			
2,4-DB	90		
二氯丙酸	100		
2,4,5-涕丙酸	9		
2-甲-4-氯丁酸(MCPB)			NAD
2-甲-4-氯丙酸	10		
2,4,5-T	9		

(四) 消毒剂及消毒副产物

消毒剂	指标值/(mg/L)	旧标准/(mg/L)	备注
一氯胺	3		
二氯胺和三氯胺			NAD
氯	5		ATO. 在 pH<8.0 时,为保证消毒效果,接触30分钟后,自由氯应>0.5mg/L

消毒剂	指标值/(mg/L)	旧标准/(mg/L)	备注
二氧化氯			由于二氧化氯会迅速分解,故该指项标值尚未制定。且亚氯酸盐的指标值足以防止来自二氧化氯的潜在毒性
碘			NAD
溴酸盐	25**(p)		过量致险值为7×10^{-5}
氯酸盐			NAD
亚氯酸盐	200(p)		
氯酚类			
2-氯酚			NAD
2,4-二氯酚			NAD
2,4,6-三氯酚	200**	10	过量致险值为10^{-5},ATO
甲醛	900		
3-氯-4-二氯甲基-5-羟基-2(5H)-呋喃酮(MX)			NAD
三卤甲烷类			每一项的浓度与它相对应的指标值的比率不能超过1
三溴甲烷	100		
一氯二溴甲烷	100		
二氯一溴甲烷	60**		过量致险值为10^{-5}
三氯甲烷	200**	30	过量致险值为10^{-5}
氯化乙酸类			
氯乙酸			NAD
二氯乙酸	50(p)		
三氯乙酸	100(p)		
水合氯醛	10(p)		
氯丙酮			NAD
卤乙腈类			
二氯乙腈	90(p)		
二溴乙腈	100(p)		
氯溴乙腈			NAD
三氯乙腈	1(p)		
氯乙腈(以CN计)	70		
三氯硝基甲烷			NAD

注:(p)—临时性指标值,该项目适用于某些组分,对这些组分而言,有一些证据说明这些组分具有潜在的毒害作用,但对健康影响的资料有限;或在确定日容许摄入量(TDI)时不确定因素超过1000以上。

**—被认为有致癌性的物质,该指导值为致癌危险率为10^{-5}时其在饮用水中的浓度(即每100000人中,连续70年饮用含浓度为该指导值的该物质的饮用水,有一人致癌)。

NAD—没有足够的资料用于确定推荐的健康指导值。

ATO—该物质的浓度为健康指导值或低于该值时,可能会影响水的感官、嗅或味。

C 饮用水中常见对健康影响不大的化学物质的浓度

化学物质	备注
石棉	U
银	U
锡	U

注：U—对于这些组分不必要提出一个健康基准指标值，因为它们在饮用水中常见的浓度下对人体健康无毒害作用。

D 饮用水中放射性组分

项目	筛分值/(Bq/L)	旧标准/(Bq/L)	备注
总 α 放射性	0.1	0.1	如果超出了一个筛分值，那么更详细的放射性核元素分析必不可少。较高的值并不一定说明该水质不适于人类饮用
总 β 放射性	1	1	

E 饮用水中含有的能引起用户不满的物质及其参数[①]

项目	可能导致用户不满的值	旧标准	用户不满的原因
物理参数			
色度	15TCU[②]	15TCU	外观
嗅和味	—	没有不快感觉	应当可能接受
水温	—		应当可以接受
浊度	5NTU[③]	5NTU	外观；为了最终的消毒效果，平均浊度≤1NTU，单个水样≤5NTU
无机组分			
铝	0.2mg/L	0.2mg/L	沉淀，脱色
氨	1.5mg/L		味和嗅
氯化物	250mg/L	250mg/L	味道，腐蚀
铜	1mg/L	1.0mg/L	洗衣房和卫生间器具生锈（健康基准临时指标值为 2mg/L）
硬度	—	500mg/L(CaCO₃)	高硬度：水垢沉淀，形成浮渣
硫化氢	0.05mg/L	不得检出	嗅和味
铁	0.3mg/L	0.3mg/L	洗衣房和卫生间器具生锈
锰	0.1mg/L	0.1mg/L	洗衣房和卫生间器具生锈（健康基准临时指标值为 0.5mg/L）
溶解氧	—		间接影响
pH	—	6.5~8.5	低 pH：具腐蚀性 高 pH：味道，滑腻感 用氯进行有效消毒时最好 pH<8.0
钠	200mg/L	200mg/L	味道
硫酸盐	250mg/L	400mg/L	味道，腐蚀
总溶解固体	1000mg/L	1000mg/L	味道
锌	3mg/L	5.0mg/L	外观，味道

项目	可能导致用户不满的值	旧标准	用户不满的原因
有机组分			
甲苯	24～170μg/L		嗅和味(健康基准指标值为700μg/L)
二甲苯	20～1800μg/L		嗅和味(健康基准指标值为500μg/L)
乙苯	2～200μg/L		嗅和味(健康基准指标值为300μg/L)
苯乙烯	4～2600μg/L		嗅和味(健康基准指标值为20μg/L)
一氯苯	10～120μg/L		嗅和味(健康基准指标值为300μg/L)
1,2-二氯苯	1～10μg/L		嗅和味(健康基准指标值为1000μg/L)
1,4-二氯苯	0.3～30μg/L		嗅和味(健康基准指标值为300μg/L)
三氯苯(总)	5～50μg/L		嗅和味(健康基准指标值为20μg/L)
合成洗涤剂	—		泡沫,味道,嗅味
消毒剂及消毒副产物氯	600～1000μg/L		嗅和味(健康基准指标值为5mg/L)
氯酚类			
2-氯酚	0.1～10μg/L		嗅和味
2,4-二氯酚	0.3～40μg/L		嗅和味
2,4,6-三氯酚	2～300μg/L		嗅和味(健康基准指标值为200μg/L)

① 这里所指的水准值不是精确数值。根据当地情况,低于或高于该值都可能出现问题,故对有机物组分列出了味道和气味的上下限范围。

② TCU,色度单位。

③ NTU,散色浊度单位。

附录2 《GB 5749—2006 生活饮用水卫生标准》主要指标及拟修订分析

1. 主要指标及限值

生活饮用水水质应符合表1和表3卫生要求。集中式供水出厂水中消毒剂限值、出厂水和管网末梢水中消毒剂余量均应符合表2要求。农村小型集中式供水和分散式供水的水质因条件限制,部分指标可暂按照表4执行,其余指标仍按表1、表2和表3执行。当发生影响水质的突发性公共事件时,经市级以上人民政府批准,感官性状和一般化学指标可适当放宽。当饮用水中含有表5所列指标时,可参考此表限值评价。

表1 水质常规指标及限值

指标	限值
1 微生物指标①	
总大肠菌群/(MPN/100mL 或 CFU/100mL)	不得检出
耐热大肠菌群/(MPN/100mL 或 CFU/100mL)	不得检出
大肠埃希氏菌/(MPN/100mL 或 CFU/100mL)	不得检出
菌落总数/(CFU/mL)	100
2 毒理指标	
砷/(mg/L)	0.01
镉/(mg/L)	0.005

指　　标	限　　值
2　毒理指标	
铬(六价)/(mg/L)	0.05
铅/(mg/L)	0.01
汞/(mg/L)	0.001
硒/(mg/L)	0.01
氰化物/(mg/L)	0.05
氟化物/(mg/L)	1.0
硝酸盐(以 N 计)/(mg/L)	10;地下水源限制时为 20
三氯甲烷/(mg/L)	0.06
四氯化碳/(mg/L)	0.002
溴酸盐(使用臭氧时)/(mg/L)	0.01
甲醛(使用臭氧时)/(mg/L)	0.9
亚氯酸盐(使用二氧化氯消毒时)/(mg/L)	0.7
氯酸盐(使用复合二氧化氯消毒时)/(mg/L)	0.7
3　感官性状和一般化学指标	
色度/(铂钴色度单位)	15
浑浊度/(NTU,散射浊度单位)	1;水源与净水技术条件限制时为 3
臭和味	无异臭、异味
肉眼可见物	无
pH	不小于 6.5,且不大于 8.5
铝/(mg/L)	0.2
铁/(mg/L)	0.3
锰/(mg/L)	0.1
铜/(mg/L)	1.0
锌/(mg/L)	1.0
氯化物/(mg/L)	250
硫酸盐/(mg/L)	250
溶解性总固体/(mg/L)	1000
总硬度(以 $CaCO_3$ 计)/(mg/L)	450
耗氧量(COD_{Mn} 法,以 O_2 计)/(mg/L)	3;水源限制,原水耗氧量>6mg/L 时为 5
挥发酚类(以苯酚计)/(mg/L)	0.002
阴离子合成洗涤剂/(mg/L)	0.3
4　放射性指标[②]	指导值
总 α 放射性/(Bq/L)	0.5
总 β 放射性/(Bq/L)	1

① MPN 表示最可能数;CFU 表示菌落形成单位。当水样检出总大肠菌群时,应进一步检验大肠埃希菌或耐热大肠菌群;水样未检出总大肠菌群,不必检验大肠埃希菌或耐热大肠菌群。

② 放射性指标超过指导值,应进行核素分析和评价,判定能否饮用。

表2　饮用水中消毒剂常规指标及要求

消毒剂名称	与水接触时间	出厂水中限值	出厂水中余量	管网末梢水中余量
氯气及游离氯制剂（游离氯）/（mg/L）	至少 30min	4	≥0.3	≥0.05
一氯胺（总氯）/（mg/L）	至少 120min	3	≥0.5	≥0.05
臭氧（O_3）/（mg/L）	至少 12min	0.3		0.02;如加氯,总氯≥0.05
二氧化氯（ClO_2）/（mg/L）	至少 30min	0.8	≥0.1	≥0.02

表3　水质非常规指标及限值

指　　标	限　　值
1　微生物指标	
贾第鞭毛虫/（个/10L）	<1
隐孢子虫/（个/10L）	<1
2　毒理指标	
锑/（mg/L）	0.005
钡/（mg/L）	0.7
铍/（mg/L）	0.002
硼/（mg/L）	0.5
钼/（mg/L）	0.07
镍/（mg/L）	0.02
银/（mg/L）	0.05
铊/（mg/L）	0.0001
氯化氰（以 CN^- 计）/（mg/L）	0.07
一氯二溴甲烷/（mg/L）	0.1
二氯一溴甲烷/（mg/L）	0.06
二氯乙酸/（mg/L）	0.05
1,2-二氯乙烷/（mg/L）	0.03
二氯甲烷/（mg/L）	0.02
三卤甲烷（三氯甲烷、一氯二溴甲烷、二氯一溴甲烷、三溴甲烷的总和）	该类化合物中各种化合物的实测浓度与其各自限值的比值之和不超过1
1,1,1-三氯乙烷/（mg/L）	2
三氯乙酸/（mg/L）	0.1
三氯乙醛/（mg/L）	0.01
2,4,6-三氯酚/（mg/L）	0.2
三溴甲烷/（mg/L）	0.1
七氯/（mg/L）	0.0004
马拉硫磷/（mg/L）	0.25
五氯酚/（mg/L）	0.009
六六六（总量）/（mg/L）	0.005
六氯苯/（mg/L）	0.001
乐果/（mg/L）	0.08
对硫磷/（mg/L）	0.003
灭草松/（mg/L）	0.3
甲基对硫磷/（mg/L）	0.02
百菌清/（mg/L）	0.01
呋喃丹/（mg/L）	0.007
林丹/（mg/L）	0.002
毒死蜱/（mg/L）	0.03
草甘膦/（mg/L）	0.7
敌敌畏/（mg/L）	0.001
莠去津/（mg/L）	0.002
溴氰菊酯/（mg/L）	0.02

指　标	限　值
2　毒理指标	
2,4-滴/（mg/L）	0.03
滴滴涕/（mg/L）	0.001
乙苯/（mg/L）	0.3
二甲苯/（mg/L）	0.5
1,1-二氯乙烯/（mg/L）	0.03
1,2-二氯乙烯/（mg/L）	0.05
1,2-二氯苯/（mg/L）	1
1,4-二氯苯/（mg/L）	0.3
三氯乙烯/（mg/L）	0.07
三氯苯（总量）/（mg/L）	0.02
六氯丁二烯/（mg/L）	0.0006
丙烯酰胺/（mg/L）	0.0005
四氯乙烯/（mg/L）	0.04
甲苯/（mg/L）	0.7
邻苯二甲酸二(2-乙基己基)酯/（mg/L）	0.008
环氧氯丙烷/（mg/L）	0.0004
苯/（mg/L）	0.01
苯乙烯/（mg/L）	0.02
苯并[a]芘/（mg/L）	0.00001
氯乙烯/（mg/L）	0.005
氯苯/（mg/L）	0.3
微囊藻毒素-LR/（mg/L）	0.001
3　感官性状和一般化学指标	
氨氮(以 N 计)/（mg/L）	0.5
硫化物/（mg/L）	0.02
钠/（mg/L）	200

表 4　农村小型集中式供水和分散式供水部分水质指标及限值

指　标	限　值
1　微生物指标	
菌落总数/（CFU/mL）	500
2　毒理指标	
砷/（mg/L）	0.05
氟化物/（mg/L）	1.2
硝酸盐(以 N 计)/（mg/L）	20
3　感官性状和一般化学指标	
色度/(铂钴色度单位)	20
浑浊度/NTU	3；水源与净水技术条件限制时为 5
pH	不小于 6.5 且不大于 9.5
溶解性总固体/（mg/L）	1500
总硬度 (以 $CaCO_3$ 计)/（mg/L）	550
耗氧量(COD_{Mn} 法,以 O_2 计)/（mg/L）	5
铁/（mg/L）	0.5
锰/（mg/L）	0.3
氯化物/（mg/L）	300
硫酸盐/（mg/L）	300

表5 生活饮用水水质参考指标及限值

指 标	限 值	指 标	限 值
肠球菌/(CFU/100mL)	0	石棉(>10μm)/(万/L)	700
产气荚膜梭状芽孢杆菌/(CFU/100mL)	0	亚硝酸盐/(mg/L)	1
二(2-乙基己基)己二酸酯/(mg/L)	0.4	多环芳烃(总量)/(mg/L)	0.002
二溴乙烯/(mg/L)	0.00005	多氯联苯(总量)/(mg/L)	0.0005
二噁英(2,3,7,8-TCDD)/(mg/L)	0.00000003	邻苯二甲酸二乙酯/(mg/L)	0.3
土臭素(二甲基萘烷醇)/(mg/L)	0.00001	邻苯二甲酸二丁酯/(mg/L)	0.003
五氯丙烷/(mg/L)	0.03	环烷酸/(mg/L)	1.0
双酚A/(mg/L)	0.01	苯甲醚/(mg/L)	0.05
丙烯腈/(mg/L)	0.1	总有机碳(TOC)/(mg/L)	5
丙烯酸/(mg/L)	0.5	萘酚-β/(mg/L)	0.4
丙烯醛/(mg/L)	0.1	黄原酸丁酯/(mg/L)	0.001
四乙基铅/(mg/L)	0.0001	氯化乙基汞/(mg/L)	0.0001
戊二醛/(mg/L)	0.07	硝基苯/(mg/L)	0.017
甲基异莰醇-2/(mg/L)	0.00001	镭226和镭228/(pCi/L)	5
石油类(总量)/(mg/L)	0.3	氡/(pCi/L)	300

2. 拟修订分析

安全的饮用水是人类健康的基本保障，是关系国计民生的重要公共健康资源。生活饮用水卫生标准是以保护人群身体健康和保证人类生活质量为出发点，对饮用水中与人群健康相关的各种因素做出量值规定，经国家有关部门批准、发布的法定卫生标准。现行《GB 5749—2006 生活饮用水卫生标准》于2006年12月由原卫生部和国家标准委员会联合发布，自2007年7月1日开始实施，至今已有13年。自标准颁布实施以来，在近年的应用中，逐渐反映出一些问题。

2016～2017年，开展现行标准的追踪评价和实施情况调查，形成了《GB 5749—2006 生活饮用水卫生标准》的追踪评价报告和实施情况报告。对世界卫生组织（WHO）、美国、欧盟、日本等国外饮用水标准，以及地表水环境质量标准、地下水质量标准、城市供水水质标准、村镇供水工程技术规范等国内与饮用水相关的标准进行系统的对比研究，通过我国饮用水中污染物监测、检测和调查等工作，收集整理了我国生活饮用水水质数据，为标准修订提供了研究储备和技术基础。在此基础上，于2018年1月15日完成了《生活饮用水卫生标准》修订项目的立项。

从2018年3月至今，国家卫生健康委联合有关部委开展了新一轮标准修订工作。2018年3月21日召开标准修订核心专家第一次工作会议，确定标准修订总体思路和原则。2018年4月2日召开标准修订起草组第二次工作会议，结合起草组成员专业特点和研究方向，统筹18家项目单位组建了10个工作组，确立了标准修订专题研究任务分工和多部门联动的工作例会制度。2020年，国家卫生健康委员会提出修订立项计划，并获国家标准化管理委员会批准。2021年7月12日，国家卫生健康标准委员会环境健康标准专业委员会发布了强制性国家标准《GB 5749—××××生活饮用水卫生标准》的征求意见稿（报批稿），该文件生效后将替代原饮用水强制性标准《GB 5749—2006 生活饮用水卫生标准》。

《GB 5749—×××× 生活饮用水卫生标准》的征求意见稿（报批稿）对标准的范围进行更加明确的表述，对规范性引用文件进行更新，对集中式供水、小型集中式供水、二次供水、出厂水、末梢水、常规指标和扩展指标等术语和定义进行修订完善或增减，对全文一些条款中的文字进行编辑性修改。在此基础上，与《GB 5749—2006 生活饮用水卫生标准》相比，修订主要内容有：

（1）指标数量的调整　标准正文中的水质指标由 GB 5749—2006 的 106 项调整到 97 项，修订后的文本包括常规指标 43 项和扩展指标 54 项。其中增加了 4 项指标，包括高氯酸盐、乙草胺、2-甲基异莰醇和土臭素；删除了 13 项指标，包括耐热大肠菌群、三氯乙醛、硫化物、氯化氰（以 CN^- 计）、六六六（总量）、对硫磷、甲基对硫磷、林丹、滴滴涕、甲醛、1,1,1-三氯乙烷、1,2-二氯苯和乙苯。

（2）指标分类方法的调整　根据水质指标的特点，将指标分类方法由 GB 5749—2006 的"常规指标"和"非常规指标"调整为"常规指标"和"扩展指标"，修改后指标分类表述更确切，避免了歧义的产生。其中，常规指标指反映生活饮用水水质基本状况的水质指标；扩展指标指反映地区生活饮用水水质特征及在一定时间内或特殊情况下水质状况的指标。

（3）指标限值的调整　根据水质指标的监测意义以及在人群健康效应或毒理学方面最新的研究成果，结合我国的实际情况，调整了 8 项指标的限值，包括硝酸盐（以 N 计）、浑浊度、高锰酸盐指数（以 O_2 计）、游离氯、硼、氯乙烯、三氯乙烯和乐果。

（4）指标名称的调整　根据水质指标表达的含义，调整了两项指标的名称，包括耗氧量（COD_{Mn} 法，以 O_2 计）和氨氮（以 N 计）。

（5）指标分类的调整　根据水质指标的监测意义、检出情况及浓度水平，调整了 11 项指标的分类，包括一氯二溴甲烷、二氯一溴甲烷、三溴甲烷、三卤甲烷（三氯甲烷、一溴二溴甲烷、二氯一溴甲烷、三溴甲烷的总和）、二氯乙酸、三氯乙酸、氨（以 N 计）、硒、四氯化碳、挥发酚类（以苯酚计）和阴离子合成洗涤剂。

（6）增加了总 β 放射性指标进行核素分析评价前扣除 ^{40}K 的要求及微囊藻毒素-LR 指标的适用情况　钾是人体必需的元素，总 β 放射性测定包括了钾 40。基于评价总 β 放射性指标综合致癌风险时应排除钾 40 筛查水平的考量，本次修订明确了总 β 放射性扣除钾 40 后仍然大于 1Bq/L，应进行核素分析和评价，判定能否饮用。每克天然钾中含有 31.2Bq/g 的钾 40，可用于计算钾 40 对总 β 活度浓度的贡献。基于只有在藻类暴发情况发生时才有可能出现微囊藻毒素-LR 暴露风险的考量，本次修订将微囊藻毒素-LR 表达的形式调整为微囊藻毒素-LR（藻类暴发情况发生时），使表述更有针对性。

（7）删除小型集中式供水和分散式供水部分水质指标及限值的暂行规定　统筹考虑现阶段我国城乡的饮用水水质状况，本次修订删除了 GB 5749—2006 中表 4"农村小型集中式供水和分散式供水部分水质指标及限值"的过渡性要求。同时结合现阶段我国小型集中式供水和分散式供水的现状，因水源与净水技术限制时对菌落总数、氟化物、硝酸盐（以 N 计）和浑浊度等 4 项指标保留了过渡性要求。

（8）完善对饮用水水源水质的要求　鉴于我国个别地区存在饮用水水源水质暂时无法达到相应国家标准要求但限于条件限制又必须加以利用的实际情况，本次修订对生活饮用水水源水质要求加以完善，提出当水源水质不能满足相应要求，但"限于条件限制需加以利用，应采用相应的净化工艺进行处理，处理后的水质应满足本文件要求"。

（9）删除涉及饮用水管理方面的内容　鉴于技术标准中不宜提出行政管理性要求，本次修订删除了相关要求，同时删除了 GB 5749—2006 中"水质监测"的相关内容。

（10）附录 A 中水质参考指标的调整　附录 A（资料性）水质参考指标由 GB 5749—2006 的 28 项调整到 55 项。其中新增了 29 项指标，包括钒、六六六（总量）、对硫磷、甲基对硫磷、林丹、滴滴涕、敌百虫、甲基硫菌灵、稻瘟灵、氟乐灵、甲霜灵、西草净、乙酰甲胺磷、甲醛、三氯乙醛、氯化氰（以 CN^- 计）、亚硝基二甲胺、碘乙酸、1,1,1-三氯乙烷、乙苯、1,2-二氯苯、全氟辛酸、全氟辛烷磺酸、二甲基二硫醚、二甲基三硫醚、碘化物、硫化物、铀和镭 226；删除了两项指标，包括 2-甲基异莰醇和土臭素；修改了两项指标的名称，包括二溴乙烯和亚硝酸盐；调整了 1 项指标的限值，为石油类（总量）。

《GB 5749—××××　生活饮用水卫生标准》征求意见稿（报批稿）的生活饮用水水质应符合表 6 和表 8 要求。出厂水和末梢水中消毒剂限值、消毒剂余量均应符合表 7 要求。当发生影响水质的突发性公共事件时，经风险评估，感官性状和一般化学指标可暂时适当放宽。当生活饮用水中含有表 9 所列指标时，可参考此表限值评价。

表 6　水质常规指标及限值

序号	指标	限值
微生物指标		
1	总大肠菌群/（MPN/100mL 或 CFU/100mL）[①]	不得检出
2	大肠埃希氏菌/（MPN/100mL 或 CFU/100mL）[①]	不得检出
3	菌落总数/（MPN/mL 或 CFU/mL）	100[②]
毒理指标		
4	砷/（mg/L）	0.01
5	镉/（mg/L）	0.005
6	铬（六价）/（mg/L）	0.05
7	铅/（mg/L）	0.01
8	汞/（mg/L）	0.001
9	氰化物/（mg/L）	0.05
10	氟化物/（mg/L）	1.0[②]
11	硝酸盐（以 N 计）/（mg/L）	10[②]
12	三氯甲烷/（mg/L）[③]	0.06
13	一氯二溴甲烷/（mg/L）[③]	0.1
14	二氯一溴甲烷/（mg/L）[③]	0.06
15	三溴甲烷/（mg/L）[③]	0.1
16	三卤甲烷（三氯甲烷、一氯二溴甲烷、二氯一溴甲烷、三溴甲烷的总和）[③]	该类化合物中各种化合物的实测浓度与其各自限值的比值之和不超过 1
17	二氯乙酸/（mg/L）[③]	0.05
18	三氯乙酸/（mg/L）[③]	0.1
19	溴酸盐/（mg/L）[③]	0.01
20	亚氯酸盐/（mg/L）[③]	0.7
21	氯酸盐/（mg/L）[③]	0.7
感官性状和一般化学指标		
22	色度/（铂钴色度单位）	15
23	浑浊度/NTU	1[②]
24	臭和味	无异臭、异味
25	肉眼可见物	无

序号	指标	限值
感官性状和一般化学指标		
26	pH	不小于6.5,且不大于8.5
27	铝/(mg/L)	0.2
28	铁/(mg/L)	0.3
29	锰/(mg/L)	0.1
30	铜/(mg/L)	1.0
31	锌/(mg/L)	1.0
32	氯化物/(mg/L)	250
33	硫酸盐/(mg/L)	250
34	溶解性总固体/(mg/L)	1000
35	总硬度(以 $CaCO_3$ 计)/(mg/L)	450
36	高锰酸盐指数(以 O_2 计)/(mg/L)	3
37	氨(以 N 计)/(mg/L)	0.5
放射性指标[④]		
38	总 α 放射性/(Bq/L)	0.5
39	总 β 放射性/(Bq/L)	1

① MPN 表示最可能数；CFU 表示菌落形成单位。当水样检出总大肠菌群时，应进一步检验大肠埃希菌；当水样未检出总大肠菌群时，不必检验大肠埃希菌。

② 小型集中式供水和分散式供水因水源与净水技术限制时，菌落总数指标限值按 500MPN/mL 或 CFU/mL 执行，氟化物指标限值按 1.2mg/L 执行，硝酸盐（以 N 计）指标限值按 20mg/L 执行，浑浊度指标限值按 3NTU 执行。

③ 水处理工艺流程中预氧化或消毒方式采用液氯、次氯酸钠、次氯酸钙及氯胺时应测定三氯甲烷、一氯二溴甲烷、二氯一溴甲烷、三溴甲烷、三卤甲烷、二氯乙酸、三氯乙酸，采用次氯酸钠时还应加测氯酸盐；采用臭氧时应测定溴酸盐；采用二氧化氯时应测定亚氯酸盐，采用二氧化氯与氯混合消毒剂发生器时还应测定氯酸盐、三氯甲烷、一氯二溴甲烷、二氯一溴甲烷、三溴甲烷、三卤甲烷、二氯乙酸、三氯乙酸。当原水中含有上述污染物，可能导致出厂水和末梢水的超标风险时，无论采用何种预氧化或消毒方式，都应对其进行测定。

④ 放射性指标超过指导值（总 β 放射性扣除 ^{40}K 后仍然大于 1Bq/L），应进行核素分析和评价，判定能否饮用。

表7 生活饮用水中消毒剂常规指标及要求

序号	消毒剂指标	与水接触时间/min	出厂水和末梢水限值/(mg/L)	出厂水余量/(mg/L)	末梢水余量/(mg/L)
1	游离氯[①④]	≥30	≤2	≥0.3	≥0.05
2	总氯[②]	≥120	≤3	≥0.5	≥0.05
3	臭氧[③]	≥12	≤0.3	—	≥0.02 如采用其他协同消毒方式,消毒剂及消毒剂余量应满足相应要求
4	二氧化氯[④]	≥30	≤0.8	≥0.1	≥0.02

① 采用液氯、次氯酸钠、次氯酸钙消毒方式时，应测定游离氯。

② 采用氯胺消毒方式时，应测定总氯。

③ 采用臭氧消毒方式时，应测定臭氧。

④ 采用二氧化氯消毒方式时应测定二氧化氯，采用二氧化氯与氯混合消毒剂发生器消毒方式时，应测定二氧化氯和游离氯，两项指标均应满足限值要求，至少一项指标应满足余量要求。

表8　水质扩展指标及限值

序号	指标	限值	序号	指标	限值
微生物指标			**毒理指标**		
1	贾第鞭毛虫/(个/10L)	<1	29	六氯苯/(mg/L)	0.001
2	隐孢子虫/(个/10L)	<1	30	七氯/(mg/L)	0.0004
毒理指标			31	马拉硫磷/(mg/L)	0.25
3	锑/(mg/L)	0.005	32	乐果/(mg/L)	0.006
4	钡/(mg/L)	0.7	33	灭草松/(mg/L)	0.3
5	铍/(mg/L)	0.002	34	百菌清/(mg/L)	0.01
6	硼/(mg/L)	1.0	35	呋喃丹/(mg/L)	0.007
7	钼/(mg/L)	0.07	36	毒死蜱/(mg/L)	0.03
8	镍/(mg/L)	0.02	37	草甘膦/(mg/L)	0.7
9	银/(mg/L)	0.05	38	敌敌畏/(mg/L)	0.001
10	铊/(mg/L)	0.0001	39	莠去津/(mg/L)	0.002
11	硒/(mg/L)	0.01	40	溴氰菊酯/(mg/L)	0.02
12	高氯酸盐/(mg/L)	0.07	41	2,4-滴/(mg/L)	0.03
13	二氯甲烷/(mg/L)	0.02	42	乙草胺/(mg/L)	0.02
14	1,2-二氯乙烷/(mg/L)	0.03	43	五氯酚/(mg/L)	0.009
15	四氯化碳/(mg/L)	0.002	44	2,4,6-三氯酚/(mg/L)	0.2
16	氯乙烯/(mg/L)	0.001	45	苯并[a]芘/(mg/L)	0.00001
17	1,1-二氯乙烯/(mg/L)	0.03	46	邻苯二甲酸二(2-乙基己基)酯/(mg/L)	0.008
18	1,2-二氯乙烯/(mg/L)	0.05	47	丙烯酰胺/(mg/L)	0.0005
19	三氯乙烯/(mg/L)	0.02	48	环氧氯丙烷/(mg/L)	0.0004
20	四氯乙烯/(mg/L)	0.04	49	微囊藻毒素-LR(藻类暴发情况发生时)/(mg/L)	0.001
21	六氯丁二烯/(mg/L)	0.0006	**感官性状和一般化学指标**		
22	苯/(mg/L)	0.01	50	钠/(mg/L)	200
23	甲苯/(mg/L)	0.7	51	挥发酚类(以苯酚计)/(mg/L)	0.002
24	二甲苯(总量)/(mg/L)	0.5	52	阴离子合成洗涤剂/(mg/L)	0.3
25	苯乙烯/(mg/L)	0.02	53	2-甲基异莰醇/(mg/L)	0.00001
26	氯苯/(mg/L)	0.3	54	土臭素/(mg/L)	0.00001
27	1,4-二氯苯/(mg/L)	0.3			
28	三氯苯(总量)/(mg/L)	0.02			

表9　生活饮用水水质参考指标及限值

序号	指标	限度	序号	指标	限度
1	肠球菌/(CFU/100mL 或 MPN/100mL)	不得检出	10	滴滴涕/(mg/L)	0.001
			11	敌百虫/(mg/L)	0.05
2	产气荚膜梭状芽孢杆菌/(CFU/100mL)	不得检出	12	甲基硫菌灵/(mg/L)	0.3
			13	稻瘟灵/(mg/L)	0.3
3	钒/(mg/L)	0.01	14	氟乐灵/(mg/L)	0.02
4	氯化乙基汞/(mg/L)	0.0001	15	甲霜灵/(mg/L)	0.05
5	四乙基铅/(mg/L)	0.0001	16	西草净/(mg/L)	0.03
6	六六六(总量)/(mg/L)	0.005	17	乙酰甲胺磷/(mg/L)	0.08
7	对硫磷/(mg/L)	0.003	18	甲醛/(mg/L)	0.9
8	甲基对硫磷/(mg/L)	0.009	19	三氯乙醛/(mg/L)	0.1
9	林丹/(mg/L)	0.002	20	氯化氰(以 CN⁻ 计)/(mg/L)	0.07

序号	指　标	限度	序号	指　标	限度
21	亚硝基二甲胺/(mg/L)	0.0001	38	二噁英(2,3,7,8-TCDD)/(mg/L)	0.00000003
22	碘乙酸/(mg/L)	0.02	39	全氟辛酸/(mg/L)	0.00008
23	1,1,1-三氯乙烷/(mg/L)	2	40	全氟辛烷磺酸/(mg/L)	0.00004
24	1,2-二溴乙烷/(mg/L)	0.00005	41	丙烯酸/(mg/L)	0.5
25	五氯丙烷/(mg/L)	0.03	42	环烷酸/(mg/L)	1.0
26	乙苯/(mg/L)	0.3	43	丁基黄原酸/(mg/L)	0.001
27	1,2-二氯苯/(mg/L)	1	44	β-萘酚/(mg/L)	0.4
28	硝基苯/(mg/L)	0.017	45	二甲基二硫醚/(mg/L)	0.00003
29	双酚 A/(mg/L)	0.01	46	二甲基三硫醚/(mg/L)	0.00003
30	丙烯腈/(mg/L)	0.1	47	苯甲醚/(mg/L)	0.05
31	丙烯醛/(mg/L)	0.1	48	石油类(总量)/(mg/L)	0.05
32	戊二醛/(mg/L)	0.07	49	总有机碳/(mg/L)	5
33	二(2-乙基己基)己二酸酯/(mg/L)	0.4	50	碘化物/(mg/L)	0.1
			51	硫化物/(mg/L)	0.02
34	邻苯二甲酸二乙酯/(mg/L)	0.3	52	亚硝酸盐(以 N 计)/(mg/L)	1
35	邻苯二甲酸二丁酯/(mg/L)	0.003	53	石棉(>10μm)/(万个/L)	700
36	多环芳烃(总量)/(mg/L)	0.002	54	铀/(mg/L)	0.03
37	多氯联苯(总量)/(mg/L)	0.0005	55	镭 226/(Bq/L)	1

附录3 《欧盟饮用水水质指令》附录Ⅰ

A 微生物学参数

指　标	指标值/(CFU/100mL)
大肠埃希菌	0
肠道球菌	0

以下指标用于瓶装或桶装饮用水：

指标	指标值
大肠埃希菌	0CFU/250mL
肠道球菌	0CFU/250mL
铜绿假单胞菌	0CFU/250mL
细菌总数(22℃)	100CFU/mL
细菌总数(37℃)	20CFU/mL

B 化学物质参数

指标	指标值	单位	备注
丙烯酰胺	0.10	μg/L	①
锑	5.0	μg/L	
砷	10	μg/L	
苯	1.0	μg/L	

指标	指标值	单位	备注
苯并[a]芘	0.010	μg/L	
硼	1.0	mg/L	
溴酸盐	10	μg/L	②
镉	5.0	μg/L	
铬	50	μg/L	
铜	2.0	mg/L	③
氰化物	50	μg/L	
1,2-二氯乙烷	3.0	μg/L	
环氧氯丙烷	0.10	μg/L	①
氟化物	1.5	mg/L	
铅	10	μg/L	③和④
汞	1.0	μg/L	
镍	20	μg/L	③
硝酸盐	50	mg/L	⑤
亚硝酸盐	0.50	mg/L	⑤
农药	0.10	μg/L	⑥和⑦
农药（总）	0.50	μg/L	⑥和⑧
多环芳烃	0.10	μg/L	特殊化合物的总浓度，⑨
硒	10	μg/L	
四氯乙烯和三氯乙烯	10	μg/L	特殊指标的总浓度
三卤甲烷（总）	100	μg/L	特殊化合物的总浓度，⑩
氯乙烯	0.50	μg/L	①

① 参数值是指水中的剩余单体浓度，并根据相应聚合体与水接触后所能释放出的最大量计算得；

② 如果可能，在不影响消毒效果的前提下，成员国应尽力降低该值。对于条款 6 (1) a，b，c 中所指的水，在该指令生效后的 10 年内，指标必须满足。该指令生效后 5～10 年，溴酸盐参数值为 25μg/L；

③ 该值适用于由用户水龙头处所取水样，且水样应能代表用户一周用水的平均水质。采样和监测方法应依据条款 7(4) 进行统一制定，成员国必须考虑到可能会影响人体健康的峰值出现情况。

④ 对于条款 6(1) a，b，c 中所指的水，在该指令生效后的 15 年内，指标必须满足。该指令生效后 5～15 年，铅的参数值为 25μg/L。成员国必须确保在此期间采取适当措施减少人类消费用水中的铅含量尽可能符合所需的参数值。成员国必须对人类消费用水中铅含量最高的地区优先采取措施。

⑤ 成员国应确保 [硝酸根浓度]/50＋[亚硝酸根浓度]/3≤1，方括号中为以 mg/L 为单位计的硝酸根和亚硝酸根浓度，且出厂水亚硝酸盐含量要小于 0.1mg/L。

⑥ 农药是指：有机杀虫剂、有机除草剂、有机杀菌剂、有机杀线虫剂、有机杀螨剂、有机除藻剂、有机杀鼠剂、有机杀菌和相关产品及其代谢副产物、降解和反应产物。只有那些可能出现在供应链中的农药才需要监控。

⑦ 参数值适用于每种农药。对艾氏剂、狄氏剂、七氯和环氧七氯，参数值为 0.030μg/L。

⑧ 农药总量是指所有能检测出和定量的单项农药的总和。

⑨ 具体的化合物包括：苯并[b]呋喃、苯并[k]呋喃、苯并[g,h,i]芘、茚并[1,2,3-c,d]芘。

⑩ 如果可能，在不影响消毒效果的前提下，成员国应尽力降低下列化合物值：氯仿、溴仿、二溴一氯甲烷和一溴二氯甲烷。对于条款 6(1)a,b,c 中所指的水，在该指令生效后的 10 年内，指标必须满足。该指令生效后 5～10 年，三卤甲烷（总）参数值为 150μg/L。成员国必须确保在此期间采取适当措施减少人类消费用水中的总三卤甲烷含量尽可能符合所需的参数值。成员国必须对人类消费用水中总三卤甲烷含量最高的地区优先采取措施。

C 指示参数

指 标		指导值	单位	备注
铝		200	μg/L	
铵		0.50	μg/L	
氯化物		250	mg/L	①
产气荚膜梭菌（含孢子）		0	个/100mL	②
色度		用户可以接受且无异味		
电导率		2500	μS/cm(20℃)	①
氢离子浓度		6.5～9.5	pH 单位	①和③
铁		200	μg/L	
锰		50	μg/L	
嗅		用户可以接受且无异常		
耗氧量		5.0	mg/L O_2	④
硫酸盐		250	mg/L	①
钠		200	mg/L	
味		用户可以接受且无异常		
细菌总数（22℃）		无异常变化		
总有机碳（TOC）		无异常变化		⑥
浊度		用户可以接受且无异常		⑦
放射性参数	氚	100	Bq/L	⑧和⑩
	总指示用量	0.10	mSv/年	⑨和⑩

① 水不应具有腐蚀性。

② 如果原水不是来自地表水或没有受地表水影响，则不需要测定该参数。

③ 若为瓶装或桶装的静止水，最小值可降至 4.5pH 单位，若为瓶装或桶装水，因其天然富含或人工充入二氧化碳，最小值可降至更低。

④ 如果测定 TOC 参数值，则不需要测定该值。

⑤ 对瓶装或桶装的水，单位为：个/250mL。

⑥ 对于供水量小于 10000m^3/d 的水厂，不需要测定该值。

⑦ 对地表水处理厂，成员国应尽力保证出厂水的浊度不超过 1.0NTU。

⑧ 监测频率见附录Ⅱ。

⑨ 不包括氚、钾-40、氡和氡衰变产物；监控频率、监控方法和监控点的最相关位置将在附录Ⅰ中设定。

⑩ a. 应根据第 12 条规定的程序，采用附录Ⅰ中关于监测频率的注⑧和关于监测频率、监测方法和监测点最相关位置的注⑨所要求的建议。在拟订这些提案时，委员会应特别考虑到现行立法或适当监测方案的相关规定，包括由此产生的监测结果。委员会最迟应在指令第 18 条提及的日期后 18 个月内提交这些提案。b. 成员国无须监测饮用水中的氚或放射性来确定总指示值，只要它确信，根据所进行的其他监测，计算的总指示剂量的氚水平远低于参数值。在这种情况下，它应向委员会通报其决定的理由，包括进行的这一其他监测的结果。

附录4 美国饮用水水质标准

国家一级饮用水规程（NPDWR 或一级标准）：是法定强制性的标准，它适用于公用给水系统。一级标准限制了那些有害公众健康的及已知的或在公用给水系统中出现的有害污染物浓度，从而保护饮用水水质。

表 1 将污染物划分为：无机物、有机物、放射性核素及微生物。

表 1

污染物	MCLG[①] /(mg/L)[④]	MCL[②] TT[③] /(mg/L)[④]	从水中摄入后对健康的潜在影响	饮用水中污染物来源
无机物				
锑	0.006	0.006	增加血液胆固醇,减少血液中葡萄糖含量	炼油厂、阻燃剂、电子、陶器、焊料工业的排放
砷	未规定[⑤]	0.05	伤害皮肤,血液循环问题,增加致癌风险	半导体制造厂、炼油厂、木材防腐剂、动物饲料添加剂、防莠剂等工业排放,矿藏溶蚀
石棉（>10μm 纤维）	7×10⁷ 纤维/升	7×10⁷ 纤维/升	增加良性肠息肉风险	输水管道中石棉、水泥损坏、矿藏溶蚀
钡	2	2	血压升高	钻井排放,金属冶炼厂排放、矿藏溶蚀
铍	0.004	0.004	肠道损伤	金属冶炼厂、焦化厂、电子、航空、国防工业的排放
镉	0.005	0.005	肾损伤	镀锌管道腐蚀,天然矿物溶蚀,金属冶炼厂排放,水从废电池和废油漆冲刷外泄
铬	0.1	0.1	使用含铬大于 MCL 多年,出现过敏性皮炎	钢铁厂、纸浆厂排放,天然矿藏的溶蚀
铜	1.3	作用浓度 1.3[⑥]	短期接触使胃肠疼痛,长期接触使肝或肾损伤,有肝豆状核变性的患者在水中铜浓度超过作用浓度时,应请教个人医生	家庭管道系统腐蚀、天然矿藏溶蚀、木材防腐剂淋溶
氰化物	0.2	0.2	神经系统损伤、甲状腺问题	钢厂或金属加工厂排放,塑料厂及化肥厂排放
氟化物	4.0	4.0	骨骼疾病(疼痛和脆弱),儿童得齿斑病	为保护牙向水中添加氟,天然矿藏的溶蚀,化肥厂及铝厂排放
铅	0	作用浓度 0.015[⑥]	婴儿和儿童身体或智力发育迟缓,成年人肾脏出问题,高血压	家庭管道腐蚀,天然矿藏侵蚀
无机汞	0.002	0.002	肾损伤	天然矿物的溶蚀,冶炼厂和工厂排放,废渣填埋场及耕地流出
硝酸盐(以 N 计)	10	10	"蓝婴综合征"(6 个月以下婴儿受到影响未能及时治疗),症状:婴儿身体发蓝色,呼吸短促	化肥泄出,化粪池或污水渗漏,天然矿藏物溶蚀
亚硝酸盐(以 N 计)	1	1	"蓝婴儿综合征"(6 个月以下婴儿受到影响未能及时治疗),症状:婴儿身体发蓝色,呼吸短促	化肥泄出,化粪池或污水渗漏,天然矿藏物溶蚀
硒	0.05	0.05	头发、指甲脱落,指甲或脚趾麻木,血液循环问题	炼油厂排放,天然矿物的腐蚀,矿场排放
铊	0.0005	0.0002	头发脱落,血液成分变化,对肾,肠或肝有影响	矿砂处理场溶出,电子、玻璃、制药厂排放

污染物	MCLG[①]/(mg/L)[④]	MCL[②] TT[③]/(mg/L)[④]	从水中摄入后对健康的潜在影响	饮用水中污染物来源
有机物				
丙烯酰胺	0	[⑦]	神经系统及血液问题,增加致癌风险	在污泥或废水处理过程中加入水中
草不绿	0	0.002	眼睛、肝、肾、脾发生问题,贫血症,增加致癌风险	庄稼除莠剂流出
阿特拉津	0.003	0.003	心血管系统发生问题,生殖困难	庄稼除莠剂流出
苯	0	0.005	贫血症,血小板减少,增加致癌风险	工厂排放,气体储罐及废渣回堆土淋溶
苯并[a]芘	0	0.0002	生殖困难,增加致癌风险	储水槽及管道涂层淋溶
呋喃丹	0.04	0.04	血液及神经系统发生问题,生殖困难	用于稻子与苜蓿的熏蒸剂的淋溶
四氯化碳	0	0.005	肝脏出问题,致癌风险增加	化工厂和其他企业排放
氯丹	0	0.002	肝脏与神经系统发生问题,致癌风险增加	禁止用的杀白蚁药剂的残留物
氯苯	0.1	0.1	肝、肾发生问题	化工厂及农药厂排放
2,4-滴	0.07	0.07	肾、肝、肾上腺发生问题	庄稼上除莠剂流出
茅草枯	0.2	0.2	肾有微弱变化	公路抗莠剂流出
1,2-二溴-3-氯丙烷	0	0.0002	生殖困难,致癌风险增加	大豆、棉花、菠萝及果园土壤熏蒸剂流出或溶出
邻-二氯苯	0.6	0.6	肝、肾或循环系统发生问题	化工厂排放
对-二氯苯	0.075	0.075	贫血症,肝、肾或脾受损,血液变化	化工厂排放
1,2-二氯乙烷	0	0.005	致癌风险增加	化工厂排放
1,1-二氯乙烯	0.007	0.007	肝发生问题	化工厂排放
顺 1,2-二氯乙烯	0.07	0.07	肝发生问题	化工厂排放
反 1,2-二氯乙烯	0.1	0.1		化工厂排放
二氯甲烷	0	0.005	肝发生问题,致癌风险增加	化工厂排放和制药厂排放
1,2-二氯丙烷	0	0.005	致癌风险增加	化工厂排放
二乙基己基己二酸酯	0.4	0.4	一般毒性或生殖困难	PVC 管道系统溶出,化工厂排出

污染物	MCLG[①] /(mg/L)[④]	MCL[②] TT[③] /(mg/L)[④]	从水中摄入后对健康的潜在影响	饮用水中污染物来源
有机物				
二乙基己基邻苯二甲酸酯	0	0.006	生殖困难,肝发生问题,致癌风险增加	橡胶厂和化工厂排放
地乐酚	0.007	0.007	生殖困难	大豆和蔬菜抗莠剂的流出
二噁英(2,3,7,8-四氯二苯并对二氧六环)	0	0.00000003	生殖困难,致癌风险增加	废物焚烧或其他物质焚烧时散布,化工厂排放
敌草快	0.02	0.02	白内障	施用抗莠剂的流出
草藻灭	0.1	0.1	胃、肠出问题	施用抗莠剂的流出
异狄氏剂	0.002	0.002	影响神经系统	禁用杀虫剂残留
熏杀环	0	[⑦]	胃出问题,生殖困难,致癌风险增加	化工厂排出,水处理过程中加入
乙基苯	0.7	0.7	肝、肾出问题	炼油厂排放
二溴化乙烯	0	0.00005	胃出毛病,生殖困难	炼油厂排放
草甘膦	0.7	0.7	胃出毛病,生殖困难	用抗莠剂时溶出
七氯	0	0.0004	肝损伤,致癌风险增加	禁用杀白蚁药残留
环氧七氯	0	0.0002	肝损伤、生殖困难、致癌风险增加	七氯降解
六氯苯	0	0.001	肝、肾出问题,致癌风险增加	冶金厂,农药厂排放
六氧环戊二烯	0.05	0.05	肾、胃出问题	化工厂排出
林丹	0.0002	0.0002	肾、肝出问题	畜牧、木材、花园所使用杀虫剂流出或溶出
甲氧滴滴涕	0.04	0.04	生殖困难	用于水果、蔬菜、苜蓿、家禽杀虫剂流出或溶出
草氨酰	0.2	0.2	对神经系统有轻微影响	用于苹果、土豆、番茄杀虫剂流出
多氯联苯	0	0.0005	皮肤起变化,胸腺出问题,免疫力降低,生殖或神经系统困难,增加致癌风险	废渣回填土溶出,废弃化学药品的排放
五氯酚	0	0.001	肝、肾出问题,致癌风险增加	木材防腐工厂排出
毒莠定	0.5	0.5	肝出问题	除莠剂流出
西玛津	0.004	0.004	血液出问题	除莠剂流出
苯乙烯	0.1	0.1	肝、肾、血液循环出问题	橡胶、塑料厂排放,回填土溶出
四氯乙烯	0	0.005	肝出问题	从PVC管流出,工厂及干洗工场排放

污染物	MCLG[①] /(mg/L)[④]	MCL[②] TT[③] /(mg/L)[④]	从水中摄入后对健康的潜在影响	饮用水中污染物来源
有机物				
甲苯	1	1	神经系统、肾、肝出问题	炼油厂排放
总三卤甲烷（TTHM）	未规定[⑤]	0.1	肝、肾、神经中枢出问题,致癌风险增加	饮用水消毒副产品
毒杀芬	0	0.003	肾、肝、甲状腺出问题	棉花、牲畜杀虫剂的流出或溶出
2,4,5-涕丙酸	0.05	0.05	肝出问题	禁用抗莠剂的残留
1,2,4-三氯苯	0.07	0.07	肾上腺变化	纺织厂排放
1,1,1-三氯乙烷	0.2	0.2	肝、神经系统、血液循环系统出问题	金属除脂场地或其他工厂排放
1,1,2-三氯乙烷	0.003	0.005	肝、肾、免疫系统出问题	化工厂排放
三氯乙烯	0	0.005	肝脏出问题,致癌风险增加	炼油厂排出
氯乙烯	0	0.002	致癌风险增加	PVC管道溶出,塑料厂排放
二甲苯(总)	10	10	神经系统受损	石油厂,化工厂排出
放射性核素				
β粒子和光子	未定[⑤]	4毫雷姆/年	致癌风险增加	天然和人造矿物衰变
总α活性	未定[⑤]	15微微居理/升	致癌风险增加	天然矿物侵蚀
镭226,镭228	未定[⑤]	5微微居理/升	致癌风险增加	天然矿物侵蚀
微生物				
蓝氏贾第虫	0	[⑧]	贾第虫病,肠胃疾病	人和动物粪便
异养菌总数	未定	[⑧]	对健康无害,用作为批示水处理效率,控制微生物的指标	未定
军团菌	0	[⑧]	军团菌病、肺炎	水中常有发现,加热系统内会繁殖
总大肠杆菌	0	5.0%[⑨⑩]	用于指示其他潜在有害菌的存在	人和动物粪便

污染物	MCLG[①]/(mg/L)[④]	MCL[②] TT[③]/(mg/L)[④]	从水中摄入后对健康的潜在影响	饮用水中污染物来源
微生物				
浊度	未定	[⑧]	对人体无害,但对消毒有影响,为细菌生长提供场所,用于指未微生物的存在	土壤随水流出
病毒	0	[⑧]	肠胃疾病	人和动物粪便

① 污染物最高浓度目标(MCLG)为对人体健康无影响或预期无不良影响的水中污染物浓度。它规定了确当的安全限量,MCLG 是非强制性公共健康目标。

② 污染物最高浓度。它是供给用户的水中污染物最高允许浓度,MCLG 它是强制性标准,MCLG 是安全限量,确保略微超过 MCL 限量时对公众健康不产生显著风险。

③ 处理技术。公共给水系统必须遵循的强制性步骤或技术水平以确保对污染物的控制。

④ 除非有特别注释,一般单位为 mg/L。

⑤ 1986 年安全饮水法修正案通过前,未建立 MCLG 指标,所以,此污染物无 MCLG 值。

⑥ 在水处理技术中规定,对用铅管或用铅焊的或由铅管送水的铜现场取龙头水样,如果所取自来水样品中超过铜的作用浓度 1.3mg/L,铅的作用浓度 0.015mg/L 的 10%,则需进行处理。

⑦ 如给水系统采用丙烯酰胺及熏杀环(1-氯-2,3 环氧丙烷),它们必须向州政府提出书面形式证明(采用第三方或制造厂的证书),它们的使用剂量及单体浓度不超过下列规定:丙烯酰胺=0.05%,剂量为 1mg/L(或相当量);熏杀环=0.01%,剂量为 20mg/L(或相当量)。

⑧ 地表水处理规则要求采用地表水或受地面水直接影响的地下水的给水系统,进行水的消毒,并为满足无须过滤的准则,要求进行水的过滤,以满足污染物能控制到下列浓度:

蓝氏贾第虫,99.9%杀死或灭活。

病毒,99.99%杀死或灭活。

军团菌未列限值,EPA 认为,如果一旦蓝氏贾第虫和病毒被灭活,则它就已得到控制。

浊度,任何时候浊度不超过 5NTU,采用过滤的供水系统确保浊度不大于 NTU,(采用常规过滤或直接过滤则不大于 0.5NTU),连续两个月内,每天的水样品中合格率至少大于 95%。

HPC 每毫升不超过 500 细菌数。

⑨ 每月总大肠埃希菌阳性水样不超过 5%,于每月例行检测总大肠埃希菌的样品少于 40 个的给水系统,总大肠菌阳性水样不得超过 1 个。含有总大肠菌水样,要分析粪型大肠埃希菌,粪型大肠埃希菌不容许存在。

⑩ 大肠埃希菌的存在表明水体受人类和动物排泄物的污染,这些排泄物中的微生物可引起腹泻、痉挛、恶心、头痛或其他症状。

国家二级饮用水规程:二级饮用水规程(NSDWR 或二级标准),为非强制性准则,用于控制水中对美容(皮肤、牙齿变色),或对感官(如嗅、味、色度)有影响的污染物浓度。

EPA 为给水系统推荐二级标准(表 2)但没有规定必须遵守,然而,各州可选择性采纳,作为强制性标准。

表 2

污染物	二级标准	污染物	二级标准
铝	0.05~0.2mg/L	色	15(色度单位)
氯化物	250mg/L	铜	1.0mg/L

污染物	二级标准	污染物	二级标准
腐蚀性	无腐蚀性	银	0.1mg/L
氟化物	2.0mg/L	pH	6.5~8.5
发泡剂	0.5mg/L	硫酸盐	250mg/L
铁	0.3mg/L	总溶固体	500mg/L
锰	0.05mg/L	锌	5mg/L
嗅	嗅阈值3		

第5章

纯化水系统

相对于饮用水而言,纯水是指在化学纯度方面有一定特殊要求的水,不同的行业有不同的名称,例如,制药行业通常称为纯化水,电子/半导体行业称为超纯水,食品行业称为纯净水。同时,纯水的水质指标要求与使用用途和行业属性有关,不同行业对于纯水质量要求的不同,可能会衍生出不同的纯水制备工艺。例如,电子/半导体行业需要使用大量的超纯水进行产品冲洗,超纯水的电阻率甚至达到了 $18.2M\Omega \cdot cm$,即电导率值达到 $0.055\mu S/cm$。制药行业虽然对纯化水的电导率要求不如电子/半导体行业苛刻,但与饮用水相比,在化学纯度和微生物方面有着严格要求,表 5.1 主要介绍了纯水的主要应用领域。

表 5.1　纯水的应用领域

杂质要求	化学纯度		微生物		应用领域
	无机物	有机物	活菌总数	细菌内毒素	
饮用水	一般	一般	100CFU/mL	无要求	食品/制药
纯化水	高	适中	100CFU/mL	无要求	日化/制药
注射用水	高	适中	10CFU/100mL	0.25EU/mL	生物制药
超纯水	极高	高	高	—	电子/半导体

纯化水在非注射用制剂的生产被用作原辅料,并且可以用于其他药物应用方面,例如可用于某些设备以及非注射用产品相接触的组分的清洗。除非另有说明,纯化水也可被用于所有的检查实验与含量分析,纯化水必须符合无机的和有机的化学纯度要求,而且必须能够预防微生物的繁殖。用来生产纯化水的原水的最低要求是饮用水。原水可以通过单元操作来纯化,单元操作包括去离子、蒸馏、离子交换、反渗透、过滤或其他适宜的纯化操作。纯化水系统必须被验证,以便能够可靠地、连续地生产和分配合格的化学与微生物纯度的水。在环境条件下纯化水系统特别容易形成黏合力强的微生物膜,流出的水中不希望有能生长发育的微生物或细菌内毒素,但微生物膜是其来源。这些系统要求经常消毒和微生物监测,以保证在用水点的水符合适当的微生物质量指标。

5.1 纯化水质量指南

纯化水通常用于清洁操作以及 API、口服溶液、局部用药、固体口服制剂和医疗器械的生产中。在大多数情况下，纯化水是一种原辅料，需要进行检验才能证明其质量和合规性。根据药典专论的定义，纯化水要求符合化学纯度和微生物质量标准，化学纯度质量要求由电导率和 TOC 质量标准定义，纯化水的微生物质量要求通常在已发布的药典标准中定义。详细的纯化水质量要求可参考第 2 章的相关内容。

从保证药品本身质量的角度而言，纯化水的应用领域可参见《国际制药工程协会 基准指南 第 4 卷：水和蒸汽》的制药用水决策树，图 5.1 为其大略示意图。提取用水是《欧洲药典》最新收录的一种药典水，用于草药提取物的生产，提取用水应符合纯化水专论（0008）中散装纯化水或容器中的纯化水章节的要求，或《欧盟饮用水水质指令》98/83/EC 中规定的人用水质要求。该水应根据专论中生产章节进行监测。

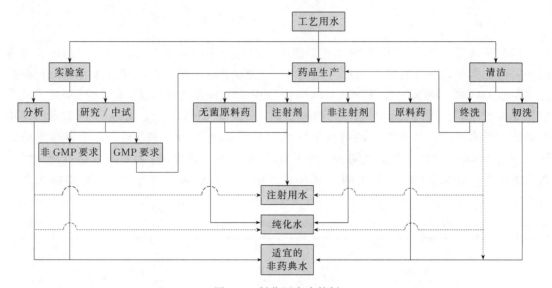

图 5.1　制药用水决策树

纯化水在制药领域应用广泛，可作为非无菌药品的配料、直接接触药品的设备、器具和包装材料最后一次洗涤用水；非无菌原料药精制工艺用水；制备注射用水和纯蒸汽的原水；直接接触非最终灭菌棉织品的包装材料粗洗用水等。纯化水可作为配制普通药物制剂用的溶剂或试验用水；可作为中药注射剂、滴眼剂等灭菌制剂所用饮片的提取溶剂；可作为口服、外用制剂配制用溶剂或稀释剂；可作为非灭菌制剂用器具的精洗用水；也用作非灭菌制剂所用饮片的提取溶剂。纯化水不得用于注射剂的配制与稀释。2021 版《WHO GMP：制药用水》规定如下。

● 散装纯化水应满足相关药典质量标准中的化学和微生物纯度要求。

● 散装纯化水应至少采用饮用水作为原水。

● 任何经过确认的恰当纯化技术，或组合技术均可用于制备散装纯化水。散装纯化水可采用例如离子交换、RO、RO/EDI 和超滤等技术制备。

● 在设置水纯化系统参数或制订用户需求说明时应考虑以下方面：进水质量及其随季节的变化情况；用户水量需求；所需水质量标准；所需纯化步骤顺序；对取样点位置进行恰当设计，以避免潜在污染；单位处理步骤有适当的仪表对参数进行测量和记录，如流量、压力、温度、电导率、pH 值和总有机碳；建筑材料；消毒处理策略；主要组件；联锁、控制和警报；电子数据存储、系统安全和审计跟踪。

● 常温系统，如离子交换、RO 和超滤，对微生物污染尤其敏感，特别是当设备在低水量或无水而处于静止状态时。应规定定期消毒（例如，基于从系统验证和系统行为中收集的数据）和采取其他控制措施防止和降低微生物污染。

● 每个纯化单元的消毒方法都应该是适当的和有效的。如果使用化学试剂进行消毒，则应验证其去除效果。

● 为了尽量减少和防止微生物污染，应考虑以下控制措施：应始终维护一定的水流量，以防止水流停滞；应使用热交换器或保持房间降温来控制系统温度，以降低微生物孳长风险；应在系统适当位置安装紫外消毒；水处理系统组件的使用，可以定期在 70℃ 以上进行热水消毒，或使用化学消毒，例如，臭氧、过氧化氢和/或过氧乙酸；如有需要，还可采用热水与化学的组合消毒。

● 应根据对系统的理解和数据趋势分析，制订散装纯化水适当的微生物行动限和警戒限。应保护散装纯化水不受到再次污染，不会有微生物快速孳生。

● 如果有特定的工艺需要特殊的非药典级别水，则必须在公司的质量体系内规定其质量标准。最低应符合药典中该剂型或工艺步骤所需制药用水级别相关的要求。

5.2 纯化水制备

纯化水的制备应以饮用水为原水，并采用合适的单元操作或组合的方法。常用的纯化水制备方法包括膜过滤、离子交换、电法去离子（EDI）与蒸馏等（图 5.2），其中膜过滤法又可细分为微滤、超滤、纳滤和反渗透（RO）等。纯化水制备工艺流程选择时的参考因素包括：原水水质；产水水质；设备工艺运行的长期可靠性；化学纯度去除能力；微生物预防措施和消毒措施；设备运行及操作人员的专业素质；适应原水水质季节等因素变化的包容能力和可靠性；设备清洗维护与耗材更换的方便性；设备公共工程的消耗；设备的产水回收率及浓液的二次处理；日常的运行维护成本；系统的监控能力与信息化水平等。

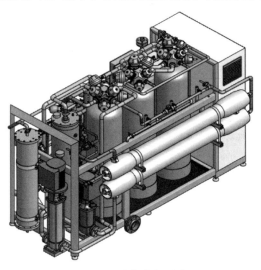

图 5.2　纯化水机示意

中国、美国、欧盟、日本与世界卫生组织对纯化水制备方法有相同的规定，终处理系统的主要目的是将不低于饮用水标准的原水"纯化"为符合制药用水标准体系相关要求的散装纯化水（表 5.2），不含任何添加剂。纯化系统是进一步降低化学纯度与微生物含量的工艺过程，散装纯化水常用的纯化工艺包括蒸馏法、膜过滤法（微滤/超滤/纳滤/反渗透）、离子交换法及其相互的组合。常见的生产工艺为热压蒸馏、RO/EDI、RO/RO/EDI、RO/RO等，企业可结合饮用水的实际品质及产水水质需求来确定是否需要增加紫外灯、膜脱气或超滤/纳滤工艺。

表 5.2　散装纯化水的制备方法对比表

标准	制备方法
《中国药典》2020 版	纯化水为符合官方标准的饮用水经蒸馏法、离子交换法、反渗透法或其他适宜的方法制备的制药用水
《欧洲药典》10 版	散装纯化水为符合官方标准的饮用水经蒸馏法、离子交换法、反渗透法或其他适宜的方法制备的制药用水
《美国药典》43 版	制备纯化水的水源或给水的最低质量是美国环保署、欧盟、日本或世界卫生组织规定的饮用水，经蒸馏法、离子交换法、反渗透法、过滤或其他适宜的方法制备
《日本药局方》17 版	纯化水为符合官方标准的水经蒸馏法、离子交换法、反渗透法、超滤或其他适宜的方法制备的制药用水

纯化水机的主流工艺主要经过了 3 个发展阶段。20 世纪 90 年代以前，第一代纯化水机采用"预处理系统→阴床/阳床→混床"工艺，系统需要外置大量的酸、碱化学药剂来再生阴/阳离子树脂，该工艺不符合国家的环保大方针，目前使用很少；1990～2000 年，第二代纯化水机采用"预处理系统→反渗透→混床"或"预处理系统→反渗透→反渗透"工艺，反渗透技术极大地降低了纯化水机制备工艺中化学药剂的使用量，但该工艺的得水率不高；2000 年以后，第三代纯化水机采用"预处理系统→反渗透→EDI"工艺，EDI 的出现有效避免了再生化学药剂的使用，而且可以将纯化水的电导率控制在极低的水平，极大地推动了全球药典制药用水电导率测定法的应用与普及，现已成为各国纯化水机制备的主流工艺。表 5.3 是预处理系统与终处理系统的主要工艺路线汇总表。

表 5.3　纯化水机的典型工艺路线

编号	工艺路线	备注
预处理系统：制备高品质饮用水		
1	原水箱→多介质过滤器→活性炭过滤器→软化器	最传统的工艺
2	原水箱→多介质过滤器→软化器→活性炭过滤器	需控制原水余氯
3	原水箱→前端超滤→活性炭过滤器→软化器	高品质饮用水
4	原水箱→前端超滤→UV 除余氯→软化器	NaHSO₃ 加药为应急措施
5	原水箱→多介质过滤器→软化器→中压 UV 除余氯	需要控制原水整体水质
终处理系统：制备纯化水或注射用水		
1	保安过滤器→RO→RO	纯化水电导率无法满足 USP 要求
2	保安过滤器→RO→EDI	制备纯化水
3	保安过滤器→RO→RO→EDI	制备纯化水
4	保安过滤器→RO→EDI→终端超滤	制备注射用水
5	保安过滤器→RO→RO→EDI→终端超滤	制备注射用水

编号	工艺路线	备注
终处理系统：制备纯化水或注射用水		
6	饮用水→热压蒸馏	制备常温纯化水

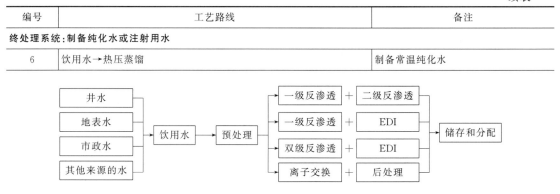

其他的设计细节包括：如果是园区规模的制药企业，推荐采用整厂集中软化处理；水处理产量较大时，超滤设备比多介质过滤器更具备可实现性，超滤设备分为有机高分子材料和陶瓷材料两种；紫外灯可实现中压除余氯或低压/中压消毒功能；脱气工艺分为添加 NaOH 调节 pH 或者采用卫生型脱气装置；双级 RO 的纯化水机产水电导率通常在 $2\mu S/cm$（25℃）左右，无法满足 USP 纯化水专论的相关要求。

膜过滤法和离子交换法的组合是目前主流的纯化水制备方法。虽然蒸馏法在制备纯化水方面应用较少，热压蒸馏水机可以实现常温纯化水与高温注射用水的制备功能却值得关注。企业可以通过热压式蒸馏水机来实现常温纯化水和高温注射用水的分时段生产。饮用水为纯化水制备的原水，纯化水机通常由预处理系统与终处理系统两部分组成，如果企业有其他渠道获得官方标准的稳定品质的饮用水，纯化水机的预处理系统可设计得相对简单。通常情况下，纯化水系统的配置方式根据地域和水源的不同而不同，纯化水系统应根据不同的原水水质情况进行分析与计算，然后配置相应的组件来依次把各指标处理到允许的范围之内，表 5.4 是终处理系统典型单元操作的杂质去除能力对比。

表 5.4　单元操作的杂质去除能力

单元操作	可溶性无机离子	可溶性无机气体	可溶性有机物	颗粒	细菌	热原
软化	E/G	P	P	P	P	P
颗粒过滤	P	P	P	E	P	P
微滤	P	P	P	E	E	P
超滤	P	P	G	E	E	E
纳滤	P	P	G	E	E	E
脱气	P	P	E/G	P	P	P
反渗透	G/E	P	G/E	E	E	E
离子交换	E	E	P	E	E	E
蒸馏	E	P/E	G/E	E	E	E
紫外	P	P	G/E	P	G	P

注：P—无效果；G—效果良好；E—效果卓越。

5.2.1　膜过滤法

膜分离被认为是一种高效节能的新型分离技术，是解决人类面临的能源、资源、环境等重大问题的有效手段。有资料显示，21 世纪初，全球膜及其装备的年销售量超过 100 亿美元，年增长率在 30％左右。甚至有专家预言，21 世纪膜技术以及膜技术与其他技术的集成技术将在很大程度上取代传统分离技术，达到节能降耗、提高产品质量的目的，极大地推动人类科学技术的进步，促进社会可持续发展。膜技术的应用将涉及化学工业、石油与石油化工、生物化工、食品、电子、医药等行业，以膜技术为核心开发的净化水和净水设备将深入到千家万户。

膜过滤是一种与膜孔径大小相关的筛分过程，以膜两侧的压力差为驱动力，以膜为过滤介质，在一定的压力下，当原液流过膜表面时，膜表面密布的许多细小的微孔只允许水及小分子物质通过而成为透过液，而原液中体积大于膜表面微孔径的物质则被截留在膜的进液侧，成为浓缩液，因而实现对原液的分离和浓缩的目的。滤膜分离技术从分离精度上一般可划分为四类：微滤、超滤、纳滤和反渗透，它们的过滤精度按照以上顺序越来越高，即 RO＞NF＞UF＞MF（图 5.3）。

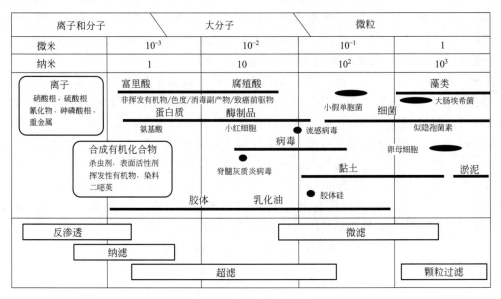

图 5.3　膜过滤过滤精度

（1）微滤　微滤又称微孔过滤，微滤能截留 $0.05 \sim 10 \mu m$ 的颗粒，微滤膜允许大分子有机物和无机盐等通过，但能阻挡住悬浮物、细菌、部分病毒及大尺度的胶体的透过，微滤膜两侧的运行压差（有效推动力）一般为 0.07MPa。属于精密过滤，具有高效、方便及经济的特点。微滤的过滤原理有筛分、滤饼层过滤和深层过滤三种。

纯化水机用保安过滤器属于典型的微滤工艺，保安过滤器大都采用不锈钢做外壳，内部装过滤滤芯，主要用在多介质预处理过滤之后，反渗透/后端超滤等膜过滤设备之前。用来滤除经多介质过滤后的细小物质（例如，微小的石英砂、活性炭颗粒等），以确保水质过滤精度及保护膜过滤元件不受大颗粒物质的损坏。保安过滤装置内装的过滤滤芯精度等级可分为 $0.5 \mu m$、$1 \mu m$、$5 \mu m$ 与 $10 \mu m$ 等，根据不同的使用场合选用不同的过滤精度，以保证后产水精度及保证后级膜元件的安全。保安过滤器最适合应用于纯化水系统的中间过程，而不适用于循环分配系统。保安过滤器在系统中不应是唯一的微生物控制单元，它们应当是全面微生物控制措施当中的一部分。

保安过滤器（表 5.5）可应用于纯化水系统的颗粒物和微生物截留，长时间使用后，过滤膜表面可能存在微生物增长风险，需要采取适当的操作步骤来保证在安装和更换保安过滤器的过程中滤芯完整性，从而确保其固有的性能。设计时选材应可耐受热水消毒或/和化学消毒，结合性能确认阶段的数据分析和膜前后压差，保安过滤器每季度/半年更换一次。

表 5.5　保安过滤器的功能设计

项目	功能/措施	备注
保安过滤器	有效的除去悬浮/细菌杂质,使水澄清	5μm 过滤孔径
材质	外壳:不锈钢	卡箍连接,方便拆卸更换
	滤芯材料:聚丙烯	耐受化学消毒与热消毒
连续过滤	批间操作	观察过滤器的运行压差
消毒措施	间歇消毒	与 RO 装置一起,定期实现化学消毒或热水消毒
维护措施	定期更换滤材	保安过滤器使用时间较长后,会孳生顽固生物膜,其过滤性能会有很大的下降,反而极易污染下游操作单元,滤材更换频率为每季度或每半年一次

（2）超滤　　超滤是一种膜分离技术，其膜为多孔性不对称结构。过滤过程是以膜两侧压差为驱动力，以机械筛分原理为基础的一种溶液分离过程，使用压力通常为 0.1～0.3MPa，筛分孔径 0.005～0.1μm，截留分子量为 1000～500000。溶解物质和比膜孔径小的物质将能作为透过液透过膜滤，不能透过滤膜的物质被慢慢浓缩于排放液中。因此，产水（透过液）将含有水、离子和小分子量物质，而胶体物质、颗粒、细菌、病毒和原生动物将被超滤膜去除。

超滤装置（表 5.6）的分离过程不发生相变化，耗能少；分离过程可以在常温下进行，适合一些热敏性物质如果汁、生物制剂及某些药品等的浓缩或者提纯；分离过程仅以低压为推动力，设备及工艺流程简单，易于操作、管理及维修；应用范围广，凡溶质分子量为 1000～500000 或者溶质尺寸大小为 0.005～0.1μm，都可以利用超滤分离技术。此外，采用系列化不同截留分子量的膜，能将不同分子量溶质的混合液中各组分实行分子量分级。超滤技术不但在特殊溶液的分离方面有独到的作用，而且在工业给水方面也用得越来越多。例如在海水淡化、纯化水及超纯水的制备中，超滤可作为预处理设备，确保反渗透等后续设备的长期安全稳定运行。在饮用水的生产中，超滤可发挥重要作用，超滤仅去除水中的悬浮物、胶体微粒和细菌等杂质，而保留了对人体健康有益的矿物质。

当超滤用于水处理时，其材质的化学稳定性和亲水性是两个最重要的性能。化学稳定性决定了膜材料在酸碱、氧化剂、微生物等作用下的寿命，其还直接关系到清洗工艺的选择；亲水性则决定了膜材料对水中污染物的抗污染能力，影响膜的通量。

可以用来制造超滤膜的材质主要分为高分子材料与陶瓷材料。高分子材料包括聚偏氟乙烯（PVDF）、聚醚砜（PES）、聚丙烯（PP）、聚乙烯（PE）、聚砜（PS）、聚丙烯腈（PAN）、聚氯乙烯（PVC）等。20 世纪 90 年代初，聚醚砜材料在商业上取得了应用；而 90 年代末，性能更优良的聚偏氟乙烯超滤膜开始被广泛地应用于水处理行业。聚偏氟乙烯和聚醚砜成为目前最广泛使用的高分子超滤膜材料。

陶瓷超滤材料包括三氧化二铝、氧化锆与碳化硅等。与高分子超滤膜相比，陶瓷超滤膜拥有化学稳定性高、抗热震性好、亲水性强、膜通量大、机械强度高、孔径分布集中、孔结构梯度较好等特点，有关陶瓷膜的详细细节可参见第 6 章。相较于传统的三氧化二铝陶瓷膜材料，碳化硅陶瓷膜在水处理时可高效分离水中悬浮颗粒及油滴而不受给水质量影响，也因为它稳定耐用的特性可以有效减少停工期以及安装成本，被认为是一种有望取代各种无机膜的新型分离膜。碳化硅具有优良的热传导性、化学惰性、断裂韧性以及耐酸碱性。其具有较大的膜通量，用于水处理效率非常高。同样，在高温环境、生物医药以及食品等领域都有广泛的应用。

表 5.6　超滤装置的功能设计

项　　目	功能/措施	备　　注
超滤装置	去除水中的悬浮物、胶体微粒和细菌等杂质	筛分孔径为 $0.05\sim0.1\mu m$
材质	高分子材料	聚偏氟乙烯和聚醚砜等
	陶瓷材料	三氧化二铝、氧化锆和碳化硅等，耐高温/高压
操作方式	全流过滤	适用于原水悬浮物、浊度和 COD 较低时，陶瓷超滤膜允许频繁高压反冲洗
	错流过滤	适用于原水悬浮物、浊度较高时，陶瓷超滤膜允许频繁高压反冲洗
消毒措施	高分子材料	定期化学消毒或热消毒
	陶瓷材料	定期化学消毒或热消毒，碳化硅陶瓷超滤膜允许高温焚烧再生
维护措施	定期更换滤材	超滤使用时间较长后，会孳生顽固生物膜，其过滤性能会有很大的下降，高分子超滤膜的更换周期为 3～5 年，陶瓷超滤膜更换周期为 5～10 年

超滤系统可以按照全流过滤与错流过滤两种运行模式操作（图 5.4）。

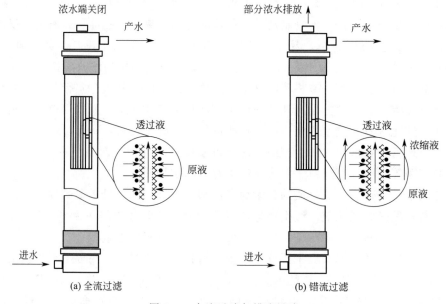

图 5.4　全流过滤与错流过滤

①　全流过滤模式。全流过滤也称为死端过滤，当超滤进水悬浮物、浊度和 COD 低时，比如洁净的地表水、井水、自来水和海水等水源，或者超滤前设置有较严格的预处理，比如有混凝/澄清器、砂滤器以及多介质过滤器等较差水质的水源，超滤可按照全流过滤模式操

作。此过滤模式与传统过滤类似，进水进入超滤膜组件，全部透过膜表面成为产水从超滤膜组件过滤液侧流出。被超滤膜截流的悬浮物、胶体和大分子有机物等杂质通过定时气擦洗、水反洗和正洗以及定期的化学清洗过程排出膜组件。

② 错流过滤模式。当超滤进水悬浮物、浊度较高时，比如污水或者污水回用处理应用，超滤可按照错流过滤模式操作。进水进入超滤膜组件，部分透过膜表面成为产水，另一部分则夹带悬浮物等杂质排出膜组件成为浓水，排出的浓水重新加压后又循环回到膜组件内，保持膜表面较高流速产生的剪切力，把膜表面上截流的悬浮物等杂质带走，从而使污染层保持在一个较薄的水平。

超滤不能完全去除水中的化学与微生物污染物，无机离子和有机物的去除随着超滤膜材料结构和孔隙率的不同而不同，超滤装置对不同的有机物分子去除效果非常好。与反渗透膜一样，超滤不能阻隔可溶性气体。高分子超滤膜具有一定的耐氧化性，短期可以耐受 100mg/L 左右，陶瓷超滤膜具有极好的耐氧化性，因此无须从原水中去除余氯而实现纯化功能。随着现代材料科技的快速发展，无机陶瓷超滤膜（例如，三氧化二铝与碳化硅等材料）已经实现了工业化应用，无机超滤膜的面世让很多高分子超滤膜的应用弊端得以弥补，当采用市政供水为水源且预处理产量较大时，多介质过滤器的产水长期稳定性优势并不明显，企业完全可以考虑采用超滤膜装置替代传统的多介质过滤器。同时，超滤装置的也具有良好的细菌内毒素去除能力，非常适用于膜法制备注射用水工艺，详细内容可参见第 6 章。

（3）纳滤　纳滤是一种特殊而又很有前途的膜分离技术，它因截留物质的大小约为 1nm 而得名。纳滤的操作区间介于超滤和反渗透之间，它截留有机物的分子量大约为 200～400 左右，截留溶解性盐的能力为 20%～98%，对单价阴离子盐溶液的脱除率低于高价阴离子盐溶液，如氯化钠及氯化钙的脱除率为 20%～80%，而硫酸镁及硫酸钠的脱除率为 90%～98%。纳滤膜一般用于去除地表水的有机物和色度，脱除井水的硬度及放射性镭，部分去除溶解性盐，浓缩食品以及分离药品中的活性物质等，纳滤膜运行压力一般为 0.35～1.6MPa。纳滤是近年发展比较快的水过滤技术，早期开发纳滤膜是为了代替常规的利用离子交换法过滤水中杂质的软化膜，故纳滤也称为低压反渗透技术。纳滤膜大多从反渗透膜衍化而来，如 CA 膜、CTA 膜、芳族聚酰胺复合膜和磺化聚醚砜膜等，在环保领域的垃圾渗滤液处理系统中，纳滤工艺已被广泛应用（图 5.5）。

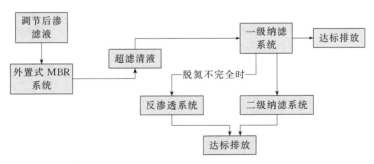

图 5.5　纳滤膜过滤工艺示例

纳滤膜的最大的特点是它的荷电性，根据离子的大小或电价高低而对离子进行分离，进一步分离纯化液体。荷电性的缺点表现为：与制造工艺、制造材料等密切相关，一旦荷电强度过大，对膜的性能会产生极大的不稳定性，影响膜的使用寿命，导致其抗污染性能大大降低。在纳滤膜使用过程中，直径大于孔径的大分子有机物被截留，中性不带电的小粒子可以通过孔径。

纳滤膜的另一个特点是离子选择性，它对 Ca^{2+}、K^+ 的截留高于传统的反渗透技术，而与之相反的是，Cl^- 等消毒后产生的副产品可以快速通过，保留对人体有益的各种微量元素，去除有害元素。纳滤膜利用膜上所带电荷的静电作用，截留二价和多价盐，允许单价盐通过，经过纳滤膜处理后的水最接近大自然山泉水，与反渗透膜相比，作用更加明显。

纳滤膜与反渗透的区别之一在于其截留分子量比较大，一般在 200～2000，这包括有色体、三卤甲烷前体细胞以及硫酸盐等。但是，纳滤对一价阴离子或分子量小于 150 的非离子有机物的截留作用较差。实践研究表明，纳滤技术对大分子有机物有极好的分离效果。在处理重金属溶液中，大分子金属被截留，处理后可以二次利用，减少了企业的投入，节省资金。

纳滤装置目前的主流应用领域为环保水处理和市政供水。由于制药行业的纯化水机产能相对较小，在纯化水设备主流设计思路中，纳滤技术还没有得到普遍应用与推广。

（4）反渗透　反渗透技术发源于 20 世纪 50 年代的宇航技术研究，20 世纪 80 年代初在我国得到实际应用。进入 20 世纪 90 年代后，反渗透膜性能的提高和膜制造成本的降低，进一步加快了反渗透的应用。经过近几十年的不懈努力，反渗透技术已经取得了令人瞩目的进展。反渗透技术是利用压力差来去除水中的各种离子、分子、有机物、胶体、细菌、病毒、热原等，是当今世界公认的高效、低耗、无污染水处理新技术，适用于含盐量大于4000mg/L 的水脱盐处理。

当一张半透膜隔开水溶液与纯化水时，加在水溶液上并使其恰好能阻止纯化水进入水溶液的额外压力称之为渗透压，通常水溶液中离子浓度越高渗透压就越大。当水溶液一侧没有加压时，纯化水会通过半透膜向水溶液一侧扩散，这一现象称为渗透。反之，如果加在溶液侧所加压力超过渗透压，则反而可以使水溶液中的溶剂向纯化水一侧流动，这个过程就叫反渗透。反渗透膜分离技术就是利用反渗透原理分离水溶质和纯化水的方法（图 5.6）。

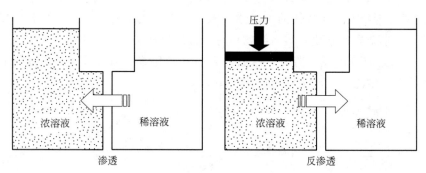

图 5.6　反渗透膜的工作原理

反渗透技术被广泛认为是最有效和经济的分离过程之一，在离子交换前使用反渗透可大幅度地降低操作费用和废水排放量。可用于小型到特大型规模的饮用水与纯化水制备，反渗透也是所有制药用水官方标准推荐的一种膜过滤技术。目前市场上反渗透膜多采用卷式结构作为制药用水生产用（图 5.7）。反渗透膜的材质包括醋酸纤维素和聚酰胺两大类，以聚酰胺为主。反渗透是最精密的膜法液体分离技术，它能阻挡所有溶解性盐及分子量大于 100 的有机物，但允许水分子透过。反渗透法与离子交换法或其他分离过程相结合，可以降低再生剂的费用和废水排放量，也可以用来制备注射用水和超纯水。为了提高反渗透系统效率，必须对原水进行有效的预处理。针对原水水质情况和系统回收率等主要设计参数要求，选择适宜的预处理工艺，从而减少污堵、结垢和膜降解，从而大幅度提高系统效能，实现系统产水量、脱盐率、回收率和运行费用的最优化。

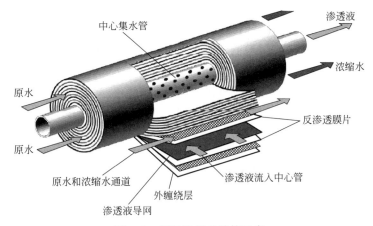

图 5.7　反渗透膜的结构示意

反渗透系统承担了主要的脱盐任务。典型的反渗透系统（图 5.8）包括反渗透给水泵、阻垢剂加药装置、还原剂加药装置、$5\mu m$ 保压过滤器、高压泵、反渗透装置、CO_2 脱气装置或 NaOH 加药装置以及反渗透清洗装置等。预处理系统的产水进入反渗透膜组，在压力作用下，大部分水分子和微量的其他离子透过反渗透膜，经收集后成为产品水，通过产水管道进入后序设备；水中的大部分盐分、胶体和有机物等不能透过反渗透膜，残留在少量浓水中，由浓水管道排出或进入回收装置。反渗透复合膜脱盐率一般大于 98%，制药行业的反渗透膜脱盐率一般都在 99.5% 以上。

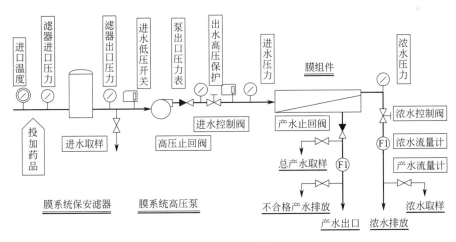

图 5.8　反渗透系统原理

反渗透膜必须防止水垢的形成、膜污染和膜的退化。水垢的控制通常是通过膜前水的软化过程来实现。可通过前期可靠的预处理来减少反渗透膜的杂质及微生物污染。引起膜的退化的主要原因是某个膜单元的氧化和加热退化。膜一般来说不耐氯，通常要用活性炭、中压紫外或 $NaHSO_3$ 去除氯。

反渗透浓水中碳酸钙、碳酸镁、硫酸钙等难溶盐浓缩后会析出结垢并堵塞反渗透膜，进而会损坏反渗透膜元件，除了使用软化器外，在反渗透膜元件之前还可设置阻垢剂加药装置。阻垢剂是一种有机化合物质，它的主要作用是相对增加水中结垢物质的溶解性，以防止碳酸钙、硫酸钙等物质对反渗透膜的阻碍，同时，它也可以降低铁离子的堵塞。纯化水系统中是否要安装阻垢剂加药装置，取决于原水水质和使用者要求的实际情况。

反渗透在实际操作中有温度的限制。大多数反渗透系统对进水的操作都是在 5～28℃ 进行的。所有的反渗透膜都能用化学剂消毒，这些化学剂因膜的选择不同而不同。特殊制造的膜可以采用 80℃ 左右的热水消毒。对于热消毒型纯化水机，反渗透膜需能耐受化学消毒和热水消毒两种功能，由于反渗透膜属于有机高分子材料，温度越高，反渗透膜的可操作压力越低（图 5.9）。

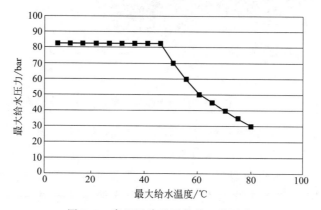

图 5.9　高温反渗透元件的工作压力

在反渗透装置停止运行时，应自动冲洗 3～5min，以去除沉积在膜表面的污垢，对装置和反渗透膜进行有效的保养。反渗透膜经过长期运行后，会沉积某些难以冲洗的污垢，如有机物、无机盐和生物膜的结垢等（图 5.10），造成反渗透膜性能下降。这类污垢必须使用化学药品进行清洗才能去除，以恢复反渗透膜的性能。化学清洗使用反渗透清洗装置进行，装置通常包括清洗液箱、清洗过滤器、清洗泵以及配套管道、阀门和仪表。

图 5.10　反渗透膜表面的生物污染层

双级反渗透是将第一级反渗透的透过水由第二级高压泵送进第二级反渗透系统处理，从而获得透过水的过程（图 5.11）。如果采用的是双级反渗透，在二级反渗透高压泵前加入 NaOH 溶液，用以调节进水 pH 值，使二级反渗透进水中二氧化碳气体以离子形式溶解于水中，并通过二级反渗透去除，使产水满足 EDI 装置进水要求，减轻 EDI 的负担。在 2RO/EDI 设计的纯化水机中，第一级 RO 可以理解为制备高品质饮用水的最后一个单元操作。由于 ChP 和 EP 的纯化水电导率要求不严，部分企业采用的是双级 RO 系统进行纯化水制备，其出水电导率可以控制在 $2\mu S/cm$（25℃）以内，常规原水水质下，双级反渗透设计的纯化水机产水电导无法满足注射用水标准。

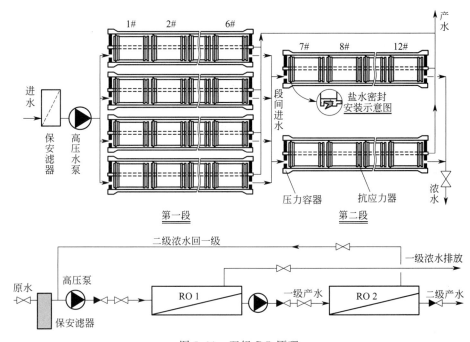

图 5.11　双级 RO 原理

二氧化碳可以直接通过反渗透膜，故反渗透产水的二氧化碳含量和进水的二氧化碳含量一样。反渗透产水中过量的二氧化碳可能会引起产水的电导率达不到药典的要求。二氧化碳将增加反渗透单元后面的混床中阴离子树脂的负担，所以在进入反渗透前可以通过加 NaOH 除去二氧化碳。理论上来说，二氧化碳与碳酸氢根离子在 pH 值为 $4.4\sim8.2$ 内保持平衡，pH 值小于 4.4 时，碱性物质均为二氧化碳，pH 值大于 8.2 时，碱性物质均为碳酸氢根。如果水中的 CO_2 水平很高，可通过专用的卫生型脱气装置将其浓度降低到 $5\sim10mg/L$，脱气有增加细菌负荷的可能性，应将其安装在有细菌控制措施的地方。

经过一段时间的运行，RO 膜必须清洗，对于操作者来讲，这项工作越简单越好。一般膜法水处理系统都应安装一套就地清洗系统并与 RO 装置通过硬管或快速软管连接，一套就地清洗系统可以服务多套 RO 装置。清洗泵的选择应保证第一段每个压力容器的进水量要求，清洗液越湍流，清洗效果越好。为了提高清洗效率，应该尽量对多段反渗透系统进行分段的、针对不同污染条件的清洗操作，表 5.7 是反渗透装置的常规功能设计。

表 5.7　反渗透装置的功能设计

项目	功能/措施	备注
反渗透装置	去除水中的各种离子、分子、有机物、胶体、细菌、病毒、热原等	筛分孔径为 0.1～1nm
材质	高分子材料	醋酸纤维素和聚酰胺等,以聚酰胺为主
操作方式	错流过滤	原水水质需达到饮用水标准,浓水排放比例较高,产量较大时需考虑浓水的回收再利用
消毒措施	热水消毒/化学消毒	定期清洗除垢,定期化学消毒或热消毒
维护措施	定期更换滤材	反渗透膜使用时间较长后,会有结垢现象,同时也会孳生顽固生物膜,其过滤性能会有很大的下降,在制药行业,反渗透膜的更换周期为 3～5 年

反渗透不能完全去除水中的污染物,很难甚至不能去除极小分子量的溶解有机物。但是反渗透能大量去除水中细菌、细菌内毒素、胶体和有机大分子,通常是用浓水流来去除被膜截留的污染物。部分反渗透的用户利用反渗透单元的浓水经简单处理后作为冷却塔的补充水或压缩机的冷却水等。设计 RO 系统时,浓水的处理是不容忽视的,尤其是当设计产量较大的大型膜系统。从乐观的角度讲,RO 产生的浓水无非是原水(饮用水)的浓缩,因而并无大碍,然而单级 RO 浓水排放量约占进水量的 25%～30%,双级反渗透的浓水综合排放比例更高。在我国节能减排大环境下,这是一个很大的可利用水量,考虑周全的设计应涉及各种的浓水处理与回收可能性,尽量利用待排放的浓水。

5.2.2　离子交换法

离子交换法是以圆球形树脂(离子交换树脂)过滤原水,水中的离子会与固定在软化树脂上的离子交换。常见的两种离子交换方法分别是硬水软化和去离子法。硬水软化主要是用在反渗透处理之前,先将水质硬度降低的一种前处理程序。软化水设备里面的球状树脂,采用特定的阳离子交换树脂,以钠离子将水中的钙镁离子置换出来,由于钠盐的溶解度很高,所以就避免了随温度的升高而造成水垢生成的情况。这种方法是目前最常用的标准方式。采用这种方式的软化水设备一般也称为"软化器",具体可参见第 4 章。

离子交换器分为复床(阴阳床)与混合床两大类,钠离子交换器(软化器)与抛光树脂等都是离子交换树脂的具体应用。

离子交换系统包括阳离子和阴离子树脂及相关的容器、阀门、连接管道、仪表及再生装置等,主要作用是去除盐分。阳离子和阴离子交换树脂分别被酸和碱性溶液再生。当水经过离子交换床,水流中的离子会交换树脂中的氢离子和氢氧离子,在浓度的驱动下,这些交换是很容易发生的。在此系统中重要的参数包括树脂质量、再生系统、容器的衬里及废水中和系统。通过监测产水的电导率或电阻可以监控系统的操作。

离子交换树脂再生系统有在线再生系统和离线再生系统。在线再生需要化学处理,但是允许内部工艺控制和微生物控制;离线再生可以通过更换一次新树脂完成,或通过现有树脂的反复再生完成。新树脂提供更大的处理能力和较好的质量控制,但是成本相对较高一些。树脂的再生操作成本相对较低,但是可能引起质量控制问题,如树脂分离和再生质量等。由于离子交换树脂的再生对环境污染且操作比较烦琐,所以,目前在国内制药行业除了采用钠离子软化的复床外,不建议使用传统的复床和混床装置、离子交换装置,趋向于使用将电渗析与离子交换有机地结合起来的连续电法去离子装置。

（1）复床　典型的复床是饮用水预处理装置中的软化器。利用复床进行除盐时，水中各种无机盐类电离生成的阳、阴离子，经过氢型离子交换层时，水中的阳离子被氢离子所取代；经过氢氧型离子交换层时，水中的阴离子被氢氧离子所取代。进入水中的氢离子与氢氧离子组成水分子（H_2O），从而取得去除水中无机盐类的效果。

一级复床（强酸、强碱树脂）适用于进水总含盐量不大于500mg/L，相当于总阳离子含量不大于7mmol/L，总阴离子含量不大于4mmol/L。超过上述进水水质范围，可采用药剂软化、电渗析、反渗透等水处理技术，作为预除盐（预软化）的手段与离子交换组成联合工艺，以扩大适用范围。如果采用弱型树脂与强型树脂串联工艺或双层床组成复床，则进水条件可适当放宽，但应通过技术经济比较后确定。

采用逆流再生的氢型阳离子交换器产水钠泄漏量不大于100μg/L，一般在20～30μg/L；氢氧型强碱阴离子交换器产水二氧化硅泄漏量不大于100μg/L，一般在20～50μg/L，产水电导率小于2μS/cm。采用顺流再生的氢型阳离子交换器产水钠泄漏量约100～300μg/L；氢氧型强碱阴离子交换器产水二氧化硅泄漏量约100～300μg/L，一般在50μg/L左右，产水电导率3～5μS/cm。

复床失效后，常用的再生方式有顺流、逆流、分流、串联等4种再生方式，在水处理中顺流再生和逆流再生的应用最广。顺流再生适用于原水含盐量小于150mg/L的条件；逆流再生是指在树脂层不发生紊乱的前提下，再生剂自下而上地通过失效的树脂层，该方法可使树脂层获得较好的再生效果，再生剂也可得到较高的利用率。

（2）混床　混床就是把一定比例的阳、阴离子交换树脂混合装填于同一交换装置中，均匀混合的树脂层阳离子树脂与阴离子树脂紧密地交错排列，每一对阳离子树脂与阴离子树脂颗粒类似于一组复床，故可以把混床视作无数组复床串联运行的离子交换设备。由于交换后进入水中的氢离子与氢氧离子立即生成水分子，很少形成阳离子或阴离子交换时生成的其他离子，故交换反应进行得十分彻底。因而混床的出水水质优于阳离子、阴离子交换器串联组成的复床所能达到的水质，能制取纯度相当高的成品水。由于阳离子树脂的比重比阴离子树脂大，所以在混合离子交换器内阴离子树脂在上、阳离子树脂在下，一般阳离子树脂、阴离子树脂的装填比例为1∶2。

混床的再生过程较阳离子、阴离子交换器的再生工艺复杂，且再生效率低，再生后树脂的工作交换容量也较低，再生成本高于阳离子交换器或阴离子交换器。因而混床一般用于进水含盐量较低的场合，如复床或反渗透之后，这样可以延长工作周期、增加产水量、减少再生次数，充分发挥混床出水品质好的优点。根据再生方式的不同，混床分为体内再生式混床和体外再生式混床。

在水处理系统中，采用强酸与强碱树脂装填的混床出水纯度最高，使用最广，其他性质树脂装填的混床出水品质较差，目前在水处理领域中的使用范围有一定的局限性。经过强酸、强碱树脂装填的混床，出水电阻率一般为10～15MΩ·cm，二氧化硅泄漏量在20μg/L左右，出水pH值接近中性。

（3）抛光树脂　抛光树脂是由氢型强酸性阳离子交换树脂及氢氧型强碱性阴离子交换树脂混合而成。一般用于超纯水处理系统工艺末端，用于保证系统出水水质能够维持用水标准。根据出水水质要求，可设置二级抛光混床，经过抛光混床处理后，一般出水电阻率都能达到18MΩ·cm以上，对TOC、硅、硼均有一定的控制能力。抛光树脂出厂的离子形态都是H型、OH型，由于抛光混床再生工艺复杂，再生剂纯度要求较高，操作要求严格，再生成本也很高，一般在使用现场很难达到预期的再生效果，因此失效后即行废弃。根据进水水质和出水水质要求，抛光树脂使用寿命一般为 1~1.5 年。抛光混床工艺一般用于光伏、半导体、液晶面板等行业，在制药行业很少使用。

5.2.3 电渗析法

利用半透膜的选择透过性来分离不同的溶质粒子（如离子）的方法称为渗析。在电场作用下进行渗析时，溶液中的带电的溶质粒子（如离子）通过膜而迁移的现象称为电渗析。利用电渗析进行提纯和分离物质的技术称为电渗析法。它是 20 世纪 50 年代发展起来的一种新技术，最初用于海水淡化，现在广泛用于化工、轻工、冶金、造纸、医药工业，尤其用于制备纯化水和处理"三废"，例如用于酸碱回收、电镀废液处理以及从工业废水中回收有用物质等。

电渗析使用的半渗透膜其实是一种离子交换膜。这种离子交换膜按离子的电荷性质可分为阳离子交换膜（阳膜）和阴离子交换膜（阴膜）两种。在电解质水溶液中，阳膜允许阳离子透过而排斥阻挡阴离子，阴膜允许阴离子透过而排斥阻挡阳离子，这就是离子交换膜的选择透过性。在电渗析过程中，离子交换膜不像离子交换树脂那样与水溶液中的某种离子发生交换，而只是对不同电性的离子起到选择性透过作用，即离子交换膜不需再生。电渗析工艺的电极和膜组成的隔室称为极室，其中发生的电化学反应与普通的电极反应相同。阳极室内发生氧化反应，阳极水呈酸性，阳极本身容易被腐蚀。阴极室内发生还原反应，阴极水呈碱性，阴极上容易结垢。

电渗析是膜分离过程中较为成熟的一项技术，目前电渗析器应用范围广泛，适用于电子、医药、化工、火力发电、食品等行业的给水处理，也可用于物料的浓缩、提纯、分离等物理化学过程。它在水的淡化除盐、海水浓缩制盐、精制乳制品，果汁脱酸精和提纯，制取化工产品等方面都有应用，还可以用于食品，轻工等行业制取纯化水，电子、医药等工业制取高纯水的前处理。

由于新开发的荷电膜具有更高的选择性、更低的膜电阻、更好的热稳定性和化学稳定性以及更高的机械强度，电渗析过程不仅限于应用在脱盐方面，而且在食品、医药及化学工业中，电渗析过程还有许多其他的工业应用，如工业废水的处理，主要包括从酸液清洗金属表面所形成的废液中回收酸和金属；从电镀废水中回收重金属离子；从合成纤维废水中回收硫酸盐；从纸浆废液中回收亚硫酸盐等；用于化学工业分离离子性物质与非离子性物质；在临床治疗中电渗析可作为人工肾使用等；在制药用水系统中，电渗析最广泛的应用实践是与离子交换相结合的电法去离子。

5.2.4 电法去离子

电法去离子（EDI）是结合了电渗析与离子交换两项技术各自的特点而发展起来的一项新技术。与普通电渗析相比，由于淡室中填充了离子交换树脂，大大提高了膜间导电性，显著增强了由溶液到膜面的离子迁移，破坏了膜面浓度滞留层中的离子贫乏现象，提高了极限电流密度；与普通离子交换相比，由于膜间高电势梯度，迫使水解离为 H^+ 和 OH^-。H^+ 和 OH^- 一方面参与负载电流，另一方面可以又对树脂起就地再生的作用，因此 EDI 不需要对树脂进行再生，可以省掉离子交换所必需的酸碱储罐，也减少了环境污染。通过 EDI 设备处理后的水，产水电阻率>16MΩ·cm（电导率<0.063μS/cm），二氧化硅去除率高至

99％或出水含量＜5μg/L。

EDI 系统主要功能是进一步除盐。《美国药典》要求散装纯化水的电导率值不高于 1.3μS/cm（25℃）。这个要求是指用水点的水质指标，由于二氧化碳通过罐体呼吸器溶入纯化水后会导致电导率增高，纯化水机的产水电导率肯定要远远低于此要求。与 RO/RO 系统相比，RO/EDI 系统电导率值更加稳定并始终处于较低水平（图 5.12）。EDI 在一定的原水进水条件下，采用一级反渗透技术完全可以满足 EDI 的运行，如果采用二级反渗透技术，EDI 的性能和使用寿命明显优于同类产品，尤其在除硅性能上，表现非常优越。因此，为获得更加安全、稳定的纯化水水质，满足国际化法规监管的合规性需求，RO/EDI 系统或 RO/RO/EDI 系统已得到越来越多制药企业的选择和应用。

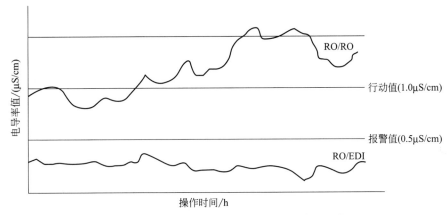

图 5.12　RO/RO 与 RO/EDI 系统的比较

EDI 系统中设备主要包括反渗透产水箱、EDI 给水泵、EDI 装置及相关的阀门、连接管道、仪表及控制系统等。EDI 原水进入系统将分成 3 股独立的水流：淡水约占进水的 90％~95％；浓水约占进水的 5％~10％；极水约占进水的 1％（如有）。水流流向与膜层表面平行，结合不同的应用场景，可分为"三进三出""二进三出"与"二进二出"等不同的工作原理。电法去离子利用电的活性介质和电压来达到离子的运送，从水中去除电离的或可以离子化的物质。电法去离子与电渗析或通过电的活性介质来进行氧化/还原的工艺是有区别的。电的活性介质在电法去离子装置当中用于交替收集和释放可以离子化的物质，便于利用离子或电子替代装置来连续输送离子。电法去离子装置可能包括永久的或临时的填料，操作可能是分批式、间歇的或连续的。对装置进行操作可以引起电化学反应，这些反应是专门设计来达到或加强其性能，可能包括电活性膜，如半渗透的离子交换膜或两极膜。

EDI 模块两端的电极提供了横向的直流电场，电流驱动水中的阳离子（如钠离子）透过阳离子膜，反之阴离子（如氯离子）透过阴离子膜，并防止阴阳离子由另一侧浓水室进入淡水室（阴离子不能透过阳离子膜，阳离子不能透过阴离子膜），水从离子膜表面流过而不能透过离子膜。阴阳离子从淡水室迁移到浓水室。此过程可以去除大多数的强电解质物质，离子交换树脂起到简单的导体作用，离子交换树脂与原水的弱电解质物质（如硅）进行交换。电流促使水分子电解成氢离子和氢氧离子，这些 H^+ 和 OH^- 连续再生充填在淡水室内的离子交换树脂（图 5.13）。进水中的阴阳离子在连续进入浓水室后被去除，高纯度的淡水连续从淡水室流出，其结果是降低了淡水室中水的离子浓度和增加了浓水室中水的离子浓度，从而使得淡水室中水的纯度越来越高。

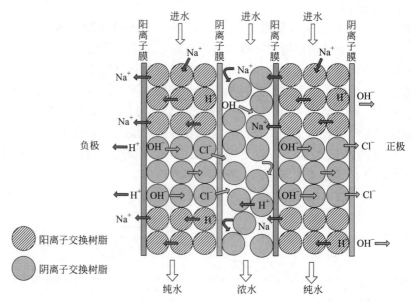

图 5.13 EDI 工作原理

相对于混床来讲，EDI 具有如下优势：①消除了混床再生化学品的使用。混床系统中，通常采用酸碱对离子交换树脂进行再生，但是这样一来将增加环保和安全标准的难度。采用 EDI 技术则消除了此类有害化学品的使用。②实现了连续而简单的操作。混床系统再生为间歇性的，操作程序复杂，产水水质波动较大，系统必须留有很大的余量。而 EDI 系统为连续再生，具有产水水质稳定，运行简单等特点。③无有害废水产生。混床再生废水主要是废酸和废碱，排放前必须经过中和。而 EDI 技术则不需要任何化学品再生，其浓水可被直接排放或者作为 RO 进水循环利用。④占地面积小。由于采用了模块化技术，因此，EDI 在安装时对设备的高度和空间具有更多的选择，EDI 系统相对于同等处理能力的混床需要更少的占地面积。⑤易于维护。如果系统内某一个模块因故暂时脱离工作，进水能够在其余模块中重新分配，使系统的总体运行效果不受影响，表 5.8 是 EDI 装置的典型功能设计。

表 5.8 EDI 装置的功能设计

项目	功能/措施	备注
EDI 装置	深度除盐	产水电导率<0.063μS/cm
外形	板框式或螺旋卷式	螺旋卷式 EDI 与超滤模块可以实现小型化整合，用于膜法制备注射用水具有空间上的优势
材质	高分子材料	不耐余氯等强氧化剂腐蚀
操作方式	电渗析与离子交换相结合	环保节能，产水纯度极高
消毒措施	热水消毒/化学消毒	定期清洗除垢，定期化学消毒或热消毒
维护措施	定期更换滤材	EDI 模块使用时间较长后，会有结垢现象，其过滤性能会有很大的下降，在制药行业，EDI 模块的更换周期为 5～8 年

纯化单元一般在一对离子交换膜中能永久地对离子交换介质进行通电。在阳离子和阴离子膜之间，通过有些单元混合（阳离子和阴离子）离子交换介质来组成纯化水单元；有些单元在离子交换膜之间通过阳离子和阴离子交换介质结合层形成了纯化单元；其他的装置通过在离子交换膜之间的单一离子交换介质产生单一的纯化单元（阳离子或阴离子）。为了保证

EDI 装置的连续制水，提高系统运行的稳定性，EDI 装置通常采用模块化设计，即利用若干个一定规格的 EDI 模块组合成一套 EDI 装置。如果其中的一个模块出现故障，在不影响装置运行的情况下，可以方便地对故障模块进行维修或更换处理。另外，模块化的设计方式还可以使装置保持一定的扩展性。EDI 模块作为 EDI 装置的核心部件，其设计参数是保证 EDI 装置整体运行性能的关键。

EDI 模块按其结构形式可分为板框式与螺旋卷式等两种（图 5.14）。全球范围内，EDI 单元设计为板框式结构的应用偏多，螺旋卷式结构应用相对较少。随着全球范围内膜法制备注射用水的普及，螺旋卷式 EDI 可以与超滤模块进行小巧化整合，其工程学优势将得到体现。①板框式 EDI 模块。板框式 EDI 模块简称板式模块，它的内部部件为板结框工结构，主要由阳、阴电极板板、极框、离子交换膜、淡水隔板、浓水隔板及端板等部件按一定的顺序组装而成，设备的外形一般为长方形或圆形。通常情况下，板框式 EDI 模块按一定的产水量进行了定型生产的模块，供应商也可以根据不同的产水量实现定制生产的模块。②螺旋卷式 EDI 模块。螺旋卷式 EDI 模块简称卷式 EDI 模块，它主要由电极、阳膜、阴膜、淡水隔板、浓水隔板、浓水配集管和淡水配集管等组成。它的组装方式与卷式 RO 相似，即按"浓水隔板—阴膜—淡水隔板—阳膜—浓水隔板—阴膜—淡水隔板—阳膜……"的顺序，将它叠放后，以浓水配集管为中心卷制成型，其中浓水配集管兼作 EDI 的负极，膜卷的一层外壳作为阳极。

 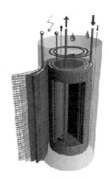

(a) 板框式　　　　　　　　　　　　(b) 螺旋卷式

图 5.14　EDI 的结构类型

按运行方式分类，EDI 模块分为浓水直排式和浓水循环式。如果在 EDI 模块的浓水室及极水室中也填充了离子交换树脂等导电性材料，则可以不设浓水循环系统，这种模块称为浓水直排式 EDI 模块。与浓水循环式 EDI 模块相比，浓水直排式提高工作电流的方法不是靠增加浓水含盐量，而是借助于导电性材料。因为在 EDI 模块中，树脂的电导率比水溶液高几个数量级，所以，在操作电压相同的情况下，将能产生更大的工作电流，从而可以用较低的能耗获得较好的除盐效果。浓水直排式 EDI 模块对进水水质的波动有一定适应性，当进水电导率不太低时，浓水室和极水室的电阻主要取决于导电性材料，而与水中含盐时的关系不大，所以，当进水电导率波动同样有限时，多选浓水直排式 EDI 模块。浓水循环式 EDI 模块的系统进水一分为二，大部分水由模块下部进入淡水室进行脱盐，小部分水作为浓水循环回路的补充水。浓水从模块的浓水室出来后，进入浓水循环泵入口，经升压后送进入模块下部，并在模块内一分为二，大部分水送入浓水室内，继续参与浓水循环，小部分水送入极水室作为电解液，电解后携带电极反应的产物和热量而排放。为了避免因浓水浓缩倍数过高而出现结垢现象，运行中将连续不断地排出一部分浓水。与浓水直排式相比，浓水循环式通过浓水循环浓缩工艺，提高了浓水和极水含盐量，达到提高 EDI 模块工作电流的目的。同时，一部分浓水参与再循环，增大了浓水流量，亦即提高了浓水室的流速，这有利于降低膜面滞流层厚度，减轻浓差极化，减小了浓水系统结垢的可能性。另外，较高的电流使 EDI 模块中的树脂处于较多的 H^+ 型和 OH^- 型状态，保证了 EDI 除去二氧化硅等弱电解质的有效性。浓水循环式 EDI 模块需要设置一套加盐装置，因此，必须考虑加盐量和浓水循环系统控制问题。

5.2.5 蒸馏法

蒸馏是指利用液体混合物中各组分挥发性的差异而将组分分离的传质过程，将液体沸腾产生的蒸气导入冷凝管，使之冷却凝结成液体。蒸馏是分离沸点相差较大的混合物的一种重要的操作技术，尤其是对于液体混合物的分离有重要的实用意义，广泛应用于炼油、化工、轻工等领域。

2020 版《中国药典》规定：纯化水为饮用水经蒸馏法、离子交换法、反渗透法或其他适宜的方法制备的制药用水。在我国，多效蒸馏水机非常普及，但这种设备的出水温度非常高，不适合于常温纯化水系统的制备，因此，蒸馏法的利用价值一直没有得到重视。很少有蒸馏法制备的纯化水机投入到制药领域的工业化生产。随着热压蒸馏技术与低压蒸馏技术在制药行业的逐步普及与应用，蒸馏法制备注射用水的价值将被慢慢开发出来。

热压蒸馏水机的工作原理就是利用进料水在列管的一侧被蒸发，所产生的蒸汽通过分离装置进入压缩机，利用压缩机的运行使得压缩蒸汽的压力和温度升高，然后高能量的蒸汽被释放回蒸发器和冷凝器的容器。水被加热蒸发的越多，产生的蒸汽也就越多，此纯化水工艺过程不断地重复。热压蒸馏水机主要由容积压缩机、蒸馏柱、主冷凝器、电阻、浓水排放阀、液位器、静压柱、呼吸过滤器、热交换器、输送泵、浓水热交换器等组成（图 5.15）。

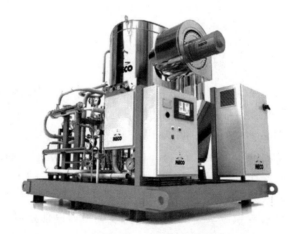

图 5.15　热压蒸馏水机

热压蒸馏水机以饮用水为原水时，出水温度可以为常温，也可以为高温。常温的纯化水可以作为纯化水使用，高温的纯化水可以作为注射用水使用。更多的关于蒸馏法技术内容介绍可参见第 6 章。

5.3 储存与分配系统

纯化水储存与分配系统包括储存系统、分配模块单元和用水点管道系统（图5.16）。良好的储存与分配系统的设计需兼顾法规、系统质量安全、投资和实用性等多方面，并杜绝设计不足和设计过度的发生。纯化水储存与分配系统的设计质量对纯化水系统成功与否至关重要。纯化水储存与分配系统需维持纯化水用水点处的水质质量在药典要求的范围之内，同时，系统还需将纯化水以符合生产要求的流量、压力和温度等参数输送到各工艺用水点，另外，还需保证整个系统的初期投资和运行费用的合理匹配。

图5.16　储存系统与分配模块单元

纯化水储存与分配系统的设计形式多种多样，选择何种设计形式主要取决于用水点实际需求与合规性要求。随着材料与工艺技术的改进，整个制药工业对制药用水的理解也在不断加深，许多良好的设计特性已被大家广泛接受并应用。例如，70℃以上高温循环、连续湍流循环、卡箍连接、机械/电解抛光管道、自动轨道焊接技术、连续消毒/周期性消毒技术、卫生型元器件等。当所有良好的设计特性均融入一个新设计方案中时，纯化水系统的安全性肯定很高，但其投资成本也会显著性升高。虽然每个良好的设计参数都有出色的安全等级，但把所有良好的设计特性均植入到每个纯化水系统也是错误的设计思路。

过度设计与设计不足都是纯化水储存与分配系统应该避免的。在合理的成本投入下，基于"投资回报"理念的降低化学纯度和微生物污染风险的设计特性是合适的选择，这也是制药工程所面临的现实挑战。纯化水储存与分配系统的微生物控制不能仅通过有效的消毒工艺来完成，缺乏微生物控制，也不是仅由于消毒工艺的失败而引起的。消毒是微生物控制的几个要素之一，其他要素包括构造和设计的系统材料、日常系统维护、水纯度、常规微生物监测等。当这些要素中的一个或多个不理想时，可能需要更谨慎地使用或修改其余要素（包括消毒），从而实现和维持微生物控制。

5.3.1　法规规范

纯化水储存与分配在制药工艺中是非常重要的，因为它们将直接影响到药品生产质量合格与否。2021版《WHO GMP：制药用水》规定如下。

- 纯化水系统的部件，包括但不仅限于管道、阀门和配件、密封、隔膜和仪表，均应恰当，并满足系统在静态/动态及消毒期间可能接触的全部工作温度范围和潜在化学品的以下目标。结构材料应具备恰当的质量。

- 纯化水系统建筑材料应适当。应不浸出、不吸附、不吸收、耐腐蚀。一般推荐使用不锈钢等级 316L 或 PVDC。材料的选择应考虑到消毒的方法。

- 不锈钢系统应进行轨道焊接，必要时可手工焊接。材料之间的互焊性应通过规定的工艺来证明，并保证焊接质量。应保存此类系统的文件，至少应包括焊工的资质、焊工设置、工作测试件（贴片或焊缝样品）、所用气体的质量证明、焊机校准记录、焊缝识别和热编号，以及所有焊缝的日志。检查一定比例的焊缝（如 100％手工焊缝，10％轨道焊缝）的记录、照片或视频。

- 接头应使用卫生型连接件，例如三叶草接头。螺纹连接是不允许的。聚偏氟乙烯或聚偏二氟乙烯（PVDF）体系应熔合并目视检查。

- 应考虑对不锈钢系统进行钝化处理，例如，非电抛光表面（初始安装后和重大修改后），按照规定使用的溶液、浓度、温度和接触时间的文件程序进行钝化处理。

- 内部应是光滑的。

- 法兰盘、连接头和阀门应该是卫生型设计。阀门应该是锻造隔膜阀或机加工阀体，其用水点结构便于排水。适用于纯化水系统的取样阀应为卫生型阀门，表面粗糙度不超过 $1.0\mu m$，通常安装在纯化单元操作之间和分配回路上。应该进行适当的检查，以确保使用了正确的密封和膜片，并安装正确且已拧紧。

- 该系统的安装应提高排水能力，以允许完全排水的方式安装管道，推荐最小坡度为 1/100。

- 在适当的情况下，应考虑气压或水压测试、喷淋球功能测试和循环湍流测试。

- 应提供在线测量的总有机碳、电导率和温度仪表。

- 文件应提供系统组成和确认的证据。这些包括施工图纸、建筑材料合格证书的原始或认证副本、现场测试记录、焊接/连接记录、校准证书、系统压力测试记录和钝化记录。

- 纯化水储存与分配系统应进行控制，降低污染风险和微生物快速孳生风险。控制措施可包括适当使用化学和/或热消毒程序。所使用的程序和条件，如时间和温度，以及频率，应确定并证明对系统所有相关部分的消毒是有效的。在系统设计阶段应考虑所采用的技术，因为程序和技术可能会影响施工的组件和材料。

- 如果水系统化学消毒是生物污染控制计划的一部分，则应遵守经过验证的程序，以确保所选择的消毒过程有效，消毒剂可有效清除。

- 应保存消毒记录。

- 保持水的连续循环，保持湍流，例如，$Re>4000$。

- 确保卫生设计，包括采用零死角隔膜阀，最大限度地减少死角。应该测量和计算可能存在死角的区域。

- 考虑在系统中使用紫外灯，紫外灯需要独立监控。

- 水分配系统应设计为环路，可连续循环散装纯化水。如果不是这样，则应为非循环式单路系统进行完善的论证。

- 至少应考虑以下方面：采取控制措施尽可能降低污染物孳生；施工材料与连接方式对消毒的影响；装置、探头和仪表如流量变送器、总有机碳分析仪和温度探头的设计和位置选定。

- 分配循环管网和用水点处一般不安装过滤装置。
- 如果使用了热交换器，则应采用连续循环回路或子回路，以避免系统中有不可接受的死水。
- 如果因工艺原因需降低水温，则降低时间应缩短至最短需要时间。应在系统确认过程中证明冷循环及其时长满足要求。
- 循环泵应为卫生型设计，具有适当密封，可防止系统污染。
- 如果有备用泵，则其参数设置或管理方式应可避免系统存在循环死角。
- 如果使用了双泵，则应考虑预防系统污染的措施，尤其是当其中一台泵不工作时是否会有死水。
- 应识别并标示部件。应标示流向。

GMP（2010 修订）中对纯化水储存与分配系统有如下的明确规定：

第九十八条　纯化水储罐和输送管道所用材料应当无毒、耐腐蚀；储罐的通气口应当安装不脱落纤维的疏水性除菌滤器；管道的设计和安装应当避免死角、盲管。

第九十九条　纯化水制备、储存和分配应当能够防止微生物孳生。纯化水可采用循环。

第一百零一条　应当按照操作规程对纯化水管道进行清洗消毒，并有相关记录。发现制药用水微生物污染达到警戒限度、纠偏限度时应当按照操作规程处理。

5.3.2　储存系统

纯化水储存系统用于调节高峰流量需求与使用量之间的关系，使二者合理地匹配。储存系统必须维持进水的质量以保证最终产品达到质量要求。储存的原则最好是用较小的、成本较低的制备系统来满足高峰时的需求。较小的制备系统的操作更接近于连续及动态流动的理想状态。对于较大的生产厂房或用于满足不同厂房的系统，可以用储罐从循环系统中分离出其中的一部分和其他部分来使交叉污染降至最低。

设备产能与储罐体积之比为置换周转，循环泵流量与储罐体积之比为循环周转。用水点的使用状况决定了系统的置换周转快慢。通常情况下，置换周转越快，水机的充分利用率越高，罐体中纯化水也会相对"新鲜"，典型的置换周转率为 $1:1\sim1:5$。纯化水储罐容积的选择需结合经济因素与纯化水机产量来定。同一个生产车间，采用稍小产能的纯化水机与稍大容积的纯化水储罐相结合，也能满足工艺需求，纯化水系统的置换周转率多控制在 $1:2\sim1:3$。图 5.17 是一款专门用于纯化水机产能与储罐容量的计算软件，案例中选型软件的计算结果是：纯化水机 5000L/h，纯化水罐 10000L，置换周转率为 $1:2$，停泵液位 15%，补水液位 50%，纯化水机处于长期连续工作状态。

理论上来讲，循环周转越快，罐体中的水被"周转流动"得越快，例如，纯化水储罐为 $5m^3$，纯化水输送泵为 $20m^3/h$，循环周转为 4 次/h；但这个周转速率对于抑制微生物孳生来讲非常微弱，储罐中的水处于"相对静止"状态，因此，为了有更好的储罐微生物预防措施，可以采用在罐体中添加臭氧或将水温加热到 70℃ 以上来实现。

虽然纯化水储罐及其相关的泵、呼吸器与仪表的投资成本相对较大，但是在高峰用量时，通常这些成本远低于纯化水机重新选型时所增加的成本。储存系统的主要质量风险点是它会引起一个低速水流动的区域，这可能会促进细菌的生长，所以，合理地选择储存与分配系统的分配决策树非常重要。安装和使用的储罐应适合其既定用途，最少应考虑以下方面。

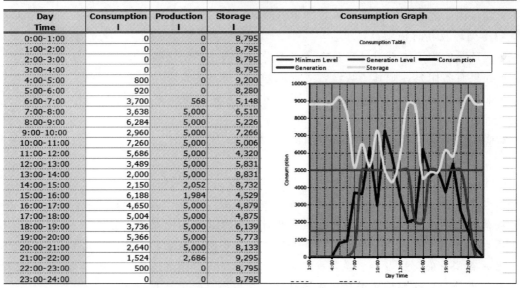

PW productiom		5,000 l/h		
Tank volume		10,000 l	Real Minimum tank level	43.20%
% Minimum tank level (recommended)		15%	Total consumption	68,495 l
% tank level to generate		50%	Maximum simultaneous consumption	7,260 l

Day Time	Consumption l	Production l	Storage l	Consumption Graph
0:00-1:00	0	0	8,795	
1:00-2:00	0	0	8,795	
2:00-3:00	0	0	8,795	
3:00-4:00	0	0	8,795	
4:00-5:00	800	0	9,200	
5:00-6:00	920	0	8,280	
6:00-7:00	3,700	568	5,148	
7:00-8:00	3,638	5,000	6,510	
8:00-9:00	6,284	5,000	5,226	
9:00-10:00	2,960	5,000	7,266	
10:00-11:00	7,260	5,000	5,006	
11:00-12:00	5,686	5,000	4,320	
12:00-13:00	3,489	5,000	5,831	
13:00-14:00	2,000	5,000	8,831	
14:00-15:00	2,150	2,052	8,732	
15:00-16:00	6,188	1,984	4,529	
16:00-17:00	4,650	5,000	4,879	
17:00-18:00	5,004	5,000	4,875	
18:00-19:00	3,736	5,000	6,139	
19:00-20:00	5,366	5,000	5,773	
20:00-21:00	2,640	5,000	8,133	
21:00-22:00	1,524	2,686	9,295	
22:00-23:00	500	0	8,795	
23:00-24:00	0	0	8,795	

图 5.17　纯化水机产能/储罐容量计算软件

- 设计和形状。
- 储罐可排水（必要时）。
- 结构材料。
- 产能，包括稳定状态、水制备速度与用水点潜在波动同时需求、水处理系统失败或不能产水（例如因再生循环）时短期存水能力之间的缓冲能力。
- 防止储罐中水滞留（例如，水滴可能滞留的顶部空间），使用喷淋球或其他装置，确保储罐内表面处于润湿状态。
- 储罐表面接口的限制和设计。
- 用于微生物预防的疏水性呼吸器的完整性应得到周期性检测。
- 卫生型爆破片应配有外置爆破变送器，以确保可发现系统完整性失败情况，液位装置的设计与消毒（需要时）。
- 阀门、取样点和监测装置和探头的设计与位置选定。
- 热交换器或夹套容器的使用。如果选择热交换器，应使用双板管式或双板式热交换器，如有可能，公用工程工作压力应小于水系统工作压力，从而将污染风险降到最低。

（1）纯化水储罐　纯化水储罐通常为卫生型常压设计，工作温度 0～100℃，配备有人孔、进水口、出水口、回水口、呼吸器、压力表、温度传感器、液位检测装置、清洗球及必要的备用口，少数制药企业还会安装卫生型爆破装置。设备上方应有起重装置对接孔，便于维修。洁净型人孔规格直径通常不小于 400mm，以便检修人员能自由进出。在罐内部分应平整无凹凸，开口位置需合适，无清洗死角。纯化水罐体的设计、制造与检验标准包括：《NB/T 47003.1—2009 钢制焊接常压容器》《NB/T 47015—2011 压力容器焊接规程》《NB/T 47018—2017 承压设备用焊接材料订货技术条件》《NB/T 47013—2015 承压设备无损检测》

与 ASME BPE 等。

通常情况下，推荐罐体材质为 S31603（316L），为了保证纯化水罐体具有良好的微生物抑制能力，罐体内表面推荐采用电抛光处理（$Ra \leqslant 0.4\mu m$），外表面亚光处理，表面光泽均匀一致。罐体外壁采用 50mm 厚的硅酸盐等材料进行保温，保温材料不允许含氯，外包 2.5～3mm 厚的 304 不锈钢，确保正常工作或热水消毒时，外壁温度 $\leqslant 40℃$，无冷凝水。有效容积比是指罐体的有效容积与实际总容积的占比，纯化水储罐的有效容积比可按照 0.8～0.85 来考虑。例如，当企业需要一只有效容积为 4000L 的纯化水罐体时，其罐体总体积约为 5000L。表 5.19 是一个有效容积 4000L 的纯化水罐体设计参数表。

表 5.9　纯化水罐体设计参数表

序号	项目	内　容
1	有效工作容积/总体积	4000L/约 5000L
2	用途	纯化水储存
3	构造	立式、桶体圆柱形、两端蝶形/椭圆形封头。该罐有保温层，保温材料不得使用含石棉、氯的材料，保温层外应有 304 不锈钢金属外壳，管口标准:ASME BPE,卡箍连接
4	耐压力	常压设计
5	耐温度	0～100℃
6	接触水部分金属材料	S31603(316L)不锈钢
7	不接触水部分金属材料	S30400(304)不锈钢
8	内部抛光	电解抛光至 $Ra \leqslant 0.4\mu m$
9	外部抛光	2B,拉丝处理
10	内部焊缝	磨光并带抛光至 $Ra \leqslant 0.8\mu m$
11	外部焊缝	抛光至 240♯
12	液位传感器接口	安装于上、下封头,DN80 接口
13	呼吸器接口	安装于上封头,DN40 接口
14	温度传感器接口	安装于筒体下部,DN40 接口
15	喷淋球	1～2 只,卫生型,切线出水型喷淋球,工作压力 1bar,满足核黄素覆盖测试
16	压力表接口	安装于上封头,DN40 接口
17	纯化水进口	安装于上封头,以纯化水机为准
18	纯化水回水口	安装于上封头,以回水管网管径为准
19	纯化水出水口	安装于罐体底部,以离心泵入口为准
20	爆破片口	安装于上封头,DN40 接口(选项)
21	备用口	1 只,安装于上封头,DN40 接口
22	卫生型视镜	1 只,实现目视检查
23	其他常规配置	人孔,起重装置对接孔等

纯化水储罐可分为立式与卧式两种形式，其选择原则需结合罐体容积、制水间空间、罐体刚性要求、投资要求和现场就位实际情况等综合因素考虑。通常情况下，立式设计的罐体应优先考虑，这主要是立罐有一个"最低排放点"，完全满足"全系统可排尽"的 GMP 要求。同时，相同的停泵液位时，立式设计的罐体内残留的水比卧式设计懂得罐体少很多。卧式设计

罐体的"罐体最低排放点"虽不如立式设计的罐体优秀,但通过筒体坡度等技术手段也可以实现。当罐体容积较大(如有效容积超过 15000L)或制水间高度有限时,可选择卧式设计的储罐。另外,在相同的大容量体积时,卧式设计的罐体投资较立式设计的罐体相对会少。

为实现纯化水罐体附件连接无死角,ASME BPE 标准推荐采用卡箍连接或 NA 卡接,NA 卡接是一种卫生等级更高的罐体连接件,能实现罐体附件的"无死角"安装,极大地消除了连接处可能存在的微生物孳生风险(图 5.18),尤其适用于压力表、爆破片和液位变送器等接口。

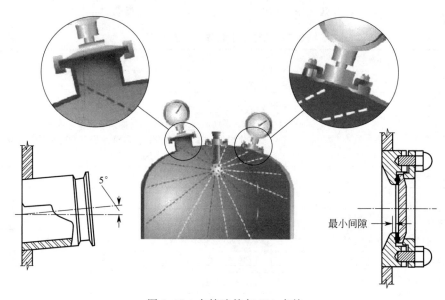

图 5.18　卡箍连接与 NA 卡接

有些旧系统的储罐偏小,不能生产或存储足够的水来满足现代生产的需求。如果每天有足够长的非用水时间,以允许低产量系统生产和储存足够的水以满足较高的需求,则较大的储水罐可能会满足增加的水需求。但是,如果系统输出不足以在低使用周期内满足此需求,则生产必须变更其繁重的使用时间表,或者必须安装更大容量的纯化和/或储水系统。可以采取在现有系统中添加纯化系统,在现有系统中替换速率限制单元操作的形式,或者是使用大型系统替换目前较小的系统,为现有存储和分配系统供水。

(2)呼吸器　GMP(2010 修订)明确规定:纯化水储罐的通气口应当安装不脱落纤维的疏水性除菌滤器。纯化水储罐安装呼吸器是 GMP 的基本要求之一,其主要目的是有效阻断空气中大颗粒和漂浮微生物对罐体中纯化水污染,呼吸器多采用 0.22μm 无菌滤芯、聚四氟乙烯材质。当纯化水罐体存在高温运行工况或周期性巴氏消毒、纯蒸汽或过热水消毒时,蒸汽遇冷的过滤滤芯会发生凝结,冷凝水会聚集在滤膜上,导致呼吸器发生堵塞,极易出现"瘪罐"等安全事故。因此,纯化水储罐多安装带电加热夹套并设自排口的呼吸器(图 5.19),它能有效防止"瘪罐"发生,并能长期有效地保证呼吸器滤芯处于干燥状态,降低呼吸器染菌概率。当纯化水储存与分配系统采用化学消毒或臭氧消毒设计时,纯化水呼吸器是否需要安装带电加热夹套,安装的电加热夹套是否需要长期打开,企业可进行风险评估并做出合理决策。

散装纯化水不是无菌水,纯化水储罐的呼吸器设计应尽可能简单,采用离线消毒或定期

图 5.19　带电加热夹套的呼吸器

更换滤芯的方式完全满足 GMP 和生产需求。部分企业为纯化水罐体呼吸器设计了复杂的纯蒸汽在线灭菌功能，一旦发生纯蒸汽球阀泄漏，进入呼吸器滤芯外侧的冷凝水将会使纯化水储罐处于带压的高风险状态，极易出现"瘪罐"，这将给储存系统带来极大的安全隐患。同时，纯化水的微生物负荷与饮用水相同，都是 100CFU/mL，没有必要为纯化水呼吸器实现过度的微生物杀灭措施，综合考虑，采用定期更换纯化水储罐呼吸器滤芯的方式是一个更加合理、安全的方式，更换周期通常为半年或一年。

纯化水系统储罐上的呼吸器滤芯在安装前后要进行完整性测试和目视检查，该操作无须像无菌过滤器那样进行验证，完整性检测可以在线或离线实施。完整性测试的目的是验证呼吸器从纯化水储存系统中移除时没有出现堵塞或泄漏现象，从而证明企业所采取的预防性维护计划是正确的。常用的罐体过滤器完整性检测方法包括泡点法、扩散流法和水浸入法，这些方法根据过滤器生产商、应用和滤芯类型的不同而不同。应该对使用后的滤芯在进行的测试中可能出现的失败情况，建立足够多的规程。

（3）喷淋球　安装回水喷淋球的主要目的是确保纯化水罐体始终处于自清洗和全润湿状态，并保证在运行工况或巴氏消毒状态下罐体内部温度均一。除呼吸器接口外，罐体上封头的接口（泄压装置接口、仪表接口等）应尽可能靠近顶部，以实现喷淋球对罐体内壁有良好的喷淋覆盖。罐体呼吸器接口需远离喷淋球，是为了防止喷淋水飞溅到滤芯内测，导致滤芯微生物污染或堵塞滤芯。如果罐体体积很大，或者有导管或仪器（如电容式液位变送器）从储罐的上封头垂直插到罐体内部，则应该进行设计评估，如有必要，需采取多个喷淋球来避免喷淋死角。对于臭氧消毒的纯化水系统，由于喷淋球的喷淋作用会加速臭氧气体的溢出，因此，通常将臭氧发生器的高浓度臭氧产气管道单独进罐，而不推荐从喷淋球口进入纯化水罐。

喷淋球的工作压力通常不超过 1MPa，多用于相对易于清洗或者对清洗要求不高的设备。喷淋球包括固定喷淋球、旋转喷淋球和切线出水喷淋球。纯化水管网回水压力一般在0.1MPa 左右，切线出水喷淋球最低工作压力只需 0.05MPa，可实现罐体的全覆盖，是纯化水罐体的最合适选择，它可以 360°旋转且采用插销式安装。表 5.10 为各种喷淋球的详细对照表。

表 5.10　喷淋球对照

项　目	固定喷淋球	旋转喷淋球	切线出水喷淋球
应用范围	多用于较易清洗的配液罐体	多用于较易清洗的配液罐体	多用于纯化水/注射用水罐体、较易清洗的配液罐体
工作原理	小股液体从固定喷淋球的每个孔中持续喷向罐壁上固定的点,简单地将清洁液体分配至储罐和容器表面	小股液体从旋转喷淋球的每个孔中持续喷向罐壁上,喷淋球通过旋转方式将清洁液体分配至储罐和容器的所有表面	扇形涡流,以振动的模式均匀地喷向容器表面,工作压力低,尤其适用于制药用水储罐
特点	通过层流的方式完成简单的清洗	通过层流与旋转相结合的方式完成清洗	通过振动模式、旋转与物理冲击力相结合完成清洗
优缺点	结构简单,成本低,冲洗时间长,最低工作压力高,清洗用水量大	与固定喷淋球相比,旋转冲洗能有效节省清洗时间,节省清洗剂和清洗用水	只需要较小的工作压力,节省清洗用水和清洗剂,清洗时间显著降低
最低工作压力/MPa	0.2	0.2	0.05
操作与维护措施	可以实现水与气体的流通,定期更换	必须通过水润化旋转,杜绝干转,定期更换	必须通过水润化旋转,杜绝干转,定期更换
示例			

切线出水喷淋球以其安装方便、经济、节能、省水、省时等优势得到了制药用水系统的广泛认可与应用。这类旋转型喷淋球在水润化状态下工作非常出色。专业的喷淋球磨损测试表明,质量可靠的切线出水喷淋球在 0.2MPa 左右的压力下连续工作 1100h 后,大约有 17300m³ 的清洗用水流经喷淋球,球体的质量损失约为 0.09g,折合铁屑脱落的理论浓度为 0.0052μg/L。该浓度远低于制药行业对于铁元素杂质含量的质量要求,因此,选择该类质量稳定的喷淋完全符合纯化水系统的工作要求。需要注意的是,切线出水喷淋球属于水润滑型喷淋装置,洁净压缩空气/纯蒸汽不允许直接作用于旋转类清洗器,否则会发生干转并导致严重的红锈发生,同时,也需避免水系统中严重红锈颗粒带来的堵塞风险(例如,选择了不耐腐蚀的 CF3M 材质隔膜阀),通常情况下,切线出水喷淋球的更换周期为 2～5 年。

(4) 爆破片　爆破片通常用在需要承压的压力罐体上,例如注射用水罐和配液罐,它是传统安全阀门的替代品,一般为反拱形设计,卫生型卡箍连接,316L 材质设计,有效解决了传统安全阀存在的死角风险。2021 版《WHO GMP:制药用水》规定:卫生型爆破片应配有外置爆破变送器,以确保可发现系统完整性失败情况。对于常压设计的纯化水储罐,推荐安装必要的爆破装置来实现更有效的安装操作,例如,需要满足生物安全等级 3 级(BSL3) 的新型冠状病毒疫苗或破伤风疫苗等 GMP 车间。

(5) 监测仪表　纯化水罐体上的工程参数监测仪表包含温度变送器、压力表、压力变送器和液位变送器等。

温度变送器主要是为了对纯化水罐体的正常工作温度和周期性消毒温度进行实时自动监控,以便有效控制微生物孳生。例如,在工作模式,纯化水罐体温度维持在 (25±2)℃;在巴氏消毒模式，纯化水温度维持在（80±2）℃。

压力表是所有纯化水罐体的基本仪表，无论是否安装了压力变送器，纯化水罐体都需要安装压力表，并确保仪表指针处于可目视位置。

压力变送器主要是检测纯化水罐内实时压力，罐内的压力可通过 PLC 控制并实现触摸屏或上位机上的数据监控，以便实现系统的自动控制。通常情况下，纯化水罐体安装压力表居多，也有一些企业采用压力表＋压力变送器的设计。

液位变送器是纯化水储罐的另一个重要工程参数监测仪表，罐内的纯化水液位将通过 PLC 进行监测和控制，其功能主要是为纯化水机提供启停信号，并防止后端输送泵发生气蚀或空转。液位变送器采用 4～20mA 信号输出的方式，将信号分为高高液位、高液位、低液位、低低液位和停泵液位等五个梯度。纯化水机的启停主要通过高液位和低液位两个信号进行；而停泵液位主要是为了保护后端的水系统输送用离心泵，通常情况下，停泵液位可设置在 15％～25％左右。适用于纯化水储罐的液位传感器包含电容式液位传感器和差压式液位传感器等多种形式，电容式液位计因安装空间等原因因素，往往应用的相对较少。当制药企业选择差压式液位变送器时，采用 ASME BPE 卫生型卡箍接口，并确保在高温消毒工况时不发生液位漂移，接口尺寸优先推荐为 DN80，如果封头上的设计空间等因素受限，也可以选择 DN50 规格。

5.3.3　分配系统

纯化水分配系统是整个储存与分配系统中的核心组成部分。分配系统的主要功能是将符合质量标准的纯化水以连续循环的方式输送到各个工艺用水点，并保证其压力、流量和温度等工程参数符合工艺生产要求。分配系统通过流量变送器、压力变送器、温度变送器、TOC 分析仪、电导率分析仪、臭氧浓度分析仪等一起来实现纯化水化学纯度的实时监测与趋势分析，并通过连续消毒/周期性消毒方式来有效控制水中的微生物负荷，整个分配系统的总供与总回管网处应安装卫生型取样阀进行水质的离线取样分析。

纯化水分配模块主要由如下元器件组成：带变频控制的输送离心泵、卫生型双板管式热交换器及其加热或冷却调节装置、连续消毒用中压紫外灯、无菌取样阀、卫生型隔膜阀、316L 材质的管道管件、温度变送器、压力变送器、电导率分析仪、TOC 分析仪及其配套的集成控制系统（含控制柜、I/O 模块、触摸屏、记录仪等），带臭氧消毒功能的分配模块还会配备有臭氧发生器、臭氧破除用紫外灯和臭氧浓度变送器等。图 5.20 是一个典型的带巴氏消毒功能的纯化水分配模块。

工程实践表明，"3D 设计"是纯化水管道系统所应该遵循的基本要求，这也是监管部门针对死角检查的量化指标。死角和非循环水分配系统可能给纯化水的维持控制带来挑战。需要注意的是，3D 量化界定并不是强制定义，死角的核心在于是否引起了系统污染。许多系统（如今被认为是有死角的）拥有数十年的运行数据来支持系统处于受控状态。取样数据可以用于支持对死角造成的风险进行了适当的管理。并非所有死角都具有相同的风险，例如，高温循环系统上的 6D 死角，比处于室温，甚至是间歇性室温的系统在相同死角下风险要低得多。在评估旧系统的死角风险时，需要考虑系统的性质。

基于某些系统的性能，可以通过大量使用或频繁冲洗所有分支，以产生周期性剧烈流动而降低风险，前提是假定死角和分支可以打开，而不仅仅是排除积水区，例如在线 TOC 的取样阀处就没有必要设计为 3D。这些改善性活动需要彻底不懈的努力，且在许多情况下可

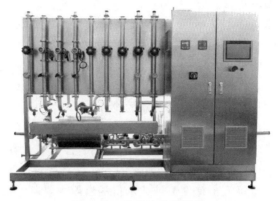

图 5.20　纯化水分配模块

能无法长期保持现实或有效，因此维护成本很高。在这种情况下，这些改善性活动往往没有被认真执行。因此，如果程序上可以成功降低风险，这更有可能通过自动化之类的工程控制来实现，而不是仅仅通过手工程序来实现。

通常，在不经常进行消毒或水流停滞的地方，已生长的生物膜是非常顽固的。以至于对于非循环设计，几乎不可能进行修复。如果由于缺乏不懈的维护而反复出现问题，或者存在不能处理的生物膜，那么重新设计/翻新系统以去除死角和/或创建环状分配系统，可能更具成本效益。对于具有出色的一致运行数据集且被评估为低风险的系统，企业可以有理由得出结论，不需要为了满足 ASME BPE 的所谓 2D 或 3D 而对死角进行补救。从 GEP 的角度出发，为控制纯化水系统质量并方便管理，典型的纯化水分配管网系统的管道总长度不建议太长，如果用水点非常多、管网很长，可采用图 5.21 所示的二次分配系统进行合理设计。对于常温循环的制药用水系统（例如，纯化水），子循环分配回路的电导率会高于母循环分配回路的电导率，这主要是因为母循环仅经历了一次空气中二氧化碳的吸收溶入。子循环却经历了两次空气中二氧化碳的吸收溶入。因此，对于子循环分配系统的电导率报警限与行动限设定原则可能会与母循环稍有区别。虽然有一些制药用水标准体系的团体标准或指南推荐管道长度不超过 400m 或其他数值，但这些仅为设计工程领域的经验与建议，制药企业在设计之初可作为参考，无须按此推荐值强制执行。

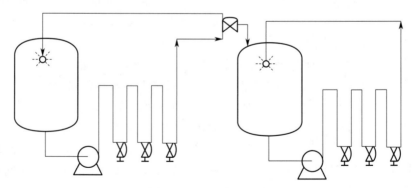

图 5.21　二次分配系统

设计计算是纯化水系统设计确认的重要内容，分配管道系统中低流速和低压力不利于化学纯度与微生物负荷控制。这些问题通常伴随分配系统管道设计不当带来的直径过窄，输送泵功率设计过小而在回路处压力/流量偏低的情况，或两者兼而有之。这将导致放水缓慢，并行出口的使用非常有限，而没有出口回流，进而导致管道内形成松散的生物膜。简单的解决方案包括使用具有回路流量限制的大容量泵。但是，如果是管道直径过窄而受阻，则可能需要更换管道，此类变更需要适当的系统再确认。图 5.22 是一款用于纯化水离心泵与管径参数设计的计算软件，可以协助制药企业真实模拟实际工况，图中案例数据表明，纯化水分配系统约为 350m，弯头数量预估为 120 个，峰值流量 12m³/h，喷淋球回水压力设计为 1.5bar，管网垂直高度预估为 6m，采用 ASME BPE 标准抛光等级为 SF1 的 DN50 管径可满足实际生产需求，离心泵流量与扬程分别为 20m³/h 和 60m，初步估计离心泵功率为 11kW。

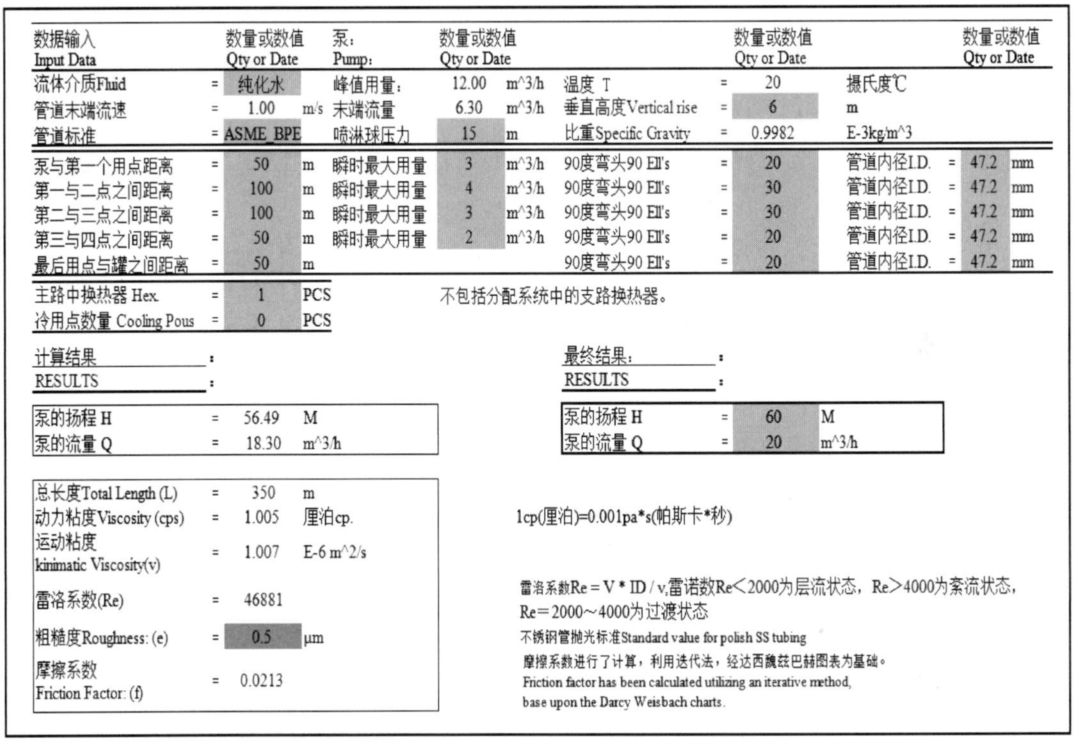

数据输入 Input Data		数量或数值 Qty or Date	泵 Pump:	数量或数值 Qty or Date		数量或数值 Qty or Date		数量或数值 Qty or Date
流体介质 Fluid	=	纯化水	峰值用量	12.00	m^3/h	温度 T	20	摄氏度℃
管道末端流速	=	1.00 m/s	末端流量	6.30	m^3/h	垂直高度 Vertical rise	6	m
管道标准	=	ASME_BPE	喷淋球压力	15	m	比重 Specific Gravity	0.9982	E-3kg/m^3
泵与第一个用点距离	=	50 m	瞬时最大用量	3	m^3/h	90度弯头90 Ell's	20	管道内径 I.D. = 47.2 mm
第一与二点之间距离	=	100 m	瞬时最大用量	4	m^3/h	90度弯头90 Ell's	30	管道内径 I.D. = 47.2 mm
第二与三点之间距离	=	100 m	瞬时最大用量	3	m^3/h	90度弯头90 Ell's	30	管道内径 I.D. = 47.2 mm
第三与四点之间距离	=	50 m	瞬时最大用量	2	m^3/h	90度弯头90 Ell's	20	管道内径 I.D. = 47.2 mm
最后点与罐之间距离	=	50 m				90度弯头90 Ell's	20	管道内径 I.D. = 47.2 mm
主路中换热器 Hex	=	1 PCS		不包括分配系统中的支路换热器。				
冷用点数量 Cooling Pous	=	0 PCS						

计算结果 RESULTS	:			最终结果： RESULTS		
泵的扬程 H	=	56.49	M	泵的扬程 H	=	60 M
泵的流量 Q	=	18.30	m^3/h	泵的流量 Q	=	20 m^3/h

总长度 Total Length (L)	=	350	m
动力粘度 Viscosity (cps)	=	1.005	厘泊 cp.
运动粘度 kinimatic Viscosity(v)	=	1.007	E-6 m^2/s
雷洛系数(Re)	=	46881	
粗糙度 Roughness: (e)	=	0.5	μm
摩擦系数 Friction Factor: (f)	=	0.0213	

1cp(厘泊)=0.001pa*s(帕斯卡*秒)

雷洛系数 Re = V * ID / v，雷诺数 Re＜2000为层流状态，Re＞4000为紊流状态，Re=2000～4000为过渡状态
不锈钢管抛光标准 Standard value for polish SS tubing
摩擦系数进行了计算，利用迭代法，经达西魏兹巴赫图表为基础。
Friction factor has been calculated utilizing an iterative method,
base upon the Darcy Weisbach charts.

图 5.22　离心泵/管径计算软件

（1）离心泵　纯化水离心泵多为卫生型单级离心泵，出口管道上安装压力表，与回水流量变送器变频联动。在选型时，离心泵扬程一般不会超过 70m。离心泵是纯化水分配系统中唯一的"动态"元器件，其工程运行的质量好坏是分配模块成功与否的关键。卫生型离心泵的工作原理是当泵腔内充满纯化水时，在电机运行带动轴和叶轮旋转的过程中会产生离心力，纯化水在做圆周运动时自叶轮中心向外周抛出，同时，在叶轮的中心部分形成低压区与吸入液面的压力形成压力差，于是纯化水不断地被"吸入"并以一定的压力排出，从而实现连续输送的功能。

纯化水用卫生型离心泵在设计上需确保"半/全开放式"与"无死角"原则，使用时流速相对柔缓，采用碳化硅材料的机械密封，不得使用石墨等不符合要求的机械密封材料，使用该泵不会对纯化水的化学纯度造成影响，同时离心泵还需耐受高温（连续/周期性热消毒）、酸液（周期性除红锈）、碱液（周期性除生物膜）等工况要求。一台好的卫生型离心泵需满足材质、泵体设计和认证证书等多方面的要求。离心泵泵头上配置有进水口和出水口，纯化水输送用离心泵因为其无菌要求，必须带下排污口并推荐采用 45°出水口设计。离心泵叶轮直径和扬程成正比，泵壳直径一般都远大于管道截面积，同压强情况下承受压力也远大于管道。所以泵壳必须有很好强度和韧性。

卫生型离心泵涉及的法规认证主要包含 3.1B 材质证书、美国 3A 认证和欧洲 EHEDG 认证等，与纯化水接触部分采用 S31603 不锈钢（316L），其含碳量小于 0.02%，所有接触纯化水的元器件均应采用锻压件，禁止使用铸件（包括叶轮），采用符合 FDA 食品级别要求的密封材料。纯化水离心泵多采用外置型机械密封设计，外置型机械密封设计可通过纯化水实现密封面的自然冷却，具有良好的降噪音功能，推荐工作噪音不超过 60dB。与冷冻水或市政供水系统不同，不推荐在纯化水分配系统中采用在线备用循环泵，因为安装在线备用循环泵难以避免在备用泵中出现死角的情况，除非两台泵频繁交替使用。与此相比，配备与循环泵完全相同的泵或其密封面作为库房备用，当需要更换时更换整泵或相应的密封面备件并配以适当的冲洗消毒方式是一种更好的选择。

纯化水离心泵在安装与使用时，进出口管路上推荐安装手动隔膜阀，便于对泵进行单独拆卸与更换的需求；确保泵在选型范围内工作（例如，回水 1m/s 时的非工作状态下，离心泵功率不超过 40Hz），严禁超负荷使用泵；搬卸、移动泵时注意安全，必要时使用专用工具；保证泵和管路接口安装合适，保证不存在安装带来的管道应力；保证管路中的重力不要负载在泵上，以免引起泵壳的损坏或密封圈泄漏。"汽蚀现象"是纯化水离心泵应极力避免的一个工程现象，容易发生泵体"汽蚀现象"的工况包括：纯化水温度过高，如过热水灭菌状态的纯化水；纯化水系统出现真空状况；纯化水储罐补水流速不够而瞬时用水量很大导致液位的快速下降等。从工程设计端入手，一种最简单的避免方法是保证罐体出水口高度与地面具有足够的距离（例如，不低于 600mm）。

以纯化水巴氏消毒时发生泵体"汽蚀现象"为例，采用如下方法将有助于合理解决纯化水泵体汽蚀的发生。例如，消毒初期适当调高罐内液位，适当降低泵体安装高度；合理设计水机产能和储罐容积，避免系统运行时出现水罐液位快速下降；确保离心泵入口段管径大于出口端管径至少一个规格，保证离心泵入口端管路平稳，减少弯头数量，适当降低离心泵体消毒循环时的流速等。

（2）热交换器　纯化水分配系统用热交换器及其冷/热源组件的主要功能是维持系统水温在设定的范围内（±2℃），并周期性实现纯化水分配系统的消毒，一般置于分配系统的末端回水管道上。随着科学认知的深入，双板板式热交换器已不适合于纯化水分配系统的应用，双板管式热交换器是目前常用的纯化水分配模块用热交换器，主要由壳体、管束、管板和封头等部分组成，采用 S31603 材质进行加工，以直通式为主，少数工况也可以使用 U 型设计，为便于清洗，有利于抑制微生物繁殖，推荐采用电解抛光。图 5.23 是一个典型的双板管式热交换器设计，在两块板片之间有方便观察的泄漏检测口，一旦管与管板连接的位置发生泄漏，泄漏的流体直接通向更低压力的大气，而非进入带压得工艺流中。双板管式热交换器采用机械或液压胀接与自动焊接技术相结合，最大限度地保证工艺流程的安全性，部分供应商也能实现双胀接技术。双胀接技术对多效蒸馏水机等高温高压设备有较好的抗腐蚀优势，但对工作温度与压力相对较低的纯化水系统而言，这并不是双板管式热交换器质量好坏的核心差异点。与此同时，热交换管内表面光滑平整也是 GMP 的基本要求，以实现双板管式热交换器的可排尽性和良好的不锈钢抗腐蚀性。例如，在食品/化工行业广泛使用的波纹管热交换器虽然对热交换效率有一定的提升作用，但对于热交换器的可排尽性并无益处，同等条件下更容易孳生红锈，制药企业需慎重选择。

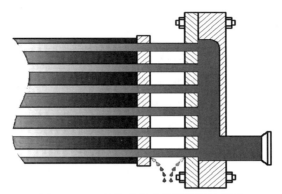

图 5.23 双板管式热交换器的设计原理

在制药用水系统的典型应用中,热交换器是提高能源利用率的主要设备之一。大多数热交换器属于非压力容器,它是一种在不同温度的两种或两种以上流体间实现物料之间热量传递的节能设备,主要用于降温和加热,分为 U 型管结构和直通式结构。在 2010 年以前,我国制药行业多直通式双板管式热交换器为主,近十年来,随着国产高质量双板管式热交换器加工技术的成熟,U 型管结构以热交换效率高、产品坚固耐用等优势,逐渐占据主流。图 5.24 是一个典型的 U 型双板管式热交换器,冷/热流体各自走相应的通道,彻底避免交叉污染。

图 5.24　U 型双板管式热交换器

与直通式双板管式热交换器相比,U 型结构热交换器的管内流速更易调高,带来更高的热交换效率,更节约制造材料及能源,热交换管 U 型弯处光滑,增加湍流的同时不带来大的压力损失,设计上无须伸缩节来调节热胀冷缩,整个热交换器可以实现全排空设计。更重要的是,热交换器的预防性维护也非常关键,U 型双板管式热交换器的整个管束可以移出,方便除垢。

(3) 紫外灯　对常温纯化水系统而言,紫外线能快速有效地控制水中浮游微生物负荷,有效抑制微生物繁殖,可以实现纯化水分配系统的连续消毒。紫外线不能杀灭已经附着在分配管路上的顽固生物膜,其不能完全代替巴氏消毒、臭氧消毒或纯蒸汽消毒等周期性消毒或灭菌措施,但紫外灯的介入可有效降低纯化水分配系统的消毒频率。采用中压消毒的紫外灯与常规的间歇式消毒方式(臭氧或热水消毒)联用已成为常用的纯化水消毒措施,紫外灯带有时间累计提示功能和强度监测与报警功能,以便提醒操作者及时更换紫外灯管,当系统为周期性热水消毒时,紫外灯的设计结构还需满足耐高温需求。紫外线杀菌效果与照射剂量(mJ/cm^2)正相关,照射剂量不低于 $40mJ/cm^2$,建议选择 $60mJ/cm^2$。

（4）监测仪表 纯化水罐体上的工程参数监测仪表包含温度变送器、压力表、压力变送器和流量变送器等。

温度变送器置于分配系统用热交换器前后，与冷/热源组件的比例调节阀进行联动温控，为管道水温控制提供帮助，温度波动控制推荐不超过±2℃。例如，纯化水储存与分配系统正常工作时，纯化水罐体、热交换器前/后温度均需维持在（25±2）℃；纯化水储存与分配系统采用热水消毒时，纯化水罐体、热交换器前/后温度均需维持在（80±2）℃并维持1h。温度变送器需采用卫生型设计，满足4～20mA信号输出功能，卫生型卡箍连接，其测量范围一般为0～150℃。温度对纯化水的电导率测定值有较大影响，纯化水的电导率采用温度修正的计算方法所得数值误差较大，因此，用于参数放行的电导率测定法需采用非温度补偿模式，温度测量的精确度应在±2℃以内。

压力表或压力变送器置于回水管道末端，主要用于监测回水管网压力，确保喷淋球能够正常工作。风险分析表明，当压力变送器的回水压力偏低，对纯化水系统工程运行风险较大，很可能发生空气倒吸而引发水系统化学纯度等出现严重污染。一般回水压力控制在1～2bar为宜，其中，报警限可设置为0.4～0.5bar，行动限可设置为0.1～0.2bar。当压力变送器的回水压力低于设定报警限时，系统进行光报警并弹出报警对话框，操作人员须查看是否有用水点发生不恰当的用水情况。为了保证系统始终处于正压状态，纯化水系统还可通过背压阀调节回水压力。压力变送器需采用卫生型设计，满足4～20mA信号输出功能，卫生型卡箍连接，其测量范围一般为0～6bar或−1～5bar。

纯化水分配系统为常温系统，连续湍流对微生物负荷的控制尤为关键。流量变送器置于回水管道末端，主要用于实时监控回水流速/流量。纯化水系统流速与压力有一定的关系，虽然纯化水系统的离心泵可与流量变送器或压力变送器变频联动，但大多数企业都采用流量变送器来进行变频联动。正常情况下，保持纯化水系统末端回水流速不低于1m/s时，离心泵功率不超过40Hz。保证末端回水流速不低于1m/s左右已成为行业共识，ISPE推荐值为0.91m/s（3ft/s），WHO推荐值为1.2m/s。当分配系统处于短时间（例如，30～60min内）的峰值用量时，回水流速低于1m/s并不会引起系统微生物水平的显著性增加，但过低的回水流速极有可能出现管网倒吸空气风险，因此，常采用0.5m/s作为回水管道流速的报警限。流量变送器需采用卫生型设计，满足4～20mA信号输出功能，卫生型卡箍连接。

纯化水系统的回水流速可通过泵体流量与泵出口管网主管径之间的比例关系换算获得，表5.11为ASME BPE标准和ISO/SMS标准管道的不同管径在1m/s流速下对应的流量值。以ASME BPE标准管道为例，变径后的回水管径为DN40时，1m/s相当于3.42m³/h，如果泵出口主管径为DN50，则3.42m³/h只能实现DN50管道流速3.42/6.38＝0.53m/s，这显然无法实现分配系统全管路的1m/s湍流状态。

表5.11 流量与流速对照表

规格	ASME BPE 标准		ISO/SMS 标准	
	管道规格	1m/s时流量	管道规格	1m/s时流量
DN25	25.4×1.65	1.38m³/h	25.0×1.2	1.44m³/h
DN40	38.1×1.65	3.42m³/h	38.0×1.2	3.58m³/h
DN50	50.8×1.65	6.38m³/h	51.0×1.2	6.67m³/h
DN65	63.5×1.65	10.24m³/h	63.5×1.6	10.28m³/h
DN80	76.2×1.65	15.01m³/h	76.1×1.6	15.69m³/h

电导率分析仪的安装位置必须能反映纯化水的真实质量，由于可溶性离子浓度在连续湍流状态下可以视为均匀浓度，在线电导率分析仪安装的最佳位置为管路中最后一个"用水点"阀门后的回罐主管网上。电导率分析仪虽然属于非离子特性，但电导率仍是测定水的总离子强度的一种重要指标，因而对纯化水系统来说，电导率是一个关键的放行参数。纯化水和注射用水的电导率指标要求在本书第 2 章药典标准相关章节中有详细描述，因此，在线电导率分析仪是整个分配系统中的"关键"过程分析仪表。为保证正常工作，可采用 L 型卡接三通来安装电导率分析仪探头，保证纯化水能不断流过电导率探头，从而避免气泡或固体颗粒在电极里变成截留物质而导致读数偏差。

与电导率分析仪安装位置一样，纯化水在线总有机碳分析仪安装的最佳位置为管路中最后一个"用水点"阀门后的回罐主管网上。在线总有机碳分析仪是整个分配系统中的"关键"过程分析仪表。TOC 测试结果不能代替微生物水平或细菌内毒素含量，各国药典要求纯化水的 TOC 指标不能高于 $500\mu g/L$，TOC 报警限可设置为 $100\mu g/L$，TOC 行动限可设置为 $250\mu g/L$。分配系统在主回路上应设有不合格水排放阀组，采用两个气动卫生型隔膜阀组合，管路回水阀门执行器采用常开式，不合格排放管路阀门执行器采用常闭式，通过控制系统来实现电导率或 TOC 超出行动限导致的不合格水排放。

纯化水储存与分配系统采用一套独立的电器控制系统，包括一套可编程逻辑控制器（PLC），彩色触摸屏等控制元器件，以及电源、开关、按钮、接触器、继电器、变频器、指示灯等电气元器件，柜体、端子排、线缆和线槽、DP 通信模块等必要的元器件。纯化水分配控制系统的用途是对整个循环系统的运行状况进行控制，使之能够正确运行。控制系统与控制柜直接安装在储存及分配系统支架上，便于操作人员对设备操作、监测和控制。操作人员界面终端是一个监测面板，可对模块设备的操作参数进行显示和设置。报警限、行动限、灭菌工艺步骤、工艺设定值等核心工艺参数均在操作人员界面终端上显示。控制系统具有独立的以太网通信接口满足 CS 架构，并配置 MMC 卡，可通过以太网接口与上位机监控系统通信，实现设备的全自动控制和手动控制。设备正常运行时采用 PLC 自动控制，如果遇到紧急情况或设备处于非正常工作时系统可采用手动控制。

控制柜材质为 304 不锈钢，板厚不小于 1.5mm，控制柜内需安装插座、照明和散热风扇，换气口带滤尘网。控制柜与强电柜应完全隔离分开并可靠接地，具备防尘、防水、散热快且易于安装特点，符合现场要求。控制柜或配电柜内的电源主开关需配相应容量的漏电断路器。控制系统至少需具有以下功能：①根据回水流速对离心泵进行变频控制，回水流速减少时，通过变频器使泵转速增加，反之亦然。②对分配系统的水温进行自动控制，使水温处于合格范围。③对回水电导率进行在线监测，如电导率出现超标，则回水管路上的排水阀打开进行排放，回水阀关闭，防止不合格的水进入储罐，同时，屏幕出现电导率超标报警。④对回水 TOC 进行在线监测，如 TOC 出现超标，则回水管路上的排水阀打开，回水阀关闭，防止不合格的水进入储罐，同时，屏幕出现 TOC 超标报警。⑤所有记录、监控的数据应可生成系统曲线，方便观测、查找问题。⑥消毒/灭菌过程自动控制。⑦至少可对表 5.12 列举的工艺参数进行控制、监测、记录或超标报警。

表 5.12　纯化水分配系统工艺参数设计

工艺参数	监测	记录	控制	超标报警
热交换器出口温度	√	√	√	√
热交换器上游温度	√	√		√
回水流速/流量	√	√		√
回水电导率	√	√	√	√
回水压力(如有)	√	√		√
回水 TOC	√	√		
纯化水储罐液位	√	√		
纯化水储罐压力(如有)	√	√	√	√
消毒/灭菌时间	√	√		√
消毒/灭菌温度	√	√	√	
压缩空气压力	√	√	√	√

（5）循环管路系统　循环管路系统从分配模块出发，经用水点回到分配模块。循环管路系统包括隔膜阀/取样阀、管道管件、支架与辅材，保温材料等，管道管件细分为管道、弯头、三通、U 型弯、变径、卡箍、卡盘和垫圈等。

纯化水储存与分配系统的最常用材料是 300 系列的不锈钢，例如 304L 或 316L。与 304 不锈钢相比，316L 不锈钢具有含碳量和含硫量更低，更易获得优质焊接质量的特性，因此，在国内外制药用水系统中获得了非常广泛的应用。有更高抗热性的聚偏氟乙烯（PVDF）也适用于药典规定水（散装纯化水或散装注射用水）。如果需要定期钝化操作，那么在整个储存与分配系统中，材料的选择应当一致。目前，316L 不锈钢已经成为制药工业药典水系统的首选。通常认为在 RO 之前是非药典水范围，组装材料没有必要完全采用 300 系列的不锈钢，可以使用较便宜的聚丙烯（PP）和聚氯乙烯（PVC）等非金属材料实现预处理系统的组装，但大多数情况下，制药企业都会选择不锈钢材料加工的预处理系统，以便实现良好的热消毒工艺。但在有些条件下，采用不锈钢材质可能是不利的，比如软化器附近，由于有盐溶液的存在，会加快不锈钢的腐蚀。

奥氏体不锈钢是一种多用途、含有抗锈蚀的铬金属成分的耐热合金材料，它也是一种低维护成本、不会对其接触的物料产生有害影响的材料。不锈钢焊缝管因其所具有的抗腐蚀及优异的表面特性而被制药用水系统广泛使用，316L 不锈钢（钢牌号：S31603）具有较高的镍铬含量、含碳量和含硫量极低、容易获得优质焊接质量的特性，因此，316L 不锈钢在纯化水系统中获得了十分广泛的使用。消毒方式的选择与系统材质密切相关。纯化水储存与分配管道系统广泛选用 316L 不锈钢，此选择使得消毒方案有了很大的灵活性。无论巴氏消毒、纯蒸汽消毒、过热水消毒、臭氧消毒，还是紫外线消毒等，均能使用在 316L 不锈钢建造的分配系统上。按管道标准划分，中国制药行业常用的卫生型管道标准包括 SMS 3008/ISO 2037 和 ASME BPE 等不同标准的不锈钢管道管件，表 5.13 是 ISO 2037 标准与 ASME BPE 标准的对比。

表 5.13　管道标准对比表

标准	ISO 2037/SMS 3008 标准	ASME BPE 标准
来源	来自国际标准组织,详见 ISO 2037	来自 ASME 组织,详见 ASME BPE
公差	公差由生产企业灵活确认	公差有严格的规范要求
表面粗糙度	$Ra<0.8\mu m$;$Ra<0.6\mu m$;$Ra<0.4\mu m$ 等	SF1~SF6,详见 ASME BPE
含硫量	S 含量较低	0.005~0.017
检查	抽检	全检
材质	316L(1.4404/1.4435),材质证书符合 3.1B 标准,完全符合 GMP 要求;多用于制药/食品/乳品行业	316L(1.4404/1.4435),材质证书符合 3.1B 标准,完全符合 GMP 要求;多用于生物制药行业
管道标识	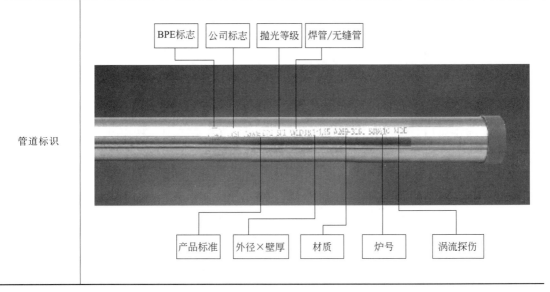	

为保证轨道自动焊接质量的有效性和重现性,ASME BPE 要求 316L 不锈钢中硫含量应严格控制在 0.005%~0.017%,并严格定义了管接件的真圆度、焊接端的平口、壁厚公差、偏离角与偏离面等,从而有效控制对接时的"台阶"问题与焊接轨道偏移等质量问题。同时,ASME BPE 推荐制药用水系统的管道 $Ra<0.6\mu m$ 为宜,注射用水系统建议电解抛光处理,表面粗糙度等级为 SF4 (图 5.25),所有管道内壁均需钝化处理。

图 5.25　ASME BPE 弯头标识示意

聚偏二氟乙烯具有良好的抗热性且无浸出物，允许使用在常温纯化水系统中，如臭氧消毒的常温纯化水系统。聚偏二氟乙烯需要有较大的支撑力，管道受热会凹陷、拉伸接口焊缝并最终导致泄漏。热熔连接技术（BCF）可以连接聚偏二氟乙烯材质组成的循环管路系统，与不锈钢自动轨迹氩弧焊相比，BCF焊接处无任何不规则区、焊珠或焊缝。该技术可应用于多种用途，特别是对管路系统有严格质量要求制药、半导体、食品加工行业等。

纯化水分配系统中不允许采用非金属的PVC管道，原因是增塑剂/胶水的浸出物会影响低用量期间水的TOC。

纯化水分配管道系统的常用连接方式有焊接、卡箍与无菌法兰等。高品质的焊接是最安全的管道连接方式，其微生物孳生风险最小，因此，纯化水系统应尽可能采用焊接方式进行管道的安装，焊缝处抗腐蚀性较弱，需通过酸洗钝化并形成有效的钝化膜进行保护。当系统组件需要经常拆卸或检修时，例如输送离心泵、过程分析仪器等，可采用卫生型卡接或无菌法兰连接方式。理论上来讲，所有的卫生型元器件（包括卡接组件）都已经在上游供应商处形成了钝化膜，一个没有任何焊接/焊缝的纯化水分配系统是可以不用进行酸洗钝化的。

在制药行业，穿越医药洁净室墙、楼板、顶棚的纯化水管道应敷设套管，套管内的管段不应有焊缝、螺纹和法兰，管道与套管之间应有密封措施。医药洁净室内的纯化水管道应排列整齐，宜减少阀门、管件和管道支架的设置。管道支架应采用不易锈蚀、表面不易脱落颗粒性物质的材料。医药洁净室内纯化水管道的绝热方式应根据所输送介质的温度确定，冷保温管道的外壁温度不得低于环境的露点温度。医药洁净室内的纯化水管道绝热保护层表面应平整光滑，无颗粒性物质脱落，纯化水管道应设置指明输送物料名称及流向的标志。通常情况下，大多数制药企业的洁净室内纯化水管道/阀门都没有进行保温处理。无论是热水消毒，还是化学/臭氧消毒，技术夹层的纯化水管道均需要进行保温处理，以实现系统热水消毒时的快速升温，同时还可以避免常温循环时出现的结露现象。

（6）分配决策树 采用膜过滤法或低压蒸馏等常温出水的纯化水微生物限度与饮用水一样，都是100CFU/mL，常温储存/循环系统是其常用的设计形式。纯化水系统有关决策树的绝大部分内容均引用于《国际制药工程协会 基准指南 第4卷：水和蒸汽系统》的相关内容。纯化水系统的任何分配决策树均不是一个强制法规，使用者可以结合实际需求科学选择最合适的设计。表5.14是纯化水分配系统的常用分配决策树。

表5.14 纯化水的分配决策树

类别	批处理系统	常温储存/循环系统		
		巴氏消毒	臭氧连续消毒	臭氧间歇消毒
日常预防措施	—	恒温/UV	恒温/臭氧（储罐）	恒温
水消耗	高	适中	低	低
能量消耗	低	适中	低	低
可验证性	简单	一般	复杂	复杂
可操作性	复杂	简单	简单	简单
维护要求	简单	一般	高	高
管路冲洗要求	重要	一般	适中	适中
微生物风险	低—中等	高—中等	低	中等

类别	批处理系统	常温储存/循环系统		
		巴氏消毒	臭氧连续消毒	臭氧间歇消毒
清洗验证要求	中等	低	高	高
国内现状	极少用	常用	很少有	极少用

注：1. 紫外线中压消毒对巴氏消毒的纯化水系统具有非常好的微生物预防作用。

2. 在线电导率值用于纯化水质量放行时，水温需控制在±2℃以内，在线电导率值不允许温度补偿。

批处理设计的纯化水分配系统（图 5.26）主要用于资金紧张、系统小、微生物质量关注程度低的情况下，在管道可能经常进行冲洗或消毒的情况下也可以使用。当用水点的使用是连续的时候（例如，生物制品的缓冲液配制），这是一个非常好的应用实践。在纯化水偶尔使用的情况下（例如，实验室研发阶段），必须建立起冲洗和消毒环路的计划来维持微生物污染，使其在可以接受的限度之内。批处理设计的纯化水分配系统可以参考药品的批处理生产工艺进行管理。未来，随着《中国药典》对包装类型的灭菌纯化水实现收录，研发型企业采用批处理设计的纯化水分配系统将变得尤为普通。

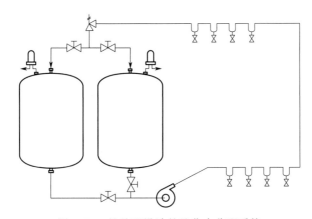

图 5.26　批处理设计的纯化水分配系统

很多制药用水用户发现在常温下储存与分配纯化水并进行周期性的热消毒（使用洁净蒸汽或加热到 80℃来控制微生物）是安全和节约成本的。与饮用水系统不同，采用普通化学品消毒（臭氧除外）的纯化水系统已被制药行业慢慢淘汰，主要原因是其清洁验证过程相对困难。虽然在微生物控制方面，常温储存/循环系统不如热储存/循环系统优秀，但只要纯化水系统的化学或热水消毒达到一定的频率并保持足够的时间，良好的微生物控制目标是完全可以实现的。同时，纯化水本身需要常温下使用，该系统的操作安全性高、能耗低、投资成本和运行成本都很低，也是各国 GMP 车间内常温纯化水系统的首选方法，并被法规机构广泛认同。为了实现更好的微生物控制，常温储存/循环系统还可以通过维持较低的运行水温（如 20~25℃）或安装紫外杀菌装置等措施来实现。图 5.27 是常温纯化水的循环分配系统原理图，水温可通过罐体夹套或管路上的热交换器来实现，定期的微生物负荷降低措施包括巴氏消毒、化学消毒或流通蒸汽消毒等。

常温纯化水系统也可以使用臭氧消毒的常温储存/循环系统，分为间歇型臭氧消毒与连续型臭氧消毒两种形式。臭氧消毒的常温储存/循环系统在欧美制药企业应用较多，中国制药企业应用相对较少。

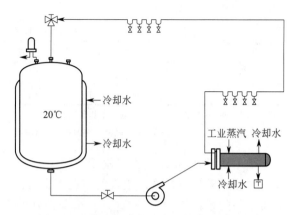

图 5.27　带温控功能的常温储存/循环系统

　　纯化水间歇型臭氧消毒系统可用于对纯化水有较高质量控制要求的药品生产环节（图 5.28）。采用空气/氧气源型臭氧发生器或水电解型臭氧发生器，253.7nm 波长的紫外灯用于日常消毒和周期性破除臭氧。整个纯化水系统通过一个在线臭氧探头对管网回水端的臭氧浓度进行实时监测，纯化水系统水温控制在 20～25℃。正常生产时，臭氧发生器处于关闭状态，紫外灯处于连续消毒状态；周期性消毒时，开启臭氧发生器，关闭紫外灯，维持纯化水中臭氧浓度并保持一定时间，消毒结束后，采用 253.7nm 波长的紫外线将纯化水中臭氧从循环管网系统中有效去除，以保证使用时纯化水中无任何残留的臭氧。

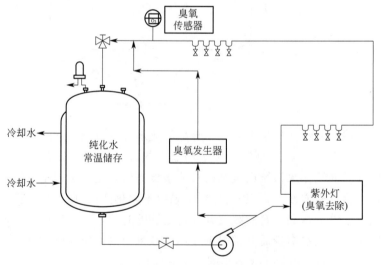

图 5.28　间歇型臭氧消毒系统

　　纯化水连续型臭氧消毒系统可用于对纯化水微生物水平有特别高质量控制要求的药品生产环节（图 5.29），也可用于注射用水常温储存/循环系统。采用空气/氧气源型臭氧发生器或水电解型臭氧发生器，臭氧发生器一直处于工作状态，253.7nm 波长的紫外灯用于日常去除臭氧。整个纯化水系统通过 3 个在线臭氧探头对紫外灯前、紫外灯后和管网回水端的臭氧浓度进行实时监测，纯化水系统水温控制在 20～25℃。正常生产时，臭氧发生器处于开启状态，紫外灯处于连续去除臭氧状态；周期性消毒时，关闭紫外灯，维持纯化水中臭氧浓度并保持一定时间，消毒结束后，开启紫外灯，采用 253.7nm 波长的紫外线将纯化水中臭氧从循环管网系统中有效去除，以保证使用时纯化水中无任何残留的臭氧。需要注意的是，中压全波段紫外灯的臭氧分解效率高于 253.7nm 低压紫外系统。

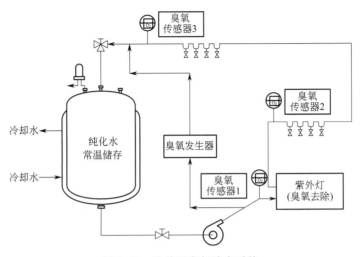

图 5.29　连续型臭氧消毒系统

5.3.4　取样监测计划

取样是纯化水分配系统进行性能确认的一种关键措施。取样分为在线取样与离线取样两种方式。分配模块上的电导率分析仪与 TOC 分析仪属于在线取样方式；为保证取样的安全性，防止人为交叉污染，推荐采用卫生型专用取样阀进行纯化水的离线取样分析。卫生型专用取样阀主要安装于纯化水机出口，分配模块总供、总回管路以及无法随时拆卸的硬连接纯化水用水点处。卫生型专用取样阀的出水口管道应进行电解抛光处理，以防取样后的水滴因虹吸停滞现象引起出口的生物膜污染。由于取样初期需要排放一定数量的水，收集槽的设置有利于避免取样过程中水流飞溅带来的操作不便（图 5.30）。

图 5.30　专用取样装置

纯化水用水点主要分为开放式用水点和硬连接用水点两大类。例如，洗手、洁具间的纯化水用水点属于开放式用水点（图 5.31），该用水点隔膜阀能兼顾取样功能。通常情况下，为方便使用，防止纯化水飞溅，用水点出水口通常会安装 S 弯组件。管理不当的 S 弯组件内部会残存水渍，带来该用水点微生物污染风险。为确保用水点的用水质量长期稳定，推荐该部分 S 弯组件采用电解抛光的管道管件进行加工，以避免出现明显的虹吸现象，同时，应定期将 S 弯组件进行离线清洗、干燥或消毒。

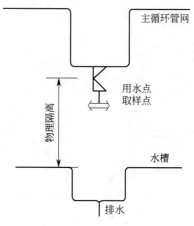

图 5.31　开放式用水点

另一种用水点的连接方式为硬连接，例如，培养基或缓冲液配料罐的补水阀常属于硬连接用水点。为方便取样，硬链接用水点需安装独立的用水点取样阀，取样前，需对取样阀进行短时间冲洗。硬连接用水点还可细分为直接卡接型和间接卡接型两种（图 5.32）。直接卡接型用水点的隔膜阀与工艺设备的对接卡盘距离非常短，可满足 3D 要求；间接卡接型使用水点的隔膜阀与工艺设备之间有一段较长的安装管道，为避免该管道残留水渍带来的微生物污染，需采用洁净压缩空气或洁净蒸汽进行吹扫/消毒。

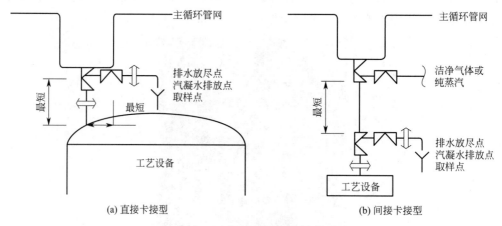

图 5.32　硬连接用水点示意

取样阀的设计理念与日常维护管理对取样成功与否至关重要。长期使用后的取样阀外侧内表面可能会孳生生物膜，定期对取样阀进行离线清洗和干燥/消毒，有助于取样阀的正常使用。图 5.33 中左侧取样阀出水口很短且进行过电解抛光处理，使用一年多以来该用水点的微生物负荷一直非常稳定，右侧的取样阀出水口很长且并未进行严格意义的电解抛光处理，由于取样口长期滞留水渍，使用半年后频繁出现微生物严重超标现象，极大地影响了企业的正常生产与质量检验。

(a) 设计良好的取样阀

(b) 设计不佳的取样阀

图 5.33　取样阀的合理设计

《国际制药工程协会　良好实践指南：制药用水、蒸汽和工艺气体的取样》详细介绍了纯化系统的取样计划和典型频率。取样计划通常是检查员审查的主题。如果计划中包含很少的系统出口取样，可能导致在两次取样之间（例如，每月一次或更不频繁的出口取样）发生生物膜显著生长的情况。

未冲洗和未取样的出口对于整个水系统的微生物控制都是一种风险，因为在这种侧支路中生长的生物膜可能会扩散到整个系统中。出口冲洗的简单动作（通常与取样有关）通过冲洗出口内的松散生物膜，为该出口提供一定程度的微生物控制。因此，无论是否取样，每个出口的定期冲洗有利于确保出口的微生物控制程度。当希望减少出口取样的频率以及不对未使用的出口进行取样时，应在风险分析中考虑这种微生物控制。不取样而定期冲洗出口，可为很少使用或未使用和未取样的出口，提供所需的微生物控制水平。

水系统启动后的早期取样监控，通常只是为了建立和加深对制药用水制备、储存与分配系统工艺的理解，针对制水工艺引起水物理化学指标变化的每个工艺步骤取样，以证明水质的变化是符合每个工艺步骤应该取得的结果。不同的水系统、不同的地区或者不同的水源，各环节的取样结果是千差万别的，这些有差异的结果将会影响对系统的评价，用于以后的运行和维护中。通常试运行期间的取样相对简单，只是用于判断系统能否按设想的运作。对于不锈钢的系统需要清洗和钝化，取样应该在清洗和钝化的工作完成之后进行，否则取样是没有意义的。

在预处理、终处理、储存与分配环节的取样是以单元设备运行为基础的，对水质的预期要求是不断变化的，例如预处理部分希望获得符合国家饮用水标准的水，而其中的过滤、软化想要获得的水质标准可能是不同的，需要分别取样和分析确认符合工艺的需要。一般需要在这些单体设备的入口和出口分别取样以确定其性能，还应分别取样测试最低流量和最高流量条件下的水质情况。表 5.15 列出了纯化水系统各单元设备监控取样的典型类别。

表 5.15　纯化水系统典型取样类别

取样工序	监控
多介质过滤器	前后压差、SDI 或浊度
活性炭过滤器	余氯、菌落总数、碘值
软化器	硬度
pH 调节装置	pH
亚硫酸氢钠加药装置（如有）	余氯
RO	进水/产水电导率值、菌落总数
EDI	产水电导率值、TOC、菌落总数

第6章

注射用水系统

顾名思义,注射用水是可用于生产注射剂的水。注射剂是指药物制成的供注入体内的无菌溶液（包括乳浊液和混悬液）以及供临用前配成溶液或混悬液的无菌粉末或浓溶液。散装注射用水与散装纯化水在化学纯度方面差异不大,但注射用水在微生物方面（菌落总数/细菌内毒素）却有着非常严格的质量要求。散装注射用水是各国药典级制药用水的最高质量标准。散装注射用水不是无菌水,也不是最终制剂,它是中间状态的散装产品,适合用作制剂的成分,散装注射用水应有适当的行动限和警戒限,还应使其受保护并不受到再次污染,不会有微生物的快速孳生。

注射用水用作辅料,可用于生产必须控制产品细菌内毒素含量的肠外制剂和其他制剂,也可用于其他用途,例如清洁某些设备和肠外产品接触部件。产生注射用水的水源或给水的最低质量是美国环境保护署、欧盟、日本或世界卫生组织规定的饮用水。该水源水可进行预处理,使其适合后续蒸馏（或根据专论使用任何其他经验证的工艺）。成品水必须满足纯化水的所有化学要求以及附加的细菌内毒素要求。由于细菌内毒素是由容易滞留在水中的各种微生物产生的,因此系统用于制备、储存和分配注射用水的设备和程序必须设计为尽量减少或防止微生物污染,并从起始水中去除进入的细菌内毒素。必须对注射用水系统进行验证,以确保可靠和一致地生产和分配注射用水。

《美国药典》注射用水专论还允许将其大宗包装以供商业使用。质量标准包括细菌内毒素检查和包装水无菌纯化水的检查（标签除外）。注射用大宗包装水要求无菌,消除微生物污染质量变化。然而,包装浸出物可能使这种水不适于某些应用。用户有责任确保在生产、临床或分析应用中使用本包装物品时的质量适用性。

6.1 注射用水质量指南

注射用水是一种重要的原辅料,需要进行检验才能证明其质量和合规性。根据药典专论的定义,注射用水要求符合化学纯度和微生物质量标准,化学纯度质量要求由电导率和 TOC 质量标准定义,注射用水的微生物与细菌内毒素质量要求通常在已发布的药典标准中定义。详细的注射用水质量要求可参考第 2 章的相关内容。从保证药品本身质量的角度,注射用水的应用领域可参见 EMA 的制药用水决策树,图 6.1 为其大致示意。

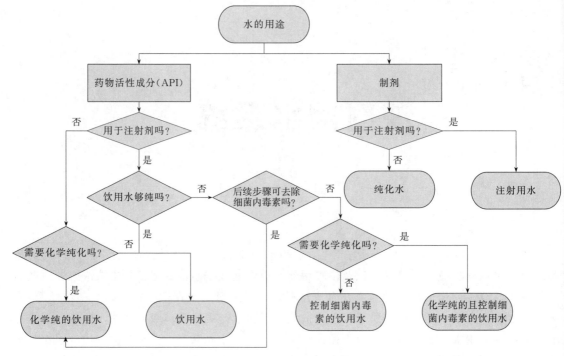

图 6.1　制药用水决策树

注射用水在制药领域应用广泛，可作为直接接触无菌药品包装材料的最后一次精洗用水、无菌原料药精制工艺用水、直接接触无菌原料药包装材料的最后洗涤用水、无菌制剂的配料用水等；还可用于配制注射剂、滴眼剂等的溶剂或稀释剂及容器的精洗。2021 版《WHO GMP：制药用水》规定如下。

● 散装注射水（BWFI）应满足相关药典标准中的化学和微生物纯度要求（包括细菌内毒素）。散装注射用水为药典级制药用水的最高质量标准。

● 散装注射用水不是无菌水，不是最终制剂。它是中间状态的散装产品，适合用作制剂的成分。

● 由于散装注射用水的生产应采用稳健的技术，在设置水纯化系统或定义 URS 时应考虑以下几点：具有季节变化影响的原水水质报告；用户所需的水量；所需水的质量标准；必要的纯化步骤顺序；基于部件和系统类型选择、适当的 URS、确认和验证；最佳制备系统尺寸或配有可变控制的制备系统，以避免过于频繁的开停机；自动放空和排放功能；安装呼吸器，以避免污染入侵；取样点的适当位置设计，以避免潜在污染；根据需要使用适当的仪器来测量参数；卫生处理策略；联锁，控制和报警；电子数据存储，系统安全和审计跟踪。

● 散装注射用水可采用蒸馏工艺作为最后纯化步骤。亦可考虑联合采用单级/双级 RO 系统，并配合 DI、EDI、NF、UF、水软化、除垢、预过滤和脱气、紫外处理等技术。详情见 WHO 技术报告系列，非蒸馏法制备注射用水，第 1025 号，附件 3，2020（6）。

● 散装注射用水应有适当的行动限和警戒限，还应使其受保护并不受到再次污染，不会有微生物的快速孳生。

以冻干粉针制剂为例，注射用水被大量使用。冻干粉针制剂生产设备的在线清洗用水流量相对较大，需结合计算软件仔细核算泵体参数和主管网管径，泵体功率和主管网管径不能选择的偏小。表 6.1 举例冻干粉针制剂的用水点特征分析。

表 6.1　冻干粉针制剂的注射用水用水点

房间	工艺用水	设备	用途
中检室	注射用水	水池	检测用水
器具清洗间	注射用水	水池	清洗料桶等
器具清洗间	注射用水	清洗机	CIP 终淋
消毒液间	注射用水	消毒液配制罐	消毒液配制
CIP 间	注射用水	CIP 站	CIP 终淋
配料罐	注射用水	配料罐	配料和 CIP 终淋
缓冲罐	注射用水	缓冲罐	CIP 终淋
洗瓶间	注射用水	洗瓶机	西林瓶 CIP 终淋
胶塞清洗间	注射用水	胶塞清洗机	胶塞 CIP 终淋
铝盖清洗间	注射用水	铝盖清洗机	铝盖 CIP 终淋
冻干机 CIP	注射用水	冻干机	冻干机 CIP 站

　　注射用水是生产注射剂最为关键、最基础的一种原辅料，热原控制尤为关键。无菌注射制剂的最终给药方式一般为静脉给药，当注射的药液中含有较高浓度的热原时，很可能会发生严重的热原反应。

　　热原的处理方法主要包括灭活法与分离法两大类。灭活法分为干热灭菌法、酸处理、碱处理、氧化剂处理和烷化剂处理等，例如，采用 2%～5% 碱性清洗剂循环清洗制药用水系统，可以去除生物膜与细菌内毒素。分离法分为吸附法、蒸馏法和膜分离法等，活性炭吸附是控制原水中细菌内毒素的传统手段，蒸馏法是去除注射用水细菌内毒素最常用的方法，超滤、纳滤与反渗透等膜分离技术是正在被充分认知并实践的细菌内毒素去除方法，也是膜法制备注射用水的核心。

6.2　注射用水制备

　　散装注射用水以饮用水或纯化水为原水，可采用蒸馏工艺作为最后纯化步骤，亦可考虑联合采用单级/双级 RO 系统，并配合 DI、EDI、NF、UF、水软化、除垢、预过滤和脱气、紫外处理等技术。注射用水制备工艺流程选择时的参考因素包括：原水水质；产水水质；设备工艺运行的长期可靠性；化学纯度去除能力；微生物预防措施和消毒措施；设备运行及操作人员的专业素质；适应原水水质季节等因素变化的包容能力和可靠性；设备清洗维护与耗材更换的方便性；设备公共工程的消耗；设备的产水回收率及浓液的二次处理；日常的运行维护成本；系统的监控能力与信息化水平等。

　　中国、美国、欧盟、日本与世界卫生组织允许的注射用水制备方法有较大差异，终处理系统的主要目的是将不低于饮用水或纯化水标准的原水"纯化"为符合制药用水标准体系相关要求的散装注射用水。不含任何添加剂。纯化是进一步降低化学纯度与微生物含量的工艺过程，散装注射用水常用的纯化工艺包括蒸馏法、膜分离法（微滤/超滤/纳滤/反渗透）、离子交换法及其相互的组合。常见的生产工艺有多效蒸馏、热压蒸馏、RO/EDI/UF、RO/RO/EDI/UF 等，企业可结合原水的实际品质及产水水质需求来确定是否需要增加紫外灯、膜脱气或纳滤工艺等。

注射用水的制备工艺是从蒸馏法开始的，直到今日，全球范围内的制药企业大多采用的是蒸馏法制备注射用水。

20世纪90年代以前，第一代注射用水机采用"蒸馏"工艺，经历了沸腾蒸发、升膜蒸发与降膜蒸发的快速发展，设备类型包括单效蒸馏、多效蒸馏与热压蒸馏；1990～2017年，随着超滤/反渗透/电法去离子等材料工艺革命的到来，注射用水机与高纯水机开始尝试"预处理系统→反渗透→EDI和/或UF"的全膜法工艺，经过全球制药企业几十年的实践应用与总结，反渗透技术得到了EP的认同，并被收录到EP9.4；2010年以后，随着高效升膜蒸发工艺理论突破的实现与陶瓷超滤膜的工业化量产，第三代注射用水机将在"蒸馏法"与"膜分离法"两种主流工艺中快速发展，新的材料与纯化技术将实现注射用水在化学纯度与微生物水平的全生命周期高品质质量控制。表6.2是注射用水机的典型工艺路线。

表 6.2　注射用水机的典型工艺路线

编号	工艺路线	备注
1	纯化水→蒸馏(沸腾/升膜/降膜/热压)	ChP、EP、USP、JP
2	饮用水→蒸馏(升膜/降膜/热压)	EP、USP、JP
3	饮用水→预处理→RO→EDI→UF	EP、USP、JP
4	饮用水→预处理→RO→RO→EDI→UF	EP、USP、JP

注：1. 超滤膜分为高分子材料与陶瓷材料（氧化铝/碳化硅）。

2. 蒸发分为沸腾式（第一代升膜）、降膜式和升膜式（第二代升膜）。

《欧洲药典》《美国药典》与《日本药局方》将反渗透与超滤结合的方法作为注射用水的法定生产方法，意味着膜分离技术在去除热原方面的成熟。

利用细菌内毒素具有不挥发的特性，蒸馏法一直是制备注射用水最有效、最安全与最普及的方法。表6.3是膜法与蒸馏法制备注射用水的对比。

表 6.3　注射用水制备工艺对比

描述	膜法制备注射用水	蒸馏法制备注射用水
工业蒸汽费用	非常低	非常高
工业蒸汽基础设施	无→非常低	非常高
维护保养措施	要求很高	适中
臭氧消毒费用	初期投入高，运行费用低，维护保养要求高	不需要
微生物检测	高(单元操作多→取样工作多,取样频繁),风险大,采用RMM技术可有效降低微生物污染的风险	高,风险小
整体投资回报比	非常高	适中

6.2.1　蒸馏法

制药用蒸馏水机的蒸馏原理属于沸腾传热和气液两相热流体动力理论研究的范畴，是传热学和流体力学交叉的分支，本质上是十分复杂的沸腾和气液两相流两种物理现象耦合在一起的一种热流体流动过程，它是两种极为复杂的物理过程，物理过程的规律性还在不断探索与完善中。

蒸馏工艺过程中的蒸发过程需要消耗大量的热能。蒸发器的热交换效率直接关系到综合能源消耗比。热交换效率与热交换面积、传热温差、蒸汽流速和方向有密切关系。蒸发器、冷凝器、热交换器等热交换设备采用胀接工艺的管壳式热交换（蒸发）器。以安装形式划分，管壳式热交换（蒸发）器分为竖直安装和水平安装。竖直安装的蒸发器工艺上采用壳程冷凝管程蒸发的方式，水可以从蒸发器的上部进入也可以从蒸发器下部进入管程，如单效塔式蒸馏水机、立式热压蒸馏水机和多效蒸馏水机。水平安装的蒸发器工艺上采用管程冷凝壳程蒸发的方式，如卧式热压蒸馏水机。

制药用蒸馏水机的产水水质至关重要，产水水质取决于气液分离效能。竖直管垂直向上气液两相流型是目前科学研究最深入、最成熟的一种流型（图 6.2）。其特征为蒸发器竖直安装，水从蒸发器下方进入热交换管管程，采用升膜蒸发方式进行热交换。蒸发器工作状态处在单相流段、泡状流段、弹状流段的称为沸腾式蒸发器，热交换效率相对不高，自 20 世纪 70 年代开始，虽然已经实现了半个多世纪的工业化应用，但其综合能耗比和产水水质两项核心指标暂时没法实现有效平衡，制备注射用水的原水需要采用纯化水。蒸发器工作状态处在单相流段、泡状流段、弹状流段、环状流段的称为升膜式蒸发器，属于一种节能型蒸发工艺，环状流段的主要特征是液体在蒸发管内壁形成一种中空的液膜状态，热交换效率高。弥散流段和单相蒸汽段因蒸发效率极低，在实际蒸发时需避免。

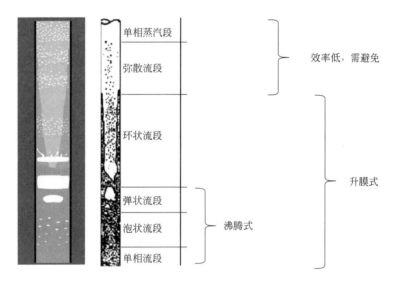

图 6.2　竖直管垂直向上气液两相流型

升膜式蒸发器的重要特征是工作在环状流段，各热交换管的液位相同，流型相同，热交换蒸发面积大，二次蒸汽向上流动快。沸腾式蒸发包含单相液体段、泡状流段与弹状流段；升膜式蒸发是人类蒸发理论与实践中一直追求的目标，包含单相液体段、泡状流段、弹状流段与环状流段。

气液分离是指水受热发生相变产生水蒸气，即二次蒸汽，水中含有的杂质会在气流腾升的过程中以水的多分子团或液滴为载体流动分离到冷凝侧。通常增设的气液分离器的功能就是有效去除蒸汽流中的水分子团或液体，从而达到纯化目的。气液分离的方式有多种，水分子团或液滴的大小不同需要采用不同的分离方式，每种分离方式都有不同的适用条件。气液分离器的效能受限于设备结构所能采用的分离方式，而分离方式的选择应用又受限于蒸发方式，所以，蒸发方式决定着气液分离的方式和效能，直接决定了注射用水的水质。典型的气液分离方式见图 6.3。

蒸馏过程是一个热力相变过程，既是一个消毒灭菌的过程，也是一个气液分离的纯化过程。与膜过滤技术相比，高温工况对预防注射用水微生物污染有非常显著的意义，蒸馏法制

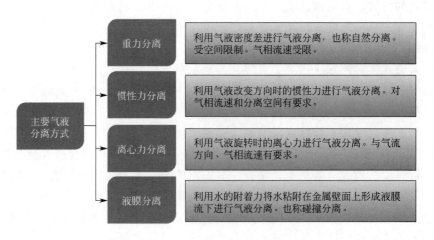

图 6.3　气液分离方式

备注射用水一直是各国或各地区主要推荐的工艺方法。2020 版《中国药典》规定：注射用水为纯化水经蒸馏所得的水。

制药用蒸馏水机是《中国药典》注射用水的核心装备。制药用蒸馏水机的应用必须遵循 GMP 规范要求。制药用蒸馏水机的两大重要评判指标为：①产水水质，主要影响因素在于气液分离；②综合能源消耗比，主要影响因素为热交换效率。采用蒸馏法制备注射用水的注射用水设备主要经历了单效塔式蒸馏水机、热压式蒸馏水机和多效蒸馏水机等发展历程。

表 6.4 是蒸馏水机发展历程与蒸发器主要特征的对比。

表 6.4　蒸馏水机的蒸发器特征

时间	名称	安装方式	蒸发器
20 世纪 50 年代	单效塔式蒸馏水机	垂直安装，沸腾/升膜蒸发＋单效	气液两相流垂直向上，气液两相流垂直向上流型
20 世纪 60 年代	立式热压式蒸馏水机	垂直安装，沸腾/升膜蒸发＋MVR	循环管蒸发器，气液两相流垂直向上流型
20 世纪 60 年代	卧式热压式蒸馏水机	水平安装，卧式蒸发＋MVR	喷淋降膜蒸发，水平管喷淋降膜流模型
20 世纪 70 年代	沸腾式多效蒸馏水机	垂直安装，沸腾蒸发＋多效	自然循环蒸发器，气液两相流垂直向上流型
20 世纪 70 年代	降膜式多效蒸馏水机	垂直安装，降膜蒸发＋多效	气液两相流垂直向下，气液两相流垂直向下流型
2010 年后	升膜式多效蒸馏设备	垂直安装，升膜蒸发＋多效	气液两相流垂直向上，气液两相流垂直向上流型

（1）单效塔式蒸馏水机　单效塔式蒸馏水机（图 6.4）主要用于实验室或科研机构的小批量注射用水制备。目前已经被明文淘汰并退出工业化生产领域。单效塔式蒸馏水机主要包括蒸发室、分离室和冷凝器三部分，其主要缺点是非常不节能，工业蒸汽的消耗量很大，冷却水消耗量也很大，且水质净化效率低。需要注意的是，随着第二代升膜蒸发技术的突破，单效升膜式蒸馏水机的节能效果已大大改观，未来在实验室等领域或许会有一些新应用。

图 6.4　单效塔式蒸馏水机

（2）**热压式蒸馏水机**　热压式蒸馏水机主要利用电机作为动力对蒸汽进行二次压缩、提高温度和压力后蒸发原水而制备注射用水，属于蒸汽机械再压缩（MVR）技术在制药用水领域的典型应用（图 6.5）。实现 MVR 技术最为关键的设备为压缩机，压缩机是指用来压缩气体借以提高气体压力或输送气体的机械，压缩机也被称为"压气机"或"气泵"。

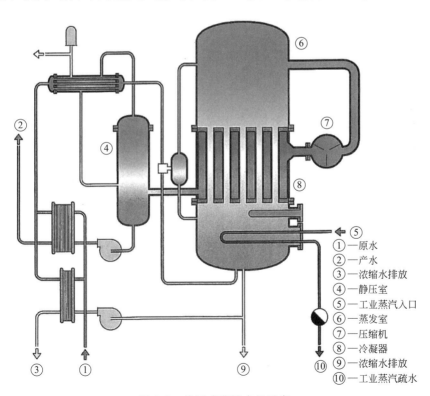

①—原水
②—产水
③—浓缩水排放
④—静压室
⑤—工业蒸汽入口
⑥—蒸发室
⑦—压缩机
⑧—冷凝器
⑨—浓缩水排放
⑩—工业蒸汽疏水

图 6.5　热压式蒸馏水机示意

MVR技术是重新利用设备自身产生的蒸汽的能量，从而减少对外界能源的需求的一项节能技术，其原理主要是利用蒸汽压缩机压缩蒸发系统产生的蒸汽，提高蒸汽的焓值，高焓值的二次蒸汽进入蒸发系统作为热源循环使用，替代绝大部分工业蒸汽，工业蒸汽则仅用于设备初启动、补充热损失和补充进出水温差所需热焓，同时相对多效蒸发的温度差损失也较低，大幅度降低蒸发器的工业蒸汽消耗，达到节能目的。

热压式蒸馏水机的主要结构分为蒸发器、压缩机和预热单元三部分。

蒸发器的主要功能是将热压式蒸馏水机的进水经行一次蒸发后和经压缩机压缩后的二次蒸汽进行热交换。按蒸发器的形式划分，热压式蒸馏水机分为立式与卧式两种（表 6.5）。立式热压式蒸馏水机可理解为单效升膜式蒸馏水机与 MVR 压缩机组合；卧式热压式蒸馏水机可理解为水平安装的蒸发器工艺与 MVR 压缩机组合。相对于单效塔式蒸馏水机而言，热压式蒸馏水机节约大量的工业蒸汽，且工作耗电量也相对适中。热压式蒸馏水机的设备产能范围非常广泛，单机设备产能可以达到 25000L/h 及以上。以 23000L/h 的某立式热压蒸馏水机为例，正常工作阶段单吨产水的电力需求不超过 11.6kW/h。

表 6.5　热压蒸馏水机的对比

类别	立式热压蒸馏水机	卧式热压蒸馏水机
蒸发器安装形式	立式	卧式
气液两相流模型	气液两相流垂直向上流型	水平管喷淋降膜流模型
工艺原理	升膜蒸发/分离＋MVR，节能	喷淋蒸发/分离＋MVR，节能
冷开机时间	约 30～60min	
热开机模式下产水时间	较快	较慢
原水最低要求	高品质饮用水	高品质饮用水
纯化能力	高，细菌内毒素去除能力＞4lg	适中，细菌内毒素去除能力＞3lg
原水喷淋	无	有
不凝性气体排放	无须喷淋，升膜蒸发去除不凝性气体，注射用水品质高	需要喷淋工艺，去除不凝性气体，注射用水品质适中
产水温度	高温/常温	高温/常温
气液两相流模型		

类别	立式热压蒸馏水机	卧式热压蒸馏水机
应用领域	原水在垂直蒸发装置的管程,符合大自然的蒸发原理,纯化能力高,尤其适合于生物制药与电子行业等高品质纯水的制备,在船舶供水、海水淡化与市政供水中也应用广泛	原水在水平蒸发装置的壳程流动,对于海水淡化/市政直饮水等大规模产量非常适用。因纯化能力适中,制备注射用水的原水品质需要相对较高(例如,纯化水或高品质饮用水)
设备外形图		

压缩机吸入蒸发器中原水产生的二次蒸汽,通过叶轮或者其他形式的压缩结构将机械能转换为蒸汽的内能。压缩机实现从电能至机械能,然后再从机械能至内能的转换,原水产生的蒸汽增加能量后提高了温度,从而保证了蒸发过程的温差这一个必要因素。

预热单元利用几个不同功能的热交换器能很好地解决能量回收利用的问题,原水进入热压式蒸馏水机时温度一般只有 $20\sim25℃$,蒸发器的蒸发温度需要在 $100℃$ 以上,而产水注射用水的温度为常温或高温两种模式,浓水排放的温度则需要越低越好。目前,直驱式压缩机以易于更换、性能稳定和规格小巧等优势逐渐赢得了市场的信任。

热压式蒸馏水机对于给水和冷却水的要求更低,相对于多效蒸馏水机,它不需要额外提供冷却水,工业蒸汽处于 $3\sim4bar$ 低压时也能生产,总体能源利用率比较高。对于小型生产优势特别明显,如实验室、中试工厂等。因为在这种情况下,能充分发挥它的"即插即用"性能的优势,再加上这种条件下通常无法提供工业蒸汽,它也可以采取电加热的方式。

热压式蒸馏水机可以依据需求生产不同温度的产品水,它可以分别给纯化水分配系统与注射水分配系统提供水源,在公用工程的配置中有巨大优势。图6.6的设计原理可以为制药企业提供了一个新的规划思路。由于《中国药典》的注射用水制备原水必须为纯化水,制药企业完全可以以饮用水为原水,采用热压蒸馏水机在白天制备常温纯化水,储存的纯化水通过热压蒸馏水机在晚上制备高温注射用水,从而实现精益管理与节能型生产。

MVR压缩机的能源转化效率是其主要性能评判标准之一。热压式蒸馏水机综合能源消耗是动态变化的,设备启动后长时间运行会降低综合能耗,运行时间越短综合能耗越高。热压式蒸馏水机一般采用惯性分离和液膜分离等方式,产水水质受加热蒸汽工况的影响较大。相比于立式热压蒸馏水机而言,卧式热压式蒸馏水机的正常启动时间更长,水纯化效率较低。客观来讲,热压式蒸馏水机的MVR压缩机的最大优势是节能,尤其是立式热压蒸馏水机,在未来还是有非常广阔的节能研发空间的。由于我国热压式蒸馏水机的专用压缩机主要是依赖进口,国内高品质压缩机的推广还需要一段时间,在中国制药用水行业的使用量相对较少,其维修维护保养成本及压缩机备件等因素限制了其推广应用。

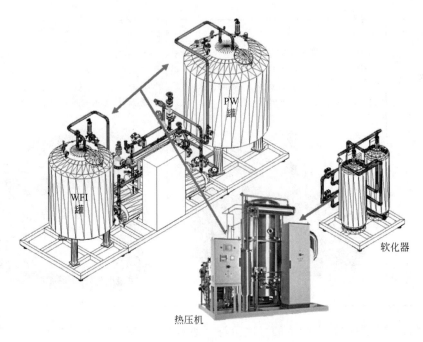

图 6.6　热压式蒸馏水机的公用工程设施

（3）沸腾式多效蒸馏水机　沸腾式多效蒸馏水机（图 6.7）蒸发器工作状态处在单相流段、泡状流段与弹状流段，其热交换蒸发管内几乎充满了液体，热交换效率相对不高。液体靠中央循环管自然循环，液体流动慢，传热系数低但传热效率比较稳定。蒸发管出口液面波动大，较难控制，不利于液位检测，由于蒸发器工作状态难以准确控制，致使多效运行状态易失稳，设备纯化能力有限，需要以纯化水为原水才能稳定制备注射用水。由于 20 世纪末我国在沸腾蒸发技术上无法得到显著性的节能突破与应用，因此，《中国药典》规定制备注射用水的原水必须为纯化水。

（4）降膜式多效蒸馏水机　降膜式多效蒸馏水机的蒸发器竖直安装，水从蒸发器上部

图 6.7　沸腾式多效蒸馏水机

进入，采用高压高温工况将蒸发气体强行向下运动，它是人类为了规避池沸腾热交换效率低而采取的"高温高压"设计思路，产水水质比沸腾式蒸馏水机出色，成功解决了注射用水的水质质量问题，现已成为我国注射用水制备的主流机型。由于降膜蒸发违背了大自然"汽往上走"的规律，这类原理开发的多效蒸馏水机往往具有高温、高压、高能耗与不锈钢易腐蚀等特征。图 6.8 所示的"液膜沿管壁向下、蒸汽沿管中心向上"的理想流动状态属于理论模型，实际设备运行时很难实现，哪怕是轻微的设备摆放不平都将导致"理想状态"的操作失败，唯一的办法是提高蒸发温度和工作压力，这样会导致降膜式蒸馏水机非常耗能。《JB/T 20030—2012 多效蒸馏水机》规定：6 效多效蒸馏水机的能耗比应不高于 0.25。相当于制备 1000L 注射用水所需工业蒸汽的量不超过 250kg，实际上，在我国运行中的大多数降膜式多效蒸馏水机的能耗比通常相对较高，有的甚至达到 0.3 以上，它也是我国制药企业制水设备能耗偏高的主要原因。

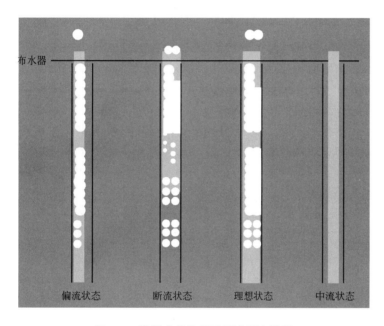

图 6.8　降膜式蒸发的两相流理论模型

降膜式蒸发的进水为单条圆柱状，蒸发器热交换蒸发管为列管，一般数十根至数百根，单条圆柱状进水需要平均分配到每根热交换管并且沿管内壁呈液膜状向下流动，这就需要布水。完成布水功能的部件称为布水器，布水器的效能对热交换效率影响大。制约布水效果的因素包括：布水器的结构和效能，布水器的结构和效能直接影响到热交换效果；进水温度，为保证减少显热传热，要求进水处于有利蒸发的饱和温度；进水量，降膜式多效蒸馏水机流程中原水一次通过 1 效蒸发器，水量逐级减少但蒸发器结构相同，每效分配的水量不同；二次蒸汽，原水进入蒸发器经热交换产生二次蒸汽，二次蒸汽被迫向下流动，向下流动的二次蒸汽会增大系统内部压力，向上的气流或气压对布水状态会产生影响；设备的生产制造工艺，蒸发器热交换管弯曲，蒸发器安装垂直度等都会影响到流型；设备安装，设备安装要求地面水平，设备垂直；设备运行，设备的振动和热胀冷缩会影响的流型；需配备原水缓冲水箱，确保布水器处的进水压力始终稳定。

典型降膜式多效蒸馏水机的工作原理：原水在 2 效冷凝器被含纯蒸汽及蒸馏水的气液混

合体预先加热，进入各效预热器被二次蒸汽及蒸馏水继续加热，然后在第一效柱蒸发器顶部经分配盘并去除不凝性气体，均匀地分布进入蒸发列管，在蒸发列管内形成理论上均匀的液膜，同列管外壁流动的工业蒸汽进行热交换，迅速蒸发成为蒸汽，在压力差的作用下往柱体下部运动，未被蒸发的原水被输送到下一效，作为次效蒸发器的原水，以后各效与此类似，未被蒸发的进入下一效，直到最后一效仍未被蒸发的液体将作为废水排放，如果搭配螺旋分离的工艺，通常每效都需要有少量的废水排放。原水被蒸发为纯蒸汽，继续在蒸发器底部的汽-液分离装置进入纯蒸汽管路作为下一效的热源，蒸汽在下一效被吸收热量后凝结成注射用水，各效过程与此相似。注射用水和纯蒸汽混合物经过第二级冷却（软化水/纯化水为冷介质）和第一级冷却（冷却水为冷介质）后，成为设定温度的高温注射用水，经电导率仪在线检测合格的蒸馏水作为注射用水输出，不合格的蒸馏水将被自动排放。

降膜式多效蒸馏水机的工艺技术特征决定了它的不可预测性，导致设备运行的不稳定。设备不稳定会直接影响到气液分离器的工作状态的不稳定，从而导致产水水质差和不稳定。为了实现相对较好的产水水质与相对较大的水机产量，部分欧美引入的降膜式多效蒸馏水机技术上采用了强行提高工业蒸汽运行压力的方式，但因为降膜蒸发中始终处于高温汽水混合状态，导致该类设备的红锈现象异常严重，且设备耗能更加突出。由于蒸发方式的限制，降膜式多效蒸馏水机的单机产能虽然可以达到 10000L/h，但可能需要采用 0.8MPa 的工业蒸汽。

降膜式多效蒸馏水机虽然浪费工业蒸汽严重，但因其水质符合质量需求、结构相对简单、容易操作、故障率低、易于维保等优势，现已成为多效蒸馏水机领域占有率极高的机型。随着环保的压力和企业节能意识的增强，降膜式多效蒸馏水机的高耗能、高耗水、高温排放、易腐蚀性的缺陷已被全行业越来越多地关注。

（5）升膜式多效蒸馏设备　升膜式蒸发是公认的热交换效率高、热交换效率稳定的蒸发方式，多效式是对二次蒸汽降阶使用来提高能源利用效率的有效方式，这两种技术的结合无疑会表现出理想的节能效果。升膜式多效蒸馏设备的优点是：产能稳定，对动力来源的输入稳定性要求相对较宽；能源利用率高；在高产能的工况要求下，有较高的节能优势。20世纪 70 年代的科学研究阶段，在制药用蒸馏水机的研发过程中首先考虑的是升膜多效技术，在全世界范围内，升膜蒸发工艺实现了两代产品的发展历程。

沸腾式多效蒸馏水机属于第一代升膜蒸发工艺的多效蒸馏水机，其蒸发器在运行工作过程中，原料液进入加热部件后，受热沸腾迅速汽化，蒸汽在蒸发柱迅速上升，料液受到高速上升蒸汽的带动，沿管壁形成膜状上升，并继续蒸发。产生的蒸汽与液相共同进入蒸发柱的分离器，气液经充分分离，产生洁净蒸汽经入热交换器冷凝，制得合格的注射用水。如图 6.9 属于典型的沸腾式多效蒸馏水机，制备注射用水的原水通常为纯化水。

长期以来，传统制药用蒸馏水机综合能耗高的问题一直困扰着我国制药行业。随着环保意识的增强，制药企业对节能减排要求的提高，传统制药用蒸馏水机综合性能的不足和社会需求之间的矛盾日益突出，社会迫切需要产水水质好、综合能耗低、综合运行成本低的新技术产品。如何在蒸发速率与产水品质之间找到平衡是升膜多效蒸发技术在实践"气液两相流垂直向上流型"理论模型方面的关键所在，它有助于升膜多效技术的节能工艺开发。自古以来，大自然是人类最好的启蒙老师，人类蒸发科技的发展思路应该要向大自然学习，海水蒸发（图 6.10）为人类研究节能型升膜蒸发工艺提供了一个很好的指导思路。

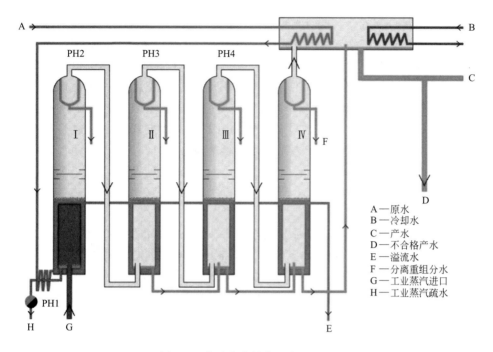

图 6.9　沸腾式多效蒸馏水机原理

A—原水
B—冷却水
C—产水
D—不合格产水
E—溢流水
F—分离重组分水
G—工业蒸汽进口
H—工业蒸汽疏水

图 6.10　自然界的海水蒸发原理

　　升膜式蒸发器的热交换管采用立式安装，壳程为冷凝侧、管程为蒸发侧。原水从蒸发器底部进入蒸发器，原水靠重力实现布水，每个热交换管的液位相同。原水经热交换后分别经过单相流、泡状流、弹状流再形成环状流，自发形成了蒸发效率极高的升膜蒸发。理论研究表明，在蒸发过程中，单相流、泡状流、弹状流只占据蒸发管 10％～20％的长度时蒸发效率非常高，其余全部是环状流段。环状流蒸发面积大，液体成膜状热交换效率高，二次蒸汽向上流动快，自然满足了高效蒸发的条件。蒸发器有数十只至数千只热交换管，每只热交换管的液位相同、蒸发状态相同。所以升膜式蒸发器热交换效率高且稳定。稳定的工作状态为设备整体性能的提高提供了基础保证，同时，升膜蒸发设计也不需要增加原水缓冲水箱。

升膜式多效蒸馏设备可以采用独立组合式分离器，包含重力分离、惯性分离、离心力分离与液膜分离等多种分离方式，这对高品质的产水水质提供了纯化的理论基础，同时，稳定的工作状态也有效保证了产水水质的稳定。升膜式多效蒸馏设备热交换效率较高，热交换效果稳定决定了升膜式多效蒸馏设备可以实现较大的产能。升膜式多效蒸馏设备的产水温度根据用户需求可以控制在相对较低的水平，这可以极大地减缓注射用水孳生红锈的风险。理论上来讲，在产水温度同样是 85～90℃ 的情况下，升膜式多效蒸馏设备的综合能耗要低于其他类型的蒸馏水机。升膜式多效蒸馏设备采用的升膜式蒸发方式，运行时压力损失相对较小，这可以明显降低对工业蒸汽的压力需求，升膜式多效蒸馏设备的工业蒸汽常规工作压力为饱和 0.3MPa 左右，与降膜式多效蒸馏水机相比，无需缓冲水箱，工业蒸汽运行压力低可有效避免红锈现象，设备寿命周期长，平稳的运行状态确保热交换元部件热胀冷缩的频率和幅度大大降低，金属的疲劳度降低。

多效蒸馏水机开发设计的重要特征是需要具有节能减排的特性，例如，可将工业蒸汽冷凝水的热 80％ 以上回收利用。升膜式多效蒸馏设备是升膜式蒸发器原理（图 6.11）在制药用水系统中的典型应用；升膜式多效蒸馏设备机体散热量小，保温处温度约和体温接近；升膜式多效蒸馏设备工作几乎静音，声音主要来自原料水泵；升膜式多效蒸馏设备的热交换柱可采用传统的单排布置，也可采用并排布置。

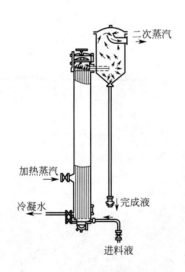

图 6.11　升膜式蒸发器原理

6.2.2　膜分离法

在所有国家的药典中，饮用水都是生产制药用水的原料。对于全球制药用水标准体系的发展而言，EP 注射用水专论（0169）的修订是一次小小的革命。自 2017 年 4 月 1 日正式生效以来，欧盟开始允许使用等同于蒸馏技术的方法来生产注射用水。与蒸馏技术生产注射用水相比较，膜分离技术在经济性和生态环保性能方面都更具优势，也更加高效，这是因为过程中省去了生产工业蒸汽所需的许多设备，节约了大量的能源，注射用水的原水综合利用率高达 85％，因此生产成本更低。

膜分离技术是水处理中的现代科技，从分离精度上可划分为微滤、超滤、纳滤和反渗透四大类，其过滤精度为反渗透＞纳滤＞超滤＞微滤，详细内容可参见第 5 章。自从 20 世纪美国将反渗透技术应用于药典水的纯化处理以来，美国监管部门就允许采用膜分离法制备注射用水。

通常情况下，很少有制药企业主动愿意将注射用水生产的具体细节向监管机构和全行业展示。在 2017 年美国出版的《Aseptic and Sterile Processing：Control，Compliance and Future Trends》一书中，介绍了 2011 年通过 ISPE 进行的"非蒸馏法制备注射用水"问卷调查结果。调查结果惊奇地表明，多种组合的单位操作正在企业现场成功应用，并始终如一地制造出符合药典标准的制药用水。所有受访者都认为：符合药典的注射用水可以通过非蒸馏方法一直持续产生，但需要用更谨慎的策略来确保微生物和细菌内毒素的低风险状态并且能够长期保持。在 28 个受访者的注射用水系统中，有 3 个系统在不到两年的使用时间内显示出一贯良好的水质表现，有 9 个系统已经表现良好了 3~5 年，有 9 个系统表现良好超过了 6~10 年，有 7 个系统在 10 多年间持续表现良好。这些都非常肯定地说明了非蒸馏法制备注射用水的性能可靠性。

1988 年，日本在第十一次修订药典时，正式将超滤法作为一种生产注射用水的重要方法进行了收载，《日本药局方》接受 6000Da 精度的切向流超滤装置作为制备注射用水的方法。2016 年 3 月欧洲药典委员会通过了注射用水专论（0169）的修订，此次修订允许使用除蒸馏以外的等效替代方法生产注射用水，如反渗透法结合其他技术（EDI、超滤或纳滤），实施前需通知制造商的主管当局，该次修订于 2017 年 4 月生效。20 世纪 90 年代中期，反渗透技术在我国的医药行业开始得到了广泛的认可与应用，它的使用极大地延长了传统离子交换设备的再生周期，减少了酸碱排放量，有力地保护了生态环境。随着 GMP 技术标准的深入贯彻与实施，全国许多药厂相继进行了纯化水机的技术改造，陆续引进国内外的先进制药用水装备，使得反渗透膜技术在制药行业得到了广泛的应用。

为了制备符合药典要求的注射用水，纯化法应在微生物含量及细菌内毒素含量两方面对原水进行有效控制。终端超滤法是一种较为成熟的用于制备注射用水的纯化工艺，与 RO/EDI 等单元操作相结合，终端超滤装置在制药用水系统中的核心用途是降低细菌内毒素含量（图 6.12），保证注射用水机的产水水质可长期稳定的满足注射用水水质需求。在欧洲、中国和其他国家范围内，典型讨论并推荐实践的注射用水设备工艺多为：饮用水→预处理→RO→EDI→UF 或饮用水→预处理→2RO→EDI→UF，其中，采用二级 RO 来进行注射用水的制备主要是参考了非最终灭菌注射剂除菌过滤系统的"冗余设计"思路。

图 6.12　超滤膜工艺原理

据德国某知名纯化水机供应商统计，《欧洲药典》的变化对《美国药典》关于注射用水制备工艺的要求没有直接影响，但对美国制药用户的最终购买意愿产生了影响。在美国市场，该公司在过去 3 年共销售了 20 多套膜分离技术的注射用水机，其中 2020 年就多达 9 套。自 2017 年《欧洲药典》实施"非蒸馏法制备注射用水技术"以来，该公司在欧洲范围内销售了 9 套膜分离技术的注射用水机，平均产能 6t/h，注射用水分配系统为连续臭氧消毒的常温储存/循环系统，目前运行都非常稳定。随着药企接受度的提高，越来越多企业计划采用膜分离法的注射用水机（图 6.13）。

图 6.13　膜分离技术的注射用水机

2019 年，国际制药工程协会出版《ISPE 手册：非蒸馏法制备注射用水》(《ISPE Handbook for WFI Using Non-distillative Methods》)，该手册的内容包含：引言、法规要求、注射用水制备方法、风险讨论、测量方法、储存与分配、确认与验证、监测与控制、经济分析、结论与展望等。该手册提出了一些与 EMA 不一样的看法，例如，不需要周期性进行 RO 膜的完整性检测；与 RO/RO 相比，RO/EDI 也是合适的；超滤与反渗透膜之间有清晰的过滤界限，与纳滤相比，作为终端纯化工艺的超滤具有开展完整性检测的可能性等。同时，该手册还讨论了以葡聚糖为标准品测定超滤膜切割分子量的方法。

在注射用水生产工艺的起始端，饮用水的预处理起着至关重要的作用。预处理过程旨在去除水中后续可能有损膜分离技术的有害成分或者水中的沉积物。预处理时采用的工艺技术方法则取决于水中含有的成分，并且可以按照不同的先后顺序或者对其进行组合使用，以去除水中的有害成分。为了去除水中较粗大的颗粒物，建议采用不同过滤等级的过滤技术。预处理时还必须考虑同时去除水中的氧化物、微生物和总有机碳。利用活性炭吸附有机碳时，水中的微生物会因这一过程使用到的氯或者臭氧等氧化物而被化学方法杀死；此外，还可以通过紫外线灭活微生物。图 6.14 是一个典型的膜分离技术制备注射用水原理图。

随着全球范围内膜法制备注射用水的普及，螺旋卷式 EDI 可以与超滤模块进行小巧化整合，其工程学优势将得到体现，图 6.15 的左侧为螺旋卷式 EDI 模块，右侧为终端超滤模块。

哪种生产工艺过程生产出的注射用水最适合制药生产厂家使用，首先要取决于微生物的风险评估。微生物孳生如不能得到有效控制将会带来严重的后果。因此，最重要的问题就是：如何尽可能地使生产出的注射用水最安全、最可靠。为了使膜分离技术生产出来的制药用水满足所有的质量标准要求，就必须进行潜在污染的风险评估并将其控制在最小的程度。

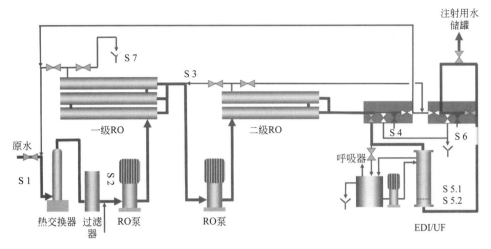

图 6.14　膜分离技术制备注射用水

图 6.15　EDI/终端超滤模块外形

风险评估表明，管理不善的水系统在常温下微生物极易孳生，蒸馏法的最大优势是制备全程处于连续高温消毒/杀菌状态，微生物污染风险极低。膜分离法制备注射用水显然不具备这个优势，间歇性高温消毒措施只能作为定期降低微生物负荷的必要手段。为了能够实现全生命周期的微生物预防，超滤技术与快速微生物检测技术，作为膜分离法制备注射用水的两个关键技术，已受到了重视并开始推广。

（1）超滤　经历 20 多年制药用水系统的实践与发展，预处理/RO/EDI 技术的纯化水机工艺及应用已十分成熟，超滤工艺的应用实践是膜法制备注射用水成功与否的关键技术之一。超滤膜为多孔性不对称结构，通常采用错流过滤模式（图 6.16）。

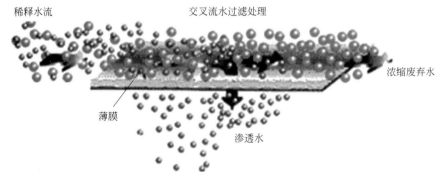

图 6.16　错流过滤的基本原理

研究显示，在 $10 \sim 100 EU/mL$ 的挑战水平与 $22 \sim 90℃$ 工作范围内，单支过滤面积为 $4.7 m^2$ 膜柱的 6000Da 的有机高分子超滤装置对不同工作温度下的原液都能达到滤出液细菌内毒素含量小于 $0.03 EU/mL$ 的水平（表 6.6），说明超滤装置对细菌内毒素的有效去除能力不低于 3lg 水平。有机高分子超滤装置因其细菌内毒素含量的控制方面有着卓越的表现，在制药用水纯化领域已经应用非常广泛，但其长期抗微生物污染性非常脆弱，且容易在水中析出有机物，涉水证明就是主要针对有机高分子膜而特殊要求的证明材料。

表 6.6　超滤装置的细菌内毒素控制能力

编号	温度/℃	原液/(EU/mL)	滤液/(EU/mL)
1	22	13.0	＜0.03
2	60	40.7	＜0.03
3	90	56.1	＜0.03
4	60	79.6	＜0.03
5	22	14.5	＜0.03

无机陶瓷膜属于膜分离技术中的固体膜材料，主要以不同规格的氧化铝、氧化锆、氧化钛、氧化硅和碳化硅等无机陶瓷材料作为支撑体，经表面涂膜、高温烧制而成，其中氧化铝与氧化锆等属于第一代陶瓷膜，碳化硅属于第二代陶瓷膜。商品化的陶瓷膜通常具有三层结构（多孔支撑层、过渡层及分离层），呈非对称分布，其孔径规格为 $1nm \sim 1\mu m$ 不等，过滤精度涵盖微滤、超滤与纳滤级别。由于具有效率高、耐高温、运行可靠和化学稳定性好等优点，无机陶瓷膜技术的应用前景十分广阔。无机陶瓷膜与有机高分子膜比较具有以下特点：

● 无机陶瓷膜孔径分布窄，其分布呈正态分布，误差 ±10% 内的孔径占 80% 以上，如 50nm 膜，$49 \sim 51m$ 的膜孔径占所有膜孔径总数的 80%，保证了所用膜处理效果的稳定性，这一点与有机膜有较大区别，有机膜一般是以截留分子量来表征膜孔径的，其孔径分布也一般以平均分布为主。

● 无机陶瓷膜孔隙率高达 35% 以上，保证了高的膜通量；分离层结构更合理，形成了真正意义上的梯度膜或称不对称膜，提高了膜的抗污染能力，起分离作用的分离层非常薄，约为 $20\mu m$ 厚，膜清洗也更简单方便；而有机膜一般均为对称膜，抗污染能力差，进膜前需经过严格的预处理。

● 无机陶瓷膜的高抗压性（3MPa 以上）、高绝缘性、化学稳定性（pH 使用范围为 $0 \sim 14$）和热稳定性（最高可达 800℃）均优于有机膜，可使用强酸、强碱和强氧化剂作为清洗剂，清洗再生更方便容易；并可直接进行热水或蒸汽杀菌，使用寿命长达 5 年以上，可采用干热灭菌实现除热原与再生。而有机膜一般均不推荐在高温、强碱或强酸、强氧化剂条件下运行，在停机 24h 以上时，要将高分子有机膜浸泡在 1% 亚硫酸氢钠溶液（还原剂）中保存，以防止空气氧化。

20 世纪 40 年代，美国科学家掌握了陶瓷膜技术，但当时的陶瓷膜技术只用于高端军事领域，用于铀的同位素分离的核工业时期，属于国家军事机密。

20 世纪 80 年代初期，无机陶瓷膜在法国的奶业和饮料（葡萄酒、啤酒、苹果酒）业被成功推广与应用后，陶瓷膜分离技术和产业地位逐步确立，应用也已拓展至食品工业、生物工程、环境工程、化学工程、石油化工、冶金工业等领域，成为苛刻条件下精密过滤分离的重要新技术。

1989 年底，在国家自然科学基金以及各部委的支持下，以南京工业大学徐南平院士为代表的我国陶瓷膜研究团队已经能在实验室规模制备出无机微滤膜及超滤膜等，反应用膜以及微孔膜也正在开发中。进入 20 世纪 90 年代，国家有关部委对无机陶瓷膜的工业化技术组织了科技攻关，推进了陶瓷微滤膜的工业化进程。我国科学家自主开发的陶瓷膜装备能够在化学反应存在的极端环境中，实现无清洗状况下 3 个月以上的连续稳定运行，这被认为是中国陶瓷膜装备能够在连续化生产制造工业中应用的保证。这些研究成果先后获得江苏省科技进步一等奖、全国化工行业技术发明一等奖，2005 年国家技术发明二等奖。

2001 年 10 月底，国家"863 计划"将"无机分离催化膜"项目列入其中。南京工业大学膜科学技术研究所启动了"面向中药制备过程的陶瓷膜材料的设计与过程集成的研究"的课题。该项目以中药生产过程为技术开发实施对象，用陶瓷膜过滤过程取代传统的醇沉工艺，建成每年 5000t 中药提取液的陶瓷膜中药制备新工艺和配套工业装备，将陶瓷膜这一新材料用于中药制备的技术改造，推动行业科技进步和提高综合效益。

2002 年，第七届国际无机膜大会在中国召开，标志着我国的无机陶瓷膜研究与工业化工作已进到国际领先水平。

2004 年 8 月，由北京迈胜普技术有限公司与山东鲁抗医药有限公司研制的陶瓷膜过滤系统用于某种抗生素的分离提纯获得成功，这不仅优化了此种抗生素的生产工艺，而且使抗生素收率提高 15%，这是中国首次将陶瓷膜技术运用于抗生素生产。

2016 年，武汉工程大学的研发团队经过十几年的科学研究，成功实现了碳化硅陶瓷膜的 20nm 工业量产，实验室应用已达到 5nm 水平。"高性能碳化硅陶瓷膜制备成套技术与产业化"项目于 2019 年获得湖北省科技进步一等奖。相较于氧化铝等无机膜材料，碳化硅陶瓷膜在水处理时可高效分离水中悬浮颗粒及油滴，而不受给水质量影响，稳定耐用的特性可以有效减少停工期以及安装成本，被认为是一种非常有潜力的新型分离膜，现已广泛应用于石油化工、磷化工、船舶用水、国家农村与城镇直饮水工程及中药提取等诸多领域。

2020 年，景德镇陶瓷大学的研发团队自主生产的碟状陶瓷膜，在处理高黏度、高固含量料液方面具有独特的优势，且兼具了管式陶瓷膜和板式陶瓷膜的技术优势，代表了陶瓷膜在结构学上的技术发展方向。

21 世纪初，我国已初步实现了多通道管式、碟式和板式陶瓷滤膜的工业化生产（图 6.17），并在相关的工业过程中成功应用。经过 30 多年的不懈奋斗与努力，中国在陶瓷膜领域不仅将氧化铝陶瓷膜应用领域拓展至高温、高压和耐腐蚀环境，而且依靠自主创新达到了国际先进水平。氧化铝陶瓷超滤膜的化学性能稳定、导热系数高、热膨胀系数小、耐高温、抗氧化，是综合性能优异的人工合成材料，其用途非常广泛。而碳化硅陶瓷超滤膜也同样拥有极佳的化学稳定性、抗热震性更好、亲水性更强、膜通量更大、机械强度更高、孔径分布集中、孔结构梯度较好等特点。例如，水系统输送用离心泵的密封圈材质就是碳化硅材质。尤为重要的是，碳化硅莫氏硬度达到 9.5 级（金刚石为 10 级），在 800℃温度下不变性，陶瓷烧结工艺的无机超滤膜避免了有机物易溶出、微生物易孳生的缺陷，可以实现高频率高压反冲，实现水系统中的低微生物水平与细菌内毒素的长时间保持。

虽然我国无机陶瓷膜和分离技术的研究起步较晚，但发展非常快，氧化铝、氧化锆与碳化硅等陶瓷超滤技术的研发深度与应用规模均已处于世界领先地位。它有效避免了有机高分子膜的诸多缺陷，在环保水处理、国家直饮水工程、注射用水制备与生物制药分离纯化领域的应用前景值得关注。

（2）快速微生物检测　近十年来的全球范围内，多种 RMM 方法已经被开发并广泛应

(a) 碳化硅/管式

(b) 氧化铝/碟式

图 6.17　无机陶瓷膜

用，包括平板计数法、ATP 检测法、电化学法、优化琼脂培养基法、流式细胞法、激光诱导荧光法和免疫法等。优化琼脂培养基法、流式细胞法、激光诱导荧光法等快速微生物检测技术是膜分离法制备注射用水应用实践成功的关键技术。虽然对注射用水系统微生物数量的控制不是该制药用水必须控制的唯一质量属性。但是，随着更"宽容"的常温注射用水系统的出现，它可能是注射用水系统中最难控制质量属性的强有力保障。

要达到水中适当的化学纯度相对容易，但始终维持微生物水平要困难得多，尤其是在常温循环系统中，在此背景下，流式细胞法等快速微生物检测技术应运而生。自动流量的细胞计数法是一种全新的在线型 RMM 过程分析仪器（图 6.18），具有自动化、实时、连续与高精度的特点，可以连续快速地监测纯化水或注射用水的微生物水平，准确统计样品中微生物数量，可安装于注射用水机出水口，或者注射用水分配系统回水端。

图 6.18　RMM 过程分析仪器（在线型）

其检测原理如下。首先，给样品中的细胞在 DNA 上染色，培养 10min；然后，样品流经毛细管，通过一束激光束，统计着色细胞的数量；最后，对样品中的细胞进行准确计数。样品中清晰的细胞数量和大小信息结果可以理解为水中微生物污染水平，触摸屏上的数值结果输出文件后缀为 .xlsx 和 .csv，通过 USB 或者以太网数据输出，用于制药用水的工艺过程质量控制，实现水中活菌数量的稳定性监测并给以报警/行动等干预（图 6.19）。由于自动流量的细胞计数法是以粒子计数为基础，大量的三氧化二铁不溶性颗粒将很可能影响其检测数据准确性，因此，注射用水在建造材料方面绝不允许选择不耐腐蚀的 CF3M（俗称铸造 316L）。

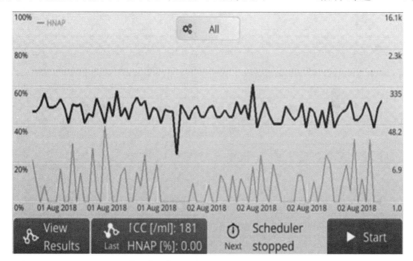

图 6.19　RMM 设备的数据曲线分析

在全球的制药用水标准体系中，RMM 技术属于革命性的新技术。客观来讲，细菌内毒素检测方法得到普及的一个很重要的原因是因为人类现有主流的"微生物活菌计数法"相对滞后，无法准确实现定量分析，只有当水中细菌繁殖到一定浓度，才能通过现有的细菌内毒素检测方法实现较为准确的微生物污染水平的定性与定量分析。这也是《美国药典》一直未将"薄膜过滤的活菌平板计数法"收录为法定强制检测方法的最重要原因。在微生物计数法方面，《美国药典》一直鼓励用户开发替代方法。与传统的微生物计数法不同，除了不需要等待几天的培养时间外，流式细胞法的 RMM 过程分析仪器数据单位为"个细胞/mL"，而非"CFU/mL"，图 6.20 是某膜分离法制备注射用水机的真实数据对比，培养计数法限度为10CFU/100mL，细胞计数法限度为 100 个细胞/mL。

菌落总数并非水中的实际细菌数量，它具有培养基选择性，这与 TOC 分析仪的开发与应用路径非常相似（$\mu g/L$ 级浓度与目视检测）。20 世纪 90 年代初，美国制药工业大数据调查显示，制药企业散装纯化水与散装注射用水的 TOC 典型最大值为 $150\mu g/L$，药典限度设定原则为"控制在约 3 倍的水平"，同时，基于供应商调查，$50\mu g/L$ 是当时总有机碳分析仪的最低检测限。基于上述原因，《美国药典》将总有机碳限度设定在 $500\mu g/L$。随着越来越多的制药企业通过 RMM 过程分析仪器测定出水系统中细菌数量的真实水平，制药工业也将得到微生物的典型最大值，届时完全可以参考 TOC 参数放行路径设定 RMM 的药典限度。

任何新科技都有一个从理论突破到大规模应用的发展过程。目前，全球制药用水标准体系暂时还不允许企业采用流式细胞法的 RMM 数据用以实现类似电导率与 TOC 的质量放行。RMM 实时数据主要用于散装纯化水与散装注射用水的过程工艺质量分析，随着粒子计数等过程分析技术的发展与跨领域应用，RMM 技术将逐步成熟并得到广泛推广。届时水中微生物纯度控制水平将得到进一步提升，有望实现微生物污染水平的取样值从多少 CFU/mL 变为多少个细胞/mL，细菌内毒素检测方法对于制药用水系统的微生物污染判定将逐步失去绝对的指导意义。2011 年 ISPE 关于"非蒸馏法制备注射用水"的问卷调查也佐证了上述观点。相信不久的将来，随着 RMM 技术的普及应用，微生物检测学将发生革命性变化，制药用水全生命周期质量管理与参数放行也将变得更加简单、高效。

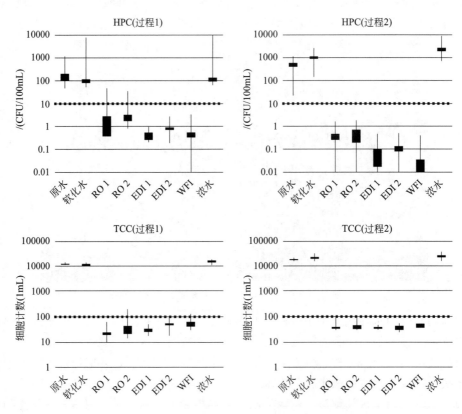

图 6.20 培养计数法与细胞计数法的数据对比

与蒸馏法制备注射用水相比，终端超滤法运行的能耗会大大降低。超滤法仅需提供足够的纯化水流量和适当的压力即可正常运行，而多效蒸馏法除需提供水泵的动力以外，还需使用大量的工业蒸汽及一定量的冷却水。如果注射用水的所有生产过程都按照最佳的规划设计完成，制药企业就能从能源核算中节省出一大笔费用，并且从最佳的环保平衡中受益。因此可以说，《欧洲药典》注射用水专论（0169）修订版来得非常及时。包括中国在内的其他国家和地区普遍存在像欧洲这么高的能源成本费用，需要学习欧洲关注可持续发展的流程工艺技术。如果生产注射用水的膜分离技术在欧洲生根开花，那么欧洲的跨国公司、跨州公司一定会将这一工艺技术推广到其他国家和地区。

RMM 技术应用与法规变革在全球范围内都还是探索，这中间还有很长的路要走。对于《中国药典》与中国制药行业而言，当前的首要任务是，全行业广泛开展讨论，及时修订药典相关规定，允许膜分离技术制备注射用水，杜绝"铸造 316L"材料（CF3M）的滥用，鼓励水质仪器供应商开发 RMM 设备，并从正在进行的试点项目中得出正确的结论，使中国制药行业不仅能够实现设备共赢，而且还需要拥有流程工艺专业知识，并具备风险评估、规划设计、审核认证和文件支持的能力，对其进行调整并在本地区大力推广。

6.3 储存与分配系统

注射用水储存与分配系统包括储存系统、分配模块单元和用水点管道系统，注射用水储存与分配系统的设计质量对注射用水系统成功与否至关重要。注射用水储存与分配系统需维持注射用水用水点处的水质质量在药典要求的范围之内，同时，系统还需将注射用水以符合生产要求的流量、压力和温度等参数输送到各工艺用水点，另外，还需保证整个系统的初期投资、能源支出和运行管理费用的合理匹配。

众所周知，21世纪被称为生命科学和生物技术的时代，生物技术在医疗卫生、农业、环保、轻化工、食品保健等重要领域对改善人类健康状况及生存环境、提高农牧业以及工业的产量与质量都正在发挥着越来越重要的作用。现代生物技术发展使生物制品在产品结构上发生了很大的变化，疫苗、单克隆抗体、重组蛋白药物、基因治疗、细胞因子等是现在各国研究与开发最为热点的领域，所有的生物原液与制剂生产中，常温注射用水都需要被大量使用。同时，在包括人血白蛋白、人免疫球蛋白、天然或重组的人凝血因子Ⅷ、红细胞制剂等血液制品的生产过程中，还需要大量的 $2\sim8℃$ 低温注射用水。

ChP 只允许采用纯化水通过蒸馏法制备注射用水，导致制药企业只能通过大量的工业蒸汽优先制备超过 80℃ 的高温注射用水，然后在用水点进行降温使用。虽然高温下注射用水的微生物污染风险极小，但这种高温制备工艺给注射用水储存与分配系统带来了非常大的能源挑战，企业管理成本居高不下。随着材料与工艺技术的改进，整个制药工业对注射用水的理解也在不断加深，许多良好的设计特性已被广泛接受并应用。例如，70℃ 以上高温循环、连续湍流循环、卡箍连接、电解抛光管道、自动轨道焊接技术、连续臭氧消毒/周期性消毒技术、卫生型元器件等。基于"投资回报"理念的降低化学纯度和微生物污染风险的设计特性是合适的选择，与纯化水系统一样，注射用水储存与分配系统的设计形式可以多种多样，这也是注射用水系统对制药工程的核心要求，膜分离法制备注射用水的应用将推动连续臭氧消毒型常温储存/循环系统的应用价值。本节将重点对注射用水系统所特有的内容进行描述，其他基础要求可参见 5.3 节。

6.3.1 法规规范

注射用水的储存与分配在制药工艺中是非常重要的，因为它们将直接影响到药品生产质量合格与否。2021 版《WHO GMP：制药用水》规定如下。

- 注射用水系统的部件，包括但不仅限于管道、阀门和配件、密封、隔膜和仪表，均应恰当，并满足系统在静态/动态及消毒期间可能接触的全部工作温度范围和潜在化品的以下目标。结构材料应具备恰当的质量。
- 注射用水系统建筑材料应适当。应不浸出、不吸附、不吸收、耐腐蚀。一般推荐使用不锈钢等级 316L 或 PVDC。材料的选择应考虑到消毒的方法。
- 不锈钢系统应进行轨道焊接，必要时可手工焊接。材料之间的互焊性应通过规定的工艺来证明，并保证焊接质量。应保存此类系统的文件，至少应包括焊工的资质、焊工设置、工作测试件（贴片或焊缝样品）、所用气体的质量证明、焊机校准记录、焊缝识别和热编号，以及所有焊缝的日志。检查一定比例的焊缝（如 100% 手工焊缝，10% 轨道焊缝）的记录、照片或视频。
- 接头应使用卫生型连接件，例如三叶草接头。螺纹连接是不允许的。聚偏氟乙烯或聚偏二氟乙烯（PVDF）体系应熔合并目视检查。
- 应考虑对不锈钢系统进行钝化处理，例如，非电抛光表面（初始安装后和重大修改后），按照规定使用的溶液、浓度、温度和接触时间的文件程序进行钝化处理。

- 内部应是光滑的。

- 法兰盘、连接头和阀门应该是卫生型设计。阀门应该是锻造隔膜阀或机加工阀体，其用水点结构便于排水。适用于注射用水系统的取样阀应为卫生型阀门，表面粗糙度不超过 $1.0\mu m$，通常安装在纯化单元操作之间和分配回路上。应该进行适当的检查，以确保使用了正确的密封和膜片，并安装正确且已拧紧。

- 该系统的安装应提高排水能力，以允许完全排水的方式安装管道，推荐最小坡度为 $1/100$。

- 以较高温度（例如>65℃）运行和维护的系统更不容易受到微生物污染。如果因为所采用的水处理工艺的原因而需要使用较低温度，或者水在使用时的温度要求较低，则应采取预防措施防止污染物侵入与微生物孳生。

- 在适当的情况下，应考虑气压或水压测试、喷淋球功能测试和循环湍流测试。

- 应提供在线测量的总有机碳、电导率和温度仪表。

- 文件应提供系统组成和确认的证据。这些包括施工图纸、建筑材料合格证书的原始或认证副本、现场测试记录、焊接/连接记录、校准证书、系统压力测试记录和钝化记录。

- 注射用水储存与分配系统应进行控制，降低污染风险和微生物快速孳生风险。控制措施可包括适当使用化学和/或热消毒程序。所使用的程序和条件，如时间和温度，以及频率，应确定并证明对系统所有相关部分的消毒是有效的。在系统的设计阶段应考虑所采用的技术，因为程序和技术可能会影响施工的组件和材料。

- 如果水系统化学消毒是生物污染控制计划的一部分，则应遵守经过验证的程序，以确保所选择的消毒过程有效，消毒剂可有效清除。

- 应保存消毒记录。

- 保持水的连续循环，保持湍流，例如，$Re > 4000$。

- 确保卫生设计，包括采用零死角隔膜阀，最大限度地减少死角。应该测量和计算可能存在死角的区域。

- 考虑在系统中使用紫外灯，紫外灯需要独立监控。

- 如有需要，维持系统在较高的工作温度（如高于70℃）。

- 注射用水分配系统应设计为环路，可连续循环散装注射用水。如果不是这样，则应为非循环式单路系统进行完善的论证。

- 至少应考虑以下方面：为防止污染物快速孳生而采取的控制措施；施工材料与连接方式对消毒效果的影响；装置、探头和仪表如流量变送器、总有机碳（TOC）分析仪和温度探头的设计和位置选定。

- 分配循环管网和用水点处一般不安装过滤装置。

- 如果使用了热交换器，则应采用连续循环回路或子回路，以避免系统中有不可接受的死水。

- 如果因工艺原因需降低水温，则降低时间应缩短至最短需要时间。应在系统确认过程中证明冷循环及其时长满足要求。

- 循环泵应为卫生型设计，具有适当密封，可防止系统污染。

- 如果有备用泵，则其参数设置或管理方式应可避免系统存在循环死角。

- 如果使用了双泵，则应考虑预防系统污染的措施，尤其是当其中一台泵不工作时是否会有死水。

● 应识别并标示部件。应标示流向。

GMP（2010修订）的"第五章 设备"中对注射用水储存与分配系统有如下的明确规定。

第九十八条 注射用水储罐和输送管道所用材料应当无毒、耐腐蚀；储罐的通气口应当安装不脱落纤维的疏水性除菌滤器；管道的设计和安装应当避免死角、盲管。

第九十九条 注射用水制备、储存和分配应当能够防止微生物孳生。注射用水可采用70℃以上保温循环。

第一百零一条 应当按照操作规程对注射用水管道进行清洗消毒，并有相关记录。发现制药用水微生物污染达到警戒限度、纠偏限度时应当按照操作规程处理。

GMP（2010修订）"附录1 无菌药品"中，对制药用水的要求如下。

第四十条 关键设备，如灭菌柜、空气净化系统和工艺用水系统等，应当经过确认，并进行计划性维护，经批准方可使用。

第四十九条 无菌原料药精制、无菌药品配制、直接接触药品的包装材料和器具等最终清洗、A/B级洁净区内消毒剂和清洁剂配制的用水应当符合注射用水的质量标准。

第五十条 必要时，应当定期监测制药用水的细菌内毒素，保存监测结果及所采取纠偏措施的相关记录。

6.3.2 储存系统

注射用水储存系统用于调节高峰流量需求与使用量之间的关系，使二者合理地匹配。储存系统必须维持进水的质量以保证最终产品达到质量要求。储存的原则最好是用较小的、成本较低的制备系统来满足高峰时的需求。较小的制备系统的操作更接近于连续及动态流动的理想状态。对于较大的生产厂房或用于满足不同厂房的系统，可以用储罐从循环系统中分离出其中的一部分和其他部分来使交叉污染降至最低。常温储存的注射用水处于"相对静止"状态，非常容易孳生微生物，为了有更好的储罐微生物预防措施，可以采用在罐体中持续添加臭氧或将水温加热到70℃以上来实现。

（1）注射用水储罐 注射用水储罐为压力容器设计，工作压力−1～3bar，工作温度0～150℃，配备有人孔、进水口、出水口、回水口、呼吸器、压力表、温度传感器、液位检测装置、清洗球及卫生型爆破装置。设备上方应有起重装置对接孔，便于维修。洁净型人孔规格直径通常不小于400mm，以便检修人员能自由进出。在罐内部分应平整无凹凸，开口位置需合适，无清洗死角。注射用水罐体的设计、制造与检验标准包括：《NB/T 47003.1—2009 钢制焊接常压容器》《NB/T 47015—2011 压力容器焊接规程》《NB/T 47018—2017 承压设备用焊接材料订货技术条件》《NB/T 47013—2015 承压设备无损检测》与ASME BPE等。

注射用水罐体材质为S31603（316L），为了保证注射用水罐体具有良好的微生物抑制能力，罐体内表面推荐采用电抛光处理（$Ra \leqslant 0.4\mu m$），外表面亚光处理，表面光泽均匀一致。罐体外壁采用50mm厚的硅酸盐等材料进行保温，保温材料不允许含氯，外包2.5～3mm厚的304不锈钢，确保正常工作或热水消毒时，外壁温度≤40℃、无冷凝水。注射用水储罐的有效容积比可按照0.8～0.85来考虑。例如，当企业需要一个有效容积为8000L的注射用水罐体时，其罐体总体积约为10000L。表6.7是一个8000L有效容积的注射用水罐体设计参数表。

表 6.7　注射用水罐体设计参数表

序号	项目	内　容
1	有效工作容积/总体积	8000L/约 10000L
2	用途	注射用水储存
3	构造	立式,桶体圆柱形,两端蝶形/椭圆形封头。该罐有保温层,保温材料不得使用含石棉、氯的材料,保温层外应有 304 不锈钢金属外壳,管口标准：ASME BPE,卡箍连接
4	耐压力	压力容器设计,工作压力：−1～3bar
5	耐温度	0～150℃
6	接触水部分金属材料	S31603(316L)不锈钢
7	不接触水部分金属材料	S30400(304)不锈钢
8	内部抛光	电解抛光至 $Ra{\leqslant}0.4\mu m$
9	外部抛光	2B,拉丝处理
10	内部焊缝	磨光并带抛光至 $Ra{\leqslant}0.8\mu m$
11	外部焊缝	抛光至 240♯
12	液位传感器接口	安装于上、下封头,DN80 接口
13	呼吸器接口	安装于上封头,DN40 接口
14	温度传感器接口	安装于筒体下部,DN40 接口
15	喷淋球	2 只,卫生型,切线出水型喷淋球,工作压力 1bar,满足核黄素覆盖测试
16	压力表接口	安装于上封头,DN40 接口
17	纯化水进水口	安装于上封头,以纯化水机为准
18	纯化水回水口	安装于上封头,以回水管网管径为准
19	纯化水出水口	安装于罐体底部,以离心泵入口为准
20	爆破片口	安装于上封头,DN40 接口
21	备用口	1 只,安装于上封头,DN40 接口
22	卫生型视镜	1 只,实现目视检查
23	其他常规配置	人孔、起重装置对接孔等

　　注射用水储罐可分为立式与卧式两种形式,其选择原则需结合罐体容积、制水间空间、罐体刚性要求、安全因素、投资要求和现场就位实际情况等综合因素考虑,为方便取样与检修,较大体积的罐体可安装操作护栏(图 6.21)。通常情况下,立式设计的罐体应优先考虑,这主要是立式罐体有一个"最低排放点",完全满足"全系统可排尽"的 GMP 要求,同时,相同的停泵液位时,立式设计的罐体内残留的水比卧式设计懂得罐体少很多。卧式设计罐体的"罐体最低排放点"虽不如立式设计的罐体优秀,但通过筒体坡度等技术手段也可以实现。尤其是当注射用水罐体容积较大(如有效容积超过 10000L)或制水间高度有限时,可以选择卧式设计的储罐来实现多效蒸馏水机设备的无重力补水。

　　(2)呼吸器　GMP(2010 修订)中明确规定：注射用水储罐的通气口应当安装不脱落纤维的疏水性除菌滤器。注射用水储罐安装呼吸器是 GMP 的基本要求之一,其主要目的是有效阻断空气中大颗粒和漂浮微生物对罐体中注射用水污染,呼吸器多采用 $0.22\mu m$无菌滤芯,聚四氟乙烯材质。当注射用水罐体存在高温运行工况或周期性纯蒸汽或过热水消毒时,蒸汽遇冷的过滤滤芯会发生凝结,冷凝水会聚集在滤膜上,导致呼吸器发生

图 6.21　带护栏的制药用水储罐

堵塞，罐体出现负压状态，因此，注射用水储罐均安装有带电加热夹套并设有自排口的呼吸器。

散装注射用水虽然不是无菌水，但注射用水的微生物限度极低，达到 10CFU/100mL，注射用水储罐的呼吸器设计应采用在线消毒与定期更换滤芯的方式来满足 GMP 和生产需求。当注射用水储存与分配系统的消毒周期（例如，半年）不高于呼吸器的更换周期（例如，半年或一年）时，该呼吸器可设计为在线反向灭菌方式，通过注射用水罐体时的反向纯蒸汽进行定期消毒；当注射用水储存与分配系统的消毒周期（例如，一年）高于呼吸器的更换周期（例如，半年）时，推荐制药企业的注射用水呼吸器采用正向灭菌设计。注射用水呼吸器滤芯应定期更换，更换周期通常为半年或一年。

注射用水系统储罐上的呼吸器滤芯在安装前后要进行完整性测试和目视检查，该操作无须像无菌过滤器那样进行验证，完整性检测可以在线或离线实施。完整性测试的目的是验证呼吸器从注射用水储存系统中移除时没有出现堵塞或泄漏现象，从而证明企业所采取的预防性维护计划是正确的。罐体过滤器完整性检测方法优先推荐采用水浸入法，泡点法与扩散流法也可以使用，这些方法根据过滤器生产商、应用和滤芯类型的不同而不同。应该对使用后的滤芯在进行的测试中可能出现的失败情况，建立足够多的规程。

6.3.3　分配系统

注射用水分配系统是整个储存与分配系统中的核心组成部分。分配系统的主要功能是将符合质量标准的注射用水以连续循环的方式输送到各个工艺用水点，并保证其压力、流量和温度等工程参数符合工艺生产要求。分配系统通过流量变送器、压力变送器、温度变送器、TOC 分析仪、电导率分析仪、臭氧浓度分析仪等一起来实现注射用水化学纯度的实时监测与趋势分析，并通过连续消毒/周期性消毒方式来有效控制水中的微生物负荷，整个分配系统的总供与总回管网处应安装卫生型取样阀进行水质的离线取样分析。

注射用水分配模块主要由如下元器件组成：带变频控制的输送离心泵、卫生型双板管式热交换器及其加热或冷却调节装置、无菌取样阀、卫生型隔膜阀、316L材质的管道管件、温度变送器、压力变送器、电导率分析仪、TOC分析仪及其配套的集成控制系统（含控制柜、I/O模块、触摸屏、记录仪等），带连续臭氧消毒功能的注射用水分配模块还会配备有臭氧发生器、臭氧去除用紫外灯和臭氧浓度变送器等。工程实践表明，"3D设计"是注射用水管道系统所应该遵循的基本要求，这也是监管部门针对死角检查的量化指标。死角和非循环水分配系统可能给注射用水的质量维持控制带来挑战，类似ASME BPE甚至推荐注射用水的死角应控制在2D，但它仅是团体标准的建议值，并非强制法规。取样数据可以用于支持对死角造成的工程风险进行了适当的管理。并非所有死角都具有相同的工程风险，例如，高温循环系统上的3D死角，比处于室温、甚至是间歇性室温的系统下相同死角的风险要低得多。

注射用水分配系统为常温循环系统时，连续湍流对微生物负荷的控制尤为关键。流量变送器置于回水管道末端，主要用于实时监控回水流速/流量。注射用水系统流速与压力有一定的关系，虽然注射用水系统的离心泵可与流量变送器或压力变送器变频联动，但大多数企业都采用流量变送器来进行变频联动。正常情况下，保持注射用水系统末端回水流速不低于1m/s时，离心泵功率不超过40Hz。保证末端回水流速不低于1m/s左右已成为行业共识，ISPE推荐值为0.91m/s（3ft/s），WHO推荐值为1.2m/s。当分配系统处于短时间的峰值用量时（例如，30~60min内）或注射用水处于高温循环时，回水流速低于1m/s并不会引起系统微生物水平的显著性增加，但过低的回水流速极有可能出现管网倒吸空气风险，因此，常采用0.5m/s左右作为回水管道流速的报警限。流量变送器需采用卫生型设计，满足4~20mA信号输出功能，卫生型卡箍连接。

制药用水储存与分配系统根据使用温度的不同分为高温循环、常温循环和低温循环三个不同的设计形式。设计方案的选择不受法规约束，企业可结合用水点的温度要求、消毒方式以及系统规模等因素选择符合自身实际需求的设计方案。同时，企业还需考虑产品剂型、投资成本、用水效率、能耗、操作维护、运行风险等其他因素。储存与分配系统设计思路可归纳为八种形式，《国际制药工程协会 基准指南 第4卷：水和蒸汽系统》建议以分配系统决策树的形式来合理选择储存与分配系统的设计方案（图6.22）。

注射用水分配系统的两个基本概念为"批次分配"与"连续化生产分配"。"批次分配"概念至少需要用两个注射用水储罐，当一个正在补水或检测时，另一个为用水点提供符合药典要求的注射用水。"批次分配"的好处是采用批处理的方式来管理制药用水，在使用前进行检测，储罐上标有QA/QC的放行签，以证明每个生产批次的水是可以追溯和识别的。图6.22中①"批处理循环系统"属于"批次分配"系统。"连续化生产分配"仅需要一个注射用水储罐，采用"过程分析技术"理念，整个注射用水储存与分配系统处于24h连续循环状态，储罐液位与制水设备的补水阀门联动，保证用水点的实际用水需求并维持水质满足药典要求。"连续化生产分配"的优点为系统设计简单、投资成本与运行管理成本低，它属于典型的连续化生产制作工艺，利用罐体缓冲能力有效解决生产时峰值用量的需求，图6.22③~⑦属于"连续化生产分配"系统。

采用膜分离法、热压蒸馏或多效蒸馏等工艺制备的常温或高温注射用水用水点微生物限度都是 10CFU/100mL，高温储存/循环系统是其常用的设计形式，随着膜分离法制备常温注射用水的应用普及，注射用水可以实现常温储存，连续臭氧消毒的常温储存/循环系统将得到重视。注射用水系统有关决策树的绝大部分内容引自《国际制药工程协会 基准指南 第4卷：水和蒸汽系统》，注射用水系统的任何分配决策树均不是强制法规，使用者可以结合实际需求科学选择最合适的设计。表 6.8 是注射用水分配系统的常用分配决策树。

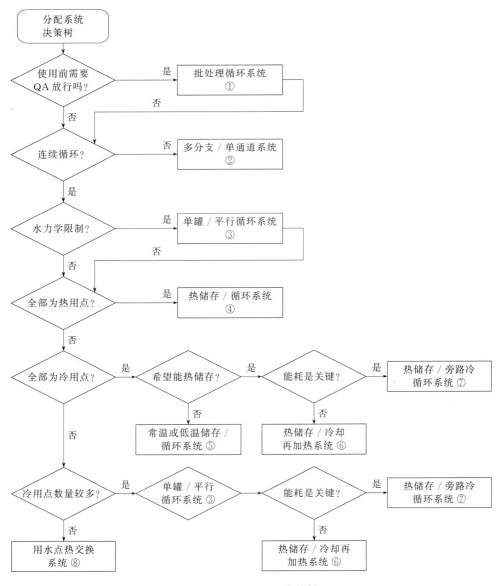

图 6.22　分配系统决策树

表 6.8　注射用水的分配决策树

系统名称	热储存/循环系统	连续臭氧消毒系统	热储存/旁路冷循环系统	低温储存/循环系统
制备工艺	多效蒸馏/热压蒸馏	膜分离法/热压蒸馏/低压多效蒸馏	多效蒸馏/热压蒸馏	子循环补水

系统名称	热储存/循环系统	连续臭氧消毒系统	热储存/旁路冷循环系统	低温储存/循环系统
产水温度	高温	室温	高温	低温
储罐温度	高温	室温	高温	低温
冷用点	瞬间降温	即开即用	即开即用	即开即用
连续消毒措施	恒温/高温	恒温/臭氧(储罐)	恒温/高温(储罐)	恒温/低温
周期性消毒措施	过热水/纯蒸汽消毒[①]	臭氧消毒[②]	过热水/纯蒸汽消毒	过热水/纯蒸汽消毒
周期性消毒频率	月/季度/年	天	月/季度/年	周/月/季度
周期性维护措施	除红锈/再钝化	除生物膜/除红锈/再钝化	除红锈/再钝化	除生物膜/除红锈/再钝化
水消耗	高/适中	低	高/适中	低
能量消耗	高	低	适中	低
可验证性	适中	复杂	复杂	复杂
可操作性	复杂	简单	简单	简单
维护要求	高	简单	适中	适中
管路冲洗要求	一般	重要	重要	重要
微生物风险	低—中等[③]	低	低—中等	高—中等
红锈风险	高	低	高—适中	高—适中
清洗验证要求	中等	高	中等	中等
国内现状	较常用	较少用	较少用	很少用

① 注射用水可以借鉴无菌验证的方法，但也有较大区别，高温循环的注射用水微生物预防效果非常好，如果验证成功，可以考虑不需要过热水或纯蒸汽消毒措施，以避免红锈等次生污染。

② 随着膜过滤制备注射用水系统的普及，连续臭氧消毒系统将得到重视和普及，在设计时，利用恒温用热交换器，将热水消毒功能作为补救措施。

③ 当热储存/循环系统的用水点有多个"子循环降温"模块时，分配系统微生物污染风险高。

（1）热储存/循环系统 当注射用水采用热压蒸馏或多效蒸馏等高温法制备且能耗不是关键因素时，可采用连续热水消毒的热储存/循环系统（图 6.23），它是我国制药行业注射用水储存与分配系统的主要设计思路。系统通过注射用水罐体的夹套工业蒸汽加热或回路主管网上热交换器加热来实现整个系统的热储存与热循环。理论上来讲，连续巴氏消毒的热储存/循环的注射用水系统微生物负荷非常低，周期性纯蒸汽或过热水消毒可作为系统的微生物预防补充。循环回水到达储罐的顶部时经过喷洗球进罐，以确保整个顶部表面湿润和注射用水系统的温度均一性，当所有的用水点都需要高于 70℃ 的热注射用水时，该构造优势非常明显。对于采用蒸馏等高温法制备的制药用水系统，该系统能耗需求相对较低。GMP（2010 修订）规定：注射用水可采用 70℃ 以上保温循环。热储存/循环系统已被各国 GMP 推荐为注射用水系统的首选方法，并得到法规机构的广泛认同。

对于热储存/循环系统，以"质量源于设计"为原则对整个系统进行全面合理的设计时，需要考虑的问题包括防止操作员烫伤、防止循环泵发生严重"气蚀现象"、防止呼吸器被冷凝水堵塞、防止不锈钢表面红锈的快速形成等。可通过在较低温度下操作（如 70～75℃）。因工艺岗位的生产需求，无菌与生物制品车间有较多的常温或低温注射用水用水点，其使用

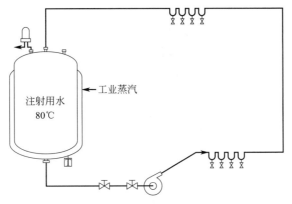

图 6.23　热储存/循环系统

温度多处于 25～35℃，部分用水点在 5～15℃。

常温注射用水用水点设计常采用瞬时降温法，图 6.24 是两种典型的瞬时降温设计思路，整个注射用水系统采用热储存/循环方式，当需要使用常温或低温注射用水时，用水点热交换器立即开启工作。左边的"用水点降温"模式适合于培养基配制、缓冲液配制和消毒液配制等配液用水点，例如，培养基配制间有 3 个配料罐，可以共用一套"用水点降温"模块实现 3 个罐体的常温注射用水使用，整个降温模块纳入配液系统进行验证和管理，组装时与培养基配液系统进行模块化整合，每次使用前进行纯蒸汽灭菌，使用后通过压缩空气或重力排空。"subloop 降温"模式属于 ISPE 推荐的一种用水点管理方式，主要目的是在不排放注射用水的前提下，服务于器具清洗间等开放式常温注射用水点，它属于一种类似家用热水器的模块化标准产品，非常方便安装。

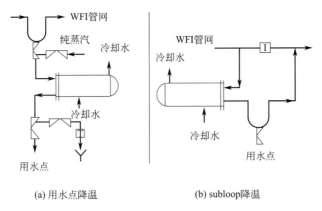

(a) 用水点降温　　　　　　　(b) subloop降温

图 6.24　用水点瞬时降温设计原理

在我国，部分制药企业的注射用水分配管道系统存在 subloop 滥用的现象。有的管网甚至有多达 4～5 个所谓的"子循环降温"模块，这种设计的热交换器通常置于技术夹层，一个"子循环降温"模块都要服务于好几个用水点，这种设计在刚开始使用的 1～2 年不会有太大的生物膜污染风险，一旦时间久了，极易出现整个注射用水管网的严重微生物污染。同时，置于技术夹层的冷用点降温用热交换器及其冷介质组件极难维护，这不是一种好的GEP 管理。因此，推荐制药企业不要对 ISPE 推荐的 subloop 设计思路进行过度解读和滥用，对于水池等降温用水点，多采用模块化的 subloop 单点热交换装置（图 6.25）。

图 6.25　冷水点模块化热交换器

（2）**连续臭氧消毒系统**　常温注射用水系统可以使用连续臭氧消毒的常温储存/循环系统。臭氧消毒的常温储存/循环系统在欧美制药企业应用较多，由于蒸馏法制备的都是高温注射用水，中国制药企业应用相对较少。理论上，8μg/L 的臭氧就可以阻止微生物孳生，25～100μg/L 的臭氧含量能防止注射用水的二次微生物污染。臭氧在使用前必须完全从注射用水中去除，可以用紫外线辐射来实现去除。证明臭氧已被 100% 去除的最好办法是安装在线臭氧浓度分析仪。与巴氏消毒相比，臭氧消毒除了具有操作简单、水温无波动、无须工业蒸汽、消毒时间短和降解生物膜等优势外，管道材质选择余地也非常大。臭氧消毒系统为常温运行系统，可采用不锈钢或 PVDF 材质，化学消毒或热水消毒可作为臭氧失效后的补救措施。

当注射用水采用热压蒸馏或膜分离等常温法制备、系统中存在多个温度一致的常温或低温用水点且能耗是关键因素时，可采用连续臭氧消毒的常温储存/循环系统。图 6.26 为典型的注射用水连续臭氧消毒原理，采用空气/氧气源型臭氧发生器或水电解型臭氧发生器，臭氧发生器一直处于工作状态，253.7nm 波长的紫外灯用于日常去除臭氧。整个注射用水系

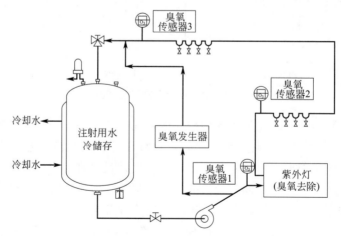

图 6.26　连续型臭氧消毒系统原理

统通过 3 个在线臭氧探头对紫外灯前、紫外灯后和管网回水端的臭氧浓度进行实时监测，注射用水系统水温控制在（25±2）℃左右。正常生产时，臭氧发生器处于开启状态，紫外灯处于连续去除臭氧状态；周期性消毒时，关闭紫外灯，维持注射用水中臭氧浓度并保持一定时间，消毒结束后，开启紫外灯，采用 253.7nm 波长的紫外线将注射用水中臭氧从循环管网系统中有效去除，以保证使用时注射用水中无任何残留的臭氧，紫外灯剂量至少需要比常规在线消毒剂量多出 2 倍以上（具体取决于 UV 进出口臭氧浓度及要求）。为了确保人员安全，还可以考虑安装制水间的空气检测用臭氧传感器。

（3）热储存/旁路冷循环系统　生物制品因具有产品不耐热、生产环节易染菌等特征，在生产工艺上有着严格的质量风险控制，因工艺岗位的生产需求，生物制品车间有较多的常温注射用水用水点，其使用温度多处于 20～25℃，例如，器具清洗间冲洗用水、培养基配制用水、缓冲液配制用水、冻干/水针制剂配制用水、纯化与超滤冲洗用水以及其他一些生产工艺用水等。

当注射用水采用热压蒸馏或多效蒸馏等高温法制备、系统中存在多个温度一致的常温或低温用水点且能耗是关键因素时，可采用热储存/旁路冷循环系统（图 6.27）。它具有系统初期投资费用低、运行与能耗低、连续动态运行、用水点即开即用、不浪费一滴水等特点，且能有效控制整个系统的微生物孳生风险，其最大好处是在能耗有限的情况下可实现法规与能源平衡，是生物制品车间注射用水系统的理想选择。注射用水储罐内的热水经热交换器瞬时冷却后流至各用水点，并采用旁路管网重新回到输送泵入口端，通过罐体夹套工业蒸汽加热或回路主管网上热交换器加热的方式，实现系统的热储存。

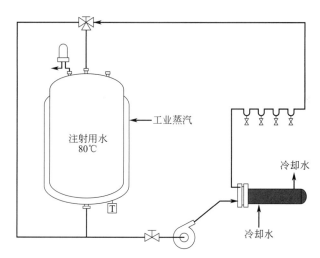

图 6.27　热储存/旁路冷循环系统原理

当车间用水点需要用水时，主循环管路热交换器上的冷却水开启，主循环系统处于常温或低温循环状态，经比例调节阀控制下的大量回水经旁路管网直接进输送泵，少量回水经喷淋球进入储罐（图 6.28），部分系统也可以实现回水完全不进喷淋球，其主要原理是采用高温储存方式来抑制罐内的微生物繁殖，采用常温/低温湍流循环的方式来抑制管路系统的微生物繁殖，并满足车间用水点的水温要求。

加热是最安全的消毒模式，为保证注射用水系统有持续较好的微生物抑制作用，批次生产结束后，车间用水点不需要用水，系统自动关闭热交换器的冷却状态，以保证循环管路的

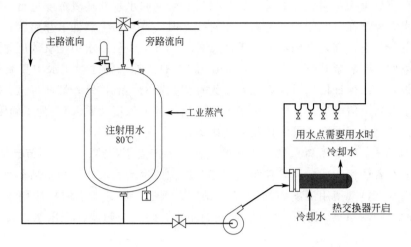

图 6.28　热储存/旁路冷循环系统的生产模式

间歇消毒状态（图 6.29）。热交换器上冷却水关闭，经比例调节阀控制下的大量回水经喷淋球进入储罐，少量回水经旁路管网直接进输送泵，从而保证全系统有热水流经并处于热水消毒状态。

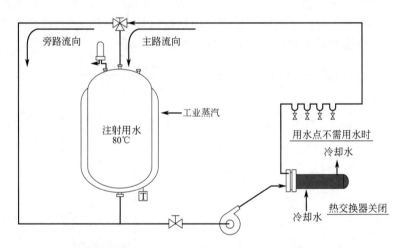

图 6.29　热储存/旁路冷循环系统的消毒模式

国内某生物单抗车间采用热储存/旁路冷循环系统设计实施，该项目中的高温注射用水系统应用于 CIP 工作站、洗瓶机和 GMP 清洗机等工作岗位，常温注射用水系统应用于器具清洗、培养基配制、缓冲液配制、冻干/制剂配制、纯化与超滤冲洗以及消毒液配制等工艺岗位。车间生产结束后，热储存/常温循环系统自动切换为热储存/热循环系统，有效解决了常温用水与能耗之间的矛盾，且微生物控制效果非常明显。长期验证数据表明，系统微生物水平控制地非常好（图 6.30）：第一年，常温 8h/高温 16h 运行模式，连续监测一年，合格；第二年，常温 8h/高温 2h/常温 8h/高温 6h 运行模式，连续监测一年，合格；第三年，常温 20h/高温 4h（极端测试），连续监测一周，合格。该设计突破了传统和 GMP"注射用水需要在 70℃以上温度储存循环"的规定和惯性思维。项目初期投资低于传统的高温循环＋单点降温设计，后期运行过程中，用水点降温需要的冷介质量非常低；单套系统每年至少能节省几百万元的工业蒸汽和冷却水能源。使用者"即开即用"、温度恒定,且运行过程中没有"一滴水"的浪费。

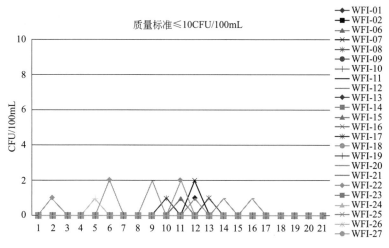

图 6.30 热储存/旁路冷循环系统验证数据示例

（4）低温储存/循环系统 血液制品车间生产中需要大量使用2～8℃注射用水,如果从80℃瞬间降温来实现,能耗非常大。当制药用水系统采用高温法制备、系统中存在多个温度一致的常温或低温用水点、能耗是关键因素时,可采用低温储存/循环系统(图6.31)。它具有系统投资费用低、运行与能耗低、连续动态运行、即开即用与不浪费一滴水等特点,在低温储存与湍流状态下,能有效控制整个系统的微生物孳生风险,其最大好处是在能耗有限的情况下可实现连续、大规模供水,是血液制品车间平衡液与缓冲液配制的理想选择。使用时,高温注射用水采用两级或三级热交换器瞬时冷却至4～5℃后,方能进入到低温注射用水储罐,整个分配管网也维持在4～5℃的循环温度,通过罐体夹套降温或回路主管网上热交换器降温的方式,实现系统的冷储存、冷循环状态。低温储存/循环系统定期进行过热水或纯蒸汽消毒,有效解决了低温用水与能耗之间的矛盾,且微生物控制效果非常明显。如果注射用水制备出水温度为常温,则只需要一级热交换器瞬时冷却就能实现4～5℃进罐。低温储存/循环系统在安装施工阶段需注意不锈钢系统表面的防结露处理,在2～8℃循环温度下,任何裸露的不锈钢表面都极易结露,尤其是注射用水罐体封头处和用水点阀门处。

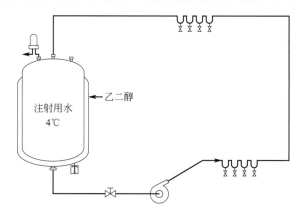

图 6.31 低温储存/循环系统原理

6.3.4 取样监测计划

取样是注射用水分配系统进行性能确认的一种关键措施,《国际制药工程协会 良好实践指南:制药用水、蒸汽和工艺气体的取样》详细介绍了注射用水系统的取样计划和典型频率。取样分为在线取样与离线取样两种方式,分配模块上的电导率分析仪与 TOC 分析仪属于在线取样方式,适合于注射用水产品质量的参数放行。为保证取样的安全性,防止人为交叉污染,推荐采用卫生型专用取样阀进行注射用水的离线取样分析。卫生型专用取样阀主要安装于注射用水机出口、分配模块总供、总回管路上,对于无法随时拆卸的硬连接注射用水用水点处,可以安装卫生型专用取样阀,也可以安装 INLINE 隔膜阀或 Block 一体阀。卫生型专用取样阀的出水口管道应进行电解抛光处理,以防取样后的水滴因虹吸停滞现象引起出口的生物膜污染。由于取样初期需要排放一定数量的水,收集槽的设置有利于避免取样过程中水流飞溅带来的操作不便。取样阀的设计理念与日常维护管理对取样成功与否至关重要,长期使用后的取样阀外侧的内表面可能会孳生生物膜,定期对取样阀进行离线清洗和干燥/消毒,有助于取样阀的正常使用,保证取样的微生物结果真实有效。

与纯化水用水点类似,注射用水用水点主要分为开放式用水点和硬连接用水点两大类。例如,器具清洗间的注射用水用水点属于开放式用水点(图 6.32),该用水点隔膜阀能兼顾取样功能。

图 6.32　注射用水开放式用水点

举例来说,配料罐的补水阀属于硬连接用水点。T 型零死角阀属于设计最为简单、应用最为广泛的一类多通道阀。ASME BPE 推荐采用 T 型零死角阀作为直接接触产品的注射用水的用水点阀门,图 6.33 是带取样功能的 T 型零死角隔膜阀。

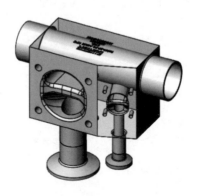

图 6.33　带取样功能的 T 型零死角隔膜阀

对于破伤风疫苗与新型冠状病毒肺炎疫苗等生物安全等级在三级的高风险生物制品GMP车间，有毒区散装注射用水系统的设计思路需要更加严谨。例如，有毒区注射用水罐体补水阀门可使用特殊设计的多通道阀组，该阀门是2个隔膜阀与1个取样阀的一体化整合，可实现补水功能的风险管控。多通路阀是指由一整块不锈钢材料锻造加工而成的阀门，它属于"多个两通路阀门组合设计"的进一步结构优化（图6.34），多通路阀也称为"Block一体阀"。整块钢的生产工艺使得多通道阀内部没有焊缝，可实现紧凑型设计并可大大减少残液，采用独特的定制设计能够集成各种功能，例如混合、分配、开关、给料或排放。

图6.34　多通道阀的加工过程

对于非蒸馏法制备的注射用水系统，在预处理、终处理、储存与分配环节的取样是以单元设备运行为基础的，对水质的预期要求是不断变化的，例如预处理部分希望获得的符合国家饮用水标准的水，而其中的过滤、软化想要获得的水质标准都是不同的，需要分别取样和分析确认符合工艺的需要。一般需要在这些单体设备的入口和出口分别取样以确定其性能，还应分别取样测试最低流量和最高流量条件下的水质情况。表6.9列出了注射用水系统各单元设备监控取样的典型类别。

表6.9　注射用水机典型取样类别

取样工序	监控
多介质过滤器	前后压差、SDI或浊度
活性炭过滤器	余氯、菌落总数、碘值
软化器	硬度
pH调节装置	pH
亚硫酸氢钠加药装置（如有）	余氯
反渗透（RO）	进水/产水电导率值、菌落总数
电法去离子（EDI）	出水电导率值、TOC、菌落总数
超滤	出水电导率值、TOC、菌落总数、细菌内毒素

第7章

纯蒸汽系统

蒸汽特指水蒸气。当水在有限的密闭空间中蒸发时,液体分子通过液面进入上面空间成为蒸汽分子,蒸汽由此形成。蒸汽主要用途有加热、加湿、驱动等。根据压力和温度的不同,蒸汽分类为过热蒸汽和饱和蒸汽两大类。火力发电厂为了使涡轮设备不受冷凝水的破坏影响而选择使用过热蒸汽。过热蒸汽很少用于制药行业的热量传递过程,在热交换和灭菌工艺中,饱和蒸汽比过热蒸汽更适合作为热源,饱和蒸汽压强和温度的对应关系固定不变,其汽化潜热可以迅速释放大量热。

基于制药工业过程中对无菌、无热原的要求,利用饱和蒸汽冷凝时会释放出大量潜热和湿度,可使细菌的主要成分蛋白质发生水合作用,使细胞内发生原生质变从而发生凝固,达到被杀灭的目的,即通常所说的纯蒸汽灭菌工艺。此工艺已经在制药工业中成为主要的灭菌手段之一。同时纯蒸汽作为洁净能源应用于制药工艺过程中,能更好地规避风险,从而达到 GMP 要求。制药用蒸汽系统在制药企业中是一种非常重要的公用工程,制药用饱和蒸汽可分为工业蒸汽、工艺蒸汽和纯蒸汽三类。在制药用蒸汽系统设计过程中应符合哪种质量标准,可参考 ISPE 推荐的决策树(图 7.1)。

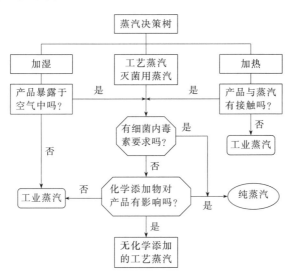

图 7.1 制药用蒸汽决策树

工业蒸汽主要用于非直接接触产品的加热,为非直接影响系统。工业蒸汽是指由市政软化水制备的饱和蒸汽，主要用于非直接接触产品工艺的加热，为保护锅炉，工业蒸汽中常添加一些用于控制水垢和腐蚀产物的化学添加剂。

工艺蒸汽也称无化学添加剂蒸汽，属于直接影响系统，主要用于最终灭菌产品的加热、消毒与空调加湿等。工艺蒸汽不含任何化学添加剂（如氨、肼等挥发性化合物），其冷凝液至少应为符合官方标准的饮用水。

纯蒸汽是指化学纯度有特殊要求的饱和蒸汽，不含任何化学添加剂（如氨、肼等挥发性化合物），它是制药企业最重要的一种湿热灭菌和微生物负荷控制的介质，主要应用于制药用水系统、生物/发酵反应器、无菌制剂的配料与管路系统、除菌级过滤器、冻干机等重要设备与系统的微生物负荷控制。用于湿热灭菌柜的纯蒸汽除需液态下满足药典注射用水项下化学纯度与微生物指标规定外，还需气态下满足干燥度、过热度与不凝性气体含量的相关规定。在制药工业中，纯蒸汽也被称为洁净蒸汽、无热原蒸汽、注射用水蒸气和 USP 标准纯化水蒸气等，本章将统一用"纯蒸汽"表示。

7.1 纯蒸汽质量指南

与制药用水相比，在制药工艺中指导蒸汽使用的法规相对缺乏，导致衍生出不同的实践与理解，大多数制药企业在需要选用工艺蒸汽的场所直接选用纯蒸汽。例如，当蒸汽用于间接空调加湿用途时，理论上来讲并不需要蒸汽质量比环境空气更纯，可采用适当的无化学添加蒸汽或工艺蒸汽。企业需要评估潜在的挥发性杂质对最终药物产品的影响，例如胺类和肼类挥发性杂质，其对无菌灌装和配料等关键工艺岗位尤其重要。如果发现稀释后的蒸汽会严重污染最终药品，就需要选择更洁净的蒸汽，因此，绝大部分制药企业采用纯蒸汽进行关键工艺岗位的空调加湿。

制药企业在生产无菌与生物制品时，常用的蒸汽为工业蒸汽和纯蒸汽。工业蒸汽常用于非关键岗位的空调加湿、配液罐体夹套加热、热交换器加热以及非接触产品设备的过热水灭菌等；纯蒸汽常用于湿热灭菌柜的灭菌、制药设备或系统的在线灭菌以及关键工艺岗位的空调加湿等。表 7.1 列举了制药用蒸汽的典型应用。

表 7.1 制药用蒸汽的应用

用途	纯蒸汽	工艺蒸汽	工业蒸汽
肠道和非肠道制剂应用；蒸汽直接接触产品	✓	×	×
API 产品生产过程的关键工艺过程；蒸汽直接接触 API	✓	×	×
API 产品生产工程中的非关键性工艺；所添加的杂物会在后续工艺中去除	✓	✓	×
制药用水系统的消毒和灭菌	✓	✓	×
制剂生产关键性 HVAC 系统加湿且蒸汽与药品直接接触；化学添加物可能会对药品产生不利影响	✓	×	×
非关键性 HVAC 系统加湿，且药品不直接暴露于环境中	✓	✓	×
关键工艺的洁净室加湿	✓	×	×
非关键岗位的加热源，双板管式热交换器的加热源	×	✓	✓

常见的纯蒸汽质量要求既包含蒸汽中各种杂质、压力波动等，也包含蒸汽中的干燥度、不凝性气体含量和过热度等不容易发现的潜在影响因素，这些因素均可能对最终结果产生不利的影响。

（1）干燥度　当蒸汽中含有 3% 以上的冷凝水时，虽然蒸汽的温度达标，但由于分布在产品表面的冷凝水对热传递的阻碍，蒸汽经过冷凝水膜时温度会逐步递减，使得到达产品的实际接触温度会低于设计温度要求。

（2）不凝性气体含量　不凝性气体的存在会对蒸汽的温度形成另外的影响。如果蒸汽系统内的空气未排除或未完全排除，由于空气是热的不良导体，空气的存在会形成冷点，使得附着空气的产品达不到设计温度。

（3）过热度　过热度是影响蒸汽灭菌的一个重要因素。饱和蒸汽灭菌原理是蒸汽遇冷产品凝结而释放出大量的潜热，使产品的温度上升。而过热蒸汽，其性质相当于干燥的空气，其本身的传热效率低下；过热蒸汽释放显热而温度下降没有达到饱和点时，不会发生冷凝，此时放出的热量非常小，使得热量交换达不到灭菌要求，通常此现象在过热 3℃ 以上时即表现明显。

在制药行业，专门介绍纯蒸汽技术规范、安装要求和质量保证的行业指南并不多。纯蒸汽制备与纯度的监管指南通常与注射用水相关指南一致，部分应用场所需附加对蒸汽质量的其他特殊要求（不凝性气体、过热度和干燥度）。EN 285、HTM 2010 等国际标准提供了适用于生物工艺和制药工业的纯蒸汽纯度与品质的指标，这些指南包括了材料技术规格、尺寸/公差、表面处理、材料连接以及质量保证的要求。

7.1.1　WHO 标准体系

2021 版《WHO GMP：制药用水》中对纯蒸汽提出了明确要求，具体内容如下。
- 纯蒸汽的冷凝水质量标准与注射用水质量标准一致。

7.1.2　中国标准体系

2020 版《中国药典》与 GMP（2010 修订）对纯蒸汽都没有明确的官方规定，纯蒸汽的制备与质量属性可参考 2020 版《中国药典》注射用水的相关内容。《GMP 实施指南　水系统》（2010 版）对于纯蒸汽有如下描述。
- 纯蒸汽通常是以纯化水为原水，通过纯蒸汽发生器或多效蒸馏水机的第一效蒸发器产生的蒸汽，纯蒸汽冷凝时要满足注射用水的要求。软化水、去离子水和纯化水都可作为纯蒸汽发生器的原水，经蒸发、分离（去除微粒及细菌内毒素等污染物）后，在一定压力下输送到用水点。
- 纯蒸汽可用于湿热灭菌和其他工艺，如设备和管道的灭菌，其冷凝物直接与设备或物品表面接触，或者接触到用以分析物品性质的物料。纯蒸汽还用于洁净厂房的空气加湿，在这些区域内相关物料直接暴露在相应净化等级的空气中。

7.1.3　欧盟标准体系

2020 年的《EU GMP 附录 1　无菌产品生产》最新征求意见稿关于纯蒸汽的主要内容包括如下。
- 用作直接灭菌剂的蒸汽应具有适当的质量，不应含有可能导致产品或设备污染的添加剂。对于提供用于对物料或产品接触表面进行直接灭菌的纯蒸汽的纯蒸汽发生器（例如，多孔的硬质高压灭菌器），蒸汽冷凝物应符合相关 EP 注射用水的最新标准。应制定适当的采样时间表，以确保定期获取有代表性的纯蒸汽样品进行分析。用于灭菌的纯蒸汽质量的其他方面应定期根据已验证的参数进行评估。这些参数应包括以下内容：不凝性气体含量、干燥度和过热度。

在 HTM 2010 及 EN 285 标准中，对用于灭菌设备的纯蒸汽质量提出了如下额外的要求。
- 每 100mL 饱和蒸汽中不凝性气体体积不超过 3.5mL（相当于体积分数 3.5%）。
- 对金属载体进行灭菌时，干燥度不低于 0.95；对非金属载体进行灭菌时，干燥度不低于 0.9。
- 当纯蒸汽压力降低为大气压时，过热度不超过 25℃。

7.1.4　美国标准体系

1976 年 6 月 1 日，美国 FDA 发布《大容量注射剂 cGMP 规程（草案）》规定如下。
- 采用锅炉产生蒸汽的原水若与组件、药品本身或药品接触表面进行接触，其原水中不应含有胺类或肼类等挥发性添加剂。

2005 年，《美国药典》纯蒸汽专论生效，《美国药典》通则 "＜1231＞制药用水" 关于纯蒸汽的详细内容如下。
- 纯蒸汽有时也被称为 "洁净蒸汽"。当蒸汽或其冷凝液直接接触特定物品或物品接触表面时，如在其配料、灭菌或清洁过程中，如果没有后续的处理步骤用于去除任何已知杂质残留物，则使用蒸汽或其冷凝液。这些纯蒸汽应用包括但不限于多孔负载灭菌过程、通过直接蒸汽喷射加热的产品或清洁溶液，或用于特定物品加工容器内的加湿。使用这种质量的蒸汽的主要目的是确保暴露在蒸汽中的特定物品或物品接触表面不受蒸汽中残留物污染。
- 纯蒸汽由适当预处理的水源水制备，类似于制备纯化水或注射用水的预处理。水通过适当的除沫蒸发，并在高压下布水。纯蒸汽中有害污染物可能来自夹带的原水液滴、防腐蒸汽添加剂或蒸汽制备与分配系统本身的残留物。纯蒸汽专论中的属性应该能够检测出这些可能来源产生的大多数污染物。如果暴露在潜在纯蒸汽残留物中的特定物品用于注射剂或其他必须控制热原含量的应用，则纯蒸汽还必须满足通则 "＜85＞细菌内毒素"。
- 这些纯度属性是根据物品的冷凝液而不是物品本身来测量的。当然，这对纯蒸汽冷凝水生成和收集过程的清洁度非常重要，因为它不得对冷凝液的质量产生不利影响。
- 请注意，工业蒸汽可用于非产品接触无孔负载的蒸汽灭菌、非产品接触设备的一般清洁、作为非产品接触热交换介质，以及用于批量制药化学品和原料药生产中的所有兼容应用。

7.1.5　团体标准体系

ASME BPE 详细规定了纯蒸汽发生器和分配系统的设计和制造要求，此标准给生物工艺和制药行业的纯蒸汽系统提供了良好的指导。欧洲和亚洲的类似指南分别包括 DIN 标准和 JIS-G 标准，这些指南包含材质技术规格，尺寸/公差，表面处理，材料连接和质量保证。

《国际制药工程协会　基准指南：无菌生产设施》关于纯蒸汽的详细内容如下。
- 蒸汽灭菌与消毒。位于无菌区的设备采用在线灭菌系统进行灭菌时，应将纯蒸汽引入洁净室并用管道将剩余蒸汽及冷凝水排出，为方便维护操作并将蒸汽凝结水排至洁净室外，应尽可能将纯蒸汽的疏水阀及其组件安装在洁净区外，如不可避免时，应采用可以进行表面消毒的材料，安装于洁净室内的保温材料或类似组件不能有颗粒脱落。
- 纯蒸汽。用于无菌产品的纯蒸汽组分除水外不得含有任何的锅炉添加剂及其他杂质，应使用可控的水源来制备纯蒸汽，而纯蒸汽的冷凝水水质应能达到注射用水标准。纯蒸汽系统的设计原则是应能最大限度地消除系统冷凝水中微生物生长的潜在可能性，用于灭菌的工艺用纯蒸汽在进入高压容器时应尽量减少过热。理想的纯蒸汽发生器控制不凝性气体含量的方法主要有"原水预热法"或"系统排气法"两种，当采用纯蒸汽对直接与产品接触的设备或系统组件进行灭菌时，应定期检测其不凝性气体含量、干燥度及过热度，其将其控制在HTM 2010 及 EN 285 标准规定的范围内。

《国际制药工程协会 基准指南：关键公用系统 GMP 合规性》关于纯蒸汽的详细内容如下。

● 如果蒸汽用于直接和间接的产品接触、产品或材料的灭菌或表面消毒，则需将其归类为纯蒸汽。

● 纯蒸汽应符合适用的药典的要求（如 USP 与 EP）。

● 许多药典不包含纯蒸汽专论；因此，通常会使用相关的注射用水专论质量标准。例如，这些是对原水的要求、用于截留液滴的内置组件，以及可以在纯蒸汽的冷凝液检验上使用注射用水检验参数。由于纯蒸汽对微生物的高温致死性，尽管需要进行细菌内毒素检验，但不需要培养微生物样品。

● 药典可能没有定义某些参数，例如蒸汽饱和度、干燥度和不凝性气体。但是，在EN 285 和 HTM 2010 标准提供了相关指南。建议进行包括与这些品质有关的细节风险分析。EN 285 可以支持有关这些参数是否适用的决定，并定义限度和检验程序。

● 蒸汽质量的检验通常是在湿热灭菌柜的用汽点上进行，需要专门的检验弯头和设备。如果将来可能进行质量检验，则应在设计阶段考虑提供必要的线轴件。

7.2 纯蒸汽制备

纯蒸汽被广泛用于医疗卫生、生物制药工业以及食品工业的灭菌消毒及有关器具的消毒。当液态水在有限的密闭空间中蒸发时，液体分子通过液面进入上面空间，成为水蒸气分子。由于蒸汽分子处于紊乱的热运动之中，它们相互碰撞，并与容器壁及液面发生碰撞，在与液面碰撞时，有的分子则被液体分子所吸引，而重新返回液体中成为液体分子，在一个恒定压力下，最终温度与返回液体中的液体分子会达到一个平衡状态，图 7.2 是水的固/液/气三相示意图和竖直管垂直向上气液两相流型。

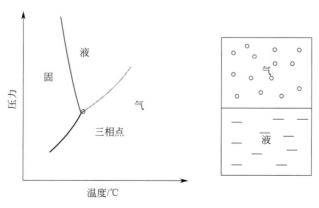

图 7.2　水的压力-温度三相图

纯蒸汽发生器多采用工业蒸汽为热源，通过热交换器和蒸发柱进行热量交换产生蒸汽，并进行有效的气液分离方式以获取高品质的纯蒸汽。以工业蒸汽作为加热源的热交换器，推荐使用双板管式结构，这种结构设计可以防止纯蒸汽被加热介质所污染。较大产量的纯蒸汽发生器多采用大型工业蒸汽锅炉提供加热蒸汽，产量较小的纯蒸汽发生器也采用电加热方式制备纯蒸汽（图7.3）。

(a) 天然气锅炉　　　　　　　　　　　　　　　　　(b) 电加热锅炉

图7.3　工业蒸汽锅炉的选择

纯蒸汽发生器（图7.4）是制备纯蒸汽的核心装备。纯蒸汽发生器的应用必须遵循GMP规范要求。纯蒸汽发生器的两大重要评判指标为：①产水水质，主要影响因素在于蒸发的气液分离效率；②综合能源消耗比，主要影响因素为热交换效率。除第二代升膜式纯蒸汽发生器外，大多数纯蒸汽发生器都安装了原水预热器。纯蒸汽发生器通过蒸发原水的方式制得合格的纯蒸汽，对原水与对其生产的纯蒸汽质量一样，都有较高的质量要求，纯蒸汽发

图7.4　纯蒸汽发生器

生器在设计与生产时通常应该兼顾如下几个方面。

- 材料选择需要具有抗腐蚀性，不能由于设备自身原因带入新的污染物。
- 结构设计需要是无卫生死角结构，在长期运行的过程中，被浓缩的重组分便于排净。
- 降低有洁净差别介质的交叉污染风险，通常纯蒸汽发生器采用的动力来源是工业蒸汽或电能，它们的洁净级别与纯蒸汽相比相差甚远。
- 纯蒸汽发生器基于产能等多方面的工艺需求，通常都为压力容器设计，以适应其稳定、产量的需求。
- 设备工作时不仅要有高效的能量转换率，也要考虑设备自身会释放到外部环境的热污染。

纯蒸汽通常是以饮用水或纯化水为原水，通过纯蒸汽发生器或多效蒸馏水机的第一效蒸发器产生的蒸汽，纯蒸汽冷凝时要满足注射用水的要求。饮用水、软化水、去离子水和纯化水都可作为纯蒸汽发生器的原水，经蒸发、分离等单元操作去除化学杂质及细菌内毒素等污染物后，在一定压力下输送到纯蒸汽用汽点。纯蒸汽发生器通常由一个蒸发器、分离装置、预热器、取样冷却器、阀门、仪表和控制部分等组成。分离空间和分离器可以与蒸发器安装在一个容器中，也可以安装在不同的容器中。另外，最好还要有排污冷却器或能源回水装置用来对排出水进行冷却。虽然纯蒸汽冷凝水的离线电导率监测可以作为一个参考信息，但还是建议取样冷却器安装在线的电导率仪用来监控纯蒸汽冷凝水的质量，另外纯蒸汽输出的压力和温度也是要监测的参数。

纯蒸汽发生器的研发历程与蒸馏水机非常相似，蒸发与分离的相关基础原理与发展历程内容可参见第6章。纯蒸汽发生器生产合格的纯蒸汽其核心在于不同的蒸发方式与分离工艺，目前国内主流的分离方式为重力分离与螺旋分离。表7.2是纯蒸汽发生器发展历程与蒸发器主要特征对比。

表 7.2 纯蒸汽发生器的蒸发器特征

名称	沸腾式		降膜式	升膜式
	自然循环式	中央循环管式		
发明时间	20世纪70年代	20世纪70年代	20世纪70年代	21世纪10年代
按照方式	垂直安装	垂直安装	垂直安装	垂直安装
蒸汽方向	气往上走	气往上走	气往下走	气往上走
特征	池沸腾	池沸腾	降膜式	升膜式
蒸发方式	气液两相流垂直向上-池沸腾	气液两相流垂直向上-池沸腾	气液两相流垂直向下-无模型	气液两相流垂直向上-升膜
分离方式	重力分离为主	重力分离为主	重力分离+螺旋分离为主	重力分离+螺旋分离为主
能耗	适中	适中	高	低
纯蒸汽质量	一般	一般	良好	优秀
市场占有率	适中	一般	高	低

注：1. 降膜式蒸发采用高温高压实现纯蒸汽的高品质，设备能耗高。

2. 升膜式蒸发效仿大自然的"海水蒸发"，水质优秀且节能。

3. 质量源于设计，如果不凝性气体在蒸发环节排放不畅，将导致纯蒸汽冷凝液的电导率出现质量偏差，最常见的就是高温下电导率合格，低温/常温下电导率超标。

（1）**重力分离** 自然循环式纯蒸汽发生器（图7.5）与中央循环管式纯蒸汽发生器采用池沸腾蒸发与重力分离相结合，重力分离工艺是将蒸发室与分离室分开，规避一些机械性能上的缺陷风险，在原水在蒸发室中蒸发，形成纯蒸汽进入分离室进行重力分离，最终取得轻组分的纯蒸汽的过程，原水被浓缩的重组分通过底部被分离出去。重力分离的核心是气-液分离，因此对其分离室提出更高的要求，分离室在控制蒸汽升腾速率的同时保证足够的空间让液滴分离出去。自然循环式纯蒸汽发生器对工业蒸汽的能量输入的稳定性要求不高，结构简单，能耗低，最大限度减少焊接点，同时重力分离对分离室内壁的侵蚀风险也很低，采用"蓄热式蒸发器"技术，蒸发室与分离室之间时刻处于热能旋转且没有脉动。

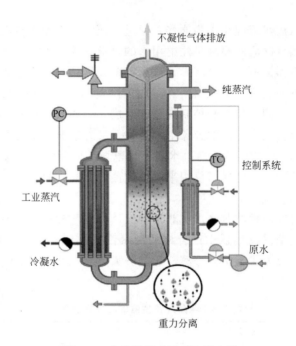

图7.5 自然循环式纯蒸汽发生器

（2）**螺旋分离** 螺旋分离式是一种利用离心分离技术领域的分离技术，它包括分离器和螺旋板。原水通过蒸发形成的蒸汽经过螺旋分离将重组分液滴分离出去。纯蒸汽冷凝水需符合注射用水的药典质量指标，细菌内毒素含量需低于0.25EU/mL。在纯蒸汽发生器中，去除细菌内毒素的原理主要是有赖于细菌内毒素具有不挥发性。气液分离的效率越高，设备产出的蒸汽就越纯、越稳定。倘若蒸汽中夹带着液滴，附着于液滴中的细菌内毒素就有可能污染纯蒸汽。采用螺旋分离技术的纯蒸汽发生器的细菌内毒素去除能力一般都在4lg以上（图7.6）。

带螺旋分离工艺的降膜式纯蒸汽发生器与升膜式纯蒸汽发生器均采用快速蒸发技术，产生纯蒸汽的速率快、分离效率高，相对于重力分离，同等需求下体积更小。分离器和螺旋板在这样的工艺中有着极高的技术要求，蒸汽在螺旋分离的过程中处于气-液混合的状态。高压高温设计的降膜式纯蒸汽发生器将螺旋分离装置置于设备下部，其机械强度和表面抛光需要经受混合气体的冲击和侵蚀，产生红锈的风险相对要高一些。

升膜式纯蒸汽发生器将螺旋分离装置置于设备上部，其工作压力和温度相对较低，热交换效率高，属于制药行业的一种节能型蒸发设备。升膜蒸发是符合自然规律的一种蒸发方式，是公认的热效率最高的蒸发方式。根据运行数据，升膜式纯蒸汽发生热效率非常高。二

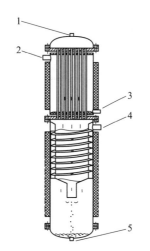

1—原料水入口
2—工业蒸汽入口
3—工业蒸汽冷凝水出口
4—纯蒸汽出口
5—浓缩原料水出口

图7.6 下置式螺旋分离装置示意

次蒸汽自然向上流动压力损失很小。因此,升膜式纯蒸汽发生器可以在低压下运行,升膜式蒸发方式可以在很大程度上避免过热的产生,同时,升膜式蒸发方式可以在很大程度上减轻红绣的产生。升膜式纯蒸汽发生器采用独立组合式的气液分离器,气液分离器直接关系到纯蒸汽的质量,独立组合式的气液分离器布置有重力、惯性力、碰撞液膜、螺旋等多种分离方式,汽液分离器的功效直接影响到纯蒸汽的干燥度。升膜式纯蒸汽发生器采用独特的不凝性气体去除装置,二次蒸汽通过蒸发器气液分离器后形成纯蒸汽,在纯蒸汽输出前有不凝性气体排放装置,能够确保纯蒸汽中的不凝性气体含量保持在低水平。原水通过热量回收热交换器直接进入蒸发器,无须增加缓冲罐,减轻了验证的压力。设备运行稳定、纯蒸汽产生的反应速率快(秒级),占地面积小。

7.3 纯蒸汽分配系统

纯蒸汽分配系统主要包括分配管网和用汽点,其主要功能是以一定的流速将纯蒸汽输送到所需的工艺岗位,满足其流量、压力和温度等需求,并维持纯蒸汽质量符合官方法规的相关要求。连续供给干燥、饱和的纯蒸汽是保证有效灭菌的必要条件。蒸汽里夹带的水会降低热传递,而且过热的蒸汽也没有饱和蒸汽灭菌效果好。如果蒸汽里有不凝性气体将会覆盖热交换表面,起到隔热作用,这会影响部分灭菌器无法达到灭菌条件,并影响灭菌效果。

在制药工业中,纯蒸汽被广泛应用,它主要用于工器具灭菌、空调加湿以及在一些特殊要求的场合被用作洁净动力,如灭菌柜、生物反应器等,但需要注意的是,纯蒸汽在使用过程中,也有可能带来污染风险,如红绣污染、不合理的材料选择以及工艺设计缺陷等。另外,原水品质、发生装置的材质及生产工艺对洁净蒸汽的品质有绝对的影响。合格洁净蒸汽还需要具体稳定压力输出,因为压力变化会带来温度的相应变化从而响到蒸汽的干燥度,这就对系统的洁净疏水提出更高的要求。因此,在实际生产工艺中,选择适合的蒸汽发生器生产的洁净蒸汽,其质量与给水品质、洁净工艺流程设计、相关材料选择、控制方式以及相关验证检测手段等都紧密相关。

与注射用水系统一样，纯蒸汽管网系统也多采用不锈钢316L的部件进行建造。分配系统中冷凝水的不良聚集是纯蒸汽系统发生微生物污染的潜在风险之一，倘若纯蒸汽夹带着冷凝水，溶于冷凝水中的细菌内毒素就很可能被带入到最终产品中。纯蒸汽系统的工作温度非常高，设计合理的纯蒸汽管道系统本身具备足够自我灭菌功能，其微生物活菌污染风险相对较小，但冷凝水的不良聚集会给纯蒸汽分配系统还会带来严重的红锈腐蚀，纯蒸汽分配系统中的所有管道和部件应具有100%可排尽。纯蒸汽发生器和分配管网系统通常采用 Ra 小于 $0.6\mu m$ 的材料进行组装，电解抛光有助于延缓系统的高温腐蚀。纯蒸汽分配主管网的设计流速一般不超过40m/s，分配系统的设计流速一般控制在20～30m/s，管道管件的连接应采用自动氩弧焊接、卫生型卡箍或高压无菌法兰，位于排放管道上隔断阀之后的仪表，应首选卫生型卡箍连接。

纯蒸汽用汽点阀门的供应管道通常被设计成是从顶部主管道到冷凝水疏水阀的一个分支，以防主管网冷凝水进入用汽点。图7.7是 ASME BPE 推荐采用的用汽点设计，该设计能有效保证各纯蒸汽用汽点的冷凝水被及时排放，从而降低系统红锈和细菌内毒素污染风险。

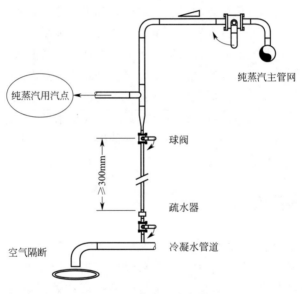

图 7.7　纯蒸汽用汽点原理

由于清洁与安装维护的需要，卫生型行业使用的球阀多为三片式球阀（图7.8）。三片式结构便于维修和拆卸，可设计为焊接、卡接与法兰连接等多种安装方式，其结构简单、体积小、质量轻、流体阻力小。卫生型球阀因其简单的机构、稳定的工作性能，可广泛使用于洁净气体系统中，如洁净氮气系统、洁净压缩空气系统与洁净氧气系统等，主要是因为"无水"的常温环境对不锈钢的腐蚀性相对较小。纯蒸汽系统虽然也是"无水"状态，但纯蒸汽的温度很高，高温对不锈钢的腐蚀也非常显著，在持续性维保环节的定期除锈/再钝化工作是非常有必要的。

纯蒸汽系统推荐采用卫生型球阀，成本低且高温下使用寿命远高于 PTFE/EPDM 双层膜片结构的耐高温隔膜阀。理论上来讲，球阀需采用316L材料，但因为市场材料端供应链无法满足，我国制药企业采购的球阀多为 CF3M 钢牌号的铸造奥氏体不锈钢阀门，虽然它

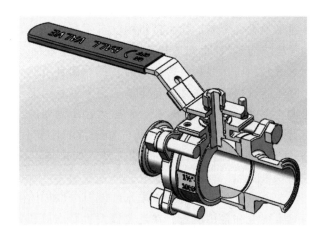

图 7.8　三片式球阀

本身并不符合 GMP 要求的高温耐腐蚀要求，这有赖于我国卫生型球阀供应链端的健全，制药企业可定期对阀芯或整个卡接阀门进行更换，以实现纯蒸汽系统的科学管理。

与注射用水系统一样，纯蒸汽分配系统需采用自动轨道焊接，安装后需要对焊缝进行酸洗钝化处理，分配管道坡度需不低于 1%。纯蒸汽分配系统的用汽点应安装排不凝性气体的热静力疏水装置，分配系统中其他任何最低点处均需安装性能可靠的疏水装置。ASME BPE 推荐在设备的疏水末端采用空气隔断（图 7.9）的方式，能有效避免反向污染，以防排水系统可能形成背压而导致的冷凝水或废水反向流动，对纯蒸汽系统造成污染，其中当 $d \geq 12.7\mathrm{mm}$ 时，$H = 2d$；当 $d < 12.7\mathrm{mm}$ 时，$H = 25\mathrm{mm}$。

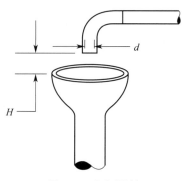

图 7.9　空气隔断

7.4　取样监测技术

随着 GMP 的发展，基于纯蒸汽在消毒灭菌方面的重要性，在对纯蒸汽的质量管控尤为关键。在制药产品生产过程中，纯蒸汽按相关指南和法规要求，其质量标准包括监测纯蒸汽冷凝水品质和检测纯蒸汽不凝性气体含量、过热度与干燥度，上述这些属性影响到灭菌工艺。

气态下测定纯蒸汽电导率将导致读数低于预期值，所以，必须先将纯蒸汽进行冷却，然后再测冷凝水的电导率值。除洁净度之外，还需要重视纯蒸汽的气态综合性能，以降低灭菌工艺风险。不凝性气体是一种绝缘体，与铜相比，热传递阻力增加了 1200 倍。空气层或气穴的存在可能使加热过程受到不良影响。如果蒸汽中含有不凝性气体，蒸汽流会强制气体流向载荷，并在此聚集，可能成为蒸汽/水到达载荷各个部位的物理屏障。湿热灭菌时不希望采用湿蒸汽，因为与干燥蒸汽相比，湿蒸汽传热能力较低，而且可能导致载荷湿润，湿润的载荷被视为灭菌失败。过热蒸汽指的是在某一特定的压力下，其温度超出该压力下的沸点温度。只有当温度下降到沸点温度时才会发生冷凝，产生灭菌所需要的汽化潜热。上述这些属性对于灭菌工艺也是相当重要的。因为随着蒸汽从气相到液相的转变（冷凝时放出汽化潜热），能量被大量释放，这是蒸汽灭菌效果和效率的关键。如果纯蒸汽过热，干燥度将影响相变，会影响湿热灭菌的效果。

在运行确认阶段，每个用汽点都应进行"冷凝水纯度"的取样监测，取样位置一般位于纯蒸汽发生器出口、分配管网上和各用汽点。在纯蒸汽发生器出口和分配系统中的最远点可安装永久性的在线取样器。例如，制药企业通常在纯蒸汽发生器的出口上安装带有电导率监测和警报器的在线取样器。纯蒸汽的用汽点的冷凝水取样常采用便携式或移动式取样器进行取样（图 7.10），其主要特点是灵活方便，易于取样。

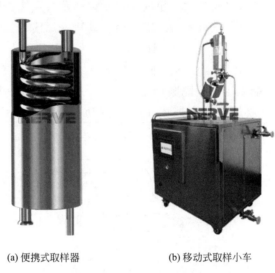

(a) 便携式取样器　　　　　　　(b) 移动式取样小车

图 7.10　纯蒸汽"液态质量"取样器

纯蒸汽"气态质量"取样可用于确定纯蒸汽的干燥度、过热度与不凝性气体含量，可通过使用蒸汽热量计、测量蒸汽的干燥度或饱和度水平来进行判定。蒸汽热量计主要用于测量汽水混合物中的蒸汽比例，EN 285 中提供了蒸汽质量测试的详细指导方法。图 7.11(a) 为一个典型的纯蒸汽离线取样管示意，该取样管设计有 3 个取样口，用于分别取样分析纯蒸汽的不凝性气体含量、干燥度和过热度。企业也可以采用类似图 7.11(b) 集成化的过程分析仪器进行纯蒸汽"气态质量"的取样检测。

纯蒸汽发生器设置取样器，用于在线检测纯蒸汽的质量，其检验标准是纯蒸汽冷凝水是否符合注射用水的标准，在线检测的项目主要是温度和电导率。当纯蒸汽从多效蒸馏水机的第一效蒸发柱中获得时，第一效蒸发器需要安装两个阀门，一个是控制第一效流出的原水，使其与后面的各效分离；另一个是截断纯蒸汽使其不进入到下一效蒸发柱，而是输送到用汽点。当蒸馏水机用于生产注射用水时，是否需要同时产生纯蒸汽，这需要药企与设备生产商共同确定协商。

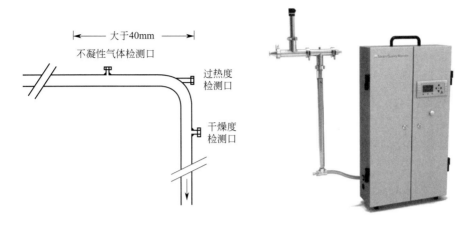

(a) 离线取样装置原理   (b) 在线取样装置

图 7.11 纯蒸汽"气态质量"取样器

第8章

实验室用水

实验室是科学的摇篮,是科学研究的基地,科技发展的源泉,对科技发展起着非常重要的作用。实验的再现性除了要有良好的技巧,还受到所用化学试剂的纯度和分析仪器的精密度影响。实验中用来配制溶液的化学试剂及所使用的实验室用水非常重要。假设水中污染物对实验检测会造成影响,则必须去除这些物质。为了取得良好的再现性分析结果,使用能保持稳定水质的实验室用水是必要的。

8.1 生物安全等级

生物安全是生物性的传染媒介通过直接感染或间接破坏环境而导致对人类、动物或者植物的真实或者潜在的危险。"实验室生物安全"一词用来描述那些用以防止发生病原体或毒素无意中暴露及意外释放的防护原则、技术以及实践。生物安全等级是针对生物危害的不同程度而确定的,其中包括对实验人员、实验室,乃至环境保护的要求,通常按生物危害等级将微生物和生物医学实验室的安全等级相应划分为 4 级,以适应科研、教学、临床和诊断等各种需要。

世界通用生物安全水平标准是由美国疾病预防控制中心(CDC)和美国国家卫生研究院(NIH)建立的。根据操作不同危险度等级微生物所需的实验室设计特点、建筑构造、防护设施、仪器、操作以及操作程序,实验室的生物安全水平可以分为基础实验室的一级生物安全水平、基础实验室的二级生物安全水平、防护实验室的三级生物安全水平和最高防护实验室的四级生物安全水平。生物安全等级通常为安全进行相关研究工作的条件的整合,与不同工作中的生物安全要求相匹配。控制生物安全风险的根本措施,就是根据生物安全评估结果,为所要开展的工作设定相应的生物安全等级。各实验室的生物安全级别根据物理控制水平所对应的能够在其中安全操作的微生物危险度等级确定(P1~P4 级),国际上以 BSL-1、BSL-2、BSL-3 与 BSL-4 标识(表 8.1)。

表 8.1 生物安全等级的分类

分类	处理对象	代表病原体	实验室	GMP 车间
P1 级	对人体、动物或环境危害较低,不具有对健康成人、动植物致病的致病因子	麻疹病毒、腮腺炎病毒	有	有
P2 级	对人体、动物或环境具有中等危害或具有潜在危险的致病因子,对健康成人、动物和环境不会造成严重危害。具备有效的预防和治疗措施	流感病毒	有	有

分类	处理对象	代表病原体	实验室	GMP 车间
P3 级	对人体、动物或环境具有高度危害性，主要通过气溶胶使人传染上严重的甚至是致死疾病，或对动植物和环境具有高度危害的致病因子。通常有预防治疗措施	炭疽芽孢杆菌、鼠疫杆菌、结核分枝杆菌、狂犬病毒、新型冠状病毒	有	有
P4 级	对人体、动物或环境具有高度危害性，通过气溶胶途径传播或传播途径不明，或未知的、危险的致病因子。没有预防治疗措施	埃博拉病毒、马尔堡病毒、拉沙病毒	有	无

按生物安全等级分类，实验室可分为四大类：

（1）P1 实验室　实验室结构和设施、安全操作规程、安全设备适用于对健康成年人已知无致病作用的微生物，如用于教学的普通微生物实验室等。不具有对健康成人、动植物致病的因子（例如非致病性大肠杆菌、酿酒酵母），实验人员需要穿戴个人防护装备。

（2）P2 实验室　实验室结构和设施、安全操作规程、安全设备适用于对人或环境具有中等潜在危害的微生物（例如金黄色葡萄球菌、乙型肝炎病毒、登革热病毒）。P2 实验室应具备负压生物安全柜和高压灭菌锅，门口应标明生物安全标志，实验人员必须具备处理病原体相关的培训才可准入。

（3）P3 实验室　实验室结构和设施、安全操作规程、安全设备适用于主要通过呼吸途径使人传染上严重的甚至是致死疾病的致病微生物及其毒素（如新型冠状病毒、结核分枝杆菌），通常已有预防传染的疫苗。艾滋病毒的研究（血清学实验除外）应在三级生物安全防护实验室中进行。三级生物安全防护实验室可与其他用途房屋设在一栋建筑物中，但必须自成一区。该区通过隔离门与公共走廊或公共部位相隔。三级生物安全防护实验室的核心区包括实验间及与之相连的缓冲间。缓冲间形成进入实验间的通道。必须设两道联锁门，当其中一道门打开时，另一道门自动处于关闭状态。工作人员在进入实验室工作区前，应在专用的更衣室（或缓冲间）穿着防护服。工作完毕必须脱下工作服，不得穿工作服离开实验室。工作时必须戴手套。实验室中必须安装Ⅱ级或Ⅱ级以上生物安全柜。实验用品应高压消毒后再丢弃。

（4）P4 实验室　实验室结构和设施、安全操作规程、安全设备适用于对人体具有高度的危险性，通过气溶胶途径传播或传播途径不明，尚无有效的疫苗或治疗方法的致病微生物及其毒素（如埃博拉病毒）。与上述情况类似的不明微生物，也必须在四级生物安全防护实验室中进行。待有充分数据后再决定此种微生物或毒素应在四级还是在较低级别的实验室中处理。P4 实验室的整栋楼为负压，实验人员在实验室内应穿正压防护服。

自 2019 年全球新型冠状病毒肺炎疫情暴发以来，为了提升疫苗研发的成功率，我国疫苗应急攻关从 5 条技术路线同步推进，包括基于传统疫苗技术的全病毒灭活疫苗和利用新技术、新平台研发新型疫苗。因新型冠状病毒灭活疫苗的研发与生产过程中，病毒的分离、培养、灭活以及动物攻毒保护实验需要在 P3 实验室（BSL-3）条件下进行，各企业的疫苗前期研发工作均是与有 P3 实验室资质的科研机构合作开展。疫苗的大批量供应必须依托更大规模的符合 P3 级 GMP 的生产车间进行生产。

8.2 标准体系

我国的实验室纯水标准体系包括《GB/T 6682—2008 分析实验室用水规格和试验方法》

《GB/T 33087—2016 仪器分析用高纯水规格及试验方法》和《GB/T 11446—2013 电子级水》等。全球范围内的实验室纯水标准体系包括《ISO 3696—1995 分析实验室用水规范和试验方法》、美国药典委员会（USP）非专论分析用水（规范）、《ASTM D 1193—2006（2018）试剂水标准规范》、美国临床病理学会试药级用水标准及美国临床和实验室标准委员会（NCCLS）用水标准等。目前，实验室用水的种类非常多，2018 年，USP 与美国水质委员会正在协商分析用水命名统一的问题，同时，实验分析应用中的总有机碳测定法与易氧化物法转化议题也已被提上了日程。

8.2.1 分析实验室用水

《GB/T 6682—2008 分析实验室用水规格和试验方法》规定，分析实验室用水的原水应为饮用水或适当纯度的水。分析实验室用水共分为 3 个级别：一级水、二级水和三级水（表 8.2）。一级水用于有严格要求的分析试验，包括对颗粒有要求的实验，如高效液相色谱分析用水。一级水可用二级水经过石英设备蒸馏或离子交换混合床处理后，再经 0.2 μm 微滤滤膜过滤来制取。二级水用于无机痕量分析等试验，如原子吸收光谱分析用水。二级水可用多次蒸馏或离子交换等方法制取。三级水用于一般化学分析试验。三级水可用蒸馏或离子交换等方法制备。与《ISO 3696—1995 分析实验室用水规范和试验方法》相比，除了规定的蒸发残渣温度稍有差异外（ISO 3696—1995 要求的蒸发温度为 110℃），其他要求均相同。

表 8.2　分析实验室用水国家标准质量要求

名称	一级水	二级水	三级水
pH 值(25℃)	—	—	5.0～7.5
电导率(25℃)/(mS/m)	≤0.01	≤0.10	≤0.50
易氧化物质含量(以氧计)/(mg/L)	—	≤0.08	≤0.4
吸光度(254nm,1cm 光程)	≤0.001	≤0.01	
蒸发残渣(105℃±2℃)含量/(mg/L)	—	≤1.0	≤2.0
可溶性硅(以 SiO_2 计)含量/(mg/L)	≤0.01	≤0.02	—

注：1. 由于在一级水、二级水的纯度下，难于测定其真实的 pH 值，因此，对一级水、二级水的 pH 值范围不做规定。

2. 由于在一级水的纯度下，难于测定可氧化物质和蒸发残渣，对其限度不做规定。可用其他条件和制备方法来保证一级水的质量。

3. 1mS/m＝10μS/cm。

与药典的散装纯化水/散装注射用水相比，吸光度和可溶性硅含量是实验室用水所独有的两个质量属性。用分光光度法测量铜离子或铁离子时，需要以高纯水作为参比测定其吸光度并将高纯水推入光路调节 100％ 透光比，水样显色反应后测得到的吸光度应减去高纯水作为水样进行显色反映后测得的吸光度，因此，实验室纯水需要控制吸光度。

硅在自然界分布很广，以石英砂和硅酸盐的形成存在，在地壳中的原子百分含量为 16.7％，是除氧元素以外第二丰富的物质。土壤、黏土和沙砾是天然硅酸盐岩石风化后的产物，可以说，硅无处不在。自然界的水中不可避免地会溶解部分硅酸盐，无机硅是水中最复杂的无机物之一，而且难以去除，所以纯水或超纯水中或多或少都有一定量的硅杂质存在。

在电子工业用水和进行 ppt 级的痕量分析实验用水都要求将超纯水的硅含量降到最低（表 8.3）。在电子行业的半导体/平板显示器工艺中，超纯水中硅的浓度会给产品精度、成品率和原材料利用率带来很大影响。同时，在进行 ppt 级的痕量分析中，硅作为一种弱电离离子，其含量的变化对纯水电阻率的影响甚小，不容易被发觉，如果使用这种含硅的水作为空白对照，必然无法得到准确的分析结果。

表 8.3　可溶性硅（以 SiO_2 计）的实验用水标准要求/(μg/L)

标准体系	一级水	二级水	三级水
ISO 3696—1995 分析实验室用水规范和试验方法	10	20	—
ASTM D 1193—2006(2018) 试剂水标准规范	3	3	500
GB/T 6682—2008 分析实验室用水规格和试验方法	10	20	—
GB/T 33087—2016 仪器分析用高纯水规格及试验方法	10	—	—
GB/T 11446—2013 电子级水	2	10	50

　　硅酸是一种非常弱的酸，在水中不易电离，而且离子交换树脂与硅的交换效率极易饱和，属于比较难去除的物质。如果纯化填料的质量差、配比不合理，易导致其吸附效果差，是很难保证水中硅离子的去除效果的。某种程度上讲，硅是体现纯水机纯化柱质量好坏的标准之一。另外有数据表明，在纯水耗材使用接近末期时，硅是最先穿透离子交换柱进入产水的离子，就是所谓的"硅穿透现象"。在纯化柱将被耗尽的最后时刻，在电阻率急剧下降前，大量的硅会在短时间内溶出到产水中。而且，溶解硅的含量还会影响硼穿透离子交换树脂。所以监测纯水中硅含量的变化至关重要。

　　杂质硅除了对离子交换树脂的去除能力是一种挑战外，对其他的纯化条件的反应也不尽相同。现有纯水设备使用的纯化技术中，RO 对硅的去除率可以达到 80％，EDI 对硅的去除率则高达 99％。用带有 EDI 模块的纯水机更适合为硅含量敏感的实验供水。对硅含量要求严格的用户在选购水机时要关注纯水仪对硅杂质去除的能力和效果。检测纯水的硅含量可以作为评价水机整体纯化性能的指标之一。一台流路设计合理、纯化模块配置科学、纯化柱填料配方考究的纯水仪，其产水中的硅含量才能合乎标准。

8.2.2　仪器分析用高纯水

　　随着实验室仪器设备升级，包括液相色谱、液相色谱质谱联用、电感耦合等高灵敏度分析仪器已经广泛应用于各行各业的化学分析实验室中。而这些精密仪器对相配套的标准方法、试剂、技术人员及操作提出了更高的要求。水是实验室中最常用的试剂，实验室用高纯水标准的建立和实施对现代实验室质量管理非常重要。《GB/T 33087—2016 仪器分析用高纯水规格及试验方法》于 2017 年 5 月正式发布实施（表 8.4）。而在该标准实施之前，《GB/T 6682—2008 分析实验室用水规格和试验方法》是国内应用最为广泛的标准，该标准修改采纳了《ISO 3696—1995 分析实验室用水规范和试验方法》的相关要求。目前，《GB/T 6682—2008 分析实验室用水规格和试验方法》和《GB/T 33087—2016 仪器分析用高纯水规格及试验方法》一起构成了更加完善的实验室用水标准体系。

表 8.4　仪器分析用高纯水的质量要求

项目	规格	项目	规格
电阻率(25℃)/(MΩ·cm)	≥18	氯离子/(μg/L)	≤1
总有机碳(TOC)/(μg/L)	≤50	硅/(μg/L)	≤10
钠离子/(μg/L)	≤1	细菌总数/(CFU/mL)	合格,需要时测定

与 GB 6682—2008 相比，《GB/T 33087—2016 仪器分析用高纯水规格及试验方法》对于水的定义、水中污染物参数要求、取样与存储要求以及相关检验方法均有不同。总体而言，《GB/T 33087—2016 仪器分析用高纯水规格及试验方法》无论是对于电阻率、TOC、微生物，还是对于部分重点的离子含量（钠离子、氯离子、硅），都有明确的指标，更加有利于制药企业面对高分辨率、低检出限的分析仪器时，选择合适级别的纯水。随着全球药典制药用水质量体系的不断完善与发展，在中国制药用标准体系相关部门充分认识 USP "氯-氨模型" 对制药用水电导率测定法的价值后，《GB/T 33087—2016 仪器分析用高纯水规格及试验方法》中类似钠离子、氯离子等离子浓度的检测要求有望逐步纳入 "非强制检测项"，细菌总数的检测方法也有望采纳快速微生物检测（RMM）技术，并实现普及与推广。

8.2.3　试剂用水

美国材料与试验协会是美国负责材料测试及标准制定的学术机构。

《ASTM D 1193—2006（2018）试剂水标准规范》的Ⅰ级、Ⅱ级、Ⅲ级和Ⅳ级试剂水与生产它们的具体过程有关（表 8.5）。从这一修订版开始，只要符合适当的成分规格，并且已证明所生产的水符合指定使用这种水的应用，这些类型的水可以用替代技术生产。不同等级试剂水的制备方法影响其杂质的限度。因此，选择替代技术中规定的技术应考虑到其他污染物的潜在影响。

表 8.5　ASTM 试剂水标准

Ⅰ 级试剂水

类别	Ⅰ级	Ⅰ级-A	Ⅰ级-B	Ⅰ级-C
生产工艺	采用蒸馏或同等工艺纯化至 20μS/cm，再经混床和 0.2μm 微滤滤膜过滤制取			
电导率(25℃)/(μS/cm)	0.0555	0.0555	0.0555	0.0555
电阻率(25℃)/(MΩ·cm)	18	18	18	18
pH 值	—	—	—	—
总有机碳/(μg/L)	50	50	50	50
钠/(μg/L)	1	1	1	1
氯/(μg/L)	1	1	1	1
总二氧化硅/(μg/L)	3	3	3	3
菌落总数/(CFU/mL)	—	10/1000	10/100	10/100
细菌内毒素/(EU/mL)	—	0.03	0.25	—

Ⅱ 级试剂水

类别	Ⅱ级	Ⅱ级-A	Ⅱ级-B	Ⅱ级-C
生产工艺	采用蒸馏制取			
电导率(25℃)/(μS/cm)	1	1	1	1
电阻率(25℃)/(MΩ·cm)	1	1	1	1
pH 值	—	—	—	—
总有机碳/(μg/L)	50	50	50	50
钠/(μg/L)	5	5	5	5
氯/(μg/L)	5	5	5	5

Ⅱ级试剂水

类别	Ⅱ级	Ⅱ级-A	Ⅱ级-B	Ⅱ级-C
总二氧化硅/(μg/L)	3	3	3	3
菌落总数/(CFU/mL)	—	10/1000	10/100	10/100
细菌内毒素/(EU/mL)	—	0.03	0.25	/

Ⅲ级试剂水

类别	Ⅲ级	Ⅲ级-A	Ⅲ级-B	Ⅲ级-C
生产工艺	采用蒸馏、DI、EDI 和/或 RO，再 0.45μm 微滤滤膜过滤制取			
电导率(25℃)/(μS/cm)	0.25	0.25	0.25	0.25
电阻率(25℃)/(MΩ·cm)	4	4	4	4
pH 值	—	—	—	—
总有机碳/(μg/L)	200	200	200	200
钠/(μg/L)	10	10	10	10
氯/(μg/L)	10	10	10	10
总二氧化硅/(μg/L)	500	500	500	500
菌落总数/(CFU/mL)	—	10/1000	10/100	100/10
细菌内毒素/(EU/mL)	—	0.03	0.25	—

Ⅳ级试剂水

类别	Ⅳ级	Ⅳ级-A	Ⅳ级-B	Ⅳ级-C
生产工艺	采用蒸馏、DI、EDI 和/或 RO 制取			
电导率(25℃)/(μS/cm)	5	5	5	5
电阻率(25℃)/(MΩ·cm)	0.2	0.2	0.2	0.2
pH 值	5～8	5～8	5～8	5～8
总有机碳/(μg/L)	—	—	—	—
钠/(μg/L)	50	50	50	50
氯/(μg/L)	50	50	50	50
总二氧化硅/(μg/L)	—	—	—	—
菌落总数/(CFU/mL)	—	10/1000	10/100	100/10
细菌内毒素/(EU/mL)	—	0.03	0.25	—

8.2.4 试药级用水

美国临床病理学协会（CAP）成立于 1922 年，一直是病理学以及检验医学领域的领导者。美国临床病理学会与美国临床和实验室标准委员会（NCCLS）的试药级用水标准见表 8.6。

表 8.6 美国试药级用水（CAP/NCCLS）标准

限值	CAP			NCCLS
	Ⅰ类	Ⅱ类	Ⅲ类	
电阻率(25℃)/(MΩ·cm)	≥10	0.5	0.2	≥10

限值	CAP			NCCLS
	Ⅰ类	Ⅱ类	Ⅲ类	
二氧化硅/(mg/L)	0.01	0.01	0.01	0.05
重金属/(mg/L)	0.01	0.01	0.01	—
过锰酸钾消毒/min	60	60	60	—
钠/(mg/L)	0.1	0.01	0.1	—
氨/(mg/L)	0.1	0.01	0.1	—
微生物	微少	微少	微少	10
pH值	6.0~7.0	6.0~7.0	6.0~7.0	—

8.2.5 非专论分析用水

以下是 USP 中引用的各种类型的非专论分析用水的摘要。

（1）蒸馏水 这种水是通过蒸发液态水并使其冷凝成更纯净的状态而产生的。它主要用作试剂制备的溶剂，但也用于实验的其他方面，例如用于清洗分析物、将实验材料作为浆液转移、作为校准标准或分析空白以及用于实验仪器的清洁，也被当作制造高纯度水的原水。由于该类水的用途不意味着只能通过蒸馏获得特定的纯度属性，因此在规定使用蒸馏水的情况下，通过其他净化方法获得的满足要求的水同样适用。

（2）新鲜蒸馏水 也称为"新制蒸馏水"，其生产方式与蒸馏水类似，应在其产生后不久使用。这意味着需要避免细菌内毒素污染，以及任何其他形式的空气或容器的污染，这些污染可能因长期储存而产生。它用于制备用于皮下试验动物注射的溶液，以及用于实验中似乎不需要特别高的水纯度的试剂溶剂。在"实验动物"的使用中时，"新鲜蒸馏"一词及其实验用途意味着化学、细菌内毒素和微生物纯度通过注射用水可同样满足（尽管没有提及这些化学、细菌内毒素或微生物属性或防止再污染的特殊保护）。对于非动物用途，在规定使用"新制蒸馏水"或新鲜蒸馏水的情况下，通过其他净化方法和/或储存期获得的满足要求的水也同样适用。

（3）去离子水 这种水是通过离子交换过程产生的，在这种过程中，污染离子被 H^+ 或 OH^- 离子取代。与蒸馏水类似，去离子水主要用作试剂制备的溶剂，但也用于实验的其他方面，例如用于在实验程序中转移分析物、作为校准标准或分析空白以及用于实验仪器的清洁。此外，这类水的用途并不意味着任何需要的纯度属性只有通过去离子才能实现，因此在规定使用去离子水的情况下，通过其他净化方法获得的满足要求的水也同样适用。

（4）新鲜去离子水 这种水的制备方式与去离子水类似，但顾名思义，它将在生产后不久使用。这意味着需要避免储存时可能发生的任何污染。这种水既可用作试剂溶剂，也可用作清洁剂。纯化水可能是这些应用的合理替代品。

（5）去离子蒸馏水 这种水是由去离子蒸馏水产生的。这种水在要求高纯度的液相色谱测试中用作试剂。由于这种高纯度的重要性，勉强满足纯化水质量要求的水可能是不可接受的。高纯水可能是这种水的合理替代品。

（6）过滤蒸馏水或去离子水 该水本质上是通过蒸馏或去离子产生的纯化水，已通过 $1.2\mu m$ 膜过滤。该水用于颗粒物测试，其中水中颗粒物的存在可能会影响测试结果。由于该实验所需的化学水纯度也可通过蒸馏或去离子以外的净水工艺获得，因此满足纯化水要求但通过蒸馏或去离子以外的方式生产的过滤水也同样适用。

（7）过滤水　这种水是经过过滤的纯化水，可以去除可能干扰水使用分析的颗粒。当用于制备颗粒物测试的样品时，尽管在专论中未作规定，但水应过滤通过 $1.2\mu m$ 的过滤器，以符合一般测试章节的要求。当用作色谱试剂时，专论规定的过滤等级应不低于 $0.5\mu m$。

（8）高纯水　这种水它是通过去离子先前蒸馏，然后通过 $0.45\mu m$ 的膜过滤而制备的水。该水在 $25℃$ 时的在线电导率不得大于 $0.15\mu S/cm$（电阻率 $6.67M\Omega \cdot cm$）。这种纯度的水在使用或从净化系统中提取时与大气接触，即便时间很短，当大气中的二氧化碳溶解在水中并平衡成碳酸氢根离子时，其导电性将立即降低为 $1.0\mu S/cm$。因此，如果分析用途要求水纯度尽可能高，则应保护其不受大气暴露的影响。该水可用作试剂，用于试剂制备的溶剂以及用于清洁对清洁用水纯度要求高的实验仪器。但是，如果用户常规可用的纯化水经过过滤，可达到或超过高纯水的电导率，则可以使用它代替高纯水。

（9）无氨水　从功能上讲，这种水必须具有可忽略的氨浓度，以避免干扰对氨敏感的实验。它等同于高纯度水，其一级电导率规格比纯化水要严格得多，因为纯化水允许最低水平的氨离子和其他离子。但是，如果用户的纯化水经过过滤，可达到或超过高纯水的电导率，则其含有的氨或其他离子可以忽略不计，可以代替高纯水使用。

（10）无二氧化碳水　此水为经过剧烈煮沸至少 $5min$，然后冷却并防止大气中二氧化碳吸收的纯化水。由于二氧化碳的吸收往往会降低水的 pH 值，因此无二氧化碳水的大多数用途要么作为 pH 相关或 pH 敏感测定中的溶剂，要么作为碳酸盐敏感试剂或测定中的溶剂。这种水的另外用途是用于一定的旋光度、颜色和溶液的澄清度测试。除煮沸外，去离子可能是一种更有效去除溶解二氧化碳的方法（通过将溶解气体平衡拉向电离状态，随后通过离子交换树脂去除）。如果采用有效的去离子工艺制备启动纯化水，并在去离子后加以保护，使其不暴露于大气中，无须加热即可有效地制备出无二氧化碳的水。但是，这种去离子过程不会使水脱气，因此，如果在需要无二氧化碳水的实验中，去离子制备的纯化水被视为替代水，则用户必须验证其实际上不是试验所需的类似于无氧水（下文讨论）的水。如高纯水中所示，即使与大气短暂接触，也会使少量二氧化碳溶解、电离，并显著降低电导率和 pH 值。如果分析用途要求水保持 pH 中性，并且尽可能不含二氧化碳，即使是在分析过程中也应该避免暴露在大气中。

（11）无氨和无二氧化碳水　顾名思义，这种水的制备方法应与上述无氨水和无二氧化碳水的制备方法相兼容。由于无二氧化碳属性要求生产后避免大气的影响，因此宜先使用高纯水工艺使水不含氨，然后使用煮沸和二氧化碳保护的冷却工艺。高纯水去离子过程产生无氨水，也将去除溶解二氧化碳产生的离子，并最终通过强迫平衡到电离状态，去除所有溶解二氧化碳。因此，根据其用途，制造无氨和无二氧化碳水的可接受程序可以是将高纯度水转移并收集到二氧化碳侵入保护容器中。

（12）脱气水　该水是经过"适当方法"处理以降低溶解空气含量的纯化水。可采用沸腾、冷却（类似于无二氧化碳水，但无需二氧化碳保护）和超声波的方法制备，上述方法制备的脱气水适用于药物溶解和药物释放试验以外的其他实验。尽管在 USP<711> 中没有提到脱气水的名称，但建议的制备除氧介质（可能是水）的方法包括升温至 $41℃$，通过 $0.45\mu m$ 膜进行真空过滤，并在保持真空的同时大力搅拌。该通则特别指出，可以使用其他经验证的方法。在其他 USP 专论中，也没有提到脱气水的名字，脱气水和其他试剂是通过与氦喷射完成的。脱气水用于溶解测试和液相色谱应用，在这些应用中，空气可能会干扰分析本身或者由于不准确的体积提取会导致错误的结果。

（13）新鲜煮沸水　这种水可能包括最近或刚刚煮沸的水，大多数情况下建议在使用前冷却，但有时也在热的时候使用。这类水用于 pH 相关实验、氧敏感试验，用于配制碳酸盐敏感试剂或氧敏感试剂，用于放气可能干扰分析的实验，如比重实验或外观实验。

（14）无氧水　该水的制备在 USP 中没有具体说明，也没有提到具体规格或分析。这类水的用途都涉及对大气氧氧化敏感的材料的分析。通则<801>、<851>中提到了从溶剂（虽然不一定是水）中除去溶解氧的步骤。这些步骤包括用惰性气体（如氮气或氦气）简单地喷射液体，然后用惰性气体覆盖以防止氧气再吸收。喷射时间 5～15min 不等。一些纯化水和注射用水系统产生的水保持在恒温状态，在制备、储存和分配过程中被惰性气体覆盖。尽管氧在热水中很难溶解，但这种水可能不是绝对无氧的。无论采用何种除氧方法，都应证实能可靠地生产出适合使用的水。

（15）LAL 试剂水　这种水也被称为无细菌内毒素水，通常是注射用水，可能已经过消毒，不含细菌内毒素。

（16）有机游离水　该水被定义为不会产生明显干扰气相色谱峰的水。使用该水作为溶剂制备标准溶液和残留溶剂实验用实验溶液。

（17）无铅水　该水用作铅实验中分析物的转移稀释剂。尽管 USP 没有对其制备给出具体说明，但其不得含有任何可检测的铅。纯化水应该是这种水的合适替代品。

（18）无氯水　该水被指定为溶剂，用于氯化物存在下沉淀反应反应物的分析。尽管 USP 没有给出该水的具体制备说明，但其相当明显的特性是具有非常低的氯化物水平，不与氯化物敏感反应物起作用。纯化水可用于此水，但应进行测试，以确保其不起作用。

（19）热水　该水的用途包括用于实现或增强试剂溶解、恢复煮沸或热溶液的原始体积、清洗不含热水可溶杂质的不溶分析物，用作试剂重结晶的溶剂，用于仪器清洁等。USP 中只有一个专论规定了热水的温度；除此之外，其他情况下，水温并不重要，但应足够高，以达到理想的效果。在所有情况下，水的化学质量都是指纯化水的化学质量。

8.2.6　电子级水

《GB/T 11446.1—2003 电子级水》对电子级水技术指标进行了规定（表 8.7），电子级

表 8.7　电子级水的技术指标

规格		EW-Ⅰ	EW-Ⅱ	EW-Ⅲ	EW-Ⅳ
电阻率(25℃)/MΩ·cm		≥18 (5%时间) 不低于 17	≥15 (5%时间)不低于 13	≥12.0	≥0.5
全硅/(μg/L)		≤2	≤10	≤50	≤1000
微粒数/ (个/L)	0.05～0.1μm	≤500	—	—	—
	0.1～0.2μm	≤300	—	—	—
	0.2～0.3μm	≤50	—	—	—
	0.3～0.5μm	≤20	—	—	—
	>0.5μm	≤4	—	—	—

规格	EW-Ⅰ	EW-Ⅱ	EW-Ⅲ	EW-Ⅳ
细菌总数/(CFU/mL)	≤0.01	≤0.1	≤10	≤100
铜/(μg/L)	≤0.2	≤1	≤2	≤500
锌/(μg/L)	≤0.2	≤1	≤5	≤500
镍/(μg/L)	≤0.1	≤1	≤2	≤500
钠/(μg/L)	≤0.5	≤2	≤5	≤1000
钾/(μg/L)	≤0.5	≤2	≤5	≤500
铁/(μg/L)	≤0.1	—	—	—
铅/(μg/L)	≤0.1	—	—	—
氟/(μg/L)	≤1	—	—	—
氯/(μg/L)	≤1	≤1	≤10	≤1000
亚硝酸根/(μg/L)	≤1	—	—	—
溴/(μg/L)	≤1	—	—	—
硝酸根/(μg/L)	≤1	≤1	≤5	≤500
磷酸根/(μg/L)	≤1	≤1	≤5	≤500
总有机碳/(μg/L)[①]	≤20	≤100	≤200	≤1000

① 在《GB/T 11446—2003 电子级水》中没有总有机碳含量要求，本数据参考自《GB/T 11446—1997 电子级水》。

水分为Ⅰ级、Ⅱ级、Ⅲ级和Ⅳ级共 4 个级别，其中，Ⅰ级电子级水标记为 EW-Ⅰ；Ⅱ级电子级水标记为 EW-Ⅱ；Ⅲ级电子级水标记为 EW-Ⅲ；Ⅳ级电子级水标记为 EW-Ⅳ。此类水应用于电子领域，本书不展开介绍。

8.3 实验室纯水

8.3.1 水质分类

实验室纯水主要应用生命科学、分析及常规应用领域。其中，生命科学的应用方面主要有细菌细胞培养、临床生物化学、电泳、电生理学、酶联免疫吸附分析、细菌内毒素分析、组织学、水栽培、细胞免疫化学、哺乳动物细胞培养、介质制备、微生物分析、分子生物学、单克隆抗体研究、植物组织培养和放射性免疫分析等；分析和常规应用方面主要有蒸馏水器供水、蒸汽发生器、玻璃器皿清洗、样本稀释和试剂制备、超纯水系统供水、固相萃取、普通化学、电化学、分光光度计、TOC分析、水质分析、离子色谱、火焰法原子吸收、石墨炉原子吸收、高效液相色谱、液质联用、电感耦合等离子光谱仪、等离子质谱、痕量金属检测和气质联用等。结合用户的需求不同，实验室纯水的名称非常多，应用领域与水质标准各不相同，常见的实验室用水包括（不限于）表 8.8 的列举内容。

表 8.8　实验室用水的分类

应用	一级水 （超纯水）	二级水 （EDI 水）	三级水 （RO 水）
缓冲液和培养基的制备		√	

应用	一级水（超纯水）	二级水（EDI 水）	三级水（RO 水）
电化学	✓	✓	
环境测试舱和植物生长室		✓	
蒸馏器进水			✓
超纯水系统进水		✓	✓
火焰原子吸收光谱法（F-AAS）		✓	
气质谱联用法（GC-MS）	✓		
普通化学		✓	
石墨炉原子吸收分光光度法（GF-AAS）	✓		
玻璃器皿清洗		✓	✓
高效液相色谱法（HPLC）	✓		
电感耦合等离子体原子发射光谱法（ICP-AES）	✓		
电感耦合等离子体质谱法（ICP-MS）	✓		
离子色谱法（IC）	✓		
定性分析		✓	
样品稀释和试剂制备	✓	✓	
固相萃取	✓		
分光光度测定法	✓		
蒸汽发生器		✓	
TOC 分析	✓		
痕量金属检测	✓		
水分析	✓		
细菌培养		✓	
临床化学		✓	
电泳	✓		
电生理		✓	
酶联免疫吸附测定法（ELISA）		✓	
内镜检查		✓	✓
细菌内毒素分析	✓		
模式动物饲养			✓
组织学		✓	
杂交	✓		
水培法		✓	
免疫细胞化学	✓		
哺乳动物细胞培养	✓		
培养基制备		✓	
微生物分析		✓	

应用	一级水 （超纯水）	二级水 （EDI水）	三级水 （RO水）
分子生物学	√		
单克隆抗体	√		
聚合酶链反应(PCR)	√		
植物组织培养	√		
放射性免疫测定		√	

（1）质谱分析用水　质谱能对混合物进行痕量分析，由于其高灵敏度，所以要求最高纯度的用水。所有的样本制备、样本的前处理，例如固相萃取都需要超纯水。要求水中杂质在 ppt 级水平，进行有机物分析要求电阻率 $18.2M\Omega \cdot cm$，非常低的 TOC，一般指标小于 $3\mu g/L$。双柱之间的中间水质监测仪提供更进一步的水质保证，最终的水质指标是由良好设计的预处理系统，加上连续循环流路和纯水的超纯化而实现。

（2）植物组织培养用水　微繁殖技术允许大量克隆某种植物和大量繁殖无病害植物。为使潜在的生物活性物质的影响最小化，推荐使用少热原的超纯水。

（3）蒸汽发生器用水　蒸汽发生器的应用范围包括无尘室增湿、保湿、直接蒸汽加热、高压灭菌器和消毒器。大部分蒸汽发生器由预处理过的饮用水供水，以避免细菌孳生、污染物沉淀，从而减少维护保养，增强系统性能和提高清洁水平。蒸汽发生器可使用通过反渗透方式制成的一级水，电导率范围 $1\sim50\mu S/cm$。

（4）样本稀释和制备试剂用水　在制备样本、空白、试剂和标准样时都会用到稀释。用于稀释的纯水其纯度必须保证不破坏或影响后续的分析。普通化学实验涉及的缓冲液、空白和标准样，对于被分析物在 $1mg/L$ 以上的，采用电阻率大于 $1M\Omega \cdot cm$，TOC 小于 $50\mu g/L$，低细菌含量的实验室二级水就可以满足需要并带来理想的分析结果。对 ppb 级水平或更低的痕量分析，需要超纯水用于空白和标准样的制备。

（5）微生物分析用水　常规的微生物分析要求实验室二级水。应该有较低的细菌污染和低水平离子、有机物和颗粒杂质。电阻率大于 $1M\Omega \cdot cm$，TOC 小于 $50\mu g/L$ 以及细菌含量小于 $1CFU/mL$。

（6）水栽法用水　在水栽培应用中水源要足够纯，不仅保证添加的矿物和营养物质浓度的准确，而且要防止污染物引起的间接影响。举例来说，高水平的溶解成分特别是钙和镁能造成高碱度改变水的硬度。高浓度的钠和氯化物也会导致直接毒性，并会通过妨碍钙、镁、硝酸盐和痕量元素的吸收而造成间接破坏。水栽推荐使用低离子、低有机物和低细菌污染水平的实验室二级水。

（7）生物组织学用水　由于大部分生物组织学工作的性质，其细胞是固定和不繁殖的，应使用实验室二级水。典型的电阻率为大于 $1M\Omega \cdot cm$，TOC 小于 $50\mu g/L$ 以及细菌含量小于 $1CFU/mL$。

（8）普通化学用水　普通化学实验推荐用水等级为电阻率＞$1M\Omega \cdot cm$，TOC＜$50\mu g/L$ 以及细菌含量低于 $10CFU/mL$ 的实验室二级水。

（9）细菌内毒素分析用水　分离到细胞培养的各种用水应用领域都要求规定细菌内毒素指标，细菌内毒素最大指标范围从 $0.25EU/mL$ 到 $0.03EU/mL$。对细菌内毒素分析，适用少细菌内毒素的超纯水，通常是 0.05EU/mL 或更小。超滤是制造少细菌内毒素超纯水的必需手段，而且可以结合 UV 灯进行光氧化。

（10）免疫细胞化学用水　　对于免疫细胞化学，用抗体监测特殊蛋白质的转移会被来自微生物和相关生物活性细胞的碎片和代谢物污染所干扰。推荐使用少细菌内毒素的超纯水。

（11）临床生物化学用水　　临床实验室用水应依照相应的水质标准，其中最相关的是美国临床实验室标准研究所（CLSI）标准中的Ⅰ级水，美国、日本、欧洲的药典也是很常用的标准。临床分析仪供水或在任何制备和分析程序中的用水，都应使用结合多种纯化技术制成的高品质纯水。临床分析仪用水纯度要求应依据分析仪制造商的设置而定，但通常电阻率应大于 $10M\Omega \cdot cm$（25℃），TOC 小于 $50\mu g/L$ 以及细菌水平小于 5CFU/mL。

（12）缓冲液和介质制备用水　　不同的实验目的灵敏度要求也不同，它决定了试剂制备或稀释用纯水的等级。对很多普通化学应用，灵敏度不是首要因素，实验室二级水就已经具备了足够好的纯度。在此基础上结合去离子技术就可得到很低离子含量的超纯水，结合 UV 灯、过滤和循环管路等手段，还可以很好地控制有机物和微生物水平。先进的现代分析仪器不断提升分析的灵敏度。痕量元素现在通过使用诸如 ICP-MS 技术，可测定在 ppt 级和亚 ppt 级水平的物质。

（13）痕量金属监测用水　　痕量分析工作需要不含可测定成分的纯水，并且水质要求适用于最严格最灵敏的 ICP-MS 工作。因此，空白试剂、标准样稀释和样本制备均需要纯度最高的水，甚至需要在无尘室中操作。

（14）供应超纯水系统用水　　用饮用水或相应水源生产超纯水（18.2M$\Omega \cdot$ cm，TOC$<5\mu g/L$）通常由两个阶段完成——预处理和超纯化处理。预处理减少所有大量杂质——无机物、有机物、微生物和颗粒——大约超过 95% 被去除，可使用反渗透、反渗透结合离子交换或 EDI 有效地实现以上目的。也可以单独采用离子交换纯化饮用水，但不能使有机物、细菌和颗粒杂质的指标达到同等水准。预处理水质越好，超纯水的出水水质越有保障。

（15）分子生物学用水　　分子生物学研究的焦点集中在核酸、蛋白质和酶。微生物以及相关生物活性细胞的碎片和代谢物污染对其有严重影响。推荐使用少热原的超纯水。

（16）分光光度测定用水　　推荐至少使用实验室二级水用于分光光度测定，要求无机物、有机物或凝胶污染均较低，电阻率大于 $1M\Omega \cdot cm$，低 TOC 含量（小于 $50\mu g/L$）。在有 UV 检测器的仪器中尤为重要，因为溶解性有机物可能会干扰其检测。

（17）定性分析用水　　定性分析方法应该使用实验室二级水，其电阻率大于 $1M\Omega \cdot cm$，TOC 小于 $50\mu g/L$ 以及较低的颗粒性杂质和细菌含量。不过，对灵敏度高的分析技术，如 ICP-MS，需要最佳指标的超纯水，无机物杂质在 ppt 级水平，电阻率 18.2M$\Omega \cdot cm$ 和较低的 TOC。

（18）电泳分析用水　　电泳用水最重要的要求是生物活性物质，诸如细菌内毒素（通常小于 0.005EU/mL），核糖核酸酶和蛋白酶（不可测定）的去除。最好用电阻率 18.2M$\Omega \cdot$ cm，TOC 小于 $10\mu g/L$，经 $0.1\mu m$ 或更小孔径的微滤以及细菌含量低于 1CFU/mL 的超纯水作为供水。

（19）电生理学用水　　电生理学技术通常很敏感，水中无机污染物对其会造成很大干扰。推荐使用至少电阻率大于 $1M\Omega \cdot cm$（25℃），TOC 小于 $50\mu g/L$ 以及细菌含量低于 1CFU/mL 的实验室二级水。

（20）电化学用水　建议用于电化学的水等级至少电阻率大于 5MΩ·cm，无机物、有机物和凝胶污染物含量较低，TOC 含量小于 50μg/L 以及细菌含量低于 1CFU/mL 的实验室二级水。对超痕量电化学分析仪，需用超纯水。

（21）单克隆抗体研究用水　细菌培养用水至少应该是实验室二级水，其电阻率大于10MΩ·cm，TOC 小于 50μg/L 以及细菌含量小于 1CFU/mL。对敏感的哺乳动物细胞培养，推荐使用少热原的超纯水。它由经过去离子、反渗透或蒸馏方式预纯化的纯水再经过超纯化柱制成，超滤将确保去除其中的核酸酶和细菌内毒素。

（22）玻璃器皿的清洗冲洗用水　玻璃器皿的清洗是大多实验室每天的例行公事，它对水等级的要求依据实际应用的不同而定。考虑到成本，适用于大部分常规用途的玻璃器皿的清洗可用一级水。对比较敏感的分析或遗传实验来说，适用实验室二级水，通常电阻率水平在 1～15MΩ·cm。对于鉴定应用，诸如痕量分析技术（如 ICP-MS）、高灵敏的细胞培养和严格的临床应用，其玻璃器皿应该用超纯水清洗，特别是最后一次冲洗，电阻率应为18.2MΩ·cm，TOC 小于 10μg/L 以及细菌含量低于 1CFU/mL。

（23）TOC 分析用水　TOC 分析是一种非特定的分析方法，定量分析有机物全部碳含量。当前的应用范围从废水的高水平到超纯水中的亚 ppb 级水平，在此技术中水也被用于稀释样本，制备试剂和标准样。对高含量物的测量，实验室二级水即适用，痕量工作需用超纯水。

（24）放射免疫分析（RIA）和酶联免疫吸附测定法（ELISA）用水　在 ELISA 中的抗体反应很强烈，在大部分分析中不需要最高纯度的水，实验室二级水就可适用。其电阻率大于 10MΩ·cm，TOC 小于 50μg/L 以及细菌含量低于 1CFU/mL。

（25）IC 离子质谱用水　IC 通过直接注射 10～50mL 样本用于少量和大量成分测定（比如低至 0.1μg/L），高纯度的纯水用于空白、标准样和洗脱掖制备。对此类应用如果运行成本是个问题的话，实验室二级水大致适合，否则超纯水是首选。可以通过离子交换柱预浓缩被测离子并将其注入洗脱液，用 IC 进行分离和分析，这样就可以将 IC 的监测下限提高到ppt 级。50mL 或 100mL 样品就可以用这种方法进行分析。这种方式要求纯度很高的水，其杂质在 ppt 级水平，电阻率 18.2MΩ·cm 和较低的 TOC。双柱之间的中间水质监测仪提供更进一步的水质保证，最终的水质指标是由良好设计的预处理系统，加上连续循环流路和纯水的超纯化而实现。

（26）电感耦合等离子体质谱法（ICP-MS）用水　ICP-MS 可被用于测定在 ppt 级水平（ng/L）的元素。对这种灵敏的 ICP-MS 分析工作水纯度的要求非常严格，要求水中杂质在 ppt 级水平，电阻率 18.2MΩ·cm 和较低的 TOC。双柱之间的中间水质监测仪提供更进一步的水质保证，最终的水质指标是由良好设计的预处理系统，加上连续循环流路和纯水的超纯化而实现。

（27）电感耦合等离子体原子发射光谱法（ICP-AES）用水　在 ICP-AES 应用中，对不同元素的灵敏度明显不同，但金属、过渡金属、磷和硫监测下限都在 ppb 级（μg/L）范围内。ICP-AES 对水的纯度要求相当严格，电阻率大于 18MΩ·cm 的超纯水仪是必须的，TOC 的要求一般不太重要，前处理要求反渗透或离子交换。

（28）石墨炉原子吸收分光光度法用水　GFAAS 与其他原子吸收光谱测定（AAS）的不同之处是，其火焰炉被电子发热石墨管或棒替代，其能在元素分析中达到很高的灵敏度。GFAAS 要求顶级纯水系统，提供 ppt 级的杂质水平，18.2MΩ•cm 的电阻率和低 TOC 指标，内置监测仪提供纯度保证，最终的水质指标是由良好设计的预处理系统，加上连续循环流路和纯水的超纯化而实现。

（29）气质联用法（GC-MS）用水　对于 GC 应用，纯水经常被用于制备空白对照组、标准样和样本的预处理，诸如固相萃取。气质联用的灵敏度非常高，其对高纯度水的纯度要求是非常严格的。TOC 水平尽可能低，通常小于 $3\mu g/L$，以 RO 水为进水的低 TOC 水平的超纯水可以完全满足要求。必须严格按操作说明使用超纯水仪以确保持续的高品质产水。

（30）F-AAS 火焰原子吸收光谱法（F-AAS）用水　虽然 F-AAS 技术与多元素分析的 ICP-MS 和 ICP-ES 有些重叠，但由于其适宜的成本，AAS 还是非常广泛地用于较小的实验室或特殊分析，其元素的监测下限从 ppb 级到 ppm 级不等。实验室 Ⅱ 级纯水的纯度通常足以满足大部分常规的 AAS 分析，它不要求低水平的有机物和细菌含量。

8.3.2　实验室清洗

制药行业的实验室主要承担着药品的研发、生产的日常检测等，实验室中需要清洗的主要是实验用器具，包括可反复使用的玻璃器皿，如烧杯、移液管、容量瓶、锥形瓶、培养皿和试管等，还有用于研发的小型设备等。研发设备的材质主要以玻璃或者不锈钢为主。实验室玻璃仪器、器皿种类繁多，大小不一，如果清洁不到位，会影响某些实验结果的准确性，使得实验结果出现较大的误差，甚至可能出现相反的实验结果，最终导致实验失败，所以实验室玻璃仪器的清洗是非常重要的一道工序。针对不同的污染物，需要选择对应的清洗剂产品，才能有效去除表面的污染物，表 8.9 为制药研发企业选用清洗剂提供了一些参考。

表 8.9　不同污染物应选用的清洗剂

污染物类型	清洗剂		
	预洗	清洗	中和
水溶性残留	优选实验室纯水,不需要化学清洗剂	碱性清洗剂	基于磷酸或柠檬酸的清洗剂
记号笔标记	不需要化学清洗剂	强碱性清洗剂	基于磷酸或柠檬酸的清洗剂
标签残留	不需要化学清洗剂	含表面活性剂的碱性清洗剂	基于磷酸或柠檬酸的清洗剂
无机物残留	酸性清洗剂	碱性清洗剂	基于磷酸或柠檬酸的清洗剂
有机物残留	优选水,不需要化学清洗剂	强碱性清洗剂	基于磷酸或柠檬酸的清洗剂
微生物残留	优选水,不需要化学清洗剂	含氧化剂的碱性清洗剂	基于柠檬酸的清洗剂
固体培养基	优选水,不需要化学清洗剂	碱性清洗剂	基于磷酸或柠檬酸的清洗剂
液体培养基	酸性清洗剂用于含钙或镁的培养基	取决于培养基的成分	基于柠檬酸的清洗剂
由于灭菌产生的无机物残留	如果可能,使用含氧成分的碱性清洗剂	碱性清洗剂	基于磷酸或柠檬酸的清洗剂
石蜡	含乳化成分的强碱性清洗剂	含乳化成分的强碱性清洗剂	基于磷酸或柠檬酸的清洗剂
血液等非凝结蛋白	优选冷水,不需要化学清洗剂	碱性清洗剂	基于磷酸或柠檬酸的清洗剂

实验室纯水是最常见的一种清洗用"试剂"，其他的常用清洗剂包括一般洗涤剂、实验室专用清洗剂、有机溶剂、碱性溶液、酸性溶液与铬酸洗液等。一般洗涤剂分为洗洁精、洗

衣粉、肥皂水、去污粉等；实验室专用清洗剂主要为市售产品，属于合成配方的专用清洗剂（如 JClab 实验室系列清洗剂），通常有碱性、酸性和适用手工清洗的中性清洗剂等；有机溶剂分为苯、二氯乙烷、三氯甲烷、丙酮、乙醚、乙醇等可用于洗脱油脂或溶于该溶剂的有机物，二甲苯可洗脱油漆的污垢，使用时注意安全，注意溶剂的毒性与可燃性；碱性溶液分为碳酸钠、碳酸氢钠、氢氧化钠与氢氧化钾溶液等；酸性溶液分为盐酸、硝酸、草酸等；铬酸洗液又称重铬酸钾洗液，具有强酸氧化剂，用于洗涤油污及有机物，使用时防止被水稀释，用后倒回原瓶，可反复使用，直至溶液变为绿色。铬有致癌作用，因此配制和使用洗液时要极为小心，常用两种配制方法包括：①取 100mL 工业浓硫酸置于烧杯内，小心加热，然后慢慢加入 5g 重铬酸钾粉末，边加边搅拌，待全部溶解并缓慢冷却后，贮存在磨口玻璃塞的细口瓶内；②称取 5g 重铬酸钾粉末，置于 250mL 烧杯中，加 5mL 水使其溶解，然后慢慢加入 100mL 浓硫酸，溶液温度将达 80℃，待其冷却后贮存于磨口玻璃瓶内。

实验室中的主要清洗方式为人工清洗和机器清洗（表 8.10）。机器清洗包括超声波清洗、实验室清洗机清洗和等离子清洗，根据各研发企业的实际情况可能会有所不同。目前，较为主流的是以机器清洗为主，主要原因是机器清洗既可以提升清洗效率，还可以避免人员接触有害物质而产生的风险，另外机器自动化清洗更容易标准化、方便进行验证以及对相应记录的保存。

表 8.10　不同清洗方式的对比

类别	人工清洗	超声波清洗	实验室清洗机清洗
器皿损伤程度	高	中	低
细小腔体器具清洗	难	容易	容易
清洗时间	不等	固定	固定
腐蚀性风险	高	中	低
划伤风险	高	低	低
清洗温度	相对低	可调	可调
感染风险	高	低	低
劳动强度	高	中	低
清洗效率	低	中	高
可重复性	很难	难	容易
可验证性	难	难	容易

人工清洗主要依靠手工或者手持工具进行刷洗或清洗。这种方式清洗效率低、容易对实验室玻璃仪器造成损伤，并且很难将一些形状不规则的器具清洗干净，对于一些容量较小的玻璃容器，无法用刷子清洗。人工清洗会直接接触各种化学残留物和清洗剂（强酸、强碱、铬酸等），有可能对实验人员的身体健康受到伤害。超声波清洗主要基于超声波空化的作用，当清洗液在超声波作用下形成气泡后突然破裂的瞬间能产生超过 1000 个大气压力，这种连续不断产生的瞬间高压强烈冲击物件表面，使物体表面及缝隙中的污垢迅速剥落，从而达到物体表面清洁净化的目的。超声波清洗不受玻璃仪器的形状外观所限制，洁净度也更高，还可用于实验混匀、萃取等用。等离子清洗是指射频电源在一定的压力情况下，产生高能量的无序的等离子体，通过等离子体轰击被清洗产品表面，使表面的残留物与等离子体反应，残留物被转化为气相被排出，从而实现的"清洗"（图 8.1）。等离子清洗既能达到清洗作用，还有一定的化学改

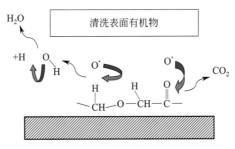

图 8.1 等离子清洗原理

性功能。实验室清洗机清洗是指将被清洗物品器具安放在清洗腔内，采用自动化程序后，清洗溶液在循环泵的加压驱动下进入喷射臂和喷射管，加压后的循环水驱动喷射臂旋转，完成对容器的清洗。一般情况需要添加辅助清洗剂进行清洗，自动程序可以完成预洗→清洗→冲洗→中和→漂洗→干燥等步骤。清洗过程可记录、可追溯，清洗工艺可验证。

人工清洗虽然能够适应污染程度不同、污染物不同的各类场合，但是工作繁重，操作复杂，具有一定的危险性，而且不具可记录性和可追溯性，可重复性和可验证性差。已经不能够满足现在日益增加的实验要求，机器清洗会取而代之，但在机器清洗中，超声波清洗相对实验室清洗机清洗而言，功能太过单一，清洗数量有限，存在对器具的损害，且超声波对人体有一定的危害。人工清洗和超声波清洗的残留验证、清洗效果以及清洗验证等难以满足相关的要求，所以实验室清洗机清洗得到了实验室操作人员的青睐，在实验室中得到广泛应用。对于实验室清洗机而言，影响最终清洗效果的因素主要有清洗用水、机械作用、清洗剂、清洗温度、清洗时间与器具装载方式。

（1）清洗用水　实验室通常使用纯化水作为清洗用水，这样才能保证对实验器具和清洗设备的材料不产生不利影响。通过热量、水本身对残留物的溶解能力和喷射压力，的确可以清洗掉很多残留物。但是，由于水的表面张力很大，对于一些微小的颗粒和难溶于水的有机物，纯化水的清洗能力有限。

（2）机械作用　设计良好的实验室清洗机拥有强大的循环泵和精心设计的喷嘴，可以将清洗溶液均匀和持续不断地喷射到器具的内外表面，这种机械力可以降低污染物和表面之间的结合力，从而使污染物更易于清除。清洗剂在循环泵的驱动下，清洗液呈喷射状态对清洗物的表面进行360°的直接冲刷，流动的剪切力和循环液体的涌动，可以剥离被清洗器具上的污染物，对于不同的清洗物品，需要不同的流量、压力，在保证清洗的同时，还要保证不要因为压力过大而破坏被清洗物品。

（3）清洗剂　实验室专用的清洗剂，可以溶解实验室玻璃器皿表面的污染物，配合机器来实现最佳的清洗效果，通常为复合配方的清洗剂。专用的清洗剂不仅含有碱或酸，还有表面活性剂、螯合剂、络合剂等多种活性物质，通过这些活性物质的协同作用，更好地溶解和分散残留物。另外，清洗剂不仅要有去除残留物的清洗能力，还不能损坏设备的表面和管路，并且为无泡沫或低泡沫的清洗剂。因为如果出现泡沫，这些泡沫一方面会溢出来，另一方面也有可能导致循环泵的损坏，所以设备厂商在推荐清洗剂时，要经过细致的测试与评估，确认满足各方面的条件才可以使用。选择稳定高质量的专用清洗剂，不仅能够最大限度地发挥设备的潜力，延长设备的使用寿命，还能确保清洗工艺的稳定性和可重复性。实验室清洗剂中常用的物质见表 8.11。

表 8.11　清洗剂的性质和特性

构成物质	特性
活性氯/活性氧	强大的氧化和消毒作用
苛性碱(氢氧化钠/氢氧化钾)	污染物的浸渍和降解
碱金属硅酸盐	由于具有碱性作用并改善了污染物吸收能力并防止腐蚀(铝),因此可提供清洁支持
螯合剂(MGDA,GLDA)	水硬度(Ca/Mg)与其他金属离子(Fe 与 Zn 等)的络合并增强清洁效果
磷酸盐	避免钙质沉积物(Ca/Mg)和污染物颗粒的分散
聚羧酸盐/膦酸盐	避免钙质沉积物(Ca/Mg)和污染物颗粒的分散,可作为磷酸盐的替代物
非离子表面活性剂	污染物颗粒的涂层性能,消泡和乳化

（4）清洗温度　温度是一个重要的清洁参数。通常温度越高，溶解污染物的能力越强。最佳清洁温度的选择对于污染物的去除起着重要的作用，例如，如果未进行预清洗，清洗温度太高会使蛋白质变性，使清洗更加困难。通常情况下，温度越高表面张力越低，对于玻璃器皿表面的浸润能力会增强。每个清洗程序都有合适的温度。清洗温度越高清洗效果就越好，然而人工清洗无法达到在较高的温度下进行清洗。刚开始清洗采用高温，会使蛋白质固化，这是预清洗程序都要在室温下进行的主要原因。清洗时不仅要考虑污染物的化学性质，同时还要考虑污染物的物理特性，这样才能有针对性地进行彻底的清洗（表 8.12）。

表 8.12　不同污染物清洗时要考虑的温度因素

污染物	温度因素
琼脂培养基	选择的清洗温度必须使琼脂培养基融化成液体状态
石蜡	要保证整个清洗过程中足够高的温度，让石蜡不会沉积在器具中
血液等非凝结蛋白	冷水预洗可以防止蛋白质变性凝固在表面

（5）清洗时间　通常清洗时间越长，清洗效果就越好。如同清洗作用力一样，清洗剂也需要一定时间与残留物进行反应，来实现对残留物的溶解、乳化、分解。清洗时间会影响物理和化学过程的实施程度。图 8.2 列出了各个清洗参数（TACT）。

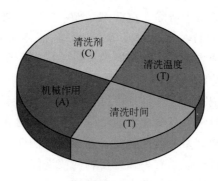

图 8.2　清洗参数（TACT）

在实验室清洗机的清洗过程中，所使用的水被视为一个重要的影响因素，因为水质会影响最终的清洁效果。例如，有时用去离子水部分或全部替换软化水进行清洁，主要是为了避免由于水硬度而出现的沉淀和离子成分的引入。以上并未考虑所选清洗参数对实验室玻璃器皿和实验室设备的影响。例如，高温和高剂量的高碱性清洗剂会导致玻璃腐蚀。在这种情况下，必须降低温度和清洗剂浓度，而增加清洗时间来保证最终的结果。

（6）器具装载方式 考虑到实验室的玻璃器皿有不同的结构、尺寸和容量，如果能够将玻璃器皿进行适当的分类，选配合适的装置支架，这样才能够较大限度地发挥自动清洗机的清洗能力。实验室清洗机必须要确保实验室纯水或清洗溶液均匀覆盖到实验室玻璃器皿和实验设备的所有内外表面。因而，根据实验室玻璃器皿和实验设备的形状及污染程度进行装载尤为重要（表8.13）。

表 8.13　实验室清洗机的装载原则

编号	被清洗器皿	设计原则	示例
1	实验室玻璃器皿和实验设备的开口较大且不太高，如烧杯、培养皿、研钵、眼镜、宽颈锥形瓶、宽颈实验室瓶与低量筒等	广口器皿支架，旋转的喷臂可实现足以喷淋到内表面的设计	
2	实验室玻璃器皿和实验设备的开口较小和/或相对较高，如圆底烧瓶、窄颈锥形烧瓶、容量瓶、高量筒与小瓶等	烧瓶与锥形瓶支架，需要喷头延伸到实验室玻璃器皿和实验设备中	
3	实验室玻璃器皿或实验设备的开口较小且又长又薄，如清洗移液器与长试管等	移液管与长试管支架，可以在其中插入实验室玻璃器皿和实验室设备的进样器套筒以清洗其内表面	

实验室清洗机清洗步骤主要分为：预洗（水预洗、酸性预洗与碱性预洗）→主洗→中和→冲洗→最终漂洗→干燥。水预洗可去除表面可溶解的和易冲洗的大块污染物，酸性预洗可快速有效去除金属盐残留，碱性预洗可有效去除有机物；主洗可去除洗净绝大部分成分，主要采用清洗剂进行彻底清洗；中和可去除器皿表面的清洗剂残留，达到最佳清洗效果；冲洗可进一步洗涤器皿，同时将清洗剂的残留降到最低；最终漂洗可降低器皿表面的离子残留，使离子残留量低于检测下限，可以采用一次或多次漂洗程序，确保将清洗剂残留更有效地从实验室清洗机中排出，最后的漂洗通常在较高的温度下进行，以杀死水中的致病菌并能够使后续的干燥更快速；干燥的目的是从实验室玻璃器皿和实验室设备的表面以及实验室洗涤器的腔室中除去水分。

实验室清洗机都带有编程功能，可以根据清洗的对象和残留物类型，设置不同的清洗和冲洗程序，并调节清洗温度和清洗时间等参数。操作人员可以根据自己的实际情况，通过追踪记录所有的清洗参数，持续不断地优化工艺条件，以实现提高清洗效率、减少清洗剂的消耗和减少能源消耗。除了以上的因素会影响清洗效果外，实验室清洗机的选择也非常重要，需要考虑内腔的表面是否完整无缝，是否光滑，是否有加热元件，这些都会影响腔体内的结构，要保证无死角。同时还要考虑机器的过滤系统，防止颗粒污染并保证喷淋臂的循环速率。

8.4 实验室水机

通常情况下，实验室用水的使用量较少，企业所需的纯化设备产能一般都在 $10 \sim 500 \text{L/h}$，实验室纯水机的产水水质不仅要达到或超过中国实验室用水标准和试验方法、ASTM、CLSI、ISO 的一级水与二级水的质量标准，也需要满足 ChP、USP 等散装纯化水/散装注射用水的技术规格。通常的实验室集中供水系统，其纯化工艺大致如下：原水→石英砂过滤器→活性炭过滤器→软水器→微孔过滤器→原水增压泵→预纯化柱→反渗透膜→EDI 模块→紫外线杀菌器→无菌纯化水箱→纯化水增压泵→紫外线杀菌器→微孔过滤器→用水点。目前，对于越来越多的实验室集中供水的需求，一体化智能的纯水工作站是一个很好的选择（图 8.3）。

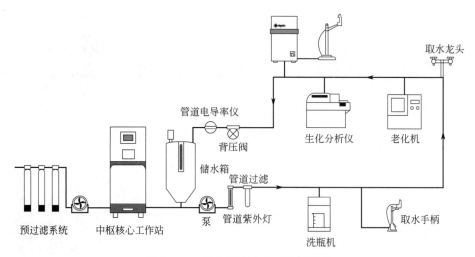

图 8.3　一体化智能纯水工作站示意

一体化智能的纯水工作站采用模块化结构设计，内部细致严密，集成度高。原水增压泵、预纯化柱、反渗透膜、EDI 模块等都安装在一个精心设计的机柜里，噪音低，占地面积只需 0.5m^2，充分满足现代实验室优化空间利用率的要求。智能化纯水工作站可作为一个或多个实验室的中央纯水供应系统核心，产水可通过纯水管路分配到各个实验室中（图 8.4）。智能高流量智能化纯水工作站（图 8.5）专为现代实验室对纯水品质的高要求和用量多样化而设计，每天可为单个或多个实验室供应数吨乃至 10 吨以上的纯水，其中 EDI 纯水产水量可达 500L/h，RO 纯水产水量可达 600L/h。如需要仪器分析用高纯水，可以选择一机两水的机型，即由自来水进水同时制备 EDI 纯水和电导率为 $18.2 \text{M}\Omega \cdot \text{cm}$ 的超纯水。该设备通过主机，对整个纯水系统及管路运行的全面监控，产水稳定可靠，能适应实验室用户不断变化的需求，是目前市场上集成度较高，功能较为完整的实验室中央纯水工作站。

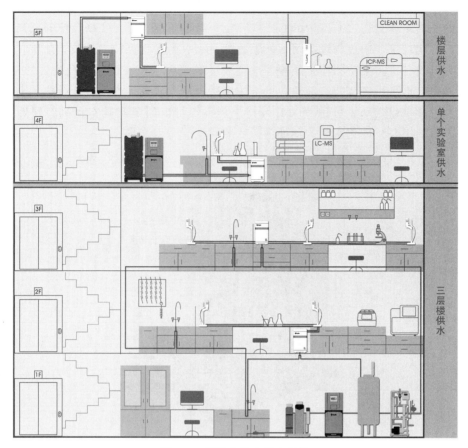

图 8.4　实验室集中供水系统

图 8.5　大产量的实验室水机

　　以市政供水为进水的实验室纯水设备，预处理是第一步。预处理可以去除原水中的固态颗粒物、余氯等氧化物质，降低硬度，保障主机的纯化效率和使用寿命。为了节省空间，方便维护，易于验证，优化的设计可以将所有预过滤装置整齐排列在特制不锈钢框架上，包括石英砂过滤、活性炭过滤、全自动软化、双联聚丙烯棉微孔过滤，以及原水增压泵，成为一个独立的预处理模块。活性炭过滤利用非特异性吸附，去除各种小分子有机物和强氧化剂。软化系统的钠离子树脂通过与水中的 Ca^{2+}、Mg^{2+} 等金属离子进行交换反应降低其硬度。深层过滤聚丙烯棉纤维，通过物理吸附，能够去除自来水中的直径较大的胶体杂质、泥沙、铁锈、细菌病毒及有机污染矿物质杂质等。这种预过滤模块可独立设定每个装置的运行参数，全自动化反洗、再生。底部装有滚轮，可推放到适合地点放置，方便安装维护。图 8.6 所示的模块化预处理机组供水量可达 2000L/h 以上，不仅可以用于实验室水机的预处理，也可以作为小产量的工业级纯化水机的预处理。

图 8.6　预处理机组

聚丙烯棉和活性炭采用的都是吸附原理，每个滤芯有固定的尺寸，过滤介质的量是一定的，所以吸纳杂质的空间是有限的。当聚丙烯棉和活性炭的吸附位点被占满后，它们就不再具有吸附功效了，反而会释放出污染物和有害物质，孳生细菌。若不及时更换，不但不能纯化水质，反而会成为污染源，危害后续的纯化原件。软化装置也是一样，随着使用时间增加，软化介质上的活性位点被钙镁离子大量结合，或被污染物覆盖，软化效果大幅降低。实验室纯水的供应商建议用户定期更换石英砂过滤介质、活性炭过滤介质、软化介质以及聚丙烯棉微孔过滤滤芯。更换的频率不仅与使用时间有关，还与使用的自来水质量、用水量等因素有关，自来水水质较差的地区更换周期也会缩短一些。

实验室水机不仅需要提供优异的系统稳定性，并且还需要具有良好的使用体验。一体化设计的智能化纯水工作站可通过主机全方位控制和监测整个纯水系统及所有外控装置的运行，包括原水系统的原水增压泵与原水电磁阀，预过滤系统的全自动石英砂过滤系统、活性炭过滤系统、软化系统，纯水存储系统的水箱自动消毒模块，水箱液位、水箱溢流传感器，纯水分配系统的纯水分配泵，分配管路紫外灯，管路过滤及电阻率检测，漏水保护系统等。实验室水机通常内置各种高灵敏度的仪表对水质进行检测，主要包含：进水电导率检测仪、RO 产水电导率检测仪、EDI 产水电阻率检测仪、循环水电阻率检测仪、全氧化法 TOC 检测仪等。为了更好地应对 GMP 相关要求，实验室水机最好能够作为一个平台，通过增加外接传感器的方法加测更多所需参数，如 pH、溶氧、浊度等。所有运行参数都可以通过水机的触摸显示屏查找（图 8.7），这些运行参数数据可以保存至少两年并导出，导出的数据是不可修改的格式，以满足药企质量体系的要求。

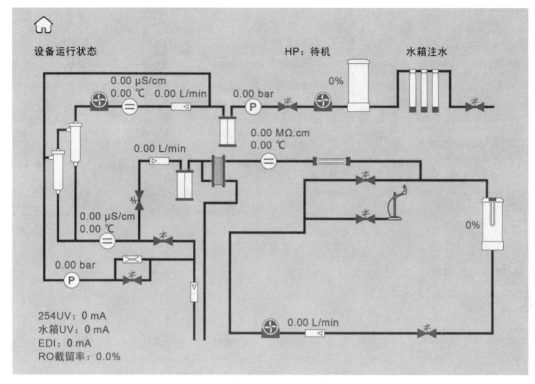

图 8.7 实验室水机的控制界面

实验室水机的验证在药品生产和质量保证中的地位和作用非常关键。验证全部阶段的活动，包含工厂验收测试（FAT）、现场验收测试（SAT）、安装确认（IQ）、运行确认（OQ）和性能确认（PQ）等步骤。随着中国在 WTO 贸易活动的进一步扩大，很多相关设备和原料需要出口到美国、欧洲等地，相关企业需要提供符合 FDA 等要求的文件。因此，提供中英文在内的多语种验证报告是大势所趋。

对于实验室所需的小量超纯水，可采用小型模块化的实验室纯水台式机来实现。为方便使用，用户可以选择一机双用的设备，根据选择的设备型号不同，用户可实现制备 EDI 纯水与超纯水，或者制备 RO 纯水与超纯水。使用人性化设计的手柄可以实现延时取水、远程定量取水等功能。图 8.8 所示的实验室水机可实现 EDI 产水（二级水）最大产量 15L/h，并可同时制备最大流速达 2L/min 的超纯水（一级水）。该类产品也有同时制备 RO 纯水（三级水，最大产量 32L/h）和超纯水的机型。

小型的台式纯水机可用作高精密度分析仪器的进水，不同仪器对水中污染物的要求也各不相同，除了需要电阻率达到 18.2MΩ·cm 之外，对其他个别的离子、元素、TOC 的要求也各有不同。比如 ICP-MS 对水中的硅、硼等元素的浓度要达到极低的 ppt 级别，HPLC 需要对水中的 TOC 含量达到更低的 ppb 级，因此针对不同仪器的进水要求，需要配备不同的特异性污染物去除的超纯化柱，如专用于 ICP-MS 分析用的低硼纯化柱和 ICP 纯化柱等。随着"互联网＋"和 5G 技术的进一步发展，现在用户可以通过智能化的终端，如手机等对实验室水机进行实时远程监控，安全隐患有报警提示，大大提高了实验室水机运行的安全性。

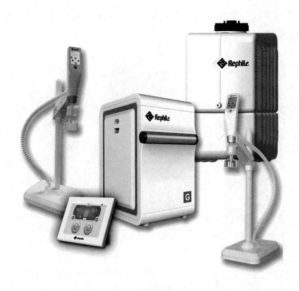

图 8.8　小产量的实验室水机

第9章

数字化技术

信息化时代的来临使得数字化技术在制药工业领域中得到了广泛的应用。特别是在自动化控制系统及计算机管理系统中，数字化技术体现出来的智能性、可靠性和易操作性都是传统技术无法比拟的。

近年来，随着产能效率和生产成本权重的增加，制药行业对连续化生产工艺的关注也在不断增加。虽然批次生产模式能够满足当前合规性的严格监管，但通过连续化生产技术来提高生产效率和设备利用率将是制药等工业领域的未来趋势。2019 年，FDA 颁布的工业指南《连续化生产的质量考量》（《Quality Considerations for Continuous Manufacturing》）将快速推进连续化生产技术在制药工业的应用。

全球的药品监管机构都支持采用现代制造技术来提高产品的整体质量。连续化生产技术是新兴技术，它能够实现制药现代化并为整个行业与患者带来潜在的利益。连续化生产可以通过使用更少步骤和更短处理时间的整合工艺、使用比传统的技术更小占地面积的设备；支持提升的开发方法，例如，质量源于设计、过程分析技术和参数放行等；促进实时产品质量监控并提供灵活的操作来进行工艺放大、工艺缩小和工艺扩展以适应不断变化的供应需求。因此，全球的药品监管机构期望采用连续化生产的方式来减少药品的质量问题，降低生产成本，并提高患者获得优良药品的可能性。

《中国制造 2025》是中国政府实施"制造强国"战略首个十年的行动纲领，该战略于2015 年 5 月 19 日由国务院正式印发，旨在推动我国从制造大国向制造强国的转变。及时地拥抱新技术来增强企业的影响力和竞争力已是上至国家下至行业和企业的必经之路。

制药用水与纯蒸汽系统属于典型的连续化生产模型。纯化水、注射用水和纯蒸汽的质量直接影响着最终药品的产品质量。制药用水系统的自动化技术需实现生产过程远程计算机控制、监视，就地生产过程控制；制药用水系统的实时控制层包括实时生产管理、顺序控制、开关量/模拟量控制、生产过程联锁、安全联锁、报警、过程 I/O 等，保证操作和控制灵活、迅速、准确与一致；确保重要参数符合相关法规要求，减少因重要参数控制不当造成的成本升高；优化控制，提高能源和设备利用率；实现计算机控制参数管理；通过计算机系统提示各设备部件的保养和维修，实现备用系统的等时运行；实现重要参数历史数据存储、查询和报表打印；实现生产过程联锁、安全联锁，报警及故障处理。制药用水自动化系统属于GMP 关键系统，所以还需遵从 GAMP 及符合电子签名和电子记录等相关 GMP 法规。随着新技术的推广和应用，升膜式蒸发、反渗透、电法去离子和超滤等技术确保了制备系统的产水质量，紫外线消毒、巴氏消毒、臭氧消毒等方法降低了微生物污染风险，在线 RMM 分析仪、在线 TOC 分析仪、在线电导率分析仪等参数的连续监测实现了水质可视化的实时监控，并可以实现产品质量的参数放行。本章在介绍数字化技术在制药用水制备、储存与分配过程监控的同时，也将会从连续化生产的角度阐述制药用水与药物的可追溯性关系、通过数字化技术降低制药用水设备连续运行对工艺的波动影响和制药用水关键工艺参数的趋势分析。

数字化技术又名数字孪生（digital twin），是现实世界实物或系统的数字化模拟。数字孪生包括设计孪生、运行孪生和行为孪生。在工业领域中根据应用场景不同可细分为自动化技术、过程分析技术（PAT）、计算机技术及人工智能等技术。数字化技术能够更好地对计算机操作进行检测和管理，同时也能更好地对电气自动化进行维护。在系统设计时期，应从风险评估的角度考虑到每个操作工序和整体系统的工艺实现。还应该对程序接口进行完善，设置 PC 自动化平台并与 ERP 和 MES 等系统进行连接。为了更好地进行连接，通常将 TCP/IP 作为通信标准，使用更为标准和通用的接口协议，在满足用户对数据需求的同时，也能显著提升药品质量，降低生产成本，提高提供优质药品的可能性。

随着 5G、大数据分析和人工智能的发展，越来越多的新技术可应用于工业控制领域。将 5G 技术和工业控制结合可以实现数据远程监控，可以通过网页或者手机 APP 实现设备数据监控，第一时间了解设备运行状态、修改参数等。其内容包括但不限于：①设备报警推送，可以通过短信报警、微信报警、APP 报警等方式，推送设备故障状信息态，及时掌握设备运行状态；②历史记录和历史曲线，可查询设备任意时间段的历史数据报表，也可将报表导出 Excel 或 PDF 存档，也可通过图形化展示方式关注数据变化；③云组态，通过电脑网页、手机网页和手机 APP 直接查看设备的组态画面或数据列表；④地图定位，可在地图上查找所属设备的分布情况，以及在地图上直接查看设备基本信息，也可直接进入设备监控界面；⑤集成视频监控功能，支持网络摄像头或录像机接入平台，实现数据和视频的同步显示；⑥大数据统计分析平台能够将多设备共同监控，通过数据可视化的方式搭建适用企业的大数据平台；⑦管理员可根据实际应用创建账号，前台可查看的设备组态，后台可对所有的设备、数据、用户进行管理（如设备、规则、用户的创建和修改，设备的授权等），无论身处何地，只要有网络的地方打开电脑网页、手机网页或手机 APP 登录云平台即可实现对设备的远程管理。

数字化技术具备开放能力支持，可以实现远程对 PLC 程序的上下载和在线调试功能，让工程师在任何地方都可以对远在千里之外的设备进行程序维护，提高维护效率，提高用户满意度。技术平台为用户提供开放的 API 接口，支持第三方软件和系统对平台数据的调取，用户也可通过 API 开发第三方软件应用。私有云平台部署是在原"物联网云平台"的架构基础上为用户个性化显示和特定功能需求而进行定制开发的物联网平台系统，让平台运行在用户自己的服务器上。

9.1 自动化技术

自动化技术是在自动控制理论基础上发展起来，涵盖控制理论、过程特性、系统分析和设计、现场控制整定等内容的综合技术，自动化系统既研究简单控制，又分析复杂控制和先进控制算法的关联关系。在生产过程中，运用适合的自动化系统代替操作人员部分或全部的直接劳动，使生产过程在不同程度上自动运行，可以有效提高生产效率，降低产品质量波动，从而提高产品质量。

制药用水系统的操作可分为人工控制和自动化控制两大类。人工控制是指由操作人员来完成的一系列操作和控制，需要通过操作者眼睛的看、耳朵的听或身体的感知获得信息，经人脑判断后控制手部或脚部动作完成阀门或按钮的操作。自动化控制是指采用自控手段对人工调节过程的模拟，自动化系统中的测量与分析仪器相当于操作者的眼睛、耳朵或其他感知器官，PLC 等控制器相当于操作者的大脑，各种执行器相当于操作者的手脚。自动化控制系统的硬件构成主要有集散控制系统（DCS）、可编程控制器（PLC）、单回路数字调节器（SLC）和工业 PC 机（IPC）等四种控制类型可供选择，制药用水系统属于中/小型系统，以 PLC 和 IPC 相结合为主。

自动化控制系统是由传感器、控制器、执行器和被控对象 4 个环节组成的闭环控制系统，其基本功能是为了达到被控变量与设定值的一致性。被控对象是指需要实现控制的工艺设备、机械或生产过程。被控变量是表征生产设备运行情况是否正常而需要加以控制的物理量。控制作用是指被自动化装置操控，用以使被控变量保持设定值的物理量和能量。除了控制作用外，还用扰动作用，即作用于对象并引起被控变量变化的一切因素。设定值就是指被控变量的预定或期望值，测量值就是被控变量对应的传感器输出值。测量值和设定值之间的差值为偏差，它有大小、方向和变化速率 3 个基本要素。自动控制系统按设定值的不同可以分为定值控制系统、随动控制系统和程序控制系统三大类。定值控制系统指设定值不变的控制系统，工艺生产中要求控制系统的被控变量保持在一个生产指标上不变，这个技术指标就是设定值；随动控制系统也称自动跟踪系统，这类系统的特点是设定值不断变化，并要求系统的输出也跟着变化；程序控制系统也叫顺序控制系统，这类系统的设定值同样是变化的，但是它是一个已知的时间函数，即生成技术指标需按一定的时间程序变化。设定值不断变化，并要求系统的输出也跟着变化。

9.1.1 硬件与软件设计

制药用水系统的控制部分设计一般包含实时生产管理、操作顺序控制、电机的逻辑控制、温度与压力等模拟量的连续调节控制、过程联锁、安全联锁、过程 I/O 等内容。其中，实时生产管理、参数报警、数据归档、备份及电子签名和电子记录等功能可在上位机实现，其他功能则可在控制器实现。软件设计应遵循结构化设计原则，制药用水系统的控制软件通常分为 3 个层级。第一层为单元操作的组合协调模块，对应整个制水系统；第二层与设备单元相互对应，用于组合和协调设备单元的基本过程操作，对应纯化水机、蒸馏水机等设备单元；第三层与现场基本控制元器件对应，图 9.1 显示的是制药用水系统第一层和第二层的典型网络架构示意。

9.1.1.1 硬件设计

硬件系统是整个制药用水控制系统的核心框架，它主要由电气元件、电源、变频器、PLC、接线模块、触摸屏、现场仪表、阀岛等组成。控制柜是整个控制系统硬件的主要集成场所，控制柜内在每个用点分支上均装有微型断路器，控制柜门上装有急停按钮、触摸屏（HMI）和声/光报警装置，在制药用水系统出现异常情况下，操作者按下急停，停止控制器内程序运行并使输出装置断电。制水间的环境温度对整个自控系统的硬件使用寿命影响较大，需做好制水间的室温控制和散热设备隔热处理。同时，控制柜内可配备自动调温装置，防止控制柜温度过高而影响控制模块使用寿命。图 9.2 是采用保温处理后工业蒸汽阀门的实际温度对比。

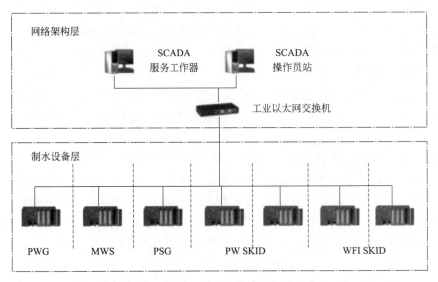

图 9.1　制药用水系统的网络架构示意

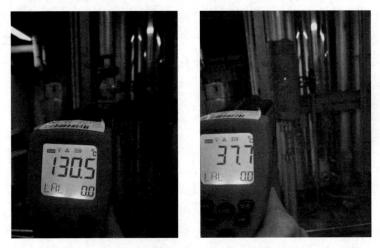

图 9.2　保温对设备/阀门散热的影响

　　数字量输入模块（DI 模块）、数字量输出模块（DO 模块）、模拟量输入模块（AI 模块）和模拟量输出模块（AO 模块）是自控系统中常用的 4 种硬件模块。DI 模块主要用于实现 PLC 与数字量过程信号的连接，例如变频器状态、阀门开关状态等；DO 模块主要用于从控制器向过程变量输出数字量信号；AI 模块主要用于实现 PLC 与模拟量过程信号的连接；AO 模块主要用于从 PLC 向过程变量输出模拟量信号。控制柜内部的系统布线法采用插接式接线和接线模块相结合，完美解决了传统布线的凌乱无序等缺点，有效提高了装配效率和控制柜的观感质量，其中，接线模块是系统布线所特有的一种元器件，它是现场设备与 PLC 控制器的交界面，主要用于 PLC 模块与现场仪表、调节阀开度、变频器的控制、阀门的控制信号等连接。

9.1.1.2 软件设计

编程软件一般采用控制设备供应商提供的编程组态语言，主要有包括梯形图语言（LD）、功能块图（FB）、顺序功能图（SFC）、结构化文本语言（ST）和面向连续过程的专用编程语言。通常，同一项目中应用几种编程语言可极大地提高编程效率并简化程序。选择编程软件时，应根据不同情况进行合理选择。考虑到 GMP 认证的需求，编程软件的选择除了要和选择的控制器匹配之外，还需选择成熟、正版的国内外大品牌编程软件，它能够实现各个不同版本程序之间的修改记录，满足源代码回顾、软件模块测试、审计跟踪、电子签名和电子记录等功能要求。实现制药自动化及信息化的常用软件包括如下。

（1）COMOS COMOS 是一款专业的工厂工程软件。COMOS 软件模块覆盖工厂全生命周期，从设计、数字化移交到运维在一个工程数据平台上进行。设计院/EPC 应用 COMOS 设计模块进行 FEED、P&ID、电气、仪表、自控等专业设计。高效工厂管理要求工厂设计及运营所涉及的所有专业和部门实现最佳连接和协作。COMOS 软件解决方案是工厂整个生命周期内进行全球合作的基础。面向对象是 COMOS 一体化软件理念的基础。工厂各设备组件都有全面的技术描述，并且以逼真的图形方式显示出来。这种图形化、数据化的描述（包括与设备组件相关的所有数据）构成了数据库中的单个单元，即对象。相关数据表、列表和其他文档均与相应对象关联。

由于完整的工厂信息存储在中央数据库中，因此，COMOS 支持工程设计和运营阶段涉及的所有专业和部门始终访问指定对象的相同数据。对象可在 COMOS 数据表和技术图中双向处理。这表示，全球所有用户，无论在哪个时区，都可在相关设计文档中直接看到对象或文档的更改内容。对象和文档始终是最新且一致的。整个工厂乃至各个设备组件都能被查验，并能从功能性和跨专业的角度进行二次开发。COMOS 的开放式系统架构能够完全满足公司特定需求，支持连接到第三方系统，并可集成到现有电子数据处理环境中。COMOS 可以采用一个统一的资产数据门户，显著缩短信息搜索时间，提高数据一致性，缩减运营成本。自动、快速地构建已投产工厂的数据仓库，缩减工厂升级改造的成本。提高工程数据的可视性，改进流程安全性管理。业主运营商应用 COMOS 运维模块进行工厂运维管理，应用 COMOS Walkinside 虚拟现实软件进行三维浸入式安全和运行培训。图 9.3 是基于西门子系统实现数字化的详细架构示例。

（2）SIMATIC IT XHQ SIMATIC IT XHQ 是一种软件平台，它汇集了工厂或管道运营数据，并对这些数据进行面向目标的处理，然后实时地做出决策，并有效提升工厂或管道运营绩效。它能够帮助客户取得最出色的业绩，提升工厂运营的经济性。SIMATIC IT XHQ 充分利用和融合前沿的信息技术以及自动化技术，创造了诸多业界独有的专利，为制造业用户提供一个功能强大的生产营运智能平台解决方案。

通过采用组件式、热插拔、软耦合的通信技术，SIMATIC IT XHQ 可以非常容易地实现与用户当前各类信息系统的紧密集成，包括：自动化系统、实时数据系统、制造执行系统（MES）、ERP、财务会计系统、实验室信息管理系统（LIMS）、设备状况监控系统、数据仓库管理系统以及关系数据库系统等；SIMATIC IT XHQ 通过对上述系统的数据进行采集、汇总、关联和业务化处理后，将它们整理成基于不同角色的管理决策功能，并以实时、动态的视图方式显示给用户。企业内部网络或外部网络上的任何计算机用户都可以通过简便的方式访问和使用这些功能。

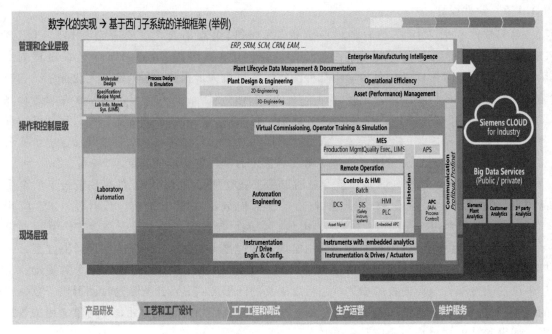

图 9.3　数字化实现的架构示例

SIMATIC IT XHQ 解决方案融合了简单、可重复使用的组件及图形技术（图 9.4），提供了包罗万象的业务描述逻辑模型，以及信息、功能展示的直观性和丰富性。信息组件和相关展示内容在不同的业务管理单元或工厂的解决方案中可以多次重复使用。同时，被引用的基础组件或视图发生属性修改时，任何对它的引用可以无缝地继续沿用和自动更新。作为其高效性的重要表现是，通常在一个 IT 人员的定期指导下，再大、再复杂的 SIMATIC IT XHQ 系统都可以由最终用户进行维护，SIMATIC IT XHQ 系统的维护工作非常简单方便。

图 9.4　SIMATIC IT XHQ 信息模型

（3）SIMATIC PCS 7　SIMATIC PCS 7 系统是完全无缝集成的自动化解决方案。可以应用于所有工业领域，包括过程工业、制造工业、混合工业以及工业所涉及的所有制造和过程自动化产品。作为先进的过程控制系统，SIMATIC PCS7 形成了一个带有典型过程组态特征的全集成系统。SIMATIC PCS 7 系统是现代 DCS 的一个实例（分布式控制系统），它采用了当前的 LAN（局域网）技术、久经考验的 PLC（可编程序控制器）和现场总线技术。整个系统由大量的西门子硬件组件组成，包括仪表、执行机构、模拟和数字信号模块，控制器、通信处理器、工程师站和操作员站等。所有硬件组件由 PCS 7 软件工具支持和组态。

　　典型的 PCS 7 架构图中 ES 为工程师站，OS 为操作员站，AS 为自动化站（图 9.5）。SIMATIC PCS 7 系统为工业自动化和控制提供了很大范围的硬件、软件、组态、配置和诊断工具。PCS 7 项目是在 PCS 7 工程师站上设计的。工程师站安装有 PCS 7 组态工具，可以和自动化站和操作员站进行通信。PCS 7 ES 提供了强大的组态工具。

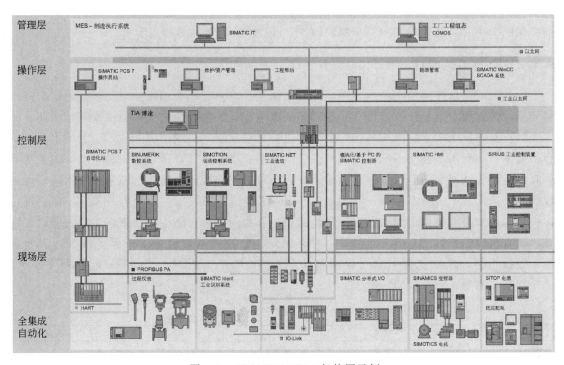

图 9.5　SIMATIC PCS 7 架构图示例

　　（4）BxDMS　BxDMS 是一款由我国知名软件企业自主研发的企业级专业管理软件。BxDMS 基于 B/S 架构，覆盖文档的创建、编辑、追溯、搜索分享、流程、存储等全生命周期，并将文档管理与 eCTD 编辑制作、eCTD 验证管理相衔接。高效的文档管理要求对项目所涉及的全套文档进行规范有序管理。企业应用 BxDMS 把原先散落在各处的线下文档进行集中线上管理，实现文档的在线管理、在线预览、在线审批、在线跟踪等统一化管理，帮助企业构建一套成熟的文档管理体系。BxDMS 能够标记每个文档的版本，实现文档的全生命周期管理；利用软件内置的目录模板和标签，辅助企业制定自身的管理规范；以任务＋流程实例的形式完成任务分配，实现文档的编制、审批、确认等流程性工作。

　　BxDMS 支持同一项目内多人协作，有序编辑同一份文档。严格按照"签入/签出"机制，管理文档具体的生命周期操作，避免了多人同时操作同一文档，造成文档内容被覆盖的问题。同时，BxDMS 也会记录文档生命周期的所有操作，包括文档的状态、文档版本，支持审计日志追踪。所有项目人员访问相同的文档数据，即同一项目内的人员可以在系统中及时查看项目文档的更新内容、追溯修订人员、时间等信息。BxDMS 根据项目和具体用户，对文档的访问有严格的权限控制。BxDMS 中的各项目是独立的，仅当用户为项目成员时，才有权限查看及访问该项目。针对用户在一个具体项目中的权限，又通过角色权限及数据权限两个层面进行控制。BxDMS 还支持某些特定的功能，如电子签名等。

BxDMS 在开发过程中也考虑到帮助企业优化海量药品注册文档的编辑制作。众所周知，CTD 的目录结构是药品注册文档编辑制作的基础。在使用 BxDMS 进行文档管理过程中，用户可按照 CTD 目录结构制作和准备文档。对文档进行规范化管理，为企业制作 eCTD 申报资料奠定基础，BxDMS 帮助企业优化 eCTD 申报资料的制作、发布和验证，规避 eCTD 申报资料潜在验证风险，进而提升企业编制 eCTD 申报资料的质量和效率。Bx-DMS 支持连接到第三方系统，并可集成到现有电子数据处理环境中，能够完全满足公司内部文档的全生命周期管理和 eCTD 编辑制作、eCTD 验证管理的特定需求。

9.1.2 控制功能设计

以注射用水储存与分配系统为例，控制系统至少应具有以下功能：泵变频控制，根据回水流速对注射用水离心泵泵进行变频控制，回水流速减少时，通过变频器使泵转速增加，反之亦然；对注射用水分配循环系统的水温度进行自动控制 [例如，(75±2)℃]，使水温处于合格范围；注射用水分配系统在主回路上应设有不合格水排放管路，采用两个气动卫生型隔膜阀组合，管路回水阀门执行器采用常开式，不合格排放管路阀门执行器采用常闭式，通过控制系统来实现不合格水排放；对回水电导率/TOC 进行在线监测，如电导率/TOC 出现超标，则回水管路上的排水阀立即打开进行排放，回水阀关闭，防止不合格的水进入储罐，同时，屏幕出现电导率/TOC 超标报警；所有记录、监控的数据应可生成系统曲线，方便观测、查找问题；消毒/灭菌过程自动控制。至少可对表 9.1 所列工艺参数（包括但不限于）进行控制、监测、记录或超标报警。

表 9.1 典型的工艺参数控制点

工艺参数	监测	记录	控制	超标报警
热交换器下游温度(总回水)	√	√	√	√
热交换器上游温度	√	√		√
注射用水各降温用水点温度(应有使用超时报警)	√	√	√	√
回水流速/流量	√	√	√	√
回水电导率	√	√		√
回水压力	√	√		
回水 TOC	√	√		√
注射用水储罐液位	√	√		√
注射用水储罐压力	√	√		√
消毒/灭菌时间	√	√	√	
消毒/灭菌温度	√	√	√	
压缩空气压力				√

控制系统采用 PLC 结合触摸屏的控制配置，能实现设备的全自动控制和手动控制。如果设备正常运行，采用 PLC 自动控制，如果遇到紧急情况或设备处于非正常工作，系统可采用手动控制。自控系统须有详细清单，包括制造商/供应商详细信息、序列号和版本号、设备位号、型号、数量、生产厂家和订货号等。PLC 具有独立的以太网通信接口满足 CS 架构，并配置 MMC 卡；可通过以太网接口与上位机监控系统通信。PLC 应支持 PROFINET 或 PROFIBUS DP 通信；PLC 应支持甲方给定的 NTP 时钟服务器进行时钟同步功能；操作

面板为 12 英寸及以上真彩色触摸屏面板；屏幕更新时间需小于 1s；具有审计追踪功能，需准确记录操作信息，包括操作的时间、修改的参数、操作内容等信息；产生电子记录的操作必须具有电子签名，并提供相应的电子签名验证，需符合 FDA CRF211 PART 11 的要求；人机界面简洁明了，至少有系统流程图界面、参数设定界面、历史数据查询界面、报警信息界面等；流程图应显示设备位号。

控制柜材质为 304 不锈钢，板厚不小于 1.5mm，控制柜内需安装插座、照明和散热风扇，换气口带滤尘网；控制柜与强电柜应完全隔离分开并可靠接地，具备防尘、防水、散热快且易于安装特点，符合现场要求；控制柜或配电柜内的电源主开关需配相应容量的漏电断路器；主电缆进入主开关上端；地线排、零线排分别标注、固定，电控柜保护等级为 IP54，接地电阻不大于 0.1Ω，绝缘等级 F 级；强、弱电器和线路应分开敷设，电线在线槽或线管内应有空余量；所有电气部件都要使用编号标签；编号标签要清晰打印，不允许用手写；编号标签要放在安装板上便于操作员和电气工程师的辨认；每条电线的两端都要有线号，线号和图纸上的相一致，所有电气线路接点均应有护套或其他保护措施，避免人直接触摸而触电；每根电缆一定要一一对应，两端应有明确的标号；动力线路、控制线路、零线、接地线或接零线的颜色和布线应符合国际或国家相关规范的要求；配电柜在满足功能要求的基础上要预留至少 10% 的升级空间；网线采用专用的超五类屏蔽网线及接头，杜绝使用普通水晶接头。

人机界面（HMI）应界面直观、操作简单，IPC 上的图形文字设计必需清晰（中英文显示），屏幕更新时间不大于 1s。可在触摸屏上显示相应分配系统的动态工艺流程图和设备启/停状态等，并进行控制。可对回水温度、流量、TOC、电导率、消毒/灭菌时间、消毒/灭菌温度、消毒/灭菌液位、储罐液位等主要控制参数进行相关设置，以及自动与手动操作；主要控制参数应有上下限，进入要有相应的权限，可把验证合格时设定的参数作为出厂值；当断电或有人误改后，只要手动按出厂值恢复键，就能恢复出厂值。可在触摸屏上启停相应分配系统、操作阀门。工作构件（如循环泵频率、气动阀门、比例调节阀的开度、仪表等）的工作状态，注射用水降温用水点的状态、历史数据、报警记录等信息需要通信到相应分配系统 HMI，并集成到相应上位机。HMI 上设置"清屏"功能（屏幕擦拭时无影响）。HMI 需具有数据存储功能，配有数据存储卡（保存数据不少于 6 个月）和数据处理软件，可将存储卡上存储的数据通过以太网接口与上位机监控系统进行通信。人机界面应为 PID 图像用户界面，显示工艺流程图。界面中应有其他界面，如报警、设定界面等。人机界面应有隐藏界面可对时间进行校准。人机界面可自动退出画面程序进入触摸屏系统。人机界面应有隐藏界面可监视每个 DI/AI 状态，并可强制每个 DO/AO 输出。

- 图形显示。主界面显示了系统设备及仪表的基本 PID 图形，显示的图形和触摸屏 HMI 及现场实际情况保持一致。

- 数据显示。在主界面及趋势记录画面显示了各仪表监控及运行数据，该数据和触摸屏 HMI 显示值保持一致。

- 设备状态显示。主界面上显示了设备（泵、阀、液位等）的实际开关（或比例）状态；绿色表示运行或开启，红色表示停止或关闭；变频器频率、调节阀开度、储罐液位以百分比体现。

- 屏幕切换功能。点击各链接点切换画面键，可以进行画面切换，并且切换得到的画面同链接点所表述的画面一致。

● 报表显示。系统的温度、电导率、压力、TOC、流量及液位等均有实时及历史报表，可实现存储及打印功能，报警在主菜单显示。

● 趋势显示。系统的各个温度、电导率、压力、流量及液位等均有实时及历史趋势曲线，可实现存储及打印功能。

自控系统能够实时显示、记录实时数值和超限报警信息，并存储归档。允许用户使用登录名和密码进行登录，应至少包括以下权限等级：操作员、主管、工程师/维修人员、管理员（只具有用户设置权限、数据管理权限），每个等级拥有相应的可设置安全权限，用于修改参数及使用屏幕数据。当登录软件后，操作界面会打开一个系统用户登录界面，需要填入登录名和密码。密码长度至少满足 8 位，支持字母与数字、字符等的组合，5min 无操作系统自动退出登录账户，密码 3 次输入错误，账户将锁闭必须由系统管理员解锁或一定时间后自动解锁；防止未授权的人进入系统操作或修改数据。提供最终运行程序，提供要采集的数据名称和地址，并按要求组态 IP 地址，以方便连接远程监控系统。

设备上报警显示要求报警限为光报警，行动限为声光报警。界面上报警信息显示颜色要求：关键类报警信息为红色，如电导率等；非关键类报警为黄色，如流量、压力波动等；报警信息确认后或自动离开后为绿色。HMI 上报警显示时间格式为：日期（YYYY. MM. DD）；时间（HH:MM:SS）。应显示报警类型、报警内容。报警状态保持多久，报警就必须持续多久。当状态恢复正常时，必须解除报警。一个对象进入报警状态，应在 1s 内显示在系统对应界面上。

系统的审计追踪必须由最高级别的权限来保护。审计追踪功能不可禁用。审计追踪时间应与上位机系统时间一致，为北京时间（东 8 时区）。对关键操作（如系统登录、退出、参数修改、程序选择、数据删除、修改时间等）需要有审计跟踪功能，操作记录、审计跟踪至少包括以下内容：时间、操作人、操作内容、参数修改原因等，必要时参数修改应有第二人复核。系统能将所有审计追踪数据文件生成电子文本，也能创建数据文件的打印文本。系统能自动记录审计追踪的时间信息，这样可以保护其免于人为操作。

每个制水间设置 1 台上位机及 1 台彩色打印机，由制备系统与分配系统共用；上位机由分配系统供应商提供并负责集成，制备系统将其变量通信到上位机，上位机应有足够的点位，并预留不少于 20% 的升级空间。上位机采用工控机，通信采用以太网通信。上位机配备显示器和服务器。打印机采用彩色激光打印机，支持无线网络打印。具备审计追踪功能，可追溯上位机的所有操作。

报警信息应在报警列表中清晰明确报警故障，与触摸屏一致；应区分关键报警和非关键类报警；并可选择将报警信息以短信方式发送到相关人员手机上。远程报警系统应该有配置软件，可以编辑联系人信息如电话号码和联系人。联系人可以分不同的组别，按组发送给相应报警接收人员。不同的组可以接收不同类型的报警，报警信息要求准确、简洁、完整，报警软件具备权限和审计追踪功能，可查看报警信息。手机报警功能，包括时间、报警内容等主要信息需要以短信的形式发送到预定的接收手机上，时间控制在 5min 内。或者邮件方式发送。

上位机正常工作状态下，如遇突然断开电源，来电重启后，数据记录、设置参数等信息均不能改变或丢失，和断电前状态一致。在 HMI、上位机上进行操作，确认能被如实记录。通过 HMI、上位机检查操作记录和报警记录，审计跟踪信息被正确储存。实现 HMI、上位机运行时间同步性，更新时间不大于 1s。上位机的图形文字设计必须清晰，同时显示仪器仪表位号。上位机采用工控机，可监控触摸屏上所有系统的动态工艺流程图和设备启/停状态、可追溯触摸屏操作访客时间等。画面监视分为数据报表及趋势图监视。

- 程序及数据备份。使用项目复制器备份程序，把项目存储到光盘中。
- 可实现备份的再恢复功能。使用项目复制器备份程序，把备份项目恢复运行。
- 趋势查询。关键参数（电导、TOC、温度、压力、流量等）可以通过上位机的人机界面进行趋势查询，并且曲线实时更新。
- 数据归档。可以查到数据/曲线记录文件，执行"复制"/"粘贴"命令可以对其另存归档。
- 打印功能。外接打印机前提下，点击画面趋势中打印按钮，能够打印出相应的数据和趋势。
- UPS需求。每个制水间配置1台UPS电源，负责为该制水间上位机及对应所有水分配系统的PLC提供应急供电，容量不短于1h。
- 数据安全要求。自控系统能够实时显示、记录实时数值和超限报警信息，并存储归档。异常停电发生，PLC中存储的设备运行数据不会丢失。保证数据的完整性、一致性、持久性、可靠性。
- 数据备份。配置存储卡，对系统数据即时备份，提供以太网通信模块以便与后台的上位机系统通信，并提供可编辑的IP地址及程序编程软件地址代码，实现运行过程中的各项参数能自动贮存和打印，数据追溯查询方便，系统应配备USB 3.0接口，并满足USB接口无遮挡，易于插拔U盘、数据线等数据存储传输设备。U盘是一种数据易失冗错能力差的存储介质，建议只作为临时储存/转移数据用。备份需确保与原始数据的含义与数值一致。自控系统的数据能够迁移，并能进行数据还原。电子记录只有授权人员可以查看，形成的数据记录不可更改。系统产生的电子数据必须加密，无法被通用软件（如办公自动化及写字板等）打开及修改。
- 程序备份。应有一份备份的PLC程序用于系统崩溃时的恢复，程序可以通过光盘备份，并可简单恢复，应将光盘镜像到硬盘等介质作为第二备份以防止意外情况在突然断电和长期停电状态下程序、设置参数和历史数据不能丢失或改变，或提供预防补救的具体可行措施。
- 审计追踪。计算机系统具备数据审计跟踪功能。符合药品GMP附录要求，并根据其既定用途进行验证。

9.1.3 单元操作控制

从设备选择来讲，制药生产工艺不同，制药企业所选择的制水设备会稍有区别；从设备安装区域来讲，工艺用水点一般都安装在洁净区，纯化水机、多效蒸馏水机与纯蒸汽发生器一般都安装在非洁净区（制水间）。典型的纯化水工艺流程一般为：原水进水→原水罐→多介质过滤器→活性炭过滤器→软化器→保安过滤器→反渗透装置→电法去离子装置→纯水储罐→纯水泵→纯化水用水点（图9.6）。

原水处理系统一般由原水罐、原水进水阀、原水泵等组成，主要用于给饮用水机或纯水机提供原水的保障。自控系统基本操作包括原水罐液位和原水进水阀联锁，确保原水罐液位满足运行要求。同时，制备纯化水需要对原水进行多级处理，一般预处理包括原水罐、多介质过滤器、活性炭过滤器和软化器组成（图9.7）。多介质过滤器采用多级过滤层的过滤器，主要目的是去除原水中含有的泥沙、铁锈、胶体物质、悬浮物等颗粒在 $20\mu m$ 以上的物质，可选用手动阀门控制或者全自动控制器进行反冲洗、正冲洗等一系列操作。为了进一步纯化

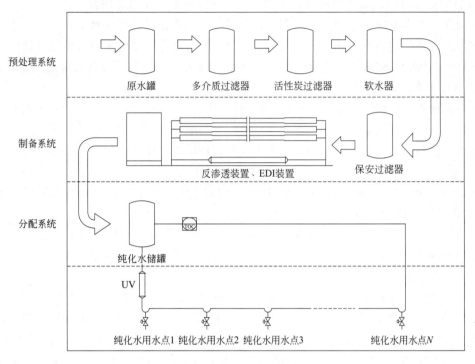

图 9.6　纯化水系统示意

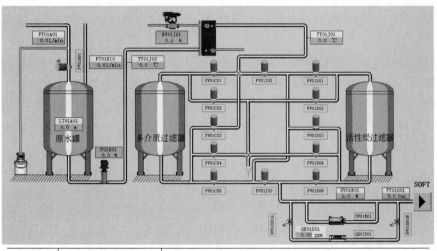

序号	仪表/部件	功能说明
1	原水泵	原水流量控制
2	流量计	原水流量数值显示
3	液位计	原水罐液位
4	次氯酸钠计量泵	消毒药液定速定量加入
5	热交换器调节阀	原水温度控制
6	UV 灯	UV 灯的报警状态监测、启动控制
7	电导率检测仪	电导率监测

图 9.7　预处理系统

原水，使之达到 RO 进水指标，在工艺流程中常会设计活性炭过滤器。活性炭对有机物的吸附非常有效，同时，活性炭还有很强的脱氯能力。活性炭在整个吸附脱氯程中并不过是简单的吸附作用，而是在气体表面发生催化作用，因此活性炭不存在吸附饱和的问题，只是损失少量的炭，所以活性炭脱氯可以运行相当长的时间。活性炭除了能脱氯及吸附有机物外，还能除去水中臭味、色度和残留的浊度，活性炭使用一定时期后会减弱其吸附能力，需要再生。经以上二级处理，原水的纯度得到大大提高，经处理后的水中余氯含量不高于 0.1mg/L。

为了防止 RO 膜表面结垢，在 RO 前需要使用阻垢剂或软化器将水质软化。软化器由压力罐、盐箱、控制阀构成。软化器通过在压力罐的作用下，利用钠型软化树脂在软化过滤和再生的过程来运作。当钠型软化树脂处于活性状态时，软化树脂的阳离子与水中的钙离子、镁等离子发生交换，从而降低水的硬度，避免钙离子、镁离子的化合物在后续水处理工序中的反渗透膜表面结成污垢，确保反渗透膜保持良好的使用性能。后期需要盐箱中的盐补给钠离子，确保软化过滤持续进行。当软化树脂吸附饱和后，使用高浓度的含有 Na^+ 的溶液对失效树脂进行清洗，让树脂"再生"，恢复交换能力，而钙离子、镁等离子被洗脱后随水排放出去。与多介质过滤器、活性炭过滤器相比，双软化器在运行模式上多了一个再生模式，包括正洗模式、反洗模式、产水模式以及再生模式 4 种模式。在纯化水水系统设计时，常常采用双级串联软化系统即双软化器来实现串联运行、交替再生，使得整个纯化水系统能够保持持续且稳定运作（图 9.8）。软化器中的树脂属于纯化水设备中的易耗配件之一，大约 3～5 年需要更换一次。

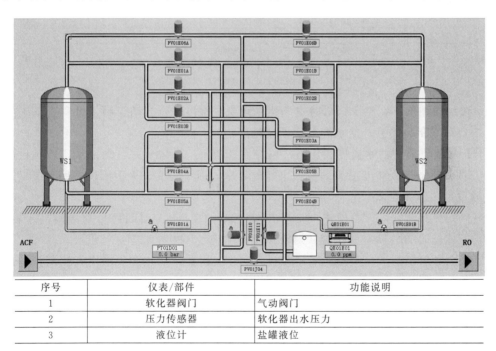

序号	仪表/部件	功能说明
1	软化器阀门	气动阀门
2	压力传感器	软化器出水压力
3	液位计	盐罐液位

图 9.8　软化处理系统

RO/EDI 系统是纯化水系统的核心工艺单元（图 9.9）。纯化水储存与分配系统的控制要求包括（不限于）如下。

● 流速。纯化水分配系统必须保证设计的纯化水流速。

● 循水泵的变频控制。根据回水流量对泵进行变频控制，同时具有低液位停泵、报警保护功能，采用声光报警。

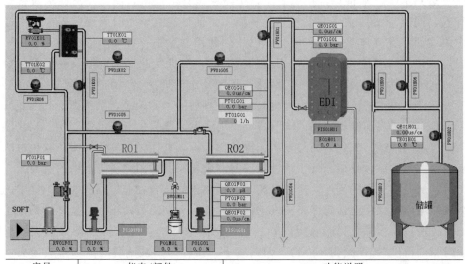

序号	仪表/部件	功能说明
1	压力传感器	出水压力测量
2	pH 传感器	出水 pH 测量
3	RO 泵	RO 流量压力控制
4	流量计	流量测量
5	温度传感器	温度测量
6	氢氧化钠加药泵	pH 调节
7	消毒循环泵	消毒循环控制
8	气动隔膜阀	气动阀门

图 9.9　纯化系统

● 系统水温控制。在巴氏消毒时对纯化水系统的水温进行自动控制，可实现系统热交换器加热的自动控制和调节，使水温处于设定范围内。

● 分配系统需监测回水温度、压力、电导率、流量等参数，并自动记录，并有趋势和历史记录，具有超限报警功能。关键参数（如电导率、回水温度、灭菌温度、回水流量等）可进行参数设定。

● 可自动控制清洗、灭菌操作，带有在线记录功能，灭菌时间可自动计时，并能打印；具有不合格水自动排放和报警功能。对液位、压缩空气压力异常等进行报警。

● 巴氏消毒使用的热交换器。采用双板管式热交换器，加热介质采用工业蒸汽。工业蒸汽管路配有气动薄膜蒸汽调节阀、专用过滤器、气动角座阀、疏水器，用于加热的自动控制。同时系统上还需增设排水管路，用于在蒸汽加热前，将热交换器壳体内的存水去除，防止水锤现象的发生，排水管路上也应配有气动角座阀用于实现自动控制。热交换器的热交换能力应能保证将系统内的常温纯化水在 $45 \sim 60\min$ 加热到 $85℃$ 以上，保证巴氏消毒效果。

多效蒸馏水机（图 9.10）的控制程序依据当前给定的主蒸汽压力和原水流量，由读入当前的一效水位和纯汽输出流量，再由原水流量修正系数表获得相应的修正系数，将原水流量乘以该修正系数就得到了实际需要的原水流量给定值，然后控制系统将该主蒸汽压力给定值和原水给定流量给定值送给 CPU，CPU 按上述给定值分别控制主蒸汽压力调节回路和原水流量调节回路完成恒流量和恒压力调节。温度探头测量蒸馏水出口温度，控制冷却水阀，实现蒸馏水恒温控制。电导仪测量蒸馏水电导率，实现合格蒸馏水与不合格蒸馏水的自动切换排放。原水流量仪测量原水流量，如果原水缺水则蒸馏水机自动关机，差压变送器测量效蒸发器底部液位，信号传输原水调节阀实现原水与生蒸汽自动匹配调节。

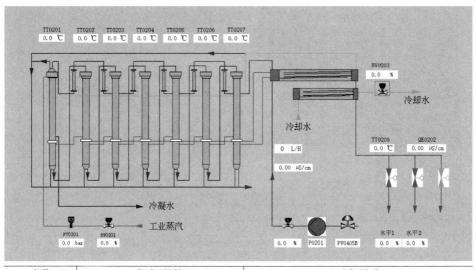

序号	仪表/部件	功能说明
1	压力传感器	压力测量
2	温度传感器	温度测量
3	进水泵	进水控制
4	流量计	流量测量
5	气动隔膜阀	气动阀门
6	电导率	电导测量

图 9.10 多效蒸馏水机

注射用水分配系统控制（图 9.11）要求如下。

● 注射用水分配系统必须保证设计的注射用水流速。

● 循环水泵的变频控制。根据回水流量对泵进行变频控制，同时具有低液位停泵、报警保护功能，采用声光报警。

● 注射用水系统水温控制。对注射用水系统的水温进行自动控制，可实现系统加热的自动控制和调节，使水温处于设定范围内 $[(X \pm 2)℃]$。

● 注射用水分配系统需监测回水温度、压力、电导率、流量及储罐的水温、电导率等参数，并自动记录，并有趋势和历史记录，具有超限报警功能。关键参数（如电导率、回水温度、灭菌温度、回水流量、压力）可进行参数设定。

● 具有不合格水自动排放和报警功能，当注射用水分配系统电导率或 TOC 超标后，自动打开排水阀排放，直至合格。对液位、压缩空气压力异常等进行报警。

● 可自动控制清洗、灭菌操作，带有在线记录功能，灭菌时间可自动计时并能打印。

纯蒸汽发生器的控制程序为：原水（饮用水/纯化水）输送到除污染柱体和热交换器的管子一侧，液位由液位计控制。工业蒸汽进入到热交换器后，将原水加热到蒸发温度，并在两个柱体内部形成了强烈的热循环。纯蒸汽就会在蒸发器（除污染柱）中产生。蒸汽的低速和柱体的高度在重力作用下将会去除任何可能不纯净的小水滴。通过一个气动调节器调节工业蒸汽进汽阀门的开启度，纯蒸汽压力可以恒定维持在用户设定的压力值，范围在 0～0.3MPa（图 9.12）。

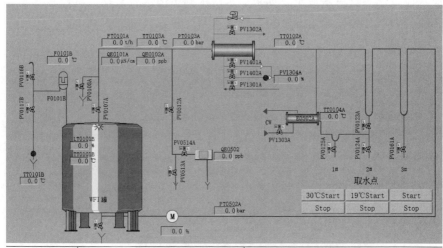

序号	仪表/部件	功能说明
1	压力传感器	出水压力测量
2	温度传感器	温度测量
3	流量计	流浪测量
4	循环泵	用水压力控制
5	电导率仪	电导率检测
6	臭氧浓度仪	臭氧浓度检测
7	气动隔膜阀	气动阀门
8	用水点信号	用水请求信号

图 9.11 注射用水储存与分配系统

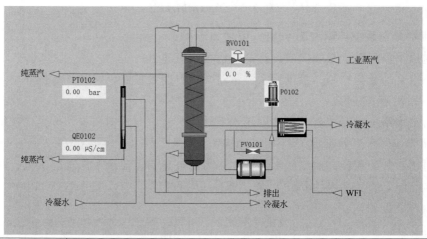

序号	仪表/部件	功能说明
1	压力传感器	出水压力测量
2	温度传感器	温度测量
3	流量计	流浪测量
4	电导率仪	电导率检测
5	气动隔膜阀	气动阀门

图 9.12 纯蒸汽发生器

9.2 过程分析技术

连续化生产属于动态系统，在过程中关键工艺参数和质量属性在接近目标值附近变化，由此或会引发瞬时的工艺波动。同时在工艺过渡状态、设备故障或物料性质意外变化发生时都会导致偏差的产生。因此借助计算机技术来实现物料追溯、设备管理、完成整个工艺过程的监控与控制是识别和减少产品质量风险的关键。产品全生命周期管理是指管理产品从需求、规划、设计、生产、经销、运行、使用、维修保养，直到回收再用处置的全生命周期中信息与过程的管理。过程分析技术（process analytical technology, PAT）是使用一系列的工具，以保证产品的质量和生产过程的可靠性，提高工作效率。目前在国际上使用的过程分析技术工具包括：过程分析仪器，多变量分析工具，过程控制工具，持续改善、知识管理与信息管理系统等。通过培训职工的过程分析技术知识并使用过程分析技术，还可以协助企业提高设备利用率、提高职工对于过程的理解程度、降低成本并降低消耗。

在药品生产过程中使用过程分析技术，可以提高对于生产过程和产品的理解，提高对于药品生产过程的控制，在设计阶段就考虑到产品质量的确保。对生产过程和产品的理解应该贯穿整个产品周期，不断学习和提高。其间需要的过程分析技术包括化学/物理/微生物过程的分析、数学和统计学数据的分析以及风险分析。这样一来，关键的参数得到了确定和控制，产品质量的控制变得精确和可靠，从而增加了产品最终质量的保障。这也是一种手段以证明产品的质量是在整个生产过程中得到保证的，而不是到最后化验时才知道的。基于此，FDA 在 2004 年 9 月公布了《工业指南：PAT——创新的药物开发、生产和质量保障框架体系》，将 PAT 定义为一种可以通过测定关键性的过程参数和质量指标来设计、分析、控制药品生产过程的机理和手段。

在制药用水系统质量管理过程中，关键参数的限度标准与长期稳定性是核心关注点。限度标准的制定可以通过数学模型（例如，电导率）与工业大数据统计（例如，总有机碳、细菌内毒素和微生物浓度）来实现；长期稳定性则依赖于人员干扰少、精度高且数据可重复验证的过程分析技术（变送器与分析仪）。FDA 倡议在流程工业生产过程中使用过程分析技术，在生产线中采取严格的工艺措施，从而为工艺流程的优化控制和低成本作业带来新的机会。在制药生产过程中，越来越需要实施质量控制程序，这一点是首先在美国 FDA 所创建的 PAT 中提出来的。PAT 强调在生产工艺流程中（在线、联机、内联）直接应用过程分析技术，而不是局限于实验室中。利用 PAT 技术，生产过程中可以可靠、快速、直接、容易地评估风险，执行质量控制，因此其在药物活性成分的生产中正得到越来越广泛的应用。在生产过程中进行在线分析，就更容易鉴别和控制每个工厂中存在的一些固有危险隐患。从原材料的合成、成品的包装、精确计量，直到对各个程序的精心策划，保证了生产的安全性，提高了生产率和利润率。

FDA 在其出版的《工业 PAT 技术指南》一书中，对 PAT 的初始目标做了以下说明：利用在线测量和控制，缩短生产周期；避免产品的不合格、报废和返工；考虑实时释放的可能性；提高自动化水平，改善操作员的安全条件，降低人为的错误；推动连续作业，提高效率，增强管理的可变性。为了达到这一目标，美国 FDA 规定采用下列关键技术：多元数据采集和分析工具；现代过程分析仪或过程分析化学工具；工艺和端点监控、控制工具；连续改进和知识管理工具。

PAT 对制药行业的质量保证起着关键的作用。风险评估对于 PAT 的实施是非常重要的。在 PAT 实施过程中，快速和精确测定过程变量的能力，以及对风险不断提高的理解能力，可以帮助生产商将损失减少到最低限度。采用 PAT 的 7 个步骤如下。

① 鉴别危险特性、评估风险和采取预防性措施。鉴别出任何生物、化学和物理特性的危害性，并评估其可能产生的风险是十分必要的，因为这些对最终用户都具有潜在的危险性。当对各种可能产生的风险进行评估以后，就可以采取一些必要的预防性措施。

② 制订严格的生产步骤，严格的生产步骤是指针对那些可能会给终端用户的安全和健康造成危害的风险而采取的措施。

③ 必须确定每一步骤的临界值。

④ 建立监控系统。可采用人工或机器监控。

⑤ 采取纠正措施。当超过临界值时，必须退出当前的程序，使生产工艺恢复到正常的工作范围。

⑥ 执行验证程序。必须确认系统处于正常的运行状态。

⑦ 将一切纳入文件之中。在文件中记录所有作出的决定，并提供一个工艺性能的记录作为管理工具或作为法规团体的证明。

作为"质量源于设计"研发方法的一个重要环节，过程分析技术可通过在同一时间改变多个参数，获得对一个特定过程进行探索和识别的"设计空间"，从而对工艺的运行状况及其对最终产品的质量和性能的影响获得广泛的认识和理解。这能给用户带来巨大的监管优势。一旦设计空间建立起来并与监管管理取得一致，用户会获得极大的灵活性。因为设计空间已经经过彻底的探索和测试，随后进行设计空间范围内任何修改控制空间的动作，均不需要获得进一步的批准。

近年来，过程分析技术在医药化工行业越来越受到重视，全球众多权威机构正在积极推动应用 PAT。现代工业质量理念认为：产品质量是设计和现场过程测量的结果，而不是通过最终产品检测出来的。PAT 已经成为规范生产过程最优化的有效工具，确保规模生产的产品质量，在提高效率的同时减少质量降低的风险。过程分析技术在制药用水系统中已经有了较为广泛的应用。制药用水储存与分配系统一般都会安装温度传感器、压力传感器、流量传感器、臭氧传感器、电导率传感器和 TOC 传感器用于监测水质和运行状况；少数企业已经开始尝试采用快速微生物检测技术和在线红锈检测技术来实现微生物与不溶性颗粒物污染的质量管控。

9.2.1 过程分析仪器

为了符合 GMP 的要求，制药企业必须用文件资料来证明制药用水系统处于受控状态，并始终能生产并输送质量合格的水。通常，制药企业用过程分析仪器和控制系统来控制制药用水系统的正常运行，监控并用文件记录关键设备的性能及制药用水的质量。制药用水系统文件中应记录的项目包括维修规程、进行的维修工作、取样和分析规程、结果报告以及实验室数据的趋势分析，一般启动期间的监控程序要根据不同工艺对维护频率以及警戒限和行动限做出明确规定。

自动化与信息化的基础是过程分析仪器技术，控制系统中的变送器也称为传感器，其基本功能就如同水系统的眼睛、耳朵、鼻子或其他感知器官（图 9.13）。虽然变送器品类繁多，但它们的作用都是通过采集系统中的各种信息，然后将信息通过电流或数字通信的方式传递给制药用水系统的控制中心，帮助控制系统完成关键性过程参数的报警与行动等相关动作。

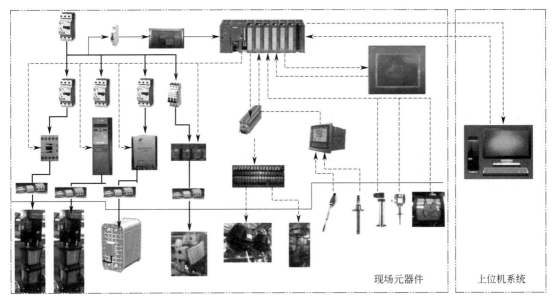

现场元器件　　上位机系统

图 9.13　控制元器件逻辑

2019 年 2 月颁布的 FDA 工业指南《连续化生产的质量考量》中指出：过程性能鉴定（PPQ）期间关键中间产品或成品质量属性的抽样计划（online、at-line 或 offline）应足以验证整个生产过程中生产的材料质量是否一致。工艺参数和质量属性的可变性程度和持续时间应作为 PPQ 协议的一部分进行评估，并应证明其评估的合理性。连续化工艺验证（CPV）提供了一种持续的保证，使工艺在商业制造过程中保持控制状态。连续化生产工艺中采用的 inline、online 或 at-line 测量常规应用有助于收集、分析和趋势产品和过程数据。

过程分析仪器的开发需满足如下基本原则：维持现有水质，简化测试流程并减少测试数量，可实现定量的测试结果，提高测试可靠性，消除操作员带来的偏差，允许在线和离线两种工作模式。很明显，在线检测可以实现产品实时质量信息的反馈，从而实现及时报警与行动等控制动作，其数据可实现记录与追溯，消除了取样过程和样品运输带来的偏差，保证了取样检测的数据完整性和质量真实性。

与制药工艺系统一样，制药用水与蒸汽系统的取样分析方式也分为实验室离线取样分析（offline）、现场取样分析（at-line）与原位取样分析（online）3 种。过程分析仪器的安装使用与取样方式密切相关，仪器可直接安装在水系统中，或安装到能或不能返回到主系统的侧流中，原位取样分析又细分为 inline 在线取样分析与 online 在线取样分析两种。inline 在线分析、online 在线分析与 at-line 现场分析均属于 PAT 过程分析技术。

① offline（离线分析）是指在水系统取样点处人工取样后，样品送到质量控制 QC 实验室进行仪器分析，可适用于淋洗或擦拭两种取样类型，例如，质量控制用实验室型 TOC 分析仪。

② at-line（现场分析）属于 PAT 技术，是指在水系统设备或管道处人工取样后，样品在附近的制水间分析室或生产区中检室进行处理分析，可适用于淋洗或擦拭两种取样类型，例如，中检室用便携式 TOC 分析仪。

③ online 在线分析属于 PAT 技术，是指在水系统设备或管道处自动取样，样品水流经变送器后需要排放，不回主循环系统，相关数据通过信号传送到控制系统进行处理分析，这种取样方式适用于淋洗取样，例如，分配 SKID 用在线型 TOC 分析仪。

④ inline 在线分析属于 PAT 技术，是指在水系统设备或管道处自动取样，样品水流经变送器后无须排放，回到主循环系统，相关数据通过信号传送到控制系统进行处理分析，例如，分配 SKID 用在线型电导率分析仪。

制药用水可以在线测量 TOC 和电导率，可以被 QC 使用，以代替手工取样样品。为了使用这些测量值能够代替手工取样样品，应进行等效性研究，该研究需要由质量部门进行审查和批准，并且应在监管检查期间可供审查。散装制药用水系统属于典型的连续化生产系统，采用过程分析技术进行连续监测是其质量管理的必要手段，它完全可以使制药工业得以实现重大费用节省。表 9.2 是制药用水系统关键性质量指标用仪器的安装类型。

表 9.2　关键性质量指标用仪器的安装类型

杂质种类	分析仪	安装类型	取样地点	取样频率
可溶性无机物	电导率	inline	RO 前/后，EDI 之后，产品端	实时取样，PAT，安装于分配回路末端
可溶性无机物	电导率	off-line	产品端	批次取样，低频率
可溶性有机物	总有机碳	online	产品端	实时取样，PAT，安装于分配回路末端
可溶性有机物	总有机碳	offline	产品端	批次取样，低频率
粒子	颗粒计数	online	产品端	极少使用，PAT，通常通过过滤进行管理
微生物	菌落计数	offline	产品端	批次取样，参考 USP 为一次/周
微生物	RMM	online	产品端	实时取样，PAT，安装于分配回路末端，官方暂未正式收录
细菌内毒素	鲎试剂法	offline	产品端	批次取样，低频率（依据要求）
生物活性大分子	特殊检测	offline	产品端	批次取样，低频率（依据要求）
气体	特殊检测	offline	产品端	批次取样，低频率（依据要求）

在线检测仪器可以实现大数据统计与分析，可以实现报警限与行动限的有效管理，只有应用在线检测的过程分析仪器才具备产品质量放行的基础。1996 年，USP 将纯化水与注射用水的化学属性的检测转移到现代的过程分析技术，目的是提升分析技术而没有提高质量要求，所使用的是 TOC 和电导率。TOC 代替最初针对有机污染物的易氧化物检查，检查无机离子污染物的三阶段电导率检测代替除重金属检测以外的所有无机化学的检查（例如，氨、钙、二氧化碳、氯和硫）。如上所述，这个利用电导属性和 TOC 属性引入的根本性变化，是允许在线测量。这是一个非常重大的认知变化，并且使得企业意识到这将是很大的节省。基于过程分析技术与质量放行对制药工业带来的潜在价值与现实回报，USP 在通则＜1231＞中有如下描述：这

一相当彻底的改变是利用电导率属性以及允许在线测量的 TOC 属性，这是一个重大的理念变革，使工业得以实现重大费用节省。

制药行业的水与蒸汽系统为直接与药品接触的关键系统，因此，在选择仪表和仪器时应当减少污染的可能性，大部分仪表和仪器在水与蒸汽系统的使用过程中还需考虑耐温、耐酸碱和耐腐蚀等性能，具体注意事项如下。

① 应当在整个工艺范围针对精确性与可靠性来选择仪表。

② 接触水的表面材料应当与所接触的水相容，建造材料和表面粗糙度可参考分配系统材料而定。

③ 直接接触有严格微生物限制的水的传感器应当进行无菌设计，非无菌设计仪器一般用在原水和预处理系统。

④ 应当避免安装死角或盲管。

⑤ 仪表安装应该符合制造商的说明书要求，以确保其能正常运行。例如，电导率变送器对存在的空气或蒸汽气泡特别敏感，那些气泡可能存在于有湍流、空穴或闪蒸的地方，此类位置应当避免。

⑥ 关键仪器的校准应该遵循正规程序，这样可以证明其性能始终可接受，大多是情况下，推荐的校准频率为 6～12 个月/次，非关键仪器可以对使用来说恰当的频率进行校准。

⑦ 校准应当遵循已经批准的规程，校准结果应用记录成文件。分配循环系统回路中的每个组件都应单独校准，或者也可以整体校准。所有的校准都应当可追溯至公认标准（例如，NIST），应当参考供应商校准证书中的适用仪器序列号，应当指出运输及安装对供应商校准的影响。

虽然没有任何法规或规范强制要求企业使用在线监测仪器，但采用过程分析技术来实现质量控制与产品放行已成为当下的制药工业趋势。一般情况下，制药企业的监测程序可能是在线监测仪器、文件与实验室分析相结合的方式。如果采用在线监测仪器来测量或记录关键质量参数，可以建立警戒限和行动限。为实现水质的良好监控，控制系统一般会对关键参数的设定原则按"设计范围""正常操作范围"和"允许操作范围"进行分类（图 9.14）。

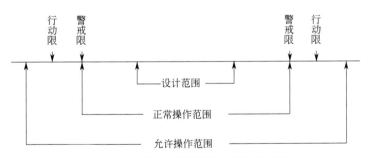

图 9.14　在线监测仪器的参数设定原则

① 设计范围。设计者所用的控制变量的特定范围或精确度，它是确定一个工程设计系统性能要求的基础。水系统长期处于设计范围是企业和质量部门所期望的，它与设定的警戒限之间还有较大的波动余地。

② 正常操作范围。正常操作期间，参数作为预期可接受值的设定范围，此范围必须在允许操作范围内。设定条件的选择也应该反映出系统对于良好工程管理规范的合规性。

③ 允许操作范围。验证的关键参数所在的范围，在此范围内企业才能够生产可接受的

成品水。允许操作范围一般与药典规范相一致。通常情况下，企业在未达到允许操作范围的行动限时就会启动行动限程序。

④ 警戒限。基于正常操作范围而定，用于启动消毒等纠正措施的限度。警戒限不会启动正式的纠正行动方案。达到正常操作范围临界点时，系统会启动报警限程序，例如，光报警，此时，质量部门介入并离线取样分析，但不影响车间的正常生产。

⑤ 行动限。基于操作经验并考虑了年度波动或最差情况和不良条件的限度。通常，行动限也称为企业内控指标，一般会将行动限设定在运行操作范围之内，例如，声光报警，此时，质量部门介入并离线取样分析，车间的正常生产需暂时中断。

制药用水系统应进行恰当的确认和验证，应基于风险评估确定确认的范围和程度。为了验证系统及其性能的可靠性和稳健性，应分三阶段进行较长时间的性能确认。当调试和第一阶段数据证明水质满足生产要求并得到 QA 批准后，第二阶段的产水可用于商业化生产。企业 QA 在批准警戒限与行动限设定值时需综合考虑，设定值并非越严越好。例如，散装注射用水的药典标准为 $500\mu g/L$，部分制药企业在性能确认阶段为了严格进行质量管控，刻意将警戒限与行动限设定的比较严格，如 TOC 警戒限设定为 $50\mu g/L$，行动限设定为 $100\mu g/L$。对于新采购的制水设备或系统，TOC 值往往表现非常卓越，有一些设备在前一年或两年的出水 TOC 值甚至可以维持在 $10\mu g/L$ 左右。但随着设备与系统的长时间使用，杂质去除与稳定能力会逐年下降，这种现象不可持续，且越到使用后期，水质波动现象越明显。为了维持 QA 批准的苛刻警戒限与行动限，企业工程部及其他部门会增加非常多的额外维护管理与隐性投资，所带来的系统安全反而不会非常明显。表 9.3 是散装注射用水常用的在线分析仪器参数设定示例，该数据仅供参考，企业可结合实际情况灵活设定。

表 9.3 散装注射用水的 PAT 参数设定示例表

散装注射用水 参数设定	循环温度:(78±2)℃		循环温度:(25±2)℃	
	电导率/(μS/cm)	TOC/(μg/L)	电导率/(μS/cm)	TOC/(μg/L)
设计范围	0~1.0	0~50	0~0.6	0~50
正常操作范围	0~1.5	0~100	0~0.8	0~100
允许操作范围	2.7(75℃)	500	1.1(20℃)	500
警戒限	1.5(X℃)	100	0.8(X℃)	100
行动限	2.0(X℃)	250	1.0(X℃)	250

注：非温度补偿模式，X 为实际循环温度。

自动化对制药用水系统的成本和性能有显著影响。对所有系统而言，仪表和控制都没有一个单一的最佳标准。给定系统的最佳水平是利益平衡的结果，利益包括改进的工艺控制、提升的文件以及仪器与控制系统的采购、安装、验证和维护成本。通常情况下，制药用水系统的自动化水平应当与所用制造工艺支持的水平一致。

需要注意的是，"峰值信号"可在测取某些参数中碰到。这些偏移可能是因测量技术或传感器本身造成的，它并不具有真实参数值的典型性。如果系统中发生带有明显滞后或积聚的峰形，当峰形证明参数的快速变化可能不是物理性的，那么就能将其作为仪器峰形处理。另一种情况，根据频率和持续时间可能可以将这些峰形视为警戒限偏差，即使它们的强度已经超出了行动限。

按组件是否关键划分，仪表也可以分为两类。对于用于一般工艺参数的仪表，可以定义为非关键仪表，只需要按试运行做仪表的现场校准或使用供应商的校准证明。对于用于会影响产品水水质关键参数的仪表，可以定义为关键仪表，这类仪表需要经过校准并且需要有校准记录，校准记录还应该是在系统测试和投入使用前就得到批准，并保持在校准有效期内使用。校准内容包括：关键仪表有追溯到国家计量标准的记录并且在仪表的使用测量范围内得到校准；要有已经校准的文件证明；仪表有校准日期和校准有效日期的标签；关键仪表应在现场校准，需要强调的是现场测量的回路校准。回路校准是指仪表测量值、指示值与自控电信号整个回路上的准确对应关系的校准。

非关键仪表至少在投入使用前进行一次校准确认，作为使用状况的证明，而不必如关键仪表那样频繁地校准和证明与计量标准一致。例如，储存系统中液位，它一般不被认为是测量关键参数的关键仪表（它的探头因为与制药用水接触应被视为关键元件，要注意其结构和材质），它的误差甚至偏差并不会导致水质量下降，因此完全可以放宽其校准要求，比如放宽校准的时间间隔或者校准的精度要求。验收标准是关键仪表组件有相关的校准文件证明。

所有过程分析仪器和控制系统都应遵循 GEP 来进行调试，关键性的过程分析仪器和控制系统还应当进行调试和确认。例如，最终产品水的温度对微生物控制来说是非常关键的，此时，水系统管路上的温度控制（例如传感器和报警）往往被认为是关键的，而加热介质（例如，工业蒸汽）的温度控制则没必要认为是关键的。同时，关键性的过程分析仪器还分为质量放行用仪器、质量指标用仪器和过程控制用仪器，其中，质量放行用仪器与药典项下检测指标相一致，符合参数放行的相关原则。

以分配系统为例，注射用水储存与分配系统的主要功能是将符合质量标准的注射用水以连续循环的方式输送到各个工艺用水点，并保证其压力、流量和温度等工程参数符合工艺生产要求。分配系统通过流量变送器、压力变送器、温度变送器、TOC 分析仪、电导率分析仪、臭氧浓度分析仪等过程分析一起来实现注射用水化学纯度的实时监测与趋势分析，并通过连续消毒/周期性消毒方式来有效控制水中的微生物负荷，整个分配系统的总供与总回管网处应安装卫生型取样阀进行水质的离线取样分析。图 9.15 是注射用水储存与分配系统的基本原理图，流量变送器、压力变送器和温度变送器都属于过程控制用仪表，电导率分析仪（带温度变送器）与总有机碳分析仪均属于质量放行用仪器。

9.2.2 质量放行用仪器

制药用水采用饮用水为原水，经蒸馏、膜过滤或其他合适的工艺纯化而得，控制化学纯度与微生物负荷是制药用水质量管控的核心。散装纯化水与散装注射用水中的无机物杂质、有机物杂质与微生物/细菌内毒素负荷含量极低，同时，水分配系统长期处于连续循环的湍流状态，可溶性的无机离子、有机物、浮游菌和细菌内毒素含量均可视为均匀浓度，理论上来讲，总供、总回和各用水点的取样结果应该具有相似的质量属性，这使得制药行业可以通过现代工业的可定性定量分析的过程分析仪器来实现制药用水中各种可溶性杂质的高效、快速地检测与参数放行。

所有质量放行用仪器都应遵循 GEP 来进行调试，同时还应进行确认。虽然各个国家或地区的药典对散装纯化水与散装注射用水用于质量放行的检测指标项各不相同，但电导率、总有机碳、微生物培养计数及细菌内毒素这 4 个指标均是其关键性的参数放行指标，它们均已经实现了工业化过程分析仪器的应用与推广。电导率分析仪、总有机碳分析仪、微生物菌落计数仪和细菌内毒素分析仪是制药水系统最重要的质量指标用仪器。表 9.4 是制药用水系统中常用的质量放行用仪器，正确使用这些仪器进行数据与文件管理，可用于制药用水的质量放行。

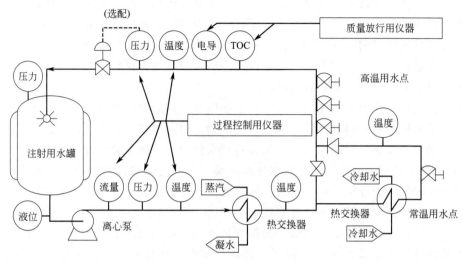

图 9.15 注射用水储存与分配系统

表 9.4 质量放行用仪器的基本参数

序号	仪器名称	基本参数
1	电导率分析仪	4~20mA 信号输出,卫生型设计,在线测量
2	总有机碳分析仪	4~20mA 信号输出,卫生型设计,在线测量
3	微生物菌落计数仪	4~20mA 信号输出,卫生型设计,离线测量
4	细菌内毒素分析仪	4~20mA 信号输出,卫生型设计,离线测量

9.2.2.1 电导率分析仪

目前，电导率分析仪已成为全世界制药领域制药用水与蒸汽系统中应用最广的过程分析检测技术，无论是纯化水制备装置、注射用水制备装置、纯蒸汽发生器，还是制药用水储存与分配系统，都可以发现电导率测定仪的身影。需要注意的是，电导率分析仪的结果用于药典水的质量放行时，必须对温度进行未补偿的测量，并应按照相关药典中概述的程序进行校准。

先进的电导率测量回路可根据测量的范围自动调节测量频率与电压。由于在不同制造商出品的仪器中，用于这些调节的算法不同，因此会对某一电极常数产生千差万别的测量范围规格。鉴于应用的多样性，电导率分析仪分为二电极电导率分析仪、四电极电导率分析仪和感应式电导率分析仪（表 9.5）。

表 9.5 电导率分析仪的分类

项目	二电极电导率分析仪	四电极电导率分析仪	感应式电导率分析仪
特点	测量低电导精度高； 低至中量程电导测量； 紧凑型安装	中至高电导率测量； 表面污染只产生轻微影响； 紧凑型安装	中至非常高电导率测量； 表面污染不会产生任何影响； 出色的耐化学腐蚀性

项目	二电极电导率分析仪	四电极电导率分析仪	感应式电导率分析仪
应用	适合于制药用水、非水溶剂、超纯水与盐水溶液,包括饮用水、纯化水、注射用水	适用于测量海水、CIP 酸/碱清洁溶液、工艺用水以及用于离子交换再生的酸碱溶液的中高电导率	适用于高离子浓度和高污浊度的介质,如液体中含有大量污泥,油脂,石膏石灰等沉淀物
图示			

二电极电导率分析仪可精确测量中低电导率。通常电极常数为 $0.1cm^{-1}$ 的传感器的测量范围可以达到 $0.02\sim50000\mu S/cm$。由于量程宽,因此它是出色的通用型传感器,适合在整个制药用水系统中使用,二电极传感器也适合对非水溶剂和超纯水乃至盐水溶液进行准确测量。

四电极电导率分析仪的优点是可在 $10\mu S/cm\sim1000mS/cm$ 的大范围内测量电导率。这种传感器主要用于测量海水、CIP 酸/碱清洁溶液、工艺用水以及用于离子交换再生的酸碱溶液的中高电导率。四电极电导率测量池由于具有平滑表面,因此不容易出现因悬浮固体结垢而导致的测量误差。

感应式传感器适合于测量中高电导率,该电极没有金属材质和溶液接触,因此不会出现任何极化或结垢问题,但制药用水系统中应用较少。

电导率分析仪测量时使用的是电流信号,信号经传感器、电缆传入变送器,经计算电路计算后显示。但是,模拟电流信号经常会受到多种因素的干扰,如电缆的长度、环境的温度、电缆途径场所的电磁干扰等。为了防止信号传输带来的测量误差,目前主流的传感器均提供数字信号。首先,数字信号电极可实现即插即测,电极信息储存在数字芯片中,安装时无须手动配置,方便快速;其次,数字信号电极在电极头部即可完成模拟信号与数字信号的转换,不受环境和距离的影响;最后,数字信号电极测量精度仅受电极影响,不存在模拟电极、导线、变送器组成的系统精度。

电导率测定法详细的检测方法可参见 2020 版《中国药典》四部中的通则"0681 制药用水电导率测定法"或 USP 43 版 <645> "水的电导率",其核心要求如下:测定水的电导率必须使用精密的并经校正的电导率分析仪,电导率分析仪的电导池包括两个平行电极,这两个电极通常由玻璃管保护,也可以使用其他形式的电导池。根据仪器设计功能和使用程度应对电导率分析仪定期进行校正,电导池常数可使用电导标准溶液直接校正,或间接进行仪器比对,电导池常数必须在仪器规定数值的 ±2% 范围内。进行仪器校正时,电导率分析仪的每个量程都需要进行单独校正。仪器最小分辨率应达到 $0.1\mu S/cm$,仪器精度应达到 ±$0.1\mu S/cm$。图 9.16 是同一个样品在线检测与离线检测的电导率数据对比,它有利地佐证了 USP 将电导率第一阶段测定法规定为"只允许在线取样方式"的科学性。

市场上一些电导率传感器提供了先进的温度补偿算法,可以对在临界范围内的制药用水

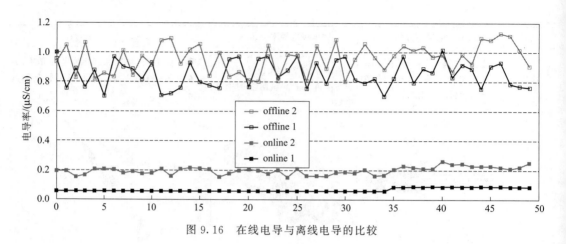

图 9.16 在线电导与离线电导的比较

电导率进行精确的温度补偿，这种补偿方法通常用于制药用水生产的过程控制（例如，RO膜出口、纯化水机产水口、蒸馏水机产水口等），但不包括最终的质量控制测量点（例如，散装纯化水/注射用水分配系统回路）。这是由于不同的仪器厂商电导率测量系统温度补偿算法针对的离子组成不同，并且会受到温度的变化影响。用于质量放行的最终水质电导率确认必须通过未进行温度补偿的测量数值判断，控制限值与温度相关。为了符合国际上主要药典法规（如 USP、EP 与 ChP 等）的要求，在测量最终质量控制点的电导率时，必须关闭温度补偿功能，然后通过查阅电导率和温度限值对照表，确认测量值是否符合法规要求。

对于不进行温度补偿的测量，一些在线电导率传感器将符合国际主要药典法规的电导率和温度限值对照表存储在系统程序中，当测量值达到限值时会自动报警，按照药典法规要求，对电导率传感器的功能进行比较，确保适用性并操作方便。因此，电导率测量系统通过程序设置，可以对最终质量控制点以前的测量点进行温度补偿测量，这个功能对于检测水质不受温度影响非常有用。

测定制药用水的在线电导率分析仪必须使用精密的并经校准的电导率分析仪。各国药典对测量仪器的校准/验证都有明确规定。完整的电导率测量系统的校准包括温度传感器校准、电导率测量电路校准和传感器电极常数校准。温度传感器校准可通过水系统中已有的温度传感器进行校准；使用精密电阻进行电导率测量电路的验证和校准；传感器电极常数可通过电导率标准溶液或与已经校准过的测量系统在样品中进行对比验证和校准。

需要引起注意的是，应谨慎使用电导率标准溶液校准方法。使用这种方法时要确认标准溶液的电导率足够高，并且不会受到吸收空气中二氧化碳等潜在污染的影响或者影响可以完全忽略。一般来讲，当电导率标准溶液超过 $100\mu S/cm$ 时可认为其足够高，不会受到污染或者污染可以完全忽略。但是，制药用水的电导率往往远小于该标准值，因此保证校准范围正好满足日常测量范围是非常有必要的。所以，建议可以使用标准电导率比对的方式进行校准。该校准方法的好处是不用在校准过程中拆下电极造成系统开放，但需要注意的是，要使用充分溯源的标准设备进行校准，并需要出具相应的测试报告以满足法规要求。

卫生型电导率分析仪的连接方式为卡盘设计，传感器的卫生等级、耐压性、耐温性和耐受化学腐蚀性必须完全符合水系统的工艺要求。电导率分析仪在安装在管道中时，必须确保电极完全浸没在测量水样中，同时完全避免气泡或固体颗粒堆积在电极表面和绝缘体上。理想的安装方式是将传感器安装在管道直角位置（图 9.17），电极迎着流体来向安装，水样可以从电极头部流入，从侧面流通孔流出。

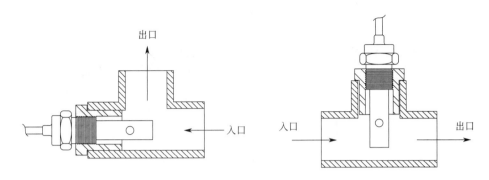

图 9.17　电导率分析仪的安装方法

9.2.2.2　总有机碳分析仪

总有机碳分析仪的基本原理是将水中的有机物氧化为二氧化碳，然后对二氧化碳进行间接检测。各种 TOC 分析仪在设计原理上会存在差异，主要体现在有机物氧化方式不同和二氧化碳检测方式不同两方面。目前，商品化 TOC 分析仪的氧化方式主要有七种，分别为高温燃烧氧化、超临界水氧化、紫外氧化、紫外加二氧化钛氧化、加热过硫酸盐氧化、紫外加过硫酸盐氧化与加热紫外过硫酸盐氧化。

紫外氧化是制药行业在线 TOC 分析仪的氧化原理。水中的有机物在紫外灯照射下，被氧化为二氧化碳。此方法的优点是无试剂、无催化剂中毒、维护简单；缺点是对较高浓度的 TOC 氧化能力不足，通常仅适用于 TOC 低于 $2500\mu g/L$ 的水样、对颗粒物氧化不完全、需更换灯管。

TOC 分析仪可以分为离线便携式与在线固定式两种（图 9.18）。离线便携式 TOC 分析仪主要用于实验室的快速取样、水系统快速认证和故障排查，具有便于携带、快速检测、消除取样误差等特点。在线固定式 TOC 分析仪为固定安装于制药用水系统管道上，主要优点是无需复杂的人为干预、连续测定，可提供水系统的连续趋势监测，具有即刻反应污染发生的能力，可排除样品收集、处理与运输中的错误。大部分制药用水应用的在线 TOC 方法是使用紫外氧化和电导率检测进行的。这是为低电导率的供水设计的。TOC 仪器直接与样品管道连接时，样品不和空气接触，不会增加总无机碳 TIC。尽管通常情况下需要对背景做些校正，但低电导率的水样不需要去除 TIC。

在线固定式 TOC 分析仪可实现批次处理或连续化生产工艺的测量。以连续测量技术为例，TOC 分析仪先连续测量进样水的电导率（包括无机碳），然后连续流经紫外氧化腔，样品中的有机物分解成无机物，再测量电导率，根据电导率的变化计算 TOC 浓度（图 9.19）。该测量技术为直接电导率测定法，通过连续进样、快速连续测量，可每秒钟更新测量数值，目前已广泛应用中环保、市政供水、食品、日化、制药与电子/半导体等领域。

一台符合连续化生产检测原则的制药用水 TOC 分析仪应能够提供完善的 3Q 验证（IQ/OQ/PQ），具有在线检测纯化水、注射用水和产品参数放行的优势，如有条件，还应该支持数据完整性、审计追踪与电子签名等计算机化系统的相关要求。直接电导率测定法虽然不适用于有机物专属性验证的检测方法，其适用范围相对较小，但非常适合于化

(a) 离线便携式

(b) 在线固定式

图 9.18　总有机碳分析仪

图 9.19　直接电导率测定法原理

学纯度较高的纯化水与注射用水的分析检测。制药企业可根据被测量的对象和用途，选择合适的仪器。

基于不同的测量对象和用途需求，还有一种"薄膜电导率检测法"的 TOC 分析仪器可供选择（图 9.20）。该法的基本原理为：有机物被氧化生成的二氧化碳，从样品水一侧穿过对二氧化碳有选择性的渗透膜，进入仅含去离子水的另一侧，样品电离反应生成碳酸氢根离子与氢离子，使水的电导率升高，测定此时的电导率升高变化，表征了二氧化碳的浓度。选择性薄膜电导率检测法的优点是可检测去离子水和非去离子水，灵敏度高、选择性和精确度好、校准稳定，适用于固定在线检测与离线便携检测。由于有效地排除了杂离子的影响，选择性薄膜电导率检测法在保留了直接电导率法非常高的灵敏度的同时，实现了对二氧化碳的选择性检测，ICH 的专属性验证采用多种专属性验证的标准品（包括甲醇、烟碱与磷苯二甲酸氢钾等溶液）来挑战 TOC 分析仪，选择性薄膜电导率检测法的 TOC 分析仪完全可以实现。需要注意的是，选择性渗透膜为疏水性膜，有一定的使用寿命，属于易损耗材，制药企业应定期更换。

TOC 分析仪校准时，先要使用设备校准电导率传感器，校准设备需要有明确的可追溯性，再使用有机物标准溶液进行系统校准，通常使用 $250\mu g/L$ 与 $500\mu g/L$ 的蔗糖溶液。为了确保 TOC 分析能够充分氧化不同类型的有机物，全球药典都要求对 TOC 分析仪进行系统适用性测试。

9.2.2.3　微生物菌落计数仪

微生物菌落计数仪是一种数字显示半自动细菌检验仪器，由计数器、探笔、计数池等部门组成，计数器采用集成电路设计，可实现数码显示，配合专用探笔，计数灵敏准确。但仪器方法对于微生物是有破坏性的，不可能对微生物进行进一步分离鉴别的操作。一般来说，如果不进行全面的鉴别，分离鉴定某些类型的微生物，是水系统监测的一个必需的要素。因此，一般情况下，更偏向于选择培养基方法而不是仪器方法，因为培养基方法提供了期望的

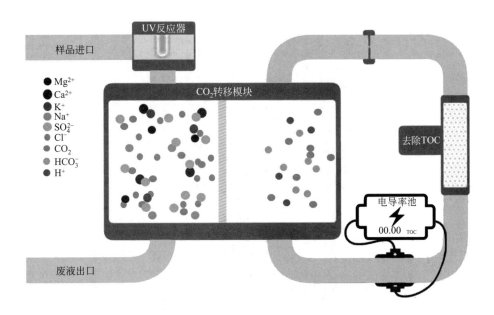

図 9.20　选择性薄膜电导率检测法原理

实验属性和后置实验能力之间的平衡。

　　FDA《工业指南 PAT——创新的药物开发、生产和质量保障框架体系》规定：当某些 PAT 实施计划既不对现有过程造成影响也无须更改标准时，生产企业可有多个选择，此时应和监管部门一起进行评价和讨论，以便做出对其生产情况最适合的选择。随着过程分析技术与参数放行的成熟与发展，快速微生物检测（RMM）技术已经实现了全球制药领域的工业化应用，一些基于培养原理的微生物快速检测设备，可将纯化水或注射用水的活菌总数培养时间缩短至 24h 以内，也可以按 ChP 规定的设定 5d 以上的培养时间，例如，符合药典"微生物计数法"的 RMM 过程分析仪器为基于"优化琼脂培养法"的 AMT seer 产品，具体可参见 9.2.3.5 相关内容。

9.2.2.4　细菌内毒素分析仪

　　使用传统方法对大量样品进行细菌内毒素检测既费时又容易受到外部因素的影响，如技术人员操作误差和标准曲线异常。制备标准品和样品所需的时间通常超过测定时间，同时占用宝贵的资源。实验分析人员熟练运行这些检测也需要投入相当可观的培训时间和资源，增加了细菌内毒素检测的总体成本和复杂性。

　　目前，随着科技的发展，快速细菌内毒素检测方法已经研发成熟并推广至实验室检测领域。图 9.21 是一款全自动化细菌内毒素检测系统，显著简化了用于检测细菌内毒素的动力学显色试验。该系统包含专用酶标仪、动态显色法鲎试剂和细菌内毒素检测专用软件，专门为质控实验室的细菌内毒素检测而设计。全自动化细菌内毒素检测系统消除了传统高通量细菌内毒素检测相关的复杂性、时间损失和潜在错误，只需最少的培训和实验参与，技术人员将待检测的样品放置到仪器试管架上，系统将自动完成样品的配制和检测，充分发挥专有技术的潜能，大大提高了实验室效率，真正实现自动化检测。

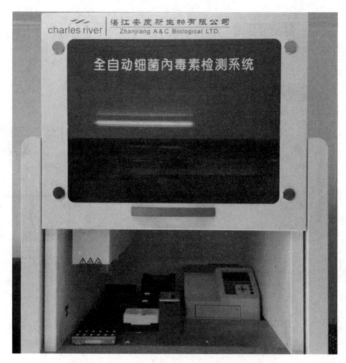

图 9.21　全自动化细菌内毒素检测系统

9.2.3　质量指标用仪器

所有质量指标用仪器都应遵循良好工程管理规范来进行调试，同时还应进行确认。与质量放行不同，有些质量指标并非产品水的药典强制检测项。主要的质量指标用仪器包括 pH 分析仪、臭氧分析仪、硬度分析仪、余氯分析仪、RMM 分析仪、红锈分析仪与水活度分析仪等。表 9.6 是制药用水系统中常用的质量指标用仪器。

表 9.6　质量指标用仪器的基本参数

序号	仪器名称	基本参数
1	pH 分析仪	4～20mA 信号输出,卫生型设计,在线测量
2	臭氧分析仪	4～20mA 信号输出,卫生型设计,在线测量
3	硬度分析仪	4～20mA 信号输出,卫生型设计,在线测量
4	余氯分析仪	4～20mA 信号输出,卫生型设计,在线测量
5	RMM 分析仪	4～20mA 信号输出,卫生型设计,在线测量
6	红锈分析仪	4～20mA 信号输出,无菌级设计,在线测量
7	水活度分析仪	4～20mA 信号输出,卫生型设计,离线测量

9.2.3.1　pH 分析仪

溶液酸碱度的测量依赖于检测两只独立电极（pH 测量电极和参比电极）之间的电位差，从而得出氢离子浓度，进而计算出 pH 数值。然而这种二电极的方法在安装和维护上有诸多的不便，如今，非常普遍的做法是将两只独立的电极集成至一个传感器，参比电极与 pH 测量电极组合成为 pH 复合电极。Ingold 品牌发明的 pH 复合电极是目前能追溯到的最早复合电极，整个品牌以 Werner Ingold 博士命名并于 1948 年创建。这一发明彻底改变了 pH 测量技术，化繁为简的设计体现了现代科技的精准、传承和不断创新。

就高电导率水而言，pH 测定是相对简单的，采用 pH 指示器或者采用实验室、现场或在线 pH 分析仪，一般都能测取可靠的结果。对于散装纯化水与散装注射用水而言，低电导率水反而难于准确测取 pH 值。低电导率的水对 pH 变动非常敏感，从空气、样品容器和测试设备中引入的轻微污染都会带来 pH 值的显著波动，这与测量低离子强度的溶液很困难道理一样。

在水处理过程中，调节 pH 值可以防止结垢或者优化离子和反渗透膜的排斥反应。例如，在低 pH 值时，二氧化碳以非离子状态的气体或者碳酸形态存在并能透过反渗透膜，在高 pH 值时，二氧化碳以碳酸根或者碳酸氢根形态存在，它们会与膜体发生排斥反应。在制药用水系统中，在线 pH 测量和控制的位置还包括醋酸纤维材质的 RO 膜上游，此处注入酸是为了减少膜的水解。

中性水在 25℃时的 pH 值等于 7，低 pH 值的水溶液腐蚀性氢离子浓度高；高 pH 值的水溶液氢氧根离子浓度高。pH 分析仪测量通常使用玻璃复合电极，包括 pH 测量电极、参比系统和温度电极。测量电极产生毫伏信号，信号的大小和 pH 值呈线性关系，参比电极通过隔膜孔或盐桥与样品导通，并和测量电极形成回路，进行 pH 的毫伏信号测量。测量电极的毫伏信号除了受到 pH 的影响，还会受到温度的影响。基于能斯特方程的 pH 分析仪，通过温度补偿功能可消除该影响。图 9.22 是一个典型的在线 pH 分析仪。

图 9.22　在线 pH 分析仪

应使用国家标准的标准溶液进行电极校准。校准使用的标准溶液范围应该包括 pH 测量范围，一点校准用于修正 pH 测量系统的参比漂移，可视为零点校准；两点校准用于参比漂移零点和影响能斯特方程响应偏移的斜率校准。在线 pH 分析仪通常会存储缓冲液组，以实现自动缓冲液识别，并消除温度对缓冲液的影响。

pH 电极可以选择原位或旁路安装，在制药行业中后者较为普遍。考虑到玻璃电极易碎和电解液的渗透问题，目前有非玻璃材质的电极可供选择使用，对于电解液，供应商也应出具生物安全证书。自从 USP 在散装纯化水与散装注射用水项下强制检测中取消了 pH 测定后，在线 pH 分析仪已很少用于制药用水最终 QA 质量放行的过程分析检测。主要原因为：①pH 值变化反映到水质上是对数变化，而电导率的测定对整个离子量来说更敏感；②pH 分析仪的参比电极中含有缓冲液，有可能泄漏到测量的水中，为了预防对制药用水系统污染，pH 分析仪被安装在通往排水槽的测流中，必须控制流经分析仪的水流流速并保持恒定，以便获得可重复的结果；③pH 分析仪需要用标准缓冲液频繁（一天几次）校准。

9.2.3.2　臭氧分析仪

在线臭氧分析仪可以定性定量的测量水中臭氧浓度，相对于实验室方法，在线仪器应定期校准。臭氧浓度的测量单位是 $\mu g/L$。纯化水/注射用水分配系统周期性管路消毒时，臭氧浓度需控制在 $20\sim200\mu g/L$，在长的管网回路中必须采取更高的浓度，以确保回水管路的末端也能达到足够的臭氧浓度。

臭氧消毒分为连续消毒循环与间歇消毒循环两种设计。在线臭氧分析仪为常温注射用水储存与分配循环的连续臭氧循环注射用水系统提供了科学保证，为了安全有效的运行系统，应在如下 3 个地方测量臭氧水平。

① 储罐，以控制臭氧发生器运转正常，罐体臭氧浓度符合要求（$20\sim50\mu g/L$）。

② 紫外灯下游，以确保臭氧在使用前被全部破除。

③ 回路末端，以确保消毒期间维持适当的臭氧浓度（$50\sim100\mu g/L$）。

由于氧化还原电位（ORP）分析仪无特异性，并不能将臭氧和其他氧化剂区分开来，所以不能使用 ORP 分析仪来替代臭氧分析仪控制水系统的臭氧浓度。臭氧分析仪属于覆膜电化学极谱传感器，气体选择性透过膜将样品和内电极的化学反应腔隔离，臭氧透过膜体进入反应腔，在阴极发生化学反应，产生的电流信号大小与臭氧浓度成正比，通过内部电解液、阳极和测量电路组成完成的测量系统（图 9.23）。所有的臭氧传感器均内置温度传感器，通过温度补偿消除温度变化对臭氧溶解度和膜扩散效率的影响。

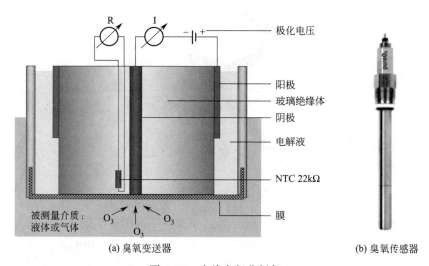

(a) 臭氧变送器　　　　　　　　　　　(b) 臭氧传感器

图 9.23　在线臭氧分析仪

由于臭氧非常不稳定，工业应用领域并没有真正意义上的臭氧标准溶液。一般情况下，可通过显色反应比色法为在线极谱臭氧提供标准参考数值，校准时保持水系统具有稳定的臭氧浓度，然后快速取样并使用离线比色法测量，对在线臭氧分析仪进行校准或验证，可在空气中校准臭氧分析仪的零点。

9.2.3.3　硬度分析仪

在线硬度分析仪（图 9.24）通过 PLC 控制系统来对软化器进行自动控制。硬度分析仪属于一种常用的水质分析仪器，一般用来检测水质中的金属离子浓度，其测量标准有很多并没有一个统一的标准。水质硬度又分为两类，一类是暂时硬度，通过加热可沉淀；另一种则为永久硬度，通过加热不能沉淀。很多软水系统实验时都会用到硬度分析仪，用以检测水质的软化情况。

图 9.24　硬度分析仪

第一台水质硬度分析仪于 1958 年诞生，发展至今其测量精确度、稳定性都有了大幅度地提升，保证了用户在使用过程中能更好监测实验数据并控制良好的实验结果。硬度分析仪在使用时都需要搭配试剂使用，对实验数据精确度越高的所使用的试剂规格就越高。

如果需要外出测量水质硬度则可以选择便携式硬度分析仪，在使用时前需要对电极进行校正，需要在检测完成后用清水冲洗电极，避免电极附带污物影响下次测试结果。一般便携式硬度分析仪主要部件有：水硬度电计、水硬度电极、AA 电池、水硬度电极校正溶液、测量杯、测量杯底座、水硬度电极内溶液、内溶液添加工具、手提箱。

9.2.3.4　余氯分析仪

市政供水或制药用水预处理系统出水余氯指的是游离性余氯。

在线余氯分析仪（图 9.25）由传感器和二次表两部分组成，可同时测量余氯、pH 值与温度，广泛应用于电力、自来水厂、医院等行业中各种水质的余氯和 pH 值连续监测。余氯分析仪的工作原理为：电解液和渗透膜把电解池和水样品隔开，渗透膜可以选择性让 ClO^- 穿透，在两个电极之间有一个固定电位差，生成的电流强度可以换算成余氯浓度。由于在一定温度和 pH 值条件下，$HClO$、ClO^- 和余氯之间存在固定的换算关系，通过这种方式可测量余氯。余氯分析仪使用得好坏，在很大程度上取决于电极的维护，每隔一段时间要标定校准电极；同时，在停水期间，应确保电极浸泡在被测液中，否则会缩短其寿命。

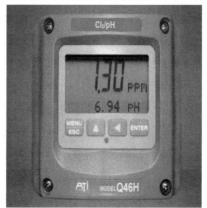

图 9.25　余氯分析仪

9.2.3.5 RMM 分析仪

近十年来，全球范围内多种 RMM 方法已经被开发并广泛应用，包括平板计数法、优化琼脂培养法、电化学法、流式细胞法、激光诱导荧光法和免疫法等。RMM 分析仪器可分为两大类：①产生微生物计数信号但不杀死细胞并能够进行鉴别，例如平板计数法与优化琼脂培养法；②杀死分离物以获得微生物计数信号但无法对分离物进行鉴别，例如流式细胞法。本节将对电化学法、优化琼脂培养法与激光诱导荧光法做重点介绍（表 9.7）。

表 9.7　RMM 测定法的对比表

类别	优化琼脂培养法	激光诱导荧光法
检测项	法定方法,微生物活菌计数法	非法定方法,水系统过程分析法
应用领域	过程控制与质量放行	过程控制,例如非蒸馏法制备注射用水,暂不允许用于质量放行
检测原理	活菌培养,自动计数。可以检测细菌总数或特异细菌	无需染色与培养,激光诱导荧光法,粒子计数,响应时间快
数据依据	选择性培养基培养后进行计数 单位:CFU/mL	水中总的微生物综合表征,变革中。可以参考 USP 总有机碳的设定原则 单位:AFU/mL
特征	定量定性,培养时间快且可自行设定培养时间,自行选择培养基	定性定量,取样数据实时、安全可靠
取样方式	离线	在线或离线
信息化	可以实现过程分析技术要求的信息化数据采集	可实现报警限/行动限等信息化的基础大数据实时采集。对于符合药典范围的水质微生物异常波动可以实现报警,提示分析
综合成本	小巧快捷、方便携带,取样过程非常简单,取样偏差小,可实现定量分析和大数据的信息化分析,综合成本低,与细菌内毒素一起进行微生物水平的综合判断	简单方便,综合成本适中,非常适合于连续化生产的制药用水系统及非蒸馏法制备的注射用水机,一旦大规模采用,未来有望将细菌内毒素变更为非强制检测项
图片		
规格型号	AMT-Seer	7000RMS

（1）电化学法　自 1898 年 Stewart 提出利用电化学法检测微生物，电化学法已发展成为一种微生物快速检测的方法。根据检测的参数不同，电化学微生物检测法可以分为阻抗法和介电常数法。阻抗法主要用于食品工业中微生物的快速检测（$\leqslant 10^7 \text{CFU/mL}$），尤其用于易腐食品的微生物快速检测，以期实现在其发生明显腐败之前得到检测结果。而介电常数法则用于生物发酵过程中的微生物数量的快速测定，可以实现在线监测微生物数量及生物发

酵过程的实时控制。电化学法由于其检测迅速、可以实现自动化检测，在工业化生产中具有广阔的应用前景。

（2）优化琼脂培养法　传统的琼脂培养法本身已有近百年的应用历史。优化琼脂培养法是在其传统方法基础上，对检测方式和推演方式予以更迭和创新的培养法。这种方法的主要特点是实时、快速、在线完成细菌检测，检测产品覆盖总活性细菌、硫还原细菌、大肠埃希菌、铁细菌、大肠菌群、粪肠菌群等，尤其适用于原水、饮用水与纯化水的微生物快速检测。

优化琼脂培养法的检测设备包含光谱检测工具和安瓿试剂等，它通过采样和光学测量的定性与定量分析，最终获取检测参数。与传统的检测方式相比，它实现了传统计数、光学设备采集、报警、云数据上传等多种功能。它的主要检测优势在于：检测手段更专业更简便，手持即可操作，安瓿取样简单易行；能够准确判断活体细菌的含量，相比传统检测手段，针对活体的测量更加准确；细菌检测试剂封装方式更易保存和运输；将检测方式进行了创新，与传统计数法相比，基本仅需要 1/5 的检测时间；这种检测方法也能实现机器代替人工判断，为行业测试和专业测量开启了新的应用手段。

优化琼脂培养法这一快速检测手段已在实验室和普通检测环境中被反复试用和论证，其产品也经过数次更新迭代，目前正处在更高水准的研发收官与市场推广阶段。典型的代表产品是 AMT 系列产品（图 9.26）。

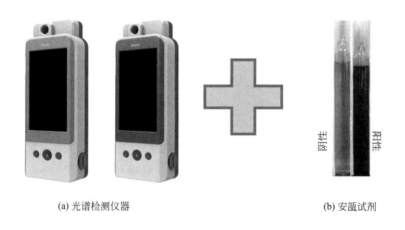

(a) 光谱检测仪器　　　　　　　　　　(b) 安瓿试剂

图 9.26　AMT 系列产品示意

AMT 公司 Seer 型号的快速微生物检测分析仪，几乎有效地避免了传统细菌检测方法的弊端。除覆盖大部分微生物菌群检测外，这项技术基本做到了符合法定检测要求下的快速检测（表 9.8）。在 10^8 CFU/mL 浓度状态下，对于活菌总数仅需 30min 即可得出检测结果，对大肠埃希菌仅需 120min 即可得出结果，对于难度较大的大肠菌群和粪肠菌群，也只需 240min 即可得出结果；在 $<10^1$ CFU/mL 浓度状态下，对活菌总数的检测时间不超过 18h，对大肠菌群的检测时间不超过 24h，对粪肠球菌的检测时间不超过 30h；在 10^6 CFU/mL 浓度状态下，对于检出难度较大硫还原细菌和铁细菌等其他微生物，其检测时间也仅需 1d。相比其他类别的检测方法而言，它的准确性和时效性着实略高一筹。更为重要的是，这项技术针对的是活的微生物。因此，能有效避免失去生物活性的细菌带来的假阳性情况。

表 9.8　优化琼脂培养法的测试数据

项目	活菌总数	硫还原细菌	大肠埃希菌	铁细菌	大肠菌群	粪肠球菌
产品编号	AMT-IB-001	AMT-IB-002	AMT-IB-003	AMT-IB-004	AMT-IB-006	AMT-IB-007
有效期/年	4	1	4	4	4	4
培养温度/℃	37	37	37	37	37	37
起始颜色	黄色	蓝色	黄色	无色	黄色	黄色
阳性颜色	红色	黑色	蓝色荧光	红色	深黄色	黑色
10^8 CFU/mL 浓度下检测时间	30min	—	2h	—	4h	4h
10^7 CFU/mL 浓度下检测时间	1.8h	—	4h		5h	6h
10^6 CFU/mL 浓度下检测时间	3.8h	1d	6h	1d	6h	8h
10^5 CFU/mL 浓度下检测时间	6h	2d	9h	2d	8h	10h
10^4 CFU/mL 浓度下检测时间	8h	3d	13h	3d	9h	12h
10^3 CFU/mL 浓度下检测时间	10h	4d	19h	4d	12h	16h
10^2 CFU/mL 浓度下检测时间	12h	5d	25h	5d	14h	18h
10^1 CFU/mL 浓度下检测时间	15h	6~7d	30h	6~7d	18h	24h
$<10^1$ CFU/mL 浓度下检测时间	18h	8~9d	48h	8~9d	24h	30h

除此之外，由于采用了与分光光度法结合的测试技术，无需实验室环境和烦琐操作，能有效避免人为因素带来的测试结果的不准确。使得未经专业训练的操作者也能够准确地得到测试结果，可谓是具备充分广谱功能的检测手段。另外，任何可以进行检测的环境，基本上都能够完成这项操作。

AMT 公司 Seer 型号的快速在线细菌检测仪自带了能够支持细菌生存的细菌培养基和特别配置的指示剂，在 37℃ 的培养条件下，通过即时观察指示剂的变化等，反演出样品中活性细菌的浓度，其检测范围可由 $<10^1$ 到 10^8 CFU/mL。为了满足全球药典关于饮用水、纯化水与注射用水检测要求，用户可自行选定培养时间（例如，5d）与培养基种类（例如，R2A 培养基）。截至目前，该技术已应用于手持式船舶压载水检测设备中，同时配备操作方便的用户界面、触屏设计和数据存储的云技术。该设备还使用专用的灭菌技术，将被检测的菌落灭活，并使其能作为平常废物处理。随着微生物检测时效要求的提高和社会市场需求的不断增长，相信快速细菌检测方法将更大范围地融入医疗领域和快速检测领域，同时为制药研发与生产领域的微生物快速检测提供一种替代传统测试的方法。

（3）激光诱导荧光法　与传统的微生物计数法不同，除了不需要等待几天的培养时间外，流式细胞法与激光诱导荧光法的 RMM 分析仪器的数据单位为"AFU/mL"，而非"CFU/mL"（图 9.27），且可以实现在线与离线两种取样方式。随着非蒸馏法制备注射用水的广泛讨论与实践，全球生物制药行业和监管机构越来越多地接受实时微生物检测作为一种有效的过程控制工具，这对于解决质量问题至关重要。OWBA、过程与环境监测方法协会（PEMM）和 BioPhorum 等行业工作组已经发表文章，提供了采用这种测量方法的进一步细节。PDA 期刊也在 2021 年刊登了基于 PEMM 和 FDA 创新技术团队（ETT）的会议小结，讨论荧光微生物技术的议题。

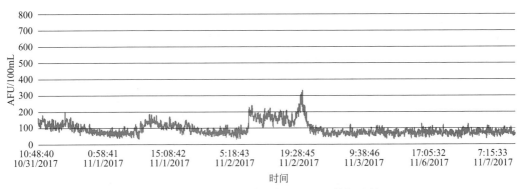

图 9.27　RMM 过程分析仪器的测试数据示例

在线微生物分析仪采用激光诱导荧光法（LIF）的测量原理，通过检测微生物自发的荧光从而达到测量样品中微生物的数量的目的（图 9.28）。激光诱导荧光法是法规收录的可以满足行业需求的微生物含量测量技术。所有微生物都通过代谢来调节其生长和增殖，一些必要的代谢产物应运而生，如核黄素、NADH。这些代谢物暴露并吸收特定波长的光后会释放出特有的荧光。LIF 利用这种原理来检测微生物。使用 LIF 技术的空气分析仪上市已有多年，随着技术的进步，如今可以用 LIF 技术来测量水中的微生物含量。

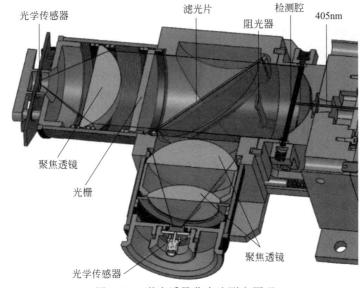

图 9.28　激光诱导荧光法测定原理

采用旁路测量，制药用水通过连接管路进入分析仪测量腔，测量后排放，不会污染原有管路。用 405nm 波长的激光诱导微生物代谢物产生荧光，并由光学传感器检测；同时另一个传感器根据米氏散射原理测量并筛选颗粒的尺寸（微生物也是一种颗粒），使用先进的特定算法对来自两个传感器的数据进行处理。通过分析荧光和散射的结果，在线微生物检测仪内置的算法能够准确地区分微生物与非微生物颗粒。分析仪的触摸屏实时显示微生物限度（以单个微生物个数作为计数单位，AFU），每两秒可更新一次。可设置用于报警、联动和使用权限。流式细胞法的在线微生物分析仪可以测量直径低至 $0.3\mu m$ 的微粒，可接受最高 90℃的样品温度，为在线测定常温纯化水与高温注射用水的微生物指标提供了便利。对于连续测量分析仪，定期校验至关重要。为了获得准确结果，可使用荧光标记的惰性颗粒标准物质来完成校验。操作时必须严格遵守标准物质的存储方法和保质期限。目前，这种在线连续检测微生物含量的微生物检测仪已经应用于以制药、电子/半导体为主的多个行业。

与流式细胞法 RMM 分析仪不同，这种在线微生物分析仪可以连续检测微生物浓度，无须染色或培养。在线测量有效减少了采样人工和交叉污染风险、常规试剂耗材，降低了测试成本。同时，在线微生物检测仪还可以指导制药用水系统验证部门制定准确、安全的灭菌周期，减少不必要的"过度"消毒与灭菌，为企业的正常生产与节能减排提供了帮助。目前在线微生物检测手段多用于制药用水生产的过程控制，目的是让工艺控制更透明，加快对异常的响应速率以降低风险。与此同时，药典中也提供了相应的指导文件以协助一些有意通过在线监控进行水质放行的客户，如 USP＜1223＞的"微生物替代方法的验证"，ChP 的通则"9201 药品微生物检验替代方法验证指导原则"。如果使用不同于药典规定的实验方式进行微生物检验，需要进行验证。由于在线微生物分析仪是以粒子计数为基础，大量的三氧化二铁不溶性颗粒可能影响其检测数据准确性，因此，纯化水与注射用水系统在建造材料方面绝不允许选择不耐腐蚀的 CF3M（俗称铸造 316L）。

过程分析技术、参数放行和质量源于设计的指导思想，以及制药企业认可的需要通过仪器来加强纯化水与注射用水的实时监测，让制药企业减少了对实验室培养法检测微生物方法的依赖。实时微生物检测方法能够快速发现潜在微生物，提高制药用水质量，先进的测试方法、快速的响应速率，让生产的产品更快地进入市场流通。快速微生物检测可及时有效地检测任何存在的微生物，并迅速采取纠正措施。在线微生物分析仪的开发和使用有助于改进制药用水系统运行、降低成本和保证水质，通过实时的监控实现了更好的过程控制和产品安全性，真正做到了自动化控制领域提倡的"过程监控技术"。可以预见的是，在线微生物分析仪将与在线电导率分析仪、在线 TOC 分析仪的发展历程一样，会得到越来越多的制药企业的青睐，同时，该技术也将推动相关法规、规范的完善。

9.2.3.6 红锈分析仪

对红锈形成的准确测量和测定将确保除锈和钝化程序在基于科学设定的临界值范围内启动，而不是基于非科学的历史经验或主观偏见。现代制药中水系统已完全实施自动化和计算机控制，一些在线仪表已取代或增强了实验室测量。在线仪表能够用于实现制药用水的实施放行，在线红锈分析仪、现有水系统仪表网络以及计算机系统的整合能够更好地分析和与其他工艺数据建立相关性，符合并遵守了全球制药监管部门的法规要求。

最理想情况下，高温注射用水系统可安装两台在线红锈分析仪，第一台在线红锈分析仪可直接安装在离心泵出口端，挑选流体的高湍流区域，这里锈蚀比较严重；进入储罐前，应在回流回路上安装第二台在线红锈分析仪（图 9.29）。企业也可结合实际情况，只安装一台在线红锈分析仪于分配系统回路。

在线红锈分析仪所提供的实时锈蚀速率和红锈累积量等参数，可以为不锈钢系统除锈和钝化频率提供有效的科学依据和实时评估。在线红锈分析仪分为有线传输与无线传输两种模式（图 9.30），有线传输系统包括前端的探头、变送器、远程显示器、数据记录仪以及模拟传输单元。模拟传输单元直接连接着 DCS、SCADA、BMS、过程控制系统，而数据记录仪可以独立记录数据并直接传输给计算机。显示单元提供电源和 RS485 信号传输给探头和变送器，数据有效传输距离为 1.2km（4000 英尺）。而无线红锈分析系统可以通过安装一个探头，变送器，无线传输器和网关来连接到 SCADA、BMS、DCS，或带有适当软件的计算机。

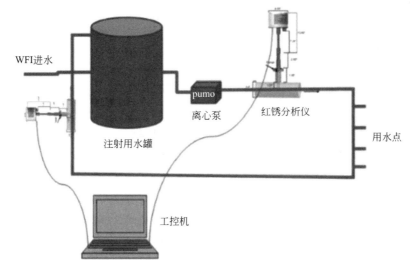

WFI进水

pumo

离心泵

红锈分析仪

用水点

注射用水罐

工控机

图 9.29　水系统中红锈探头的建议安装位置

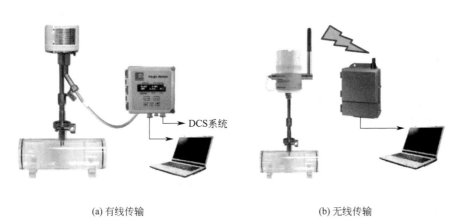

DCS系统

(a) 有线传输　　　　　　　　　　　　　(b) 无线传输

图 9.30　在线红锈分析仪

制药企业一些以前未解决的问题通过在线实时监测数据可以得到解决。这些未解决的问题可能包括：如何确定锈蚀速率和红锈积累量达到多少才可以接受？什么样的临界值决定了除锈和钝化的周期？锈蚀速率和红锈累积量数据以及制定相应的临界值将协助企业确定除锈或钝化处理操作及其周期。科学数据的使用决定了除锈和钝化的频率，如果锈蚀速率是 5～10 纳米/月，一年以上的红锈层累积量可达到 120nm，可能需要数年时间才能达到 300nm 除锈和钝化操作限值或用户指定的限度值。在线红锈分析仪通过持续不断的监测数据来保证最终产品的质量，系统可通过报警为使用者提供红锈预警。这些长期监测的数据将帮助确定系统在钝化处理、钝化持久性、除锈频次以及确切成本节约数额上的可行性。如果按照以前的规程要求每年进行一次除锈和钝化，目前的维护保养时间就可推迟 1～2 年。在线红锈分析仪的使用能够衡量任何时间段内的实际锈蚀速率和金属损失量，允许使用者根据经验数据确定锈蚀速率和金属损失限度，除锈和钝化周期则可通过用户设定的临界值来制定而不是靠QC/QA 部门的主观制定。更重要的是，通过这些科学的数据可以优化除锈和钝化频率，可为制药公司节省大量因使用化学药剂、停机、生产损失和劳动力开支方面的费用。

9.2.3.7 水活度分析仪

1953 年 William James Scott 发现了水活度影响微生物生长，1957 年提出了微生物生长所需的最低的水活度限值，并明确了是水活度而不是水含量影响微生物生长。目前水活度已经作为预测微生物生长，反映产品稳定性和安全性的参数而被广泛认可。降低水活度将会导致微生物生长停滞期的延长，代谢活性的降低，生长繁殖速率的降低，细菌内生孢子和霉菌孢子活性的降低，产生毒素的减少，以及细菌孢子耐热性增加等。在微生物学中细菌、酵母菌和霉菌的新陈代谢、繁殖、孢子萌发和生存需要可利用水，水活度是反映存在于产品中微生物新陈代谢的可利用水（非结合水或自由水）的量度。因此水活度是预测产品中潜在微生物生长繁殖的有力工具。

水活度可反映产品中潜在微生物的生长繁殖状况。一定的水活度环境仅支持特殊类型的微生物生长。革兰阴性菌生长所需最小水活度一般在 0.91～1.00，而革兰阳性菌、酵母菌和霉菌生长的最低水活度低于革兰阴性菌，可在更干燥的条件下生存。较高水活度（$A_w > 0.85$）环境中，细菌会与真菌竞争营养物质，细菌的生长超过真菌。革兰阴性菌中包括某些致病微生物，如铜绿假单胞菌、大肠埃希菌和沙门菌在 $A_w < 0.91$ 的产品中不会增殖或存活，而革兰阳性菌如金黄色葡萄球菌将在 $A_w < 0.86$ 时不会增殖，黑曲霉在 $A_w < 0.77$ 时不会增殖。此外，包括最耐受高渗的酵母菌和耐旱真菌在内的所有微生物在 $A_w < 0.60$ 时不会增殖。

水活度分析仪是用于检测水分子含量的分析仪器，主要反映食品平衡状态下的有效水分，反映食品的稳定性和微生物繁殖的可能性，以及能引起食品品质变化的化学、酶及物理变化的情况，常用于衡量微生物忍受干燥程度的能力。水活度分析仪广泛应用于食品与药品生产行业，为专业的检测机构、食品卫生监督部门提供完备的水活度测量方案。水活度分析仪主要有水含量检测仪、水活度测量仪、台式水活度分析仪等。

水活度分析仪的工作原理是把被测样品置于密封的空间内，在保持恒温的条件下，使样品与周围空气的蒸汽压达到平衡，然后快速测量出样品的水活度值。制药用水系统属于长期有水工况，在室温下管理的散装纯化水系统特别容易形成顽固的微生物膜，这可能是产水中不良水平的活微生物或细菌内毒素的来源。这些系统需要经常进行消毒和微生物监测，以确保用水点的水具有适当的微生物质量。如果部件或分配管线的排放是作为微生物控制策略（例如，长时间停产或某些特定工序处），则还应将其配置为使用干燥压缩空气（或氮气，如果使用了适当的员工安全措施）完全干燥，因为排水但仍然潮湿的表面仍将支持微生物的增殖。在水与蒸汽系统的科学维护保养方面，水活度分析仪或许有助于检测不锈钢系统表面的干燥程度，有利于抑制水系统的微生物负荷。

9.2.4 过程控制用仪器

所有过程控制用仪器都应遵循 GEP 进行调试。过程控制用仪器主要有压力变送器、温度变送器、流量变送器、液位变送器等，表 9.9 是制药用水系统中常用的过程控制用仪器。

表 9.9　过程控制用仪器的基本参数

序号	仪器名称	基本参数
1	压力变送器	4～20mA 信号输出,卫生型设计,在线测量
2	温度变送器	4～20mA 信号输出,卫生型设计,在线测量
3	流量变送器	4～20mA 信号输出,卫生型设计,在线测量
4	液位变送器	4～20mA 信号输出,卫生型设计,在线测量

9.2.4.1 压力变送器

压力可以在水系统纯化与输送过程进行监控，以确保设备在最适条件下运行。监测过滤器的压差可指征什么时候需要反冲洗或更换滤材；测量通过树脂床的压差有益于检出树脂结垢及流量分配不均的情况；监测反渗透组件的压差可及早察觉膜结垢或堵塞的情况。如果某用水点有最小压力的需求，在分配系统中控制回路压力就可能是关键的。一般不将压力视为关键参数，但是系统应始终维持正压。正常工作情况下，进罐体喷淋球前的回水压力应不低于 0.5～1bar，如果出现了 0.2～0.3bar 的极低压力情况，系统应实现回水压力低报警。

压力变送器是一种接受压力变量，经传感转换后将压力变化量按一定比例转换为标准输出信号的现场仪表，其输出信号传输到中控室进行压力指示、记录或控制。按照工作原理区分，压力变送器可以分为电容式、电感式和电阻式三大类；按测量准确度等级区分，压力变送器可分为低精度、普通精度和高精度；按测量工况区分，压力变送器可分为表压、绝压和差压变送器；按通信方式区分，压力变送器可分为数字通信型和模拟信号型两种。

压力变送器的抗干扰性能尤为关键，电磁兼容性优越的压力变送器往往适合于各种工况场合的应用，可以很好地保证系统长期可靠性和准确性。

表压变送器常用于测量管道与罐体的压力等，一般以大气压作为参考，测量的压力显示值以大气压相减后获得。表压变送器可分为数字通信型表压变送器和模拟信号型表压变送器（图 9.31）。数字通信型压力变送器一般精度等级较高，其精度等级一般优于 0.2%。模拟信号型压力变送器一般精度等级较低，其精度等级小于 0.2%，其最低量程一般为 0～25kPa，由厂家出厂之前完成量程的设置和标定，因此适用于测量要求不高的场合。相比于模拟信号型压力变送器，数字通信型压力变送器的量程可以随时调整和更改，因此较为适用于测量要求较高的场合。

(a) 数字通讯型　　　　　　　(b) 模拟信号型

图 9.31　压力变送器

9.2.4.2 温度变送器

水系统的不同位置经常监测并控制温度来确保设备运行最佳，一些水系统的元器件都具有一定的温度操作范围，采用温度控制可实现反渗透膜、树脂与超滤膜等元器件的操作安全。温度也常被控制用来抑制微生物的快速繁殖，例如，注射用水系统采用 70℃ 以上高温循环，用于实现加热消毒功能的温度被视为关键因素，其确保了系统正常运行或有效消毒。

温度变送器一般采用热电偶或热电阻作为测温元件，测温元件输出信号到传感器模块，经过稳压滤波、运算放大、非线性校正、V/I 转换、恒流及反向保护等电路处理后，转换成与温度呈线性关系的 4～20mA 电流信号输出。温度变送器是一种将温度变量转换为可传送的标准化输出信号的仪表，分为插入式和流通式两种，主要用于工业过程温度参数的测量和控制。常用的标准化输出信号为 4～20mA 的直流电信号，温度变送器按供电接线方式可分为两线制和四线制；按接口形式可分为螺纹、卡接和法兰等方式；按通信方式可分有模拟型和数字智能型。

在制药行业中，卫生型电阻式温度变送器的测温范围一般为 −50～+250℃，其核心的传感器采用 Pt100 A 级高精度温度变送器。卫生型热电偶温度变送器的测温范围较宽，一般为 −50～+1800℃，采用不锈钢保护管，可选择 HART 通信输出（图 9.32）。

图 9.32　卫生型温度变送器

9.2.4.3　流量变送器

在制药行业里经常要用流量变送器对制药用水进行流速测量，多种不同的流量变送器均可以用于制药用水系统的预处理系统、纯化系统与分配系统，包括表面声波流量变送器、涡街流量变送器、电磁流量变送器、质量流量变送器与转子流量变送器。所有的流量变送器都应当按照制造商的说明书按照，以确保其正常运转。

（1）表面声波流量变送器　表面声波流量变送器采用表面声波原理进行液体流量在线测量（图 9.33），通过电信号触发叉指换能器并产生表面声波，该表面声波传播到管道表面，以一定的角度折射到液体中，然后通过液体产生一个或多个信号，该过程可以顺流向和逆流向双方向进行，这种波运行的时间差与流量成正比关系，通过比较穿过液体介质的单个波和多个波，具有极好的测量性能，同时也具有关于液体类型和其他物理特性的评估价值。

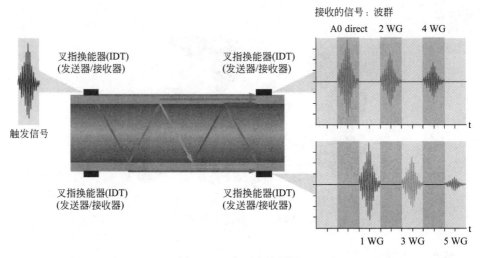

图 9.33　表面声波原理

表面声波流量变送器的测量管内没有与介质接触的测量元件，图 9.34 属于典型的卫生型流通式变送器（型号 FLOWave），它不存在与液体介质接触的测量元件，具有明显的清洗与"无死角"优势，同时，不受液体介质电导率高低的影响和限制，对外界环境的强磁强电干扰不敏感。表面声波流量变送器具有体积小、质量轻等明显的安装优势，为卫生型无菌行业的设备模块组装提供了便利。

通过免除昂贵的维护工作，表面声波流量变送器还能够进一步降低运行成本，可用于纯化水/注射用水分配系统回路与 CIP 工作站的流速测定。另外，在生物制药的发酵补料或工艺配料系统定量中（图 9.35），同样可以适用表面声波流量变送器，其最小口径可达 3/8 寸，最小补料流量可低至 17L/h，很好地覆盖了发酵补料需要的范围。其高精度（测量值的 $\pm0.4\%$）、高重复性（测量值的 $\pm0.2\%$）以及快速的响应时间，赢得了广大制药客户的青睐。

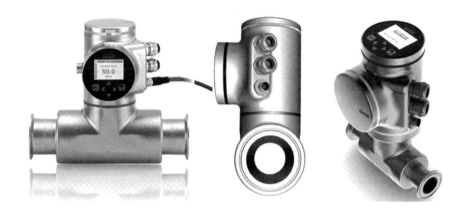

图 9.34　表面声波流量变送器

图 9.35　表面声波流量变送器的补料应用

（2）涡街流量变送器　涡街流量变送器主要用于流体介质的流量测量，如制药用水与纯蒸汽等多种介质，其特点是压损小、量程大、精度高，在测量时几乎不受流体的密度、压力、温度或黏度等参数影响。涡街流量变送器无可动机械零件，因此可靠性高，维护量小，仪表参数能长期稳定。卫生型涡街流量变送器采用压电应力式传感器，可在 $-20\sim+250℃$ 的工作温度范围内工作，是一种比较先进、理想的制药用水流量测量仪器。

（3）电磁流量变送器　电磁流量变送器采用电磁感应原理测量制药用水系统的流速，它是一种高精度、高可靠和使用寿命长的流量仪表，由直接接触管道介质的传感器和上端信号转换器两部分构成。电磁流量变送器用来测量电导率大于 $5\mu S/cm$ 的导电液体的流量，是一种测量导电介质流量的仪表。电磁流量变送器在管道的两侧加一个磁场，被测介质流过管道就切割磁力线，在两个检测电极上产生感应电势，其大小正比于流体的运动速率。电磁流量变送器在制药用水系统中可用于原水和反渗透膜浓水测的流量测量。因为电导率的约束，电磁流量变送器不适合于纯化水或注射用水的流量测量。

（4）质量流量变送器　质量流量变送器可直接测量通过介质的质量流量，精度达到0.2%，并可做出用水量的精确统计。质量流量变送器组态灵活，功能强大且性能价格比高，是新一代流量仪表。质量流量变送器在制药用水系统中可用于配液罐体的注射用水定容，CIP工作站清洗用水的用量控制，或者各功能车间用水量的统计。由于质量流量变送器价格相对昂贵，在制药用水分配系统中应用较少。

（5）转子流量变送器　转子流量变送器也称为浮子流量计，转子流量变送器的流量检测元件是由一根自下向上扩大的垂直锥形管和一个沿着锥管轴上下移动的浮子组所组成。转子流量变送器分为透明锥形管转子流量变送器和金属管锥形管转子流量变送器两大类。玻璃材质是透明锥形管材料用得最多的材料，其他透明工程塑料如聚苯乙烯、聚碳酸酯、有机玻璃也有应用。与透明锥形管转子流量变送器相比，金属管锥形管转子流量变送器可用于较高的工作温度和操作压力。卫生型金属管锥形管转子流量变送器可用于制药行业纯化水机和CIP工作站等设备中。

9.2.4.4　液位变送器

液位变送器种类繁多，包括简单的浮子开关、音叉开关、超声波液位变送器、雷达液位变送器、电容液位变送器、静压液位变送器以及差压液位变送器等。在制药用水系统的制备单元、储存与分配管网单元可用到多种不同的液位变送器，制药用水储罐的液位变送器一般选用电容液位变送器与差压液位变送器，当没有压力或温度波动影响时，也可采用静压液位变送器测量罐体液位。

水罐内的液位通过液位变送器进行监测和控制，其功能主要是为水机提供启停信号，并防止后端离心泵发生空转或汽蚀。通常情况下，液位变送器采用 $4\sim20mA$ 信号输出的方式，信号分为高高液位、高液位、低液位、低低液位和停泵液位等多个参数。水机的启停主要通过高液位和低液位两个信号进行，而停泵液位主要是为了保护后端的水系统输送用离心泵，防止其发生空转。需要注意的是，纯化水与注射用水储罐进行消毒后，排水时需控制罐体适当的液位（例如，1%～3%），以防排水管道的脏空气反串到已消毒的卫生型罐体内部。

电容液位变送器通常有杆状或软绳状物与水接触，差压液位变送器和静压液位变送器的探头面也会与水接触。从不接触的角度来讲，超声波液位变送器和雷达液位变送器是最好的选择，但因制药用水用液位变送器需要卫生型设计且需要耐受高温消毒工况，超声波液位变送器和雷达液位变送器的选用往往会受到限制。

差压液位变送器采用罐体液相和气相压差来实现液位的监控。与静压液位变送器和电容液位变送器相比，气相压力变化、水温波动和水中电导率值的变化均不会影响差压液位变送器的检测准确度，另外，它也不受罐体安装高度的影响。因此，差压液位变送器是制药用水储罐最常用、最理想的液位变送器，已广泛使用于制药用水储罐的液位控制。差压液位变送器有两个传感探头，分别用于测定气相压力和液相压力，并安装于罐体上无死角的封头和罐体底部封头或侧壁上（图9.36）。

图 9.36　差压液位变送器

9.3 计算机化系统

计算机技术是指通过计算机硬软件，并综合运用现代管理技术、制造技术、信息技术、自动化技术、系统工程技术，将企业生产全部过程中有关的人、技术、经营管理三要素及其信息与物流有机集成并优化运行的复杂的大系统。计算机技术根据方向不同划分为具体子系统，如企业资源计划系统（ERP）、制造运营管理系统（MOM）、制造执行系统（MES）、数据采集与监视控制系统（SCADA）、商务智能分析（BI）、建筑信息模型（BIM）等。

制药用水在整个制备、储存与分配过程中应进行包括微生物和化学纯度的质量控制。与其他药品和工艺系统不同，散装制药用水系统属于连续化生产工艺，通常是按需从水系统中直接取用，在每次使用前不需要进行批次测试或质量放行，因此，如何保证制药用水时刻满足质量预期至关重要。在智能化与信息化领域，可以通过全局设备效率（overall equipment effectiveness，OEE）监测制备、存储及分配设备本身的运行状态来评估是否存在水质达不到质量预期的风险。OEE 是一个独立的测量工具，它用来表现实际的生产能力相对于理论产能的比率。通过 OEE 模型的各子项分析，可以准确清楚地告诉用户设备效率如何，在生产的哪个环节有多少损失；也可以通过监测 OEE 数值的异常来判断设备运行对产水水质的影响，是否需增加水质检测频率等。长期使用 OEE 工具可以让企业轻松地找到影响生产效率的瓶颈，并进行改进和跟踪，达到提高生产效率的目的，同时使公司避免不必要的耗费。

2018 年，欧盟发布了新的《计算机化系统验证指南》，以帮助药企在实验室信息管理系统（LIMS）、电子文档管理系统等计算机化系统验证提供指导。该指南由一个核心文件和两个附件组成，已于 2018 年 8 月 1 日起开始强制实施。良好自动化生产实践指南（GAMP）是由 ISPE 主编的针对计算机化系统合规的实践指南，旨在提供一套基于现有行业规范的行之有效的方法，使计算机化系统符合预定用途并满足现有法规的要求。最新 GAMP 是 2008 年推出的第五版，它遵从 GxP 计算机化系统监管的风险管理方法，是全球制药行业进行计算机化系统验证方法的主要参考依据，同时也是制药自动化最重要的合规性指南。

GAMP 5 并不是法定的方法或标准，而是给企业提供一套实用的指导、方法和工具。GAMP 5 提供的计算机化系统生命周期和风险管理的方法，可以实现使制药用水系统的控制系统合规并符合其预定用途的目的。生命周期方法需要以系统化的方式来定义与实施活动，它包括概念提出、项目实施、系统运行、系统退役 4 个主要阶段，图 9.37 是计算机化系统项目的生命周期示意。

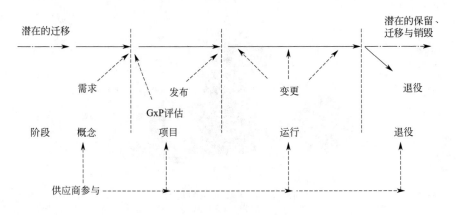

图 9.37　计算机化系统项目的生命周期示意

（1）概念提出　概念提出阶段的活动主要取决于企业提出并确认启动的方法。为获得适当的资源，得到管理层的认可对于项目前期是十分重要的。

（2）项目实施　项目实施各阶段和支持流程将组成计算机化系统的生命周期。这些项目步骤同样适用于制药用水系统项目实施和其后运行阶段的变更活动。计算机化系统在计划阶段应该包括所有必要的验证活动、职责、规程和实践安排这些内容。计算机化系统在规范阶段有 3 个文件需要进行编写，分别为功能描述、硬件设计说明和软件设计说明。计算机化系统的验证可以包括多个阶段的审查和测试，如编码审查、内部测试、FAT 和 SAT 等。受GxP 监管活动中使用的计算机化系统，其验收和发布应该得到流程所有者、系统所有者和质量部门代表的签字。支持流程主要包括风险管理、变更和配置管理、设计审查、可追溯性、文件管理。

（3）系统运行　一旦计算机化系统通过了验收、发布并投入使用，维护系统合规性并符合预定用途必须贯彻落实在整个制药用水系统的运行阶段。要达到此目的，对计算机化系统的使用、维护与管理应使用最新的、以文件形式存档的规程并进行培训。作为准备最终验收和将系统正式移交到现场使用的一部分，被监管公司应该确保已执行了恰当的操作流程、规程和计划，并且有相关培训的支持。在支持和维护活动中，这些规程和计划需要供应商的参与，同时，保持计算机化系统的合规性需要包含许多相互关联的活动。

（4）系统退役　计算机化系统退役包括系统撤销、系统退出使用、系统销毁，以及必要数据的迁移。计算机化系统退役过程应该在系统退役计划中以文件形式存档。

9.3.1　全局设备效率

每一个生产设备都有自己的最大理论产能，要实现这一产能必须保证没有任何干扰和质量损耗。当然，实际生产中是不可能达到这一要求，由于许许多多的因素，例如纯化水机，除去设备的故障、调整以及设备的完全更换之外，当设备的表现非常低时，可能会影响生产率，产生废水影响药品质量。

OEE 是一个独立的测量工具，它用来表示实际生产能力相对于理论产能的比率，它由可用率、表现性以及质量指数 3 个关键要素组成。

$$OEE = 有效率 \times 表现性 \times 质量指数$$
$$有效率 = 操作时间/计划工作时间$$

OEE 是用来考虑停工所带来的损失，包括引起计划生产发生停工的任何事件，例如设备故障、原料短缺以及生产方法的改变等。

表现性＝理想周期时间/(操作时间/总产量)＝总产量/(操作时间×理论生产速率)

表现性考虑生产速率上的损失，包括任何导致生产不能以最大速率运行的因素，例如设备的磨损、材料的不合格以及操作人员的失误等。

质量指数＝良品/总产量

质量指数考虑质量的损失，它用来反映没有满足质量要求的产品。

利用 OEE 的最重要目的就是减少一般制造业所存在的六大损失：停工和故障损失、换装和调试损失、计划外停机损失、低速损失、生产次品损失和启动稳定损失。表 9.10 是六大损失的说明及其与 OEE 的关系。

表 9.10　影响 OEE 的六大损失因素

编号	名称	原因
1	停工和故障损失	设备失效需要执行维护操作，其原因包括设备过载、螺丝松动、过度磨损和污染物
2	换装和调试损失	从一种产品到另一种产品的时间损失，或允许时对设置的改动，其原因包括移交工具、寻找工具、安装新工具和调节新设置
3	计划外停机损失	由于小问题引起的短暂中断，其原因包括零件卡住、清除碎屑、传感器不工作和软件程序报错
4	低速损失	设备在低于其标准设计速率运行导致的损失，其原因包括：机器磨损、人为干扰、工具磨损和机器过载
5	生产次品损失	由于报废、返工或管理次品所导致的时间损失，其原因包括人工错误、劣质材料、工具破损和软件程序缺陷
6	启动稳定损失	设备从启动到正常工作所需要的时间，其原因包括设备要平缓加速到标准速率、设备需升温到设定温度、去除多余的材料和处理相关材料的缺陷

下面的举例可以间接说明 OEE 的计算方法。假设某纯化水机某天工作时间为 8h，班前计划停机 15min，故障停机 30min，设备调整 25min，产量为 5t/h，一天共产水 32.5t，产生废水 3.2t，求这台设备的 OEE。

根据上面公式可知：

$$计划运行时间＝8×60-15=465(min)$$

$$实际运行时间＝465-30-25=410min=\frac{41}{6}h$$

$$有效率＝410÷465=0.881$$

$$表现性＝\frac{32.5}{5×\frac{41}{6}}=0.951$$

$$质量指数＝\frac{32.5-3.2}{32.5}=0.901$$

$$OEE＝有效率×表现性×质量指数＝75.5\%$$

这里的计算公式是为了说明 OEE 的效率、表现及质量三方面属性，并不代表实际工程算法（图 9.38）。

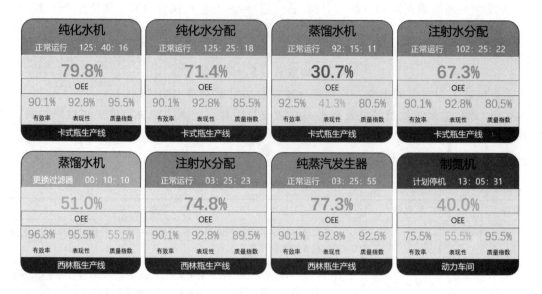

图 9.38　OEE 效率分析示例

通过 OEE 系统看板能直观地了解每台设备当前的工作状态及 OEE 相关参数的实时显示。OEE 系统通常作为设备综合效率的工具来统计并改善设备生产过程的有效利用率。还可以通过 OEE 数据的长期统计分析，来预测设备运行对产水质量的相关影响，降低偏差出现的概率。OEE 是效率和质量的综合体现（图 9.39），通过分析 OEE 的连续均值和标准差，能快速地判断水机的当前运行情况。如图所示，当连续平均值上行，说明设备效率提升。当标准差突然上行，表明设备有大的突发故障。当标准差持续上行说明设备运行状态不稳定，有较大的波动。这两种情况都有可能造成最终产水水质发生偏差。所以当这些情况出现后系统会发出预警提示质量人员增大对水质检测的频率，防止出现真实偏差影响产品质量。

实践证明，OEE 是一个极好的基准工具。通过 OEE 模型的各子项分析，可以准确清楚地知道设备效率如何，在生产的哪个环节有多少损失以及可以进行哪些改善工作。长期的使用 OEE 工具，企业可以轻松地找到影响生产效率的瓶颈，并进行改进和跟踪，达到提高生产效率的目的，同时避免不必要的耗费。OEE 可以使设备保持良好的正常运转；使人力与设备科学配合，发挥出最大化的潜能；可以帮助管理者发现和减少生产中存在的六大损失；可以针对问题，分析和改善生产状况及产品质量；能最大化提高资源和设备的利用率，挖掘出最大的生产潜力。借助 OEE 效率工具可以带来如下效益。

● 企业规划。可以为企业规划提供客观科学的决策依据，可以为企业提供很多的增值意见和建议。

● 生产管理。能收集到生产线的实时数据，以便建立车间监控管理系统，能分析/跟踪生产线设备的有效利用情况，以便最大化挖掘设备生产潜力，能分析/跟踪生产在线的潜在风险和六大损失，以便降低生产成本、提高生产力，能为企业精益生产管理提供可视化的生产报告。

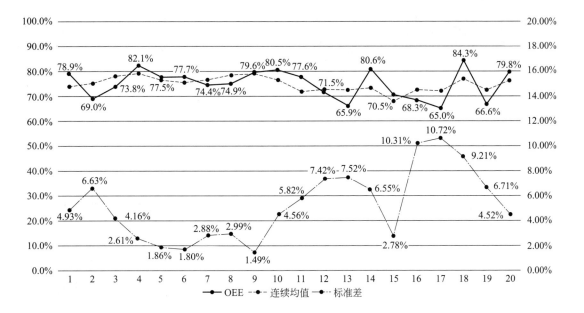

图 9.39　OEE 综合效率分析

- 设备。降低设备故障以及维修成本，加强设备管理以延长设备的使用寿命。
- 员工。通过明确操作程序和 SOP，提高劳动者的熟练程度和有效工作业绩，从而提高生产效率。
- 工艺。通过解决工艺上的瓶颈问题，提高生产力。
- 质量。提高产品直通率，降低返修率，减少质量成本。

9.3.2　物料追溯系统

　　制药用水是典型的连续化生产模型。不同于传统制药的批生产，制药用水没有明确的批次及批号，如果未达到质量标准的制药用水用于药品生产，那么如何对原料及最终产品进行追溯召回就成了棘手的问题。建立物料追溯系统，对药品生产的原辅料进行追溯管理，不仅可以使原辅料的追溯更简单，还可以对生产过程中每个步骤物料的流转接收、取样检测进行相关的数据采集管理。可追溯系统，最早被定义为：某个实体的历史、用途或位置的能力可以通过记录的标识来追溯。美国生产与物流管理协会（APCS）从物流角度将可追溯性定义为：可追溯性具有两重含义，一是通过批号或者序列号跟踪和记录原料、中间产品以及过程，二是指能够确定流转或运输中的货物的位置。

　　物料可追溯的提出源于对产品质量和安全的要求。因为在产品的生产制造过程中，由于一些系统性、流程性或者人为因素，可能造成产品存在质量隐患，不符合 GMP 相关法规和行业标准。所以近些年越来越多的企业筹划或已经上线了物料全流程的可追溯系统。对于企业来说，物料流转过程的追溯涉及采购、仓储、生产、质量等多个环节（图 9.40），同时物料也包含多种信息，如生产厂商、物料名称规格、出入库信息、配料与上料情况、样品信息等。要做到实时查看物料和产品的状态信息，清楚地掌握物料使用族谱和产品流经的各个环节，做到物料从产品到出库的全程跟踪和数据采集。

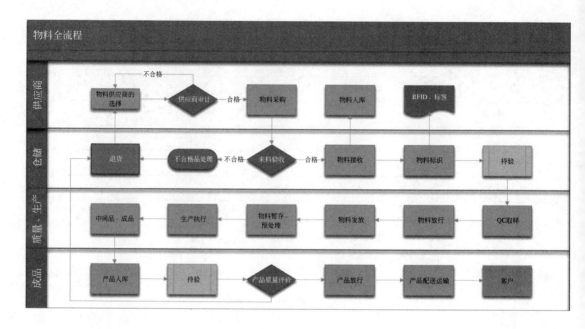

图 9.40　物料管理系统

对物料进行科学编码，并根据需要打印物料标签。首先根据不同的管理目标（例如物料基础信息建立，还是物料状态变更）对物料进行科学编码，在生产各工序流转节点（库房、车间领料、中间体产出等）进行标签打印并粘贴，便于后续工序进行相关数据的采集。其次在物料流转过程中定义并建立各位置属性，如仓库、物料接收、生产工序、QC检验等。目的在于操作人员登录系统后根据分配的权限选择不同的工作中心，通过扫描枪采集物料标签信息时，系统自动与工作中心绑定，便于记录物料流转过程（图 9.41）。

对标签进行管理，根据不同的物料种类设置不同的标签形式。在物料流转的过程中，会涉及各种各样的物料形式，这时需要根据不同的物料进行不同的标签设计。比如常用的RFID、不干胶标签、激光喷码标签、设备铭牌等。系统能打印标签并与原辅料的品名、规格、编号、批次、净重、毛重、件数、状态、操作人、时间等信息关联。系统通过打印和扫描条码标签的形式记录和读取关联信息，根据扫描结果自动核对并进行数据记录，条码信息的建立、读取、修改可全程追溯。建立全流程条码化，不单单要赋予物料、容器标签，还将赋予存储货位、物流单据的条码，做到业务流和信息流的贯通，在全流程过程中作业指令能够准确、快速下达，并且对于管理者可以实时、先进、高效的现场管理（图 9.42）。

《中国制造 2025》的出台，为中国实施制造强国战略提供了第一个 10 年的行动纲领，催生新的管理方式、新的产业形态、新的商业模式、新的经济增长点。而企业在开展智造升级的时候，绝对不是简单的机器换人，企业要面对的问题是如何在互联网时代应对用户的需要，在用户端实现高创新，并在企业端实现高效率。搭建智慧工厂，核心系统包括 PLM、ERP、WMS、MES 等数据集成、工业大数据分析、工业云服务，实现生产过程自动化、透明化、可视化、精益化，保障企业运营指令和市场数据的自由流通。在大量的经营数据存储云平台后（图 9.43），企业运用大数据分析，支撑业务战略决策，实现决策自动化。

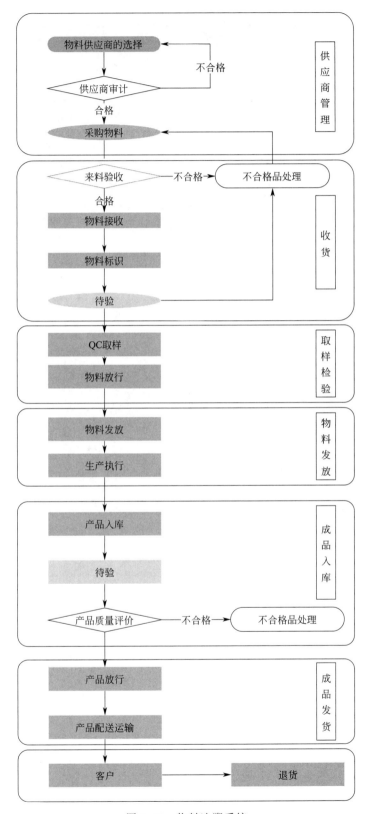

图 9.41　物料追溯系统

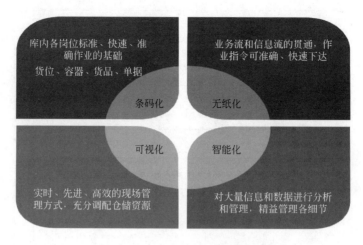

图 9.42　基于新兴技术的物料追溯

图 9.43　智慧工业云

9.3.3　商务智能系统

商务智能简称 BI，BI 报表就是整合企业中现有数据，然后提供出的报表。BI 是一个完整的解决方案，可以有效地集成企业现有的数据，快速准确地提供报表，并为企业决策提供决策依据。虽然 BI 应用程序的结果通常需要报表来展示，但是 BI 不仅仅是报表（图 9.44）。从功能角度看，报表工具一般不能实现多维分析操作，即使实现了钻取等数据分析功能，但是其他功能、性能方面，无法与 BI 相比。BI 的数据库连接功能比较强大，还可以实现多维分析，制作领导驾驶舱，进行图形化建模，实现拖拽自助分析，智能数据挖掘等功能。从软件平台的角度来看，报表软件相对较小型，可以在数据量较小的情况下连接多个业务系统数据库，实现跨数据库的相关查询。报表工程相对简单，投资较小，实施周期较短，效果较快。BI 工程比较复杂，投资大，实施周期比较长，但效果比较好，尤其是在数据整合的数据质量、报表口径统一化、应用性能上有很大的优势。从开发过程来看，一般先是上了报表系统，在发现报表系统的一些问题后，再添加 BI 系统。

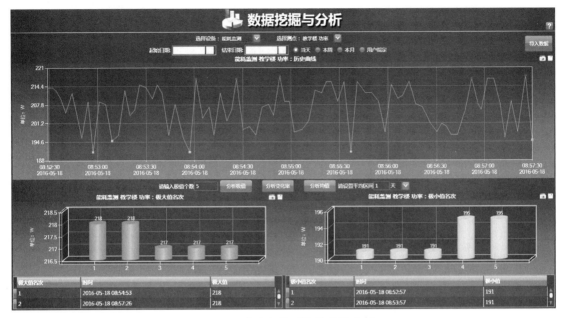

图 9.44　商务智能系统的数据分析

在过去传统的报表时代，有时给用户提供很多报表，仍然没有多大帮助。这主要是由于大量的报表将决策者置于"信息洪流"之中，有用的信息无法直观地表达出来。与过去的传统报表相比，BI 报表对于用户有很多优势。通过 BI 和报表的区别，以及 BI 报表给企业带来的好处，可以得出如下结论：BI 替代报表是发展的趋势和机遇。

- 直观。决策者容易发现问题。
- 即时。BI 的数据采集更容易，也可以支持实时数据。
- 高效。如果有问题，可以及时发现。如果没有问题，也不需要一直关注。这提高了工作效率。
- 深度分析。与报表相比，BI 不仅可以知道数据发生了什么，还可以对数据进行自助分析，知道为什么会发生。之后会做出什么样的决策，这是业务数据思维和数据处理工具整合在一起的解决方案。

数据文化是一个热门话题，它是企业数字化转型的关键（图 9.45）。数据文化是为了使用数据来提高整个员工队伍的能力。数据文化获得了领导和内部社区的积极支持，由具有批判性思考能力的人塑造，这些人在组织的每个层级推广数据驱动型决策。建立数据文化，不仅仅是实施相应的系统，如 PAT、SCADA 与 DSC，在使用信息化系统给我们带来的便利技术同时，还要改变观念、态度和习惯，让数据成为组织的标志性特征，使企业成长为真正的数据驱动型企业，每个人都要有使用数据的意愿并鼓励其他人使用数据。

数据文化的建立离不开以下特定的要素：①信任，领导者为相关人员和数据奠定信任基础，健康的数据文化必须根植于信任。领导信任员工，员工信任数据，所有人彼此信任。了解业务的人可以利用数据自信地决策。有效的数据管控模型可以实现安全的大范围访问，为这些人员提供支持。这样便可以形成单一事实来源，消除团队之间的数据孤岛，建立高度信任的协作关系。因此，数据见解不会被限制在某一个部门内。整个组织都可以使用这些数据见解来找出卓有成效的解决方案。②融合，个体与个体之间，部门与部门之间的融合，根据

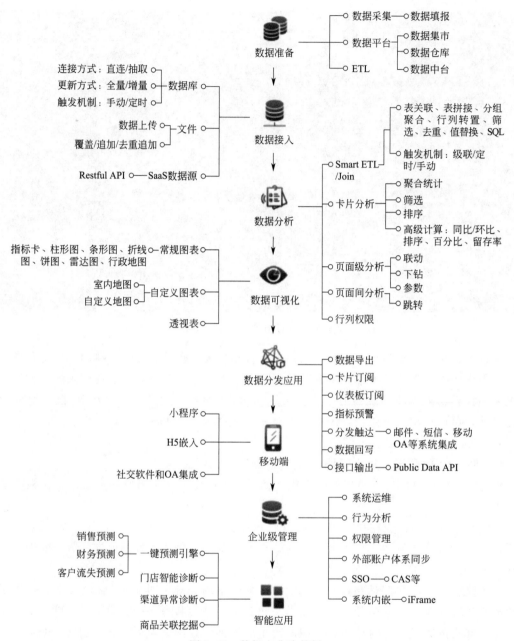

图 9.45　数据文化决策树

跟踪近些年实施过信息系统并成功应用的企业，单纯的"粘贴"导入或引进其他人的数据文化，并强制实行是不行的，因为没法将数字文化割裂开来，单独推行。要使企业具有数据文化，离不开培养其深入到各业务部门，而不能局限于依靠专业人士和机构，要让企业每个人，每个业务部门参与其中，让员工起到推动作用，并有意识地培养他们在数据分析方面的目的性、方向感，从而使数据分析能够有力地支持业务的运营发展。③创新，数字化转型的重点之一，是部门、企业之间的信息互联。系统互联之后，数字化技术涉及的范围，从"系统"级上升为"大系统""超大系统"级别。这时，个性化的特点就变得更加强烈。系统产生的数据需要匹配到人，匹配到部门，那么自然而然就会碰撞出"火花"，而这些"火花"

往往会是通往智慧工厂的基础。

9.3.4　建筑信息模型

建筑信息模型技术（building information modeling，BIM）是 Autodesk 公司在 2002 年率先提出，已经在全球范围内得到业界的广泛认可。它可以帮助实现建筑信息的集成，从建筑的设计、施工、运行直至建筑全寿命周期的终结，各种信息始终整合于一个三维模型信息数据库中，设计团队、施工单位、设施运营部门和业主等各方人员可以基于 BIM 进行协同工作，有效提高工作效率、节省资源、降低成本，以实现可持续发展。BIM 的核心是通过建立虚拟的建筑工程三维模型，利用数字化技术，为这个模型提供完整的、与实际情况一致的建筑工程信息库。该信息库不仅包含描述建筑物构件的几何信息、专业属性及状态信息，还包含了非构件对象（如空间、运动行为）的状态信息。借助这个包含建筑工程信息的三维模型，大大提高了建筑工程的信息集成化程度，从而为建筑工程项目的相关利益方提供了一个工程信息交换和共享的平台。BIM 有如下特征：它不仅可以在设计中应用，还可应用于建设工程项目的全寿命周期中；用 BIM 进行设计属于数字化设计；BIM 的数据库是动态变化的，在应用过程中不断在更新、丰富和充实；为项目参与各方提供了协同工作的平台。中国 BIM 标准正在研究制定中，研究小组已取得阶段性成果。BIM 具有以下 4 个特点。

（1）可视化　可视化即"所见所得"。对于建筑行业来说，可视化的真正运用在建筑业的作用是非常大的，例如经常拿到的施工图纸，只是各个构件的信息在图纸上采用线条绘制表达，但是其真正的构造形式就需要建筑业从业人员去自行想象了。BIM 提供了可视化的思路，让人们将以往的线条式的构件形成一种三维的立体实物图形展示在人们的面前；现在建筑业也有设计方面的效果图。但是这种效果图不含有除构件的大小、位置和颜色以外的其他信息，缺少不同构件之间的互动性和反馈性。而 BIM 提到的可视化是一种能够同构件之间形成互动性和反馈性的可视化。由于整个过程都是可视化的，可视化的结果不仅可以用效果图展示及报表生成，更重要的是，项目设计、建造、运营过程中的沟通、讨论、决策都在可视化的状态下进行。

（2）协调性　协调是建筑业中的重点内容，不管是施工单位，还是业主及设计单位，都在做着协调及相配合的工作。一旦项目的实施过程中遇到了问题，就要将各有关人士组织起来开协调会，找各个施工问题发生的原因及解决办法。然后作出变更，做出相应补救措施等来解决问题。在设计时，往往由于各专业设计师之间的沟通不到位，出现各种专业之间的碰撞问题。例如暖通等专业中的管道在进行布置时，由于施工图纸是各自绘制在各自的施工图纸上的，在真正施工过程中，可能在布置管线时正好在此处有结构设计的梁等构件在此阻碍管线的布置，像这样的碰撞问题的协调解决就只能在问题出现之后再进行解决。BIM 的协调性服务就可以帮助处理这种问题，也就是说 BIM 建筑信息模型可在建筑物建造前期对各专业的碰撞问题进行协调，生成协调数据，并提供出来。当然，BIM 的协调作用也并不是只能解决各专业间的碰撞问题，它还可以解决例如电梯井布置与其他设计布置及净空要求的协调、防火分区与其他设计布置的协调、地下排水布置与其他设计布置的协调等问题。

（3）模拟性　模拟性并不是只能模拟设计出的建筑物模型。还可以模拟不能够在真实世界中进行操作的事物。在设计阶段，BIM 可以在设计上进行模拟实验，例如，节能模拟、紧急疏散模拟、日照模拟、热能传导模拟等；在招投标和施工阶段可以进行 4D 模拟（三维模型加项目的发展时间），也就是根据施工的组织设计模拟实际施工，从而确定合理的施工方案来指导施工；同时还可以进行 5D 模拟（基于 4D 模型加造价控制），从而实现成本控制；后期运营阶段可以模拟日常紧急情况的处理方式，例如地震人员逃生模拟及消防人员疏散模拟等。

（4）优化性　事实上整个设计、施工、运营的过程就是一个不断优化的过程。当然优化和 BIM 也不存在实质性的必然联系，但在 BIM 的基础上可以做更好的优化。优化受 3 种因素的制约：信息、复杂程度和时间。没有准确的信息，做不出合理的优化结果，BIM 模型提供了建筑物的实际存在的信息，包括几何信息、物理信息、规则信息，还提供了建筑物变化以后的实际存在信息。复杂程度较高时，参与人员本身的能力无法掌握所有的信息，必须借助一定的科学技术和设备的帮助。现代建筑物的复杂程度大多超过参与人员本身的能力极限，BIM 及与其配套的各种优化工具提供了对复杂项目进行优化的可能。

《建筑信息模型施工应用标准》是中国第一部建筑工程施工领域的 BIM 应用标准，自 2018 年 1 月 1 日起实施。

BIM 技术作为一种全新的计算机应用技术，在全世界范围内得到了广泛的推广与应用。与传统的建筑设计应用软件相比，用户可以直接运用三维模型进行设计（图 9.46），使得建筑项目的设计进度、设计成本以及设计范围发生了质的变化。BIM 技术具有的优势主要表现在：显著提升设计效率、设计数据可以多次重复利用、系统的协调性增强、设计成本大幅降低、项目设计质量提升、时间成本降低、降低设计与文档的出错率等。可以预见，BIM 凭借其所具有的可视化、协调性、模拟性、优化性以及可出图形等特点，将会在建筑设计、施工等领域得到更为广泛的应用。

图 9.46　BIM 设计图纸示例

当前，在中国制药行业里应用的各种建筑设计、管道施工控制软件技术，均未能够实现从初期的建筑设计到后期的施工、运营的"串联管理"，导致各个阶段的信息源不能最大限度地实现共享，不利于制药车间的安全运行及维护。随着建设单位对建筑物建筑质量要求的不断提高，企业对 BIM 技术的需求量会逐渐增加，这将推动 BIM 技术的应用与发展。制药车间施工过程中，必然会牵扯到制药用水、冷却水、电、暖通等管线的铺设施工，传统控制技术极易发生管线"交叉碰撞"的情形，如果在管线施工过程中应用 BIM 技术建模，对施工过程中各道施工工序（比如管线铺设、预制构件吊装）进行模拟，可以根据模拟过程来分析现场施工过程中有可能发生的冲突、碰撞，然后根据模拟结果制定解决方案，这样既提高了管网铺设的效率，又降低了管网发生"碰撞"的可能性。此外，BIM 建模技术还可以对施工进度进行模拟、控制，帮助决策者制定科学的施工进度方案、计划，以实现对整个工程各个施工阶段的全盘控制与管理，大大缩短了建筑工程施工工期。从一定程度上可以说，基于 BIM 技术基础上搭建的数字化管理平台几乎可以解决建筑项目设计、施工过程中遇到的所有问题。BIM 技术无疑是制药建筑行业里的一场计算机技术应用革命，其作为建筑行业里具有广阔的应用前景的先进技术，由于其涉及不同的应用方、不同的项目实施阶段，需要由系统的、复杂的计算机软件作为支撑，以提高 BIM 技术的应用价值。

在制药用水系统的施工过程中，SKID 模块化设计已经得到了非常广泛的应用，例如纯化水机、多效/热压蒸馏水机、纯蒸汽发生器与水分配系统等模块均推荐采用专业的三维设计软件进行模块化设计并指导组装。模块化组装属于良好工程实施的范畴（图 9.47），模块化组装的应用有利于实现工厂/现场性能测试，节省占地面积、降低生产成本、稳定产品质量且便于操作，完全符合现代制药企业的生产管理理念。在生产准备阶段，设备组装人员需依据工艺文件及操作规程、原材料 BOM 清单、P&ID 图纸、三维设计图纸、SKID 方钢支架图纸和电控柜图纸进行 SKID 的模块化组装。SKID 支架通常选用 304 不锈钢方管，组装完成后，需对设备进行检查与确认工作，按照安装确认与运行确认的相关内容执行，并提供有效执行的工厂测试报告。

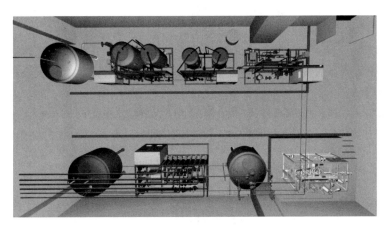

图 9.47　模块化设计

9.3.5　制造执行系统

制造执行系统（manufacturing execution system，MES），面对制药行业全球化的背景和国内制药企业激烈竞争的严峻形势，以及越来越严格的 GMP 管理规范和确认验证要求，制药企业可通过 MES 强化质量管理、提升生产绩效、实现药品生产数据的电子化并保障数据的完整性。MES 能够帮助药品生产企业实现产品质量的全程控制及物料的全程追溯，达成医药制造企业制造过程数据透明，药品质量追溯的核心环节完整闭环，助力药企迈向工业互联及智能制造。在制药行业，MES 的核心功能包括：①处方设计，构建符合 S88 控制标准的工艺与处方配置，实现工艺及 SOP 的多层次、流程化管理，指导生产操作，进行有效的合规性控制；②生产执行，生产过程按照通过处方设计设定的工艺及 SOP 导航执行，过程数据实时采集，生产进度实时跟踪和确认，为电子批记录收集完整的数据；③电子批记录，按生产批次实时收集工序关键过程数据，形成电子批记录，实现数据的实时共享、汇总及分析；④质量管理，提供全过程质量检验和控制、批次质量分析、效期管理、批记录审核、偏差管理等功能。与此同时，MES 的实施有助于实现以下目标。

① 资源管理。通过对设备、物料、人员的综合管理，平衡各方面的关系，达到缩短生产准备时间和生产周期，提高产品质量，全面提升设备利用率，大幅度提高生产排程和调度效率，更有效地利用车间资源，快速提升车间管理能力和管理效率，进一步降低生产成本，有效控制产品的质量问题，大幅度提高在制品追溯速度和准确性，工时管理更加科学合理，减少成品/半成品库存积压，缩短交货时间，及时响应市场变化的目标。

② 生产调度。建立科学、实用的生产排程系统，帮助生产调度人员快速合理地进行生产调度，并可在情况发生变化时可以方便地随时调整作业计划，在保证及时交付的情况下，最大限度地节约生产能源，提高设备生产率和工作效率，减少产品总加工时间。

③ 物料及批次管理。通过在线库存和物料条码管理，实现对生产物料的收、发、存、耗用管理，达到物料库存、消耗和使用状况管理，并通过对产品的制造过程和质量信息进行实时采集，实现产品的制造过程追踪和产品与原料批次之间的双向追踪。

④ 生产过程管理。控制指引制造过程，对产品各工序的生产、检验、维修以及交付过程进行控制和指引，在提高操作效率的同时杜绝作业操作错误的出现。实时监控生产，实现对生产过程的精细化管理和控制。

⑤ 生产质量管理。建立完整的质量管理体系，对原料、生产、检验、交付各环节进行质量保障和质量跟踪，提高产品质量。对缺陷及维修过程进行跟踪和管理，实现有针对性的生产质量改进过程，满足 TS16949 认证中质量管理要求。

⑥ 生产设备管理。通过自动采集和人工辅助结合的方式，对生产设备进行管理，保障生产过程持续正常地进行。

⑦ 文档管理。控制、管理并传递与生产单元有关的信息文档，包括工程图纸、标准工艺规程、数控加工程序等。规范、唯一了工作中使用的文档来源。增加文档的查阅、修订时的安全性、及时性和方便性。

⑧ 现场监控。通过物料库存监控、设备状态监控、生产进度监控、质量状态监控，提高现场管理的灵敏度。

⑨ 自动化采集。通过与生产设备连接的自动化采集过程，实现了数据的集中管理和实时采集，减少了人工录入的时间和差错率，提高了数据的准确性和采集效率。

⑩ 与其他系统的集成。与 SAP 之间实现自动数据交换，使订单的各个执行环节在 SAP 中始终可视，提高 SAP 动态反映的能力，使生产供应各个环节更加协调。提供与外部其他系统的接口，实现与其他供应商/客户的数据输出。

⑪ 数据分析和挖掘。通过生产过程大量采集的现场作业数据，提供满足管理和业务的各类统计查询报表，并为将来的数据挖掘提供翔实的数据。

MES 从 ERP 得到工作单，并将工作任务进行细化、调度、排产，对制造过程进行指引、控制，采集制造过程中的原料批次信息、生产信息和质量信息，并将采集到生产信息及时反馈到 ERP 中，从而使 ERP 及时掌握生产现场的信息。在采集的信息的基础上实现产品、部品之间的双向追踪和统计报表功能。在制造业信息平台中，MES 在计划管理层与底层车间生产控制之间建立了联系，填补了两者之间的空隙。MES 以质量为核心，构建了横向从原辅料采购入库、车间生产质量控制过程至成品出库发货，纵向从生产计划下达、批次生产执行至工艺质量数据收集的整体业务流程合规管控体系。MES 对制药企业中各个层级的人员提供强有力的系统支持，带来整体业务能力的全面提升。同时，MES可提供移动端用于现场作业的执行，实时便捷地执行生产操作及查看关键业务数据（图9.48）。

图 9.48　MES 的移动端操作

第10章

确认与验证

在 GMP 合规性的背景下,制药用水和纯蒸汽系统应出示验证文件,以应对相应的要求或问题。这些文件包括风险评估、图纸、变更控制、校验和预防性维护程序,以证明通过持续质量过程来控制和维护该系统的验证状态。从现代制药工业的发展来看,验证技术已成为支撑制药质量体系（PQS）运行的核心手段；从产品设计、研发、试验、放大生产,直至大生产,验证技术已渗透到全生命周期的所有过程和细节。

验证是建立一个书面的证据,以保证用一个特定的过程始终如一地生产产品并保证符合预先确定规格的质量特性。所有适用的调试确认活动应采用基于风险的方法确认活动的范围、程度,风险评估至少应考虑以下方面：对产品质量的影响、法规需求、系统的复杂程度、系统的新颖性、系统的预期用途以及与供应商的合作情况。从根本上讲,在检查中展示制药用水和纯蒸汽系统验证时,应证明对风险的评估,以建立验证范围和取样计划,对范围内的设备进行确认,并在使用批准的程序和物料,在正常操作条件下进行操作时,记录系统性能确认是否达到预定的可接受标准。验证期间要考虑的变量和取样计划是从风险分析中得出的,并记录在验证草案和报告中。在关闭验证之前,应该对校验、预防性维护、文件和图纸变更控制以及设备变更控制进行确认,以保持持续的验证状态。在进行验证工作时,应始终牢记与这些系统的链接,以便在检查员进行验证时,上述预期的支持系统也可用于审查。

《药品生产质量管理规范（2010 年修订）》中将"验证"定义为：证明任何操作规程（或方法）、生产工艺或系统能够达到预期结果的一系列活动。将"确认"定义为：证明厂房、设施、设备能正确运行并可达到预期结果的一系列活动。美国 FDA 在工艺验证总则指南（1987 年 5 月）中描述："……验证是为确保一个专门的过程……可以持续地生产满足产品的预设规格与质量特征而反复建立的书面依据"。ICH 关于确认的定义："证明并记载设备或辅助系统安装适当、使用正确并实际上产生期望的结果。确认是验证的一部分,但是个别确认步骤并不构成工艺验证"。2021 版《WHO GMP：制药用水》规定：确认可能包括的阶段有起草用户需求说明（URS）、工厂验收测试（FAT）、现场验收测试（SAT）,以及安装确认（IQ）、运行确认（OQ）和性能确认（PQ）,系统的放行和使用应由质量部门（如QA）在确认和验证的适当阶段批准。制药用水系统调试和确认的法规要求需要符合《药品生产质量管理规范（2010 年修订）》中"第七章 确认与验证"的相关要求：

第一百三十八条 企业应当确定需要进行的确认或验证工作,以证明有关操作的关键要素能够得到有效控制。确认或验证的范围和程度应当经过风险评估来确定。

第一百三十九条　企业的厂房、设施、设备和检验仪器应当经过确认，应当采用经过验证的生产工艺、操作规程和检验方法进行生产、操作和检验，并保持持续的验证状态。

第一百四十条　应当建立确认与验证的文件和记录，并能以文件和记录证明达到以下预定的目标：

（一）设计确认应当证明厂房、设施、设备的设计符合预定用途和本规范要求；

（二）安装确认应当证明厂房、设施、设备的建造和安装符合设计标准；

（三）运行确认应当证明厂房、设施、设备的运行符合设计标准；

（四）性能确认应当证明厂房、设施、设备在正常操作方法和工艺条件下能够持续符合标准；

（五）工艺验证应当证明一个生产工艺按照规定的工艺参数能够持续生产出符合预定用途和注册要求的产品。

第一百四十一条　采用新的生产处方或生产工艺前，应当验证其常规生产的适用性。生产工艺在使用规定的原辅料和设备条件下，应当能够始终生产出符合预定用途和注册要求的产品。

第一百四十二条　当影响产品质量的主要因素，如原辅料、与药品直接接触的包装材料、生产设备、生产环境（或厂房）、生产工艺、检验方法等发生变更时，应当进行确认或验证。必要时，还应当经药品监督管理部门批准。

第一百四十三条　清洁方法应当经过验证，证实其清洁的效果，以有效防止污染和交叉污染。清洁验证应当综合考虑设备使用情况、所使用的清洁剂和消毒剂、取样方法和位置以及相应的取样回收率、残留物的性质和限度、残留物检验方法的灵敏度等因素。

第一百四十四条　确认和验证不是一次性的行为。首次确认或验证后，应当根据产品质量回顾分析情况进行再确认或再验证。关键的生产工艺和操作规程应当定期进行再验证，确保其能够达到预期结果。

第一百四十五条　企业应当制定验证总计划，以文件形式说明确认与验证工作的关键信息。

第一百四十六条　验证总计划或其他相关文件中应当作出规定，确保厂房、设施、设备、检验仪器、生产工艺、操作规程和检验方法等能够保持持续稳定。

第一百四十七条　应当根据确认或验证的对象制定确认或验证方案，并经审核、批准。确认或验证方案应当明确职责。

第一百四十八条　确认或验证应当按照预先确定和批准的方案实施，并有记录。确认或验证工作完成后，应当写出报告，并经审核、批准。确认或验证的结果和结论（包括评价和建议）应当有记录并存档。

第一百四十九条　应当根据验证的结果确认工艺规程和操作规程。

10.1 验证生命周期

制药用水系统验证的目的是建立一个书面的证据，以保证用一个特定的过程始终如一地生产制药用水并保证符合预先确定规格的质量特性。要进行验证工作，就必须按照验证生命周期设计出一套完整的验证主计划及有效的测试方法。通过系列化的研究来完成的过程称为生命周期，验证生命周期以制定用户需求说明为起点，经过设计阶段、建造阶段、安装确认、运行确认和性能确认来证实用户需求说明是否完成的一个周期，图 10.1 是验证生命周期的常用模型，通常可将制药用水系统新建项目调试确认活动分为 4 个阶段，即需求计划阶段、设计阶段、调试阶段和确认阶段。

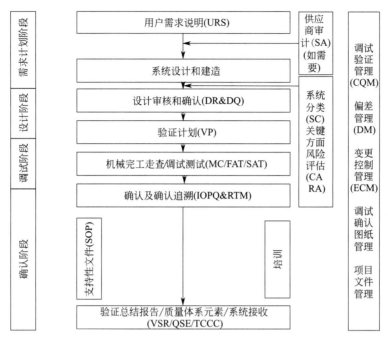

图 10.1　验证生命周期示意

为了更好地理解验证生命周期的概念，首先应该了解一下制药用水和纯蒸汽系统生命周期的阶段及各个生命周期内环节的关系。《国际制药工程协会 良好实践指南：制药用制药用水和纯蒸汽系统调试与确认》尝试把项目管理、调试和确认、日常操作相结合到验证生命周期这个概念内，详细描述了制药用水和纯蒸汽验证生命周期各元素（表 10.1）。

表 10.1　制药用水和纯蒸汽系统的验证生命周期

验证项目任务	项目启动/概念设计	初步设计/详细设计	采购和施工	调试确认/项目完成	日常操作
项目控制 ● 组织验证团队 ● 确定成员职责 ● 制定费用控制和进度表 ● 项目执行计划 ● 项目验证计划	✓				
设计阶段 ● URS ● P&ID 确认 ● FS ● DS ● 系统安全设计审核 ● 部件影响性风险评估 ● 关键质量属性和关键工艺参数评估 ● 最终设计审核		✓			

验证项目任务	项目启动/概念设计	初步设计/详细设计	采购和施工	调试确认/项目完成	日常操作
调试与确认 ● 项目调试和确认计划 ● CCT 确认		✓			
采购和施工 ● 水系统建造和施工 ● 供应商文件/交付包 ● 施工相关操作规程的确认			✓		
调试 ● FAT ● 开机试车 ● 调试活动 ● SOP 和预防性维护指南 ● 取样				✓	
确认 ● IQ/OQ/PQ 方案编写 ● IQ/OQ/PQ 方案执行 ● 最终报告				✓	
项目结束和文件移交 ● 项目关闭和交付				✓	
日常质量监控 ● 化学纯度 ● 微生物水平 ● 细菌内毒素 ● 工厂特殊质量标准和参数					✓
定期的质量回顾					✓
维持系统的验证状态 ● 根据项目变更水平或者定期质量回顾的结果采取相应的措施 ● 位置变化,可能重新制定 URS					✓

（1）设计阶段　对制药用水和纯蒸汽系统项目信息了解后进入设计阶段并形成文件，验证生命周期的 V 模型描述了在确认过程中进行测试的 3 类文件，分别是用户需求说明、功能说明和设计说明。根据项目执行的策略和大小可以将这些文件合并在一起。然而，相关测试需求仍然需要分成 3 个阶段，在不同确认阶段的测试项目应重点考虑文件中描述的要求。制药企业提出的其他技术要求同样需要进行测试，比如 EHS 或者其他不影响产品质量的项目，都需要测试并形成文件记录以满足特定的要求，这些可能会是交付的调试测试计划和报告的一部分。GMP 要求的测试项目必须包含在确认方案中。

（2）用户需求说明　用户需求说明（URS）在概念设计阶段形成，并在整个项目生命周期内不断审核及更新。用户需求说明应该在详细设计之前定稿，并避免在确认活动开始之后进行重大变更，这样会浪费大量时间来修改确认方案及重复测试。在最终设计确认过程中应对用户需求说明进行详细审核以保证设计情况满足用户期望。用户需求说明的审核结果可以汇总到最终设计确认报告中。

用户需求说明应该说明制药用水和纯蒸汽系统在生产和分配系统的要求。一般来讲，用户需求说明应该说明整体要求，制药用水和纯蒸汽系统的性能要求，这些说明会定义出关键质量属性的标准，包括水和蒸汽质量说明，例如 TOC、电导率、微生物及细菌内毒素等。水系统设计要求有可能受供水质量、季节变化等因素的影响。供水的质量应该在功能设计说明与详细设计说明中注明。用户需求说明应该说明直接影响的制药用水和纯蒸汽系统的用途，这些项目应该在性能确认中进行测试和确认，测试要求应该注明。任何一个用户需求说明性能要求标准的变更都需要在 QA 的变更管理下进行（图 10.2）。

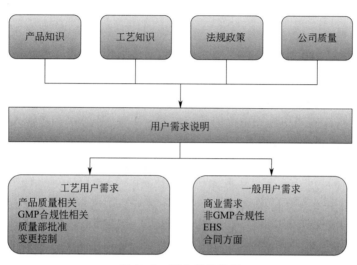

图 10.2　用户需求流程

供应商管理是为了确保项目过程中的供应商选择、评估和管理等活动能更好地建立供应商质量信心。供应商评估的因素包括但不限于：供应商提供的系统或服务的新颖程度、公司对拟采购系统或服务的熟悉程度、该供应商是否已在公司现有的合格供应商名录、供应商的资质；供应商的质量体系、供应商提供的系统或服务对公司 GMP 的关键性的影响程度与供应商提供的服务内容。项目供应商评估可采取基于风险的策略，根据不同的风险决定采取以下不同的策略完成供应商评估：合格供应商名录中是否已有可提供此类服务或系统的供应商、进行问卷调查、现场审计与豁免评估。制药用水系统或 GMP 相关服务、物料、耗材提供商不可豁免评估，且必须由 QA 经理批准之后方可使用。

（3）功能说明　功能说明（FS）可以是一个或者多个文件，描述直接影响的制药用水和纯蒸汽系统如何来执行功能要求。一般来说，进行采购和安装之后，功能说明的功能应该在调试和运行确认中测试和确认。功能说明应该包括如下内容。

- 制药用水或纯蒸汽系统规定的容量、流速。
- 制药用水制备系统的供水质量。
- 报警和信息。
- 用水点要求。流速、温度、压力。
- 储存与分配系统的消毒方式。
- HMI 的画面形式。
- 工艺控制方法包括输入、输出、联锁的结构。
- 电子数据储存及系统安全。

（4）设计说明 设计说明（DS）可以是一个或者多个文件，用来描述如何建造直接影响的制药用水和纯蒸汽系统。一般来说，采购施工和安装完成后，设计说明在安装确认中进行测试及确认，具体内容如下。

- 建造水系统的材料，如何保证水和蒸汽的质量。如果没有采用这些材质，可能会造成污染、腐蚀和泄漏。
- 离心泵、热交换器、储罐及其他设备功能说明包括关键仪表。
- 正确的设备安装。错误的设备安装如超滤模块、反渗透单元、去离子设备会导致的系统性能问题。
- 系统的文件要求。
- 储罐呼吸器操作（如，完整性检测与电加热）。
- 水处理系统的描述（如，工艺流程图 P&ID），供水质量和季节变化对系统的影响。
- 电路图，这些图纸可以用来对系统的构造检查和故障诊断。
- 硬件说明，构造样式和自控系统的硬件说明（可以参见 GAMP 5）。

（5）系统影响性评估 每一个水系统都有它的功能作用，根据图纸在物理上的可分割性对水系统进行界限的划分。了解直接影响、间接影响、无影响系统之间的区别非常重要，所有划分的系统都应该进行系统影响性评估。直接影响系统包括以饮用水为原水的整套制水设备、纯化水/注射用水储存和分配管网系统、纯蒸汽发生器等；间接影响系统为直接影响系统提供支持，例如工业蒸汽和冷冻水系统、市政水系统或饮用水系统（饮用水的水质需要有长期的日常监测记录文件做支持）；无影响系统对水系统无影响，例如卫生用水、设备操作运行的支持系统但是对水质无影响的系统、电力系统和仪表压缩空气系统等。

（6）部件关键性评估 组成系统的部件一般是在 P&ID 图上有唯一编号的，部件也可能是操作单元或者小型设备（多介质过滤器、超滤、活性炭过滤器、RO 单元、热交换器、泵、UV 灯等）。关键部件是指操作、接触、控制数据、报警或者失效对水和蒸汽质量是直接影响的部件，例如，纯化水制备系统中 RO/EDI 最终工艺步骤；WFI 分配系统中温度传感器（用于微生物控制）；在线 TOC 分析仪与在线电导率分析仪。

非关键部件是指操作、接触、控制数据、报警或者失效对水和蒸汽质量是间接或者无影响的部件，虽然这些部件不会影响最终水质但是其操作会影响下游设备的使用寿命与安全。制药用水和纯蒸汽系统中的非关键部件包括：多介质过滤器排放管路的压力表；软化器供水的温度表；预处理系统的在线过滤器与多介质过滤器和软化器等。

非关键的仪器包含非关键的部件。从设计到采购和操作，这些仪器应该在 GEP 的管理范畴。对于非关键性仪器，可追溯性、维护和校准要求要比关键仪器要求低。对于非关键性部件，一般需要进行的确认活动包括：仪表适用性、技术参数、材质及内部结构的审核；校准和维护管理计划；检查、可追溯性和更换管理；失效分析（视情况而定）；仪表精度的重要性与仪表维护后精度的重要性。

在直接影响的制药用水和纯蒸汽系统中，组成系统的各个部件应该评估对最终水质的影响。所有的有"部件编号"的工艺单元或者部件都应该评估，评估应该采用风险分析的方法。一个工艺步骤单元（比如多介质、软化器）是非关键步骤那么所有组成部件被认为是非关键部件。如果某个工艺单元在其系统中的重要性越高，那么这个工艺单元会包括越多的关键部件。

（7）风险评估 风险评估用于确定出所有的潜在危险及其对患者安全、产品质量及数据完整性的影响，应对药品生产全过程中的制药用水和纯蒸汽系统可能存在的潜在风险进行评估。根据风险评估的结果来决定验证活动的深度和广度，将影响产品质量的关键风险因素作为验证活动的重点，通过适当增加测试频率、延长测试周期或增加测试的挑战性等方式来证实系统的安全性、有效性、可靠性。连续生产的制药用水系统数据趋势分析可以作为风险评估的一部分。这些数据可以说明该直接影响的水系统处于验证的状态（这些记录文件可以证明水质持续合格）。不正常的或者不符合预期的水质趋势，实际数据的变化都说明该系统应该停止使用（SOP审核、重新确认），以纠正水质关键属性的超标趋势。

10.1.1 验证主计划

尽管大多数监管机构尚未对调试、确认和性能/工艺验证的要求进行编纂，但仍需要足够的最佳实践文件和监管指南来建立制药用水和纯蒸汽系统验证流程的基本规则。通常在制药用水和纯蒸汽系统中，设计的某些方面是通过工厂验收测试（FAT）和/或现场验收测试（SAT）进行调试的，或者是对已安装管道的施工图进行调试。所有其他测试均使用安装确认（IQ）和/或运行确认（OQ）草案，以及必要时使用性能确认（PQ）草案完成。任何新的制药用水和纯蒸汽系统安装或重大修改，都应以验证主计划为开始点，并以详细的验证摘要报告以及需求可追溯性矩阵结束。

验证主计划是为整个制药用水项目及总结生产者全部的观点和方法而建立的保护性验证计划。它是一份较高层次的质量文件，用来保证制药企业验证执行的充分性。验证主计划提供了总的验证策略和验证工作程序的信息，并说明了执行验证工作时间的具体安排，包括与验证计划相关责任的统计（表10.2）。编制时间进度时，验证人员需通过前期验证主计划搜集的信息考虑里程碑的时间。编制时要注意各个水系统的验证前提条件，例如纯化水系统性能确认完成后才能进行注射用水系统和纯蒸汽系统的性能确认；纯蒸汽系统性能确认完成之后才能进行湿热灭菌柜等使用纯蒸汽的设备的运行确认；纯蒸汽性能确认完成之后才能进行在线湿热灭菌工艺验证。验证主计划的制定与验证设备和实施人员密不可分，要充分了解所需验证的设备和参与人员的数量。

表 10.2　调试与确认的职责区别

调试（FAT/SAT）	确认（IQ/OQ/PQ）
供应商责任	业主责任
目的在于发现并解决问题	证明工艺过程与设计规范一致且可控
无须审批确认；结合验证进行	多数根据审批确认方案进行
通常由供应商进行	由业主进行
无须记录和审核所有数据和调试	所有数据和调试都需进行记录和审核
如无要求，则无须写报告	要求写报告
由设计/项目团队进行验收审核	由质量保证人员审核、审批

调试（FAT/SAT）应该是一个有良好计划、文件记录和工程管理的用于设备系统启动和移交给最终用户的方法。其保证制药用水设备和系统的安全性能和功能性能均能够满足设计要求和用户期望。确认活动（IQ/OQ/PQ）提供由质量部门审核通过的文件记录，这些记录证明用户接收到的制药用水设备或者系统可以持续生产和分配符合一定质量标准的制药用水和纯蒸汽。

水系统的操作者应该特别关注调试和确认计划，此计划可以提高调试和确认的效率，并减少时间、人力与物力等费用。调试和确认计划应该确保所有的确认活动全面而且不重复。例如，一个好的计划可以利用 FAT/SAT 完成所有的调试和确认活动。对于制药用水和纯蒸汽系统来说，将调试和确认活动整合在一起也许是有利的。然而，在 FAT 中能够实现的调试和确认的活动多取决于支持设备的能力，厂房设施等条件是否具备。整个项目中关于 FAT/SAT 和 IQ/OQ/PQ 的方法应该合理计划并参考 FAT 和 SAT 中积累的信息。质量部门应该参与调试和确认计划的建立。制药用水系统的设计思路源于最终用户对平均用水量、瞬间最大用水量及水质的要求。制药用水制备和分配系统的取样结果应该符合设计或规范要求。调试和确认计划应制定取样计划，以判定是否满足 URS、水质要求，并为"了解工艺"提供支持。

确认活动是保证所有的影响水和蒸汽质量的活动和项目都包括在工程计划范围内，并且按计划执行且有文件记录。一个有质量部门参与的良好调试计划，可以使确认过程对调试中执行并记录的活动进行复核，而不是简单的重复，IQ 和 OQ 方案可以简单对 FAT/SAT 调试过程中执行的所有影响水和蒸汽质量的活动（文件记录）进行复核。如果有项目在调试中没有进行检查，那么在确认方案中应该对其进行详细描述并执行。在良好的计划的基础上，确认活动可以在 FAT 和 SAT 中执行。对于微小的系统改动，企业可以不进行调试，直接在确认方案中测试其是否满足要求。如果这样，在确认方案中应该说明系统为微小的改动并经过质量部门批准后进行确认。质量部门尽早介入调试和确认计划是很重要的，这有利于文件记录的审核和批准，也可以保证后期的确认活动更容易执行和满足要求。

验证主计划中应当要对完成整个验证工作所需的人员、设备和其他特殊要求进行合理评估，包含整个项目的时间安排及子项目的详细规划，这个时间安排可以包括在验证矩阵中，也可以单独编制。验证时间安排应进行定期更新，推荐使用计算机软件绘制"验证甘特图"。一旦设备列表和系统影响性评估完成，应当制定一个详细的验证日程表，并完成对系统测试先后顺序的确定，以及系统相互独立性和它们支持设施的确定。一个新建或改造水系统设施的测试顺序应该整合确定工作和总体建造、调试、启动的时间表，以便能协调工程承包商的工作和相关的文件工作。每一个设备、控制或系统通过评估确定其先后顺序，目标是使重复作业最少化，以及确保执行的程序已经包含了用来支持确认工作的良好的工程和相关文件工作。

（1）关键公用系统的验证计划　验证计划应描述系统，并结合基于产品质量的风险评估过程。它应列出在每个测试阶段将执行的活动：调试、确认和性能/工艺验证。应当明确定义制药用水和纯蒸汽系统的预期用途，以便审查验证计划的检查员可以知晓应测试的最低标准。如果制药用水和纯蒸汽系统的安装或修改是较大设计或工厂改造的一部分，则应为验证计划中的某些制药用水和纯蒸汽系统制定子计划。因为通常在初始设计时，尚不清楚供应商和供应商文档在纯化水或注射用水系统验证中的作用。子计划可以防止完全重构更广泛的验证计划的需求，并且可给检查员提供一个可用的简化包。

验证计划可接受性的批准应从系统用户的管理部门获得。通常，这些批准者是生产/包装操作、实验室管理、工程，自动化/信息化和工厂质量管理代表。该计划应说明如何使用调试文档，以及 FAT 和 SAT 将利用哪些测试数据。利用供应商的 FAT 和 SAT 文档，可以缩短从构建到实际运行的时间。验证计划应定义系统可交付成果。制药用水和纯蒸汽系统的典型系统可交付成果如下。

- 验证计划。
- 用户需求质量标准。
- 系统风险评估。
- 功能需求规范或详细设计规范。
- 测试草案。
- 程序。
- 培训计划。
- 放行要求。

在生命周期的早期阶段，开发系统运行所需程序的清单可能会有所帮助。这些程序包括用于操作、维护、取样和检验。

（2）**调试文件** 典型的调试文件包括任何的 FAT 或 SAT。通常，FAT 和 SAT 仅发生在供应商提供的自动设备和液体储罐上，但可以包括分配系统组件。此外，一些公司更喜欢在调试文件中包括管道验证。应当研究管道，以确认等轴测图和坡度；但是，可以在调试文档中或 IQ/OQ 的安装部分中完成。

（3）**确认文件** 根据公用系统的大小，可能会有组合性的安装确认/运行确认或单独的 IQ 和 OQ。将安装确认/运行确认划分为不同的草案，仍然需要在执行 OQ 之前完成大多数 IQ。OQ 的深度将取决于要利用多少来自供应商 FAT 和 SAT 的数据。这里的目标是，对于被认为可以接受的测试不要重复进行，前提是通过风险评估，有理由认为可以将功能转移到最终安装工厂，并且供应商文档符合良好文件实践。决定和理由应在验证计划中记录并批准。

（4）**性能确认** 根据公用系统类型，可能需要性能确认。直接影响的公用系统，例如所有制药级的水，也需要性能验证。在 PQ 期间进行取样，以证明符合药典参数，包括 TOC、电导率和微生物要求。该取样应根据取样计划进行。

（5）**生命周期验证和再验证** 所有制药用水和纯蒸汽系统都应成为工厂定期回顾过程的一部分。此过程应审查与系统相关的所有变更控制、纠正与预防措施（CAPA）以及对取样结果、系统性能趋势、预防性维护和校验指标的常规监测。考虑到系统对产品质量的潜在影响，频率应基于风险。定期回顾的目的是评估制药用水和纯蒸汽系统上发生的情况，并确定是否需要再确认、安装确认和/或运行确认测试。对是否需要附加确认的评估，应基于定期回顾的总体考虑。如果定期回顾确定了由于系统变更而导致的风险，而这些变更并未通过适当的书面测试得到充分缓解，则应制定并执行再验证计划，以证明系统仍处于控制状态。

（6）**退役和退出** 在退役过程之前，应安装替换性的公用系统，并适当地证明其符合工厂程序的要求。制药用水和纯蒸汽系统退役通常是通过拆卸需要更换的设备来完成的。在现有公用系统的退役过程开始之前，应编写并组织变更控制，以确保替换性的公用系统到位，并获得适当确认。为替换性公用系统建立单独的变更控制，可能是有帮助的，可以在启动淘汰旧公用系统的变更控制之前，关闭该变更。退役活动应记录相关记录的修订或取消，例如维护记录、预防性维护记录、校验记录、工程图、库文件和 SOP。此外，关键仪器的校验应在拆卸之前完成，以确认系统在使用结束时符合要求，并关闭校验期。

（7）**规程** 通常，制药用水和纯蒸汽系统至少具有标准操作规程、取样与属性检测规程，以及维护规程。它们应受工厂有关规程的约束，这些规程如变更控制、培训、CAPA、偏差和调查以及验证/确认，与系统有关的所有规程都应记录在 IQ 测试规程中。

10.1.2 设计确认

设计确认（DQ）应该持续整个设计阶段，从概念设计到安装确认之前，它是一个动态的过程。在施工之前，制药用水系统的设计文件（P&ID、FS 与 DS 等）都要逐一进行检查已确保系统能够完全满足 URS 及 GMP 中的所有要求。设计确认的形式是多样和不固定的，会议记录、参数计算书、技术交流记录、邮件等都是设计确认的证明文件。目前，制药企业通用做法是在设计文件最终确定后总结一份设计确认报告，其中包括对 URS 的审核报告。表 10.3 列出了制药用水与纯蒸汽系统的设计确认报告中应该包含的内容。

表 10.3　制药用水与纯蒸汽系统的设计确认内容

编号	DQ 检查内容
散装纯化水与散装注射用水系统	
1	设计文件的审核：制药用水制备和分配系统的所有设计文件（URS、P&ID、FDS、PID、计算书、设备清单、仪表清单等）内容是否完整、可用且经过批准
2	制药用水制备系统的处理能力：审核制备系统的设备选型、物料平衡计算书，是否能保证用一定质量标准的供水制备出合格的纯化水、注射用水或者纯蒸汽，产量是否满足需求
3	制药用水储存和分配系统的循环能力：审核分配系统泵的技术参数及管网计算书确认其能否满足用点的流速、压力、温度等需求，分配系统的运行状态是否能防止微生物孳生
4	制药用水系统设备及部件：制备和分配系统中采用的设备及部件的结构、材质是否满足 GMP 要求。如与水直接接触的金属材质以及表面粗糙度是否符合 URS 要求，反渗透膜是否可耐巴氏消毒，储罐呼吸器是否采用疏水性的过滤器，阀门的垫圈材质是否满足 GMP 或者 FDA 要求等
5	制药用水系统仪表确认：制备和分配采用的关键仪表是否为卫生型连接，材质、精度和误差是否满足 URS 和 GMP 要求，是否能够提供出校验证书和合格证等
6	制药用水系统管路安装确认：制备和分配系统的管路材质、表面粗糙度是否符合 URS，连接形式是否为卫生型，系统坡度是否能保证排空，是否存在盲管、死角，焊接是否制定了检测计划
7	制药用水系统消毒方法的确认：系统采用何种消毒方法，是否能够保证对整个系统包括储罐、部件、管路进行消毒，如何保证消毒的效果
8	制药用水控制系统确认：控制系统的设计是否符合 URS 中规定的使用要求。如权限管理是否合理，是否有关键参数的报警，是否能够通过自控系统实现系统操作要求，关键参数数据的存储
纯蒸汽系统	
1	纯蒸汽系统设计文件的审核：制备和分配系统所有设计文件（URS、FDS、P&ID、计算书、设备清单、仪表清单等）内容是否完整、可用且是经过批准的
2	纯蒸汽的质量标准：制备和分配的蒸汽质量是否满足工艺的要求
3	纯蒸汽发生器的原水质量及供应能力：纯蒸汽的供水通常使用纯化水或者注射用水，如果采用饮用水必须经过适当的预处理。纯蒸汽的制备工艺必须考虑去除细菌内毒素、不凝性气体等
4	纯蒸汽用汽点的用途、压力、流速等要求：通常是通过表格将所有的用点信息进行汇总，包括用途、使用压力、流速要求、使用时间等，评估系统设计是否满足各用点以及峰值使用量
5	纯蒸汽系统材质的要求：纯蒸汽系统通常采用 316 或者 316L 级别的不锈钢，至少采用机械抛光，管道需要卫生型连接

编号	DQ 检查内容
纯蒸汽系统	
6	纯蒸汽系统管道及疏水装置安装:纯蒸汽管道应尽量采用焊接和卫生型连接形式,卫生型球阀在蒸汽系统中是可接受的。水平管网需要有坡度,主管网和各用点需安装疏水装置及时排除冷凝水
7	纯蒸汽系统的在线监测及日常取样:通常对纯蒸汽发生器的出口通过在线冷凝器的方法监测冷凝液的电导率,出口温度和压力,分配系统需根据实际使用要求及潜在的风险来决定是否需要在线监测,但是系统设计必须保证能够离线取样

制药用水和纯蒸汽系统给产品带来了很高的风险;因此,人们对图纸与文件的编制和风险管理水平寄予厚望,制药用水系统文件(包括图纸)必须是最新的。图纸是文档的一种形式。安装确认应包括但不限于以下各项:根据工程图和质量标准,确认部件、仪器、设备、管道工程和服务的正确安装。从法规的角度来看,没有明确要求直接引用附图,但它们被认为是系统设计和确认文档的一部分。

(1)图纸概述 清楚地了解图纸在水系统的设计、构造和确认期间很重要。在水系统的整个生命周期中,从多个方面(包括培训,变更控制和操作),都可以看到系统图纸的重要性。出于不同原因,有几类重要的工程图,这些图必须保持最新,并应包括所做的所有变更,按照重要性的顺序(从监管角度看)包括:①工艺图,建议生产商使用充分详细和已开发的 P&ID,并使用这些图纸来支持其操作和检查接待。工艺流程图可替代 P&ID。但是,建议谨慎使用,因为这会导致在多个图形上覆盖相同的内容,并且必须将内容在两个文件上进行维护。②等轴测图和分配管道布局。③电气和控制图/文件。

作为维护系统验证状态的一部分,手册、详细的设备布局和总体布置图应保持最新,并在检查过程中应要求提供。在执行系统变更(计划的或纠正性维护)时,一项重要的活动是更新主工程图集,以反映系统变更。否则,将无法维护系统的验证状态(系统的文档化)。与已验证的系统有关的所有文档都应受到适当控制。

(2)主图纸 所有者应维护和控制其制药用水和纯蒸汽系统的主图纸。图纸应准确反映工厂安装的内容,并且如上所述,应进行更新以反映系统的修改和变更。

(3)管道和仪表图 有一些 GMP 活动依赖于准确的图纸。这些活动从法规的角度按重要性列出如下,其中包括对图纸内容的建议。

① 水系统取样和 POU。图纸应反映系统的 POU 和取样点。在工艺流中,它们应该在数量上和位置上准确地表示在图纸中。不是所有取样点都需要常规取样。注意:在线/离线测量的 TOC 和电导率被视为样品,也必须在图纸上显示。如果使用,还应显示快速微生物学、细菌内毒素或其他测量方法。尽管《国际制药工程协会 良好实践指南:制药用水、蒸汽和工艺气体的取样》将 POU 管道标识为在水系统的系统边界之内,但通常在水系统图纸上不显示互连的 POU 管道。最佳实践是在水系统图纸上显示页面外连接,参考页面外连接可以在其中找到管道的图纸编号,并可能在注释中指出在另一幅图中显示了取样阀。其他关键仪器应显示。

② 回路回水压力。用于证明回路始终处于充分加压状态,从而确保水从回路中流出,并且降低了污染物进入的风险。

③ 回路温度。用于显示水系统回路末端的受控温度(热分配系统的最低温度,冷分配

系统的最高温度）。

④ 用于消毒的仪器。基于热的消毒温度和其他工艺温度要求。

⑤ 溶解臭氧（用于利用臭氧消毒的系统）。可能需要在返回回路进行消毒工艺时使用臭氧传感器。如果记录并执行了适当的步骤，使用手持设备采集样品也是可以接受的。在供路紫外线仪器前后可能各需要一个臭氧传感器，以证明已去除了臭氧。

⑥ 流量（如果使用）。以验证水的输送或确认流速，需要注意的是，水分配系统并非总是需要流量。

⑦ 储罐液位。用于工艺控制。

⑧ 爆裂指示。爆破片完整性/储罐内容物。

⑨ 排气过滤器温度。

图纸上的组件应使用为每个组件提供唯一标识符的标记/编号系统（在图纸上和现场）进行标识。这有助于定位设备以允许正确执行 SOP 和预防性维护。应当显示卫生型卡箍（在 P&ID 或等轴测图上）或计数，以方便更换垫片进行维护。水系统 P&ID 应该用作员工培训计划的一部分，因为 P&ID 提供了整个工艺的流程图，并有助于理解系统的操作及其与其他系统的关联性。培训应从高水平的图纸开始，该图纸也用于支持检查。

标记正确的 P&ID 与标记正确的现场设备相结合，有助于最大限度地减少校验混淆的风险。如果错误地取出了不正确的（并且可能正在使用中的）仪器进行校验，也可能是一个安全问题。在进行监管检查期间，建议将图纸作为检查系统的概述，供检查员检查。主要建议是将系统 P&ID 用于此目的。建议将 P&ID 同时打印为完整尺寸和小报尺寸纸张（为了便于携带）。工艺流程图是一个很好的绘图过程，该图纸的格式应适合便携式打印格式（最好是信纸或小报尺寸），以便在现场进行查看。所有这些图纸都必须是变更控制系统的一部分，并进行适当的管理和打印，以确保在检查期间可以查看，使用和显示最新的图纸。

（4）等轴测图和管道布局图 根据 GEP，等轴测图和管道布局图对于确保可以找到管道并可以准确进行修改非常有用。进行修改后，应更新这些图纸。如果设施位于地震活跃区域和/或对系统的排水能力至关重要（对于常规化学消毒的系统），建议定期对坡度进行校正，并可以在等轴测图上记录。当使用 PM 替换卫生型管夹垫片时，这些图可用于定位接头，尤其是可用于定位位于主机械室外部的接头。

（5）电气图 检查员通常不要求提供电气图纸。就 GEP 而言，电气图纸与系统维护有关，它可用于支持校验、故障排除和需要更换组件的故障维护。对于电气外壳内的组件，在维护系统中并非总是单独跟踪的。与仪表、PLC 和 HMI 有关的图纸需要特别注意。如果不在计算机系统中，则电气图纸材料清单（BOM）是面板中实际内容以及替换组件规范的唯一记录。同样，与仪表、PLC 和 HMI 有关的图纸可能会有用，建议将其保持最新状态并在检查过程中使用。

10.1.3 安装确认

安装确认（IQ）是通过现有文件记录的形式证明所安装或更改的制药用水与纯蒸汽系统符合已批准的设计和生产厂家建议和/或用户的要求。在安装确认中，一般把制药用水的制备系统和储存分配系统分开进行。安装确认需要的文件包括（不限于）：由质量部门批准的安装确认方案；竣工文件包（工艺流程图、管道仪表图、部件清单、电气设计文件及参数手册、电路图、材质证书和必要的粗糙度证书、焊接资料、压力测试清洗钝化记录等）；关键仪表的技术参数及校准记录；安装确认中用到的仪表的校准报告和合格证；系统操作维护手册；系统调试记录如 FAT 和 SAT 记录。表 10.4 列出了制药用水与纯蒸汽系统的安装确认报告中应该包含的内容。

表 10.4　制药用水与纯蒸汽系统的安装确认内容

编号	IQ 检查内容
散装纯化水与散装注射用水系统	
1	制药用水系统竣工版的工艺流程图、管道仪表图或者其他图纸的确认:应该检查这些图纸上的部件是否正确安装、标识,位置正确,安装方向,取样阀位置,在线仪表位置,排水空气隔断位置等。这些图纸对于创建和维持水质以及日后的系统改造是很重要的。另外系统轴测图有助于判断系统是否保证排空性,如有必要也需进行检查
2	制药用水系统部件和管路材质和表面粗糙度:检查系统的关键部件的材质和表面粗糙度是否符合设计要求。比如制备系统可对反渗透单元、EDI 单元进行检查,机械过滤器、活性炭过滤器及软化器只需在调试中进行检查。部件的材质和表面粗糙度证书需要追溯到供应商、产品批号、序列号、炉号等,管路的材质证书还需做到炉号和焊接日志对应,阀门亦需保证炉号、阀门序列号、数量与机械部件清单以及实际的安装情况相对应
3	制药用水系统焊接及其他管路连接方法的文件:这些文件包括标准操作规程、焊接资质证书、焊接检查方案和报告、焊点图、焊接记录等,其中焊接检查最好由系统使用者或者第三方进行,如果施工方进行检查应该有系统使用者的监督和签字确认
4	制药用水系统管路压力测试、清洗钝化的确认:压力测试、清洗钝化是需要在调试过程中进行的,安装确认需对其是否按照操作规程成功完成进行检查并且文件记录
5	制药用水系统坡度和死角的确认:系统管网的坡度应该保证能在最低点排空,死角应该满足 3D 或者更高的标准保证无清洗死角(纯蒸汽系统和洁净工艺气体系统的死角要求参考 GEP 的相关规定)
6	制药用水系统公用工程的确认:检查公用系统,包括电力连接、压缩空气、氮气、工业蒸汽、冷却水系统、供水系统等已经正确连接并且其参数符合设计要求
7	制药用水自控系统的确认:自控系统的安装确认,一般包括硬件部件的检查、电路图的检查、输入输出的检查、HMI 操作画面的检查、软件版本的检查等
8	制药用水系统部件的确认:安装确认中检查部件的型号、安装位置、安装方法是否按照设计图纸和安装说明进行安装。如分配系统热交换器的安装方法,反渗透膜的型号、安装方法,取样阀的安装位置是否正确,隔膜阀安装角度是否和说明书保持一致,储罐呼吸器出厂的完整性测试是否合格等
9	制药用水系统仪器仪表的校准:系统关键仪表和安装确认用的仪表是否经过校准并在有效期,非关键仪表的校准如果没有在调试记录中检查,那么需要在安装确认中进行检查
纯蒸汽系统	
1	纯蒸汽系统竣工版的工艺流程图、管道仪表图的确认:应该检查这些图纸上的部件是否正确安装、标识,位置正确,安装方向,取样阀位置,在线仪表位置,排水空气隔断位置等。这些图纸对于创建和维持水质以及日后的系统改造是很重要的。另外系统轴测图有助于判断系统是否保证排空性,如有必要也需进行检查
2	纯蒸汽系统关键部件的确认:检查系统中所有关键部件安装是否正确,型号、技术参数是否与设计文件保持一致,如系统中 SIP 用点温度探头安装位置是否合适,疏水器前后管网长度是否合适等

编号	IQ检查内容
纯蒸汽系统	
3	纯蒸汽系统仪表校准仪器仪表校准:系统关键仪表和安装确认用的仪表是否经过校准并在有效期,非关键仪表校准如果没有在调试记录中检查,那么就要在安装确认中进行检查
4	纯蒸汽系统材质和表面粗糙度:检查系统的关键部件的材质和表面粗糙度是否符合设计要求,阀门和管道连接的垫片是否能够耐受高温
5	纯蒸汽系统焊接记录文件包括:标准操作规程、焊接资质证书、焊接检查方案和报告、焊点图、焊接记录等,其中焊接检查最好由系统使用者或者第三方进行,如果施工方进行检查应该有系统使用者的监督和签字确认
6	纯蒸汽系统管路压力测试、清洗钝化的确认:压力测试、清洗钝化是需要在调试过程中进行的,安装确认需对其是否按照操作规程成功完成并且有文件记录
7	纯蒸汽系统坡度和死角的确认:系统管网的坡度应该保证能在最低点排空,死角对于纯蒸汽系统来说是良好工程规范的要求,如用户有特殊要求也应进行检查
8	纯蒸汽系统公用工程的确认:检查公用系统包括电力连接、压缩空气、工业蒸汽、供水系统等已经正确连接并且其参数符合设计要求
9	纯蒸汽自控系统的确认:自控系统的安装确认一般包括硬件部件的检查、电路图的检查、输入输出的检查、HMI操作画面、软件备份的检查等

10.1.4 运行确认

运行确认（OQ）是通过现有文件记录的形式证明所安装或更改的制药用水与纯蒸汽系统在其整个预期运行范围之内可按预期形式运行。运行确认需要的文件包括（不限于）：由质量部门批准的运行确认方案；供应商提供的功能设计说明、系统操作维护手册；系统操作维护标准规程；系统安装确认记录及偏差报告；业主提供的标准操作规程（至少是草稿版本）。表10.5列出了制药用水与纯蒸汽系统的运行确认报告中应该包含的内容。

表 10.5 制药用水与纯蒸汽系统的运行确认内容

编号	OQ检查内容
散装纯化水与散装注射用水系统	
1	制药用水系统标准操作规程的确认:系统标准操作规程(使用、维护、消毒)在运行确认应具备草稿,在运行确认过程中审核其准确性、适用性,可以在PQ第一阶段结束后对其进行审批
2	制药用水系统检测仪器的校准:在OQ测试中需要对水质进行检测,需要对这些仪器是否在校准期内进行检查,主要是指在线的TOC和电导率仪表;如果需要进行连续几天的取样检测,则主要是指QC实验室使用的离线TOC和电导率仪表等
3	制药用水系统储罐呼吸器确认:纯化水和注射用水储罐的呼吸器在系统运行时,需检查其电加热功能(如果有)是否有效,冷凝水是否能够顺利排放等,尤其是在消毒/灭菌进行完成之后,需要对冷凝水的情况进行检查
4	制药用水自控系统的确认: ●系统访问权限。检查不同等级用户密码可靠性和相应的等级的操作权限是否符合设计要求 ●紧急停机测试。检查系统在各种运行状态中紧急停机是否有效,系统停机后系统是否处于安全状态,存储的数据是否丢失 ●报警测试。系统的关键报警是否能够正确触发,其产生的行动和结果和设计文件一致。尤其注意公用系统失效的报警和行动 ●数据存储。数据的存储和备份是否和设计文件一致

编号	OQ 检查内容
散装纯化水与散装注射用水系统	
5	制药用水制备系统单元操作的确认,确认各功能单元的操作是否和设计流程一致,具体内容如下: ●纯化水的预处理和制备。原水装置的液位控制,机械过滤器、活性炭过滤器、软化器、反渗透单元、EDI单元的正常工作、冲洗的流程是否和设计一致,消毒是否能够顺利完成,产水和储罐液位的联锁运行是否可靠,在消毒/运行过程中,原水泵以及高压泵的频率是否可接受,系统各级 RO 的产水率以及水质,以及总产水率以及 EDI 出水水质是否可接受等 ●注射用水制备:蒸馏水机的预热、冲洗、正常运行、排水的流程是否和设计一致,停止、启动和储罐液位的联锁运行是否可靠
6	制药用水制备系统的正常运行:将制备系统进入正常生产状态,检查整个系统是否存在异常,在线生产参数是否满足 URS 要求,是否存在泄漏等
7	制药用水储存分配系统的确认内容如下: ●循环泵和储罐液位、回路流量的联锁运行是否能够保证回路流速满足设计要求,如不低于 1.0m/s ●储罐呼吸器的确认。呼吸器需要进行完整性测试检查 ●储罐喷淋效果的确认。需要进行喷淋球喷淋效果的确认(如果罐体厂家进行 FAT 时进行了此项,则在如下循环能力可以达到同等条件的情况下,则不需要做,但仍需说明) ●循环能力的确认。分配系统处于正常循环状态,检查分配系统的是否存在异常,在线循环参数如流速、电导率、TOC 等是否满足 URS 要求,管网是否存在泄漏等 ●峰值量确认。分配系统的用水量处于最大用量时,检查制备系统供水是否足够,泵的运转状态是否正常,回路压力是否保持正压,管路是否泄漏等 ●消毒的确认。分配系统的消毒是否能够成功完成,是否存在消毒死角,温度是否能够达到要求等 ●水质离线检测。建议在进入性能确认之前,对制备系统产水、储存和分配的总进、总回取样口进行离线检测,以确认水质
纯蒸汽系统	
1	纯蒸汽系统标准操作规程的确认:系统标准操作规程(操作与维护等 SOP)在运行确认应具备草稿,在运行确认过程中审核其准确性、适用性,可以在 PQ 第一阶段结束后对其进行审批
2	纯蒸汽系统检测仪器的校准:在 OQ 测试中需要对水质进行检测,需要对这些仪器是否在校准期内进行检查
3	纯蒸汽发生器自控系统的确认: ●系统访问权限。检查不同等级用户密码可靠性和相应等级的操作权限是否符合设计要求 ●紧急停机测试。检查系统在各种运行状态中紧急停机是否有效,系统停机后系统是否处于安全状态,存储的数据是否丢失 ●报警测试。系统的关键报警是否能够正确触发,其产生的行动和结果和设计文件一致。尤其注意公用系统失效的报警和行动 ●数据记录。数据的存储和备份是否和设计文件一致,打印功能是否正常
4	纯蒸汽系统运行参数:将制备系统开启进入正常生产状态,检查在线生产参数是否稳定,是否存在泄漏,是否满足 URS 要求
5	纯蒸汽分配系统确认:在正常生产状态下,各用汽点压力是否满足工艺要求,在峰值用量下供给压力是否稳定,疏水器的疏水功能是否正常
6	纯蒸汽质量确认:检查纯蒸汽发生器及分配系统用点的蒸汽质量(不凝性气体、干燥度、过热度)是否满足 URS 要求,可以在线测试或者通过特殊的取样管进行测试。取样应该尽量靠近用汽点,如果没有合适的理由不建议只在系统的某一个位置进行测试

10.1.5 性能确认

制药用水与纯蒸汽系统属于连续化生产工艺,性能确认(PQ)可参考药品生产的工艺验证相关法规要求实施。散装纯化水系统、散装注射用水系统与纯蒸汽系统的性能确认推荐采用三阶段法，在性能确认过程中制备和储存分配系统不能出现故障和性能偏差。

10.1.5.1　FDA工业指南《连续化生产的质量考量》

2019 年，美国食品药品管理局（FDA）出版的工业指南《连续化生产的质量考量》规定：《工艺验证：一般原则和实践》以及 ICH Q8、Q9 和 Q10 适用于连续化生产工艺。对于这些类型的生产制造工艺，能够评估实时数据，以维持在既定标准内的操作，从而生产出高质量并具备其预期属性的药品，这是工艺验证的一个组成部分。使用连续化生产工艺的生产商们可能会发现，某些工艺验证阶段比釜式工艺更具并行性和相关性（例如，工艺设计和设备鉴定）。在一定程度上，是因为连续化生产过程的开发通常使用商业规模的设备，而在釜式工艺的开发过程中通常遇到的设备尺寸放大的问题也变少了，所以连续化生产工艺表现出了显著的优势。在下文的第 2 阶段和第 3 阶段中，可能会有一些活动更适合在第 1 阶段执行。例如，在某些第 1 阶段验证研究之前进行设备合格鉴定可能更为合适，因为这些研究也可以用来于证明在商业级大规模生产中的批间和批内可变性［即，过程性能鉴定（PPQ）］。也就是说，应该先确保设备正常运行，再来生成满足 PPQ 某些预期的数据。此外，为了更好地理解批间和批内的可变性，在开发初期，过程监控策略的设计也应考虑在产品的整个生命周期（三阶段法）中对商业级大规模连续化生产工艺验证的监控需求。

（1）第 1 阶段——工艺设计　第 1 阶段的工艺设计应包括设计工艺方法并制定控制策略。例如，设备和自动化系统的设计、输入材料属性的评估、过程动力学和可变性、材料转移战略或程序的制定、过程监控和控制以及其他控制战略要素。工艺路线的设计开发为制造过程和操作质量预期方面提供了一个基础性理解，且对于在第 2 阶段验证过程的稳健性至关重要。

（2）第 2 阶段——工艺验证　集成设备和自动化控制系统的工艺验证对于确保连续化生产工艺性能的稳定至关重要。考虑到集成设备、工艺设计和控制策略的相互关联性，设施设计及公用设施和设备验证通常更适合在第 1 阶段执行。此外，有关设备和自动化系统性能及其可变性的信息将通知 PPQ 协议设计。由于设备和自动化的可靠性能对 PPQ 至关重要，因此在启动 PPQ 之前，生产商应评估他们连续化生产工艺的经验是否充足。

在完成过程开发和集成设备自动化鉴定之后，第 2 阶段的第 2 部分 PPQ 表现出了对制造过程的稳健性和控制策略的充分性。PPQ 协议的设计应能够评估已知可变性的产生原因，包括连续化生产过程特有的可变性来源（例如，失重补偿给料器引起的质量流量波动），并应利用从工艺设计和设备合格鉴定中所掌握的知识进行优化。

在生产过程中，PPQ 还应表现出在一段时间内的重现性（从启动到关闭以及从一批到一批）。因此，制造商应制定工艺稳定性措施和相关验收标准，将其作为 PPQ 协议的一部分。通过建立设备性能标准，以识别设备问题和偏差，因为这些问题和偏差会反映设备设计或性能鉴定是否达到要求。同时，应建立评估过程稳健性的指标（例如，参数稳定性/方差和实际产量）。

设计一次初步的 PPQ 研究，目的是用于检查运行时间及制造周期，且其结果应代表首次生产产品的预期的商业运行时间。当运行时间延长时，集成的连续化生产工艺可能会遇到一些不可预见的变化，如过程变更、设备疲劳和材料积累。第 1 阶段的过程理解和控制策略设计及第 2 阶段的设备鉴定经验可以用来证明所提议的 PPQ 运行时间足以准确地捕获预期的过程变化，从而证明批内过程的稳健性。同样，对于想要接连运行的批次（即连续批次），PPQ 的设计应能够捕获与接连过程相关的可变性。在产品生命周期的后期阶段，需要进行额外的 PPQ 研究，以支持更大的批次量灵活性，从而更有效地满足患者的需求。

PPQ 期间关键中间产品或成品质量属性的抽样计划（online、at-line、offline）应足以验证整个生产过程中生产的材料质量是否一致。工艺参数与质量属性的可变性程度和持续时间应作为 PPQ 协议的一部分进行评估，并应证明其评估的合理性。对于釜式过程，PPQ 通常比常规商业生产具有更高的取样水平、附加测试水平及更严格的工艺性能审查能力。在 PPQ 期间使用过程参数和质量属性的高频监控的连续化生产过程甚至不需要额外的监控。

PPQ 应包括过程中通常会发生的干预措施（例如，在预先确定的时间间隔内更换 PAT 探头、给料器重新填充或换班）。如果在 PPQ 期间确实发生了干扰动作，PPQ 研究应确认自动化系统、操作和质量单位能否按照预期和既定程序识别事件、进行材料转移和/或工艺纠正。

（3）第 3 阶段——连续化生产工艺性能验证　连续化生产工艺验证（CPV）提供了一种持续的保证，使工艺在商业制造过程中保持控制状态。连续化生产工艺中采用的 inline、online 或 at-line 测量常规应用，有助于收集、分析和趋势产品和过程数据。

CPV 包括一个持续的程序用来收集和分析与产品质量有关的过程数据。收集的数据应包括相关的工艺参数、设备性能指标以及输入材料、过程中材料和成品的质量属性。数据分析和趋势分析应包括如下。

- 定量和统计方法，包括多变量方法，只要合适和可行就可以。
- 批内和批间变化的审查。
- 根据需要制定、实施、评估和改进分析频率、检查属性和预先确定方差统计的标准。

通过数据分析和趋势分析可以收集到有关产品和过程的知识，这些知识应该被用于促进持续的过程验证、启动过程改进（例如，改进控制策略）和支持批准后更改等工作。

10.1.5.2 《WHO GMP：制药用水》中有关考量

2021 版《WHO GMP：制药用水》在第 11 章中规定：水系统应进行恰当地确认和验证。应基于风险评估确定确认的范围和程度。所做的调试工作应有记录。调试不可代替确认。为了验证系统及其性能的可靠性和稳健性，应分三阶段进行较长时间的确认。在验证计划中应包括有原水检测（饮用水），并作为日常监测的一部分继续对其进行检测。这些结果均应符合标准。

（1）第 1 阶段　第 1 阶段应持续至少 2 周，应严格监测系统性能。系统应连续运行，不得有失败或性能偏差。一般来说，本阶段不应将水用于制剂生产。操作程序和时间表至少应覆盖以下活动和测试方法。

- 按既定计划进行的化学和微生物检测。
- 对进厂原水的取样、检测和监测，以核查其质量。
- 纯化过程中各步骤的取样、检测和监测。
- 每个用水点和其他规定取样点的取样、检测和监测，包括分配循环的结束。
- 验证操作范围。
- 演示操作、清洗、消毒和维护程序的性能。
- 演示产品水的一致生产和交付所需的质量与数量。
- 临时警报和行动级别。

● 测试失败程序。

（2）第2阶段 第2阶段应持续至少2周的进一步检测期。应在圆满完成第1阶段后，采用所有改进后的SOP对系统进行监测。取样程序一般应与第1阶段相同。在此阶段可将产水用于制剂生产，前提是调试和第1阶段数据证明水质满足要求，且该做法获得QA批准。该阶段活动应包含如下。

● 证明在既定范围内可持续运行；

● 证明当系统按SOP运行时可持续生产并送出所需质量和所需数量的水。

（3）第3阶段 第3阶段应在圆满完成第2阶段之后再持续至少12个月。取样位置、取样频率和检测可降至第1阶段和第2阶段所证明的既定程序中规定的日常模式。在完成第3阶段确认和验证后，应进行系统回顾审核。其中可包括结果趋势分析和系统性能的评估。如果发现趋势，则应采取适当措施。在这个阶段可以用水。在第3阶段中获得的数据和信息应证明系统在这段涵盖不同季节的时间内的可靠性能。

纯化水与注射用水系统均需要验证。在欧美制药行业，无菌与生物制品车间的制药用水系统采用"高品质饮用水（非药典水）＋注射用水"进行设计，中国GMP并没有明文规定无菌与生物制品车间必须采用"纯化水＋注射用水"模式，但因为ChP规定"注射用水为纯化水经蒸馏所得的水"，全行业都将纯化水系统作为了无菌与生物制品车间的标准配置。以某大输液企业为例，每年需要几百万吨市政供水作为原水，首先要制备饮用水，然后才能制备出纯化水，最后才制备出注射用水。部分企业在制备注射用水时原水综合利用率不足20％，且需几百万元价值的工业蒸汽来进行蒸馏制备注射用水。与欧美药典相比，《中国药典》收载的水标准中强制检验项目较多，检验实效性相对较低，我国企业在制药用水系统的验证环节工作量较欧美企业多出好几倍，有的甚至超过十倍。随着国家直饮水工程的推进，制药企业的市政供水（原水）将得到显著提高，有助于推进我国药典法规关于"饮用水直接制备注射用水"的可实现性；同时，中国制药行业及监管部门充分认识到过程分析技术对连续化生产工艺参数放行的巨大价值后，也一定会将检测项分为强制检测与非强制检测两大类进行分类管理。届时，在制药用水质量品质不下降的前提下，整个行业制药用水的节能减排效应将得到提升。

纯化水的性能确认是为了证明其在一个较长的时间周期的性能情况。为了纯化水系统的正常运行，整合所需要的程序、人员、系统和材料，证明纯化水系统能够持续稳定地生产出符合URS中指定的纯化水质量要求。三阶段法纯化水性能确认取样点及检测计划的示例如表10.6所示，表格中的数据仅供参考。

表10.6 纯化水性能确认取样点及检测计划（示例）

阶段	取样位置	取样频率	检测项目	检测标准
第1阶段	预处理系统/原水罐	每月一次	国家饮用水标准[①]	国家饮用水标准[①]
	预处理系统/机械过滤器	每周一次	污染密度指数（SDI）	<5[②]
	预处理系统/软化器	每周一次	硬度	<3mg/L[②]
	终处理系统/产水	每天	全检	药典或者内控标准
	纯化水分配系统总进总回取样口	每天	全检	药典或者内控标准
	纯化水分配系统各用水点取样口	每天	全检	药典或者内控标准

阶段	取样位置	取样频率	检测项目	检测标准
第 2 阶段	预处理系统/原水罐	每月一次	国家饮用水标准[①]	国家饮用水标准
	预处理系统/机械过滤器	每周一次	污染密度指数(SDI)	<5[②]
	预处理系统/软化器	每周一次	硬度	<3mg/L[②]
	终处理系统/产水	每天	全检	药典或者内控标准
	纯化水分配系统总进总回取样口	每天	全检	药典或者内控标准
	纯化水分配系统各用水点取样口	每天	全检	药典或者内控标准
第 3 阶段[③]	预处理系统/原水罐	每月一次	国家饮用水标准[①]	国家饮用水标准[①]
	预处理系统/机械过滤器	每月一次	污染密度指数(SDI)	<5[②]
	预处理系统/软化器	每月一次	硬度	<3mg/L[②]
	终处理系统/产水	每天	全检	药典或者内控标准
	纯化水分配系统总进总回取样口	每天	全检	药典或者内控标准
	纯化水分配系统各用水点取样口	每天取样,每月轮检一遍	全检	药典或者内控标准

① 使用国家检测检疫部门出示的检验报告,推荐制药企业在原水罐进水口安装工业级电导率变送器等过程分析仪表,用于证明原水水质的稳定性,同时,定期监测总有机碳含量。如果不是市政供水,那么预处理后的原水需要满足饮用水标准。

② 具体的标准来自制备系统厂家的使用说明。

③ 在 PQ 第 3 阶段或正常运行阶段,制药企业可以将纯化水系统的停电/停泵/停工业蒸汽/停压缩空气等停机时间验证、机械密封泄漏/垫圈泄漏及其他的验证工作一并实施并完善形成《特定任务的 SOP》,该工作可分为没有破坏系统密闭性的"封闭式停机"与拆卸了泵壳、膜片或垫圈的"开放式停机"。

注射用水的性能确认是为了证明其在一个较长的时间周期的性能情况。注射用水系统的正常运行需整合所需要的程序、人员、系统和材料,证明注射用水系统能够持续稳定地生产出符合 URS 中指定的注射用水质量要求。三阶段法注射用水性能确认取样点及检测计划的示例如表 10.7 所示。表格中的数据仅供参考,例如,《中国药典》规定注射用水的原水为纯化水,其质量不会受季节变化带来的影响,制药企业可结合实际情况灵活调整注射用水 PQ 第 3 阶段的实施方案。

表 10.7   注射用水性能确认取样点及检测计划 (示例)

阶段	取样位置	取样频率	检测项目	检测标准
第 1 阶段[②]	注射用水制备系统供水[①]	每周一次	国家饮用水标准/纯化水药典规定项目	国家饮用水标准/纯化水药典标准
	注射用水制备系统出口	每天	全检	药典或者内控标准
	注射用水分配系统总进总回取样口	每天	全检	药典或者内控标准
	注射用水分配系统各用水点取样口	每天	细菌内毒素:每天 化学项目:每周最少两次	药典或者内控标准
第 2 阶段	注射用水制备系统供水	每周一次	国家饮用水标准/纯化水药典规定项目	国家饮用水标准/纯化水药典标准
	注射用水制备系统/产水	每天	全检	药典或者内控标准
	注射用水分配系统总进总回取样口	每天	全检	药典或者内控标准
	注射用水分配系统各用水点取样口	每天	全检	药典或者内控标准

阶段	取样位置	取样频率	检测项目	检测标准
第3阶段③	注射用水制备系统/产水	每天	全检	药典或者内控标准
	注射用水分配系统总进总回取样口	每天	全检	药典或者内控标准
	注射用水分配系统各用水点取样口	每天取样,每周轮检一遍	全检	药典或者内控标准

① 如供水为饮用水则每月检测一次。

② 如供水为纯化水,需在纯化水PQ第1阶段结束后,方可开始注射用水PQ测试。

③ 在PQ第3阶段或正常运行阶段,制药企业可以将注射用水系统的停电/停泵/停工业蒸汽/停压缩空气等停机时间验证、机械密封泄漏/垫圈泄漏及其他的验证工作一并实施并完善形成《特定任务的SOP》,该工作可分为没有破坏系统密闭性的"封闭式停机"与拆卸了泵壳、膜片或垫圈的"开放式停机"。

纯蒸汽系统的性能确认需要在纯蒸汽发生器的出口和各个用汽点进行取样,非关键的用汽点可以根据风险评估并有适当的理由可以在该用汽点的下游用汽点进行取样。通常通过移动冷凝器或取样小车把纯蒸汽冷却成注射用水来确认纯蒸汽的质量,可接受标准为药典对注射用水的质量要求。纯蒸汽制备与纯度的监管指导通常与注射用水相关指南一致,部分应用场所（如湿热灭菌柜）需附加对蒸汽质量的其他特殊要求,包括不凝性气体、过热度和干燥度。纯蒸汽的性能确认最好按照注射用水的"三阶段法"进行,由于纯蒸汽系统的特殊性,也可以采用其他的确认周期,表10.8是纯蒸汽系统性能确认取样计划的两个示例。

表10.8 纯蒸汽系统性能确认取样计划（示例）

阶段	取样周期	取样计划
纯蒸汽系统性能确认取样计划示例1		
第1阶段	三天	对每个用汽点最少取样一次,每个纯蒸汽发生器出口最少取样一次
第2阶段	一周	对每个取样点最少取样一次,每个纯蒸汽发生器出口要多于一次
第3阶段	四周	每周对系统所有用汽点最少取样一次,纯蒸汽发生器出口每周取样一次
纯蒸汽系统性能确认取样计划示例2		
第1阶段	一周	纯蒸汽发生器出口和所有用汽点连续取样一周
第2阶段	一年	纯蒸汽发生器出口每周取样一次,各用汽点每个月最少取样一次

注：1. 在性能确认方案中需明确测试的方法。

2. 各用汽点如何制定取样计划可通过风险评估来确定。

非药典用水指在药典中没有规定的水的类型,与饮用水、去离子水和反渗透水一样,实验室用水也属于非药典水,其质量标准不应低于饮用水质量。这些水的种类多种多样,根据各工厂或实验室的需求不同,这些水的质量标准可能会低于或高于药典纯化水或药典注射用水的要求,如生产某特殊的药品,需要使用的纯水对化学纯度的要求与散装纯化水相同,但需控制其细菌内毒素,这等于是将高于药典散装纯化水要求的一种非药典水用于生产,那这个非药典用纯水要完全遵循GMP规定的验证要求,甚至要根据产品的特性和要求进行更为严格的验证工作。这些特殊的非药典水需要有合理的纯化措施与监控其质量的手段,需要由使用者进行风险评估后决定验证的深度和范围。

其他一些工艺用水,比如去离子水和反渗透水等都属于高品质饮用水,这些水的质量一般都低于药典散装纯化水的要求,当其用于制药工艺生产环节,也需要进行简单的验证。这些需要根据工艺要求,进行风险评估,进而确定验证的深度和范围。实验室用水中在研发阶段的部分用水是需要遵循 GMP 要求的，需要按照 GMP 管理的要求进行决策使用，以便决定参考哪种药典水质量属性并进行相应的验证。按照 GMP 管理要求不需要使用药典水或是实验室检验所需的用水，可以采用恰当的非药典水来替代。

10.1.6 持续性监测

2021 版《WHO GMP：制药用水》规定：应对系统进行持续性监测。应根据监测计划，按书面程序采集样品。应联合使用连接至经过适当确认的报警系统的在线和离线仪表。应采用在线仪器监测参数如流量、压力、温度、电导率和 TOC，并定期进行离线检测以对结果进行确认。其他参数可通过离线检测进行监测。应根据既定程序进行离线检测（包括物理、化学和微生物属性）。应从用水点或专用取样点（如果用水点无法取样）采集离线样品。所有水样均应使用生产程序中详细规定的相同方法采集，例如有适当淋洗和排水程序。应进行检测以确保满足已批准的药典标准（和公司标准，适用时）。其中可包括水的微生物质量（适当时）。确定的质量属性结果应按规定的时间间隔进行统计分析，例如每月、每季度和每年进行统计分析，以确定趋势。结果应在规定的控制范围内，例如 3σ。应根据历史报告数据制订警戒限和行动限。应调查不良趋势和超标结果的根本原因，然后采取适当的纠正与预防措施。

在性能确认完成后，应对制药用水和纯蒸汽系统进行综合评价应并根据第三阶段的结果建立一个日常监测方案。在日常取样监测中，用水点的取样频率可以比在性能确认中已确定的采样频率少。对于注射用水系统，必须保证每周所有的用水点都被检测到，在此条件下，应对每天取样的数量保持评估，且对关键的取样点需要根据工艺需要进行日常监测。对于规模较大的注射用水分配系统，可以轮流采样保证每个采样点每周可以采集一次。对于纯化水及纯蒸汽系统，其系统影响性风险较低，日常监测频次可以比注射用水系统适当降低。所有这些与日常监测的取样计划需记录在 SOP 中。

应当至少每年进行一次制药用水和纯蒸汽系统质量回顾。系统年度审核有助于用户了解水系统随时间的变化趋势，还可以基于数据分析调整系统设定的报警限和行动限，甚至相关的 SOP。水系统的质量回顾不能仅限于水质取样的结果，应该是系统的综合性回顾，包括系统图纸审查、相关 SOP 审查；系统确认和验证的状态的审核；系统预防性维护和故障检修记录的审核；系统关键偏差和报警的审核；系统日常监测数据结果、趋势的审核；系统消毒程序的审核；系统相关培训记录的审核。

应根据系统预防性维护程序对制药用水系统进行必要的维护，应该包括：系统的维护频率、不同部件的维护的方法、维护的记录、合格备件的控制等。对水系统进行定期维护后，可不必进行再验证，如有必要只需进行连续几天的水质检测来进行确认。制药用水系统典型的维护工作有：水系统的除生物膜清洗；水系统的除红锈清洗；储罐的定期清洗与消毒；阀门、垫圈、呼吸器、喷淋球、机械密封和爆破片等易损部件的定期更换；水分配管道系统的压力试验、清洗与再钝化等；水机多介质过滤器、活性炭过滤器、反渗透膜的彻底清洗及滤材更换；仪表的检查、检验及更换。要确保制药用水系统在整个使用生命周期内良好运行，需要在一定时间的运行后定期进行持续性监测和评估，这应包括水系统的使用定期性能评估结果，系统变更的性质和程度，系统未来预期使用的变更，以及公司合适的质量系统。

再验证工作非常复杂，通常情况下企业不需要启动。更换部件、清洗等系统常规的维护工作通常不需要再验证；更换"不同"部件、改变系统配置或改变控制程序、运行参数等不改变初始系统设计的改造工作也不需要启动再验证。如果改造工作改变了初始系统的设计初衰，则系统改造后验证的程度取决于改造给系统带来的潜在影响；如果初始设计发生了重大设计变更，系统长时间停机后重启，或者系统性能不稳定并出现重大偏差，则需要对偏差进行调查，水系统很可能要启动再验证。例如，在一条纯化水装置上增加一个超滤装置来实现常温注射用水的制备，就将会改变最终处理的效果，就需要实施复杂的再验证。

10.2 质量体系

质量风险管理（QRM）是一个系统化的过程，是对产品在整个生命周期过程中对风险的识别、衡量、控制以及评价的过程。质量风险管理是用来识别、评估和控制质量风险的一个系统程序。质量风险管理的两个主要原则是：第一，质量风险的评估应基于科学知识，并最终与保护患者联系起来；第二，和质量风险管理过程的工作水平、形式和文件记录应与风险水平相称。合格的生产工厂会从设计、安装、持续维护和日常监测方面，持续评估和管理有关制药用水和纯蒸汽系统的产品质量风险。有效的质量风险管理方法可以促进对潜在风险的更好理解，并使监管机构对公司减轻风险和接受任何已确定的残余风险的能力更有信心。

10.2.1 风险管理流程

在制药用水和纯蒸汽系统中，为管理已确认的风险与确定每一生命周期阶段活动的严密性和范围，应选择恰当的风险管理流程并在整个质量生命周期中贯彻实施。通过风险评估的方法消除或降低水系统或设备对产品质量和人员安全的危害，采取一定的措施，使存在的风险降到可接受的水平。风险管理流程包括风险评估、风险控制与风险审核，其中风险评估包含风险识别、风险分析和风险评价（图10.3）。

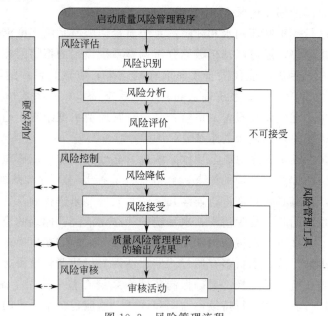

图 10.3　风险管理流程

（1）风险识别　风险识别是指在风险事故发生之前，运用各种方法系统、连续地认识所面临的各种风险以及分析风险事故发生的潜在原因。风险识别过程包含感知风险和分析风险两个环节。感知风险是指了解客观存在的各种风险，是风险识别的基础，只有通过感知风险，才能进一步在此基础上进行分析，寻找导致风险事故发生的条件因素，为拟定风险处理方案，进行风险管理决策服务。分析风险是指分析引起风险事故的各种因素，它是风险识别的关键。

风险识别主要是指了解水系统或设备的工艺流程，识别可能出现的风险、产生的原因以及带来的影响。制药企业可以根据系统影响性评估的方法来确定风险识别的范围，将系统分为直接影响系统、间接影响系统以及无影响系统。制药用水和纯蒸汽系统对产品质量有直接影响，因此，制药用水和纯蒸汽系统属于直接影响系统，该系统设计和实施既要符合 GEP 要求，又要服从确认管理规范。风险识别的方法主要有流程图、因果关系图（又称"头脑风暴法"）、故障模式效应分析、故障树分析、危害分析与关键控制点等。

（2）风险分析　风险分析是指对已识别的风险及其问题进行分析，进而确认将会出现问题的可能性有多大，出现的问题能否被及时地发现以及造成的后果，风险分析是一种主动的方法，目的是避免可能发生的质量缺陷或事故。通过分析每个风险的严重性以及发生的可能性，对风险进行深入的描述，然后在风险评估中综合上述因素确认该风险的等级。风险分析时，可用定性或定量方法描述质量危害发生的可能性和严重性，主要工具包含非正式管理工具和正式管理工具。

非正式管理工具以历史数据为基础进行风险分析，如产品质量趋势分析、偏差处理、纠正与预防措施（CAPA）等。正式管理工具是指在足够数量的基础数据支持下，可定量或半定量地进行风险管理，主要应用于连续化生产过程控制、制药用水和纯蒸汽系统的验证、生产关键工艺参数的确定等可量化的过程中。

（3）风险评价　风险评价是指根据给定的风险标准对所识别和分析的风险点进行比较与判别，从考虑风险的严重程度和发生的可能性进行风险管理。风险评估的目的是确定一个组分中相关的所有可能的危害和排名，表 10.9 是制药行业常用的一种风险评估方法，失效模式和后果分析（failure modes and effects analysis，FEMA）将作为系统风险评估的工具用于风险分析，风险评分主要根据以下参数完成，严重性（S）——对关键质量参数潜在影响的严重性；可能性（P）——故障可能性，描述导致故障的频率；可检测性（D）——故障可检测性，描述故障检测的可能性。

表 10.9　风险评估的 FEMA 方法

严重性	低(L)	中(M)	高(H)
可能性	极少(L)	偶然(M)	经常(H)
可检测性	立刻(L)	稍后(M)	从不(H)

第一步：根据严重性和可能性定义风险等级

风险等级	可能性高(H)	可能性中(M)	可能性低(L)
严重性高(H)	1	1	2
严重性中(M)	1	2	3
严重性低(L)	2	3	3

第二步：根据风险等级及可检测性定义风险优先值(RPN)

风险优先值(RPN)	可检测性低(H)	可检测性中(M)	可检测性高(L)
风险等级 1	风险等级别高(H)	风险等级别高(H)	风险等级别中(M)
风险等级 2	风险等级别高(H)	风险等级别中(M)	风险等级别低(L)
风险等级 3	风险等级别中(M)	风险等级别低(L)	风险等级别低(L)

如果评估出制药用水系统的某一关键方面的设计风险仍为高（H），需要采取进一步的设计措施来降低风险，如修订设计方案、后续操作时增加额外的程序控制和检查措施等。如风险为中（M），由主题专家决定是否需要进一步的采取措施减低风险，如不采取措施，则需要写明理由。如风险为低（L），则无须采取进一步措施去降低风险，风险已可接受。高风险必须被避免，中风险可以通过后续的确认和测试活动，使风险降低到低风险之后可以被接受，低风险可以被接受。

风险评估有助于制药企业把注意力集中在公司最容易受到危害的方面。这应该与风险容忍度联系起来考虑。由于不同的制药企业有着不同的产品和不同的法规要求，因此，不同的企业有着不同的风险优先级和风险容忍度。需要注意的是，如果详细设计发生了变更，必须重新按照风险评估的方法对系统、功能和部件进行关键性评估。以注射用水分配系统为例，表 10.10 为关键性判定矩阵的示例。

表 10.10　注射用水分配系统关键性判定矩阵

序号	功能/部件	说明/任务	是否关键
注射用水储罐			
1	罐体	注射用水储罐	Y
2	喷淋球	喷淋、清洗罐体内壁	Y
3	呼吸器	防止空气控污染物进入储罐	Y
4	液位变送器	此液位计用于监控储罐中的液位	Y
5	温度传感器	此温度传感器用于监控储罐中的温度	Y
6	压力表	此压力表用于监控注射用水储罐的压力	Y
7	爆破片	预防注射用水储罐过压，及时泄压	Y
注射用水分配回路			
1	循环泵	将注射用水输送到用水点	Y
2	压力表	此压力表用于监控注射用水回路中的压力	Y
3	流量计	此流量计用于监控回路的流量	Y
4	温度传感器	此温度传感器用于监控注射用水储存和分配系统中的温度，并控制分配系统水温维持在($X\pm2$)℃范围内	Y
5	电导率仪	此电导率仪用于监控回路回水线中的电导率，可实现注射用水可溶性无机离子杂质的参数放行	Y
6	TOC 仪	此 TOC 仪用于监控回路回水线中的 TOC，可实现注射用水有机物杂质的参数放行	Y
7	热交换器	热交换器用于将注射用水温度升高到预先设定的消毒温度	Y
8	RMM 分析仪	此 RMM 分析仪用于监控回路回水线中的浮游菌水平，控制注射用水中微生物孳生	Y
9	管道和阀门	注射用水储存和分配系统管道组件	Y

序号	功能/部件	说明/任务	是否关键
分配 SKID 工业蒸汽管道			
1	截止阀	工业蒸汽分配系统管道组件	N
2	Y 型过滤器	过滤工业蒸汽	N
3	普通压力表	监控工业蒸汽的压力	N
4	角座阀	工业蒸汽分配系统管道组件	N
5	疏水阀	排放工业蒸汽中的冷凝水	N
6	管道和阀门	工业蒸汽分配系统管道组件	N
分配 SKID 冷却水管道			
1	管道和阀门	冷却水分配系统管道组件	N
自控系统			
1	PLC 控制系统	控制设备运行	Y
2	人机界面	使系统和用户之间进行交互和信息交换	N
3	电气柜单元	用来保护元器件正常工作的柜子	N
4	变频器	将工频电源变换为另一频率	N
5	接地	保障用电安全	N

《国际制药工程协会 基准指南 第7卷：基于风险的药品生产》描述了常用的风险管理方法，这些方法也可以应用于制药用水和纯蒸汽系统。这些技术允许分解复杂的系统，并建立关键控制点（CCP）和关键质量属性（CQA）。有多种风险分析技术可用于评估系统或工艺，例如危害分析及关键控制点（HACCP），危害操作分析（HANOP），失效模式和后果分析（FMEA），失效模式、影响及关键分析（FMECA），失效树状分析（FTA），初步危害源分析（PHA），风险排名和过滤以及支持性的统计工具。例如，针对水系统部件或功能参数，使用 FMEA 的方法进行风险评估，并采取措施降低较高等级的风险。以纯化水喷淋器系统为例进行的风险评估如表 10.11 所示。

表 10.11 FMEA 示例

关键部件/功能	说明/任务	失效事件	最差情况	严重性	可能性	可检测性	风险优先性	建议控制措施
喷淋球	纯化水通过此喷淋球回到储罐中,确保罐体时刻处于自清洗和全润湿状态	喷淋球选型有误	喷淋球不能正常喷淋	高	中	中	高	在运行确认中进行喷淋球实验
		材质不符合要求	腐蚀脱落杂质,对纯化水造成污染	高	高	高	中	安装确认方案中检查材质证书
		长期使用堵塞,摩擦脱落铁屑	脱落杂质,造成纯化水颗粒物污染	高	低	低	高	维护 SOP 中规定,对喷淋球的状态进行检查,定期更换喷淋球
		回水压力不够,不能正常喷淋	罐内有清洗死角,温度不均匀	高	高	高	中	在运行确认中对回水压力进行确认

质量风险管理流程用于：①识别和评估与以下方面有关的风险，正常运行，例如对原材

料（例如原水）属性或关键工艺参数的识别和进一步风险管理；操作、系统或工艺的失效或潜在失效。②确定控制策略，以减小已识别的风险并实施这些策略，对于产品或输出的最终用户，将风险降至最低。质量风险管理的目的是将风险降低到可接受的水平，但是，并非总是能够完全消除风险。可能需要接受一些潜在风险，这取决于与每种情况相关的因素。③在整个QRM流程中，在决策者与其他人之间记录并传达有关风险和风险管理的信息。④检查或监测事件，以了解已实施控制策略的有效性。

在系统的整个生命周期中检查制药用水和纯蒸汽系统时，对制药用水和纯蒸汽系统进行风险评估可能会确定需要监控可能间接影响产品质量或可靠性的上游非关键参数。监测这些非关键参数可确保水质及其供水的连续性。例如，应为水软化（可靠性）和去离子（质量）步骤建立警戒限和行动限；应充分评估市政原水的质量；硬度、碱度、总溶解固体（TDS）的变化，以及季节性变化的影响（例如，春季径流或湖泊周转效应）都是可以持续影响公用系统效率和性能的因素，并可以帮助确定适用于每个工厂的控制策略。

在高纯度工艺系统中，不锈钢管道中的红锈积聚是众所周知的现象。诸如FMECA的评估技术可以识别红锈的可检测性、可能性和严重性，以确定对患者和产品风险。这可以帮助确定适当的控制策略，该策略可以考虑处理红锈风险，例如化学污染或表面降解，监测和除锈程序可以提高可检测性，并将风险降低到可接受的水平。《ICH Q3D 元素杂质风险评估》的指导方针的实施，也重新关注了用于生产药品的水的质量及其对产品质量的影响。建议对这些指南及其对组织的水系统进行质量监控的潜在影响进行审查。表10.12中列出了出于风险考虑的其他水性杂质。

表 10.12　在减轻风险中应考虑的杂质示例

杂质	讨论
氯/氯胺	必须监控氯/氯胺，主要是为了保护下游设备，因为它属于强氧化剂，会迅速使反渗透(RO)系统中的有机膜组件降解，导致蒸馏系统中的氯离子应力开裂，并使电法去离子(EDI)单元降解
总有机碳	TOC的测量反映了微生物可用营养的来源
微生物污染	微生物污染是对水质的直接测量，可能对缺乏下游微生物控制的非无菌产品产生直接影响，并对无菌产品产生重大影响
细菌内毒素	细菌内毒素是革兰阴性生物外部降解蛋白的度量。无菌产品中的细菌内毒素可对患者造成直接伤害，从而导致发热和意外的免疫反应
电导率	基于是否存在可溶性离子，电导率可直接测量水的化学纯度
pH	pH是氢离子浓度的直接度量，代表水的酸度或碱度
红锈	在正常工作一段时间后，316L等耐腐蚀不锈钢系统会出现红锈现象，可按红锈系统的评估，对二类及以上的红锈进行定期除锈/再钝化，除锈/再钝化前需评估不锈钢表面是否存在生物膜
铁锈	铁锈不属于正常红锈现象，铁锈的发生是因为高温注射用水系统选用了类似CF3M等铸造奥氏体不锈钢材料，该材料不符合GMP对于材料需不耐腐蚀的要求，制药企业需在材料安全和供应链选择方面慎重考虑。一旦安装铸造的不锈钢材料，整个注射用水系统将时刻处于高风险的铁锈安全事故，除锈/再钝化清洗可以实现暂时的清洁，但很快系统又会出现严重的铁锈

作为对水系统的年度回顾的一部分，可以对系统属性和趋势进行更深入地分析，这是任何风险管理计划的重要组成部分。洁净公用系统的关键控制参数和关键质量属性趋势分析应显示系统在已验证的状态下维护和运行，系统在化学和微生物控制状态下运行。这包括确保消毒和其他正在进行的微生物控制（例如紫外线、过滤、常规出口冲洗、始终如一的高化学

纯度）的有效性，建立了一种主动的方法来识别 CPP 或 CQA 是否未达到预期的效果（在达到质量标准水平之前），以及经过深入调查后，CAPA 的有效性。

建立的趋势处理过程应列出要趋势化分析的关键控制参数和关键质量属性，并具有趋势分析审查频率的理由（每月/每季等）。这种趋势应总结在质量部门批准的报告中。作为最佳实践，趋势分析过程包括定期回顾，检查并重新计算警戒限和/或行动限，以允许在水超过质量标准之前对水系统进行补救。在重大设计变更后，也建议重新计算警戒限和/或行动限。

提供科学依据、以变更或保持警戒限和/或行动限的最理想方法是统计分析。在计算参数的过程能力之前，需要确定合适的统计分布模型。最著名和最有用的分布模型是正态分布，但是这种分布模型通常不能应用于水系统数据，尤其是以微生物培养计数法所得的数据，因为这些数据通常不遵循正态分布。其他可能的选择是伽马分布或负二项式分布，但是模型的适用性也必须得到证明。

一旦确定了分布模型，就可以分析过程能力和稳健性。如果没有适合数据的分布模型，则最后一种可能性是显示 x 条形图，并应用趋势分析规则。此外，典型的趋势分析报告还列出了审核期间发生的偏差和变更。当前，这是分析任何工艺数据的最理想方法。一旦建立了监测制药用水和纯蒸汽系统的趋势分析流程，可以在检查之前完成如下的准备工作：对趋势数据进行格式化，以便向检查员呈现每个系统的关键参数/属性；准备所有 OOS 或 OOT 结果的摘要列表，并确保每个都完成了相应的调查，任何调查的结果也应以易于呈现给检查员的格式进行汇总。

10.2.2 变更控制

创新、持续改进、工艺性能和产品质量监控以及 CAPA 的输出，推动着变更。为了适当地评估、批准和实施这些变更，公司应该拥有有效的变更管理系统。变更管理系统确保及时有效地进行持续改进。它应提供高度的保证，以确保变更不会引起意想不到的后果。

变更控制流程可以确保及时有效的变更，并高度保证变更不会造成意外后果；使用质量风险管理来评估建议的变更；评估对适用的上市许可的拟以变更。应该进行评估，以确定根据区域要求是否需要变更法规注册文件；通过评估相关领域的适当专业知识和知识，确保变更在技术上是合理的；提供可追溯性，以使所有文档［SOP、维护计划、工艺和仪表图（P&ID）、平面图、自动化测试计划］都能反映变更执行后设备的未来状态。

正如《国际制药工程协会 基准指南 第 5 卷：调试和确认》中概述的那样，在放行用于 PQ 和后续产品使用的系统或设备之前，一些公司经常使用工程变更管理（ECM）系统，来捕获在初始确认阶段（调试、IQ 和 OQ）之前发生的变更。公司的质量体系变更控制用于捕获超出此范围的任何变更。在后续生命周期管理期间，ECM 也可以在工厂级别应用，用于非关键方面、组件或功能（由系统风险评估确定和记录）的变更。重要的是要确保如果使用此方法，则必须清楚地记录边界。

变更控制的主要类型为：①文件变更控制，包括启动文档或修改批准的文档，包括 SOP、分析方法、格式/标签、确认和验证草案、稳定性草案、验证主计划、政策和指南；②设施/系统/设备变更控制，包括计划的修改/安装，主要维护，设备/公用系统、设施和自动化的拆除/退役。以下内容是提议变更的主要议题。

- 主题。描述有关变更的详细信息，以及需要变更的文档、设施和步骤。
- 建议的变更。说明需要发生的变化。

- 范围。述部门、设备、文档和工艺名称，以及变更的范围，如变更的内容。
- 变更原因。描述了提出变更的原因。它可能来自以下方面：其他变更、GMP 要求、法规的变更、设备的添加/删除，采用新工艺、检验方法和草案，定期修订期间的差距分析、CAPA、客户投诉、验证。
- 现有程序、设备、设施文档。描述了当前状态。
- 风险评估。描述变更对产品、工艺、稳定性、法规，验证、确认、培训、包装材料、文档和参数等方面的影响，应使用集中式方法进行分析（即，不限于进行变更的特定系统）。分析应着重于评估，并在可能的情况下量化风险。确保受影响部门的利益相关者参与评估。
- 有效性检查。通过制定变更目标或措施，来确认变更目标已实现，以证明对产品质量没有不利影响。
- 附件。应识别并适当批准附件。

制药用水系统的主要活动包括例行保养维护，改造和设计变更。维护是在不改变系统设计意图基础上的常规工作，典型包括"相似"件的替换。"相似"件的替换是指替换件和原件的一些关键质量属性和性能一致，比如材质、尺寸、工作原理等，没有必要必须是相同的厂家和型号，但此种情况下，需要有判断"相似"的说明文件。例如，更换一个新厂家或型号的取样阀就可以认为是"相似"件的替换。维护是对于水系统潜在影响最小的工作。改造包括更换"不同"部件，改变系统配置或改变控制程序。需要基于所改动的内容进行风险评估，根据其对水质量的影响决定是否按照变更程序管理。例如，改变水系统浓水排放位置，从排放到地漏更改为排放到收集罐内用于工厂绿化用水，对水系统产水质量没有任何影响。对于在现有循环回路上新增加一个单独的用水点，由于其对循环系统进行了变动，需要按照变更管理程序进行 URS 编写，进行风险评估，然后按照验证流程进行。

设计变更需要按照变更程序管理，其代表着对初始设计的主要改变。很多情况下，不得不修改初始系统条件，并且系统中由于改变而被影响的部分需要经过再次验证。例如，在一条纯化水生产线上增加一个 EDI 装置，就将会改变最终处理的效果，影响水质量。需要按照变更管理程序进行 URS 编写，进行风险评估，然后按照验证流程进行。不是所有的对于制药用水系统的维护和维修都需要正式的变更控制。不影响系统完整性的常规预防性维护，不要求与关键性变更（将系统暴露于环境中）相同等级的批准和文件。一些预防性维护可以在工厂的常规"工作程序"下进行（如旋转设备的润滑），其关键在于，这些工作不需要将与水接触的表面暴露于环境中或者不影响系统的设计初衷。

10.2.3 纠正与预防措施

任何制药用水和纯蒸汽系统在常规操作期间，都可能发生不可预测的异常。这些事件可能与水质（微生物计数、TOC、电导率等超出警戒限和行动限）、设备（如机械故障）或系统的运行（如错过校验、停电）相关。应检查所有这些异常情况，并在适当时进行调查，以评估产品影响并确定根本原因，并在可能和合理的情况下采取措施，防止再次发生。调查应包括对问题的评估，确定是孤立的还是重复出现的。对于重复出现的问题，应在调查中回顾类似问题采取的措施的状态。调查和采取的任何措施均应书面记录。

制药企业应该有一个实施纠正与预防措施的系统，该纠正与预防措施是对以下情形的调查得出的：投诉、产品拒收、不合格、召回、偏差、审计、监管检查和发现，以及工艺性能和产品质量监控趋势分析。为了确定根本原因，应该使用一种结构化的调查过程方法。根据

ICH Q9，调查的投入程度、形式和文件应与风险程度相称。任何与既定程序的偏差都应有书面记录，并加以说明。应该调查关键的偏差，并记录调查及其结论。CAPA 方法论应该导致产品和工艺的改进，以及对产品和工艺的理解。

公司经常会收到监管机构的观察项，表示他们不遵守自己的程序，或者发现未遵循程序的情形没有进行调查。在制定程序和记录时应格外小心，以确保要求明确，对质量非关键项目（例如，压差、液位控制）与质量关键项目之间，应进行差异区分（例如超过 QC 微生物限度）。组织可能知道这些差异，但是如果管理程序不明确，这种差异对检查人员可能不太明显。在《国际制药工程协会 良好实践指南：制药用水、蒸汽和工艺气体的取样》中可以找到关于样品收集原因不同的差异说明。

一些公司通过对问题进行分类，来管理对关键项目和非关键项目的调查差异。超出非关键测量的限度可能仅记录为已发生，并由质量部门确认。在计划停工检修结束、恢复服务活动时超出了质量标准（但是生产尚未开始，因此显然对任何产品都没有影响），可以进行偏差调查。在常规生产中，超过相同的质量标准可能涉及使用更正式的根本原因分析工具，或对最终调查进行更高级别的批准。

（1）处理 OOS 事件　对于水系统，无论是离线样品或者在在线监控过程中出现 OOS，不能表明其符合质量标准时，都应进行调查。对于出现的 OOS 结果，应建立系统，以通知适当的人员。对于离线取样的样品，应设置实验室信息管理系统，根据质量标准检验样品结果，并将任何失败通知用户。使用在线监测仪表时，可以配置关联的自动化系统，以适当的值进行警报。USP<1231>9.4 节包含有关如何正确实施警戒限和行动限，以及在超出这些水平时如何响应的建议。

系统在运行的过程，可能会有一些趋势，如重复的警戒限偏移或警报。与 OOS 事件类似，应该调查这些趋势问题，尽管通常没有必要评估产品影响，因为没有超出质量标准或关键的警戒限。任何重大偏差都应得到充分记录，并进行调查，目的是确定根本原因并采取适当的纠正与预防措施。调查应确定问题的原因，并提供 CAPA 的理由。它应易于理解，可追溯且有据可查，以确保可以根据要求很好地传达情况。应该明确调查范围包括什么，是否明确排除了任何项目以及原因。应当使用根本原因工具，例如 5W/ KTA/原因和影响分析（5M＋，鱼骨或石川图）/ FMEA 等，尤其是对于更复杂的调查而言。调查应包括对过去一段时间内相关时间内重复发生的回顾，例如通常为 12 个月，但如果问题是季节性的，则这种情况下的时间可能会更长。

调查应以科学为基础，这意味着调查开始应由问题陈述（还应定义调查范围）和一个或多个应该得到证明或被排除的假设。

下面列出了调查期间要考虑的因素（不是完整列表）。并非每次调查都需要考虑所有这些因素，但应根据问题应用适当的因素。

- 该区域是否发生非常规工作？
- 仪器故障或校验漂移是否与此问题有关？电源相关？
- 是否在系统上执行非常规工作？
- 对于维护干预措施和恢复，是否已经正确执行（即使是日常的）？
- 是否存在可能导致使用模式或取样环境变化的变更，例如某个区域或设备的闲置？
- 如果在出口使用了软管，是否正确处理了它们（使用后断开连接；如果可重复使用，则要进行消毒/排水/干燥）？

- 产品受到影响吗？自上次通过样品以来生产的产品应进行评估。产品影响评估通常仅限于使用涉及微生物失败的特定出口生产的产品；但对于化学失败，通常会扩展为评估由回路或系统提供的所有产品。

- 在调查过程中，是否应收集更多样品或表明系统已恢复正常？额外取样是否为已批准SOP 的一部分，还是额外样品需要质量部门的预先批准？

- 对于微生物失败，是否进行了微生物鉴别？这可以帮助确定失败的根本原因（水系统固有的微生物，还是与样品的外部污染），并且对于产品影响评估也可能有帮助。

- 人员是否可能取样错误？

- 人员是否使用了良好的无菌技术？

- 人员是否取样了正确的出口/公用设施/系统（饮用水，还是纯化水）？

- 样品是否可能被污染，例如同一区域的饮用水和 PW 是否使用相同的软管？

- 取样程序是否正确执行（是否需要冲洗所有出口，所有软管或附件的清洁度如何）？

- 实验室错误是否值得关注？分析实验室通常会对生成的每个失败结果进行调查，以确保没有明显的实验室失败原因。

- 如果在调查期间人为错误屡屡发生，培训计划是否足够？SOP 是否清晰准确？

产品风险评估应作为调查的一部分进行。这必须评估偏移期间，超出质量标准对与水相关的产品的影响。如果将水用作成分，或使用水清洁用于生产产品的设备，则该产品可能与偏移事件相关。评估应包括可能影响特定偏移的任何加工条件的讨论（例如，极端的 pH 值、有毒成分、或在发生微生物偏移的情况下水活度低）。对于从微生物结果中鉴别出的任何特定生物，评估还应包括其影响分析。该评估应表明产品是否适合使用或应被拒放，以及是否需要召回产品。

应根据工厂程序和相关风险及时完成调查。调查之后，应考虑在审计过程中会如何提出问题。对于复杂的调查，故事板或简明演示文稿等补充材料可能会有帮助。在正式的根本原因分析活动（例如鱼骨）中，使用视觉工具通常是对这些演示文稿很好的补充。

在一段时间内（通常为 2 年或自上次检查结束以来），对系统进行的所有调查的清单应持续控制更新，在检查开始时需要准备就绪。一些公司可能会持续维护调查列表，而另一些公司可能会使用其调查跟踪系统按需生成此类列表。在可能的情况下，在检查之前，人员应对复杂的调查有所了解。

（2）纠正与预防措施管理 制药和医疗器械法规都要求 CAPA。ICH Q10 3.2.2 节指出："制药公司应该有一个实施纠正与预防措施的系统……CAPA 方法论应该促进产品和工艺的改进，以及对产品和工艺的理解。"21 CFR 820.100 指出："每个生产商均应建立并维护实施纠正与预防措施的程序。该程序应包括以下要求：……确定纠正与防止不合格产品再次发生和其他质量问题所需采取的措施。"

调查可能会导致 3 种类型的行动：立即行动、纠正措施和预防措施。事件发生时立即采取措施使系统恢复正常。例如，如果系统关闭且处于停滞状态，则重新启动系统；冲洗出口；进行额外的消毒；以及更换磨损/损坏/不正确的部件。应始终考虑是否需要额外取样，以确认系统已返回到控制状态。根据对患者安全的风险评估，还可能需要立即采取措施保护患者（例如，召回可能受影响的成品批次）。

《ISO 9000:2015》将纠正措施定义为采取的措施："消除不合格的原因……，并防止再次发生。"这些措施应基于调查的根本原因分析部分。典型示例包括调整预防性维护（任务或频率），变更消毒周期（周期中的持续时间、频率或增加冲洗），添加或修改警戒设置点，以实现系统更稳定的运行保证，示例包括改进的压力控制，以管理多个同时使用的用户，或者增加了污染预防措施，如使用紫外灯以限制微生物繁殖。

无论采取何种措施，都需要质量批准才能完全关闭措施，还应在足以检测到问题再次发生的一段时间内进行检查，以确保 CAPA 的有效性。这些检查可能包括对取样数据的回顾性分析或对预防性维护的检查，以显示故障的减少情况。这些检查可能在调查和纠正/预防措施完成后的相当一段时间内发生，因此必须建立一个强大的跟踪系统，以确保在适当的时间执行这些检查。例如，带有爆破片的水分配管道系统应立即采取的措施可能包括更换爆破片，重新启动系统并进行消毒，并清理因爆破片而造成的洒水。纠正措施可能包括调整系统泵，为响应需求的增加而相应增速，或者限制大容量用水点可以取水的速率，以减少分配系统中"水锤作用"的可能性。可以采取预防措施，以将此次调查中的纠正措施应用于工厂的类似系统。可以对来自数据历史记录器的回路压力读数进行评估，以显示在一段时间后，这些措施已减小了压力波动，该时间足以捕获对系统的各种需求。

调查清单应包括相关的 CAPA 和有效性检查。这也可以用来确保所有 CAPA 和检查在规定的到期日内关闭；或者对于到期日延期，已得到正确记录，评估了其他风险并获得了质量部门的批准。在可能的情况下，应在检查之前，关闭所有调查，及由此产生的 CAPA 和有效性检查。

（3）超标处理流程　制药用水质量超标包括化纯度超标、细菌内毒素超标和微生物结果超标。制药企业内部必须有相对应的程序描述异常处理流程，流程中必须有超标及超警戒的描述及相关的处理措施，以确保质量的安全。

任何化学纯度超标发生，必须通报质量管理代表及使用和生产的相关人员，并且按流程要求启动超标调查程序。如果需要，依据本地程序再次取样和测试。如果再次取样测试超标，从最初测试失败到下次测试合格前，所有已生产的产品溶液和用其冲洗过的零部件必须按流程进行滞留处理，并在调查报告内注明。高层质量管理人员依据水样测试结果和历史数据回顾确定需要额外采取的行动和最终处置措施。

细菌内毒素超标一旦发生，按相关要求立即再对原有的样品处理，按超限度措施通知相关人员确定下一步的行动。如果发生超行动限度，应该立即通知质量经理、使用和生产相关人员。所有产品溶液和使用了不合格产品进行冲洗的组件将被暂缓放行。受影响的批次和被清洗组件日期将记录到调查报告中。调查报告应该包括历史数据的回顾来确定当前或者发展中的趋势。对受影响的设备/设施进行相关流程跟进处理。例如，对注射用水终端处理步骤、储罐、主管和支管循环系统启动多次取样；所有受影响的最终处理设备应当立即停止使用；所有受影响的储罐在使用前必须排空，重新消毒和注水。高层质量管理人员依据水样测试结果和历史数据回顾确定需要额外采取的行动和最终处置措施。

微生物结果超过行动限度，必须通报质量管理代表，生产相关人员和其他使用水的人员，并按照相关要求启动超标调查程序。如果需要，依据本地程序再次取样和测试。调查应包括（不限于）相关取样点的数据回顾、适用的消毒程序和整个系统的任何影响因素。对于制药用水或注射用水，在可能的情况下发现的所有微生物的种类都应该分离鉴定。适当的分子生物学、形态特征或基因方法可被用于分离鉴定。微生物鉴定的信息应包括在工厂微生物监控的数据库中。对于其他的水质类型，可能的情况下，超过行动限度的菌落必须进行分离鉴定种类，并定义一个低于行动限且应用革兰染色分离鉴定菌种种类的限度。

10.3 审计和检查

维护合规的制药用水和纯蒸汽系统是一个持续的过程，可以通过计划和准备，来很好地证明合规性。本节的主要内容包括特定于制药用水和纯蒸汽系统的检查期望，例如，具有随时可用的最新水系统微生物监测数据，适用于任何类型的审计和检查的准备建议，包括计划检索预期要审查的文件，确定要参加检查的人员以及确定工厂后勤安排。

10.3.1 迎检准备

伴随客户及监管部门对 GMP 车间现场审计与检查趋于常态，制药企业必须通过提高软件及硬件管理水平予以应对。在尽量减少或不影响或生产运行的情况下，应强化并细化现场管理，因为绝大部分问题都是从现场引发的。首先从提高人员执行力做起，制定各类问题的整改目标方案，每个明确的目标均要保障有强力的 PDCA 循环，如此不断改善提高并形成良好循环。为了完整性，此处包括了这些广泛适用的建议。为了使审计和检查高效进行，组织可以在检查之前确定后勤和接待活动，包括告知相关人员其角色。

（1）接待　应该有适当的流程来接待监管检查员，应在设施的主入口处进行明示，该过程包确认检查员的证明文件、登记，通知管理层检查员到达，以及对检查员进行工厂安全指导。通知的最佳实践包括：要有通知的个人和候补者的列表，以及通知他们的顺序或呼叫顺序。训练有素的审计支持人员，应在尽可能短的时间内，与检查员会面。至少应确保有一个房间接待检查员。如果有多个检查员，则为每个检查员设置单独的房间（如果可行）以避免同时进行多个对话而造成的混乱。进行检查接待的最佳实践包括使用后台或准备室。后台支持检查管理活动，例如跟踪检查员的文件要求、预备水系统专家以及确定如何回答询问。此外，在将所需文档提供给检查人员之前，请先在后台对其进行审核，以确保正确处理了该文档。

（2）人员　建议有以下角色，以促进成功检查。

● 主接待人/陪同人员。通常为每个检查员指定一个主接待人或陪同人员。此人是与检查员的主要联络人，并始终与他们保持联系。在设施内，检查员不应没有陪同。主接待人应该熟悉公司的质量体系和生产运营，以便可行时，他们可以在没有 SME 的情况下回答问题。

● 记录员。每个检查员分配一个记录员，以记录信息要求、问题和讨论。记录的信息与传送人员和支持人员共享。使用电子系统，可以与后台支持人员保持快速有效的更新。

● 导览人员。检查员通常要求参观设施，可以由一个对设施较为熟悉的人员带领，也可以由一小群人带领（其中有水系统专家）。

● 传送人员和支持人员。传送人员和支持人员从后台获取检查员要求的文件，以使记录员和主接待人能够继续与检查员合作，而不会受到干扰或延迟。

● 水系统专家。理想情况是水系统专家做后台支持。如果无法做到这一点，则水系统专家应在需要时可随时回答问题，并解释流程。水系统专家通常是该系统的工艺设计者。

● 后台负责人。管理后台的活动，并确保及时满足文档要求，保证 SME 的可及性。

● 翻译员。如有必要，应请口译员/笔译员协助翻译检查员的要求。

（3）检查互动　检查是一个正式的过程，也应该以正式的方式对待。应以专业和尊重的方式，对检查员进行回复和交谈。问题应如实回答而无须修饰。如果不确定答案，建议工厂人员不要猜测，可以记录该请求，并在之后以回复方式进行跟进。如果不清楚检查员的要求，可以讨论该问题以进行澄清。

监管检查的早期部分通常是对设施的考察，通常是设施的特定部分，可能是审计的重点。拥有设施的最新蓝图，包括制药用水和纯蒸汽系统的布局，有助于确定参观路线。监管检查员或工厂检查员进入生产或生产支持区域时，首先看到的是其总体物理状况和维护情况。之后，会关注特定的区域，例如潮湿区域，软管处理，设备和管道的设计、状况和标记，虫害防治工作，同时也会关注导览人员的能力和知识。表 10.13 是制药用水系统供应商移交清单汇总表，有助于制药企业了解制药用水设备与系统的文件系统组成。

表 10.13　制药用水系统移交清单汇总

序号	描述	备注
综合		
1	主要设备清单（详细列出主要设备及零部件的设备位号、型号规格、材质、数量、生产厂家和订货号等信息）	合同签订前
2	设备布局设计图（外形尺寸、接管管径及位置、安装维护距离、电气接线口位置等）	合同签订前
3	热交换器的设计计算书	DQ 阶段
4	主要文件清单及描述	DQ 阶段
5	质量项目计划（QPP）	合同签订后
6	施工进度计划表	合同签订后
7	设计、制作、施工和检测依据的标准和规范	DQ 阶段
8	设计说明	DQ 阶段
9	工艺与仪表流程图（P&ID）	DQ 阶段
10	设备总体布置图	合同签订前
11	设备及单体部件的技术参数	合同签订前
12	设备标准操作规程（SOP）	交货时
13	设备日常维护保养规程	交货时
14	设备清洁和验证规程	合同签订后
15	易损件和两年的备件清单（含价格）	合同签订前
16	装箱单，纸质至少 1 份	交货时
17	进口件的原产地证明和进口报关单复印件（如果有进口件），纸质至少 1 份	交货时
机械		
18	设备尺寸和荷重、总装图	合同签订前
19	各设备带有零部件编号和材质的外形图、结构图和装配图	交货时
20	热交换器设计计算书	DQ 阶段
21	呼吸器完整性证明文件	交货时
22	安全阀的检定证明文件	交货时
23	设备焊接工艺说明和资格证书	交货时
24	金属、非金属材质证明	交货时
25	设备、管道焊接记录	交货时

序号	描述	备注
机械		
26	表面处理和检测规程	交货时
27	表面处理检测记录和报告	交货时
28	设备清洗规程和报告	交货时
29	管道布置图和焊点图	交货时
30	管道和管件清单	交货时
31	管道焊接规程、记录和证书	施工前
32	管道焊接操作者证书,纸质至少1份	施工前
33	管道自动焊接用自动焊机参数表	交货时
34	管道焊接用自动焊机(每日)开机报告焊样	交货时
35	管道焊缝检查规程、记录和报告	交货时
36	管道酸洗钝化规程、记录和报告	本工序施工前
37	管道试压规程和报告	本工序施工前
38	机械设备清单(含技术参数,详细列出所有机械设备的设备位号、型号规格、材质、数量、生产厂家和订货号等信息)	交货时
39	机械设备使用说明书、操作、维护和保养手册	交货时
电气		
40	电气原理图、布线图和气动图	交货时
41	电气设备清单(含技术参数,详细列出所有电气设备的设备位号、型号规格、材质、数量、生产厂家和订货号等信息)	交货时
42	布局图(包括管线、电器位置和接口要求)	交货时
43	电气设备出厂合格证书和校验检测数据	交货时
44	控制面板上及控制柜内元件布置图	交货时
45	电气设备使用说明书、操作、维护和保养手册	交货时
仪表及控制		
46	仪表说明书(设备所用所有仪表)	交货时
47	仪表校验报告	交货时
48	仪表清单(含技术参数,详细列出所有仪表的设备位号、型号规格、材质、数量、生产厂家和订货号等信息)	交货时
49	控制系统使用说明书	交货时
50	控制系统功能说明	合同签订后
51	控制系统回路图	合同签订后
52	控制盘端子接线图	交货时
53	控制系统PLC配置说明	交货时
54	硬件系统设计及配置说明	交货时
55	软件系统设计及配置说明	交货时
56	警告及报警控制原理和警告及报警信息表	交货时
57	最终PLC控制程序电子版1份	交货时

序号	描述	备注
仪表及控制		
58	HMI 程序电子版 1 份	交货时
59	PLC 程序编辑软件名称及版本号	交货时
60	HMI 程序编辑软件名称及版本号	交货时
61	PLC、HMI 使用、编程手册	交货时
检测、验收和验证文件		
62	变更控制记录	交货时
63	功能说明(FS)与设计说明(DS)文件	交货时
64	系统运行风险评估(RA)报告	交货时
65	需求追溯矩阵图	合同签订后
66	设计确认(DQ)文件	合同签订后
67	安装确认(IQ)方案文件	交货时
68	运行确认(OQ)方案文件	交货时
69	性能确认(PQ)模板文件	交货时
70	现场验收测试(SAT)方案	发货前
71	现场验收测试(SAT)报告	现场验收测试后
72	计算机化系统验证文件	验收前
73	其他必需的验收及验证资料	交货时

第一印象很重要,可以为审计工作定下基调,检查员将确定重点放在哪里。不整洁的设施意味着对 GMP 的漠视,会使得检查员寻找可能直接影响产品质量的其他不良生产工艺或不良 GMP 态度。应当记住,任何与众不同的地方,或者未达到尽可能干净的地方,都可能引起检查员的提问。如果答案不能减轻检查员的担心,则审计的重点可能会变成发现缺陷。拥有维护良好、达到严格清洁水平的设施,有助于表明该设施致力于实现 GMP。

有时候,设施状况对于检查员来说不怎么常见,但对于设施操作人员来说可能是"正常的",因为操作人员长期处于或适应于非最佳状态。使用熟悉法规期望但不熟悉设施的检查员,进行审计准备会有所裨益。可以是第三方检查员,也可以是公司内部其他工厂的检查员以及顾问。这些审计的目的是确定工厂操作人员可能忽略的缺陷操作、设计和其他问题。调查结果为工厂提供了机会,如果可能的话,可以在进行监管审计之前进行处理,或者制定具有明确时间表的修复计划。

制药用水和纯蒸汽系统的导览人员应该是制药用水和纯蒸汽系统上的专业人员,不仅要了解此工艺,而且还要了解其他生产工艺。如果此人不熟悉制药用水和纯蒸汽系统系统程序(这可能给检查员留下负面印象),则他们可以将回复推迟到阅读该主题的 SOP 之后。快速、但信息够不准确的口头答复,以及需要 SOP 进行确定的初步答复,两种方式给检查员留下的印象会产生微妙的平衡。如果初步答复是区域经理给出的,则意味着对他们所监督的实践缺乏了解。

应该有一项公司政策,规定与监管者共享文档,这应该是员工培训要求的一部分。关于制药用水和纯蒸汽系统,该策略应允许共享所有信息。应向监管机构提供所需文件或特定页面的副本。参观期间，检查员可能会要求提供与观察到的实践或操作相关的 SOP 副本。应当告知检查员，除非他们希望立即查看 SOP，否则将在返回审计室后提供 SOP 的副本（如果符合公司政策）。在这种情况下，应向检查员显示该区域生产人员使用的 SOP。检查员将记录任何口头反应的准确性，以及该 SOP 在执行区域的可用性，以此作为生产程序好坏的另一个标志。该程序应该是有效的版本，可以是集中管理，也可以悬挂或张贴在使用它们的区域中。检查员可以记录 SOP 的修订号，返回审计室后，要求查看有效的 SOP 检查其是否具有相同的修订号。如果不是，则表明文档控制不佳。合规性差的另一个现象是使用了本地性的非正式程序，例如手写便笺和提醒。这是不受控制的文档编制流程的另一种迹象。

检查员可能会要求查看记录下水道清洁活动的日志（这也可能表明清洁频率的口头回答不准确）。如果没有针对该活动的日志或 SOP，则这种负面印象可能导致检查员得出结论，并非所有生产活动都在 SOP 中描述或记录在日志中，并且该活动可能会受到可变执行和频率的影响。一些设施不再使用纸版程序和日志；因此，当检查员要求在电子系统中找到信息时，应提供所要求信息的打印输出。这样的电子文档系统方便了信息的访问，因此，与纸质文档系统不太一样，文档丢失、放错位置或过时的可能性较小。可能要求提供符合电子记录合规性的证据。表 10.14 是迎接检查的示例清单，可帮助准备将要进行的法规检查或审计。

表 10.14　迎检清单示例

类别	文件名称	确认完成
后勤安排	检查员接待程序就位	
	建立人员清单	
	确定初始接待室	
	确定前室	
	确认后台	
	前室和后台的茶点责任	
	正在准备检查的全工厂沟通	
人员	确定接待人	
	确定记录员	
	确定传送人员	
	确定了后台负责人	
	确定水系统专家	
	确定支持人员	
文件	上次审计的回顾——已解决 CAPA 的证据	
	已审核 SOP，并提供了最新修订版	
	保养、更衣流程及程序	
	QC 检验方法和最新修订版	
	已审查的图纸和可用的最新修订版	
	图纸（用于参观），适当大小	
	维护记录已审核并为最新	

类别	文件名称	确认完成
文件	校验记录已审核并为最新	
	培训记录已审核并为最新	
	提供钝化记录	
	变更控制记录,已审核和已关闭	
	偏差报告,已审核和已关闭	
	提供验证主计划	
	提供确认/验证草案和报告	
	提供趋势报告	
	提供虫害防治记录	
其他	区域清洁,无泄漏	
	确认打印的文档是否为最新或不存在	
	确认警报日志(遗漏,检查签名)	
	确认日志(遗漏,检查签名)	
	确认就地校验标签/仅供参考	
	确认物理和逻辑安全	
	所有人员适当更衣/着装	
	设备状态,清晰明确	

10.3.2 现场检查要点

制药企业的车间通过 GMP 现场检查,意味着生产线符合 GMP 要求,有助于提升行业影响力和竞争力,同时可以让企业继续保持稳定的产品质量、提升生产能力、满足市场需求等。表 10.15 是制药用水系统常见的现场审计与检查要点。

表 10.15 现场检查要点

原水的现场检查要点

1	应有流程规定原水系统的管理,包括水质监控,日程操作和维护
2	工厂应能提供原水水质分析报告来证明水系统的给水符合适用的饮用水标准。对于以市政供水公司供水作为原水的工厂,可以参考供水公司的水质分析报告作为合格的依据,制药企业需要定期进行自检和/或请有资质的外检机构进行结果确认,建议根据供水情况和产品工艺风险按照《GB 5749—2006 生活饮用水卫生标准》进行定期的质量测试
3	制药企业应对原水的质量进行定期回顾,并保留文件记录

水处理装置的现场检查要点

1	现场查看制药用水系统设置的采水监测点,取样点至少应设置在进入纯化水储罐前、在线消毒设备前后、进入注射用水储罐前、各个涉及使用制药用水的功能间用水点以及总进水点、总回水点
2	现场查看制药用水系统的状态标识(正常、维护、停用、待用)
3	现场查看制药用水系统的输送管道的水种和流向标识,分别使用多种制药用水时,输水管道上应明示制药用水种类以及流向

水处理装置的现场检查要点

4	现场询问制水人员制药用水系统管道的清洗消毒要求(频次、消毒方法、操作流程);现场检查包括产水量、产水质量、储存条件、循环温度、检验条件和操作、现场记录、消毒记录等,是否与操作文件和企业内控要求一致
5	现场询问检验人员制药用水的监测和检测要求,可要求检验人员现场操作检验流程,是否与操作 SOP 一致
6	现场是否有经 QA 确认的制药用水制备流程图或取样监控文件
7	制药用水验证资料,是否包含验证计划、方案、报告以及再确认相关技术资料。是否对制药用水系统的产水质量和产水能力进行验证确认,以证明能够满足产品和产量的需要,并保存相关验证确认记录
8	查阅岗位文件是否涵盖制药用水管理规定中有关制药用水的种类、使用环节、制备方法、使用过程以及储存的规定
9	查阅制药用水系统管理规定中是否涵盖区域设备操作规程、管道清洗消毒规定以及设备日常维护规定等,并抽查记录
10	制药用水各环节部位关键计量器具是否在效期范围,检查对应的校验证书
11	制水设备是否有对应的预防性维修计划,是否涵盖系统各环节设备
12	检查制水量及使用时间与验证及文件规定是否相符,是否有排空记录
13	检查现场使用阀门是否有使用不当现象,如阀门类型、安装角度等;对于常温循环的制药用水系统,是否装有流量监测装置,循环回流流速是否达到要求;消毒措施是否能满足微生物控制的需求
14	查看现场的储存分配系统连接管路是否存在盲管及不利于清洗的死角
15	查看现场的排放低点坡度是否符合要求,是否存在残留排放现象
16	检查呼吸器是否采用不脱落纤维的疏水性滤器,是否按照操作要求进行了周期完整性测试
17	制药用水系统的检查项目以及合理的督察计划,应包括: ● 所有取样点的取样和监测计划 ● 监测中需要报警和采取措施的参数设定 ● 监测结果和趋势评估 ● 对系统最近一次年度检查结果的审查 ● 对最后一次检查后系统的所有变更进行审查,并检查是否实施了变更控制 ● 审查所记录的变动以及对变动进行过的调查 ● 对系统状态和条件的全面检查 ● 审查维护、失败和维修记录 ● 检察关键仪器设备的校审和校准 ● 对于新系统还需检查系统性能确认、运行确认、安装确认

调试与验证的现场检查要点

1	检查企业是否已建立了本地验证程序,验证程序是否符合现行版本的 GMP 要求
2	检查企业本地验证程序中的验证实施程序和验证要素规定是否完整无遗漏
3	抽取制药用水新建或改造项目的验证文件系统,检查各验证阶段的验证方案和验证报告是否严格依照本地验证程序规定完成
4	抽取验证报告中的执行记录附件,例如 P&ID,与现场实物或实际情况核对是否一致

预防性维护的现场检查要点

1	检查制水系统维护操作规程中维护计划是否合理、完整
2	检查现场维护计划培训情况,操作人员熟悉程度
3	检查制水设备状态标识(正常、维护、停用)正确

预防性维护的现场检查要点

4	检查制水设备输送管道是否锈蚀,水种标识、流向正确
5	检查现场取样点编号与文件一致,阀门编号正确
6	检查现场仪表检验/检定情况,检定标识是否清晰
7	检查现场制水设备是否有渗漏或异响,外观清洁程度
8	检查自控制水设备参数设置及运行情况
9	检查制水设备及分配系统清洁消毒记录
10	检查制水系统运行检查记录
11	检查水质监测记录
12	检查易损件更换记录及相应证书资料
13	检查制水系统周期性审查记录
14	检查其他维护实施记录

变更管理与风险管理的现场检查要点

1	对最近一次检查后系统的所有变更进行审查
2	抽查重要系统变更,检查变更内容、变更风险评估、文件更新、验证确认、系统放行
3	审查维护、保养和维修记录,确认是否有需要变更控制而没有进行变更控制
4	检查日常维护后系统的确认或验证
5	检查风险评估的行动项是否全部在验证或确认中执行

日常监测与再验证的现场检查要点

| 1 | 检查企业是否已建立了本地验证程序,其定期性能评估和再验证要求是否符合现行版本的GMP要求 |
| 2 | 检查企业最近的定期性能评估报告和再验证报告 |

10.3.3 警告信

    2019年修订的《中华人民共和国药品管理法》更多设定了严格的行政处罚。只有对于某些尚不影响药物安全性、有效性的轻微违法行为,法律规定了"责令限期改正,给予警告",给予违法者自我纠正的机会。行政机关在实施行政处罚时应当遵循"执法金字塔"的范式设计,首先应选择"金字塔"底部强制力较弱、干预程度较低的执法措施,只有在该措施效果失灵时,才依次逐级上升,不断选择威慑力更强的监管措施。强制力、威慑力较弱的监管措施执法成本较低,有助于合理配置监管资源,并保障被监管者的权利受到较低程度的限制,有助于被监管者主动建立内部的合规体系,有效实现监管目标。美国食品药品管理局(FDA)在药品监管中,经常向被监管者发出警告信。FDA警告信属于"执法金字塔"中强制力较弱、干预程度较低的监管措施,有助于给予被监管者自我纠正的机会,FDA进行后续的动态监管,一旦该监管工具失灵,则采取威慑力更强的监管措施。FDA警告信制度贯穿于药品全生命周期的监管中,FDA对药品研发、生产、流通等各环节的违规行为都可以发出警告信。

    FDA警告信的内容主要包括被检查对象的信息、违规行为、违反的相关法规条款、对检查对象书面回复的评判,以及关于相关时限和后果的声明。FDA警告信中会明确被检查对象的信息、检查日期以及违规行为的具体情况,对违反规定的研究方案或药品,作出简要但足够详细的事实描述，直接说明 FDA 检查过程中的关注点，使得违规者有可能采取纠正措施。FDA 认定违规事实时，应具有明确的法律依据，这不仅可以防止检查人员滥用权力，保障被检查对象的合法权益；同时，被检查对象能以法规规定为准则，实施有效纠正违规行为的措施。警告信中对被检查对象违反的法规条款作出明显的区别标记，使得被检查对象及时清楚地了解自己的行为如何违反法规，并有助于其做出相应的纠正措施。

FDA 对不同监管领域的警告信的内容架构和签发程序等进行了统一的规定，本节中制药用水系统的 9 封警告信摘录来自美国 FDA 数据库，例如验证、水监控、水检验和系统故障、微生物控制以及偏差调查不足。对 FDA 警告信的制度特征、内容架构和签发程序等加以研究，以期对我国的药品监管制度建构和我国制药企业的国际化发展有所借鉴。

警告信 1　无法验证和监控水纯化系统

　　日期：2013 年 2 月 19 日

　　主题：cGMP/药物活性成分（API）/掺假

　　结论：无法验证和监控水纯化系统以确保水的质量适当。

　　FDA 解释：贵公司在……的最终纯化步骤中使用水，用于无菌药品的 API。但是，贵公司未能证明你们的纯化水系统能够始终如一地生产出适合于生产该 API 的水。这是 2010 年 7 月 21 日至 8 月 8 日检查的重复观察。在对 2010 年检查中的观察结果做出回应时，贵公司承诺采取措施以确保可靠的水质。但是，这些变更是不充分的，因为你们继续周期性地获得不合格（OOS）的细菌内毒素和总有机碳（TOC）检验结果。

　　在你们对 2012 年检查的观察结果的答复中，你们表示贵公司打算对纯化水系统进行全面的差距分析。但是，你们未能指出何时启动该差距分析，以及何时完成该差距分析。贵公司还没有详细说明如何确定纯化水中高细菌内毒素和 TOC 的来源，以及贵公司如何解决已发现的问题。我们注意到，例如，贵公司于 2011 年 1 月在纯化水系统上安装了细菌内毒素去除仪器，以响应 API 用水中细菌内毒素 OOS 的结果。但是，贵公司尚未证明由纯化水系统产生的水现在适合用于生产。新的细菌内毒素去除仪器的操作参数和有效性尚未确认。贵公司不监控原水的微生物和化学属性，也不保证在给定原水质量下，纯化水系统能够始终如一地生产出满足质量标准的水。你们的差距分析还应包括对因素的评估，例如原水水质、纯化水系统的每个组件是否满足其性能质量标准，以及系统的输出是否可再现。贵公司过去从未确定过细菌内毒素失败的根源，因此必须证明设计和操作程序的变更已保证水系统的可靠性。

警告信 2　未能检验药品生产中使用的水

　　日期：2013 年 12 月 2 日

　　主题：cGMP/成品制剂/掺假

　　结论：贵公司未能阻止每批组件、药品容器和密封件的使用，直到质量控制单元对其进行适当的取样、检验或检查并放行使用为止 ［21 CFR 211.84（d）（2）］。

　　FDA 解释：例如，自 2006 年以来，你们尚未检验用于生产 OTC 的水，以确保不存在不良微生物。我们的调查员在检查过程中收集了水样，从中分离和确认几种微生物，包括铜绿假单胞菌、阪崎肠杆菌、克氏假单胞菌和乌氏不动杆菌。

在你们的答复中，你们声明贵公司将把水取样次数增加到每年××次，并探索使用专门的培养基。你们的答复不充分，因为贵公司使用去离子水来生产供人使用的药品。用于生产最终人用药品的水必须至少满足 USP 纯化水专论以及微生物计数的适当限度。此外，由于你们仅声称每年收集××个样品，因此贵公司仍然无法日常监控水质。你们的答复也没有包括：对你们的水系统微生物控制失效的根本原因进行调查。

为了促进对 cGMP 的遵守，请参阅 FDA 题为《高纯水系统检查指南》的水系统设计、控制和监控指南。根据贵公司的预期用途，以适当的方式生产局部产品至关重要。我们注意到，贵公司的某些产品在医院或疗养院中使用，或在破损的皮肤上使用。在确定生产和检验标准时，贵公司必须考虑产品的预期用途。这些产品应始终如一地生产并最大限度地减少微生物负荷，并且不含有害微生物。这是 2011 年 6 月检查以来的重复观察。

警告信 3　纯水系统控制不充分

　　日期：2014 年 6 月 12 日

　　主题：cGMP／偏差／生物制品许可申请（BLA）微生物控制

　　结论：你们的设施对纯化水系统的控制不足以防止生物负荷和细菌内毒素偏移。

　　FDA 解释：例如，2012 年关于水的年度产品质量回顾报告指出，纯水系统××（回路××）中存在许多生物负荷偏移。回路××中的水部分用于加湿××中的空气。发现了不同类型的细菌，但是在大多数情况下，发现的微生物是皮氏罗尔斯顿菌和木糖氧化产碱菌。偏差＃200217554（于 2012 年 3 月 7 日启动）表明，从你们的培养物和培养皿水中发现的一种水生微生物，即木氧化无色杆菌，这也从你们设施的纯化水系统中被分离出来。

　　2013 年《年度水产品质量回顾》报告得出结论，水系统××（回路××）已达到四次警戒限和一次行动限。回路××中的水部分用于设备清洗。从这五个偏移中分离出的微生物包括皮氏罗尔斯顿菌和木氧化无色杆菌。木糖氧化无色杆菌和其他原水性革兰阴性细菌早在 2011 年就已涉及你们工厂的产品污染问题。没有设定消毒水系统的时间表。仅在××上对系统进行了消毒。该系统在 2011 年进行了两次消毒，2012 年进行了五次消毒，2013 年进行了四次消毒，迄今为止，2014 年进行了一次消毒。另外，水系统在××温度下循环并用××清洗。系统中没有使用××。

警告信 4　水系统故障

　　日期：2016 年 2 月 23 日

　　主题：cGMP／成品制剂／掺假／标识错误

　　结论：水系统故障。

　　FDA 解释：贵公司未能维护局部药品的反渗透（RO）水系统。在检查过程中，我们的调查员观察到反渗透水系统泄漏。你们的运营总监告诉调查员，自 2014 年 8 月以来，你们的反渗透水系统已经泄漏了 6 个多月。在此期间，未采取任何措施来修复泄漏。

　　我们的调查员还确定，你们对 RO 水系统的监测、检查和维修不足以确保将其保持在已验证的状态。除了从 2014 年 1 月 8 日到 2014 年 10 月 8 日未能维护你们的 RO 系统之外，在 RO ××处取样的水微生物检验结果还显示××上的 TNTC［不可计数］。在没有论证的情况下，你们停止在产生这些结果的 RO ××进行取样。我们注意到，你们在2013年因微生物污染而拒放的成品批次包括铜绿假单胞菌（一种普遍存在于水中的微生物）的总体污染。

在对 FDA 483 的答复中，你们指出在检查过程中更换了 RO 膜壳的垫片，并且泄漏已停止。你们还更新了步骤××（USP 水的操作和维护），要求对 RO 系统和水循环进行××泄漏检查。但是，你们的答复不充分。你们指出，由于反渗透水××被进一步纯化，因此来自 RO ××的微生物数量很高。但是，你们没有提供科学依据，来证明在 RO 纯化阶段系统中××的计数与 TNTC 一样高。成品中存在 TNTC 水平的水生微生物，表明反渗透系统的其他组分××不足以防止污染成品。

在你们对这封信的答复中，请提供在所有纯化水系统端口进行的××微生物检验的趋势结果，以证明更换后的垫片的有效性，包括计数和微生物鉴别；水系统维护程序，包括过滤器和××的更换频率；取样计划以监测水质；数据，来证明在生产用水点××上安装的××和××过滤器，可以控制生物负荷的程度；你们的调查摘要，以确定垫圈是否确实是造成污染的唯一根本原因；以及因调查而实施的任何进一步风险控制和系统设计方面的更新。

警告信 5 调查不足

日期：2016 年 6 月 30 日

主题：cGMP／药物活性成分（API）／掺假

结论：未能充分调查关键偏差，并采取纠正和预防措施。

FDA 解释：××水系统中的微生物污染从 2014 年 4 月 20 日到 2015 年 2 月 17 日，针××厂房的水系统循环，你们调查了至少 25 次微生物污染，超出警戒限（×× CFU）或行动限（×× CFU）。你们使用了从该系统产生的水，来生产×× API。值得注意的是，在你们的一些警戒限和行动限调查中，你们鉴别出了洋葱伯克霍尔德菌（一种水生微生物），已知在水系统中可以形成生物膜。你们的调查未能充分确定根本原因。在 25 起调查中的 16 起中，你们得出结论，根本原因是取样错误，但没有支持性证据。在其余的 9 起调查中，你们尚未确定根本原因。我们的检查还发现，你们未按照程序 PAA219 "××工厂××水系统的操作和维护"，对××水系统回路××进行消毒。

在你们的答复中，你们承认对××水系统调查不充分。但是，你们没有承诺对违规行为和总体不利趋势进行全面调查。回复此信时，请提供你们对××水系统进行的重新评估和修复的摘要报告。还包括取样用水点和取样计划。×× API 批次××：生物负荷超标我们的调查员发现，××的××（批次××）中的 3 个，细菌计数（生物负荷）超过了你们的质量标准。每毫升产品中××具有超过×× CFU 的鞘氨醇单胞菌。鞘氨醇单胞菌是一种机会病原体，是在用于生产该批次的水系统中鉴别出的微生物之一。值得注意的是，在××中也发现了鞘氨醇单胞菌，但是基于通过了微生物计数取样分析，放行了××。

经过调查，贵公司选择拒放未通过微生物 QC 检验的××。但是，微生物污染的性质很少会均匀发生。因此，拒放未通过最终 QC 检验的特定××，而放行剩余的××，可能无法防止客户遭受潜在的有害污染。在你们的答复中，你们将高生物负荷的根本原因归因于延长××放置时间。你们的回应不充分。贵公司没有规定的最长××放置时间。你们未提供任何支持数据，来将××的放置时间与API生物负荷增加相关联。你们没有扩展你们的调查，针对其他××相似或更长的放置时间。回复此信时，请重新评估你们的水系统，以及它可能如何导致高API生物负荷。还提供你们的纠正和预防措施计划，以防止再次发生。

警告信6　没有验证和监控水纯化系统

日期： 2017年3月2日

主题： cGMP/有效药物成分（API）/掺假/标识错误

结论： 没有验证和监控水纯化系统，以确保水的质量适当且适合其预期用途。

FDA解释： 在检查过程中，我们的调查员发现你们的纯化水系统未得到充分监控。你们将水用作药物组分，并用于清洁设施和设备，所以这些故障会对药物安全构成重大风险。

原水

你们没有检验××水系统的原水。原水从附近的河流中流出，经过农田，在到达你们的设施之前，会受到农业径流和动物粪便的污染。贵公司将原水存储在××的水箱中，该水箱有一个朝向××的大孔，可通向环境。你们的存储方法不能保护你们的水免受污垢和其他污染物的侵害，也不能防止虫害和有害微生物的侵扰和扩散。

消毒和验证

对于自己针对××水系统的消毒程序，你们没有遵循。你们的程序在××中指定了××的消毒措施，但我们的调查员发现了你们在没有理由的情况下仅消毒10min的情况。在检查期间，你们指出，你们在2016年3月启动了××水系统的性能确认，但尚未完成。自2014年安装以来，尽管没有科学证据表明该系统能够生产出质量合格的水，但贵公司仍在日常使用此不合格系统。

检验

我们的调查员发现，你们已经知道，几个月中，所有过程水样××的总有氧微生物计数（TAMC）已超过你们的××CFU/mL的上限。你们未能调查这些偏差。

此外，贵公司没有充分了解你们的××水系统杀死微生物所依赖的工艺。××通常是××消毒步骤。但是，你们只能使用××将TAMC降低到××水中的可接受水平。这表明这是你们工艺中的关键步骤，但是你们并未考虑会影响性能的操作参数，例如水流量。另外，你们对结果的解释，与未确认你们的方法的事实产生了混淆。

在你们的答复中，你们承诺要对原水进行微生物污染检验。你们表示已将原水的微生物限度设置为××CFU/mL，并且已删除了××水系统的过程样的微生物限度。你们的回应不充分。你们没有提供足够的详细信息，说明如何修复××水系统。针对此信，请提供：

- 解决开放式××储水箱的计划
- 你们在2016年3月发起的PQ的状态更新

- 如果原水检验结果超出限度，则采取纠正和预防措施
- 设定微生物限度的科学依据被污染的××水是其他药物生产商多次召回非无菌××液体的根本原因，包括掺入洋葱伯克霍尔德氏菌（机会性病原体）的情况。因此，必须根据验证数据建立适当的行动限和警戒限；这些限度必须足够低，以表明与正常工作条件相比，发生了重大变化。

警告信7　没有验证纯化水系统

日期：2017年1月26日

主题：cGMP/成品制剂/掺假/标识错误，未能验证纯水系统

结论：未能验证纯化水系统。

FDA解释：你们尚未验证至少使用3年的纯化水系统，该系统用于来生产用于口服、吸入或局部使用的产品。某些产品可用于治疗可能更容易受到感染的受刺激组织或伤口。尽管你们在2014年4月28日的报告中部分记录了2013年在水系统搬迁后进行验证活动的结果，但你们的报告显示，你们在验证活动中执行的检验未包括微生物检测、××检测或××检测的结果。同一份报告指出，在2013年5月的××天验证周期之后，你们的纯化水系统的微生物负荷稳步增加，并且需要额外的维护活动，来应对增加的微生物负荷。完成所需的维护活动后，你们没有验证纯化水系统。

此外，水系统的组件多次出现故障。这些事件中至少有一个导致水系统在没有××的情况下运行。例如，在2015年2月26日，××的××发生故障，系统一直为××，直到××在2015年3月4日重建。在此期间，你们没有进行调查，以评估此故障或其他故障对你们生产和放行产品质量的影响。你们在2015年8月31日的回复中指出，你们已与第三方公司签约，以对你们的水系统进行全面验证。回复此信时，请提供验证草案和最终验证报告。

警告信8　数据完整性失效

日期：2018年2月16日

主题：cGMP/药物活性成分（API）/掺假

结论：没有实验室控制记录，包括从所有进行的实验室检验中得出的完整数据，以确保你们的API符合既定的质量标准和规范。

FDA解释：我们的调查员发现贵公司伪造了实验室数据。例如，在××水用水点检验中，在××平板上发现的菌落形成单位（CFU）的数量与××水报告上记录的数量有显著差异。对于多个用水点，你们的分析员报告的CFU远低于我们调查员在平板上观察到的CFU。此外，虽然你们报告说用于检测有害微生物的选择性培养基平板上没有生长，但我们的调查员观察到该平板上的生长。这是令人担忧的，因为你们使用××水来生产旨在用于无菌注射剂型的产品，例如××API。

根据你们的风险评估，你们决定暂停中止××和××API的生产，承诺要聘请第三方数据对完整性进行评估，我们确认收到这一信息。我们也确认收到：你们承诺对已分销

产品进行风险分析和数据审查，并对××水系统进行消毒和验证。我们要求你们，在恢复为美国供应的××和×× API 的生产之前，通知 FDA。回复此信函时，请按照下面此信函的"数据完整性补救"部分的要求，提供你们的数据完整性补救措施。另外，提供以下内容：

- 对你们的水系统设计、控制和维护进行独立评估；
- 全面的纠正与预防措施（CAPA）计划，用于改善水系统的设计、控制和维护；
- 你们××水系统的验证报告；
- 对你们的水系统设计，以及持续控制和维护程序进行改进的摘要；
- 你们当前用于此系统的总计数和细菌内毒素限度。

警告信 9 对水系统故障的调查缺乏或不足

日期： 2018 年 1 月 12 日

主题： cGMP /成品制剂/掺假

结论： 无论批次是否已经分发，你们的公司都无法彻底调查批次或其任何组分无法解释的偏移或故障（21 CFR 211.192）。

FDA 解释： 贵公司未能调查检验结果，该结果表明你们的水超过了微生物的允许限度。你们对水系统样品进行的检验表明，在 96 天中的 25 天中，微生物水平太高而无法计数（TNTC）。你们将这种水用作生产 OTC 的主要成分。你们未进行调查，这违反了你们的书面程序，该程序要求当结果超过×× CFU/mL 时，你们需要进行调查。

该系统从根本上是有缺陷的，因为它不能产生适用于制药生产的水。在答复中，你们声明半成品检验是符合药品微生物学质量标准的。你们的回应不充分，因为对有限样品进行 QC 检验，不足以证明产品合格。由于微生物污染分布不均且难以在检验过程中检测到，因此必须采用严格的上游控制，来确保批次的质量。

我们注意到你们计划消除水系统中的死角。但是，你们并没有致力于全面重新设计系统，并创建用于持续控制、维护和监测的新程序，以确保你们的公司始终如一地生产出：符合 USP 专论质量标准和适当微生物限度的纯化水。你们的答复也不够充分，因为它没有解决你们未能调查水系统中微生物水平频繁过高的问题。就如何确保对超出范围的检验结果进行充分有效的调查，你们没有说明。

回复本信时，请提供：

- 对水系统设计进行全面评估，并采取彻底的纠正与预防措施，以安装合适的系统。
- 用于持续控制，维护和监测的有效程序：可确保系统始终如一地生产出满足 USP 专论质量标准的纯化水和适当微生物限度的水。关于后者，重要的是要注意，对于大多数外用产品，总计数限度比×× CFU/mL 严格得多。
- 就观察到的水系统故障，对有效期内每个药品批次质量的潜在影响，进行详细的风险评估，并将这些重大偏差通知你们的客户。对于在水样出现 TNTC 水平当天生产的所有批次，该评估应优先检查。评估不应仅限于污染取样点生产的产品，还应扩展到系统中产生过高污染时其他可能受影响的批次。另外，请酌情考虑其他纠正与预防措施（CA-PA），包括召回措施。

● 全面评估整个系统，以调查偏差、非典型事件、超标（OOS）结果和故障。你们的CAPA应该包括但不限于：对于操作中可能导致错误、偏差或故障的各种变化来源，确保你们进行及时的检查，以及质量部门对调查需要有最终监督和最终批准。

第11章

不锈钢与红锈

中国GMP(2010修订)规定如下：

第七十七条 生产设备不得对药品有任何危害，与药品直接接触的生产设备表面应光洁、平整、易清洗或消毒、耐腐蚀，不得与药品发生化学反应或吸附药品，或向药品中释放物质而影响产品质量并造成危害。

第一百零二条 纯化水、注射用水储罐和输送管道所用材料应无毒、耐腐蚀。

2021版《WHO GMP：制药用水》明确提出："结构材料应适当，它应该是非浸出、非吸附、非吸收和耐腐蚀的，建议使用316L等级的不锈钢材料"。

制药行业用的不锈钢材料应用非常广泛，制药用水和蒸汽系统中大量使用了奥氏体不锈钢材料，包括设备、管道、阀门、器具甚至操作平台。这主要是由于不锈钢具有良好的耐蚀性能与卫生性能，其表面加工可达到很高的精度，且光洁、美观、易清洗、易灭菌或消毒，的确是GMP建造中非常理想的材料。同时，不锈钢还大量应用于生物制药领域，包括生物反应器、无菌液储罐、无菌粉剂灌装分装机、CIP清洗设备等，不同的生物制药装备中都采用了奥氏体不锈钢。在散装纯化水与注射用水系统中，所有接触纯水的管道材质推荐采用316L不锈钢。

11.1 不锈钢与制药用水系统

11.1.1 奥氏体不锈钢

奥氏体不锈钢是指在常温下具有奥氏体组织的不锈钢。不锈钢中含Cr约18%、Ni 8%~10%、C不高于0.1%时，具有稳定的奥氏体组织。奥氏体铬镍不锈钢包括著名的18Cr-8Ni钢和在此基础上增加Cr、Ni含量并加入Mo、Cu、Si、Nb、Ti等元素发展起来的高Cr-Ni系列钢。奥氏体不锈钢无磁性而且具有高韧性和塑性，但强度较低，不可能通过相变使之强化，仅能通过冷加工进行强化。如加入S、Ca、Se、Te等元素，则具有良好的易切削性。此类钢除耐氧化性酸介质腐蚀外，如果含有Mo、Cu等元素还能耐硫酸、磷酸以及甲酸、乙酸、尿素等的腐蚀。奥氏体不锈钢中的含碳量若低于0.03%或含Ti、Ni，就可显著提高其耐晶间腐蚀性能。由于奥氏体不锈钢具有全面和良好的综合性能，在各行各业中获得了非常广泛的应用。

铸造奥氏体不锈钢多用在难于加工或非关键系统的零配件处，例如饮用水用水点的CF3M球阀或隔膜阀。散装纯化水与散装注射用水系统不仅要求具有高温下耐腐蚀性的特征，且要求具有较高的预防红锈孳生性能，因此，制药用水系统中所有的316L不锈钢都要经过锻造后使用，包括蒸馏水机、注射用水罐、离心泵、管道管件、热交换器与隔膜阀等。

隔膜阀本身部件的区别并非仅仅是锻造与铸造的差异，制药行业常说的316L与耐腐蚀性主要是针对接触产品本身的奥氏体不锈钢材料。隔膜阀的接触产品侧不锈钢必须全部为316L晶型的奥氏体不锈钢。铁素体具有磁性，如果磁铁能吸上，说明隔膜阀膜片上面的材料中有铁素体，但此部分材料并不需要接触产品；阀体磁铁吸不上，说明膜片下面材料的金相组织全部是316L奥氏体不锈钢晶型，抗腐蚀性强。通常情况下，隔膜阀的上半部分因为不接触产品，可能会有磁性，而阀门下半部分因为要具有耐腐蚀性，采用的是致密型加工工艺（如锻造）的奥氏体不锈钢，奥氏体不锈钢不带磁性。当然，如果采用铁素体＋奥氏体的双相不锈钢结构，不锈钢的磁性也会存在，经过热处理的铸造奥氏体不锈钢也可以没有磁性，但如上文所分析，铸造工艺的致密度没有锻造好，因此不如锻造材料的抗腐蚀性好，在制药用水与制药生物工艺中应谨慎使用。

11.1.2 焊接

焊接是不锈钢系统加工中最为普遍、最为重要的工序之一，焊接质量不合格是制药用水系统红锈或水质微生物污染的最主要原因之一。对于卫生型的不锈钢管道、管件和其他工艺部件的焊接工作，要求强制执行轨迹焊接，在无法执行轨迹焊接的位置需要得到业主或第三方管理公司批准后，才可以使用手工焊接。对于手工焊接的焊口要执行严格的质量控制措施。对焊接质量的控制是决定制药用水系统能否达到工艺设计要求的重要因素，它也是制药用水系统全生命周期质量管理的核心要素。因此，对焊接设备、氩气质量、焊缝成型、焊缝颜色、焊缝粗糙度、坡度与死角等方面的要求也非常严格，焊接质量的控制需要水系统供应商投入一定的人力、物力予以支持，作为制药企业也应该派专人对焊接质量进行监督和检查，如有必要，可聘请专业的第三方评估机构进行焊接质量评估。

2021版《WHO GMP：制药用水》规定：不锈钢系统应进行轨道焊接，并在必要时进行手工焊接。材料之间的可焊接性应通过规定的过程证明保持焊接质量。应保留此类系统的文件，并且至少应包括焊工的资格、焊工的设置、工作阶段的试件（焊缝样品）、所用气体的质量证明、焊机校准记录、焊缝识别和加热编号，以及所有焊缝的记录。检查一定比例的（例如手工焊100％，自动轨道焊10％）焊缝的记录、照片或录像。在制药用水系统的实施过程中，必须设置符合要求的专用洁净预制间用于洁净管道的材料放置和管道焊接预制，所有用于切割和不锈钢表面处理的器具应是316L不锈钢工作专用的，并与用于切割其他材料的工具严格分开；切割管道的程序不应带入其他杂质（例如灰尘、油、油脂等），不应造成管道破坏或管道变得不圆等的情形；要求施工单位的专业工具、机具配备齐全，如GF切割锯、钨针打磨机、对口夹具、洁净充气管、倒角器、不锈钢刮刀、平口机、不锈钢锉刀（或者合金锉刀）、万用角度尺（隔膜阀安装角度控制）、专业工业内窥镜与专业不锈钢自动焊机等。

任何一个质量失控的焊口（尤其是手工焊口）都极有可能带来整个系统的大面积污染，操作焊工必须经相关劳动部门培训合格并持有焊接特种作业操作证，尤其对自动或手工焊接作业的人员，不但要持有焊接作业操作证书，还应当对自动焊接设备有非常全面的熟悉，并且根据不同的制药用水系统需要进行专门的技术交底和质量培训。我国对使用自动焊接设备进行焊接的人员有强制性的资格评审制度，自动焊接人员的培训工作多由焊机设备厂家或施工单位组织进行，制药企业内部可建立针对焊接人员的职级评价机制，包括手工焊接人员和自动焊接人员，并且每年对焊接人员能力进行评定，对不符合要求的焊工应该禁止其焊接工作。

316L 不锈钢材质的焊接应避免氧气的存在，须采用氩气进行置换，焊材需要充氩气进行焊接保护。焊接过程中使用的氩气必须提供完整的质量证书，包括氧含量、水分含量和纯度。高纯的保护气体是焊接作业成功的重要因素，保护氩气的纯度要求不得低于 99.99%，如有条件，建议使用 99.999% 以上的氩气（图 11.1）。焊接后的回火色必须符合制药用水系统管道焊接的基本要求，否则内窥镜检查将判定该焊口为不合格焊口并需要做重新焊接处理。同时，推荐采用气体过滤器等辅助措施，有效避免氩气中颗粒杂质带来的影响，通过制作焊样也可对氩气纯度进行确认，焊接后的焊样内壁的焊缝和热影响区不变色为氩气最佳保护效果。

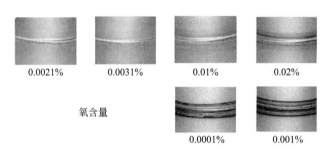

| 0.0021% | 0.0031% | 0.01% | 0.02% |

氧含量

| 0.0001% | 0.001% |

图 11.1　氧含量对焊接质量的影响

焊接过程中需要严格控制焊接质量。管道切口完成后，必须用专用锉刀处理管口毛刺，并对管道焊口内外壁进行清洁处理（最好用无尘布蘸酒精进行擦拭），完成后进行对口工作；焊口偏差量不得超过标准要求，内外壁偏差量不得超过管道壁厚的 15%。焊口点焊时的焊点应尽量小，并且不得出现连续的点焊现象，点焊应为尽量小的熔点，直径不能大于 2.0mm。对于小于 4 英寸的管道，建议临时焊点的数量不超过 6 个。手工焊的质量隐患远大于自动焊，对于现场制药用水系统施工作业中，应避免出现手工焊。对于不能进行自动焊接的焊缝，在客户和焊接工程师同意的情况下，方可选择优秀焊工实施手工焊接。手工焊工在上岗作业前同样要通过技能考核（持证上岗）并做焊接试样确认，图 11.2 是不锈钢焊接的基本要求。

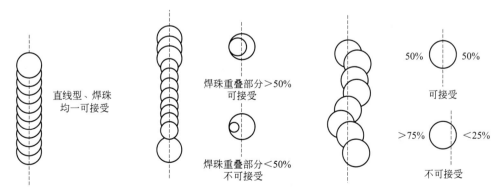

图 11.2　焊接的基本要求

自动焊接前，必须用同等的环境进行焊接试样确认，样品焊缝检验合格后，该焊接工艺参数即可用于正式焊接，注意焊样的存储，待施工完成后一并交予业主方，焊样所采用的焊接参数必须和现场操作相一致。正式焊接作业完成后，需要对完成的焊缝进行清理，将焊缝外部涂上钝化膏，采用百洁布和清水（氯离子含量小于25mg/L）将焊缝处清理干净。焊接完成后，焊工应对其焊接完成的焊口进行100%自检，并需要相关的人员进行互检，若发现问题的焊口必须及时进行返修或采取相应措施。焊接质量的放行需要通过内窥镜检查，内窥镜检查的比例为自动焊口的抽检比例不低于10%，手工焊口需要100%检查，ASME BPE推荐自动焊口的抽检比例不低于20%。外观检验应没有明显的内外凹凸、没有严重的成型不均匀、没有蚀损斑、针孔、腐蚀标记和点固焊缝印记等。在焊接过程中，焊接气孔、未焊透与未熔合、固体夹杂、焊接变形与收缩、表面撕裂和磨痕等缺陷也应有效控制。

● 焊接气孔。气孔是熔池中的气泡在凝固时未能逸出而残留下来的气孔，焊接气孔主要有两类，来自外部的溶解度有限的气体（如氢气、氮气等）和熔池中的冶金产物所产生的气体（如CO、H_2O等）。防止气孔产生主要是要控制气体来源以及控制焊接熔池冶金产物生成的条件。

●未焊透与未熔合。未焊透是指焊接时接头根部未完全熔透或者焊缝深度不够的现象，其主要影响因素有焊接电流过小、焊接过快、采用填丝时焊丝未对准焊缝中心或采用非熔化极氩弧焊时钨极未对准焊缝中心。未熔合是焊道与母材金属之间或焊道之间没有完全熔化结合的部分，其形成原因有焊接过快等。

●固体夹杂。固体夹杂主要是因在对焊接接头进行表面预处理不到位或者在进行手工氩弧焊的时候操作不当造成夹渣、夹杂物、夹钨等。如未对切割管口进行打磨抛光处理或者处理不到位等，焊接接头中固体夹杂的存在将可能会带来应力集中、应力腐蚀和焊缝表面粗糙等一系列问题，所以不能满足医药工程对内壁表面粗糙度的要求。

●焊接变形与收缩。奥氏体不锈钢因其热导率低，热传递慢，热变形大，线膨胀系数更大，焊后的变形量就显得更加突出。为控制焊接变形收缩问题，应在焊接时将管道的每条环形焊缝放长2～3mm。

●表面撕裂和磨痕。表面撕裂主要出现在管道初装完成后，因操作不当或对初装管道未实施保护将点焊的焊接接头撕裂，造成母材金属表面的损伤；表面磨痕是不按操作规程对洁净管道进行打磨时引起的表面损伤。

11.1.3　钝化

就提高标准等级不锈钢的抗腐蚀性而言，钝化处理是最佳选择，也是必要程序。钝化是指使金属表面转化为难氧化的状态而延缓金属腐蚀速率的方法。钝化深度和表面金属元素的优化分布（如铬铁比）将决定金属钝化后的抗腐蚀性和腐蚀速率。钝化是洁净表面有氧气存在时的自发现象，可在不锈钢表面生成致密的钝化膜。通过化学处理，不锈钢表面的钝化膜可实现一定程度增强。钝化的一个先决条件是对表面的清洗程序，不锈钢表面的清洗程序应包含所有必要的表面污物的清除（油脂、颗粒等），以保证合金表面最佳的抗腐蚀性能、保护产品不被污染的性能和合金表面外观的达标。最终化学钝化处理的目的是确保合金表面无铁元素及其他污物存在，以实现最佳抗腐蚀状态。合金部件在加工、切割、弯曲时可能会被污物污染，如加工时带入的铁、回火色、焊接过程的遗留物、起弧造成的表面污染及在合金表面上做的记号等，合金抗腐蚀性会因此下降，而使不锈钢和碳钢或铁件直接接触，尤其对不锈钢抗腐蚀性能影响极大。钝化有助于除去污染物（尤其是铁），还可帮助恢复合金表面由于加工破坏的钝化膜，其重要性显而易见（图 11.3）。

(a) 锈蚀层　　　　　　　　　(b) 钝化膜层

图 11.3　不锈钢表面的锈蚀层与钝化膜层（见文后彩页）

工程公司作为标准原材料采购的离心泵、阀门、管道管件、热交换器、传感器等卫生型材料都是已经被酸洗钝化过的，其钝化质量评价标准可以参考表 11.1，其中 UNS 牌号 S31600/S31603 就是制药行业通常说的耐腐蚀奥氏体不锈钢 316/316L。

表 11.1　钝化效果检测标准

UNS 牌号	测试方法	铬铁比	钝化膜层深
S31600/S31603	俄歇电子能谱分析（AES）	1.0 及以上	≥15Å
S31600/S31603	辉光光谱分析（GD-OES）	1.0 及以上	≥15Å
S31600/S31603	光电子能谱分析（XPS/ESCA）	1.3 及以上	≥15Å

需要引起注意的是，焊接是不锈钢系统的主要安装工艺，焊口处因为处于高温重塑状态，其晶型结构已经不是耐腐蚀的 316L，且表面粗糙度及钝化膜已经被完全破坏，也就是说整个不锈钢系统最不耐腐蚀的地方是那些焊接形成的焊口。因此，焊口处并不适合用所谓的表面粗糙度小于 $0.8\mu m$ 或 $1.0\mu m$ 等去评价，整个不锈钢管道系统安装完毕后进行酸洗钝化的真实目的是将焊口处进行钝化抗腐蚀处理，因此，焊口是整个不锈钢水系统耐腐蚀性质量的最大短板。因为焊口处表面并不平整，焊口处的钝化膜并不会像标准原材料表面那样优秀，如果采用不低于 15Å 的钝化膜厚度去评价焊口处的钝化质量是有失公允的，焊口处的钝化膜形成状态目前还没有明确的法规指南，工程公司主要是基于类似《药品生产验证指南》《SJ 20893—2003 不锈钢酸洗和钝化规范》、ASTM A967 与 ASME BPE 等文献而编写的《不锈钢系统钝化标准操作规程》。影响不锈钢系统钝化的因素较多，如下几点需尤为关注。

（1）连接方式　卫生型不锈钢系统的连接方式主要分为焊接与卡接等，如果一套制药用水系统全部是卡接，没有一个焊口，安装完毕后是完全不需要做钝化的。

（2）焊接方式　焊接方式主要分为手工焊口与自动焊口。从质量控制的角度，焊口是整个不锈钢系统表面抗腐蚀最弱的地方，且自动焊口在钝化后的抗腐蚀性表现要远远优于手工焊口，这也是为什么要求内窥镜检查的比例：自动焊口的抽检比例不低于 10%，而手工焊口需要 100% 检查。从"质量源于设计"角度出发，一个好的制药用水系统工艺设计人员应尽力避免任何现场施工的手工焊口出现在 RO 膜之后的整个制药用水管网系统中，实际上，这是可以通过良好的设计思路来实现的。例如，注射用水储罐与离心泵之间的排水隔膜阀安装，稍有不慎就会是一个现场手工焊口，水系统供应商可以通过工厂预制（通过工装实现自动焊接）或者将阀门设计的口径大于 DN40 或 DN50 并实现卡箍连接，来避免现场手工焊口。

（3）焊口质量　焊口点焊时的焊点应尽量小，并且不得出现连续的点焊现象，点焊应为尽量小的熔点，直径不能大于 2.0mm。对于小于 4 英寸的管道，建议临时焊点的数量不超过 6 个。必须采用至少 99.99％的充氩保护，才能得到光亮有效的焊缝颜色，至少为 3 级以上（含 3 级）的回火色才符合焊接质量的要求，否则，内窥镜检查将判定该焊口为不合格焊口并需要做重新焊接处理。焊接过程中的详细质量控制要求可以参考有关参考书，例如，外观检验应没有明显的内外凹凸，没有严重的成型不均匀，没有蚀损斑、针孔、腐蚀标记和点固焊缝印记等，这些都是最基本的不锈钢机加工质量要求，本书不做详细阐述。

（4）不锈钢材料　奥氏体不锈钢 304、304L、316 与 316L 是制药用水系统常用的不锈钢材料。虽然纯化水系统也可以采用 304 材质进行建造且质量完全符合 GMP 要求，基于整体的材料质量安全与供应链端 304 不锈钢本身的品质考虑，大多数制药企业还是多选择更加高品质的 316L 材料进行系统的建造，无论是原材料还是焊口，316L 材质所形成的钝化膜都具有较好的抗腐蚀性。奥氏体不锈钢的加工工艺分为锻造和铸造，300 系列奥氏体不锈钢是制药用水和蒸汽系统应用最广泛的奥氏体不锈钢，304 不锈钢主要用于 RO 之前的接液部分和设备支架等，316L 主要用于 RO 之后的接液部分。

《ASTM A380/A380M—2017 不锈钢零件、设备和系统的清洗、除锈和钝化的标准规程》关于洁净不锈钢管道系统钝化章节对钝化工艺的设计、执行规范及验收方法都给出了明确的阐述。ASME BPE 的钝化内容涵盖特种设备及 BPE 级设备在安装、定位或改造之后所进行的初始水冲洗、化学清洗、脱脂、钝化及最终冲洗等程序的准备和执行，它还规定了针对与生物、制药工程及个人护理用品业产品直接接触的生产系统及部件的钝化工艺的审查办法，同时提供了若干钝化程序的信息及对各种钝化工艺完成后的表面钝化效果的确认方法，其特别指明所涵盖的内容适用于 316L 不锈钢及更高等规格合金材料。需要注意的是，最佳的钝化或其他表面处理只能使金属自身的抗腐蚀性能在特定的环境中最大化体现。换言之，钝化只能将合金本身的抗腐蚀性发挥到极致，而不能给予金属额外的抗腐蚀性，因此在某些情况，钝化处理是不能替代使用其他外加物质以提升额外腐蚀性能的。

在制药用水系统管件的加工过程中，回火色的出现和杂质（尤为铁杂质）的引入也在一定程度上削弱了奥氏体不锈钢合金的抗腐蚀性。通过除去游离铁，焊接完成后的钝化处理有助于被破坏钝化膜的复原，但是钝化不能去除回火色。去除回火色需要比硝酸和柠檬酸等钝化常规用酸更强化学腐蚀性的酸。

硝酸是常用的钝化试剂，销酸的化学性质随浓度变化而变化，稀硝酸主要体现其强酸性，浓硝酸主要体现其强氧化性。因此，浓硝酸接触到不锈钢表面会氧化金属并生成致密的氧化层，附着于表面形成钝化膜。金属表面钝化膜的形成对应着两种不同的理论模型，分别是成相膜理论和吸附理论。两种钝化理论都能较好地解释部分实验事实，但也都有不足之处。金属钝化膜的确具有成相膜结构，但同时也存在着单分子层的吸附性膜。尚不清楚在什么条件下形成成相膜，在什么条件下形成吸附膜。两种理论相互结合还缺乏直接的实验证据，因此，钝化理论还有待深入地研究。

（1）成相膜理论　处在钝化条件下的金属在溶解时，在表面生成紧密的、覆盖性良好的固态物质，这种物质形成独立的相，称为钝化膜或成相膜，此膜将金属表面和溶液机械地隔离开，使金属的溶解速率极大地降低而呈钝态。实验证据显示，在某些钝化的金属表面上，可看到成相膜的存在，并能采用 XPS 等方法测量其厚度和铬铁比组成（图 11.4）。如采用某种能够溶解金属而与氧化膜不起作用的试剂，小心地溶解除去膜之外的金属，就可分离出能看见的钝化膜。当金属作为电化学反应的阳极溶解时，其周围附近的溶液层成分发生了变化。一方面，溶解下来的金属离子因扩散速率不够快而有所积累；另一方面，界面层中的氢离子也要向阴极迁移，溶液中的负离子（包括 OH⁻）向阳极迁移，结果阳极附近有 OH⁻ 和其他负离子富集。随着电解反应的延续，处于紧邻阳极界面的溶液层中，电解质浓度有可能发展到饱和或过饱和状态，于是，溶度积较小的金属氢氧化物或某种盐类就要沉积在金属表面并形成一层不溶性膜。这层膜往往很疏松，它还不足以直接导致金属的钝化，而只能阻碍金属的溶解，但电极表面被它覆盖了，溶液和金属的接触面积大为缩小。于是，就要增大电极的电流密度，电极的电位会变得更正。这就有可能引起 OH⁻ 在电极上放电，其产物又和电极表面上的金属原子反应而生成钝化膜。分析得知大多数钝化膜由金属氧化物组成，但少数也有由氢氧化物、铬酸盐、磷酸盐、硅酸盐及难溶硫酸盐和氯化物等组成。

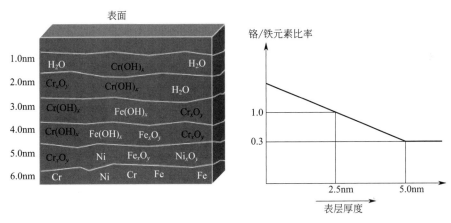

图 11.4　钝化膜的合金组成

（2）吸附理论　金属表面为了保证有效钝化，并不需要形成固态产物膜，而只要表面或部分表面形成一层氧或含氧粒子（如 O^{2-} 或 OH^-，更多的人认为可能是氧原子）的吸附层就足以引起钝化了。这个吸附层虽只有单分子层厚薄，但由于氧在金属表面上的吸附，氧原子和金属的最外侧的原子因化学吸附而结合，并使金属表面的化学结合力饱和，从而改变了金属与溶液界面的结构，大大提高阳极反应的活化能。此理论主要实验依据是测量界面电容和使某些金属钝化所需电量。实验结果表明，不需形成成相膜也可使一些金属钝化。

最佳的钝化时机是在焊接加工等安装工作完成之后或新管件焊接接入已有系统中后。钝化执行前，钝化执行者应选取焊接与非焊接管件作为最终效果验收试件，将测试件进行各种方式的钝化处理（包括循环、点洗、浸泡等）以表明该种钝化方式可达成预期的表面特性，即表面粗糙度、表面化学组成及抗腐蚀性能。制药用水系统的钝化前提是焊接质量需符合 3 级及以下，材质需符合耐腐蚀的 316L 奥氏体不锈钢，不允许出现 CF3M 等不耐腐蚀的奥氏体不锈钢材料。水系统现场钝化的目的是让焊缝处形成良好的钝化保护膜，需要注意的是，焊缝处的钝化效果暂没有科学方法进行检测。

在系统钝化的准备中，第一项检测是静水压试验。所有的新构建的或修改的系统在执行任何化学操作之前必须进行静水压试验。钝化前的第二项检测是确定系统组件和钝化溶液间的相容性，这包括在线仪器、流量计、调节阀、紫外灯、泵、泵的密封、滤膜、垫圈和密封材料以及其他特殊的在线设备。应咨询设备的生产商或供应商以确定设备是否和钝化溶液相容。任何不相容的零件应从系统中移开并以空隙、阀、管段或者暂时的跨接软管替代。在某些情况下，对于在线仪器，化学不相容性可能是在于它对仪器校准的影响。不相容的组件应脱离主系统单独处理。

制药用水系统广泛使用的 316L 不锈钢清洗和钝化方法如表 11.2 所示。钝化效果同多因素相关，比如钝化的时间、温度、化学品的浓度、机械力等，这几个参数缺一不可、相互依存，企业可根据不同情况合理选择，详细的钝化标准可参考《ASTM A967 不锈钢零件化学钝化处理的标准规范》与《ASTM A380 不锈钢零件、设备与系统的清洗和除垢》等相关规程。钝化质量控制监督可以保证已经过验证的书面钝化方案的顺利实施并提供管控保障。化学处理之后应用去离子水或经甲方确认可使用的水对系统进行彻底冲洗。一般建议在钝化结束后根据电导率测试指示的结果对系统进行持续冲洗，以去除钝化过程中产生的污染性离子、钝化用化学物质及其他副产物。

表 11.2　制药用水系统的清洗钝化方法

方法	解释	清洗条件	化学作用
磷酸盐	去除轻微的有机污物,可能残留磷酸盐的沉淀	根据不同的溶液和污物情况,再加热状态清洗1～4h	产生不同的磷酸盐(磷酸二氢钠、磷酸氢二钠、磷酸三钠)和表面活性剂的混合物
碱性清洗剂	可被用来去除特殊的有机污物		产生非磷酸/非磷酸盐、缓冲剂、表面活性剂
苛性清洗剂	有效去除严重的有机污物,高效脱脂		产生氢氧化钠和氢氧化钾以及表面活性剂的混合物
氢氧化钠	方法基于药品生产验证指南	温度70℃;浓度1%;时间不少于30min	碱液清洗
异丙醇	可以作为脱脂剂,具有挥发性。易燃,对静电敏感	手工物理擦拭	体积分数:70%～99%
硝酸	方法基于 ASTM A380/A967	根据使用的不同浓度,在室温或更高温度下钝化30～90min	体积分数:10%～40%纯硝酸
硝酸	方法基于《药品GMP实践指南　水系统》	—	8%硝酸;49～52℃;反应60min
硝酸	方法基于:SJ 20893—2019	—	20%～45%硝酸;21～32℃;30min
硝酸＋氢氟酸	方法基于《药品生产验证指南》	—	20%硝酸＋3%氢氟酸;25～35℃;10～20min
磷酸	有效去除铁氧化物和游离铁	在高温情况下钝化1～4h	体积分数:5%～25%磷酸
磷酸混合物	可以在较广范围的温度区间和环境下使用		5%～25%磷酸和一定浓度的柠檬酸或者硝酸的混合物,如 JClean 2000 型酸性复方试剂
柠檬酸	尤其应用于游离铁的去除。可以在较高温度下使用。相比无机矿物酸需要更长的执行时间,条件要满足或优于ASTM A967 中的实施条件		10%柠檬酸,钝化效果一般,仅适合于初次高品质焊接后的钝化
螯合剂系统	在高温下可以使用;相比无机矿物酸需要更长执行时间,可以去除铁氧化物和游离铁,条件要满足或优于 ASTM A967 中的实施条件		3%～10%柠檬酸和螯合剂、缓冲剂以及表面活性剂的混合物

方法	解释	清洗条件	化学作用
电抛光	本方法仅限于部件,而非系统;且方案需要经过确认;该方案可以去除表面的铁	需要从待钝化表面去除 $5 \sim 10\mu m$ 厚度,并以此估算执行时间;进行必要冲洗,以防残留膜遗留从而影响钝化质量	磷酸电解液

如果钝化工艺使用得当,316L 不锈钢表面钝化后的铬铁比应有显著提高,测量铬铁比升高程度可选用 AES(俄歇电子能谱分析)、GD-EDS(X 射线能谱分析)或者 ESCA/XPS(X 射线光电子能谱分析)等方法,虽然这些方法都有助于判断钝化效果,为钝化方案的改善提供依据,但这些方法均不适用于现场检测。目前,便携式且可准确定量测定钝化膜铬铁比的成熟工业设备有待发掘并推广,可判定"是否已钝化"的定性用手持式不锈钢钝化检测仪已经面世(图 11.5)。通过非接触的检测钝化液及其流程,该设备非常小巧,方便携带,可以检测各种级别的不锈钢钝化问题,也可以检查钝化损失情况,为不锈钢罐体、管道及阀门等的钝化判定提供了科学依据。手持式不锈钢钝化检测仪属于非破坏性钝化检测法,方便单手操作,钝化检测迅速准确,绿色 LED 灯指示已钝化表面,红色 LED 灯指示非钝化表面,该设备带有存储功能,可在电脑上操作。

图 11.5 手持式不锈钢钝化检测仪

工程上认为钝化膜的铬铁比等于 1.0 是良好钝化膜和较差钝化膜之间的临界点。需要注意的是,由于精确性的不稳定性,同一结果通过不同检测方法可能得出的数值不同。钝化膜的厚度可以通过 AES、GD-EDS 与 ESCA/XPS 等方法检测。一般认为钝化膜的厚度在1.5nm(15 埃,即 15Å)、Cr/Fe 大于 1.0 为符合钝化要求(ESCA/XPS 方法要求 Cr/Fe 大于 1.3)。在执行钝化结束后,需要进行钝化效果的表征。ASME BPE 标准对钝化效果的表征也给出了详细的分类(表 11.3),可作为制药企业验收钝化效果的指导性文件,大致分为四类检测:①按照 ASTM A380/A967 标准对钝化部位进行目视检测(通过/失败);②按照ASTM A380/A967 标准对钝化部位进行高精度检测(通过/失败);③电化学现场或实验室检验;④表面化学分析测试。第一、二类检测方法为 ASTM A380/A967 标准中的主要部分。所有测试中最直观的检查方法就是目视。目视过程中，检查员会仔细检查表面是否存在氧化物、划伤、焊接回火色、色斑、污垢、油污及任何可能妨碍化学钝化试剂接触表面的沉积污物。ASTM A380/A967 标准中针对钝化的检测结果，都是通过目视检测发现锈蚀斑点或回火色从而证明游离态铁的存在。这些判定方法主观且无法定量。然而在某些情况下此种方法已可满足要求。因此目视验收标准在 ASTM A380/A967 标准中仍然适用。第三、四类均属于明确定量的方法，这些测试并未包含在 ASTM 标准中，但它们为钝化表面提供了更多更详细的定量研究数据。电化学类和台架试验，除循环极化曲线法外，均可在现场进行试验，如对安装好的钝化管道和钝化后的焊缝表面进行现场试验。

表 11.3　钝化的检测方法矩阵表

方法	描述	对比	
		优点	缺点
按照 ASTM A380/A967 标准对钝化部位进行目视检查			
目视检测法	包括对处理后不锈钢试件内壁清洁度的目视检测和对残余红锈的目视检测。可直接通过肉眼观测，或借助设备(如内窥镜)进行辅助观测	省时省力，不被场地环境限制，适用于常规简单的表面检测	无定量分析，检验结果受检验者的主观因素控制
擦拭测试（A380）	用清洁、不掉绒的白色棉布，商用纸或滤纸，以高纯度的溶剂润湿(但不要饱和)，可以用于评价不可接近直接目视检验的表面洁净度。小直径管的擦拭试验，可以用清洁、干燥、过滤的压缩空气将一个清洁白色的直径略大于管内径的毛毡球吹过管子。擦拭试验的洁净度抹或毡球上擦下的污染类型来评价。抹布上的污迹表明污染存在	相较于目视检测法更具说服力，可擦除的表面污物易于分辨和对比	无定量分析，可擦拭范围受试件尺寸的局限；使用抹布擦拭存在纤维残留系统中的风险，过度擦拭对电抛光不锈钢表面有损伤
残迹检测	在49℃清洗20 min，完成后使清洁的表面干燥。在干燥表面上的污迹或水渍表明残留的污物和未完全清洁	简单快捷	无定量分析，不灵敏
水破试验	用于检测不锈钢试件清洁表面上的疏水性污物	易于检测不锈钢表面的清洁度，简单快捷	只适用于可以浸入水中的产品，并应使用高纯水试验，只能检测疏水性污物
水浸湿和干燥(A380)/浸水法测试（A967）	该试验用于检测不锈钢表面的游离铁和其他阳极表面的杂质。代表钝化部件的样品需浸泡在有蒸馏水不锈容器中1h，然后在空气中干燥1h。如此反复操作至少12次。试件无明显反应则说明表面不存在游离铁颗粒及其他阳极表面杂质	显色反应易于辨别游离铁的存在，通过目视即可实现。还有能发现点蚀及点蚀孳生的红锈	无定量检测
高湿度测验(A967)	代表钝化部件的样品需浸泡在丙酮或甲醇溶液中，或者用干净的纱布沾上丙酮或甲醇溶液涂抹在样品的表面进行清洁，然后在惰性气体或无水容器中干燥。清洁并干燥后的样品需放置在湿度为97%±3%，温度为(38±3)℃的环境下至少24h	显色反应易于辨别游离铁的存在，通过目视即可实现	无定量分析，不适用于安装完成的管道系统，试件也无法保证全覆盖测试效果
盐雾试验(A967)	该试验用于检测不锈钢表面的游离铁和其他阳极表面的杂质。根据实验B117的要求，在代表钝化部件的样品上碰上5%的盐溶液，试验时间至少2h	显色反应易于辨别游离铁的存在，通过目视即可实现	无定量分析，对钝化膜质量的检测需要较长时间暴露，且有干扰因素存在

方法	描述	对比	
		优点	缺点
按照 ASTM A380/A967 标准对钝化部位进行高精度检测			
溶剂环试验（A380）	用于表面清洁度检查,在一个清洁的显微镜水晶载物玻璃片放上一滴高纯溶剂,并让其蒸发。接下来在待评价的表面上放上另一滴,短暂搅拌,用清洁的毛细管或玻璃棒转移到一个清洁的显微镜水晶载物玻璃片,让其蒸发。制作需要数量的试验载物玻片,给出欲检表面的合理样本。如果异物已经被溶剂溶解,当其蒸发时在水滴的外边缘会形成一个明显的环	对有机污物的检测效果灵敏	无定量分析
黑光检验（A380）	该试验适合检测某些在白光下检测不到的油膜和其他透明膜	对有机污物的检测效果灵敏	不适用于钝化效果的清洁度检测环节
喷雾试验（A380）	该试验检测疏水膜的存在,灵敏度大约是水破试验的 100 倍	该试验效果非常灵敏	无定量分析
蓝点试验（A380/A967）	测试溶液的配制:在 500mL 蒸馏水中加入 10g 铁氰化钾,再加入 30mL 浓度为 70% 的硝酸溶液,搅拌直至所有的铁氰化物溶解,然后用蒸馏水稀释该溶液至 1000mL。将稀释剂滴在试件表面,30s 蓝点出现,即证明钝化效果通过	灵敏度高,用于现场钝化效果验收	为定性试验,不能说明钝化膜的质量,配置试剂有可能挥发出氰化物,使用后应及时处理。不适合于制药用水不锈钢系统的钝化检测
硫酸铜试验（A380/A967）	测试溶液的配制:先将 1 mL 硫酸溶液（H_2SO_4,比重 1.84）倒入 250mL 的蒸馏水中,再将 4g 硫酸铜五水化合物（$CuSO_4 \cdot 5H_2O$）溶解在该液中。配制时间超过两周的硫酸铜溶液不可用。验收方式为被测试件表面无铜的沉淀物	灵敏度高,使用与现场钝化效果验收	无定量分析,不能检测出离散型铁锈微粒的存在
电化学现场或实验室检验			
循环极化曲线法	类似于 ASTM G61 中测试点蚀临界电位的方法,极限电位越高,不锈钢表面的化学钝性（钝化膜性能）就越好,循环极化曲线法所得到的结果与临界点时温度（ASTM G510）的测量结果接近	量化不锈钢试件表面钝化膜的耐腐蚀性能,能够得出钝化效果的测量数据,且测试设备相对廉价	需要稳压器以及腐蚀分析测量软件的支持,操作者需要较高的电化学测试技能水平
电化学探针检测	测试时,一枚类似钢笔的探针与试件表面接触并使仪器与表面保持电化学连接,电解质因毛细作用由电解液槽中流至试件表面。在探针中置有稳定电极,电极通过电解液,对试件表面进行电化学性能表征	易于操作,准备时间短,测试结果同步到位。细小的探针使得此方法适用于各种形状的试件表面,设备轻便,可用于现场检测	该方法无法检测钝化膜,只在钝化不成功时能够给出指示。测试表面必须洁净,表面测试完成后需要进行再钝化处理

方法	描述	对比	
		优点	缺点

表面化学分析测试

方法	描述	优点	缺点
俄歇电子能谱分析	入射电子束和物质作用,可以激发出原子的内层电子形成空穴。外层电子填充空穴向内层跃迁过程中所释放的能量,可能以 X 射线的形式放出,即产生特征 X 射线,也可能又使核外另一电子激发成为自由电子,这种自由电子就是俄歇电子。用聚焦束在试件表面选区内进行扫描,从较大面积获得俄歇电子能谱,根据元素或化合物的标准谱鉴别元素及其化学态	通过能量束对试件表面扫描收集到的 AES 信号进行分析可得量化的试件表面形貌及元素成分,可准确测量表面及以下 2~20Å 层深的元素及化合物组分,并描绘出该区域的形貌	样品室必须保持超真空状态,试件必须导电,设备不可即开即用,扫描数据需专业人员进行编译,不可现场测试
光电子能谱分析	通过 X 射线去辐射样品,使原子或分子的内层电子或价电子受激发射出来。被光子激发出来的电子称为光电子,可以测量光电子的能量,以光电子的动能为横坐标,相对强度(脉冲/秒)为纵坐标可做出光电子能谱图,从而获得试件表面元素成分组成	①准确测定试件表面 10~100Å 层深的元素组成 ②可准确测定纯物质的化学式 ③准确分析试件表面污物成分 ④确定试件表面各元素的价态 ⑤确定试件待测层深化合物的结构 ⑥准确测量试件钝化膜厚度	样品室必须保持超真空状态,试件必须导电,设备不可即开即用,扫描数据需专业人员进行编译,不可现场测试
辉光光谱分析	光谱仪中被电场加速的氩离子使试件产生均匀的溅射,试件作为阴极,溅射出来的试件原子离开试件表面,在阳极区与氩离子碰撞而被激发,产生试件组成元素的特征光谱。不同波长的光经分光系统分光并检测各单色光光强,经过计算机系统的信号处理,获得各元素的强度,并通过标准光谱曲线计算出试件表面各元素的浓度	辉光光谱分析技术特别适用于各种试件表面膜或涂层的量化分析和层深分析	检测费用相当昂贵,设备使用局限性大

强化设备、管道系统的钝化工作,良好钝化表面的铬铁比要在 1.2~2.5。钝化膜厚度在 10~15Å。由于多效蒸馏水机与纯蒸汽发生器的结构不同,产生的粒子数也不同。对不同机器和分配系统的粒子数的产生要各自进行确认,在粒子数上升到一个数值之前要对机器及系统进行化学清洗,清洗以后要对金属表面进行铬、铁元素的测定。以确保清洗的有效性。不得使用挑战性破坏基础金属的工艺技术来清洗设备和管道,提倡使用有机酸加螯合剂的清洗剂。对多效蒸馏水机与纯蒸汽发生器设备上的视镜玻璃要定期更换。JClean 2000 型酸性复方试剂是制药行业的专用钝化试剂,属于有机酸加螯合剂的清洗剂,重金属含量等各项指标均做过严格的质量测试与验证,完全符合《ICH Q3D 元素杂质指导原则》(2020 版)。相关的钝化学研究表明,JClean 2000 型酸性复方试剂可有效形成致密的钝化膜保护(图 11.6),钝化效果优于普通的柠檬酸钝化试剂或硝酸钝化试剂,为制药行业的不锈钢钝化提供了一种新的选择。

JClean 2000 型酸性复方试剂的主要成分为磷酸、柠檬酸、EDTA 和表面活性剂等,具有低泡性、无腐蚀等特征,可高效去除无机物水垢(图 11.7)。使用合成配方的专用钝化试剂来进行不锈钢表面与焊缝处的钝化非常有效,常用的酸洗钝化步骤为:①配制适当浓度的 JClean 2000 型酸性复方试剂;②将清洗溶液在水系统和所连接的管路中进行常温或高温循环或浸泡，循环至规定的钝化时间并判定钝化终点，高温有助于缩短钝化时间；③中和、排放清洗溶液，并用纯水对水系统进行冲洗，检测最终淋洗水的 pH、电导率与 TOC 等理化指标，确保清洁验证符合要求。

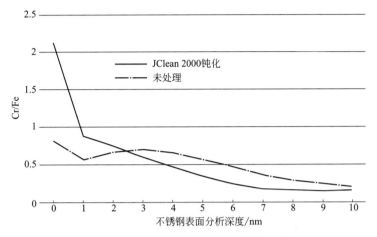

图 11.6　复方专用钝化试剂的钝化效果分析

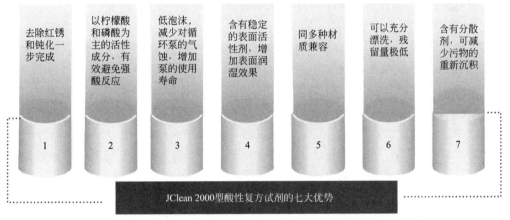

图 11.7　JClean 2000 型酸性复方试剂优势

11.1.4　铁锈

近年来，我国制药行业的材料供应链中出现了一种所谓的"铸造 316L"材料。在制药工程领域，与正常的红锈现象不同，高温注射用水系统一旦使用了"铸造 316L"材质加工的隔膜阀，注射用水系统很快会出现严重的"铁锈工程事故"，快则 1～2 天，慢则 1～2 周，随着时间的增加，整个注射用水最后会出现非常严重的黑色颗粒脱落，严重影响药品生产安全。图 11.8 是某无菌注射剂企业在正常生产不到 2 周后出现的严重铁锈安全事故，铸造隔膜阀是铁锈不断释出的源头，铁锈不断堆积导致注射用水离心泵泵壳的颜色较深，铁锈看上去很多，但用手指都可以轻松擦拭掉。实际上，"铸造 316L"是一个并不存在的材料术语，它不是真正符合 GMP 的 316L 材料，仅是一种商业上的"术语包装"。

通常情况下，按加工工艺的不同，原材料市场上的隔膜阀等关键零部件可分为锻制件和铸制件，锻造与铸造是解决材料的各向同性和强度问题。铸造奥氏体不锈钢在食品领域应用较多。

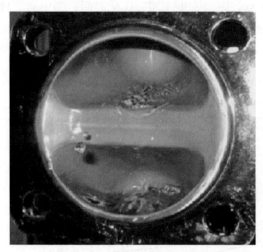
图 11.8 "铸造 316L"导致的
铁锈事故（见文后彩页）

"铸造 316L"的 UNS 与 ACI 牌号分别为 J92800 与 CF3M，对应中国《GB/T 2100—2017 通用耐蚀钢铸件》的钢牌号为 ZG022Cr17Ni12Mo2。《ASTM A351/A351M—18 承压件用奥氏体铸钢件的标准规范》明确提出 CF3M 具有高温不稳定性，它是欧美市场制药用水系统中明令禁止使用的材料，主要是基于其不耐腐蚀性。

"铸造 316L"的隔膜阀，实际上合金牌号为 CF3M，铸造工艺会带来各向同性差的缺陷，不能完全转变成具有耐腐蚀性的奥氏体不锈钢，与高温下具备耐腐蚀性的 316L 材料有着本质的区别。对于散装纯化水与散装注射用水，WHO GMP 及国际上的主流法规体系均不允许使用 CF3M 材料的隔膜阀。通常，质量部门会选用目检、核查材质报告或采用合金分析仪等方法来鉴定奥氏体不锈钢的材料安全性，但对 CF3M 与 316L，这些方法并不奏效，因为它们都是奥氏体不锈钢，合金比例非常接近，而合金分析仪内置的程序中并没有 CF3M 与 316L 的区别，因此，"铸造 316L"在合金分析仪上也会体现成 316L 材质，同时，部分阀门供应商在隔膜阀阀体及材质报告上会直接标识为"316L"或"F316L"，以至于工程与质量人员通过目检无法分辨并导致材料质量失控，制药企业在选用基础原材料是需尤为注意。

虽然外观上没有太大区别，但锻造与铸造奥氏体不锈钢隔膜阀的质量上还是有明显区别的（同样规格的隔膜阀，铸造材质明显轻于锻造材质）。同时，在扫描电镜的影像图下也有非常大的区别。图 11.9 中能明显看到，锻制能消除金属的铸态疏松与焊合孔洞等缺陷，优化微观组织结构；同时，由于保存了完整的金属流线，锻造奥氏体不锈钢的机械性能与抗腐蚀性能远优于铸造奥氏体不锈钢。

(a) CF3M(铸造)　　　　　(b) 316L(锻造)

图 11.9　铸造与锻造奥氏体不锈钢的显微镜下对比

在制药工业领域，散装纯化水与注射用水系统均应使用锻造加工成型工艺的 316L 材质。2021 版《WHO GMP：制药用水》规定：用于纯化水和散装注射用水系统的阀门应该是锻造隔膜阀或机加工阀体，其用水点结构便于排水。制药用水系统应不允许铸造加工成型工艺的滥用，因为采用铸造材质进行机加工的不锈钢系统无法实现钝化，抗腐蚀性能明显不足，很快系统就会孳生大量的铁锈，这属于严重违反 GMP 的"快速释放颗粒物"质量事故。图 11.10 为某制药企业高温散装注射用水系统使用不到 1 周时的铁锈事故。"铸造316L"隔膜阀（CF3M）表面快速脱落大量的难溶性无机物三氧化二铁（铁锈），导致离心泵腔、罐体内表面、喷淋球和管道内表面均被严重污染，注射用水质量无法满足药典要求，药液终端过滤器使用两次后就出现了明显的红色/黑色并发生严重堵塞，该可见异物直接影响到整个制药环节的研发、质检和大规模生产，给制药企业带来了非常大的损失。

 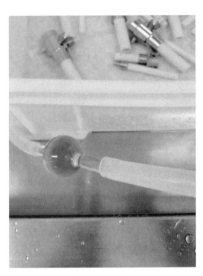

图 11.10　CF3M 隔膜阀带来的铁锈污染（见文后彩页）

　　快速检测水体是否存在严重铁锈的方法包括"用水点抹布过滤法""隔膜阀/离心泵内表面目检法"和"紫外灯照射法"。图 11.11 是某注射剂企业通过"用水点抹布过滤法"检查出的严重铁锈，制药用水系统整体酸洗钝化完成到发生此现象不足两周。它并不是传统意义上的红锈现象，红锈现象属于正常的工程现象，红锈类似于不锈钢慢性病，它是缓慢形成的，因为钝化膜的消失是需要时间的，而 CF3M 材质根本形成不了钝化膜。"隔膜阀/离心泵内表面目检法"相对更加简单直接，将隔膜阀或离心泵拆卸下来后，如果有大量黄色或红色可被轻松擦拭掉的固体粉末，则证明系统发生了严重的铁锈现象。

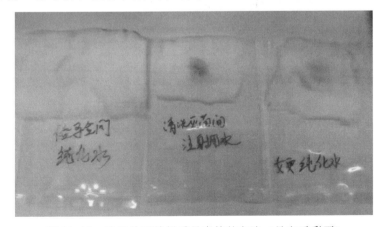

图 11.11　快速检测铁锈质量事故的方法（见文后彩页）

"紫外灯照射法"应用的相对较少,但它有望未来被引入成为一种科学判断铁锈事故的法定方法,对于发生了严重铁锈的水系统,取样口刚刚获取的水样中会悬浮大量的难溶性无机物颗粒(三氧化二铁),采用紫外灯照射会发生强烈的吸收并产生吸收峰,静止一段时间后,继续采用紫外灯照射会发现吸收峰明显变弱,这主要是因为水中的三氧化二铁颗粒在静止状态下发生了沉淀。

药品质量安全是广大人民群众生命与健康安全的基本红线,每一位中国制药行业同仁都在努力为药品质量与疗效而努力,材料的质量保证对制药用水与制药工艺系统重要性不言而喻,奥氏体不锈钢材料质量安全应符合GMP条款是制药企业与供应链端最起码的职责与担当,它直接关乎我国制药行业的工程安全与人民健康。CF3M等铸造奥氏体不锈钢材料在高温水系统中的抗腐蚀性极差,正确引导制药企业认知"铸造316L不是316L"已刻不容缓。表11.4为红锈与铁锈的区别对比。

表 11.4　红锈与铁锈的区别

类别	铁锈	红锈
成分	铁的氧化物	铁的氧化物
现象	很快,1~2周以内,很快形成严重的黄色、红色或黑色颗粒物杂质	较慢,6个月左右形成稳定的Ⅱ类红锈(80℃水温),如果长期不干预,几年后有可能形成黑色的Ⅲ类红锈
手工擦拭	与不锈钢黏合性很差,可以手工轻松擦拭掉	Ⅰ类红锈黏合性较差,但含量极低;Ⅱ类红锈与不锈钢有很强的黏合力,无法手工擦拭掉
释放颗粒物	严重释放	轻微释放
形成原因	高温下铸造奥氏体不锈钢(CF3M)不耐腐蚀,非316L材料,属于工程质量事故	高温下锻造奥氏体不锈钢(316L)具有一定的耐腐蚀,属于正常工程现象
处理建议	及时清洗,但极容易反复发生,推荐更换耐腐蚀316L隔膜阀	预防性维护保养,采用专用除红锈试剂定期除锈/再钝化清洗

选择正确的原材料是每个企业需要关注的,因为原材料质量一旦失控,整个系统的质量将严重失控。以隔膜阀为例,"铸造316L"材料并不是GMP要求的耐腐蚀316L,CF3M材料在高温工况下表现的耐腐蚀性非常糟糕,而且隔膜阀多为焊接加工,一旦用上去,它是整个制药用水系统中最大的质量短板且难于修复。

11.2 红锈与制药用水系统

11.2.1 红锈的生成

不锈钢具有耐腐蚀性是表面形成钝化薄膜保护所致,而钝化薄膜的保护作用又取决于金属表面上的化学反应产物。它的耐腐蚀性能还表现在,即使是钝化薄膜受到划伤等破损,当钝化条件存在充分时,钝化薄膜就会立即再生出来,使不锈钢表面得到修复。这就是不锈钢具有优良耐腐蚀性的根本原因。但是随着不锈钢耐腐蚀性能的提高,它的成本也会随之对应的升高。当不锈钢处于得不到钝化的环境时,例如在高温纯水或者有以氯离子为代表的卤族元素离子的存在时,钝化薄膜受到破坏并得不到修复,就不可避免地发生腐蚀,这种现象称为红锈。红锈发生后,不锈钢表面粗糙度会严重增大,制药用水的水质也会不断恶化,其电导率、总有机碳、微生物含量与细菌内毒素等指标都有可能出现不规律的波动,给制药企业的药品生产带来隐患。

金属腐蚀是由于环境引起的金属材料功能退化,金属腐蚀导致的直接后果是工程材料使用寿命的缩短，并直接影响到制药用水的质量安全。常见的不锈钢腐蚀可以分为两大类，即均匀腐蚀和局部腐蚀。局部腐蚀可以细分为晶界腐蚀、点腐蚀、缝隙腐蚀、电偶腐蚀、应力腐蚀破裂和腐蚀疲劳等。不锈钢的均匀腐蚀是在得不到钝化环境中（即全面活性的环境中）引起的腐蚀。对于奥氏体不锈钢来说，造成其局部腐蚀的因素有晶界、缝隙、夹杂、杂质、机加工或热处理等。金属表面的不连续（如切口边缘或划痕），氧化物或钝化膜的不连续，应用金属表面涂层的不连续以及几何因素（如缝隙等），都是引起奥氏体不锈钢局部腐蚀的因素。

在制药行业，不锈钢腐蚀产物以多种形式出现，红锈层在结构上是一种结晶体，其生成可能是动态的，并能够向下游迁移，当蒸汽灭菌后在灭菌釜表面、设备和容器上发现了颗粒物或沉积物证明其迁移的存在。红锈作为金属腐蚀最主要的直接产物，会直接导致水系统部件的损坏，如管道的渗漏、膜片上附着的红色异物、滤芯上因吸附红锈而导致的堵塞、多效蒸馏水机产量下降、不锈钢系统表面粗糙度增大等（图11.12）。

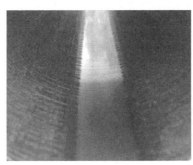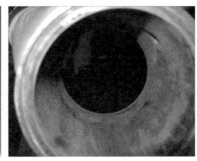

图 11.12　纯蒸汽管道内表面的红锈（见文后彩页）

纯蒸汽发生器、注射水机都是由各种零部件组合而成，这些零部件在使用中逐步腐蚀或降解，并潜在影响着最终的纯蒸汽、注射用水的质量。腐蚀也可能发生在卫生型疏水器中，一些疏水器安装在系统内各个点上，以清除流动（管道内）纯蒸汽中的凝结水和空气，还有些疏水器被安装在纯蒸汽下游管道上或在凝结水收集器上用于排空凝结水。在通常情况下，疏水器上面生成的红锈颗粒会明显地向气体流动的反方向运动，并逆向进入临近水点的管道里、支管里及更远处。在疏水器处或其他零件上生成的红锈从这一来源的上游被发现，并持续向上游和下游扩散。

纯蒸汽发生器通常使用终端丝网把纯蒸汽中的水分分离出去，有些纯蒸汽发生器则使用挡板或螺旋分离器除去纯蒸汽中的水分，这种设计易引起纯蒸汽分配管道内形成红锈。有挡板的纯蒸汽发生器在挡板后面的设备表面上不仅会产生伴有氧化铁红锈的黑色氧化亚铁层，而且在这一层上面会出现类似烟灰状的红锈，这层东西可能更容易从表面擦拭掉。通常来说，这种烟灰状的红锈沉积物比铁红锈更加明显且流动性更强。多效蒸馏水机蒸发柱的液位视镜也已被证明会发生红锈侵蚀，并会将其二氧化硅和碎片释放到水系统中。图11.13显示了一旦液位视镜的红锈去除后，玻璃表面就会显露出轻度的点腐蚀和边缘已经变形的奥氏体金属晶体。

氧化反应是自然界中最常见的化学反应，不锈钢生锈的本质就是一种氧化反应。在自然界中，除极少数贵金属之外，几乎所有的金属都会在水中发生氧化反应。只要金属部件有易被氧化的还原性金属单质，且在含有氧气的水环境下暴露，一段时间之后必然会有锈迹的存

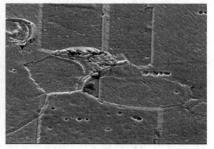

图 11.13　除锈后的液位视镜（挂片试样 $500\times$ 与 $2000\times$）

在。红锈其实是一种由不同铁氧化物构成的混合物，在高温注射用水系统表面的游离铁首先会同水中的氢氧根离子发生反应，整个反应过程较为复杂，最终可能生成氧化亚铁、三氧化二铁、氢氧化亚铁以及四氧化三铁的混合物，具体成分的不同将决定红锈的颜色。图 11.14是一种较为常见的红锈发生机理，虽然该机理还存在学术上的争议，但能较为直观地解释红锈发生的化学过程。

$$2Fe+2H_2O+O_2 \Longrightarrow 2Fe(OH)_2 \downarrow （白色，极不稳定）$$
$$Fe(OH)_2 \Longrightarrow FeO \downarrow （黑色，极不稳定）+H_2O$$
$$2Fe(OH)_2+O_2+H_2O \Longrightarrow 2Fe(OH)_3 \downarrow （红棕色，不稳定）$$
$$2Fe(OH)_3 \Longrightarrow Fe_2O_3 \downarrow （红棕色，较稳定）+3H_2O$$
$$6FeO+O_2 \Longrightarrow 2Fe_3O_4 \downarrow （黑色，最稳定）$$

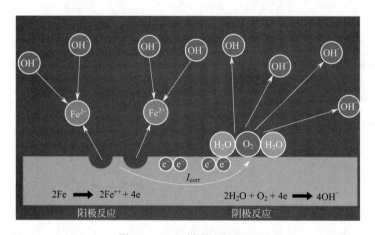

图 11.14　红锈发生的机理

水的离子积常数 K_w 是指氢根离子浓度与氢氧根离子浓度的乘积，随温度增高而递增。在 $80℃$ 时，氢氧根离子浓度是 $25℃$ 时的 5 倍；在 $90℃$ 时，氢氧根离子浓度则是 $25℃$ 的 6倍。通常情况下，散装注射用水循环温度一般会维持在 $75\sim80℃$，由此可见，相比于常温循环的散装制药用水系统，采用热处理进行消毒的散装纯化水或散装注射用水系统，其发生红锈反应的速率要快得多。

11.2.1.1　法规规范

红锈属于制药用水系统的不溶性无机物污染。关于红锈的定义，《国际制药工程协会 基

准指南 第4卷：水和蒸汽系统》给出了如下描述：红锈没有官方的定义，而且红锈可能会和局部的腐蚀（如蚀损斑）混淆，因为它们都会产生颜色相同的产物。在生物制药/生命科学行业中不锈钢系统的红锈，是用于描述产品接触表面不同种类变色的通用术语，这种变色是由于外源性原因或铬富集"钝化"层的变化而引起的水合剂的变化和金属（主要是铁）氧化物和/或氢氧化物的形成所导致的。

《国际制药工程协会 基准指南 第4卷：水和蒸汽系统》中还明确规定："与其说红锈是有可能掺杂到注射用水、纯化水、纯蒸汽、原料或最终产品中的污染物，倒不如说红锈是行业中的一种麻烦事，或是对与产品接触不锈钢表面的损害或危害源"。

中国GMP（2010修订）中关于纯化水和注射用水系统有如下描述：

第一百零一条　应当按照操作规程对纯化水、注射用水管道进行清洗消毒，并有相关记录。发现制药用水微生物污染达到警戒限度、纠偏限度时应当按照操作规程处理。

定期清洗的目的在于去除附着于水系统表面的生物膜和红锈。红锈作为药品无机物杂质污染的重要来源，可能会导致产品或水质出现不符合企业内控标准的情况，从而导致偏差分析、偏差处理、偏差关闭等一系列操作，严重时会导致一批或数批产品的报废，以及不必要的停产，具体停产的损失根据各企业产品附加值的不同而不同。不锈钢腐蚀还可能导致容器/管道泄漏，引起药品流失。多效/热压蒸馏水机和纯蒸汽发生器作为以热交换为原理制备注射用水和纯蒸汽的设备，一旦孳生严重红锈，由于铁氧化物的导热系数远低于合金，故会大大增加企业制水的耗能成本。

中国GMP（2010修订）第九十九条明确指出："注射用水可采用70℃以上保温循环。"高温循环是为了防止微生物孳生，《药品GMP指南：厂房设施与设备》中也明确提出：注射用水循环温度不可以超过85℃，其主要原因在于一旦超过85℃，在电化学腐蚀、点腐蚀等机理作用下，红锈孳生的速率会激增，这同高温水的离子积常数远高于常温水，也有极大的关系。

在制药工业中，注射用水与纯蒸汽广泛应用于洗瓶机、清洗机、灭菌柜、CIP工作站、配液罐的清洗与药液配制等与产品直接接触的设备。对于无菌药品来说，注射用水是一种十分重要的原料，而注射用水系统作为直接接触注射用水的系统，其管道表面脱落物势必会影响注射用水的质量，导致产品出现质量问题，这个结论已经得到ISPE和多个国家GMP指南的认可。目前，已经有红锈导致产品连续出现可见异物以及澄明度不合格的案例。

如果注射用水制备、储存和分配系统中红锈较严重，达到Ⅱ型或Ⅲ型红锈，红锈会直达产品下游并很有可能污染产品。尽管大多数情况下，在设计时会考虑终端除菌级过滤器，但由于过滤器滤芯材质往往是聚四氟乙烯（PTFE）、聚丙烯（PP）或聚偏氟乙烯（PVDF），其对红锈颗粒有极强静电吸附，会导致滤芯发生"逐渐堵塞"，从而可能导致滤芯的损坏，影响产品质量。

在无菌制品的生产中，微生物污染的机理与控制措施已得到了制药界的广泛研究。对于制药用水系统而言，微生物污染与颗粒物污染均是药品生产过程中至关重要风险控制点，红锈孳生意味着不锈钢表面粗糙度的增大，这为生物膜孳生提供了便利，红锈作为一种可能导致微生物污染的潜在因素，理应被广大制药企业所认识。在中国GMP（2010修订）中，"风险"一词被反复提及达24次，可见其对药品生产过程中风险控制极为关注。

《药品 GMP 指南：厂房设施与设备》作为对中国 GMP（2010 修订）的详细介绍，其中有单独一节来讨论红锈。在整本《药品 GMP 指南：厂房设施与设备》中，"红锈"出现的次数多达近二十次。在原文中，"储罐类型""水系统的举例描述""建造材料的选择""微生物控制设计考虑""连续的微生物控制""循环温度"以及"红锈"章节中，均对红锈进行了描述。《药品 GMP 指南：厂房设施与设备》描述："有人担心，当这些不利的膜形成后，它们最终会脱落并分散到整个系统中。事实上，这也是存在的且已被系统中的有过滤器的用水点证明了的。过滤器通常就会变成赤褐色的锈色。依据问题的严重性而确定使用磷酸、柠檬酸、草酸和柠檬酸铵类。草酸溶液用于最差的生锈情况。用草酸冲洗后，需要使用硝酸钝化。"

FDA 对红锈以及红锈在高纯水、蒸汽和工艺系统中的存在并没有书面上的明确要求，其标准是需要满足针对这些系统所建立的质量标准。美国 21 CFR（联邦法典）第 I 章，第 211 部分，D 亚节-设备，211.65（a）节"设备的建造"中写到"设备的建造应保证其与部件、工艺内物料或药品接触的表面的反应性、添加性或吸收性不得改变药品的安全性、特性、效力、质量或纯度，使其超出官方或其他既定要求。"

21 CFR（联邦法典）第 I 章，第 211 部分，D 亚节-设备，211.65（a）节"设备的清洁和维护"中写到"设备和器具需要按照适宜的时间间隔定期清洁、维护和消毒，来避免会改变药品的安全性、特性、效力、质量或纯度，使其超出官方或其他既定要求的故障或是污染。"

21 CFR（联邦法规）第 I 章，第 211 部分，D 亚节-设备，221.65（a）节"设备结构"：制药装备应保证其接触部件、工艺流程或与药物产品接触的表面不应发生反应、添加或吸附，以至于改变产品的安全性、特性、效力、质量或纯度，使其超出官方或其他既定的规定。21 CFR 第 I 章，第 211 部分，D 亚节-设备，221.67（a）节"设备清洁与维护"：设备和器具应进行清洁、保养（视药物的性质而定）及消毒/或适时的周期消毒，以防止设备故障或污染，而这种故障或污染会使药物产品的安全性、特性、效力、质量或纯度超出官方或其他既定的规定。

《美国食品、药品和化妆品法》（修订版）第 501（a）（2）（B）节"劣质的药品和器械"中写道"如果……其生产、加工、包装、储存过程中所使用的方法或厂房设施或控制，不符合现行药品生产质量管理规范的要求或是未能遵照现行药品生产质量管理规范来进行运行和管理，来保证这种药品符合该法有关安全性的规定以并具有相应的鉴别和效力，符合其声称或声明所具有的质量和纯度特性，即认定为该药品和器械为伪劣产品。"

红锈的本质是铁的无机氧化物，而铁元素并不属于重金属，因此，USP 既没有把红锈定义为污染，也没有对其含量提出警戒限、行动限或产品生产线中检测红锈的方法。USP 通常不直接规定设计和材料的标准问题，而是通过界定最终将进入人体成分限值的方法来对其进行间接的规定。USP 的范围涵盖了所用水的最终检测质量，而不是制备水的系统质量，红锈现象是和系统选材相关的问题；与此相反，设计标准是为了减少制药用水的质量风险。USP 要求采集代表性样品，因此，可以推断出样品需要代表整个系统的水的质量和不同取样期之间水的质量情况；USP 只规定了这种质量的标准。设计标准则是为了保证这种质量，并保持工艺长时间可控（即使不是药典用水也一样）。所有者/使用者应该判断已经有红锈的系统产生的水的质量是否依然满足 USP 以及工艺内控要求。

EP 专论中没有提到红锈也未给出相关指南。仅有一篇描述用于合成原料药时因使用金属催化剂而产生的金属残留物的最大可接受限度的文章（《金属催化剂残留限度质量标准指南说明》，EMEA，2002年12月）。这个指南适用于所有剂型，但是口服和注射给药适用不同的限度；它可以被用作产品和/或水系统中重金属风险评估的指导性文件。

目前，世界各地的制药企业都已经非常关注红锈现象，虽然没有任何强制法规或药典明确将其纳入日程检测指标，但基于FDA质量度量理念的推广，制药企业需定期关注水系统的红锈孳生状况及程度，以免出现不可逆转的产品质量缺陷。

11.2.1.2 红锈的分类

红锈是一种常见的工程现象，制药企业的工程维护人员常在泵腔、管壁、喷淋球、膜片等位置发现可能是黄色、红色甚至黑色的各种颜色的红锈。在《国际制药工程协会 基准指南 第4卷：水和蒸汽系统》与ASME BPE等团体标准中，均将红锈分为三大类（表11.5）。

表11.5 红锈的分类

类别	Ⅰ型红锈	Ⅱ型红锈	Ⅲ型红锈
特征	迁移型红锈，易迁移、易去除、易反复	附着型红锈，附着紧密、严重加剧系统表面粗糙度	磁性红锈，带有磁性、超强酸（如氢氟酸）能对其进行有效去除
颜色	黄色或橘黄色	多种颜色，多为红色或棕红色	黑色
主要成分	Fe_2O_3、FeO、$Fe(OH)_2$ 混合物	Fe_2O_3	Fe_3O_4
晶型图			
外观图			

《国际制药工程协会 基准指南 第4卷：水和蒸汽系统》对红锈的分类做了十分细致的阐述。为降低制药流体工艺系统产生红锈的质量风险，ISPE推荐企业采用"质量源于设计"的管理理念，从设计源头开始进行有效控制。

（1）Ⅰ型红锈 迁移型红锈，包含多种金属所衍生的氧化物和氢氧化物（最多的是氧化铁或氧化亚铁，还包含有少量的镍、碳与硅等元素）。主要是黄色到橘红色，呈颗粒型，有从源金属表面生成点迁移的趋势。这些沉淀的颗粒可以从表面清除掉，而不会导致不锈钢的组成发生改变。Ⅰ型红锈颗粒附着于不锈钢表面（图11.15），并没有对不锈钢造成结构性、组分性的破坏，此类红锈工程风险较低，其生成时间很短，属于工程正常现象，从投入产出比的概念来说，不建议对Ⅰ型红锈进行频繁的去除与再钝化。

（2）Ⅱ型红锈 非钝化表面的氧化，局部形成的活性腐蚀（氧化铁或氧化亚铁，最多的是三氧化二铁）。存在多种不同颜色（多种颜色，多为橘色、红色、蓝色、紫色、灰色和

图 11.15 Ⅰ型红锈（挂片试样 1000×与 4000×）

黑色）。最常见的是因为氯化物或其他卤化物对不锈钢表面侵蚀而造成的。它与表面结合为一体（图 11.16），更常见于机械抛光的表面或是因金属与流体产品间相互作用而损害到了钝化膜的地方。Ⅱ型红锈改变不锈钢表面粗糙度，会导致微生物孳生风险。建议企业通过周期性的除锈清洗来降低Ⅱ型红锈风险。

图 11.16 Ⅱ型红锈（挂片试样 2000×与 10000×）

（3）Ⅲ型红锈 在较高温度（超过 95℃）下加热氧化后产生的黑色氧化物，发生在如纯蒸汽系统等高温环境中的表面氧化。随着红锈层的增厚，系统颜色会从金黄色变为蓝色，然后变成深浅不一的黑色。这种表面氧化物以一种稳定的膜形式存在，几乎不成颗粒态（图 11.17）。它是极其稳定的四氧化三铁。Ⅲ型红锈的危害主要在于导致微生物孳生，且极难清除。企业一般采用氢氟酸去除或者改造系统的方法解决这一问题。一般系统运行时间较长后会出现全面性的Ⅲ型红锈，此时若使用氢氟酸除锈，由于氢氟酸的极强腐蚀性，极有可能导致泄漏，严重的会发生安全事故；另一种解决办法是将整个系统进行升级改造，但其投资会极高。因此，建议在Ⅱ类红锈的中晚期阶段对红锈进行及时的去除。

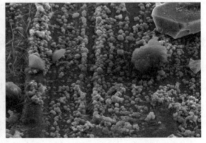

图 11.17 Ⅲ型红锈（挂片试样 500×与 2000×）

ASME BPE 在《非强制性附录 D 红锈与不锈钢》中对红锈的分类做了十分详细的

描述：

Ⅰ型红锈　Ⅰ型红锈主要轻微附着于材料表面，相对较易去除和溶解。此类红锈主要成分为赤铁矿（Fe_2O_3），或者红色的三价铁氧化物和其他较低含量的氧化物或一定量的碳。磷酸可有效去除此类轻附着型红锈，且可与其他酸（如柠檬酸、硝酸、甲酸及有机酸）及化合物（如表面活性剂）混合使用以增加除锈效能。柠檬酸系化学试剂加有机酸试剂也具有较高的除锈效率。次硫酸钠（如亚硫酸氢钠）也是快速高效的Ⅰ级红锈清除剂。

Ⅱ型红锈　Ⅱ型红锈的去除与Ⅰ型红锈的除锈方法类似，不同的是草酸试剂具有较高的Ⅱ型红锈去除效率。此类红锈主要由赤铁矿（Fe_2O_3）或者三价氧化铁同一定量的铬、镍氧化物、微量的碳组分构成。除草酸外，上述试剂除锈过程中对表面粗糙度无害，在一定使用环境及一定浓度下，草酸可能会腐蚀表面。Ⅱ型红锈同Ⅰ型红锈相比，较难去除。去除Ⅱ型红锈往往需要更长的清洗时间，甚至需要更高的清洗温度和更大的试剂浓度。

Ⅲ型红锈　由于化学成分和物质结构的差异，Ⅲ型红锈比上述两类红锈都更难除去。铁氧化物在高温下沉积并伴随铬、镍或者硅原子在组分结构中的置换形成磁铁矿。同时，由于工艺流体中有机物的流失，大量碳元素也出现在这些氧化沉积物中，这些碳在除锈过程中会产出黑色膜。清除此类红锈的化学试剂具有极强的化学腐蚀性，并在一定程度上会对表面粗糙度造成损伤。磷酸类红锈清洗剂只对微量集聚的此类红锈有效，有机强酸配合甲酸及草酸对去除某些高温Ⅲ型红锈具有显著效果，且其腐蚀性不强，大大减少损害表面粗糙度风险。

11.2.1.3　风险评估

无论是中国、欧盟还是美国，都没有在药典或 GMP 法规上正面对药典水、蒸汽和产品/工艺系统中存在的红锈做出书面条款。它们的原则是满足制药用水与工艺系统的既定质量标准，采用"预防性维护与定期清洗"等建议来进行约束。与监管部门的策略不同，一些制药行业的团体标准或指南对红锈现象做过一些系统科学的研究报告，并给出了一些尝试性的干预措施和建议。例如，图 11.18 是某佐剂配料罐体，该企业已经采购了钛材不锈钢罐体进行建造，由于有氯离子存在，在高温反应几个小时后，在罐体的筒体部分还是出现明显的红锈现象，但封头处没有红锈。分析其原因，主要是因为罐体供应商采购的筒体钢板与成品

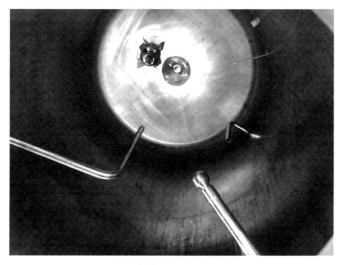

图 11.18　钛材不锈钢材质不纯带来的氯离子腐蚀（见文后彩页）

封头的合金成分相比质量有较大偏差，在高温下不耐氯离子腐蚀。

幸运的是，红锈现象已逐渐得到制药企业的普遍重视。例如，中国某生物制品生产企业在进行欧盟 GMP 审计时，由于注射用水用水点位置可看到明显的锈迹，第一次审计没有通过，待红锈与其他一些质量问题整改后，第二次审计时顺利通过。另一个案例是，北京某知名企业在中国 GMP 专家和欧洲 GMP 专家审计过程中，两次被问及是否定期进行系统的清洗除锈。

正确认识红锈以及其危害需要从系统生命周期为出发点，对系统进行整体性把控。简单来说，设计阶段、施工阶段、验证阶段、运行阶段与维护阶段均应有适当的红锈控制措施。例如，在水系统施工阶段制定严格的焊接标准，严格控制焊接质量；水系统运行过程要定期对红锈情况进行监测，制定洁净管道的除红锈维保计划并严格按计划执行等。红锈在制药行业中的危害主要分为质量危害、工程危害、环境健康安全危害与投资危害。如何有效且科学地进行除锈处理很关键，对红锈漠不关心和因担心红锈影响而采取过于频繁处理措施的做法均不可取，寻求红锈风险控制与维护成本的合理平衡，需要制药企业根据自身的情况确定。

对于制药企业来说，对制药用水系统的除锈和再钝化的频次基于除锈时间间隔或者对水系统管路的目视检测来确认。由于目前很少有制药企业将在线红锈检测仪用于水系统红锈的准确测量，企业的 QA 人员常根据自身主观的经验来确定系统的除锈再钝化周期，企业可依据 QA 做出合理的风险等级评估。

红锈腐蚀产物的形成使不锈钢管道自身质量严重恶化，并在一定程度上大大增加产品质量事故的发生。因此，评估制药用水系统中红锈的存在对生产工艺及系统长时间运行的潜在风险显得尤为必要（表 11.6 和表 11.7）。导致制药水系统中红锈形成的各种变量因素可分为以下 3 类。

① 第一种风险变量因素。对红锈形成影响较小。

② 第二种风险变量因素。对红锈形成具有较大影响。这类变量因素有一定的经验数据收集作为支持，应纳入洁净管道施工工艺设计的考虑范围中。

③ 第三种风险变量因素。对红锈形成具有很大影响。此类变量因素有相当成熟完善的业内经验数据作为支持，须纳入洁净管道施工工艺的考虑范围中。

新建制药用水系统安装阶段，用户应选择资质齐全，施工水平高，业界口碑好的正规安装供应商，并要求供应商应按照相关要求对系统管道管件及零部件的材料进行选购，用户应亲自或委托第三方对所选购材料的材质、元素构成等指标进行定量检测验收。对于不同工艺需求的制药用水系统，供应商应根据相关要求选择机械抛光或电抛光的不锈钢管道完成安装工作。安装过程中，供应商应安排焊接水平优秀的焊工及其团队对管道进行配置定位和安装，焊接作业时应根据管道材质和现场环境选择适当的焊接工艺和参数，严格把控充气保护时间和用量。焊接质量对于系统在运行周期中的红锈现象也具有直接影响，焊接时的电流参数、充气时间如果设定得不恰当，将导致焊道焊偏、未融合、回火色重等焊接质量问题，这些问题如果不能及时发现并整改，焊道区域在运行周期中将首先出现红锈腐蚀现象。如果在焊接过程中出现焊道氧化现象并未能将氧化焊道从系统中切除，焊道将以铁氧化物（红锈）的形式进入系统中，这意味着系统尚未开始运行，就已经出现红锈现象了，焊道氧化是对不锈钢管道材质等级不可逆的损伤，这种焊接质量事故在洁净管道系统安装工程中是不被接受的。安装工作结束后，应及时对新系统进行清洗和酸洗钝化处理，并将处理过程记录在竣工文件中归档。对于已有制药用水系统的改造项目，除在新增加管道的安装过程应根据上述要求进行施工外，供应商还应对旧系统内部的红锈腐蚀状况进行评估，并进行相应的除锈钝化处理。

表 11.6　施工阶段的风险评估

影响因素	注释
第三种风险变量因素（影响程度高）	
材料选择	材料选择的合理（如 316L 不锈钢）与否在于所选材料在使用环境中的抗腐蚀性,如,低碳钢与高碳钢相比抗腐蚀性更加。合理的材料选择可抑制早期或已开始加速的腐蚀。提高镍元素的含量将有效增强不锈钢的抗腐蚀性
机械抛光	冷加工技术在金属表面留下的纹路中可能残留抛光残余颗粒。表面抛光的不均匀性所导致的表面以下内部面积的累计增加会使材料更易被腐蚀
电抛光	可减少材料本身直接暴露在氧化性流体或氯化物中的接触面积,同时可减少各种机理（如卤化物腐蚀、热应力腐蚀等）导致的微点蚀的形成。表面吸入点也将随表面粗糙度的降低而减少
钝化	可有效抑制不锈钢表面腐蚀的发展。钝化深度和表面金属元素的优化分布（如铬铁比）将决定金属钝化后的抗腐蚀性和腐蚀速率
金属元素构成	主要是钼、铬、镍等。金属微观结构的性能影响晶界杂质的沉淀。这些杂质向表面的迁移将加剧腐蚀源由表面向内的腐蚀。不同的焊接接头所含的硫含量由于焊池变化可能导致焊口不能焊透,此处极有可能成为初始腐蚀点
焊接工艺、参数及充气方式	不当的焊接方法有可能导致铬在热影响区的流失,从而降低金属的抗腐蚀性能。焊接的不连续性将为熔滴渗入杂质提供机会。不良焊口中产生的裂纹可能使钝化膜上和活跃的腐蚀源周围出现缺口。合理的充气方式可有效防止回火色氧化膜导致的焊接污染及与之相伴生的抗腐蚀性损伤。钝化作用不能逆转由于充气不当造成的不良结果
产品类型和加工方法	成型工艺显著影响最终铁素体的含量（如锻件中铁素体含量远低于铸件）。锻件表面锻压纹的空隙会增加金属形成微点从而形成点腐蚀风险。缩小硫含量的差异将提高优良焊接的成功概率
第二种风险变量因素（影响程度较高）	
安装环境	碳钢腐蚀、划伤、暴露在化学环境中,管路中冷凝物或液体的留滞等可能造成不确定的腐蚀现象应在钝化前施以除锈步骤。如不对安装环境可能造成的腐蚀加以重视,会影响最终的钝化效果
系统的改造和扩展	在新运行的系统中氧化物会以不同于旧系统的速率形成,并在初始阶段形成可迁移的 I 型红锈。由于氧化膜的存在,旧系统具有更稳定的化学稳定性,只产生少量的氧化铁或氧化铬。而新系统中会产生新的 I 型红锈并分布在整个系统中,故腐蚀起因很难确认

表 11.7　运行阶段的风险评估

影响因素	注释
第三种风险变量因素(影响程度高)	
腐蚀性工艺流体	腐蚀电池一般在钝化膜的缺口中形成,如氯腐蚀电池,可逐渐加速腐蚀。此类情况对诸如高盐缓冲液罐的影响极大
高剪切/高流速环境 (泵轮、喷淋球、三通等)	腐蚀性因子可消耗或侵蚀钝化膜,进而将基质金属组分颗粒暴露在运行系统中。比较严重的例子如在泵轮尖端形成的点腐蚀,或者流体腐蚀管壁形成的腐蚀点。在纯蒸汽系统中,高流速部分可有效吹洗管壁使该部分管壁避免氧化铁等污物的持续积累并将氧化碎块带入下游,成为下游管路被腐蚀的潜在风险
运行温度及温度梯度	系统运行温度及温度梯度影响最终铁氧化物的类型(Ⅰ、Ⅱ、Ⅲ型红锈)、易于去除、趋稳性、氧化物的稳定性或迁移性等。除锈钝化效果很大程度取决于系统运行温度。如在已形成黑色氧化铁(Ⅲ型红锈)的纯蒸汽系统中应在钝化之前进行除锈处理。多种光谱分析法可确定这些杂质种类
气相组分(包含溶解气体)	对于注射用水和纯蒸汽系统,在指定的电导率和 TOC 指标及有钝化膜存在前提下,溶解气体组分对红锈形成仅有限影响。杂质在蒸馏及汽化过程中有可能随溶解气体组分发生迁移
使用工艺参数、工艺介质、使用频次	氧化物种类、腐蚀风险、除锈方法及红锈形成时间很大程度上被运行参数(温度、工艺)影响。SIP、流速、温度及密封可能会影响红锈沉积的形成种类和位置 良好的设计可帮助系统减少上述不利影响。而不良密封使系统处于压力梯度中,从而将腐蚀产物通过蒸汽冷凝引入系统中。高盐缓冲罐的长时间运行和搅拌作用可加速腐蚀的发生。伴随设计不合理的 CIP 进行的 SIP 将增加腐蚀发生的概率并增大后续除锈钝化处理的难度
系统 CIP 及清洗方法的选用	将系统暴露在 CIP 循环下以及专业化学清洗试剂,会很大程度上影响红锈出现质量风险。系统中与 CIP 接触的部分会减少形成或聚集红锈的可能。CIP 系统试剂配方中是否有酸或热酸是影响红锈生成的一个重要因素。CIP 进程中酸洗过程及过程温度是非常重要的。如,使用一定浓度(2%~20%)的磷酸循环清洗可维护复原钝化膜
氧化还原电势	使用臭氧对纯化水或注射用水消毒对抑制腐蚀发生也有作用
第二种风险变量因素(影响程度较高)	
系统维保	系统组件,如磨损的蒸汽调节阀体、错位的垫片、破损的阀膜片及泵轮叶片以及被腐蚀的热交换器管道等,都被认为是Ⅰ型红锈孳生的温床
滞流区域	流动的氧化性流体可以保护钝化膜(研究认为注射用水储罐的氮气保护层对钝化膜有消极作用,因为氮气的存在抑制了流体中的氧气含量) 不能迅速从蒸汽管道中被排除或因阀门不当次序而存留的冷凝液可能会聚集运送管道氧化产物或含有可溶于蒸汽的物质。这些物质会凝聚在系统某些分支终端,如喷淋球、液位探测管等,会产生氧化沉积物(常为不锈钢表面的氧化铁),虽其较易去除,但在较大管路仍较难清除且有碍视觉清洁
压力梯度	此情况仅在纯蒸汽系统中出现。分配系统中的压力变化会影响冷凝水量和蒸汽质量。如果系统中各部分处在不同压力范围,冷凝水将不能在水平截面被有效除去,继而其会在较高压力环境下重新汽化,从而降低蒸汽质量,并且将蒸汽冷凝水中的杂质带入蒸汽中
系统寿命	取决于系统维护状况,主要包括除锈和钝化的频次,CIP 处理及稳定钝化膜的形成。与旧系统相比,研究发现新系统会产生规模与年限不成比例的Ⅰ型红锈。纯蒸汽系统中,尽管氧化层随着年限推移而逐渐稳定,但它们在逐渐变厚的同时也会在高流速部分发生氧化层颗粒脱落的现象。系统使用时间的延长对红锈的形成有利有弊,因此针对初始腐蚀判定的常规系统监测显得尤为重要

　　制药用水系统运行过程中,存在大量的可能导致红锈孳生或迅速蔓延的高风险因素。水中的氯离子极易对系统不锈钢管道表面造成点腐蚀,生成并加速红锈的发展。更加普遍的红锈孳生风险体现在制药用水系统的运行参数设定,如流速、运行温度、运行压力等常规运行参数。一些科学机构发现,流体流速过高时,其含有的腐蚀性因子(包括高纯度水)会对不

锈钢表面钝化膜造成侵蚀破坏，这一现象在循环流体工艺系统离心泵泵腔内部和叶轮表面尤其突出；系统运行温度将直接决定红锈产物的类型，注射水系统中Ⅱ类红锈与纯蒸汽系统中的Ⅲ类红锈就是因其各自所处氧化环境中温度的差异而在形成机理上有所不同的；系统压力存在的不稳定梯度分布会导致纯蒸汽系统中冷凝水的残留，为系统内部孳生红锈和微生物都提供了温床。此外，系统在线清洗（CIP）和在线灭菌（SIP）的工艺、系统维护的周期和具体内容以及除锈钝化处理的频率和除锈钝化试剂工艺参数都会对系统运行过程中红锈孳生和发展产生不同程度的推动影响。

11.2.2 红锈的去除

红锈去除的工艺开发包含清洗原理、试剂选择与清洗工艺流程三个重要组成部分。

11.2.2.1 清洗概述

清洗指从表面（要清洗的设备）去除不需要的物质（污染物）的过程。一个清洗系统通常包含4个要素，即被清洗物体、污垢、清洗剂和清洗作用力。清洗就是使用一定的清洗剂在清洗作用力下，使得物体表面上的污垢脱离去除，恢复物体表面本来面貌，并且污垢和清洗剂的残留达到相应可接受标准的过程。清洗可以从多种不同角度进行分类，根据应用范围分成民用清洗与工业清洗，根据清洗方法分成物理清洗与化学清洗。通常把与家庭生活密切相关的清洗归为民用清洗范围。在工业生产中用到的清洗都包括在工业清洗范围。从行业看，金属加工业、纺织工业、造纸工业、印刷工业、机械工业、电子工业、医药行业等都大量用应到清洗。物理清洗是指利用机械或水力的作用清除物体表面污垢的方法。化学清洗是指利用化学试剂或其他水溶性清洗剂，依靠化学反应的作用清除物体表面污垢方法。

针对制药企业中不同地方和不同被清洗物质，需要采用不同的清洗技术，才能达到相关法规的要求。化学清洗利用的是化学试剂的反应能力，需要化学试剂有作用强烈、反应迅速等特点。由于化学试剂本身是液体，通常都是配制成水溶液的形式，由于液体流动性好、渗透力强的特点，容易均匀分布到所有被清洗表面，所以适合清洗形状复杂的物体。化学清洗的缺点是化学清洗液选择不当时，会对被清洗物材质造成腐蚀破坏，造成损失。物理清洗，许多情况下采用的是干式清洗，由于排放水中不含化学品，相对容易处理。物理清洗的缺点是在清洗结构复杂的设备内部时，其作用力优势不能均匀到达所有部位而出现清洗"死角"。

制药行业的清洗不仅要把残留物清洗干净，即目视清洁，同时目标残留物的含量应该满足相关的法规要求，也就是说要去做相关的清洗的残留验证，这个是制药行业关于清洗的特点。在制药行业中，清洗的主要目的不仅是为了保证设备的重复使用，同时还要满足肉眼不可见的残留物不会对下一批药品的质量造成影响，因为不同于其他行业，药品是用于治疗或诊断疾病的，关乎用药安全，监管机构需要进行监督和检查，生产企业需要严格遵守国家药监机构的法规要求进行生产活动。GMP（2010修订）对设备清洁的要求具体如下：

第七十一条　设备的设计、选型、安装、改造和维护必须符合预定用途，应当尽可能降低产生污染、交叉污染、混淆和差错风险，便于操作、清洁、维护，以及必要时进行的消毒或灭菌；

第七十二条　应当建立设备使用、清洁、维护和维修的操作规程，并保存相应的操作记录；

第七十四条　生产设备不得对药品质量产生任何不利影响。与药品直接接触的生产设备表面应当平整、光洁、易清洗或消毒、耐腐蚀，不得与药品发生化学反应、吸附药品或向药品中释放物质。

第七十六条　应当选择适当的清洗、清洁设备，并防止这类设备成为污染源；

第八十四条　应当按照详细规定的操作规程清洁生产设备；生产设备清洁的操作规程应当规定具体而完整的清洁方法、清洁用设备或工具、清洁剂的名称和配制方法、去除前一批次标识的方法、保护已清洁设备在使用前免受污染的方法、已清洁设备最长的保存时限、使用前检查设备清洁状况的方法，使操作者能以可重现的、有效的方式对各类设备进行清洁。如需拆装设备，还应当规定设备拆装的顺序和方法；如需对设备消毒或灭菌，还应当规定消毒或灭菌的具体方法、消毒剂的名称和配制方法。必要时，还应当规定设备生产结束至清洁前所允许的最长间隔时限。

第八十五条　已清洁的生产设备应当在清洁、干燥的条件下存放；

第一百零一条　应当按照操作规程对纯化水、注射用水管道进行清洗消毒，并有相关记录。发现制药用水微生物污染达到警戒限度、纠偏限度时应当按照操作规程处理。

第一百四十三条　清洁方法应经过验证，证实其清洁的效果，以有效防止污染和交叉污染。清洁验证应综合考虑设备使用情况、所使用的清洁剂和消毒剂、取样方法和位置以及相应的取样回收率、残留物的性质和限度、残留物检验方法的灵敏度等因素。

用于清洗的化学物质包含不同的清洗机理来去除或协助去除设备表面的污染物。了解清洗机理有助于选择合适的清洗剂，更重要的是，它有助于正确设计整个生命周期的清洗过程。清洗机理主要包括：溶解、增溶、乳化、分散、润湿、水解等。

（1）溶解　广义的溶解是指超过两种以上物质混合而成为一种状态的均匀相的过程。狭义的溶解是指一种液体对于固体/液体/气体产生物理或化学反应，使其成为分子状态的均匀相的过程称为溶解。溶解性是物质在形成溶液时的一种物理性质。它是指物质在一定溶剂里溶解能力大小的属性。例如，蔗糖可溶于水，某些有机化合物可溶于丙酮或甲醇。这是一个非常重要的清洗机理，而且是相对简单的机理。需要注意的是，溶解性主要是指物质在溶剂中的溶解能力，但是并不一定代表溶解速率。用糖在水中的溶解来举例，虽然糖可溶于水，但将一匙砂糖放在一杯水中并不一定会迅速或立即溶解。在多数情况下，即使几个小时后，糖仍然会在杯底很明显。为了使糖更容易溶解，必须搅拌或加热，这样才能将糖快速溶解。同样的道理，在清洗制药生产设备上的可溶性污染物的时候也会发生类似的现象。同样糖的物理形态也会影响其在水中的溶解速率，例如冰糖可以通过搅拌和加热加快其溶解速率；但是如果是坚硬的糖块，即使进行了搅拌和加热，溶解的速率依然会慢。生产设备上污染物的溶解性还应考虑是否在生产过程中已经变性，因为化学性质改变后会改变物理性质，即溶解性。在清洗片剂生产设备时，还要考虑配方中不同物质的溶解性问题，因为在片剂的配方中，除了活性物质外，还有大量辅料，这些辅料包括赋形剂、黏合剂、崩解剂、润滑剂等。即使活性成分是水溶性的，但是并不是所有辅料也是水溶性的，所以针对这种情况的清洗，溶解可能并不是最佳的清洗机理。

（2）增溶　　指表面活性剂在水溶液中形成胶团后，能使不溶或微溶于水的有机物的溶解度明显高于在纯水中的溶解度，形成热力学稳定的、各向同性的、均匀的溶液。增溶作用指在水溶液中非表面活性剂的浓度达到临界胶束浓度时，可使难溶或不溶于水的有机物的溶解度大大增加的现象。增溶作用和溶解度相似，不同之处在于向纯溶剂中加入添加剂来使污染物的溶解度增大。如果水作为溶剂，通常向其中添加表面活性剂、pH调节剂、与水互溶的有化学试剂来增加污染物的溶解性。例如，将氢氧化钾加入水中，调节到pH值大于12，这样的话，可以将水不溶的有机物转化成水溶性的物质。硬脂酸不溶于水，但是在pH值大于12的氢氧化钾水溶液中，会发生反应变成硬脂酸钾，这样就可以有效地将其溶解于水中。但在这里并不是pH值大于12的碱性溶液都可以增溶，如果使用氢氧化钠将水的pH值调节到大于12，同样不能将硬脂酸溶解，因为硬脂酸钠是水不溶性的物质。同时，还需要考虑氢氧化钾的含量，因为化学反应是需要对应量的物质才能全部反应的。对于具有羧基的酯类化合物，碱性能起到水解酯类化合物，将其转化为酸和醇类物质的作用。使用某些表面活性剂或水溶性溶剂在溶解残留物方面可能具有类似的功能效果。

（3）乳化　　一种液体以极微小液滴均匀地分散在互不相溶的另一种液体中的作用称为乳化作用。乳化是液-液界面现象，两种不相溶的液体，如油与水，在容器中分成两层，密度小的油在上层，密度大的水在下层。若加入适当的表面活性剂在强烈的搅拌下，油被分散在水中，形成水包油型乳状液（O/W），或者水被分散在油中，形成油包水型乳化液（W/O），该过程叫乳化。能起到乳化作用的物质称为乳化剂，通常为表面活性剂，图11.19不同类型的乳状液。

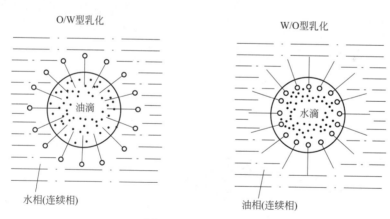

图11.19　乳化示意

作为乳化剂使用的表面活性剂主要有两种作用：一是降低两种液体间的界面张力，因为油在水中分散成许多微小液滴时，就扩大了它与水的接触面积，因此它和水之间的斥力也随之增加而处于不稳定状态，加入表面活性剂后，乳化剂分子的亲油基一端吸附在油滴微粒表面，而亲水基一端伸入水中，并在油滴表面定向排列组成一层亲水性分子膜，使油水界面张力降低，并且减少油滴之间的相互吸引力，防止油滴聚集重新恢复水油两层的原状。二是保护作用，表面活性剂在油滴周围形成的定向排列亲水分子膜是一层坚固的保护膜，能防止油滴碰撞时相互聚集。如果是由离子型表面活性剂形成的定向排列分子膜还会使油滴带有电荷，油滴带上同种电荷后斥力增加，也可以防止油滴在频繁碰撞中发生聚集。

对于设备的清洗过程，乳化是将设备表面不溶性的残留物"分解"成更小的液滴，然后将这些液滴悬浮在水性清洗剂中的过程。这个过程通常要对系统施加机械力来完成，如对设备进行搅拌，或者让系统形成湍流状态。乳状液需要通过添加表面活性剂或聚合物来稳定。在清洗过程中，由于清洗而形成的乳状液包括矿物油、硅油或矿脂的水性乳状液。乳状液通常向水中添加阴离子或非离子表面活性剂来稳定。

由于乳状液热力学上的不稳定性，在某个时间点，不溶性残留物通常会和清洗剂分离，根据残留物与清洗剂的密度比较，可得知残留物密度小于清洗剂密度，残留物会浮到清洗剂顶部，反之残留物则会沉淀到底部。在清洗过程中形成的乳状液稳定性较差，一般在停止机械力输入时（例如停止搅拌或湍流结束），乳状液就可能开始遭到破坏，会在很短的时间内发生，通常为 5～15min 不等，也可能是在几个小时后发生。乳化液的这种破坏可能导致清洗后的残留物重新沉积到设备表面上，这显然不是我们所期望的。因此，应继续对整个系统进行机械力的施加，直到将清洗液最终排放结束。如果乳状液需要中和，最好是在排放后进行，而不应该在设备中进行，否则 pH 值的任何变化都可能影响乳化的效果，最终会导致乳化液破裂，溶解在清洗剂中的残留物会重新沉积在设备的表面上。

（4）分散　固体以微粒状分散于液体中并保持稳定的过程称为分散，所形成的分散体系称为悬浮液。分散悬浮作用和乳化作用类似，除了润湿、降低表面张力和防止聚集外，还能将固体颗粒分散于水中。不同点在于被分散的固体颗粒形成的悬浮液的稳定性比被乳化的液滴形成乳化液的稳定性要差。把有促进固体分散，形成悬浮液作用的表面活性剂，称之为分散剂。对于固体的分散剂，通常使用阴离子的表面活性剂，而且要在过程中持续性输入机械能，如搅拌或液体的湍流状态来润湿和分散固体颗粒，否则会和乳化一样，残留物可能会重新沉积在设备的表面上，图 11.20 固体颗粒的分散悬浮。

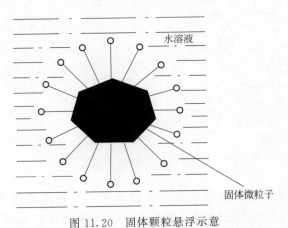

水溶液

固体微粒子

图 11.20　固体颗粒悬浮示意

（5）润湿　在固体表面上一种液体（通常指清洗剂）取代另一种与之不相溶的流体的过程。通过添加表面活性剂来降低液体的表面张力，从而得到更好的清洗效果。水在 20℃ 的表面张力约为 73mN/m，加入表面活性剂后，可以将表面张力降低到 30mN/m 左右。将残留在设备表面的污染物进行有效的润湿，可以提供更快的溶解、增溶、乳化和分散作用。而且表面张力降低后，可以使清洗剂更好地渗透到表面的缝隙中，起到很好的接触，从而更容易将污染物从这些难以清洗的部位清洗干净。

(6) 水解　将有机物分子中的化学键断裂，使得难溶的有机物大分子，分解成易溶于水的小分子的过程。这是将极性小的难溶大分子水解成了极性较大的小分子而实现的溶解的过程。如果要实现这个过程，那么需要研究分解后的物质是否在清洗剂对应的 pH 条件下也是可溶解的，如果生成的物质并不能够溶解于水，那么是起不到良好的清洗效果的。清洗后残留物的分析方法也是要根据实际情况去重点考虑的，因为在这种清洗机理存在的情况下，最终需要检测污染物残留量的时候，就不能用检测难溶有机物大分子的方法去检测，而是要检测水解后产生物质的残留量。例如，酯类通过碱性清洗剂进行了水解，最终不能检测酯类的残留，而应该用检测羧酸盐和醇的检测方法去检测分解产物。

(7) 物理清洗　虽然大多数讨论都集中在清洗的化学机理上，但清洗的一种简单机理是通过使用一些机械力进行物理清除。这可以是在手工清洁操作过程中的手工擦洗，也可以是高压水喷淋的手工清洗。在这两种情况下，目的都是物理清除残留物，然后通过高压水流或洗涤作用将残留物从表面带走。在这种情况下，可通过在清洗溶液中使用表面活性剂来帮助清洗残留物，以辅助清洁。物理清洗主要是由于水（或溶剂）的运动引起的机械作用将污染物进行去除。在将清洗溶液引入设备之前，在制药行业中通常会用室温的水对设备进行预冲洗。这种预冲洗有助于物理去除总污染，从而使清洗溶液乳化、分散、水解的残留污染物更少。物理去除的效率将取决于附着在表面上残留物的性质。例如，"烤干"的残留物是不容易从表面上预先冲洗掉的。不应将物理过程在清洗中的重要性降到最低，因为物理过程在某种程度上会涉及所有清洗机理。

11.2.2.2　清洁验证

(1) 理论模型与参数开发　实验室摸索清洗工艺的关键参数包括清洗时间、机械作用、清洗剂与清洗温度，又称 TACT 模型，另外还需要了解表面类型和质量、残留物水平及污染物状态，这也是制药用水系统除红锈工艺开发的基本原理与参数开发的基础。

① 清洗时间。与清洁验证有关的时间共涉及 3 个方面。

a. 也是最明显的是，清洗液与清洁表面接触的时间长度。通常，清洗时间越长，清洗效率越好。在其他条件相同的情况下，60min 的清洗时间通常比 30min 的清洗时间效果更好。在多数情况下，换产的周转时间很关键，因此大多数制药企业会选择最短的时间来进行足够的清洁工作。在某些情况下，清洗时间可能会超出清洗性能所必需的时间。例如，将要清洗的产品分组在一起，并通过同一个清洗过程进行清洗的情况。在这种情况下，其中一种产品在 15min 内充分清洁，第二种在 30min 内充分清洁，第三种在 60min 内充分清洁，为了将它们归类以进行清洁验证，可以用 60min 的清洗程序来清洗所有产品。在延长清洗时间时，应该考虑到清洗剂和清洗时间对加工设备的影响，比如腐蚀性。正确选择清洗工艺和工艺设备可以将这种担忧降至最低。

b. 从制造结束到执行清洁的时间间隔，通常称这个时间为"脏的保持时间"（dirty hold time，DHT）。这一点很关键，因为要清洗的产品的性质或状况，可能会随时间而变化。例如，如果在周五完成一批药品的生产制造，周末不清洗工艺设备，如果下周一进行清洗的话，那么清洗会更加困难（与在周五下午立即清洁工艺设备相比）。换句话说，在"新鲜"污染物的条件下进行的清洁验证，未必能对"老旧"的污染物有效果。虽然放置时间较长的污染物并不一定就难以清洗，但是对于清洁验证而言，为了满足法规方面的要求，需要考虑的因素包括：由于污染物中的水分或溶剂蒸发而导致的污染物干燥，可能会使污染物更难被清洗溶液渗透；微生物可能在污染物中生长繁殖，从而大大增加了在清洗过程中减少生物负荷的难度；温度变化（通常是冷却）导致蜡状赋形剂硬化，除非温度再次升高，否则这些硬化的赋形剂通常会更难去除。

为了进行验证，制药企业需要在其清洁 SOP 中定义必须清洗设备的时间限制，通常包括清洗前的 DHT。应将最长时间（假设是最差条件）作为清洁验证的时间参数来进行相关的验证活动。可以根据生产制造的实际情况来选择最长的"DHT"。如果生产部门可以确保在生产过程结束后的 N 小时内开始清洗，则可以选择 N 个小时（或 $N+1$ 个小时，甚至 $2N$ 个小时）作为生产结束后到开始清洗前的期限。如果由于某种原因，清洗的时间间隔超过了清洁验证中规定的时间，那么应该怎么处理呢？例如，SOP 规定必须在生产制造结束后的 8h 内执行清洁，如果生产结束后 12h 还没有进行清洁，那么该如何处理呢？通常制药企业有两个选择，这两个选择都要进行额外的相关检测，即确认测试，以确保设备已经达到预期的清洁要求。

● 选择 1：使用现有的 SOP 进行清洗，然后用清洁验证过程中的标准为验收标准，需要用同样的方式进行残留物残留量的测试，即对相同的部位进行取样，用相同的分析方法进行检测分析。如果最终的所有检测结果都可以达到可接受标准，则可以证明设备已充分清洁，并且要说明延长 SOP 中的时间间隔的理由。如果检测结果达不到预期的可接受标准，则必须继续进行选择 2。

● 选择 2：使用已有的清洁规程进行多次的相同清洗，可能重复两次或三次，然后需要用同样的方式进行残留物残留量的测试，同样对相同的部位进行取样，用相同的分析方法进行检测分析，直到检测结果达到可接受标准。如果用这种方法的话，不能够对 SOP 中的清洗间隔时间进行修改的。

制药企业如果想要设备尽快投入到下一批产品的生产的话，通常会用选择 2 来进行清洗。如果制药企业想延长清洗间隔时间的话，一般会用选择 1 清洗。

c. 从清洗过程结束到使用生产设备生产制造下一个产品的时间间隔，即"洁净的保持时间"（clean hold time，CHT）。原因非常简单，因为清洗后的生产设备不会无限期保持清洁状态，清洗后的生产设备必须规定其"保质期"。清洗干净的生产设备会有多种可能遭到污染。其中多见的一种是微生物的生长繁殖，如果将清洗干净的设备留在可以积聚或滞留冲洗水的区域，那么这些残留的水会为微生物生长繁殖创造条件。这种情况可以通过确保设备的适当设计来尽可能地减少，包括倾斜管道以便将水全部排干，并适当放置排水管。清洁后的干燥步骤也是非常重要的，干燥步骤包括用醇溶液冲洗，并允许醇蒸发；或者用加热的空气/氮气将设备表面吹干。清洁干净后的设备再污染包括微生物再污染和颗粒再污染，比如空气中微生物和灰尘颗粒对清洁的设备造成的二次污染。如果清洗后设备没有得到适当的保护（覆盖或包裹），可能会发生这种情况。覆盖或包裹的必要性取决于存储的时间和位置。如果要在几小时内再次使用该设备，可以不用过分考虑再污染的情况发生，但是并不能完全杜绝不会发生再污染。如果需要延长设备的 CHT，比如超过一周的时间，那么生产设备需要进行有效的保覆盖或包裹，这样才能保护生产设备免遭二次污染。

一个非常重要的问题是如何确定清洁设备的存储期限，以及需要做何种程度的研究来支持。通常需要通过对设备进行评估，比如评估设备如何使用、设备的存储方式和位置、二次污染的途径以及二次污染残留物的性质。在最简单的情况下（清洁并干燥的设备，用无纺布包装材料覆盖，并存放在受控的环境区域内），研究人员可以通过合理的分析和总结，来确认证明延长储存时间，这种方式是可以被接受的。在其他情况下，需要根据验证，确认设备在最差条件下的存储来定义最终的存储时间。在存储时间结束之后，需要通过适当的方法对设备进行重新检测，确认设备没有被污染。这些常用的手段主要包括目视检查、微生物取样、化学或颗粒残留物的测试。需要注意的是，在这里进行的所有测试，都应该遵循清洁验证中性能确认所做的测试，比如对相同的取样点进行取样，用相同的分析方法进行测试。但是通常情况下设备的再污染很可能会发生在不同的位置，并可能出现不同的残留污染物。一次确认研究可能足以确定清洁设备的存储时间，除非这个洁净设备的存储时间是生产工艺的关键控制点。与清洁设备的存储时间有关的另一个问题是，如果超过存储时间，那么应该怎么做？如果超过了规定的存储时间，通常制药企业有两种选择。一种选择是按照SOP对生产设备进行一次清洗。在大多数情况下，二次污染是颗粒物污染（"粉尘"），使用含表面活性剂的清洗剂进行清洗，已经足够满足要求了。第二种选择还需要涉及额外的或特殊的清洗步骤。如果二次污染的污染物是微生物，除了重复清洁SOP之外，还应该使用额外的消毒步骤（例如，使用消毒剂对设备进行消毒），然后进行冲洗。如果通过蒸汽对生产设备进行消毒灭菌，且设备用于无菌制剂，还应考虑使细菌内毒素的指标达到药典要求的标准。

② 机械作用。在喷淋清洗中，机械作用主要是指清洗液冲击到要清洁的表面上的作用力。冲击的力越大（压力越高），冲击就能越容易将生产设备表面上的残留物冲洗下来。应该注意的是，这种作用力仅仅是靠物理冲击的作用将残留物从表面剥离开。残留物是否能够有效地从设备中被清洗干净，取决于清洗液的性质和清洗液的流动特性。例如，用水作为清洗剂来清洗水溶性的残留物时，在高压喷淋清洗过程中，从表面剥离的残留物会慢慢溶解到水中；但如果清洗的是水不溶性的残留物时，主要靠液体的流动性将残留物冲洗干净，残留物可能会出现重新聚集和沉淀到表面的情况。所以通常喷淋清洗使用合成配方的清洗剂来对设备进行清洗，这样能够有效地清洁水不溶性的残留物，不仅能够有效地将残留物均匀分散到清洗剂系统中，还能够缩短残留物的溶解时间，最终将残留物彻底清洁干净。这种冲击的作用力需要保证能够覆盖所有需要清洗的表面。在手工的高压喷淋清洗过程中，由于手工清洗的灵活性，在一定程度上是可以进行控制的。但如果是在密闭设备中装有固定式喷淋装置的CIP清洗过程，这种清洗的冲击作用主要会集中在设备的罐顶周围，而罐体内壁和罐体底部就不存在冲击的作用力，清洗溶液只会沿设备内壁顺流而下。如果最难清洗的部位是设备内的罐顶，喷淋装置的冲击的物理作用力和清洗剂的化学作用，能够加速清洗的过程。如果污染物是均匀分布在整个生产设备中的话，单纯增加冲击的作用力，则并不能增强清洗的效果。这种通过冲击产生的作用力，与混合或搅拌时产生的作用力是不一样的。冲击产生的冲击力是液滴或清洗液撞击到设备表面上的物理作用力；搅拌是清洗溶液本身的运动，虽然清洗溶液自身的运动会有一定的物理作用，从而去除一部分表面的污染物，但是其作用力远小于喷淋装置产生的冲击作用力。

③ 清洗剂。清洗溶液中清洗剂的浓度是非常关键的。对于使用合成配方的清洗，清洗剂通常的浓度为1％～5％，也可能高达15％。一般情况下，清洗剂的浓度越高，清洗过程就越有效。在一定的有效浓度范围内确实如此，但在极高浓度下却不一定如此。例如，使用100％的清洗剂不一定比使用5％的洗涤剂更有效，而且使用100％的清洗剂进行清洗后，把清洗剂的残留冲洗到可接受标准也是很困难的。

选择合适的浓度取决于多种因素。第一个因素是时间和温度。众所周知，较高温度配合以低浓度的清洗剂，或在较低温度下配合以较高浓度的清洗剂进行清洁，最终都可以获得等效的结果。浓度和时间之间通常也存在类似的反比关系，如高浓度/短时间的清洗参数，与低浓度/长时间的清洗也能起到等同的清洁效果。如果需要在短时间内清洁结束，则可以使用较高浓度的清洗剂。如果需要节省化学清洗剂的成本，或减少可能的处置问题，则可以选用较低浓度配合较长的清洗时间。材料的相容性也可能会影响清洗剂剂浓度的选择。例如，考虑到搪玻璃设备长期使用清洗剂的腐蚀问题，在选择清洗剂浓度的时候就需要慎重，清洗剂的浓度和温度之间的反比关系并不一定呈线性，可以通过筛选不同的参数组合将搪玻璃表面的腐蚀降到最低，这个需要根据具体的情况来制定对应的策略。

选择合适浓度的第二个因素，需要考虑到废液的处理或中和。在清洗剂浓度较低的情况下，酸性或碱性清洗溶液对废液 pH 值的影响较小。例如，使用低浓度的碱性清洗剂和使用高浓度的碱性清洗相比，需要考虑到高浓度碱性清洗剂清洗结束后，会用到更多的酸性试剂进行中和；同时还应考虑到如果用低浓度的清洗剂进行清洗，那么整个清洗过程的时间可能需要延长，清洗温度可能会相应地提高才能达到同样的效果，所以应该综合考虑这些参数的影响，最终找出最优的清洗参数组合。

选择合适的清洗剂浓度的第三个因素，需要考虑在配制和使用过程中人员的人身安全问题。手工清洗和自动清洗相比，手工清洗意外接触的可能性更大、风险更高。但两种方式都存在安全问题。无论哪种情况，清洗剂的浓度越低，对健康和安全的隐患就越少。通常要使用合适的设备、正确的流程、完善的培训来保证任何清洗剂都可被安全使用，而不是考虑降低清洗剂的浓度来达到保证安全。

④ 清洗温度。主要是清洗剂的温度和冲洗水的温度。通常情况下，清洗液的温度越高，清洗越有效（越快）。如前所述，温度、时间和浓度等因素之间存在此消彼长的关系，因此要根据最终要达到的目的来平衡这些因素对于清洗过程的贡献。"越高越好"的原则在生物制药生产设备中可能并不适用，因为高温会导致蛋白质变性，反而会增加清洗的难度，但是其他类别的残留物，通常在高温下更容易更好地溶解，所以在清洗生物制药的生产设备时，最好先采用冷水进行预清洗，然后再使用高温清洗剂进行系统的清洗，但是进行预清洗的冷水温度一般不能过低，因为通常清洗剂清洗的温度控制在 $60 \sim 80 ℃$，如果存在很大的温度变化，还需要考虑生产设备的承受能力，考虑设备的磨损等。

清洗温度可能会对清洗机理产生重大影响。例如，酯类的活性药物在低温的条件下，不会和碱性的清洗剂发生水解反应，但是达到了相应的温度，水解就会快速反应，达到充分溶解药物残留物的目的。同样对于蜡状赋形剂，只有达到其熔点的清洗温度时，才能被清洗剂快速乳化并溶解在溶液中。也有人针对某些化学反应的一般规则，提出了清洗时间与温度之间关系的经验法则，即温度每升高 10℃，清洗时间可减少一半。虽然该规则适用于溶液中化学反应的动力学（反应速率每升高 10℃，反应速率就会增加一倍），但其在清洗工艺中的适用性值得探讨。在清洗过程中，还涉及诸如润湿和乳化的物理过程。另外，清洗过程是在表面上的反应过程，而不是溶液中的反应过程。因此，虽然通常确实在较高温度下清洗速率更快，但是没有确切的证据来关联时间和温度之间的关系，这种关系必须根据具体情况确定。

清洗溶液的实际温度取决于设备中可直接使用的纯化水或注射用水的温度。如果出水温度为 80℃，则通常在该温度下进行清洁。如果需要更高的清洗温度，就需要使用热交换器来升高温度。在清洗过程中对温度控制的保持也至关重要。如果要在整个清洗过程中将温度保持恒定，就有必要在清洗液回路中安装一个热交换器。温度的维持取决于清洗时间以及生产设备和相关管道的保温程度。对于大多数清洗过程，恒定温度将被控制在大约±5℃。例如，设定清洗温度为80℃，一般在清洗过程中，需要维持清洗温度在75~85℃。在清洁验证的过程中，需要对最低温度进行相关的验证，即最差条件的验证。如果由于清洗时间过长而无法保持温度，则记录温度变化曲线是很重要的。如果在清洗的过程中，温度的下降都是一致的，比如，整个清洗的60min内，每次都是从80℃下降到60℃，那么这个过程是可以进行验证的。但是，如果不同清洗过程中温度下降不一致，如第一次温度从80℃下降到60℃，第二次温度从80℃下降到50℃，那么，清洗验证的有效性会受到质疑。时间、作用力、清洗剂浓度和温度通常在某种程度上是可控的，应将其视为清洗过程关键控制参数的一部分。时间、清洗剂浓度和温度通常可以在很大范围内变化，而作用力可能会限制在一定的范围内，即变化最小。至少应在清洗过程中监测时间、温度和清洗剂浓度，以确保最终清洗效果的一致性。作用力很难直接监测，但是持续稳定的喷淋压力和流速可以间接证明其稳定性。

⑤ 表面类型和质量。要清洗的表面材质会影响整个清洗过程。应当确认需要清洗的表面材质，例如不锈钢、玻璃、各种塑料材质。不锈钢和玻璃是生产工艺设备和管道中最常见的材质。塑料材质可以是在传送带上使用的各种硬质塑料，也可以是在制药设备中用作垫片和密封件的各种柔性塑料。就表面材质而言，主要问题是需要了解并确认污染物黏附到这些材质的表面，是否会增加清洗的难度。如果存在这种现象的话，那么清洗的重点需要放在这些材质的表面清洗，因为这种材质的表面可以被视为是一种最差条件。

通常残留在搪玻璃表面的污染物要比残留在不锈钢表面的污染物要容易清洗，因为搪玻璃的表面相对光滑；残留在塑料材质表面的污染物也相对容易清洗，除非材料的表面有划痕或者已经有损伤，若有划痕，划痕会给污染物提供藏身之处，导致清洗变得更加困难。另外，有些塑料材质会吸附污染物到材料中，虽然塑料材质的表面看起来是清洁的，但是经过一段时间后，吸附的污染物会从塑料材质中析出，进而可能会导致污染后续生产的产品。析出的程度取决于生产的产品和塑料表面的化学环境，要想解决这个问题，就需要考虑选择其他材质或其他结构的塑料。除表面材质的类型外，还应考虑材质表面的质量或抛光度。通常表面越粗糙，清洗难度就越大，这就意味着需要更长的时间来进行清洗。例如，电抛光的300目不锈钢比抛光的250目不锈钢更容易清洗。从表面的物理结构上讲，粗糙的表面更容易藏纳和黏附污染物。例如，搪玻璃的内表面由于长期的使用，内表面会出现腐蚀，可能出现白色或磨砂状的外观，表面粗糙度增加，所以清洗难度增加。在清洁验证进行擦拭残留取样时，应该把粗糙的表面作为最差条件的取样点。

⑥ 残留物水平。残留物水平是指生产设备内不同表面上存在的污染物的量，常用单位为 mg/cm^2。在大多数生产制造过程结束后，不同的生产设备表面会出现不同程度的污染物残留。残留的量会根据表面材质、位置、表面结构的不同而有所差异。例如，在水平的管道内，底部的残留量会相对多；水平管道内的残留比垂直管道内的残留多；狭窄的通路或V型结构的连接处的残留会较多。显而易见的结论是，表面残留物的量越多，则清洗该表面所需的时间就越长。但是不能简单地延伸推导，比如，用15min的清洗时间可以去除 $X mg/cm^2$ 的残留量，如果残留量加倍，即 $2X mg/cm^2$ 的时候，就简单推导出清洗时间需要30min，这是不正确的。在污染物的残留较多的时候，还应该考虑清洗剂可能存在饱和的问题。同时，如果是高附加值的药品，残留量越多，成本就越高，所以应尽可能地提高收率，降低生产结束后残留在设备表面的量。残留量最多代表最差条件，需要更多的清洗时间来进行清洗。重

要的是，是否进行了实验室的清洗研究，是否根据最差条件（残留量最高）进行了清洗的评估。很多企业在研发、小试阶段并没有进行相应的实验室评估，导致在放大的过程中才慢慢摸索，这个会花费相对多的时间和成本的。设备中残留量多的位置是否就是最差条件呢？这个倒也未必，有些情况下可以是最差条件，但是有些情况下，并不是最差条件。例如，残留量少，但是已经干燥，这种情况会比湿润的大量残留更难清洗。另外，还要认识到不同表面直接的清洗会存在差异，比如两个表面的结合处（密封件周围），是较难清洗的，这倒不是因为不同表面的性质不同，而是在连接处会有更多的残留量，而且同时也会限制清洗剂的渗入，导致清洗困难。

⑦ 污染物状态。污染物状态对于清洗也是很关键的。污染物的状态通常有：湿润状态、干燥状态、烤干状态、压实状态。一般来说，湿润状态最容易清洗。对于实际的生产过程而言，可能做不到生产结束后马上进行清洗，在可能间隔的时间内，残留物会干燥，那么就会导致残留物更难清洗。如果残留物中含有羧甲基纤维素这样的成分，如果放置期间内表面残留物干燥的话，就会增加清洗的难度。这样的话可能就会需要更高的清洗剂浓度，较长的清洗时间，才能将残留有效去除。

表面的污染物烤干后，会导致污染物化学性质改变，与干燥的污染物相比，更难清洗。例如，如果制剂配方中含有糖的成分，湿润状态用常规的清洗很容易去除；若糖已经干燥在表面，通常延长清洗时间也是很容易去除的；但是如果糖在表面被烤干并焦糖化，用相同的清洗方法则很难清洗干净。生物制药也存在类似的情况是，如果在清洗前进行了蒸汽灭菌，蒸汽会使残留在设备表面的蛋白质变性，增加清洗的难度。

压实的污染物是指那些被机械压力作用后，改变了物理性质的污染物。压实的污染物会阻碍清洗剂的渗透，一方面是由于污染物更加致密，另一方面是由于残留物和表面的黏附力，从而会增加清洗的时间。这种残留物通常在片剂生产中比较常见。例如，片剂的最终成型是通过压片来完成的，表面的残留物就会被压实。这些表面被认为是最难清洗的，如果没有被充分清洗干净，会成为后续产品的杂质污染来源。在某些情况下，干燥的污染物可能会更容易清洗。例如，干燥可能会产生易碎的粉末，这些粉末很容易从表面吹散。在进行清洁验证的时候，明确残留物的状态非常重要，应考虑残留物的何种状态为最差条件。因为在大多数情况下，这是建立清洗工艺条件的关键因素。

（2）清洗剂的选择 清洗剂应能有效溶解残留物，不腐蚀设备，且本身易被清除。制药公司在清洗过程中可以使用水、有机溶剂或水基清洗剂。水主要包括纯化水、注射用水、有机溶剂，包括丙酮、甲醇和乙酸乙酯等，最常用于批量药品生产中的清洁。目前较为常用的水基清洗剂是以水溶液为基础，其中添加不同的成分，如酸、碱、表面活性剂等。其中表面活性剂在溶液中，可以显著降低液体的表面张力（或界面张力），并具有渗透、润湿、发泡、乳化、增溶和去污等特殊性能，表面活性剂可分为离子型表面活性剂和非离子型表面活性剂。其中离子型表面活性剂又可以分为：阴离子型表面活性剂、阳离子型表面活性剂和两性表面活性剂，不同的表面活性剂特点和应用范围见表 11.8。

表 11.8 表面活性剂特点和应用范围

类型	主要特点	应用范围
阴离子型	良好的渗透、润湿、分散、乳化性能，去污能力强，泡沫多，呈中性；除磺酸盐外，其他品种不耐酸；除肥皂外，其他品种具有料号的耐硬水性	用作渗透剂、润湿剂、乳化剂、去污剂等

类型	主要特点	应用范围
阳离子型	良好的渗透、润湿、分散、乳化性能,去污能力强,泡沫较多,并具有杀菌能力;对金属有缓蚀作用;对织物有匀染、抗静电作用	用作杀菌剂、柔软剂、匀染剂、缓蚀剂、抗静电剂;很少用于去污;不宜与阴离子型表面活性剂混用,否则产生沉淀
两性型	良好的去污、气泡和乳化能力,耐硬水性好,耐酸、耐碱,具有抗静电、杀菌、缓蚀等性能;对皮肤刺激小	用作抗静电剂、柔软剂等
非离子型	具有高度的表面活性,胶束与临界胶束浓度比离子型表面活性剂低,增溶作用强,具有良好的乳化能力和洗涤作用,泡沫中等,耐酸、耐碱,有浊点	用作乳化剂、匀染剂、洗涤剂、消泡剂等

（3）清洗参数的实验室开发 对于清洁验证,实验室是关键清洗工艺参数开发（critical cleaning parameter development,CCPD）的第一现场。顾名思义,关键清洗工艺参数开发主要是在实验室中摸索出在清洗过程中的关键参数,主要包括清洗剂类别、清洗剂浓度、清洗温度、清洗时间等关键的参数,并且找到其中对于清洗结果有较高影响因素的参数,这样在后续的清洗过程中加以控制,以便得到持续稳定的清洗结果,这对于后续的清洁验证来说至关重要。

关键清洗工艺参数开发（图 11.21）可以为制药企业的清洗工艺验证提供正确的方向,帮助制药企业加速清洗工艺 SOP 的制定并为 SOP 制定提供文件支持,能够帮助制药企业专注于大规模生产过程的参数开发,为审计提供数据支持。

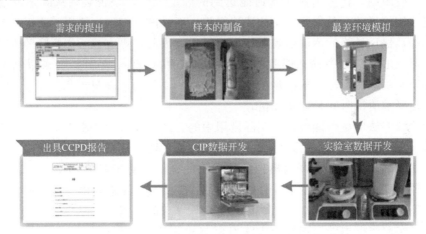

图 11.21 关键清洗工艺参数开发程序

CCPD 可以对新产品制定清洗方案;可以优化现有的清洗流程;可以解决现有清洗工艺中出现的问题。对于制药企业来说,通过 CCPD 可以增加生产效率;增加清洁结果的稳定性,清洗验证的重现性;减少清洗失败,从而节约时间。CCPD 在实验室中主要是通过模拟在实际生产活动中的不同清洗方式,通过不同的清洗参数,最终得出清洗的各个关键参数。模拟的清洗方式主要包括,手工清洗、浸泡搅拌、超声波清洗、压力水枪冲洗、层叠冲洗、喷淋清洗等方式。

● 手工清洗。人员用清洗工具对物体表面的残留物进行去除的过程。

● 浸泡搅拌。将被清洗物体放入含有清洗剂的溶液中进行浸泡并搅拌的过程。

● 超声波清洗。利用超声波在清洗剂液体中的空化作用、加速度作用及直进流作用对液体和污物直接、间接的作用，使污物层被分散、乳化、剥离达到清洗目的。

● 压力水枪冲洗。是通过动力装置产生压力水来冲洗物体表面，将污垢剥离、冲走，达到清洗物体表面的目的。

● 层叠冲洗。用固定流速的清洗剂液体流过被清洗物体表面，使表面残留物溶解和冲洗的过程。

● 喷淋清洗。主要通过实验室清洗机来实现对物体表面残留物清洗的过程。

实验室清洗机做参数开发的程序设定和清洗效果照片。

制定清洗SOP最好的方法之一就是进行实验室评估。实验室研究的目的是在实验室中进行小规模的初步筛选，以选择合适的清洗剂和关键工艺条件（时间、温度和清洁剂浓度）。然后确认这些数据，并在放大过程中进一步优化。如果要清洗的设备较大，则实验室评估通常要研究相同材质表面的清洗。对于实验室筛选，最典型的材质是不锈钢，一般尺寸为15cm×7.5cm，可以使用高度抛光的表面，但不是必需的，因为表面越粗糙，清洗起来就越困难，可以把这个作为材质的最差条件。对于搪玻璃容器，不锈钢材质也可能是首选，因为玻璃表面更易于清洁。需要注意的是，有划痕和损伤的搪玻璃可能会比不锈钢更难清洗，因为损伤的地方会藏污纳垢。实验室评估的时候，需要考虑污染物的残留量和污染物的状态，一般要以最差条件进行评估。需要注意的是，最难清洗位置的残留量和设备中的残留量不一定相同，并且在开始实验室测试时有可能根本不知道残留物的残留量和状态，但在做实验室评估时需要考虑到预期的残留物残留量和残留状态的最差条件。同时还应考虑到实际操作过程中的一些限制，比如清洗用水所能达到的温度范围，是否必须从既定的清洗剂中选择。实验室评估的目的不是得到绝对的清洗规程，而是能够筛选出能用于实际生产过程中的最佳清洗条件，保证最终的清洗达到可接受的标准。因此，更应该考虑实际的生产工况下的限制条件，避免浪费精力去筛选那些不具备可操作性的条件。另外，如果限制条件太多的话，也会使得实验室的筛选变得困难。比如，规定清洗剂的浓度只能用到1%，清洗温度为40℃，同时还要求清洗时间只能是5min。

筛选的清洗方法应尽可能地接近实际应用中的方法。如果无法模拟实际的清洗方法，则实验室应该采用比实际使用中更差的清洗方法，这样才能保证最终的清洗效果。例如，对于小部件的手工清洗，实验室是可以模拟这种方法的；但是对于CIP清洗，实验室可能无法达到这种模拟，那么可以选用浸泡搅拌清洗的方式来替代，虽然喷淋球冲击的作用力无法模拟，但是如果浸泡搅拌能够清洗干净，那么加之喷淋球的作用，实际应用中也是能完全达到要求的。所以实验室模拟的浸泡搅拌方法可以与实际清洗过程中的CIP清洗达到同样的效果。实验室评估通常选择在较高的温度，较长的清洗时间和较大的清洗剂浓度来进行各种类型清洗剂（酸性、碱性、中性）的测试，其目的是能够先确认到底哪种清洗剂对要清洗的残留物能够有效地去除。同时清洗剂的筛选还可以在一定程度上参考之前的清洗工艺，或清洗结构类似或性能类似的残留物所用到的清洗剂。清洗剂的筛选通常是实验室评估的第一个步骤。

实验室评估的第二个步骤是筛选不同的参数组合，比如清洗剂浓度、时间、温度的不同组合，来达到最终的清洗效果。由于实际操作过程中的条件限制，有些参数可能是固定的，无法进行改变，这就需要改变其他的条件来筛选其他参数。例如，实际工况条件下的水温是固定的，那么只能去调整清洗时间和清洗剂浓度。理论上讲，可以去研究不同的时间和清洗浓度的组合，但是如果制药企业要求设备在1h内要完成清洗，那么研究更长的清洗时间就失去了意义。

同时还应该认识到，有效的清洗通常需要两步清洗程序，例如先用碱性清洗剂清洁，然后再用酸性清洗剂清洁。还应选择检测实验室清洗方法是否能够达到可接受标准的方法。最基本的是要达到被清洗表面的目视清洁，这对于实验室的初步筛选就足够了。另一种检测方法就是"水膜残迹测试"（water break free test），可参考 ASTM F22—13 相关内容。这种方法是观察清洗水顺着光滑表面流下来的痕迹，判断是否清洗干净，如果均匀流下，没有形成水珠的话，则证明表面已清洗干净。这种方法对于评价油性残留物的清洗程度很有价值。实验室进行的清洗，能够同时满足目视清洁和通过"水膜残迹测试"就可以了。

实验室筛选的最终结果应该是确定使用何种清洗剂（表 11.9），并确定能够在实验室清洗中达到要求的清洗温度、清洗时间、清洗剂浓度。需要认识到，实验室的清洗参数虽然可以为实际清洗提供指导，但由于实际生产设备的复杂性，还需要对某些参数进行调整才能达到实际清洗中想要的结果。

表 11.9　清洗剂的风险评估

风险项目	潜在失效模式	潜在失效原因	可能导致的后果	可能性	严重性	风险等级	措施/备注（风险控制措施）
清洗剂	清洗剂清洗参数设计不合理	清洗剂在系统现有情况下流速、浓度达不到要求	除锈效果不好	L	H	H	1. 前期做好测试，保证系统内的最低流速达到 1.0m/s 2. 正确配制除锈剂浓度
	清洗剂无法检测	厂家无法提供检测方法；厂家无法开发对应检测方法	清洗剂残留量未知	L	H	H	1. 选择有残留检测方法的试剂 2. 厂家告知成分，自己开发对应检测方法
	清洗剂之间相互反应	不同清洗剂之间产生反应，导致丧失效果	生成未知的有毒物质	H	H	H	1. 尽量选用单一试剂 2. 了解每一种试剂的成分，充分评估风险 3. 充分评估不同产品的毒性，保证风险最低
	清洗剂无ADE/PDE毒性数据	厂家没有做产品毒理学研究	无法计算清洗剂的残留允许限度	M	H	H	选择有 ADE/PDE 毒性数据的清洗剂产品
	清洗剂残留冲洗不干净	选择了不合适的清洗剂	残留超标，污染产品	L	H	H	1. 选择容易漂洗的清洗剂 2. 选择有对应检测方法的清洗剂
	淋洗水取样污染	操作不当或取样瓶污染	清洗不达标	L	H	H	1. 对取样人员进行培训，合格后上岗 2. 确认取样瓶未被污染

（4）清洗工艺的放大　清洁工艺放大的首要目的是，确认实验室中筛选出的清洗参数能够用于放大后的试验。第二个目的是确认清洗的关键参数，如温度、时间、流速等能够在放大清洗过程中得到很好的控制。例如，如果用 80℃ 的水进行清洗，而清洗时间只有 15min 的话，用热交换器去控制温度可能就不那么重要。但是如果清洗时间需要 70min 的话，由于在长时间的清洗过程中，热量会有损失，温度会下降，有可能开始清洗时的温度为 80℃，在清洁结束时，温度已经降到 55℃，这种情况下，放大的清洗试验结果可能会和实验室的结果有差异，就要使用热交换器来维持整个清洗过程中的温度。温度只是在放大清洗

试验期间可能会出问题之一，残留物的量和状态也应该和实验室清洗评估中的一致，否则可能会得到非预期的结果。如果药品已经在设备表面干燥或被烤干，就需要根据情况进行调整（延长清洗时间或提高清洗剂浓度），或者重新做实验室的清洗评估。

在某些情况下，人们可能会过度优化，这样的话就可能会导致结果接近于失败的边缘。大多数清洗参数的开发是为了找到一个有效的，能够得到持续稳定清洁效果的清洁工艺，使各个参数（稳定、时间、清洗剂浓度、残留物状态）在正常波动范围内都能够取得一致的清洗结果。清洁工艺的放大期间，要考虑到采样位置、采样后的分析方法。如果采用棉签擦拭取样，需要选择系统内代表性的位置，尤其是要在最差点取样。这些取样点可以通过科学分析评估得到。分析方法的检测适用性和检测限对于成功验证也很重要，在清洁工艺放大时，需要对分析方法做确认。即使在没有做回收率研究的情况下，也应该做一些初步的工作，来确认清洁工艺是可以达到初步验收标准的。实验室清洗参数开发与清洁工艺放大的有机结合，才能保证在清洗结束后达到可接受的标准。实验室主要是做初步参数的研究，清洁工艺放大更注重调整工艺参数和工程条件，来满足清洁验证的要求，以达到满意的效果。

（5）清洁验证的分组

① 产品分组。对于产品分组，首先要考虑的是哪些产品（即要清洗的产品）可以分为同一组。对于要归类在一起的产品，它们必须是在同一设备上生产制造并使用相同的清洗SOP进行清洗的相似产品。作为相似产品，可以是相同的辅料，不同的活性成分，也可以是不同的辅料，不同的活性成分，但是最起码应该是同种剂型的产品，如全部都是液体、片剂、乳膏等。虽然分组的原则是尽可能地配方相似，但也并不是绝对的。需要注意的是，如果组内产品差异越大，可能越不容易找到组内代表性产品。按产品分组的第二个标准是所有产品都是在同一设备上生产制造的。理想情况下，设备是相同的（同一个或多个设备）。按产品分组的第三个标准是使用相同的清洗过程。这里的灵活性较差，该组中的所有产品均应使用相同的清洗SOP进行清洗，包括清洗方法、清洗剂浓度、清洗时间和清洗温度。通常不会将清洗剂浓度、温度相同，但清洗时间不同的产品分为一组，因为如果清洗时间不同，而将产品分为一组的话，可能会导致过度清洗。

如果对所选择的产品进行了分组，不论是使用同一生产设备还是使用相同的清洗SOP，那么下一步是选择代表性的产品。代表性的产品也就是最难清洗的产品。如果最难清洗的产品都能够达到清洗要求的话，那么组内的其他产品也能够达到要求。在一组类似产品中，可以通过以下4个方面选择最差情况：a. 实验室模拟清洗研究；b. 药物的溶解度特征；c. 药物的活性；d. 之前生产过程中的操作经验。实验室模拟清洗研究通常涉及将不同的产品涂抹在不锈钢的表面，然后评估不同时间、温度、清洗剂浓度下，不同产品清洗的难易程度。这项评估通常使用实际清洗过程中的产品，而且需要评估在低浓度清洗剂、低温、短时间内清洗的情况，以便能够区分产品清洗的难易程度，找到最难清洗的代表性产品。

具有最低溶解度的产品被认为是最差情况。如果使用有机溶剂进行清洗，则要比较药物在不同有机溶剂中的溶解度；如果选用水性清洗剂，则应在比较不同pH下药物的溶解度。因为药物的溶解度会因pH的不同而有所差异。只有辅料相同或非常相似时，才比较成品制剂中药物活性成分的溶解度，来确定最难清洗的代表性产品。对于同种剂型活性物质不同含量，例如一种口服固体制剂，其3种规格为5mg、10mg、20mg，那么应该选择最高剂量20mg的产品作为最差条件。需要注意的是，如果活性成分是水溶性物质，而辅料相对难清洗，那么最差条件应该选最低剂量的产品。但是制药企业常规的做法是选择最低剂量和最高剂量分别做验证。

不论是在新建工厂还是放大的设备设施进行清洗，如果有之前清洗不同产品的操作经验是非常有帮助的。在比较不同产品的相对清洗难易程度时，应该基于相同或相似清洗过程的清洗结果来进行比较。如果采用这种方式，需要有资质的研究人员进行比较并将最终结果写入评估报告中。

不论使用以上任何一种方式进行分组选择最差条件，都应该用文件的形式说明选择的过程和理由，并且给出选择最差条件的建议。但在现实情况中，有时候可能很难选择出最差的代表性产品。如果不能选出最差的代表性产品的话，制药企业通常有两种选择，要么不进行分组；要么选择任意一个作为代表性产品。如果选择后者的话，需要有理由和论据支持为什么会没有最难清洗产品的代表，而且代表性产品应该选择残留可接受标准限度最低的。

产品分组后，还需要在验证过程中考虑产品残留检测的可接受标准。通常情况下，残留可接受标准不是代表性产品的可接受限度，而是要选择组内所有产品中最低的残留可接受限度。如果选择的代表性产品的可接受限度为最低值，那么很简单，可以直接进行验证。在计算组内产品的最低限度值时，通常要计算出单位面积上允许的残留量，单位通常为 $\mu g/cm^2$。举例，假设产品 1、产品 2、产品 3 按照产品分组的规则分为一组，其中代表性（最难清洗）的产品 1 的活性成分为 A，其计算的残留限度值为 $3\mu g/cm^2$；产品 2 的活性成分为 B，其计算的残留限度值为 $1\mu g/cm^2$；产品 3 的活性成分为 C，其计算的残留限度值为 $2\mu g/cm^2$。产品 2 的残留可接受限度为最低的，那么在验证时就需要检测产品 1 的活性成分 A，设定其残留限度值为 $1\mu g/cm^2$。如果验证使用的清洗工艺能够使最难清洗的产品 1 中活性成分 A 的残留限度值达到 $1\mu g/cm^2$ 的话，那么组内容易清洗的产品，就更容易达到 $1\mu g/cm^2$ 的残留限度值。这是在验证时采用的策略，但是制药企业在规定其残留限度值的时候，还是会按照其计算结果，这样会降低企业风险。

在某些情况下，代表性的产品可以清洗到其可接受的残留限度值，但是由于分析方法检测限的原因，根本检测不到组内最低的残留限度值，在这种情况下，这个产品就需要单独进行验证。所有分组的策略应该在企业的清洁验证主计划中进行详细的说明和描述。

② 设备分组。设备分组的思路是将不同的设备分类在一起，选择一个设备作为组内的代表，然后在该设备上进行清洁验证。将设备进行分组需要格外慎重，因为一旦分组，则必须使用相同的清洗 SOP 进行清洗。通常不能将不同类型的设备进行分组。例如，不能将 V 型混料机和螺旋式混料机分为一组。主要是因为这两个设备的结构是完全不同的，即使使用相同的清洗方法（相同的清洗剂浓度、时间和温度），最终的清洗结果可能也会不同，所以需要分别单独进行清洁验证。对设备进行分组，通常将具有相同或类似设计的不同设备划分为一组。储罐的分组就属于这种分组方式，例如，可以把有相同设计的 100L、500L、1000L 的不锈钢储罐分为一组进行清洁验证。

设备分组完成之后，下一步是从中选出具有代表性的设备进行清洁验证。不幸的是，这种选择要比产品分组后选出代表性产品难得多。因为没有证据证明 500L 的储罐比 1000L 的储罐更难清洗。如果有证据和理由的话，需要在文件中写明；如果没有证据的话，通常有两种方式。一种是在做 3 次 PQ 测试的时候，至少一次应该包含最大体积和最小体积的储罐。那么就是对 100L 和 1000L 的储罐分别进行了一次 PQ 验证，第三次可以任意挑选一个规格的储罐进行 PQ 验证。第二种就是分别对最大体积的储罐和最小体积的储罐进行 3 次 PQ 测试，这样的话，任何介于最大和最小体积之间的储罐，应该也能被清洗干净。

在设备分组中的特殊情况，对既有手工清洗又有清洗机清洗的小部件，是否需要将这些小部件全部分别进行验证，还是可以把它们分为一组进行验证？对小部件的分组，关键是要保证这些小部件是使用相同的清洗 SOP 进行清洗。如果一些小部件是采用手工清洗，而另一些部件使用高压喷淋清洗，那么就不能将它们分为一组。对这些小部件进行了分组后，同样要找出组内最难清洗的部件。可将不同类型的小部件分为一组，前提是他们要使用同样的清洗 SOP，而且残留物是相同的。简单而言，就是可以把结构简单的小部件和复杂的小部件分为一组。清洁验证方案中应有判断最难清洗的小部件的理由，并对最难清洗的部件进行 PQ 测试，如果最难清洗的部件能够清洗干净，那么其他容易清洗的部件也能得到良好的清洗结果。在清洗机中清洗部件时，还应考虑部件的装载方式，装载的最差条件应该进行确认。同样，清洗机腔体内的最差位置也需要确认。

（6）清洁验证中的清洗剂残留可接受标准

关于清洁验证中残留可接受标准通常包含药品残留物的可接受标准和清洗剂的残留可接受标准，这里主要介绍清洗剂残留验证的历史发展过程。

● 第一阶段。最开始提出需要对清洗剂进行残留评估的指导文件是 1992 年出版的《Mid Atlantic Region Inspection Guide：Cleaning Validation》，但是其中没有介绍如何计算清洗剂的残留限度。1999 年 9 月出版的 CEFIC/APIC《Guide to Cleaning Validation in Active Pharmaceutical Ingredient Manufacturing Plants》指导文件中提出了清洗剂残留计算的公式

$$NOEL = \frac{LD_{50} \times 70}{2000}$$

通过 NOEL 的数值来计算得出 MACO 的值。

$$MACO = \frac{NOEL \times MBS}{SF \times TDD_{next}}$$

式中 MACO——最大允许的携带量，转移到下一批产品可接受的残留量（通常指上一批产品）；

NOEL——无观察到的反应水平；

LD$_{50}$——半数致死量；70 为成人的平均体重，单位为 kg；

2000——经验常数；

TDD$_{next}$——下一产品的最大日剂量；

MBS——下一批产品的最小批量；

SF——安全因子。

这种方式主要是通过清洗剂的 LD$_{50}$ 计算出 NOEL 的数值，然后结合安全因子和下一批药品的数据来计算允许残留到下一批产品中的残留量。

● 第二阶段。与此同时，1999 年的 PDA 技术报告 29 提出了计算公式：

$$NOEL = \frac{LD_{50} \times BW}{MF1}$$

式中 NOEL——无观察到的反应水平；

LD$_{50}$——半数致死量；

BW——体重；

MF1——修正因子，由毒理学家确定。

累计的修正因子通常不超过 1000，那么可以通过 NOEL 来计算 SDI。

$$SDI = \frac{NOEL}{MF2}$$

式中　SDI——残留物的日安全摄入量；

　　　MF2——修正因子，由毒理学家确定。

$$ARL = \frac{SDI}{LDD}$$

式中　ARL——下一批药品中可接受的残留水平；

　　　LDD——在相同设备中生产的下一批药品的最大日剂量。

这种方式和第一阶段的计算方式类似，同样先计算出 NOEL 的数值，然后由毒理学家来确认修正因子，最终计算出允许的残留量。

● 第三阶段。2010 年的 PDA 技术报告 49 中，也有提到如何计算合成配方清洗剂的残留，其计算公式为

$$ADI = \frac{LD_{50} \times BW}{SF \times DD_{max}}$$

式中　ADI——日可接受的摄入量；

　　　DD_{max}——在相同设备中生产的下一批药品的最大日剂量；

　　　SF——转换因子。

这种方式同样是基于清洗剂 LD_{50} 来计算清洗剂的可接受摄入量。

从以上的发展历程看，清洗剂的残留都要根据其毒理数据 LD_{50} 来进行计算，只是不同时期有着不同的一些相关指导。目前通常的做法是，聘请合格的毒物学家来评估所有可用数据，使用 PDA、ISPE Risk-MaPP、ICH 和欧盟指南中描述的基于毒理数据的安全方法，来确定可接受的每日暴露量（ADE，欧盟为 PDE），清洗剂残留限度的设定，不仅要考虑患者的安全，同时还要考虑对产品质量的影响，这些需要在风险评估中的风险识别步骤完成。

11.2.2.3　红锈清洗剂

在不锈钢设备和材料的酸洗钝化与除红锈应用中，清洗剂应用广泛。清洗剂分为无机酸、有机酸、复方酸性清洗剂与中性清洗剂等，常用的无机酸包括硝酸、盐酸、硫酸、氢氟酸、磷酸、氨基磺酸等；常用的有机酸有柠檬酸、羟基乙酸、甲酸、乙酸、草酸、葡萄糖酸、酒石酸、苹果酸等。各种酸对金属的腐蚀（溶解）能力不同，而且随着温度、压力等有所变化，表 11.10 是各种红锈清洗剂的具体表现。

表 11.10　红锈清洗剂的特征对比

编号	试剂名称	除锈特征
1	柠檬酸	单一的中强酸试剂,多用于新系统的初次钝化,对Ⅱ型红锈的去除效果不明显
2	17%硝酸	单一的强酸,多用于新系统的初次钝化,对Ⅰ型/Ⅱ型红锈的去除有效果,严重破坏不锈钢内表面粗糙度
3	氢氟酸	单一的超强酸,对Ⅱ型/Ⅲ型红锈的去除有效果,严重破坏不锈钢,有安全隐患
4	专用红锈清洗剂	中强酸配方试剂(如 JClean 2000 型酸性复方试剂)/还原型配方试剂,对各型红锈的去除均有效果,保护不锈钢内表面粗糙度

ASME BPE 中提到了针对不同红锈种类可以应用不同配方并经严谨清洗工艺开发而得的试剂，目前以磷酸和柠檬酸的混合物最多，保证磷酸浓度在 5％～25％，温度在 40～80℃，可应用于复杂多样的环境下，能够有效去除Ⅰ型、Ⅱ型和Ⅲ型红锈。任何应用于制药用水系统的清洗试剂均需严格遵循清洗工艺与清洁验证的相关法规来进行开发，符合制药行业的除红锈专用试剂的验证支持文件应至少包含产品技术资料、化学品安全技术说明、稳定性报告、材质兼容性报告、残留检测方法、方法学验证报告和毒性报告（ADE/PDE）等，对应的法规规范包括 2012 版《PDA TR 29 Points to Consider for Cleaning Validation》、2019 版《Guidance on Aspects of Cleaning Validation in API Plant》与《ASTM E 3106—18 基于科学和风险的清洁工艺开发和验证的标准指南》等，JClean 2000 型酸性复方试剂是一种典型的以磷酸为主要成分的高效除锈专用试剂，重金属含量完全符合《ICH Q3D（R2）：元素杂质指导原则》的相关规定，其成分组成包含表面活性剂、分散剂、磷酸和柠檬酸，其中磷酸主要发挥除锈功能，而柠檬酸主要发挥钝化功能，图 11.22 为酸性复方除锈试剂进行红锈清洗的施工现场。

图 11.22　专用清洗剂的除锈实施现场

由于使用某些强酸进行除锈都会存在对不锈钢的过度腐蚀现象，导致表面粗糙度严重受损，所以可以考虑在其中添加缓蚀剂来降低腐蚀风险。通常缓蚀剂的选择，需要遵循以下原则：不影响金属除锈、钝化的效果；有效保护金属材料，防止腐蚀；添加量越少越好；在金属表面上吸附速率快、覆盖率高；缓蚀剂组分与腐蚀介质的化学反应低，引起的消耗少；不会产生点腐蚀、孔蚀、晶间腐蚀等局部腐蚀的危险；缓蚀剂本身最好是无色、无臭、低泡沫性液体；操作安全，无毒。

缓蚀剂来自拉丁语 inhibere（抑制），英文为 corrosion inhibitor，是一种在很低的浓度下，能抑制金属在腐蚀介质中的破坏过程的物质。因此，缓蚀剂的定义为：凡在介质中添加少量能减低介质的侵蚀性、防止金属免遭腐蚀的物质。美国《ASTM G15—76》标准把缓蚀剂定义为："缓蚀剂是一种以适当的浓度和形式存在于环境（介质）中，即可以防止或减缓腐蚀的化学物质或复合物"。尽管有许多物质都能不同程度地防止或减缓金属在介质中的腐蚀，但是真正有实用价值的缓蚀剂只是那些加入量少、价格便宜、又能大大降低金属腐蚀或锈蚀的物质。由于缓蚀剂应用广泛、种类繁多、机理复杂，通常可以按照缓蚀剂的化学组分进行分类（表 11.11）。

表 11.11   不同类别的缓蚀剂

类别	名称
无机类缓蚀剂	硝酸盐、亚硝酸盐
	铬酸盐、重铬酸盐
	磷酸盐、多聚磷酸盐
	钼酸盐、钨酸盐
	硅酸盐、碳酸盐
	硼酸盐、砷酸盐
	硫化物、硫酸盐
	铈盐
有机类缓蚀剂	胺类、咪唑啉类
	醛类、羧酸盐类
	杂环化合物类、有机硫类
	炔醇类、葡萄糖酸盐
	季铵盐类、苯甲酸盐
	硫脲、亚砜、有机膦化合物
	松香胺衍生物类、吡唑酮衍生物类

　　无机缓蚀剂大都用于中性介质体系，它主要是影响金属的阳极过程和钝化状态；有机缓蚀剂主要用于酸性介质体系，当它在金属表面吸附时，就会影响腐蚀过程动力学，从而达到减缓金属腐蚀速率的目的。红锈清洗剂中通常会加入合适的缓蚀剂，才能确保既清除锈层，又不出现过腐蚀行为，在锈层除去后，不会进一步腐蚀金属基体，发生"过腐蚀"现象。用于不锈钢的除锈剂需要添加对应的缓蚀剂，这样才能更好地发挥清洗、除锈和防锈的作用，图 11.23 是磷酸与柠檬酸的配方红锈清洗剂（如 JClean 2000 型酸性复方试剂）对铁氧化物去除的相关实验数据。

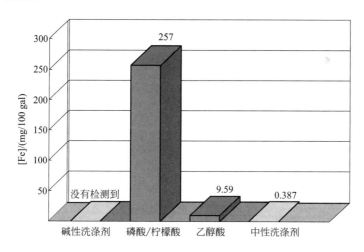

图 11.23   磷酸与柠檬酸配方试剂的除锈效果

11.2.2.4   除锈再钝化

　　红锈现象会导致不锈钢粗糙度的增加，为微生物的繁殖提供条件。不锈钢发生红锈的过程常会伴随着微生物污染的发生，在红锈层的表面，往往会存在一层黏状的生物膜。除锈的本质是通过清洗技术去除不锈钢表面的微生物与颗粒物。

　　红锈去除过程主要分为 3 步：第一步为碱洗，去除生物膜或蛋白类质杂质；第二步为酸洗，通过酸性试剂的氧化反应或者机械方法去除红锈；第三步为钝化，重新生成致密的钝化保护层。JClean 2000 型酸性复方试剂属于制药行业的专用清洗试剂，重金属含量等各项指标均做过严格的质量测试与验证，完全符合《ICH Q3D 元素杂质指导原则》（2020 版）。相关的清洗学研究表明，JClean 2000 型酸性复方试剂可有效破坏不锈钢的腐蚀层，减弱铁氧化物和物体表面的黏合力作用，从而使红锈颗粒从物体表面上脱落。JClean 2000 型酸性复方试剂的主要成分为磷酸、柠檬酸、EDTA 和表面活性剂等，表面活性剂有亲水基团和疏水基团，细胞膜的主要成分是磷脂，在水中表面活性剂靠近细胞膜，然后和磷脂互相溶解，形成疏水基团在里面，亲水基团在外面的球状结构，将其溶解在水中。

　　使用合成配方的专用红锈清洗剂来进行顽固的红锈去除非常有效，常用的去除红锈步骤为：① 配制 5％浓度的 JClean 1000 型碱性试剂进行生物膜的去除（如有必要），将清洗溶液在水系统和所连接的管路中进行 60～80℃高温循环，循环时间为 1～3h；②中和、排放清洗溶液；③配制 20％浓度的 JClean 2000 型酸性复方试剂进行红锈的去除，将清洗溶液在水系统和所连接的管路中进行高温循环或浸泡（60～80℃），循环时间依据不锈钢腐蚀的程度而定，过程中不断测试铁离子的浓度，以便判断除锈终点；④除锈结束后，继续加入一定量的 JClean 2000 型酸性复方试剂进行钝化，确保钝化液的有效浓度在 20％左右，过程中不断测试铁离子的浓度，以便判断钝化终点；⑤中和、排放清洗溶液，并用纯水对水系统进行冲洗，检测最终淋洗水的 pH、电导率与 TOC 等理化指标，确保清洁验证符合要求（图 11.24）。

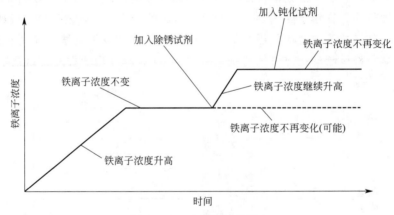

图 11.24　除锈再钝化原理

　　多效蒸馏水机为注射用水系统的源头，注射用水系统又是无菌与生物制品生产中重要的系统，如果多效蒸馏水机的红锈现象非常严重，后续的注射水分配系统很难避免被红锈腐蚀的危险。因此，对多效蒸馏水机/纯蒸汽发生器进行定期除锈再钝化处理，是持续性维保计划中的重要环节。由于注射用水储存与分配系统一般自带循环泵和热交换器，因此注射用水分配系统的除锈再钝化项目执行相对比较容易，且高温注射用水系统的红锈常以 Ⅱ 型红锈为主，清洗和除锈效果普遍比较理想，为后续再钝化步骤提供了清洁的表面基础。图 11.25 为某制药企业生物制品车间无菌配液罐与注射用水离心泵泵腔内部除锈前后的内窥镜影像。通过图片的对比，可以非常明显地看出除锈处理前被 Ⅱ 型红锈完全覆盖的离心泵叶轮经过有效酸洗除锈和再钝化处理后，泵腔内所有位置附着的红锈被完全去除，不锈钢叶轮重现金属光泽，除锈效果非常理想。

　　清洗时间与温度的设定与红锈清洗剂的质量分数有直接关系。其中一个因数改变往往会改变一系列相应的参数。不同方法的选用包括流体的清洗方式（循环清洗或浸泡清洗）、系

图 11.25　除锈效果对比（见文后彩页）

统的整体密封性、除锈后的表面清洗及正确的排污措施都是除锈过程的关键因素。从产品接触表面有效去除红锈可减少氧化物颗粒进入制药用水的质量风险，除锈工艺应在合理的清洗步骤及表面钝化恢复被腐蚀钝化膜之前完成，考虑到腐蚀对表面的危害，通过制药用水的分析试验对氧化物颗粒粒度及金属氧化物在制药用水系统中的含量等级的判定意义深远。再钝化后形成的钝化膜均是纳米级薄膜，但是也有微米级薄膜。用电镜可以测知膜厚度及均匀性，通过能谱分析可得知膜的主要成分。对于微米级的沉积膜能用敏感的天平称量，通常每微米表面膜的质量分布为 $2.5g/m^2$，可以称量试片在钝化前后的质量获得。用椭圆仪测量表面膜引起的偏振光反射，也可以测知膜厚度。用线性极化仪进行钝化效果检验，测量试片和空白试片的极化阻力 Rp 值，可得知钝化效果。用硫酸铜饱和溶液进行滴溶检查。将其滴于试片上能保持 3min 不析出铜为良好；如果不足 1min 即出现镀铜则钝化不理想，在其间者尚可。这种滴溶剂的制备是溶解硫酸铜使其饱和，再将其中和到中性。表 11.12 是制药用水系统供应商移交除锈再钝化项目清单汇总表，有助于制药企业了解制药用水除生物膜、除锈与再钝化的文件系统组成。

表 11.12　除锈再钝化项目移交清单汇总表

编号	文件名	编号	文件名
1	待清洗系统图纸	10	脱脂方案和报告
2	管道连接示意图	11	除红锈的方案和报告
3	仪器仪表合格证书	12	总铁测量方法
4	化学品试剂符合性文件	13	铁含量数值表
5	待清洗服务系统信息确认表	14	清洁验证报告
6	执行清洗服务业主授权书	15	内窥镜检查记录(前后对比的视频和彩色照片文件)
7	清洗服务施工人员确认书	16	钝化效果测试报告
8	内窥镜检查方案	17	效果确认(EQ)
9	静水压试验方案和报告	18	预防红锈建议书

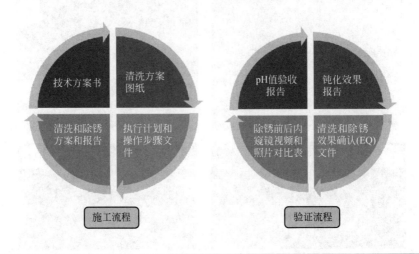

11.2.2.5 红锈的预防

以红锈的产生根源为区分，红锈的预防可分为外源型红锈的预防与内源型红锈的预防。理论上来讲，任何不锈钢制药用水系统都会有红锈孳生现象。当水系统中发现有红锈的存在后，需判断红锈发生的源头。"杜绝外源型红锈，抑制内源型红锈"是制药企业预防红锈的重点（图 11.26）。

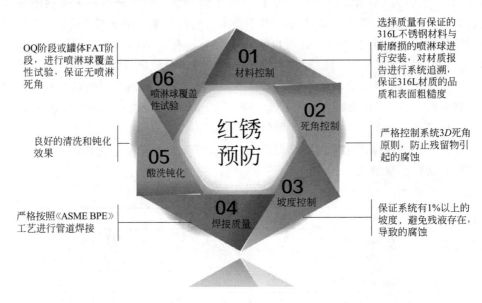

图 11.26 红锈的预防建议

外源型红锈产生的原因为系统外的因素，例如，上游迁移或机械加工等质量缺陷等，这些因素需在设计、安装和运行阶段进行关注并明确杜绝。内源型红锈发生的原因与系统本身的运行参数或环境有关。周期性进行"除生物膜（如果需要）—除锈—再钝化"是持续性维保的重要组成部分，它可以增加制药用水系统全生命周期范围内运行的水质稳定性，常温纯化水系统与滥用 subloop 的高温注射用水系统容易孳生严重的生物膜污染，进而产生红锈。推荐制药企业在Ⅰ型红锈晚期或Ⅱ型红锈期间进行干预，除锈效果较好且投入成本相对适中。高温制药用水系统（如 WFI）推荐的除锈周期为 1~2 年；常温制药用水系统（如 PW）推荐的除锈周期 2~3 年；纯蒸汽系统是否需要进行除红锈处理可依据企业实际情况另行决定，有条件企业可以考虑安装在线红锈分析仪来进行更加科学的除锈周期制定，中国制药企业应将科学除锈作为一种维保习惯。

（1）外源型红锈　是指由外部环境或因素引入而导致的红锈。导致外源型红锈的主要因素包含上游迁移、机械加工缺陷、焊接与钝化操作不当、环境腐蚀等。

① 上游迁移。由于上游迁移导致的外源型红锈可称为上游迁移型红锈，例如，静电吸附会导致膜片、垫圈或滤芯上面会吸附一层红褐色的红锈，由于这些部件的材质以聚四氟乙烯（PT-FE）、聚偏二氟乙烯（PVDF）和聚醚砜（PES）为主，这些塑料材质本身是不可能产生红锈的，其锈迹来自部件之外，因此，这些红锈对于膜片、垫圈或滤芯来说就是迁移导致的外源型红锈。

② 机械加工。由于管道切割或表面抛光导致的外源型红锈可称为机械加工型红锈，其主要原理为"管道切割粉末氧化"，其成因包括管道切割处理不当、表面抛光不当、不锈钢焊接不当等。

③ 焊接质量。焊接是不锈钢系统加工中最为普遍、最为重要的工序之一，笔者在多个除锈案例中发现，焊接质量不合格是系统快速出现红锈的最主要原因。在焊接过程中，焊接气孔、未焊透与未熔合、固体夹杂、焊接变形与收缩、表面撕裂和磨痕等缺陷是导致系统红锈的常见原因。

④ 钝化质量。钝化是使一种活性金属或合金表面转化为不易被氧化的状态的方法，该金属或合金的化学活性会大大降低并呈现出贵金属的惰性状态。但若在钝化中操作不当也会导致系统出现红锈。

⑤ 电化学腐蚀。是不锈钢腐蚀和红锈产生的最主要原因和机理，流体的电解程度与不锈钢的腐蚀紧密相关。

⑥ 卤族离子。在制药行业最常见的卤族离子是氯离子，氯离子会对不锈钢的钝化膜造成快速、严重的腐蚀。为保证系统有良好的酸洗钝化效果，整个储存与分配管网系统的材料选择应当一致，如均为 316L 材质或均为 304L 材质。不锈钢管道的保温材料需采用无氯材料，以避免氯离子对常规奥氏体不锈钢钝化膜形成的点腐蚀。

⑦ 强酸处理。除锈的本质机理是酸性溶液与红锈发生化学反应，目前，很多企业采用硝酸或氢氟酸等强酸对红锈进行定期的处理，但是其选用的方法的优劣性却参差不齐。硝酸、硫酸以及氢氟酸均属于国家管制使用的强酸，采用强酸对制药用水系统进行定期除锈处理，管道内部会与强酸发生强力的腐蚀，带来表面粗糙度的不可逆破坏，推荐制药企业尽可能使用非强酸（即弱酸或中度酸）来定期对系统内部进行清洗除锈。

（2）内源型红锈　是指由制药用水系统自身建造材料或运行参数而导致的红锈。内源型红锈的生成主要原因是以铬氧化物（Cr_2O_3）为主的钝化膜被破坏，内部富铁层和外部氧化层相接触并发生氧化还原反应生成了铁的氧化物。制药行业常见的促进红锈孳生的因素包括系统的运行参数（如温度、压力、流速等）、长时间停机、不锈钢材料、喷淋死角、喷淋球干磨、消毒/灭菌过于频繁、罐体液位长时间处于过高等。

① 系统运行参数

● 温度。温度对红锈生成的影响与电化学腐蚀有关。温度越高，水的电解程度越强。对于本质是电化学腐蚀孳生的红锈而言，温度越高，电化学腐蚀越严重，红锈孳生越快。实际生产中，高温储存/循环的注射用水系统始终处于巴氏消毒状态，它比常温储存/循环的纯化水系统红锈孳生得更快、更强烈，也进一步验证了上述观点。通常情况下，在保证微生物能够得到有效控制前提下，注射用水高温储存/循环系统的温度控制不宜太高，这对抑制红锈的快速孳生尤为关键。随着非蒸馏法制备注射用水的普及，越来越多的制药企业也将选择常温工况的注射用水循环系统，这将极大地降低系统发生红锈的质量风险。

● 压力。高压运行的多效蒸馏水机与纯蒸汽发生器可能带来高汽速的蒸汽摩擦在内筒体和螺旋板造成奥氏体不锈钢的晶间腐蚀，出现龟裂现象，蒸发器渗漏将导致产品注射水中的热原不合格。高压蒸汽对钝化膜的破坏以及导致铁氧化物生成的机理表明，高压蒸汽除了会破坏不锈钢原有保护性抗氧化膜（钝化膜），它还会催化加速不利于不锈钢防腐的复杂铁氧化物的生成。我国广泛使用的降膜式多效蒸馏水机工作压力和温度都非常高，很多药企的制药用水系统都印证了高压带来的红锈风险极高，有条件的制药企业可以考虑升膜式多效蒸馏设备和热压蒸馏水机。

● 流速。有研究显示，流速为 $10\sim40m/s$ 的高温水在 316L 不锈钢系统中循环近两千小时后，采用俄歇电子能谱分析（AES）对不锈钢内表面进行检测，发现其钝化膜厚度减少了约 $0.9\mu m$。上述研究表明，流速对于不锈钢的钝化膜是有一定程度破坏的。流速对腐蚀的影响机理较复杂，可能由于腐蚀疲劳，也可能是由于较强的横向剪切力使已形成并吸附在不锈钢表层的红锈颗粒脱离，随后进入流体系统中并对水质或产品质量造成影响。从抑制微生物的角度来说，湍流有助于提高横向的剪切力，以抑制微生物的聚集和细菌在表面的附着，然而，从另一方面考虑，过高的流速、过大的雷诺数，除了有工程运行的安全风险外，对于气蚀也是有促进作用的，湍流越强烈，在泵腔和喷淋球的位置，气蚀的程度也就越深，因此，企业需选择合适的流速，在微生物能够得到抑制的前提下，流速不宜太高。

② 残留水渍（长时间停机）。水的存在是产生红锈的必要条件。当企业生产任务不紧张，为了节能，有时需要对系统进行计划性停机处理。停机时，系统的动力关闭，将水系统内的所有水渍靠重力或动力压缩空气排至低点排尽，水系统设计、建造与验证都非常强调系统的可排放性，当系统残留的液体被"排放干"后，则可做停机处理了。

③ 管道材质与表面粗糙度。表面粗糙度小的不锈钢材料，金属表面的金属毛刺少，钝化后钝化膜形成的充分，红锈孳生的氧化还原反应难发生；相反，表面粗糙度大的不锈钢材料，金属表面的金属毛刺多，酸洗钝化后的钝化膜无法充分形成，红锈孳生的氧化还原反应非常容易发生。316L 不锈钢因其较高的镍铬含量及便于自动氩弧焊接的优点，已经成为金属管道系统的主流选择，低于 0.03% 的含硫量对于焊接来说是最理想的。

④ 喷淋死角。"滞留区域"是影响红锈生成的因素之一。喷淋球可以装在返回回路上用来润湿储罐顶部空间。在热系统中，喷淋球可以用来保持罐顶部和水一样的温度，避免腐蚀不锈钢和导致微生物生长出现的交替湿润和干燥的表面。目前，喷淋球清洗效果验证已得到制药企业的广泛重视，良好的喷淋效果不仅对微生物生长的抑制有帮助，也可避免腐蚀不锈钢。

⑤ 消毒/灭菌频次。少数制药企业为了保证无菌状态，在 PQ 阶段会制定相对频繁的消毒/灭菌频率，且此消毒灭菌周期在 PQ 阶段确定之后，会延续多年。注射用水系统所处环境温度与压力的突变会导致系统承受交变载荷过载，钝化膜腐蚀疲劳加剧，从而导致钝化膜的物理强度降低与微观紧密性恶化，钝化膜易受外界机械作用和化学作用的破坏。通常情况下，制药用水系统的消毒/灭菌频繁的制药企业，红锈孳生也会相对较快。因此，推荐企业严格按照 PQ 的原则，为每套制药用水系统制定合理的消毒与灭菌频次。

第12章

扩展阅读[❶]

无论从药品生产质量管理规范（GMP）和药典的角度来看，还是从良好的工程管理规范（GEP）和经济的角度来看，制药用水和制药用蒸汽的质量标准都非常重要，以全生命周期质量管理原则出发，制药生产企业必须证明其所使用的制药用水与制药用蒸汽能始终如一地达到制药用水标准体系规定的质量标准。

12.1 制药用水百问百答

1 碳达峰与碳中和对制药用水的意义是什么？

答：气候变化是人类面临的全球性问题，随着各国二氧化碳排放，温室气体猛增，对全球生态系统造成了威胁。在这一背景下，世界各国以全球协约的方式减排温室气体，中国由此提出碳达峰和碳中和目标。碳达峰就是指在某一个时点，二氧化碳的排放不再增长达到峰值，之后逐步回落。碳中和是指企业、团体或个人测算在一定时间内直接或间接产生的温室气体排放总量，通过植树造林、节能减排等形式，以抵消自身产生的二氧化碳排放量，实现二氧化碳"零排放"。中国政府承诺，二氧化碳排放力争于2030年前达到峰值，努力争取2060年前实现碳中和。2019年，全球碳排放量为401亿吨二氧化碳，其中86%源自化石燃料利用，14%由土地利用变化产生。这些排放量最终被陆地碳汇吸收31%，被海洋碳汇吸收23%，剩余的46%滞留于大气中。碳中和就是要想办法把原本将会滞留在大气中的二氧化碳减下来或吸收掉，它作为一种新型环保形式，被越来越多的大型活动和会议采用，推动了绿色的生活、生产，实现全社会绿色发展。"碳"即二氧化碳，"中和"即正负相抵。排出的二氧化碳或温室气体被植树造林、节能减排等形式抵消，这就是所谓的"碳中和"。减少二氧化碳排放量的手段，一是碳封存，主要由土壤、森林和海洋等天然碳汇吸收储存空气中的二氧化碳，人类所能做的工作是植树造林；二是碳抵消，通过投资开发可再生能源和低碳清洁技术，减少一个行业的二氧化碳排放量来抵消另一个行业的排放量，抵消量的计算单位是二氧化碳当量吨数。一旦彻底消除二氧化碳排放，人类就能进入净零碳社会。

对于制药用水系统，工业蒸汽与原水消耗非常大，采用新理念、新材料、新工艺与新技

---

❶ 本章内容源于我国制药用水领域实践工作者们的成熟经验，包括孙茜文、李云、韩升、柴喜、高尚与宸新乐等诸多中国制药同仁对此章节内容做出了无私分享与大力支持，特此表示感谢。

术科学实现制药用水的制备与管理在节能减排方面尤为关键；无机陶瓷膜技术、节能型升膜式蒸发技术、热压蒸馏技术和 RMM 技术值得关注；常温制备、储存与分配注射用水的设计理念与应用将会越来越普及；制药用水标准体系提升也是关键，质量源于设计、过程分析技术与参数放行等诸多全新理念将有助于制药行业更好地管理连续化生产的制药用水。

2　市政供水是否符合饮用水标准？

答：我国制药企业使用的原水主要来源于两个途径，一是天然水，如井水或地表水等；二是市政供水。在当下，我国大部分地区的天然水和市政供水在抵达制水间处的取样检测都不一定符合国家饮用水标准，因此，制药企业可能需要先把天然水或市政供水处理成符合国家饮用水标准的高品质饮用水。需要说明的是，自来水属于散装饮用水，市政供水并不代表符合自来水水质。

3　水系统可以使用球阀吗？

答：球阀不推荐用于液态形式的纯化水与注射用水系统。主要是因为球阀关闭时会导致一部分水被封闭在其中，长期会增加微生物风险，再者其阀杆的密封也是一个问题。卫生型设计的球阀在制药用蒸汽系统中可以使用。其主要原因是隔膜阀在高温高压蒸汽工况下常常会损坏，球阀虽然在卫生程度方面比不上隔膜阀，但它在安全方面的长处让企业可以接受其在卫生方面的略有不足，同时，没有液态水的工况（高温纯蒸汽或常温压缩空气）对预防微生物孳生非常有利，可以放心使用球阀。在我国的材料供应链体系中，暂时还没有制药领域需要的 316L 材质球阀，市面上的球阀均为 CF3M 铸造材质。另外，球阀在我国饮用水系统中也有非常普遍的应用。

4　PQ 阶段，初次设定水分配系统消毒周期有何建议？

答：纯化水分配系统如果有 UV 灯进行日常消毒，周期性巴氏消毒建议每 3 个月一次，没有 UV 灯的纯化水分配系统巴氏消毒建议每 1 个月一次；高温循环的注射用水周期灭菌建议每 3～6 个月进行一次，以上只是初次设定的工程建议，制药企业需要经过验证，按实际水质情况缩短或延长。如果水系统设计并不良好（质量源于设计），半个月或一周消毒一次也有可能，企业需要验证一个合理的消毒周期。

5　对原水水质进行定期监测，是制药企业制水岗位自己检测吗？

答：规模大一些的制药企业制水岗位在工程设备部下管理，规模小的制药企业归生产部或车间管理。企业可自己定期检测，自行制订内控标准。定期监测主要是为了观测水质的变化情况。建议检测电导率、TOC、硬度、pH、微生物、SDI 与硝酸盐等项目，每 1～3 个月检测一次；另每年枯水季和丰水季建议送到专业检测机构进行检测。其中，原水电导率变化是导致纯化水电导率变化的主要因素之一，强烈建议加装在线电导率检测装置。对于较大规模的原水处理系统，制药企业可进行集中软化并安装必要的监测仪器（在线硬度、在线电导率与在线 TOC 等）；对于较小规模的原水处理系统，如果原水没有在线 TOC 与在线硬度，建议定期（每个月）检测此项。

6　纯化水分配系统需要加在线 TOC 仪吗？

答：在线监测可方便地对水的质量进行实时测定并对水系统进行实时流程控制，可以及时发现水系统 TOC 超标事件；而离线测定则有可能带来许多问题，例如被采样、采样容器以及未受控的环境因素（如有机物的挥发）等污染。在线仪器采购价格是比较贵的，但是考虑到技术发展的趋势、及时发现 TOC 风险，在线和离线在人力管理上的成本对比（如大幅降低离线 TOC 检测频率），建议具备条件的企业应该采用在线测量方式。目前，2021 版

《WHO GMP：制药用水》已明确规定：散装纯化水与散装注射用水应提供在线测量的总有机碳（TOC）、电导率和温度仪表。

7 死角的量化定义是什么？

答：各种规定和提法甚至测量的方法不尽相同，但是目前的所有提法都不是"法规"，而是工程的建议和量化标准。目前比较正式的死角量化定义：①1993年美国《高纯水检查指南》中的由主管中心开始测到阀门密封点的6D。②2001年《国际制药工程协会 基准指南 第4卷：水和蒸汽系统》从主管外壁到支管阀门密封点的长度 $L \leqslant 3$ 倍支管直径 D。③2009年《国际制药工程协会 基准指南 第4卷：水和蒸汽系统》从主管内壁到支管盲端或阀门密封点为 L，支管内径为 D，$L \leqslant 2D$（推荐值，非强制）。

8 TOC超限的可能原因是哪些？

答：可能的原因包括：环境中有机物污染，例如常见的油漆挥发、酒精挥发、冷冻机组检修机组内有机物挥发等；原水为地表水或地下水，出现了农药化肥、污水倒灌等污染。从长江、黄河等大型河流直接取水的原水，在春季容易发生因农业灌溉与化肥使用导致的TOC超标，推荐制药企业采用预防的管理方式，对原水的电导率和TOC进行密切监测（如在线监测）。

9 水分配系统的建议消毒方法有哪些？

答：纯化水分配系统建议采用巴氏周期消毒＋UV灯日常消毒，也可以采用间歇式或连续式臭氧＋UV设计进行消毒；采用多效蒸馏/热压蒸馏的注射用水高温制备系统，推荐采用热储存/热循环系统或热储存/旁路常温循环系统，采用膜过滤/热压蒸馏的注射用水常温制备系统，推荐采用连续臭氧消毒系统。

10 注射水分配管道在运行了一段时间后，取样发现个别用水点微生物超标是什么原因造成的，要怎么处理？

答：有两个可能：①水系统已经出现了生物膜，生物膜的出现并非均匀浓度，具有不定期脱落的偶发性，在该用水点继续取样无法实现结果的重复性；②取样阀外侧因管理不善或取样阀选型有误导致污染，在该用水点继续取样可以实现结果的重复性，需要更换不产生虹吸现象的卫生型专用取样阀，且通过定期离线清洗/消毒进行管理。

11 请问微生物、电导率与TOC都正常的情况下，《中国药典》的纯化水硝酸盐超标是什么原因引起的？

答：常见原因是检测试剂的更换、原水受到雨水污染或反渗透膜酸碱洗。法规层面的解决办法是修订《中国药典》纯化水的电导率测定法，采用注射用水一样的三阶段法进行测定，则不会出现硝酸盐超标的现象。

12 水分配系统增加用水点，是否需要重新做验证？

答：增加用水点属于重大变更，重大变更推荐重新验证。增加用水点风险主要来源于两个方面：①增加的用水点施工对系统的影响；②增加的用水点用水对系统的影响。风险评估也是来源于这两点。针对第一点风险，降低风险措施是对增加用水点所用到的管材阀门材质，表面粗糙度等进行确认；对施工过程焊接、保压、坡度等进行确认。针对第二点风险，降低风险措施是对峰值用水、回水流速、喷淋球覆盖等进行确认。以上结果确认合格，即可作为进行局部验证的依据，然后建议对水质进行2周以上的密集取样，只对总送点位、总回点位以及增加用水点的点位处取样即可。

13　更换纯化水机预处理填料需要进行变更和验证吗？

答：这一行为属于预防性维保，不需要进行变更和验证，但需要填写更换记录，对相关信息进行确认和记录，更换完成需要反洗，如纯化水机预处理有化学消毒或热水消毒功能，反洗完成需要进行化学消毒或巴氏消毒。

14　纯化水储罐呼吸器加热套需要一直开启加热吗？

答：推荐纯化水储罐呼吸器加热套在消毒后开启加热烘干24h，平时关闭。常开加热耗电较多，而且会缩短滤芯寿命，另外纯化水储罐呼吸器滤芯采用国产优质产品即可，性价比较高。依据经验值和行内专家建议值，注射用水储罐呼吸器加热套温度设定80～85℃，纯水储罐呼吸器加热套温度70～80℃，按至少高于储罐水温5℃来设置。

15　储罐呼吸器滤芯更换周期是多久？

答：注射用水储罐国产主流品牌滤芯建议3～6个月更换，进口主流品牌滤芯建议6～12个月更换（仅为工程经验值，不是强制），纯化水系统的储罐滤芯使用寿命可以更长一些，可以依照厂家建议，验证或规定一个更换周期，通常情况下为6～12个月（国产主流品牌滤芯）或12～18个月（进口主流品牌滤芯）。

16　注射用水罐体的呼吸器该如何管理？

答：注射用水罐体呼吸器为所有GMP均明确提及的基本要求之一，其主要目的是有效阻断外界颗粒物和微生物对罐体水质的影响，滤芯孔径为0.22μm，材质为聚四氟乙烯（PTFE）。当系统处于高温状态时（如纯蒸汽或过热水灭菌的注射用水储罐），冷凝水容易聚集在滤膜上并导致呼吸器堵塞，采用带电加热夹套或蒸汽伴热并设自排口的呼吸器，能有效防止"瘪罐"发生，并能有效降低呼吸器的染菌概率。呼吸器的设计主要取决于储罐的运行参数和定期维护的灵活性，结合风险分析考虑，注射用水罐体呼吸器推荐采用在线灭菌的方式来防止微生物孳生。当呼吸器采用在线灭菌时，可采用反向灭菌方式，灭菌时与罐体灭菌同步进行，这样能有效避免"膜内外实际压差高于膜本身的最大耐受压差"风险。用于注射用水系统储罐上的呼吸器虽然采用的无菌级过滤器材质，滤芯安装前要进行完整性测试，但无须像无菌过滤器那样进行验证。目视检查是必须的，还包括系统运行结束时的完整性测试，完整性测试的目的是验证呼吸器从系统中移除时没有出现堵塞或泄漏现象，证明所采取的预防性维护计划是正确的，常用的过滤器完整性检测方法为水浸入法。应该对使用滤芯后进行的测试中可能出现的失败情况，建立处理预案SOP。

17　纯化水罐体的呼吸器该如何管理？

答：呼吸器的设计主要取决于储罐的运行参数和定期维护的灵活性，结合风险分析考虑，纯化水呼吸器可采用离线灭菌或定期更换滤芯的方式来防止微生物孳生。更换滤芯或灭菌后，需进行完整性检测，确保滤芯完好无损。当系统处于高温状态时（如巴氏消毒的纯化水储罐），冷凝水容易聚集在滤膜上并导致呼吸器堵塞，采用带电加热夹套，能有效防止"瘪罐"发生，并能有效降低呼吸器的染菌概率。而对于臭氧消毒的纯化水系统，因没有任何呼吸器堵塞风险，且呼吸器长时间处于臭氧保护下，故无须长时间采用电加热夹套进行加热。用于纯化水系统储罐上的呼吸器虽然采用无菌级过滤器材质，滤芯安装前要进行完整性测试，但无须像无菌过滤器那样进行验证。目视检查是必须的，还包括系统运行结束时的完整性测试，完整性测试的目的是验证呼吸器从系统中移除时没有出现堵塞或泄漏现象，证明所采取的预防性维护计划是正确的，常用的过滤器完整性检测方法为水浸入法。应该对使用滤芯后进行的测试中可能出现的失败情况，建立处理预案SOP。

18　一级 RO 浓水回收及利用方法是什么？

答：一级 RO 浓水可以通过膜回收装置过滤成为纯化水机的原水；也可以回收作为冷却塔水源；还可以用于冲厕和浇灌树木等。目前，工业和信息化部公示的《国家鼓励的工业节水工艺、技术和装备目录（2021 年）》在"节水型医用纯水设备"中明确要求制药行业用纯化水机的浓水应回收再利用。

19　对水系统有什么节能降耗建议？

答：主要的节能降耗建议如下：

● 修订中国制药用水标准体系与水质监测指标，鼓励参数放行与过程分析技术（电导率、TOC、RMM）的全面应用，鼓励膜法制备注射用水、升膜式蒸发、热压蒸馏、超滤的预处理（陶瓷膜与高分子膜），改变原有的批处理质量管理思维，采用连续化生产的质量思维进行水系统管理，合理设定化学纯度与微生物含量的报警限与行动限。

● 纯化水机运行模式改变。大多数品牌纯化水机都有节能运行模式（间隔冲洗运行模式），启用这个模式节水节电效果特别明显，笔者曾用设计产能每小时 5t 的水机进行节能模式测试（由无用水需求时自循环模式改为间隔冲洗模式），年节约原水 8000t 以上，节约电费 4 万元，并有效减轻了污水处理站的污水处理负担（大部分药厂的纯化水机废水还是设计排放到公司自建的污水站）。

● 合理设置多介质罐和活性炭罐反洗频率，建议 48h 以上反洗一次。

● 控制注射用水输配系统灭菌液位。注射用水制备成本比较高，计划灭菌前控制液位在低限，可减少灭菌时工艺用水的浪费。

● 有的公司 SOP 规定，每天要将储罐内的水排放掉至 30％，并制备新水，这种做法对优化水质没有意义，不适合连续运行的水循环系统。

● 纯化水储罐用国产储罐滤芯代替进口储罐呼吸器滤芯。

● 制水间冷凝水回收（即回收水中的热）。

● 高温设备能保温的部分尽量保温，包括注射用水分配系统、注射用水制备设备、纯蒸汽发生器、工业蒸汽管道裸露的部分，以上包括阀门、疏水器。为了检修方便，建议用可拆卸式保温材料，这样不仅可以节能，而且还可以降低制水间温度，降低微生物孳生风险，提高操作人员舒适度。

● 取消制水站一些水质检测项目。QC 已进行的检测项目，制水站不要再进行检测，每年可节约耗材、试剂、计量、仪器折旧、检测工时等成本。

● 合理设置软化器再生频率。软水盐是制水站耗费量最大的试剂，根据软化器产水硬度检测结果添加软水盐，会节约软水盐支出。

● 如果有在线电导率、TOC 仪这些水质检测仪器，可以大幅降低 QC 离线水质检测频率，当然这需要做一些数据分析和评估工作，才能进行。

● 制水站注射用水分配系统回水管路增加电保温系统。制水站注射用水回水增加电保温系统比较适合自备锅炉的药厂，既可以节能，还可以减少因工业蒸汽故障引发的偏差。其节能的具体策略是，在非取暖季，车间无生产时，关闭锅炉，注射用水分配系统自动启动电保温，这样比启动锅炉节约开支 50％以上，药厂自建锅炉如果使用的是天然气的话节能效果更加显著。笔者之前所在药厂按此方法每年节约 100 万以上，而电加热装置整个投资不到 15 万元。另外，关闭锅炉后，空调系统如果需要除湿或者加湿，可以用其他方法代替蒸汽。

● 做好预防性维护和精益化管理，尽量确保制水站设备正常运行及出现故障时及时恢复，尽量避免因制水站原因导致车间不能生产，进而导致车间水、电、气浪费及工时浪费，这样也是一种节能降耗。

● 合理确定水系统消毒或灭菌时间，笔者去过一些药厂，有的药厂水系统消毒或灭菌时间半个月一次，有的甚至一周一次。笔者相信这个消毒或灭菌周期都不是经过科学验证的，频繁的消毒或者灭菌不仅造成能耗浪费，也会影响车间生产，还会对水系统造成负面影响。

● 用激励机制鼓励制水站工作人员节能降耗意识，一线管理人员和操作人员这种意识如果被激发出来，可以产生许多节能降耗的好办法。

以上节能降耗措施都有理论和实践经验支持，不违反相关法规和 GMP。笔者对节能降耗用笔较多，是因为水系统具有节能降耗的潜力。长年累月的浪费对企业是损失，对建设环境友好型社会也是一种负面影响，

20　如何看待对《美国药典》水质检测项目比《中国药典》水质检测项目少？

答：《中国药典》水质检测项目偏多的主要原因是中国纯化水电导率标准较宽泛，没有充分理解《美国药典》通过数学模型设定的三阶段法测定电导率的底层逻辑，这是未来我国制药用水标准体系变革的主要方向，也是全行业节能减排的最主要措施。国内很多药厂的纯化水机都已更换为 RO＋EDI 水机，产水电导率一般在 $0.2\mu S/cm$（25℃）以下，所以，在目前的政策环境下，建议电导率、TOC 检测改为在线检测或大幅降低离线取样频率，微生物限度和细菌内毒素可以按之前的检测频率检测，其他项目建议经评估后大幅降低频率。

21　新建水系统标准操作 SOP 什么时候起草？

答：制药用水和纯蒸汽系统的 SOP（包括使用、维护、消毒等），在 OQ 阶段不必是经批准的最终版 SOP，但是 SOP 的草案应该是有的，因为 OQ 的目的之一是确认 SOP 草案的可接受或者需改进的内容。通常，SOP 的最终完成和批准在 PQ 的第一阶段。

22　制水设备和分配系统需要配置有纸记录仪吗？

答：不建议制水设备和水分配系统配置有纸记录仪。有纸记录仪因卡纸、断墨等原因产生偏差较多，记录数据也比较有限，撕下来附在运行记录后面的操作也比较麻烦。建议在制水间值班室配备一台上位机（SCADA 系统）代替多个有纸记录仪。在起草水机和水分配系统 URS 时要注意这一点，因为有纸记录仪还是一些制造厂商的标配。

23　同一个分配系统多个回路可以用一台 TOC 仪吗？

答：因为目前 TOC 的价格比较高，后期的维护成本和计量成本也比较高，所以可以考虑一个分配系统多个回路共用一台 TOC 仪，但需要加稳压阀等装置使 TOC 仪在流量波动的情况下可以正常工作。建议定期（如，每半个小时）切换一次。在中国、欧盟和美国的制药用水监管体系下，直接电导率法的 TOC 仪与选择性膜过滤电导率法的 TOC 仪均符合法规要求。

24　水系统取样前可以用酒精擦拭消毒吗？

答：水系统取样前不建议用酒精擦拭消毒，酒精作用不到取样口全部，而且酒精挥发会造成水样 TOC 升高。建议取样阀定期用氢氧化钠进行化学清洗或用热消毒。

25　管道酸洗钝化时，使用的硝酸浓度及钝化时间分别为多少比较合适？如何判断钝化效果？

答：钝化推荐用 8%（质量分数）的硝酸，升温 50～60℃，持续 1h。钝化效果用蓝点试验检测（效果可能不明显）。酸洗钝化有两点应特别注意：①人员安全，必须做好防护；②设备安全，用压缩空气吹出酸液时，必须防止酸液倒灌到压缩空气管路，腐蚀压缩空气管路及阀岛等器件。另外 ASTM A967 和 ASTM A380 原文中有对于酸洗钝化各种方法和浓度

的介绍，中国 GMP 指南中也有介绍。如果硝酸采购有困难，可以选择市售的制药行业专用配方钝化试剂，如 JClean 2000 型钝化试剂（此试剂还可以实现除红锈功能）。

26 水系统微生物膜怎么处理去除效果较好？

答：建议尽量预防微生物膜形成，微生物膜形成后，处理难度比较大，尤其是纯化水机，因其结构复杂处理难度更大一些。如果是纯化水机预处理产生微生物膜，建议将填料废弃，用 4%～5% 碱液清洗罐和管路；如果是 RO 产生生物膜，按 RO 膜手册进行处理，如果处理效果未达预期，应清洗膜壳和管路，更换新的 RO 膜；如果是 EDI 产生微生物膜，按照 EDI 维护手册进行处理，一般 EDI 产生微生物膜的情况相对少一些；如果是水分配系统生成生物膜，建议用 2%～5% 碱液进行化学清洗。也可以选择市售的制药行业专用配方除生物膜试剂，如 JClean 1000 型碱性复合试剂，该试剂含有表面活性剂等助溶剂，比普通碱液的除生物膜效果更好。

27 泵机密封漏水原因及解决方法是什么？

答：漏水原因一般是水系统工程公司设计与安装应力方面存在问题，如泵前管路和泵进口不一致，将泵前管路变细；泵前管路没有超过 1m 以上；储罐底部和泵高度差太小；泵启动频率过快；消毒或灭菌液位设置过低等。推荐离心泵入口有一段两端卡箍连接可拆卸的管道，方便更换机械密封，也有助于减少管网应力。

28 EDI 使用寿命有多长？

答：EDI 正常使用寿命 5～10 年，EDI 在二级 RO＋EDI 水机要比一级 RO＋EDI 水机使用寿命要长。如果 EDI 产水电导率上升，建议把电流调大一些。让其中的树脂再生，一段时间后，把电流调下来，产水电导率又恢复正常。

29 什么情况下 RO 膜需要更换？

答：如果按照 SOP 操作还出现以下 3 种情况，笔者认为有必要去调查或更换 RO 膜。①电导率增高（即脱盐率下降 10%～15%）；②产水量下降 10%～15%；③膜前压增高，膜后压下降（即压差增加 10%～15%）。

30 注射用水分配系统灭菌温度达不到设定温度是什么原因？

答：可能是：工业蒸汽系统故障；热交换器结垢严重；疏水阀损坏；气动阀阀门没开/没关；温度探头太短。

31 板式热交换器用什么清洗比较好？

答：建议用 8%～10% 柠檬酸清洗。制药用水系统不推荐使用板式热交换器，目前，不少水机供应商已经将纯化水 RO/EDI 消毒用双板板式热交换器改为了双板管式热交换器。

32 热静力疏水器前面为什么一定要留至少 1m 左右不保温的管路呢？

答：ASME BPE 推荐温度探头与疏水器相距不低于 600mm，但这不是唯一标准。例如，随着疏水装置的设计思路改变与应用，这个距离（600mm 或 1m）并非强制，企业可灵活把握，以能正常疏水为准，例如，疏水能力强的疏水器前端管道距离可以降低。如果是斯派莎克的 BTM7 型疏水阀，其排水原理是靠感温元件的膨胀，在 110℃ 左右的时候元件工作，保温到疏水阀末端，冷凝水降到 110℃ 会很慢，排水不顺畅，则此段管道的距离非常重要，推荐在 1m 左右。

33 纯化水和注射用水储罐需要取样吗？

答：批处理设计的水系统罐体需要取样，连续化生产的制药用水系统储罐不需要取样，采用总送代替。储罐加装取样口是以前批处理的概念，现在的水系统 24h 循环，这个点不需要取样，而且这个点取样有引发泵气蚀和空气倒灌污染的风险。

34 泵启动出了问题，怎么排查？

答：排查原则是先机后电再自控。能启动，但是声音异常，或有振动、抖动，就是机械故障；启动声音正常，但是突然过流停机，电气故障（电机绝缘有问题或对地接近短路），测量泵的绝缘和接地电阻；如果检查机械正常、绝缘正常，再看变频器，把变频器的出线端拆除，手动启动变频器，检测是不是变频器的问题。泵异响最常见为电机承损坏，一般需要更换轴承；其次为泵叶轮与泵腔发生摩擦，需要拆开校正。

35 纯化水 PQ 做三个阶段，前两个都是 14 天，第三阶段一年。纯化水警戒限、纠偏限是在第二阶段后确定，还是第三阶段呢？

答：警戒限根据验证和日常监测数据设置。纠偏限可以依据法规标准制定。警戒限和纠偏限不同于工艺参数和产品规格标准，只用于系统的监控；警戒限和纠偏限应建立在工艺和产品规格标准的范围之内；超出警戒限并不一定意味已危及产品质量。达到警戒限，应密切关注水系统的工艺参数，进一步严格执行操作规程，增加监控频率，不必采取纠偏措施。制定警戒限、纠偏限不是一次性行为，重在管理效果。推荐在第二阶段完成后初步确定，在第三阶段监测过程中，考察是否有必要修订，或定期进行修订。

另外，提醒制药企业在 PQ 第三阶段前进行"停机时间验证"，分为破坏性（更换机械密封、垫圈和阀片等）与非破坏性（停电、停压缩空气、停工业蒸汽和停泵等）两大类。

36 水系统再验证周期是多长？

答：水系统在没有结构性改变的前提下无须再验证。持续取样和日常监测、定期回顾、每年汇总分析一次结果就可以，另外，关键水质数据设置警戒限和纠偏限，超出后可以采取密集取样加强监控措施。

37 水系统消毒时间和车间生产计划发生冲突怎么办？

答：水系统消毒和灭菌时间在 SOP 中必须规定可以提前或延后进行，比如可以提前或延后一周进行，这样规定是十分有必要的。另水系统维保计划也需要按这种思路进行规定。

38 储罐喷淋球喷淋效果需要在哪个阶段开始验证？

答：储罐出厂前就需要做喷淋测试，也就是 FAT，需要合格，不合格不能接受；罐体到达现场还需进行 SAT，推荐罐体供应商通过固定栓等形式在工厂将喷淋球安装方位进行标记。

39 怎样检测钝化后达到效果？

答：钝化的目的是在焊缝处形成钝化膜，推荐采用蓝点检测。内窥镜检查也是一个办法，酸洗钝化表面应是均匀的银白色，不得有明显的腐蚀痕迹，焊缝及热影响区表面不得有氧化色，不得有颜色不均匀的斑痕。另现在也有用钝化检测仪进行更专业的检测（钝化膜的厚度，钝化膜的铬铁比），但因不能深入管道内部，检测位置比较受限。

40 怎么预防水系统红锈？

答：高温与水是快速生成红锈的必要条件。红锈以预防为主，具体措施如选材质优良的储罐和管材；不要用铸造隔膜阀；材质优良的焊材和优良的焊接工艺；循环温度不超过80℃；不要长时间停止循环；停机后吹干等。未来，随着法规的推进，对于规模化生产企业，可以考虑采用膜法制备注射用水、热压蒸馏制备常温注射用水、采用常温循环的注射用水，从温度上进行有效规避；对于研发型企业，可以考虑采用非金属材料进行制备和建造，同时，期望《中国药典》收录包装药典水（灭菌纯化水），制药行业实现制药用水的包装流通，无须自建不锈钢系统。

41 水机 pH 值设定多少合适？

答：实际运行中，如果在线 pH 计正常，建议 pH 值设定在 8.2～8.3，这样设置 RO 产水电导率比较低，且不会对 RO 膜产生负面作用。

42 纯化水机推荐用软化器还是阻垢剂来防止钙镁离子堵塞 RO 膜？

答：在制药行业，小型水机（产能≤500L/h）推荐用阻垢剂，运行稳定，操作简单；大型水机推荐用软化器或者超滤方式，大型水机用阻垢剂可能会导致废水磷超标。

43 纯化后的硝酸液怎么处理？

答：将硝酸液用碱中和为酸碱度中性排放，排到制药企业自己公司的污水处理站，如果公司没有污水站建议找专业的废化学试剂公司处理。《GB 21900—2008 电镀污染物排放标准》规定：总铬含量限度 0.5mg/L，总镍含量限度 0.1mg/L。

44 杜邦（原陶氏）膜怎么查真伪？

答：膜上有编号，杜邦官网上查，另建议选择可靠的采购渠道。需关注耗材的供应链安全。目前，制药行业绝大多数企业都是采用的美国杜邦反渗透膜，中国制药行业应警惕供应链安全。

45 做好制药用水岗位需要掌握哪些知识？

答：需要掌握国内外制药法规或指南，制药水系统相关理论知识，机电一体化相关知识，水化学、材料学（有机材料和金属材料）、微生物、膜技术、流体力学、微生物消毒理论等知识。本书集合了上述知识信息，另本章也是笔者近 20 年的药厂水系统实践经验理论精华，大家反复阅读，相信所获甚多。

46 纯化水和注射用水储罐需要定期人工下罐擦拭清洗吗？

答：不需要，不建议人进入罐内。如果出现了严重的生物膜或红锈，推荐对系统采用专用除生物膜试剂（如，JClean 1000 型碱性配方试剂）与专用除红锈试剂（如，JClean 2000 型酸性配方试剂）进行 CIP 清洗。

47 流速计算公式是什么？

答：流速（m/s）=［体积流量（m³/h）÷管道截面积（m²）］×3600。

48 注射用水分配系统电导率突然大幅上升原因是什么？

答：常见原因是一个用水点和另一个用水点同时大量用水时，可能会造成倒吸现象发生。两个紧邻的用水点同时开启阀门后，流量小的用水点有时会产生虹吸现象，当设计上有公用管道时，CIP 清洗剂清洗后会存在残留，且公用管道存在一定的压力，注射用水阀门开启后，残存在用水点阀门下部的清洗剂很有可能会被顶到水系统中。对于上述风险，制药企业可以通过修改程序，调整阀门开关顺序来解决。

49 注射用水储罐呼吸器用纯蒸汽灭菌应注意什么？

答：纯蒸汽要经过减压，要减压至 2bar 以下，且控制灭菌压差小于 0.3bar，否则储罐呼吸器滤芯很容易被击穿。

50 纯化水机建议用什么消毒方式？

答：次氯酸钠日常消毒加巴氏周期消毒。次氯酸钠消毒需要注意活性炭罐或氧化还原剂去除余氯；80% 的微生物问题出在传统的纯化水机预处理上（机械过滤器＋活性炭过滤器＋

软化器），需要进行日常和周期消毒进行微生物控制。

51 纯化水机一级 RO 进水余氯浓度如何检测？

答：余氯＞0.1mg/L 就会对 RO 膜有负面影响，余氯检测建议用 ORP 在线实时检测，检测运行稳定且维护成本低。

52 纯化水机预处理系统需要检测哪些项目？

答：检测硬度、SDI、氧化还原值（间接监测余氯）。硬度建议用硬度试剂离线检测，每天上午和下午检测一次，硬度也可以考虑在线实时检测（需要选择性能可靠的硬度仪）。氧化还原值建议用在线氧化还原电极检测；SDI 建议每 1～3 个月用 SDI 仪检测一次。

53 活性炭罐作用是什么？

答：主要作用是去除游离氯，另可去除部分色度、微生物、有机物、重金属等有害物质。笔者认为，活性炭的使用已经存在了很多年，类似无机陶瓷超滤膜与紫外灯等新的预处理设计将逐步淘汰落后的工艺设计。

54 请介绍一下 PQ 第三阶段的停机挑战测试，是否可以在现在补做？

答：停机挑战测试可以在 PQ 第三阶段实施，也可以在当下补做。如果做过停机挑战验证，停机在规定时间内，恢复开机后，电导率、TOC 等关键水质指标合格，就不用消毒和取样，直接继续使用。《美国高纯水检查指南》规定工艺用水静止 24h 内需要使用，我们可以借鉴，但需要验证，用数据说话。停机验证连续进行 3 次：挑战 24h，执行 16h，挑战 12h，执行 8h；这项验证必须用水点全检（停水前和停水后各做 3 次水质全检，进行数据对比），建议在 PQ 第二阶段结束后做。如果没有做过这项验证，之前没做过水系统停机测试，没有相应数据积累，发生停机偏差后，由偏差、CAPA 引出需要补做水系统停泵验证，这样的逻辑也更符合 GMP 管理的思路。

制药企业可以直接起草一个水系统停机处理的 SOP，但停机时间需要规定短一些，比如停机 1h 内工艺用水可以使用，但同时需要取样送检。在积累一定数据后（如 1～3 年），如果多次停机 1h 水质没有问题，做个回顾和评估，可规定停机 1h 之内工艺用水直接使用，并且规定不用取样送检。增加规定停机时间在 2h 之内的工艺用水可以直接使用，但需取样送检，以此类推。实践中停机 1h 之内的情况相对较多，而且 SOP 需要规定，停机恢复后电导率、TOC 等在线关键水质数据需要正常，这一点比较重要。有的水系统大多为手动阀，就有倒吸污染风险，这个需要停机时调查用水点使用情况和评估风险，理论上这种情况比较少见，但是必须评估到并调查确认。

55 制药用水（注射用水）采用了 70℃ 循环保温，日常监测中微生物检测频次是否可以适当减少？

答：监测的频次可以根据验证和日常监测结果来确定。必须有完整的验证数据支持以及风险分析、风险评估、风险控制手段，同时还应回顾历史数据，合理确定检测频次。

56 更换多介质滤材、活性炭滤材和软化树脂，需要做验证吗？

答：属于预防性维保，更换只需要确认就行，应填写相关更换记录。

57 纯化水系统是每年做再验证，还是定期回顾？

答：定期回顾就可以，验证确认的概念就是实际出现的结果与预先设计的参数进行比对，最终达到一致。

58 纯化水机预处理系统有没有 3D 要求？

答：没有 3D 要求，但需要考虑尽量减少死角，预防微生物快速孳生是核心目标。

59 纯化水分配使用的 UV 灯容易发生故障的部件是什么？

答：UV 灯管和镇流器，需要有备件备用。

60 纯蒸汽管路酸洗钝化怎么做的，怎么循环呢？

答：企业自己实施的话，不用循环，浸泡就可以，但酸液的浓度需要增加。专业的清洗公司可以通过软管连接等方式实现循环清洗。

61 热压式蒸馏水机怎么样？

答：热压式蒸馏水机不需要特别高的运行温度和压力，除了运行稳定，产水水质优良外，节能是其最大的优势。相对其他运行模式的多效蒸馏水机可以节约大量的工业蒸汽，国内少数药企的应用测试数据表明，节能效果相对比较明显，维护成本可控。

62 为什么不用紫外灯消毒代替巴氏消毒呢？

答：UV 灯消毒有局限性，只能消毒流经 UV 灯的水，而 UV 灯辐射不到不流经 UV 灯的水及管路与储罐。UV 灯用于水系统日常消毒，巴氏消毒是周期消毒，这样是完美搭档，微生物可以控制在极低水平。

63 有一次发生用水点取样微生物不合格，CAPA 给出的整改建议是：取样时，取样点排水时间久一点，这样是否合理？

答：用水点取样发生微生物污染现象较为常见，通常情况下，取样时排放 $0.5 \sim 3min$ 即可，如某个用水点的使用频率极低，可以适当延长一些取样排放时间。在排除人员所带来的微生物污染因素后，需要关注取样阀内侧是否已有生物膜形成的风险，这是很多制药企业用水点微生物超标的常见原因。

64 纯化水机 RO 膜前加氢氧化钠的目的是什么？

答：是为去除二氧化碳，优化电导率。二氧化碳可以穿过 RO 膜，加氢氧化钠可以让二氧化碳变成碳酸盐和碳酸氢盐。

65 一些取样点取出的工艺用水微生物限度不合格或偏高的常见原因是什么？

答：常见原因是：纯化水机有微生物膜产生及 RO 膜性能下降，取样口污染，分配系统流速不够，不符合 3D 要求，不是 24h 循环，消毒方法不科学，取样不规范或水系统整体微生物限度偏高。供水循环系统微生物的控制要从这些方面考虑：24h 全管道高流速；有效的在线消毒控制和周期消毒控制；ASME BPE 推荐的高质量施工；使用优质低碳不锈钢的管阀件；电解抛光的水罐。

66 水系统运行记录需要复核人吗？

答：不需要，不可能一个人操作，一个人在边上复核，这与同车间里面的称量配制工序不同。但是需要有每页记录审核人，复核记录是否规范，数据是否异常等。

67 水系统中所加的氢氧化钠和亚硫酸氢钠等，是否有规定要加食品级/药品级？

答：没有直接规定，但是有间接的法规参考，所以建议药厂水系统的试剂不能用工业级的，酸洗钝化这种操作除外；另还有一个常用物料比较特殊——软水盐，可以使用工业盐，但是肯定要选杂质少，有资质的厂家。

68 为什么不建议水系统用铸造阀门？

答：铸造材料各向同性比较差，力学性能不好，不能保证材料中的缩孔和夹渣，这些缺陷会影响药品的残留和污染。但锻造可使这些缺陷得到解决，锻造完毕以后再通过退火、回火热处理使金相组织全部转变成耐腐蚀的奥氏体，这样就符合了药品生产的需要。

69　不锈钢腐蚀原因是什么?

答：有水就有腐蚀，高温将会加剧腐蚀。不锈钢腐蚀与很多因素有关，其中一个因素就是材料的金相组织，同一牌号的材料，金相组织不纯就容易腐蚀。304、304L、316、316L都属于奥氏体不锈钢，但由于这些组织里不一定都是100%的奥氏体，还包括了马氏体、铁素体，马氏体与铁素体的金相组织容易腐蚀。质量好的隔膜阀，膜片下面的部分（走药液的）是没有磁性的，那个部分的材料是完全的奥氏体不锈钢，而上面部分（连着阀柄，不走药液）的总有磁性，这部分材料就容易腐蚀（但都是一个牌号的不锈钢）。316的材料里含有钼的成分，它的金相组织比304更细化、密实，更不易腐蚀，所以它是制药系统接触料液的首选材料。

70　说一下对水系统红锈的看法。

答：《中国药典》既没有将红锈确定为污染物，也没有提出检测相关产品的警戒限、行动限和方法。《美国药典》通常不直接给出设计或材料标准，而是通过定义最终进入人体成分的限制来间接处理。红锈以预防为主：如选材质优良的储罐和管材，材质优良的焊材和优良的焊接工艺，循环温度不宜超过80℃，不要长时间停止循环等。可以进行局部除锈，如泵叶轮及泵腔、喷淋球、阀腔及阀片，可以离线操作，工作量和除锈成本会低一些。需要注意的是，316L不存在铸造，采用CF3M等铸造奥氏体不锈钢隔膜阀建造的系统会很快生成铁锈（非正常红锈），从原材料抗腐蚀性质量角度出发，制药行业应形成健康的隔膜阀供应链，不允许铸造隔膜阀进入制药用水与生物工艺领域。

锻造奥氏体不锈钢			铸造奥氏体不锈钢		
ASTM	UNS	EN	UNS	ACI	EN
304	S30400	1.4301	J92600	CF8	1.4308
304L	S30403	1.4307/1.4306	J92500	CF3	1.4309
316	S31600	1.4401	J92900	CF8M	1.4408
316L	S31603	1.4404/1.4435	J92800	CF3M	1.4409

71　水系统可以在线备用循环泵吗?

答：一般情况下，没有必要在纯化水和注射用水分配系统中采用在线备用循环泵，安装在线备用泵难以避免在备用泵中出现死角等情况，除非两台泵频繁交替使用（需要避免共振）。与此相比，配备与循环泵完全相同的泵或机械密封当作库房备用，当需要更换时更换并配以适当的冲洗消毒方式是一种更好的选择。当制药企业的生产状态为24h连续化满负荷生产时，推荐采用双泵设计，可以实现365天/24小时不停机。

72　水系统预防性维护项目有哪些?

答：原水储罐的清洗、阀门及膜片的维护、预处理系统填料更换、保安过滤器滤芯更换、反渗透膜更换、仪表替换或校准、钝化和除锈、呼吸器滤芯更换及完整性检测、垫圈替换、滴水的泵密封替换、热交换器清洗、疏水阀清理、电控柜风扇滤布定期更换、盐箱清洁等。

73　水系统仪器仪表校验周期怎么确定?

答：水系统的仪器、仪表校验不仅要遵循国家的计量法规，同时要进行风险评估，对于直接系统和关键部件系统其仪器、仪表要每年（甚至更高的频次）进行校验。建议分成A、B、C、D四级，例如电导率检测装置、TOC仪是A类，就需要一年校准一次；指示原水水压力、冷冻水压力的压力表只需初次校验，定期检查即可，不用每年校验，为C类；一些非关键的仪表为 B 类，另外一些无法进行校准，又非直接系统和关键部件的仪表划为 D 类。

74　注射用水和纯化水的使用时限是多少？

答：分配系统一直在循环状态下，属于连续化生产，没有法规和指南规定使用时限。但是循环时间越长，因二氧化碳不断进入导致电导率会有所上升，纯化水输配系统储罐纯化水电导率上升至警戒限或注射用水输配系统储罐注射用水电导率上升至警戒限，则需排放至低液位，制备新水备用。

75　纯化水或注射用水分配系统可以共用一个比例调节阀控制供应蒸汽和冷却水吗？

答：建议单独设计。共用会造成比例调节阀性能下降，关闭不严等故障，得不偿失。另外，分配系统控温精度需在 $\pm 2^{\circ}\mathrm{C}$，才具备在线电导率的质量放行基础。

76　分配系统更换水泵和热交换器后暂时不做再验证，该如何制订取样计划？

答：需要先有个变更，然后变更评估里评估要确认些什么、检测些什么，换好后最低要求系统消毒，取样全检。如果泵和热交换器与原来的型号一样，属于维护保养，在 SOP 的范围之内，不需要验证。

77　EDI 模块长时间停机，模块如何维护？

答：1 年以内停机，保持 EDI 湿润，进出口阀门关闭或者用锡箔纸包裹住。不建议停机超过 1 年。

78　纯化水机一级 RO 浓水回收做纯化水机原水的意义是什么？

答：测试应用表明，使用旧 RO 膜可把一级 RO 系统的得水率提高到 90% 以上。如果产水多、水价高，8 个月就可以收回投资（工业用水按 5 元/吨），如果制药企业计划设计一级 RO 系统浓水回收装置，建议 URS 的得水率为不低于 85%。

79.　车间用注射用水配料时，其他岗位（精洗瓶）出现水压变小的情况。检查注射用水泵一直未停，昨天换了新泵，可能存在什么问题？

答：首先排查泵和变频器原因。经询问，注射用水泵前两个新隔膜阀门换过，再更换为旧阀门，经查看新阀门的最大开度较旧阀门的要小，初步排查是泵前水供应不上的因素。以此为鉴，更换手动阀后应注意阀门开度。

80　请问下二级反渗透出水电导率突然骤增可能是什么原因造成的（一级出水电导率正常，且各处进出水压力也是正常的）？

答：一般是氢氧化钠加药装置出了问题，加药泵出故障比较常见。

81　纯化水的日常监控可以改成测试 pH 值吗？还是一定要测酸碱度？

答：纯化水检测酸碱度是《中国药典》规定的，需执行。另外，制水站不需要测酸碱度，QC 离线检测即可。

82　分配系统安装在线 pH 仪怎么样？

答：不推荐加装分配系统在线 pH 仪。在线 pH 仪安装，需要像 TOC 仪一样引一路水到 pH 流通池，浪费工艺用水。另外，pH 几乎常年没有太大变化，而且纯化水机产水在线控制此项，后端水系统加装在线 pH 没有实际意义。另外，特别纯的水，在线 pH 测不准。

83　请问纯化水原水余氯在多少范围内比较好？

答：《RO 膜手册》要求 $0.1\mu L/L$。

84　纯化水机消毒时出现温度高报警的原因是什么？

答：一般是两个原因：①蒸汽比例调节阀零点偏移，关不严，漏蒸汽；②比例调节阀参数设置不对，建议蒸汽比例调节阀每年检查一次零点位置。

85　有没有国产的质量相对稳定的电导率与总有机碳分析仪推荐？

答：国产电导率分析仪有科瑞达与雷磁等品牌；国产总有机碳分析仪有浙江泰林等品牌。

86　纯化水机建议选择一级 RO＋EDI 水机，还是二级 RO＋EDI 水机？

答：有条件的企业建议尽量要选择二级 RO＋EDI 水机，主要考虑的是其微生物限度控制比较好，EDI 使用寿命较长。另大产量水机的一级 RO 膜推荐做好浓水回收。

87　纯化水机预处理系统活性炭罐在软化器前好，还是软化器后？

答：对于制药行业的小产量纯化水机，建议活性炭罐在软化器后，这样有利于使用次氯酸钠试剂进行微生物控制，但并非绝对。大型制药园区推荐集中软化。

88　常温 RO 膜用什么消毒剂消毒效果比较好？

答：过氧化氢效果较好，但一定得控制好温度和浓度，RO 手册浓度是安全浓度，效果可能不好，有企业用的 5 倍浓度，水温控制在 15℃ 以下，处理效果较好。

89　RO 膜元件的进水要求有哪些？

答：理论上讲，进入 RO 系统应不含有如下杂质：悬浮物；硫酸钙；细菌；胶体；藻类；氧化剂，如余氯；铁、铜、铝腐蚀产物等金属氧化物；油或脂类物质；有机物和铁-有机物的络合物等。进水水质对 RO 元件的寿命及性能将产生很大的影响。实际操作中常见为硬度物质和余氯对 RO 膜造成的性能大幅下降比较多见。

90　RO 膜一般能用几年？RO 膜元件质保情况怎样？

答：反渗透膜的使用寿命取决于膜的化学稳定性、元件的物理稳定性、可清洗性、进水水源、预处理、清洗频率、操作管理水平等。根据经济分析和预防性维护经验，通常为 5 年以上，如果采用双级反渗透与浓水回收设计，在更换 RO 膜时可将第二级 RO 膜更换至一级 RO 膜壳，一级 RO 膜更换至浓水回收膜壳，提高膜的经济利用率。通常，知名品牌的 RO 膜元件提供全球统一的三年有限质保。干式元件的最大优点是可以理论上无限期存放（目前杜邦等品牌 RO 膜基本为干式膜）；湿元件最长存放期为 1 年，同时还要求定期按需要更换保护液。

91　如何从原水中脱氯？

答：常用的方法为使用活性炭吸附、UV 脱氯，但要注意活性炭脱氯的同时会发生粉末化，UV 脱氯也会发生设备故障风险。另外，添加亚硫酸氢钠可作为活性炭脱氯或紫外线脱氯的应急备用方式。

92　在 RO 系统中保安滤器滤芯的孔径应选多大？

答：多数情况下，选择 $5\mu m$ 的过滤精度的滤芯，但当胶体、硅含量高的进水，建议采用孔径更小的滤芯，并提高更换频率。当污染物较多时，也可以考虑在保安过滤器前端增加一个 $10\mu m$ 过滤器（滤芯用 PP 棉材质的，成本比较低）。

93　水机的 RO 膜系统该用何种清洗方法进行清洗？

答：为了获得最好的清洗效果，选择能对症的清洗药剂和清洗步骤非常重要，错误的清洗实际上会恶化系统性能。一般来说，无机结垢污染物，推荐使用酸性清洗液；微生物或有机污染物，推荐使用碱性清洗液。

94　怎样知道 RO 膜已受到污染？怎么检查纯化水机上的 RO 膜性能？

答：以下是污染的常见表现：在标准压力下，产水量下降；为了达到标准产水量，必须提高运行压力；进水与浓水间的压降增加；膜元件的重量增加；膜脱除率明显变化（增加或降低）；当元件从压力容器内取出时，将水倒在竖起的膜元件进水侧，水不能流过膜元件，仅从端面溢出（表明进水流道完全堵塞）。检查某只膜或膜安装有没有问题，用一根 PVC 管（要比膜中心管细），卸下产水侧管路，插入膜中心管中，逐根检查膜产水电导率，用便携式电导率仪配合检查出水电导率，如果一根不够长，用接头再接一下。这是一个很实用的检查 RO 膜脱盐性能的方法，笔者曾经多次用此方法检测出脱盐率不符合要求的 RO 膜，包括一些新 RO 膜。

95 陶氏 FILMTECTM 旧元件如何处置？

答：由于元件本身不含有毒或法规管制的材料，陶氏元件没有特别的处置要求，能够作为无害废物，作掩埋处理。但是如果元件用于处理含有害杂质的溶液，此时膜元件内可能富集有毒物质，此时应咨询地方或国家的相关环保部门，对这些特定的情况作出对应的处置。

96 温度对反渗透膜的产水量有何影响？

答：在常温下，温度越高，产水量越高。在较高的温度条件下运行时，应调低运行压力，使产水量保持不变。

97 影响 UV 灯消毒效果的因素有哪些？

答：UV 灯消毒效果与水的质量、光线的强度、水的流速、接触时间和细菌存在的类型等有关。另 UV 灯不推荐频繁启停。有条件的企业推荐采用紫外消毒，但需要配合巴氏消毒周期消毒。

98 纯化水分配管道长度有没有限制？太长的管道有什么影响？

答：循环管路长度有工程设计的建议标准，例如不超过 400m，不是强制标准，只要流速满足要求，管路长一些也没有问题。例如，某公司的管道有 1500～2000m，已经用了近 20 年了，没有问题。但管道太长会增加耗能和管理难度，另外系统热水消毒时会耗时比较长。

99 水系统运行的关键参数有哪些？

答：电导率、TOC、温度、消毒处理（时间/温度/频率）、回水流量和回水流速、回水压力（在运行的任何时间都应保持相对于外界环境为正压）、储罐液位等。

100 电导率是否需要温度补偿？

答：用于参数放行的电导率测定值不允许温度补偿（例如，分配系统末端回路的在线电导率）。如果企业在分配系统末端实现了温度补偿，则失去了在线电导率值用于参数放行的基础，只能采用离线取样电导率值用于质量放行。其他工艺控制用电导率（如纯化水机出口、蒸馏水机出口等）是否进行温度补偿由设备程序而定。

101 对制水间设计有什么建议？

答：制水间内需要设立一个操作间（值班室），如果采购的蒸发设备为降膜式等高温高压结构，需做好设备保温处理，避免制水间温度过高，纯化水系统和注射用水系统（包括纯蒸汽系统）是否有必要分开在两个房间由企业自行决定。如果分开布置，操作间设置在纯化水系统所在房间，可以提高操作人员舒适度，制水间排水尽量避免采用明沟设计，有条件的企业可以对设备进行围堰设计。

102 储罐需要加装爬梯吗？

答：如果储罐没有钢平台的设计，为了安全和方便操作（比如呼吸器滤芯更换、仪表计量、卫生清洁、喷淋球检查等操作），建议加装爬梯和护栏。

103 审计水系统时，检查员在制水间现场较为关注的问题有哪些？

答：每个检查员的关注点可能各不相同，如下关注点被询问频率相对较高：

● 水系统运行流程、现场水系统流程图。

- 纯化水的原水来自哪？原水检测频率是多久？是否有专业机构出具的检测报告？
- 取样点有没有编号？
- 管路有没有标识？
- 现场的记录是不是如实填写？
- 水系统取样点位置，取样频率是怎么规定的？
- 仪器仪表是否计量？是否在计量效期内？
- 储罐呼吸器怎么管理？
- 设备登录权限怎么管理？
- 水系统消毒或灭菌方法、水系统消毒或灭菌周期。
- 现场操作人员是否操作规范？
- 设备产能是多少？
- 系统的操作、维护保养、清洗消毒、异常事件处理规程是否齐全？是否包括调查与纠偏措施的内容并具有可操作性？
- 查看水系统运行在线数据。注射用水主要关注是温度、电导率、TOC 等；纯化水主要关注电导率、TOC、回水流量等。
- 制水间的操作环境是否整洁、干净、无积水？制水设备、储罐等外观是否整洁、干净、无污迹、锈迹？
- 水系统维护方面。填料的更换；RO 膜更换；储罐滤芯更换；保安过滤器滤芯更换等
- 操作人员在线监测哪些项目，离线检测哪些项目？

104　制水间需要有检测室吗？

答：如果取样量很大，建议设立一个检测室（实验室），进行储罐滤芯完整性检测、离线余氯检测（或 ORP 检测）、离线硬度检测、离线 TOC 检测、pH 检测、电导率检测、SDI 检测等或存放上述检测仪器及一些测试器皿、记录等。另外这些检测不都是定期的，有的是在线数据出现异常时，进行及时的离线检测复核。

105　工业蒸汽设备用汽点前需要加疏水阀吗？

答：蒸汽的使用原则为始终保证处于干热的气态，每个用汽点进设备前都应设置疏水阀组，包括手阀、过滤器、疏水阀、手阀、旁通阀；每个用汽点手阀后安装压力表。

106　水系统用压缩空气的气管有什么建议？

答：建议水系统用压缩空气软管采用特氟龙材质，应耐用、耐受高温、耐酸碱、耐臭氧及VHP 消毒。尤其纯蒸汽发生器、多效蒸馏水机等高温设备建议用特氟龙材质压缩空气软管。

107　水系统取样点怎么编号？

答：每个水系统用水点/取样点只能有一个编号，且用水点/取样点要一一对应。用水点编号由类别、位置、房间编号及序列号组成。其中，饮用水代码 DW；纯化水代码为 PW；注射水代码为 WFI；纯蒸汽代码为 PS。例，PW-2-D013-02，表示 2 号制水间水系统在B406 房间内序号为 02 的纯化水用水点。另外原水罐出水、多介质罐出水、软化器出水、碳罐出水、RO 出水、EDI 出水等也进行编码。上述编号规格仅作参考，非强制。

108　制水间记录都有哪些？

答：设备运行记录；制水站设施清洁记录；制水站设备清洁记录；水系统维护记录；RO 膜更换记录；填料更换记录；设备日志；水系统消毒或灭菌记录；仪器使用记录；工艺用水取样记录；工艺制水试剂配制记录；SDI 检测记录；软化水硬度检测记录（如在线硬度

检测不需此记录）；滤芯更换记录；酸洗钝化记录；饮用水系统运行记录；物资台账；SCA-DA 系统运行与数据确认记录及报警记录（如果有）；制水站交接班记录等。记录依照有操作就有记录的原则设立，另 SCADA 系统的电子记录可以代替一些纸质记录，如填写比较多的设备运行记录。

109　通过验证的制水设备需要保存触控屏上设置的参数数据吗？

答：建议在 OQ 阶段将触控屏上所有画面截屏保存，拍照保存的画面不清晰，保存为纸质版和电子版，制水间必须保存 1 份以上电子版。

110　纯蒸汽发生器正常运行时，为什么冷凝水电导率有时会超限？

答：常见原因为早期国内相关法规或规范未对气态下药厂工艺用纯蒸汽的不凝性气体、干燥度、过热度有相关质量要求，有的国产纯蒸汽发生器不凝性气体项目不合格，二氧化碳等气体溶入纯蒸汽及纯蒸汽冷凝水进而导致冷凝水电导率不合格。另一个常见原因是纯蒸汽冷凝水电导率装置型号选择不当，未适配耐高温的电导率装置。推荐选用质量符合药典法规要求的纯蒸汽发生器。

111　高温循环的注射用水不允许用铸造加工隔膜阀，常温循环的纯化水是否可以采用铸造加工隔膜阀？

答：2021 版《WHO GMP：制药用水》明确规定：纯化水与注射用水均需要采用 316L 材质进行建造。铸造奥氏体不锈钢为 CF3M，不是 316L，纯化水系统虽然为常温循环，但会采用热水或化学等消毒方法进行周期性的微生物控制，CF3M 不耐腐蚀，不符合 GMP 要求，无论是注射用水系统还是纯化水系统，均不推荐使用。未来，通过中国制药用水标准体系提高生物制药领域高品质 316L 不锈钢的准入门槛，杜绝不合格不锈钢材料在制药领域的滥用势在必行。

112　新车间的制药用水系统验证，PQ 第一阶段、第二阶段与第三阶段是否可以取样过程中有停顿，如停机一段时间？

答：制药用水的 PQ 过程通常为第一阶段 2～4 周，第二阶段 2～4 周，第三阶段 1 年，其主要目的是通过连续监测的大数据来实现整个系统性能稳定的验证。由于微生物检测方法目前还无法实现快速微生物检测（RMM）的普及，因此，建议前两个阶段的取样（各 2～4 周）最好不要中断，第三阶段（1 年）的取样主要是验证因季节变化带来的原水水质波动属于系统可控范围。客观来讲，如果因为排产和停机验证等原因，一年的取样过程允许有中断，企业可以灵活安排。

113　简述 ChP、EP 与 USP 关于散装纯化水与散装注射用水的硝酸盐/亚硝酸盐指标检测的差异？

答：ChP、EP 与 USP 关于散装纯化水与散装注射用水的硝酸盐/亚硝酸盐检测要求见表 2.4 和表 2.5。

由于 ChP 纯化水的电导率采用的是一步法测定/内插法〔例如，$5.1\mu S/cm$（25℃）〕，有些制药企业会采用双级 RO 的纯化水机进行制备，双级 RO 纯化水机的产水电导率达不到注射用水的药典标准〔例如，$1.3\mu S/cm$（25℃）〕，但完全满足 ChP 纯化水的药典标准〔例如，$5.1\mu S/cm$（25℃）〕，部分制药企业经常会出现纯化水硝酸盐/亚硝酸盐超标，而电导率合格的现象，非常困扰。如果未来 ChP 散装纯化水的电导率值直接引用注射用水的三步法测定，则可以避免此类现象，硝酸盐与亚硝酸盐的强制检测要求也可以修订为非强制检测。目前，EP 的制药用水标准变革已经开始，2021 年 3 月，欧洲药典委员会在其第 169 次会议通过了修订后的凡例，拟取消"灭菌注射用水""纯化水"标准中无机物等化学测试，包括酸度或碱度、氯化物、硝酸盐、硫酸盐、铵、钙和镁的测试等。

114 简述 ChP、EP 与 USP 关于散装纯化水与散装注射用水的重金属指标检测的差异？

答：ChP、EP 与 USP 关于散装纯化水与散装注射用水的重金属检测要求见表 2.4 和表 2.5。

重金属检测的目的主要是排除汞（水银）、镉、铅、铬以及类金属砷等生物毒性对水体的影响。EP 和 USP 均没有将重金属检测纳入强制检测项。USP＜1231＞制药用水中明文规定：电导率与 TOC 不超标的情况下，没有发生过重金属超标现象。很多中国制药企业均反馈从来没有出现过重金属超标的现象，提出制药用水的重金属检测意义不大。ChP 可以在接下来的法规变革中，通过行业调研与药企历史统计数据分析来判断是否有必要将散装纯化水与散装注射用水的重金属检测纳入非强制检测项。需要注意的是，水系统的铁元素不属于重金属，除锈与再钝化属于企业的预防性维保范畴，欧美已经开始关注并研究金属残留量对药品生产环节的影响。

115 简述 ChP、EP 与 USP 关于散装纯化水与散装注射用水的不挥发物指标检测的差异？

答：ChP、EP 与 USP 关于散装纯化水与散装注射用水的不挥发物测要求见表 2.4 和表 2.5。

在特定的情况下，物质中的液体或固体不能蒸发或升华变为气体排出的部分称为不挥发物。欧美药典对于不挥发物的强制检测要求主要集中在包装药典水（例如，灭菌纯化水或灭菌注射用水），对于散装药典水没有此强制检测要求。中国制药企业普遍反映不挥发物无法稳定测定，经常出现负值。即使有一些企业的制药用水系统已经存在严重的红锈，但不挥发物检测仍然合格。ChP 可以在接下来的法规变革中，通过行业调研与药企历史统计数据分析来判断是否有必要将散装纯化水与散装注射用水的不挥发物检测纳入非强制检测项。

116 简述 ChP、EP 与 USP 关于散装纯化水与散装注射用水的氨指标检测的差异？

答：ChP、EP 与 USP 关于散装纯化水与散装注射用水的氨要求见表 2.4 和表 2.5。

欧美药典对于氨的强制检测要求主要集中在包装药典水（例如，灭菌纯化水或灭菌注射用水），对于散装药典水没有此强制检测要求。ChP 保留了氨的强制检测要求，将 EP 中"包装纯化水"和"灭菌注射用水"关于氨的强制检测要求引入了散装纯化水和散装注射用水。USP 设定电导率三步法的核心是采用氯-氨数学模型进行科学计算而得，在没有引入"制药用水电导率测定法"之前，欧美药典的散装纯化水与散装注射用水均要求检测氨的含量。目前，EP 的制药用水标准变革已经开始，2021 年 3 月，欧洲药典委员会在其第 169 次会议通过了修订后的凡例，拟取消"灭菌注射用水""纯化水"标准中无机物等化学测试，包括酸度或碱度、氯化物、硝酸盐、硫酸盐、铵、钙和镁的测试等。2010 年，ChP 已经引入了"制药用水电导率测定法"，中国制药企业普遍反馈氨的检测虽然可以实施，但意义不大。ChP 可以在接下来的法规变革中，通过行业调研与药企历史统计数据分析来判断是否有必要将散装纯化水与散装注射用水的氨检测纳入非强制检测项。

117 简述 ChP、EP 与 USP 关于散装纯化水与散装注射用水的酸碱度/pH 指标检测的差异？

答：ChP、EP 与 USP 关于散装纯化水与散装注射用水的酸碱度/pH 要求见表 2.4 和表 2.5。

欧美药典对于 pH 的强制检测要求主要集中在包装药典水（例如，灭菌纯化水或灭菌注射用水），以及散装药典水的电导率第三步测定时，对于散装药典水没有单独列出 pH 的强制检测要求。ChP 保留了 pH 的强制检测要求，将 EP 中"包装纯化水"和"灭菌注射用水"关于 pH 的强制检测要求引入了散装纯化水和散装注射用水的单独强制检测范围。USP 设定电导率三步法的核心是采用氯-氨数学模型进行科学计算而得，在没有引入"制药用水电导率测定法"之前，欧美药典的散装纯化水与散装注射用水均要求检测 pH 的含量。如前所述，目前，EP 的制药用水标准变革已经开始。2010 年，ChP 已经引入了"制药用水电导率测定法"，中国制药企业普遍反馈 pH 的检测实施难度很大，这主要是因为水质越纯，pH 越难测定（尤其是在线检测）。ChP 可以在接下来的法规变革中，通过行业调研与药企历史统计数据分析来判断是否有必要将散装纯化水与散装注射用水的酸碱度/pH 检测取消，将 pH 的检测与电导率第三步测定合并执行。

118　简述 ChP、EP 与 USP 关于散装纯化水与散装注射用水的性状指标检测的差异？

答：ChP、EP 与 USP 关于散装纯化水与散装注射用水的性状要求见表 2.4 和表 2.5。

ChP 2020 版规定：纯化水的性状为"无色的澄清液体、无臭"；注射用水的性状为"无色的澄明液体、无臭"。EP 10 对于纯化水与注射用水的性状描述都为"无色的澄清液体"，表述上并无差异，推荐 ChP 在接下来的法规变革中将其表述统一。

ChP 与 EP 对于散装纯化水与散装注射用水的性状均有明确要求，其中，EP 还规定，如果散装纯化水的电导率符合散装注射用水（0619）规定时，可以不执行性状检测。由于我国可能普遍存在材料安全隐患（铸造奥氏体不锈钢材料的滥用），推荐在接下来的法规变革中可以参考 EP 现行版进行修订。

臭是指被检水体可以闻到的不良气味，属于利用人的感官进行检验的感官性状指标，是人的嗅觉对水的感觉和体验。由于嗅觉受分析者的个体差异影响较大，且在饮用水的检测质量属性中已经包含，推荐 ChP 在接下来的法规变革中将"无臭"删除。

119　简述 ChP、EP 与 USP 关于散装纯化水与散装注射用水的电导率指标检测的差异？

答：ChP、EP 与 USP 关于散装纯化水与散装注射用水的电导率要求见表 2.4 和表 2.5。

美国药典委员会在充分理解了氯-氨模型计算电导率的真实意义后，发现该模型将带来一种全新的质量考量思维，也引领了美国工业界重新思考质量源于设计、过程分析技术及信息化与参数放行对连续化生产的制药用水全生命周期质量管理带来的潜在价值。1996 年 5 月，USP 23 增补 5 删除了 5 个化学纯度检测项（Ca^{2+}、SO_4^{2-}、CO_2、NH_3、Cl^-），增加对纯化水和注射用水进行＜645＞水的电导率与＜643＞总有机碳测定；1998 年 11 月，USP 23 增补 8 删除了 pH 测定与易氧化物法。事实证明，如果通过了 USP＜645＞水的电导率测试，pH 测试肯定能通过。2009 年，USP＜645＞水的电导率与 USP＜643＞总有机碳测定进行了十年来的第一次重大修订，并于 2013 年继续更新完善了 USP＜645＞水的电导率与 USP＜643＞总有机碳测定。

推荐 ChP 在充分理解了氯-氨模型计算电导率的真实意义与 PAT/参数放行的价值后，在接下来的法规变革中进行系统性修订，以实现整个制药用水无机盐质量管理的重大突破。

12.2　水处理名词解释

地表水　是指存在于地壳表面并暴露于大气的水，是河流、冰川、湖泊、沼泽四种水体的总称，亦称"陆地水"。

地下水 是贮存于包气带（包气带是指位于地球表面以下，潜水面以上的地质介质）以下地层空隙，包括岩石孔隙、裂隙和溶洞之中的水、地下水存在于地壳岩石裂缝或土壤空隙中。

原水 是指采集于自然界，包括并不仅限于地下水，水库水等自然界中能见到的水源的水，未经过任何人工的净化处理。

pH 表示溶液酸碱度的数值，$pH = -lg[H^+]$，即所含氢离子浓度的常用对数的负值。

总碱度 水中能与强酸发生中和作用的物质的总量。这类物质包括强碱、弱碱、强碱弱酸盐等。

总酸度 酸度指水中能与强碱发生中和作用的物质的总量，这类物质包括无机酸、有机酸、强酸弱碱盐等。

总硬度 在一般天然水中，主要是 Ca^{2+} 和 Mg^{2+}，其他离子含量很少，通常以水中 Ca^{2+} 和 Mg^{2+} 的总含量称为水的总硬度。

暂时硬度 由于水中含有 $Ca(HCO_3)_2$ 和 $Mg(HCO_3)_2$ 而形成的硬度，经煮沸后可去掉，这种硬度称为碳酸盐硬度，亦称暂时硬度。

永久硬度 由于水中含 $CaSO_4(CaCl_2)$ 和 $MgSO_4(MgCl_2)$ 等盐类物质而形成的硬度，经煮沸后也不能去除，这种硬度称为非碳酸盐硬度，亦称永久硬度。

溶解物 以简单分子或离子的形式在水（或其他溶剂的）溶液中存在，粒子大小通常只有零点几到几个纳米，肉眼不可见，也无丁达尔现象，用光学显微镜无法看到。

胶体 若干分子或离子结合在一起的粒子团，大小通常在几十纳米至几十微米，肉眼不可见，但会发生丁达尔现象，小的胶体粒子无法用光学显微镜看到，大的可以。

悬浮物 大量分子或离子结合而成的肉眼可见的小颗粒，大小通常在几十微米以上，用光学显微镜可以清楚看到悬浮物颗粒，较长时间静置可以沉淀。

总含盐量 水中离子总量称为总含盐量。由水质全分析所得到的全部阳离子和阴离子的量相加而得，单位用 mg/L（ppm）表示。

浊度 也称浑浊度。从技术的意义讲，浊度是用来反映水中悬浮物含量的一个水质替代参数。以 1L 蒸馏水中含有 1mg 二氧化硅作为标准浊度的单位，表示为 1mg/L（ppm）。

总溶解固体 TDS，又称溶解性固体总量，测量单位为 mg/L，它表明 1L 水中溶有多少毫克溶解性固体。

电导率 水的导电性即水的电阻的倒数，通常用它来表示水的纯净度。

电阻率 水的电阻率是指某一温度下，边长为 1cm 立方体水的相对两侧面间的电阻，其单位为 $\Omega \cdot cm$，一般是表示高纯水水质的参数。

软化水 是指将水中硬度（主要指水中钙离子、镁离子）去除或降低一定程度的水。水在软化过程中，仅硬度降低，而总含盐量不变。

脱盐水 是指水中盐类（主要是溶于水的强电解质）除去或降低到一定程度的水。其电导率一般为 $1.0 \sim 10.0 \mu S/cm$（25℃），含盐量为 1.5mg/L。

纯水 是指水中的强电解质和弱电解质（如 SiO_2、CO_2 等）去除或降低到一定程度的水。其电导率一般为 $1.0 \sim 0.1 \mu S/cm$（25℃），含盐量为 1.0mg/L。

超纯水 是指水中的导电介质几乎完全去除，同时不离解的气体、胶体以及有机物（包括细菌等）也去除至很低程度的水。其电导率一般为 $0.1 \sim 0.055 \mu S/cm$（25℃），含盐量 <0.1mg/L。理想纯水（理论上）电导率为 $0.055 \mu S/cm$（25℃）。

除氧水　也称脱氧水，脱除水中的溶解氧，一般用于锅炉用水。

离子交换　利用离子交换剂中的可交换基团与溶液中各种离子间的离子交换能力的不同来进行分离的一种方法。

微滤　MF，又称微孔过滤，属于精密过滤。微滤能够过滤掉溶液中的微米级或纳米级的微粒和细菌。

超滤　UF，以压力为推动力的膜分离技术之一。以大分子与小分子分离为目的，膜孔径在 $2\sim100nm$。

纳滤　NF，是一种介于反渗透和超滤之间的压力驱动膜分离过程，纳滤膜的孔径范围在几个纳米左右。

渗透　渗透是水分子经半透膜扩散的现象。它由高水分子区域（即低浓度溶液）渗入低水分子区域（即高浓度溶液）。

渗透压　对于两侧水溶液浓度不同的半透膜，为了阻止水从低浓度一侧渗透到高浓度一侧，而在高浓度一侧施加的最小额外压强称为渗透压。

反渗透　RO，反渗透就是通过人工加压将水从高浓度一侧压到低浓度一侧中，反渗透膜孔径小至纳米级，在一定的压力下水分子可以通过 RO 膜，而原水中的无机盐、重金属离子、有机物、胶体、细菌、病毒等杂质无法通过 RO 膜。

渗析　又称透析。一种以浓度差为推动力的膜分离操作，利用膜对溶质的选择透过性，实现不同性质溶质的分离。

电渗析　ED，在电场作用下进行渗析时，溶液中的带电的溶质粒子（如离子）通过膜而迁移的现象。

电法去离子　EDI，又称连续电除盐技术，是一种将离子交换技术、离子交换膜技术和离子电迁移技术相结合的纯水制造技术。

回收率　指膜系统中给水转化成为产水或透过液的百分率。

产品水　净化后的水溶液，为反渗透或纳滤系统的产水。

浓水　经过分离膜浓缩的那部分溶液，如反渗透或纳滤系统的浓缩水。

冷却水　用水来冷却工艺介质的系统。

直流冷却水　冷却水仅仅通过热交换设备一次，用过后水就被排放掉。

敞开式循环水系统　以水冷却移走工艺介质或热交换设备所散发的热，然后利用热水和空气直接接触时将一部分热水蒸发出去，而使大部分热水得到冷却后，再循环使用。

封闭式循环水系统　又称为密闭式循环冷却水系统。在此系统中，冷却水用过后不是马上排放掉，而是回收再用。

冷却塔　是用水作为循环冷却剂，从一系统中吸收热排放至大气中，以降低水温的装置。分为自然通风和机械通风两种冷却方式。

布水器　将回水均匀分布到填料上的装置。

收水器　回收部分蒸发水蒸气中携带的液体水的装置。

循环水量　指循环水系统上冷却塔的循环水量总和。

补充水量　用来补充循环水系统中由于蒸发、排污、飞溅的损失所需的水。

旁滤水量　从循环冷却水系统中分流出部分水量按要求进行处理后，再返回系统的水量。

蒸发水量　循环冷却水系统在运行过程中蒸发损失的水量。

排污水量　在确定的浓缩倍数条件下，需要从循环冷却水系统中排放的水量。

风吹泄漏损失水量　循环冷却水系统在运行过程中风吹和泄漏损失的水量。

补充水量　循环冷却水系统在运行过程中补充所损失的水量。

浓缩倍数　循环冷却水的含盐浓度与补充水的含盐浓度之比值。

冷却水进出口温差　冷却塔入口与水池出口之间水的温度差。

物理清洗　通过水流的作用将管道内杂物清洗出管道。

化学清洗　通过药剂的作用，使金属热交换器表面保持清洁及活化状态，为预膜做准备。

预膜　即化学转化膜，是金属设备和管道表面防护层的一种类型，特别是酸洗和钝化合格后的管道，可利用预膜的方法加以保护。

缓蚀　抑制或延缓金属被腐蚀的处理过程。

阻垢　利用化学的或物理的方法，防止热交换设备的受热面产生沉积物的处理过程。

氧化性杀菌剂　具有强烈氧化性的制剂，通常是一种强氧化剂，对水中的微生物的杀灭作用强烈。

非氧化性杀菌剂　不是以氧化作用杀死微生物，而是以致毒作用于微生物的特殊部位，因而，它不受水中还原物质的影响。

余氯　是指水经过加氯消毒，接触一定时间后，水中所余留的有效氯。

化合性氯　指水中氯与氨的化合物，有 NH_2Cl、$NHCl_2$ 及 NCl_3 三种，以 $NHCl_2$ 较稳定，杀菌效果好，又叫结合性余氯。

游离性余氯　指水中的 ClO^-、$HClO$、Cl_2 等，杀菌快，杀菌力强，但消失快，又叫自由性余氯。

药剂停留时间　药剂在循环冷却水系统中的有效时间。

结垢　水中溶解的钙、镁碳酸氢盐受热分解，析出白色沉淀物，渐渐积累附着在容器上。

腐蚀　指材料（包括金属和非金属）在周围介质（水、空气、酸，碱、盐、溶剂等）作用下产生损耗与破坏的过程。

化学需氧量　COD，水中能被氧化的物质在规定条件下进行氧化所消耗氧化剂的量，以每升水样消耗氧的毫克数表示。

生化需氧量　BOD，地面水体中微生物分解有机物的过程消耗水中的溶解氧的量，称生化需氧量，常用单位为 mg/L。

总有机碳　TOC，指水体中溶解性和悬浮性有机物含碳的总量，反映水中氧化的有机化合物的含量，单位为 mg/L 或 μg/L。

色度　是指含在水中的溶解性的物质或胶状物质所呈现的类黄色乃至黄褐色的程度。

（a）锈蚀层　　　　　　　　　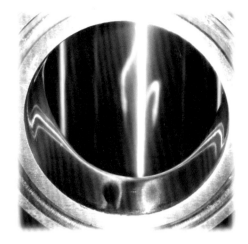（b）钝化膜层

图11.3　不锈钢表面的锈蚀层与钝化膜层

图11.8　"铸造316L"导致的铁锈事故

只使用两次

压缩空气

注射用水

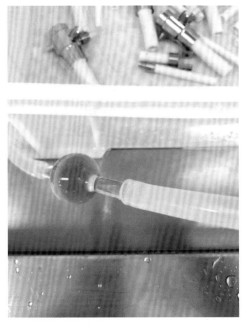

图11.10　CF3M隔膜阀带来的铁锈污染

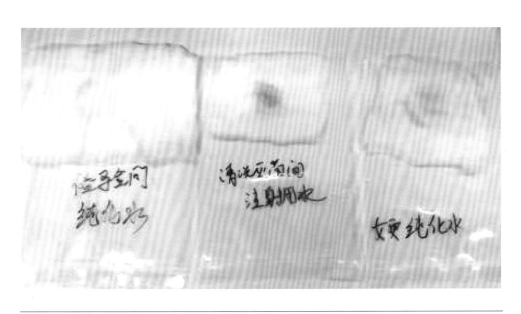

图11.11　快速检测铁锈质量事故的方法

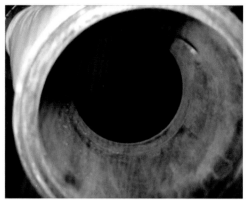

图11.12 纯蒸汽管道内表面的红锈

图11.18 钛材不锈钢材质不纯带来的氯离子腐蚀

图11.25 除锈效果对比